湘潭大学学者文库
XIANGTAN DAXUE XUEZHE WENKU

罗铸楷文集

LUO ZHUKAI WENJI

罗铸楷 著

湘潭大学出版社
XIANGTAN UNIVERSITY PRESS

图书在版编目（CIP）数据

罗铸楷文集 / 罗铸楷著．-- 湘潭 ：湘潭大学出版社，2024.3
ISBN 978-7-5687-1364-1

Ⅰ．①罗… Ⅱ．①罗… Ⅲ．①多值逻辑－文集 Ⅳ．①B815.2-53

中国国家版本馆 CIP 数据核字（2024）第 110151 号

罗铸楷文集
罗铸楷　著

责任编辑：王亚兰
装帧设计：李　平
出版发行：湘潭大学出版社
社　　址：湖南省湘潭大学工程训练大楼
电　　话：0731-58298960 0731-58298966（传真）
邮　　编：411105
网　　址：http://press.xtu.edu.cn/
印　　刷：长沙超峰印刷有限公司
经　　销：湖南省新华书店
开　　本：710 mm×1000 mm 1/16
印　　张：21.75
字　　数：415 千字
版　　次：2024 年 3 月第 1 版
印　　次：2024 年 3 月第 1 次印刷
书　　号：ISBN 978-7-5687-1364-1
定　　价：108.00 元

ISBN 978-7-5687-1364-1
9 787568 713641 >

罗铸楷(1934.9—2005.1),四川峨眉山市人,中共党员。1952年9月考入吉林大学数学系,1956年加入中国共产党,1959年研究生毕业后留校工作。1976年10月调入湘潭大学工作,先后在湘潭大学数理系、数学系、计算机科学系、信息工程学院工作。1979年至1980年担任数理系副主任,1985年至1993年任湘潭大学计算机科学系主任。1989年先后被评为湖南省优秀教师、全国教育系统劳动模范,并获人民教师奖章。1990年当选为中共湖南省第六次代表大会代表。1992年起享受国务院颁发的政府特殊津贴。2001年荣获香港柏宁顿(中国)教育基金会第四届“孺子牛金球奖”。

罗铸楷教授从事多值逻辑理论研究40多年,造诣精深,是国内外著名的多值逻辑学者。他解决了多值逻辑函数结构理论中三个著名困难问题的前两个问题,并对第三个困难问题做了新的推进,系统地建立了多值逻辑函数的完备性理论。1978年获湖南省科学大会重大科技成果奖、个人先进奖;1987年获湖南省教委“六五”期间科技成果二等奖。

总序

“一位伟人，一纸校名，一句嘱托”，高度凝练并生动诠释了湘潭大学的创办历史。1958年，毛泽东主席亲自倡办、亲笔题写校名并亲切嘱托“一定要把湘潭大学办好”。1959年学校因故停办，1974年恢复建校。复校初期，学校荒山一片、楼无一栋、房无一间。一声号召，来自清华大学、北京大学等92所高校、科研院所的622名教师奔赴湘大，边劳动建校边教学科研。著名诗人彭燕郊、流变力学专家袁龙蔚、消费经济学创始人尹世杰、古文献专家韩长耕等名家大师先后来到这里教书育人。在这一批湘大人心中，都有一个共同的信念——艰苦创业，扎根伟人故里。没有电灯，就点煤油灯；没有自来水，就到池塘挑水喝；没有教工宿舍，就住农民家中；没有教学楼，就一起搬砖建设……在极其艰苦的条件下，老一辈创业者怀着“一定要把湘潭大学办好”的初心和科教兴国的满腔热情，在贫瘠的荒山土坡上建起了一座大学城。

岁月流转，年轮不息。经过几代湘大人矢志不渝的奋斗，学校发生了翻天覆地的变化。特别是2018年习近平总书记对学校作出重要批示以来，学校全力推动“双一流”建设，2022年成功入选国家“双一流”建设高校。一路走来，风雨兼程，虽创业维艰，然历久弥坚。在这片热土上，孕育着一批又一批才华横溢的名师和学子，不断产生着丰硕卓越的学术成果，模糊的概念在这里澄明，假设的命题在这里证实，现实的困惑在这里破解，新知识、新技术、新理论在这里不断孕育、产生。

大学因学术而生，亦因学术而兴。学术始终是一所大学的立校之基、兴校之本，是学者的一种追求、一种境界、一种精神。就湘大而言，无论是复校初期的名家云集、各抒己见、推陈出新，还是改革开放后融入科教兴国的时代大潮，湘大学人始终坚守初心，笃志问学，传承文脉，成就了独具风格的学术品质和精神风貌。一代又一代的湘大学人在这里探究真理、创造新知，以学术立身、以著作立言、以品德立魂，用自己的毕生心血，汇集而成了一篇篇富有思想的学术成果。

大学之大，大师之谓也。为汇集湘大学人学术成果，展示湘大学人学术品格，2014 年，在复校四十周年之际，学校精心策划"湘潭大学学者文库"丛书，出版了《沧南自选集》《袁龙蔚文集》。入选文集经过了广泛征集和论证，无一不是湘大学人呕心沥血之佳作、高深学问之精髓、学术思想之独见、品性修养之映照。文库收录的学术成果，都有着清晰的问题意识、科学的研究方法、严谨的逻辑结构，既有源自哲学思辨的理性探究，也有基于生产实践的资料佐证，充分展示了湘大学人独有的学术品格，体现了湘大学人的厚积薄发和卓越追求。这是湘大学人智慧的结晶，更是推动学校高质量发展的宝贵精神财富。

甲辰龙年，学校迎来复校五十周年。值此之际，第二批"湘潭大学学者文库"丛书，包括《尹世杰文集》《刘桂斌文集》《羊春秋文集》《宋世杰文集》《张铁夫文集》《陈仲沪文集》《罗铸楷文集》《姜书阁文集》《萧艾文集》《曹木清文集》《彭燕郊文集》《韩长耕文集》12 部学者文集付梓出版，这既是记录湘大学人敢于挑战与奋斗、饱含智慧与激情的光辉岁月，展现湘大学人精学苦研的具象载体，又是湘大学人牢记办学历史，坚持知行合一，弘扬学术精神，接续优良传统的价值传承和推动学术创新的具体行动。

伟人故里逢盛世，一路高歌向前行。丛书的出版，将让我们再一次触摸和感受老一辈湘大学人的独特学术品格和精神品质，也将鼓舞新一代湘大学人深入贯彻落实习近平总书记对学校的重要批示精神，弘扬"牢记嘱托、艰苦创业、追求卓越"的湘大精神，扎根伟人故里，厚植家国情怀，坚持守正创新，为建成科技教育强国，以中国式现代化全面推进中华民族伟大复兴作出新的更大的贡献！

湘潭大学 党委书记 刘起军

校 长 潘碧灵

目　录

多值逻辑的完备性理论

部分多值逻辑的完备性理论

一元多值逻辑函数的完备性理论

多值逻辑的应用

多值逻辑的完备性理论

多值逻辑中所有极大封闭集之确定问题

在 k 值逻辑理论中，函数系的完备性之判定问题是一个基本而重要的问题，此问题的彻底解决依赖于定出 k 值函数集 P_k 中的所有极大封闭集，Post[1] 和 Яблонский[2] 分别定出了 P_2 与 P_3 中的所有极大封闭集. 对于一般的 k，王湘浩教授证明了 P_k 中任一极大封闭集必是某一个保 m 项关系的函数集[9]，$2\leqslant m\leqslant k$；同时还提出了两类新的函数集：广义线性函数集 L_G 和保分划函数集 T_{D^r}. 作者定出了 L_G 的所有极大封闭集[8]，T_{D^r} 的部分极大封闭集[7] 以及由 2，k 项关系所确定的极大封闭集[9][10]. 根据"保关系"的系统观点，本文证明了 P_k 中任意极大封闭集必是一个单调函数集 M[3]，T 型集 $T_{E,0}$[2]，保分划函数集 T_{D^r}，自对偶函数集 S_σ，或线性函数集 L_G. 由于函数集 $M, T_{E,0}, S_\sigma, L_G$ 的极大封闭性问题已完全解决，因此只要定出 T_{D^r} 类中的所有极大封闭集便得到 P_k 中的全部极大封闭集，从而看出这一问题已接近解决.

本文所取得的成果，是在王湘浩教授的指导下完成的，在此表示感谢. 本文所引用的一些符号，基本概念和事实除已指明的以外，均见文[2]，[7～10].

命题 1 设 $R(G_m)$ 满足：

1) G_m 中包含序列 $\langle j,\cdots,j\rangle, j=0,\cdots,k-1$；

2) 对任意 $a_1,a_2,\cdots,a_{i-1},a_{i+1},\cdots,a_m$ 有 a 使 $\langle a_1,\cdots,a_{i-1},a,a_{i+1},\cdots,a_m\rangle\in G_m$.

于是，

$$U(R(G_m))\subset T_{D^r},$$

其中，D^r 为分划

$$E^k=\bigcup_{\substack{a_1,\cdots,a_{i-1}\\ a_{i+1},\cdots,a_m=0}}^{k-1} A_{a_1,\cdots,a_{i-1},a_{i+1},\cdots,m},$$

$$A_{a_1,\cdots,a_{i-1},a_{i+1},\cdots,m}=\{a\mid\langle a_1,\cdots,a_{i-1},a,a_{i+1},\cdots,a_m\rangle\in G_m, a\in E^k\}.$$

定义 $R(G_m)$ 说是一个单纯的 m 项关系，如果 $U(R(G_m))<P_k$ 且任意包

含 $U(R(G_m))$ 的 T_{D^r} 都等于 P_k，若 $R(G_m)$ 是单纯的，则称 $U(R(G_m))$ 为单纯的 m 重 U 型集.

命题 2 设 $R(G_4)$ 是一个单纯对称的 4 项关系而且

$$G_4 = G_4(x_1 = x_2, x_3 = x_4) \cup G_4(x_1 = x_3, x_2 = x_4) \cup G_4(x_1 = x_4, x_2 = x_3) \cup G'_4,$$

其中，G'_4 非空仅包含含 4 个不同元素的序列. 于是，$U(R(G_4))$ 必是一个线性函数集 L_G.

命题 3 设 $R(G_m)$ 是一个正规对称的 m 项关系，而且 G_m 中包含含 m 个不同元素的序列. 于是，当 $m \geqslant 5$ 时，$U(R(G_m)) \subset T_{D^k}$ 或 $T_{D^m}(< P_k)$；当 $m = 4$ 时，$U(R(G_m)) \subset T_{D^k}, T_{D^r}(< P_k)$ 或 L_G.

证明 称 $G_m^*(x_i = x_j)$ 为第 1* 组序列集合，$i \neq j, i, j = 1, \cdots, m$；$G_m^*(x_i = x_j = x_h)$ 为第 2* 组序列集合，i, j, h 互不相同，$i, j, h = 1, 2, \cdots, m$；$G_m^*(x_i = x_j, x_g = x_h)$ 为第 3* 组序列集合，i, j, h, g 互不相同，$i, j, g, h = 1, \cdots, m$. 由文[10] 中之命题 6 和 $R(G_m)$ 对称，我们可以将其分为下列几种情形进行讨论：

1) 设第 1* 组中的全部集合都包含在 G_m 中，于是，由命题 6[10] 可得 $U(R(G_m)) =$ 某一个 $T_{D^m} < P_k$.

2) 设第 1* 组中的每一个集合全无元素包含在 G_m 中，且第 2* 组中的全部集合都包含在 G_m 中，于是，由 Яблонский 引理[2] 可推得 $U(R(G_m))$ 中无真多元取 k 个值的函数，因而 $U(R(G_m)) \subset T_{D^k}$.

3) 设第 1*，2* 组中的每一个集合全无元素包含在 G_m 中，于是，当 $m \geqslant 5$ 时，$U(R(G_m)) \subset T_{D^k}$；当 $m = 4$ 时，$U(R(G_m)) \subset$ 线性函数集 L_G 或 $T_{D^r}(< P_k)$ 中.

由 $R(G_m)$ 的正规性和文[10] 中之命题 2，有 $\langle a, a, a_1, \cdots, a_{m-3}, a \rangle \in G_m$；$a, a_1, \cdots, a_{m-3}$ 互不相同，从而由文[10]之命题 6 知，第 3* 组中的全部集合都包含在 G_m 中. 当 $m \geqslant 5$ 时，由 Яблонский 引理[2] 可推得 $U(R(G_m))$ 中无真多元取 k 个值的函数，因而 $U(R(G_m)) \subset T_{D^k}$. 当 $m = 4$ 时，

$$G_4 = G_4(x_1 = x_2, x_3 = x_4) \cup G_4(x_1 = x_3, x_2 = x_4) \cup G_4(x_1 = x_4, x_2 = x_3) \cup G'_4,$$

其中，G'_4 非空且仅包含含 4 个不同元素的序列. 如此根据命题 2 知，

$$U(R(G_4)) \subset L_G \text{ 或 } T_{D^r}(< P_k).$$

定理 1 设 $R(G_m)$ 是一个正规的 m 项关系，当 $m \geqslant 5$ 时，$U(R(G_m)) \subset T_{D^k}$

或 $T_{D^m}(<P_k)$；当 $m=4$ 时，$U(R(G_m))\subset T_{D^k}, T_{D^r}(<P_k)$ 或 L_G.

证明 命 $G_m^*(x_{i_1}=x_{i_2}, x_{i_3}=\cdots=x_{i_m})$（$i_1,\cdots,i_m$ 互不相同，$i_1,\cdots,i_m=1,\cdots,m$），$G_m^*(x_{i_1}=\cdots=x_{i_{m-1}})$（$i_1,\cdots,i_{m-1}$ 互不相同，$i_1,\cdots,i_{m-1}=1,\cdots,m$）分别为第 1^* 组和第 2^* 组序列集合. 设 G_m 不包含含 m 个不同元素的序列，由文[10]中之定理 4 知，

$$U(R(G_m))\subset T_{D^k}.$$

设 G_m 中包含含 m 个不同元素的序列，于是，G_m 中必包含第 1^* 组或第 2^* 组中的全部集合.

事实上，由文[10]中之命题1,6可知，不妨假设 $G_m^*(x_1=x_2, x_3=\cdots=x_m)$ 中全无元素包含在 G_m 中，根据 $R(G_m)$ 的正规性和命题 2[10] 可推得 $\langle a_1,a_1,a_1,a_2,\cdots,a_{m-2}\rangle$，$\langle b_1,b,b_2,b_2,b_3,\cdots,b_{m-2}\rangle$，$\langle c,c_1,c_2,c_3,\cdots,c_{m-2}\rangle$，$\langle d_1,d_1,d_2,d,d_3,\cdots,d_{m-2}\rangle\in G_m$. 其中，当 $i\neq j$ 时，$a_i\neq a_j, b_i\neq b_j, c_i\neq c_j, d_i\neq d_j$，且 $b\neq b_1, c\neq c_1, d\neq d_2$. 因为

$$\langle a_1,a_1,a_1,a_2,\cdots,a_{m-2}\rangle\in G_m^*(x_1=x_2=x_3),$$

所以由文[10]中之命题 6 可知，$G_m(x_1=x_2=x_3)\subset G_m$，从而第 2^* 组中的集合除 $G_m^*(x_1=x_2=\cdots=x_m)$，$G_m^*(x_1=x_3=\cdots=x_m)$，$G_m^*(x_1=x_2=x_4=\cdots=x_m)$ 外皆包含在 G_m 中. 因为 $\langle b_1,b,b_2,b_2,b_3,\cdots,b_{m-2}\rangle$ 必属于 $G_m^*(x_3=x_4)$，$G_m^*(x_2=x_3=x_4)$，$G_m^*(x_2=x_{4+i}, x_3=x_4)(i\geqslant 1)$ 之一，所以 $G_m^*(x_2=x_3=\cdots=x_m)\subset G_m$. 完全类似地可得

$$G_m^*(x_1=x_3=\cdots=x_m), G_m^*(x_1=x_2=x_4\cdots=x_m)\subset G_m.$$

设 $R(\widetilde{G_m})$ 是 $R(G_m)$ 中最大具有对称性的子关系. 显然，$\widetilde{G_m}$ 中亦包含第 1^* 组或第 2^* 组中的全部集合，如此由 $R(G_m)$ 非完全可定义一个函数不属于 $U(R(\widetilde{G_m}))$，即

$$U(R(\widetilde{G_m}))<P_k.$$

根据 $R(G_m)$ 的正规性及文[10]中之命题3得，$R(\widetilde{G_m})$ 正规且 $U(R(G_m))\subset U(R(\widetilde{G_m}))$. 若 $\widetilde{G_m}$ 中不包含含 m 个不同元素的序列，则由文[10]中之定理 4 可知，$U(R(\widetilde{G_m}))\subset T_{D^k}$. 若 $\widetilde{G_m}$ 中包含含 m 个不同元素的序列，则由命题 3 可知，当 $m\geqslant 5$ 时，$U(R(\widetilde{G_m}))\subset T_{D^k}$ 或 $T_{D^m}(<P_k)$；当 $m=4$ 时，$U(R(\widetilde{G_m}))\subset T_{D^k}$，$T_{D^r}(<P_k)$ 或 L_G.

命 $G_3^*(x_1=x_2)$，$G_3^*(x_1=x_3)$，$G_3^*(x_2=x_3)$ 为第 1^* 组序列集合.

定理 2 设 $R(G_3)$ 正规且 G_3 至少包含第 1^* 组中一个集合，$k \geqslant 4$. 于是，

$$U(R(G_3)) \subset L_G \text{ 或 } T_{D^r}(< P_k).$$

证明

1) 设 G_3 包含第 1^* 组中的全部集合，$R(\widetilde{G})$ 是 $R(G)$ 中最大具有对称性的子关系，由文[10]中之命题3知，$U(R(G_3)) \subset U(R(\widetilde{G_3}))$. 显然，$\widetilde{G_3}$ 中亦包含第 1^* 组中的全部集合且 $R(\widetilde{G_3})$ 正规，因此，$U(R(\widetilde{G_3})) =$ 某一 $T_{D^3}(< P_k)$.

2) 设 G_3 只包含第 1^* 组中的一个集合，由文[10]中之命题1可知，不妨假设 $G_3^*(x_2 = x_3) \subset G_3$，作 E^k 的分划 D^r 如下：

$$E^k = \bigcup_{i,j=0}^{k-1} A_{i,j}, \quad A_{i,j} = \{a \mid \langle i, j, a\rangle \in G_3, a \in E_k\}.$$

由命题1知，$U(R(G_3)) \subset T_{D^r}$，可以证明 $T_{D^r} < P_k$.

3) 设 G_3 只包含第 $1*$ 组中的两个集合，且 $R(G_3)$ 单纯，不妨假设 $G_3^*(x_1 = x_3)$，$G_3^*(x_2 = x_3) \subset G_3$，于是，有 $U(R(G_3)) \subset L_G$.

事实上，定义集合 G_4：

① 若 $\langle a_1, a_2, a\rangle$，$\langle a, a_3, a_4\rangle \in G_3$，则 $\langle a_1, a_2, a_3, a_4\rangle \in G_4$；

② 若 $\langle a_1, a_2, a_3, a_4\rangle \in G_4$，则有 a 使 $\langle a_1, a_2, a\rangle$，$\langle a, a_3, a_4\rangle \in G_3$，可验证 $U(R(G_3)) \subset U(R(G_4)) \subset U(R(\widetilde{G_4}))$，$R(\widetilde{G_4})$ 是 $R(G_4)$ 中最大具有对称性的子关系，而且 $\widetilde{G_4} = G_4(x_1 = x_2, x_3 = x_4) \cup G_4(x_1 = x_3, x_2 = x_4) \cup G_4(x_1 = x_4, x_2 = x_3) \cup G'_4$.

若 $G_4^*(x_1 = x_2 = x_3) \cap \widetilde{G_4}$ 非空，则可推得 $G_3^*(x_1 = x_2) \cap G_3$ 非空；若 $\widetilde{G_4} \cap G_4^*(x_1 = x_2)$ 非空，则由 2) 可推得 $U(R(\widetilde{G_4})) \subset U(R(\overline{G_4})) \subset U(R(\overline{G_4^{2,3,4}})) \subset T_{D^r} < P_k$. 其中，$\overline{G_4} = G_4(x_1 = x_2) \cap \widetilde{G_4}$. 因此，$G'_4$ 必是空集或仅包含含4个不同元素的序列的集合. 若 G'_4 是空集，则显然 P_k 中全部一元函数都属于 $U(R(\widetilde{G_4}))$，从而 $U(R(\widetilde{G_4})) \subset T_{D^k}$，此与 $R(G_3)$ 单纯相矛盾，故 G'_4 非空.

如此，由命题2知，$U(R(G_3)) \subset U(R(\widetilde{G_4})) \subset L_G$.

定理 3 设 $R(G_3)$ 正规单纯且第 1^* 组中全无集合包含在 G_3 中，$k \geqslant 4$. 有，

$$U(R(G_3)) \subset L_G.$$

证明

1) 对于任意 a_1, a_2，由 $R(G_3)$ 的正规单纯性可推得恰有 a, b, c 存在使 $\langle a_1, a_2, a\rangle$，$\langle a_1, b, a_2\rangle$，$\langle c, a_1, a_2\rangle \in G_3$.

由 G_3 定义 G_4：

① 若 $\langle a, a_1, a_2\rangle, \langle a, a_3, a_4\rangle \in G_3$，则 $\langle a_1, a_2, a_3, a_4\rangle, \langle a_3, a_4, a_1, a_2\rangle \in G_4$；

② 若 $\langle a_1, a_2, a_3, a_4\rangle \in G_4$，则有 a 使 $\langle a, a_1, a_2\rangle, \langle a, a_3, a_4\rangle \in G_3$，可验证

$$U(R(G_3)) \subset U(R(G_4)).$$

由 G_4 定义 $\overline{G_4}$：

① 若 $\langle a, a_1, b, a_3\rangle, \langle a, a_4, b, a_2\rangle \in G_4$，则 $\langle a_1, a_2, a_3, a_4\rangle, \langle a_4, a_3, a_2, a_1\rangle \in \overline{G_4}$；

② 若 $\langle a_1, a_2, a_3, a_4\rangle \in \overline{G_4}$，则有 a, b 使 $\langle a, a_1, b, a_3\rangle, \langle a, a_4, b, a_2\rangle \in G_4$，可验证 $U(R(G_4)) \subset U(R(\overline{G_4}))$.

2) 由 1) 可推得 $\overline{G_4}$ 包含集合

$$G_4(x_1 = x_3, x_2 = x_4), G_4(x_1 = x_4, x_2 = x_3), \tag{1}$$

而集合

$$G_4^*(x_2 = x_3 = x_4),\quad G_4^*(x_1 = x_3 = x_4),$$
$$G_4^*(x_1 = x_2 = x_4),\quad G_4^*(x_1 = x_2 = x_3) \tag{1*}$$

中全无元素包含在 $\overline{G_4}$ 中.

3) 若 $G_4^*(x_2 = x_2, x_3 = x_4) \subset \overline{G_4}$，则 $U(R(G_3)) \subset U(R(\overline{G_4})) \subset L_G$.

事实上，设 $R(\widetilde{G_4})$ 是 $R(\overline{G_4})$ 中最大具有对称性的子关系，显然，由上式(1*)中的集合全无元素包含在 $\widetilde{G_4}$ 中，且 $\widetilde{G_4} = G_4(x_1 = x_2, x_3 = x_4) \cup G_4(x_1 = x_3, x_2 = x_4) \cup G_4(x_1 = x_4, x_2 = x_3) \cup G'_4$.

再根据 $R(G_3)$ 的正规单纯性可推得，G'_4 是空集或是仅包含含 4 个不同元素的序列的集合，因而由命题 2 可知，$U(R(\widetilde{G_4})) \subset L_G$.

4) 对于任意 a_1, a_2, a_3，由 $R(G_3)$ 的正规单纯性和 2) 可推得恰有 4 个元素 a, b, c, d 存在使 $\langle a, a_1, a_2, a_3\rangle, \langle a_1, b, a_2, a_3\rangle, \langle a_1, a_2, c, a_3\rangle, \langle a_1, a_2, a_3, d\rangle \in \overline{G_4}$.

5) 若 $G_4^*(x_1 = x_2, x_3 = x_4) \not\subset \overline{G_4}$，则 $U(R(G_3)) \subset L_G$.

事实上，设 $R(\widetilde{G_4})$ 是 $R(\overline{G_4})$ 中最大对 3,4 项具有对称性的子关系，由 2) 及命题 3[10] 知，$U(R(G_3)) \subset U(R(\overline{G_4})) \subset U(R(\widetilde{G_4}))$，$\widetilde{G_4}$ 包含(1) 中的全部集合，而(1*) 中的集合全无元素包含在 $\widetilde{G_4}$ 中.

设 $\widetilde{G_4} < \overline{G_4}$，显然，$G_3^*(x_1 = x_3), G_3^*(x_2 = x_3) \subset \widetilde{G_4^{1,2,3}}$. 于是，由 4) 及命题 2[10] 可知，$U(R(\widetilde{G_4})) \subset U(R(\widetilde{G_4^{1,2,3}})) < P_k$. 如此由定理 2 之 3) 得，

$U(R(\widetilde{G_4^{1,2,3}})) \subset L_G$.

设$\widetilde{G_4}=\overline{G_4}$，命$G'_4=\overline{G_4}\cap G_4(x_1=x_2)$，$\overline{G_3}=G'^{2,3,4}_4$. 可以证明：

$$U(R(G_3))\subset U(R(\overline{G_3})),\quad \overline{G_3}=\overline{G_3^{2\sim 3}}.$$

$R(\overline{G_3})$正规单纯而且第1*组中全无集合包含在$\overline{G_3}$中，如此对于新的$\overline{G_3}$，以上的结论1)，2)，4)显然亦成立. 同时，可以推得从$\overline{G_3}$出发所定义的G_4，$\overline{G_4}$有$G_4=\overline{G_4}$. 在E^k中任取一个元素记为0，由4)对于任意a,b恰有c使$\langle 0,c,d,a\rangle\in G_4$，如此，我们便把$c$定义为$a,b$之和：$a+b=c$. 由$\overline{G_3}=\overline{G_3^{2\sim 3}}$及1)，2)，4)可证明：$E^k$在此加法运算下是一个加法群而且对于任意$a_1,a_2,a_3,a_4$，$\langle a_1,a_2,a_3,a_4\rangle\in G_4$的充要条件为$a_1+a_2=a_3+a_4$. 因此，$U(R(G_4))\subset L_G$. 故$U(R(G_3))\subset U(R(\overline{G_3}))\subset U(R(G_4))=L_G$.

由定理1，2，3以及定理5[10]，2[9]可得下列定理：

基本定理 当$k\geqslant 3$时，P_k中任意极大封闭集必是一个单调函数集M[3]，T型集$T_{E,0}$[2]，保分划函数集T_{D^r}[7]，自对偶函数集S_σ[2]，或线性函数集L_G[8].

参考文献

[1] Post E L. The two-valued iterative systems of mathematical logic[J]. Annals of Mathematics Studies，1941，5(5)：1－22.

[2] Яблонский С В. ФункциональНые Построения в к-значной логике，ТруДы Матем[J]. Ин-Та АНHСССР，1958(51).

[3] Мартынюк В В. Ирследование некоторых классов функций в многозначнвлх логиках[J]. Ироблены кибернетики，1960(3)：49－60.

[4] Саломаа А. Некоторые критерии цолноты Для множеств функций многозначной логики [J]. Кпбернетический сборнпк，1964(8)：1－32.

[5] 庞云阶. 在多值逻辑中求全部极大封闭集的一个能行方法[J]. 吉林大学自然科学学报，1962(2)：99－102.

[6] 王湘浩. 有限集合上缺值及不缺值函数的结构理论[J]. 吉林大学自然科学学报，1963(2)：295－318.

[7] 罗铸楷. 关于保分划之函数集的极大封闭性(Ⅰ)[J]. 吉林大学自然科学学报，1963(2)：105－116.

[8] 罗铸楷. 线性函数集和环的极大封闭性[J]. 吉林大学自然科学学报，1963(2)：1－14.

[9] 罗铸楷，刘叙华. 在多值逻辑中二项关系所确定的极大封闭集[J]. 吉林大学自然科学学报，1963(4)：27—33.

[10] 罗铸楷. 在 k 值逻辑中正规 k 项关系所确定的极大封闭集[J]. 吉林大学自然科学学报，1964(3)：39—50.

线性函数集和环的极大封闭性

在 k 值逻辑理论中，函数系的完备性之刻划问题是一个基本而重要的问题，到目前为止，除 2 值和 3 值外尚未很好地解决，此问题的彻底解决依赖于定出所有的极大封闭集，Яблонский(1958)定出了若干极大封闭集．本文研究了广义的线性函数集，包括 Яблонский(1958)提出的极为特殊的线性函数集，并得到了新的极大封闭集，主要的结论是定理 5．此外，我们还讨论了环的极大封闭性，主要的结论是定理 3．

本文所讨论的问题从提出到解决都是在王湘浩教授指导下完成的，在此表示感谢．

1．环之极大封闭性

定义　设 E^k 是由 $k(\geqslant 2)$ 个元素作成的一个集合，定义在 E^k 上而其函数值仍属于 E^k 的任意多个变数的函数称之为 k 值函数．

以下所提到的函数都是指 k 值函数，所有 k 值函数所作成之集合记为 P_k．

定义　设 A 是 P_k 的一个非空子集，函数 $f(t_1,\cdots,t_m)\in A$；函数 $g_i(x_1,\cdots,x_n)$ 或属于 A 或为自变数 x_i，$i=1,\cdots,m$．于是，函数 $f(g_1(x_1,\cdots,x_n),\cdots,g_m(x_1,\cdots,x_n))$ 说是由 A 中的函数复合出来的函数．

所有由 A 复合出来的函数作成之集合记为 A'，显然，$A\subset A'$．我们有

1) 若 $A\subset B$，则 $A'\subset B$．

定义　A 说是封闭集，如果 $A'=A$．

2) 任意一些封闭集的交集仍是封闭集．

定义　设 A 是 P_k 的一个非空子函数集，包含 A 的所有封闭集之交集称为 A 的封化集，记为 $\overline{A}$．

显然，$\overline{A}$ 是封闭集而且 $A\subset\overline{A}$．

3) 若 $A \subset B$,则 $\overline{A} \subset \overline{B}$.

4) $\overline{\overline{A}} = \overline{A}$.

定理 1 $\overline{A} = A \cup A' \cup A'' \cup \cdots \cup A^{(i)} \cup \cdots$.

证明 命

$$B = A \cup A' \cup A'' \cup \cdots \cup A^{(i)} \cup \cdots.$$

设 M 是包含 A 的任意封闭集,由 1) 有

$$A' \subset M' = M, A'' \subset M, \cdots, A^{(i)} \subset M, \cdots.$$

于是,$B \subset M$. 因之,$B \subset \overline{A}$. 设 $f(x_1, \cdots, x_n) \in B'$,由复合函数的定义知

$$f(x_1, \cdots, x_n) = g(g_1(x_1, \cdots, x_n), \cdots, g_m(x_1, \cdots, x_n)).$$

其中,$g(t_1, \cdots, t_m) \in B$,$g_i(x_1, \cdots, x_n)$ 或属于 B 或为自变数,$i = 1, \cdots, m$. 不难看出,必然存在一个 $A^{(j)}$,使得 $g(t_1, \cdots, t_m) \in A^{(j)}$,$g_i(x_1, \cdots, x_n)$ 或属于 $A^{(j)}$ 或为自变数,$i = 1, \cdots, m$. 于是,$f(x_1, \cdots, x_n) \in A^{(j+1)} \subset B$. 因之,$B' = B$,故 B 是封闭集. 由封化集的定义和 $A \subset B$ 可知 $\overline{A} \subset B$,因之 $B = \overline{A}$.

定义 $\overline{A}$ 中的函数称为 A 中的函数的叠合函数.

定义 设 A 是 P_k 的一个非空子集. A 说是一个完备集,如果 $\overline{A} = P_k$.

定义 设 A 是一个封闭集,$A < P_k$,A 说是一个极大封闭集,如果没有封闭集 B 存在适合

$$A < B < P_k.$$

以上的定义和基本结论是引用王湘浩教授的讲课记录.

定义 设 $E^k = \{a_0, \cdots, a_{k-1}\}$. $x + y, xy$ 是 P_k 中的两个函数并设 E^k 在这两个运算之下成为一个环 R. 命函数集 $A = \{x+y, xy, a_0, \cdots, a_{k-1}\}$. 环 R 说是完备的,如果 A 是完备集. 环 R 说是极大封闭的,如果 $\overline{A}$ 是极大封闭集.

定理 2 设 R 是一个 k 元环,于是,R 完备的充分必要条件是 R 为某一个域上的全阵环.

Кузнецов(1956) 已经指出此定理成立,但没有证明,为了后面的需要在此我们给予证明.

证明 必要性.

我们知道,有限环 R 为某一个域上的全阵环的充分必要条件是 R 为单纯环且 $R^2 \neq (0)$[3]。因此,只需证明 R 必为单纯环和 $R^2 \neq (0)$. 若 R 为非单纯环,则 R 必有真子理想. 设 N 为 R 的一个真子理想,首先将 R 分成剩余类的直接和:

$$R = N \oplus N_1 \oplus \cdots \oplus N_h \quad , h \geqslant 1.$$

然后作 U 型集 $U_{N,N_1,\cdots,N_h}$[2]，因为下列合同式成立：

$$(x+n_1)+(y+n_2)\equiv x+y(\mathrm{mod}\ N),$$

$$(x+n_1)(y+n_2)\equiv xy(\mathrm{mod}\ N).$$

其中，n_1，n_2 为 N 中的任意元素，所以

$$A\subset U_{N,N_1,\cdots,N_h}.$$

由 $U_{N,N_1,\cdots,N_h}$ 的封闭性可知，$\overline{A}\subset U_{N,N_1,\cdots,N_h}<P_k$，此与 R 的完备性相矛盾. 可见 R 必为单纯环. 若 $R^2=(0)$，则一元函数 $jx+a_i$ 为 $\overline{A}$ 中的全部一元函数，其个数最多为 k^2. 其中，$i=0,\cdots,k-1$；$j=0,\cdots,k-1$. 但 P_k 中一元函数的个数为是 k^k，显然，当 $k>2$ 时，$k^k>k^2$，此与 R 的完备性相矛盾. 当 $k=2$ 时，若 $R^2=(0)$，则 $\overline{A}$ 恰为线性极大封闭集[2]，此与 R 的完备性相矛盾，因之，$R^2\neq(0)$.

充分性.

设 R 是某一个域 F 上的 m 阶全阵环. 用 $\boldsymbol{O}$，$\boldsymbol{A}_1$，$\cdots$，$\boldsymbol{A}_{k-1}$ 表示 R 中所有的矩阵，$\boldsymbol{I}$ 表示单位矩阵，$\boldsymbol{E}_i$ 代表下列矩阵

$$\begin{bmatrix} \overbrace{0 & & }^{i-1} & & & & \\ & \ddots & & & & & \\ & & 0 & & & & \\ & & & 1 & & & \\ & & & & 0 & & \\ & & & & & \ddots & \\ & & & & & & 0 \end{bmatrix},\quad 0,1\in F.$$

命函数集 $m=\{X+Y,X\cdot Y,\boldsymbol{O},\boldsymbol{A}_1,\cdots,\boldsymbol{A}_{k-1}\}$. 我们对函数的自变数之个数 n 用归纳法证明任意多个变数的函数包含在 $\overline{m}$ 中. 设 $n=1$，我们证明任意的一元函数包含在 $\overline{m}$ 中，显然，对任意非 0 矩阵 $\boldsymbol{A}_i$ 必有矩阵 $\boldsymbol{B}_i$，$\boldsymbol{C}_i$ 存在，使得

$$\boldsymbol{B}_i(-\boldsymbol{A}_i)\boldsymbol{C}_i=\boldsymbol{E}_1+\cdots+\boldsymbol{E}_{r_i}.$$

其中，r_i 为 $-\boldsymbol{A}_i$，的秩数，不难看出下列等式成立：

$$\boldsymbol{B}_1(-\boldsymbol{A}_1)\boldsymbol{C}_1\boldsymbol{B}_2(-\boldsymbol{A}_2)\boldsymbol{C}_2\cdots\boldsymbol{B}_{k-1}(-\boldsymbol{A}_{k-1})\boldsymbol{C}_{k-1}=\boldsymbol{E}_1.$$

因此，一元函数

$$\varphi_1(X)=\begin{cases}E_1, & \text{当 } X=0 \text{ 时},\\ 0, & \text{当 } X\neq 0 \text{ 时}\end{cases}$$

可表示为 $B_1(X-A_1)C_1B_2(X-A_2)C_2\cdots B_{k-1}(X-A_{k-1})C_{k-1}$.

于是，$\varphi_1(X)\in\overline{m}$. 由矩阵等价性质必有矩阵 $\boldsymbol{S}_i$，$\boldsymbol{T}_i$，存在使得 $\boldsymbol{T}_i\boldsymbol{E}_1\boldsymbol{S}_i=\boldsymbol{E}_i$，$i=1,\cdots,m$，命

$$f_0(X) = T_1\varphi_1(X)S_1 + \cdots + T_m\varphi_1(X)S_m.$$

显然,

$$f_0(X) = \begin{cases} I, & \text{当 } X = 0 \text{ 时}, \\ 0, & \text{当 } X \neq 0 \text{ 时}. \end{cases}$$

而且 $f_0(X) \in \overline{m}$,将 $X - A_i$ 代入 $f_0(X)$ 可得

$$f_0(X) = f_0(X - A_i) = \begin{cases} I, & \text{当 } X = A_i \text{ 时}, \\ 0, & \text{当 } X \neq A_i \text{ 时}. \end{cases} \quad i = 1, \cdots, k-1.$$

而且 $f_i(X) \in \overline{m}$. 设 $f(X)$ 是任意的一个一元函数,于是,不难验证等式

$$f(X) = f(0)f_0(X) + \cdots + f(A_{k-1})f_{k-1}(X)$$

成立,因之,$f(X) \in \overline{m}$. 假设所有的 n—1 元函数都包含在 $\overline{m}$ 中,设 $f(X_1, \cdots, X_n)$ 是任意的一个 n 元函数,易见,下列等式成立:

$$f(X_1, \cdots, X_n) = \sum_{i=0}^{k-1} g_i(X_n) f(X_1, \cdots, X_{n-1}, A_i).$$

其中,

$$g_i(X_n) = \begin{cases} I, & \text{当 } X_n = A_i \text{ 时}, \\ 0, & \text{当 } X_n \neq A_i \text{ 时}. \end{cases}$$

因为 $g_i(X_n)$ 和 $f(X_1, \cdots, X_{n-1}, A_i)$ 都包含在 $\overline{m}$ 中,所以 $f(X_1, \cdots, X_n)$ 亦包含在 $\overline{m}$ 中,故任意多个变数的函数包含在 $\overline{m}$ 中.

引理 若集合 E^k 分为不同的直接和,则相应的 U 型集不相同.

证明 设 E^k 分为两个不同的直接和:

$$\begin{aligned} E^k &= A_1 \oplus \cdots \oplus A_r, \\ E^k &= B_1 \oplus \cdots \oplus B_s, \end{aligned} \quad 1 < r, s < k.$$

总有一个 A_j 与任意 B_i 不相同. 在 A_j 中任取一个元素 a,假设 a 包含在某一个 B_i 中:

1) 若 $A_j \geqslant B_i$,则有 $b \in A_j$ 而 $b \notin B_i$;

2) 若 $A_j < B_i$,则有 $b \in B_i$ 而 $b \notin A_j$.

我们只需考虑情形 1) 就可以了,设 c, d 同属于某一个 B_h 中,显然,一元函数

$$\varphi(x) = \begin{cases} a, & \text{当 } x = c \text{ 时}, \\ b, & \text{当 } x = d \text{ 时}, \\ a, & \text{在其余的情形} \end{cases}$$

包含在 $U_{A_1, \cdots, A_r}$ 中而不包含在 $U_{B_1, \cdots, B_s}$ 中,因之,$U_{A_1, \cdots, A_r} \neq U_{B_1, \cdots, B_s}$.

定理3 设R是一个k元环，于是R是极大封闭的充分和必要条件是$R^2=(0)$而且R的加法群之元数为质数.

证明 充分性.

设R的加法群为G，其元数k为质数，显然，G是一个循环群，这样，G可以看作是k元域的加法群.因之，由$R^2=(0)$可推知$\overline{A}$与线性函数集L^k相等[2].因为L^k是极大封闭集，所以$\overline{A}$亦是极大封闭集.因之，R是极大封闭的.

必要性.

1) 若R有两个以上的真理想，则R不是极大封闭的.事实上，设N_1，N_2为R的两个不同真理想，显然有

$$\overline{A}\subset U_{N_1,N_1^1,\cdots,N_r^1},\quad \overline{A}\subset U_{N_2,N_2^2,\cdots,N_s^2}.$$

由引理$U_{N_1,N_1^1,\cdots,N_r^1}\neq U_{N_2,N_2^2,\cdots,N_s^2}$，故$\overline{A}$不是极大封闭集，因而$R$不是极大封闭的.

2) 若R恰有一个真理想N，则R不是极大封闭的.首先证明$N^2=(0)$.若$N^2\neq(0)$，则$N^3=N$，因之，R是一个半单纯环，由半单纯环的基本性质，R可分为单纯环的直接和[3]：

$$R=N_1\oplus\cdots\oplus N_h.$$

其中，N_i是单纯环而且是R的理想.显然，$N_i<R$，因之，$R=N\oplus\cdots\oplus N=N$与$N<R$矛盾，故$N^2=(0)$.设$N_1$是共于$N$的一个剩余类，$a\in N$且$a\neq0$，$b\in N_1$，我们作二元函数

$$f(x,y)=\begin{cases}a, & \text{当 } x=a,y=b \text{ 时},\\ o, & \text{在其余情形}.\end{cases}$$

显然，

$$f(x,y)\in U_{N_1,N_1,\cdots,N_h}.$$

若$f(x,y)\in\overline{A}$，则由$N^2=(0)$不难验证，当x,y在N中取值时下列等式成立：

$$f(x,y+b)=f_0(b)+f_1(x)+f_2(y),\tag{1}$$

其中，$f_1(0)=0$，$f_2(0)=0$.将$x=0,y=0$；$x=0,y=y$分别代入式(1)，得

$$f(0,b)=f_0(b)+f_1(0)+f_2(0)=f_0(b)=0,$$

$$f(0,y+b)=f_0(b)+f_1(0)+f_2(y)=f_2(y)=0.$$

因之

$$f(x,y+b)=f_1(x).\tag{2}$$

将 $x = x, y = a$ 代入式(2),得

$$f(x, a+b) = f_1(x) = 0.$$

因此,当 x, y 在 N 中取值时,函数 $f(x, a+b)$ 恒取 0 值,此与 $f(a, 0+b) = a \neq 0$ 相矛盾,故 $f(x, y) \notin \overline{A}$. 因之,$\overline{A} < U_{N_1, N_1, \cdots, N_h}$ 从而 R 不是极大封闭的.

由 1),2) 可得,若 R 是极大封闭的,则 R 必为单纯环. 再由定理 2 知,若 R 是极大封闭的,则 $R^2 = (0)$. 由 $R^2 = (0)$ 可知,R 的加法群之子群必为 R 的理想. 因为 R 是单纯环,所以 R 的加法群没有真子群. 因之,R 的加法群之元数为质数.

2. 线性函数集之极大封闭性

定义 设 G 是一个是 k 元加法群,$f(x_1, \cdots, x_n)$ 是定义在 G 上而函数值仍属于 G 的函数,函数 $f(x_1, \cdots, x_n)$ 说是线性函数. 如果对任意的值组 $\tilde{\alpha} = (\alpha_1, \cdots, \alpha_n)$ 和 $\tilde{\beta} = (\beta_1, \cdots, \beta_n)(\alpha_i, \beta_i \in G)$,恒有

$$f(\tilde{\alpha} + \tilde{\beta}) + f(\tilde{o}) = f(\tilde{\alpha}) + f(\tilde{\beta}).$$

其中,$\tilde{\alpha} + \tilde{\beta} = (\alpha_1 + \beta_1, \cdots, \beta_n + \alpha_n)$,$\tilde{o} = (0, \cdots, 0)$. 显然,此类线性函数包括了 Яблонский(1958) 提出的线性函数,所有线性函数作成的集合记为 L_G.

例 1 常数 $a_0, \cdots, a_{k-1}$ 和 $x + y$ 是线性函数.

例 2 若 F 是一个 k 元域,则函数 $a_0 + a_1 x_1^{p^{r_1}} + \cdots + a_n x_n^{p^{r_n}}$ 是线性函数. 其中,$a_i \in F$,p 为 F 的示性数.

定理 4 L_G 是小于 P_k 的封闭集.

证明 我们作二元函数

$$f(x, y) = \begin{cases} a, & \text{当 } x = a, y = a \text{ 时}, \\ 0, & \text{在其余情形}. \end{cases}$$

其中,$a \neq 0$. 由 $f(0, a) + f(a, 0) \neq f(a, a) + f(0, 0)$ 可知,$f(x, y)$ 不是线性函数. 因之,$L_G < P_k$. 设 $f(t_1, \cdots, t_m)$ 及 $f_i(x_1, \cdots, x_n)$ 是包含在 L_G 中的函数,$i = 1, \cdots, m$,对于任意两个值组 $\tilde{\alpha} = (\alpha_1, \cdots, \alpha_n)$ 和 $\tilde{\beta} = (\beta_1, \cdots, \beta_n)$,我们有

$$\begin{aligned} & f(f_1(\tilde{\alpha}), \cdots, f_m(\tilde{\alpha})) + f(f_1(\tilde{\beta}), \cdots, f_m(\tilde{\beta})) \\ & \quad = f(f_1(\tilde{\alpha}) + f_1(\tilde{\beta}), \cdots, f_m(\tilde{\alpha}) + f_m(\tilde{\beta})) + f(\tilde{o}) \\ & \quad = f(f_1(\tilde{\alpha} + \tilde{\beta}) + f(\tilde{o}), \cdots, f_m(\tilde{\alpha} + \tilde{\beta}) + f_m(\tilde{o})) + f(\tilde{o}) \\ & \quad = f(f_1(\tilde{\alpha} + \tilde{\beta}), \cdots, f_m(\tilde{\alpha} + \tilde{\beta})) + f(f_1(\tilde{o}), \cdots, f_m(\tilde{o})). \end{aligned}$$

因之，$f(f_1(x_1,\cdots,x_n),\cdots,f_m(x_1,\cdots,x_n))$ 是线性函数，故 L_G 是封闭集.

定理5 设 G 是一个 k 元加法群. 若 L_G 是极大封闭集，则必要而且只要 G 中每一个元素(除 0 外) 的周期均为同一个质数 p.

证明 必要性.

将 G 分成循环群的直接和

$$G=(a_1)\oplus\cdots\oplus(a_n).$$

设 a_i 的周期是 $p_i^{r_i}$，而 $p_i^{r_i}$ 不是同一个质数，$i=1,\cdots,n;r_i\geqslant 1$. 于是，有一个质数 p 存在使得直接和 $(pa_1)\oplus\cdots\oplus(pa_n)$ 为 G 的一个真子群. 事实上，在数组 $r_1,\cdots,r_n$ 中取最大的一个数 r_h：

1) 若 $r_h=1$，则必有某一个 p_i 存在使得 $p_h\neq p_i$. 因之，直接和 $(p_ha_1)\oplus\cdots\oplus(p_ha_n)$ 是 G 的一个真子群.

2) 若 $r_h\geqslant 2$，则 (p_ha_n) 的周期为 $p_h^{r_h-1}$. 因之，直接和 $(p_ha_1)\oplus\cdots\oplus(p_ha_n)$ 是 G 的一个真子群，命 $H=(pa_1)\oplus\cdots\oplus(pa_n)$. 设 $H,H_1,\cdots,H_h$ 是 H 的所有陪集.

我们对函数的自变数之个数用归纳法证明 $L_G\subset U_{H,H_1,\cdots,H_h}$. 首先证明 L_G 中任意的一元函数包含在 $U_{H,H_1,\cdots,H_h}$ 中，于 L_G 中任取一个一元函数 $f(x)$，由线性函数的定义不难看出下列等式成立：

$$\begin{aligned}f(px)&=f((p-1)x)+f(x)-f(0)\\&=f((p-2)x)+2f(x)-2f(0)\\&\ \ \vdots\\&=f(0)+pf(x)-pf(0).\end{aligned}$$

于是，对 H 中任意元素 $h=h_1(pa_1)+\cdots+h_n(pa_n)$ 下列等式成立：

$$\begin{aligned}f(x+h)-f(x)&=f(h)-f(0)\\&=f(p(h_1a_1+\cdots+h_na_n))-f(0)\\&=pf(h_1a_1+\cdots+h_na_n)-pf(0).\end{aligned}$$

因之

$$f(x+h)-f(x)=0\pmod H,$$

因而 $f(x)\in U_{H,H_1,\cdots,H_h}$，假设 L_G 中所有 $n-1$ 元函数均包含在 $U_{H,H_1,\cdots,H_h}$ 中，于 L_G 中任取一个 n 元函数 $f(x_1,\cdots,x_n)$. 显然，对任意的一个值组 $h_1,\cdots,h_n$(其中，$h_i\in H$) 有下列的等式成立：

$$f(x_1+h_1,\cdots,x_n+h_n)$$

$$= f(x_1 + h_1, 0, \cdots, 0) + f(0, x_2 + h_2, \cdots, x_n + h_n) - f(0, 0, \cdots, 0).$$

因为

$$f(x_1 + h_1, 0, \cdots, 0) \equiv f(x_1, 0, \cdots, 0) \pmod H,$$
$$f(0, x_2 + h_2, \cdots, x_n + h_n) \equiv f(0, x_2, \cdots, x_n) \pmod H.$$

所以

$$f(x_1 + h_1, \cdots, x_n + h_n) \equiv f(x_1, 0, \cdots, 0) + f(0, x_2, \cdots, x_n) - f(0, \cdots, 0)$$
$$\equiv f(x_1, x_2, \cdots, x_n) \pmod H.$$

因此，$f(x_1, \cdots, x_n) \in U_{H,H_1,\cdots,H_h}$. 至此我们证明了 $L_G \subset U_{H,H_1,\cdots,H_h}$. 不难看出，二元函数

$$f(x, y) = \begin{cases} a, & \text{当 } x = a, y = a \text{ 时}(a \neq 0, a \in H), \\ 0, & \text{在其余情形} \end{cases}$$

是包含在 $U_{H,H_1,\cdots,H_h}$ 中而不包含在 L_G 中，因而 $L_G < U_{H,H_1,\cdots,H_h}$. 于是，$L_G$ 不是极大封闭集. 若 L_G 是极大封闭集，则 $p_i^{r_i}$ 必为同一个质数 p，因而 G 中所有非 0 元素的周期均为同一个质数 p.

充分性.

因为 G 中每一个元素(除 0 外) 的周期均为同一个质数 p，所以 G 可以看作是 k 元域 F 的加法群. 设 $f(x_1, \cdots, x_n)$ 是任意一个非线性函数，根据定理 2 可知，$f(x_1, \cdots, x_n)$ 可表示为一个多项式：

$$f(x_1, \cdots, x_n) = \sum_{(i_1, \cdots, i_r; m_1, \cdots, m_r)} b_{i_1, \cdots, i_r; m_1, \cdots, m_r} x_{i_1}^{m_1} \cdots x_{i_r}^{m_r}. \tag{3}$$

其中，$b_{i_1, \cdots, i_r; m_1, \cdots, m_r} \in F, m_i < p^n = k; i = 1, \cdots, r$.

显然，函数 $f(x_1, \cdots, x_n)$ 不能表示为多项式：$a_0 + (a_{11} x_1^{l_{11}} + \cdots a_{1r_1} x_1^{l_1 r_1}) + (a_{21} x_2^{l_2 r} + \cdots + a_{2r_2} x_2^{l_2 r_2}) + \cdots + (a_{n1} x_n^{l_n 1} + \cdots + a_{nr_n} x_n^{l_n r_n})$. 其中，$l_{ij} = 0$，或 $l_{ij} = p^{r_{ij}}$ (p 为 F 的示性数). 由域的完备性可知，为了证明 L_G 是极大封闭集，只需证明集合 $L_G \cup \{f(x_1, \cdots, x_n)\}$ 的封化集 $L_{G,f}$ 中包含 $x \cdot y$.

1) 设在(3) 式中每一个自变数出现的方式都是 p 的若干次方(p 是 F 的示性数)，于是在(3) 式中必有一项是两个以上的自变数相乘，不妨假设为 $a x_1^{p^{r_1}} x_2^{p^{r_2}} \cdots$(其中，$n > r_i \geqslant 0$). 将(3) 式按自变数 x_1, x_2 整理得

$$f(x_1, \cdots, x_n) = x_1^{p^{r_1}} x_2^{p^{r_2}} \varphi(x_3, \cdots, x_n) + \cdots + x_1^{p^{r_1}} \psi(x_3, \cdots, x_n) + \cdots +$$
$$x_2^{p^s} u(x, \cdots, x_n) + \cdots + v(x_3, \cdots, x_n). \tag{4}$$

其中，$\varphi(x_3, \cdots, x_n) \neq 0$，设 $a_3, \cdots, a_n$ 是使得 $\varphi(x_3, \cdots, x_n) \neq 0$ 的一组元素，将

$a_3,\cdots,a_n$ 代入(4) 式得

$$f(x_1,x_2,a_3,\cdots,a_n)=x_1^{p^{r_1}}x_2^{p^{r_2}}\varphi(a_3,\cdots,a_n)+\cdots+x_1^{p^p}\psi(a_3,\cdots,a_n)+\cdots+x_2^{p^s}u(a_3,\cdots,a_n)+\cdots+v(a_3,\cdots,a_n)$$
$$=a_{m_1,n_1}x_1^{m_1}x_2^{n_1}+\cdots+a_{m_h,n_h}x_1^{m_h}x_2^{n_h}+(\text{某一个线性函数}).$$

其中,$a_{m_i,n_i}\neq 0;n_i=p^{r_i};m_i=p^{s_i};0\leqslant r_i,s_i<n.$

设

$$g(x_1,x_2)=a_{m_1,n_1}x_1^{m_1}x_2^{n_1}+\cdots+a_{m_h,n_h}x_1^{m_h}x_2^{n_h}. \tag{5}$$

以 a_{m_2,n_2}^{-1} 乘(5) 式的两边得

$$a_{m_2,n_2}^{-1}g(x_1,x_2)=b_{m_1,n_1}x_1^{m_1}x_2^{n_1}+x_1^{m_2}x_2^{n_2}\cdots+b_{m_h,n_h}x_1^{m_h}x_2^{n_h}. \tag{6}$$

不妨设 $m_1\neq m_2$,由于 $\max(m_1,m_2)<p^n$,在 F 中可取一个非 0 元素 a 使得 $a^{m_1}-a^{m_2}\neq 0$. 以 ax_1 替换 x_1 代入(6) 式得

$$a_{m_2,n_2}^{-1}g(x_1,x_2)=b_{m_1,n_1}a^{m_1}x_1^{m_1}x_2^{n_1}+a^{m_2}x_1^{m_2}x_2^{n_2}+\cdots+a_{m_h,n_h}a^{m}x_1^{m_h}x_2^{n_h}. \tag{7}$$

以 a^{m_2} 乘(6) 式两边得

$$a^{m_2}a_{m_2,n_2}^{-1}g(ax_1,x_2)=a^{m_2}b_{m_1,n_1}x_1^{m_1}x_2^{n_h}+a^{m_2}x_1^{m_2}x_2^{n_2}+\cdots+a^{m_2}b_{m_h,n_h}x_1^{m_h}x_2^{n_h}. \tag{8}$$

将(7) 式减去(8) 式得

$$a_{m_2,n_2}^{-1}g(ax_1,x_2)-a^{m_2}a_{m_2,n_2}^{-1}g(x_1,x_2)=b_{m_1,n_1}(a^{m_1}-a^{m_2})x_1^{m_1}x_2^{n_1}+c_{m_3,n_3}x_1^{m_3}x_2^{n_3}+\cdots+c_{m_h,n_h}x_1^{m_h}x_2^{n_h}.$$

如此逐步下去,便可将(5) 式中除 $a_{m_1,n_1}x_1^{m_1}x_2^{n_2}$ 项外其余各项都消去,因而得到 $x_1^{m_1}x_2^{n_2}$ 包含在 $L_{G,f}$ 中,因为函数 x^{p-s_1},y^{p-r_1} 是线性函数,所以分别以 x^{p-s_1},y^{p-r_1} 替换 x_1,x_2 便可得到了 $x\cdot y$ 包含在 $L_{G,f}$ 中.

2) 设在(3) 式中有一个自变数,比如说 x_1 出现的方次不都是 p 的若干次方,x_1^l 出现而 l 不是 p 的若干次方(显然,$l>1$),将(3) 式按自变量 x_1 整理得

$$f(x_1,\cdots,x_n)=x_1^m g_m(x_2,\cdots,x_n)+\cdots+x_1^l g_1(x_2,\cdots,x_n)+\cdots+g_0(x_2,\cdots,x_n). \tag{9}$$

其中,$g_1(x_2,\cdots,x_n)\neq 0$. 设 $b_2,\cdots,b_n$ 是使得 $g_1(b_2,\cdots,b_n)\neq 0$ 的一组元素,将 $b_2,\cdots,b_n$ 代入(9) 式得

$$f(x_1,\cdots,x_n)=x_1^m g_m(b_2,\cdots,b_n)+\cdots+x_1^l g_1(b_2,\cdots,b_n)+\cdots+g_0(b_2,\cdots,b_n)$$
$$=a_1x_1^{l_1}+\cdots+a_mx_1^{l_m}+(\text{某一个线性函数}).$$

其中,$l_1>l_2>\cdots>l_m>1$,而且 $l_1,\cdots,l_m$ 都不是 p 的若干次方,设

$$g(x) = a_1 x_1^{l_1} + \cdots + a_m x^{l_m}. \tag{10}$$

以 a_2^{-1} 乘(10) 式的两边得

$$a_2^{-1} g(x) = a_2^{-1} a_1 x^{l_1} + x^{l_2} + \cdots + a_2^{-1} a_m x^{l_m}. \tag{11}$$

由于 $\max(l_1, l_2) < p^n$，于是，在 F 中可取一个非 0 元素 a 使得 $a^{l_1} - a^{l_2} \neq 0$. 以 ax 替换 x 代入(11) 式得

$$a_2^{-1} g(ax) = a_2^{-1} a_1 a^{l_1} x^{l_1} + a^{l_1} x^{l_2} + \cdots + a_2^{-1} a_m a^{l_m} x^{l_m}. \tag{12}$$

以 a^{l_2} 乘(11) 式的两边得

$$a^{l_2} a_2^{-1} g(x) = a^{l_2} a_2^{-1} a_1 x^{l_1} + a^{l_2} x^{l_2} + \cdots + a^{l_2} a_m a_2^{-1} x^{l_m}. \tag{13}$$

将(12) 式减去(13) 式得

$$a_2^{-1} g(ax) - a^{l_2} a_2^{-1} g(x) = (a^{l_1} - a^{l_2}) a_2^{-1} a_1 x^{l_1} + c_2 x^{l_2} + \cdots + c_m x^{l_m}.$$

如此逐步下去，便可将(10) 式中除 $a_1 x^{l_1}$ 项外其余各项都消去，因而得到 x^{l_1} 包含在 $L_{G,f}$ 中. 设 $l_1 = p^r r_1, r_1 > 1; p \nmid r_1$. 由 $x^{p^{-r}}$ 是线性函数可推得 $x^{l_1} \in L_{G,f}$，以 $x_1 + x_2$ 替换 x 得

$$(x_1 + x_2)^{r_1} = x_1^{r_1} + x_2^{r_1} + r_1 x^{r_1 - 1} x_2 + \cdots$$

因为 $x_1 + x_2, x^{l_1} \in L_{G,f}$，所以函数 $r_1 x^{r_1 - 1} x_2 + \cdots$ 包含在 $L_{G,f}$ 中，而且 r_1 为 F 中的非 0 元素. 按照上述的方法可求得函数 $x^{r_1 - 1} x_2$ 包含在 $L_{G,f}$ 中，若 $r_1 - 1 = p^v$（即 $r_1 - 1$ 是 p 的若干次方），则由 $x_1^{p^{-v}}$ 是线性函数可推得 $x \cdot y$ 包含在 $L_{G,f}$ 中；否则，若 $r_1 - 1$ 不是 p 的若干次方，则 $r_1 - 1 = p^\mu r_2, r_2 > 1; p \nmid r_2$. 由 1) 中 $x^{p^{-\mu}}$ 是线性函数可推得 $x^{r_2} \in L_{G,f}$，以 $x_1 + x_2$ 替换 x 得

$$(x_1 + x_2)^{r_2} = x_1^{r_2} + x_2^{r_2} + r_2 x_1^{r_2 - 1} x_2 + \cdots$$

显然，函数 $r_2 x_1^{r_2 - 1} x_2 + \cdots$ 包含在 $L_{G,f}$ 中而且 r_2 为 F 中的非 0 元素，按照上述的方法可求得函数 $x_1^{r_2 - 1} x_2$ 包含在 $L_{G,f}$ 中. 若 $r_2 - 1 = p^s$（即 $r_2 - 1$ 是 p 的若干次方），则由 $x_1^{p^{-s}}$ 是线性函数可推得 $x \cdot y$ 包含在 $L_{G,f}$ 中，否则，若 $r_2 - 1$ 不是 p 的若干次方，即 $r_2 - 1 = p^t r_3, r_3 > 1, p \nmid r_3$. 如此继续下去，由 $l_1 \geqslant r_1 > r_1 - 1 \geqslant r_2 > r_2 - 1 > \cdots$ 可推得到某一步后必有 $x \cdot y$ 包含在 $L_{G,f}$ 中.

在定理 5 充分性的证明中，实际上证明了若函数 $f(x_1, \cdots, x_n)$ 不能表示为多项式：$a_0 + (a_{11} + x_1^{l_{11}} + \cdots + a_{1r_1} x^{l_1 \cdot r_1}) + (a_{21} x_2^{l_{21}} + \cdots + a_{2r_2} x^{l_2 r_2}) + \cdots + (a_{n1} x_n^{l_{n1}} + \cdots + a_{nr_n} x_n^{l_n r_n})$，则 $L_{G,f}$ 是完备的. 因此，若 G 是一个 k 元域的加法群，则 L_G 中任意的一个函数 $f(x_1, \cdots, x_n)$ 可表示为 $a_0 + (a_{11} x_1^{l_{11}} + \cdots + a_{1r_1} x^{l_1 r_1}) + (a_{21} x_2^{l_{21}} + \cdots + a_{2r_2} x^{l_2 r_2}) + \cdots + (a_{n1} x_n^{l_{n1}} + \cdots + a_{nr_n} x_n^{l_n r_n})$. 其中 $a_0, a_{ij} \in G; l_{ij} = 0$ 或 $l_{ij} = p^{r_{ij}}$（p 为域的示性数）.

设 E^k 的元数为 p^n,用不同的办法来规定 E^k 中元素间的加法使它成为一个加法群且每一个非 0 元素的周期均为质数 p. 在不同的规定下所得到的线性函数集可能有相同的.

下面来讨论不同的线性函数集的个数问题.

定义 设 s 是集合 E^k 的一个置换. 函数 $g(x_1,\cdots,x_n)$ 是函数 $f(x_1,\cdots,x_n)$ 的关于 s 的对偏函数,如果

$$g(x_1,\cdots,x_n)=s^{-1}f(s(x_1),\cdots,s(x_n)),$$

函数集 M 中所有函数关于 s 的对偶函数之集合称为 M 的对偶函数集.

定义 设"+"和"$\oplus$"是有限集合 G 中的两个加法运算,s 是 G 的一个置换,"$\oplus$"是"+"关于 s 的对偶运算,如果

$$a\oplus b=s^{-1}(s(a)+s(b)).$$

其中,a,b 为 G 中任意元素.

定理 6 设 G 是一个有限加法群,其加法运算为"+",s 是 G 的一个置换,有

1) G 在加法运算"+"关于 s 的对偶运算之下作成一个群,记为 G^s.

2) L_G 的对偶函数集 L_G^s 与 L_{G^s} 相等.

证明 设加法运算"+"关于 s 的对偶运算为"$\oplus$",于是,

$$a\oplus b=s^{-1}(s(a)+s(b)).\tag{14}$$

其中,a,b 为 G 中任意元素,由(14)式及 G 对加法运算"+"满足结合律和交换律,不难推证 G 对加法运算"$\oplus$"亦满足结合律和交换律. 设 a 为 G 中任意元素,由(14)式可得

$$a\oplus s^{-1}(0)=s^{-1}(s(a)+0)=a,$$

$$a\oplus s^{-1}(-s(a))=s^{-1}(s(a)-s(a))=s^{-1}(0).$$

因此,G 对于加法运算"$\oplus$"作成一个群.

设函数 $f(x_1,\cdots,x_n)\in L_G^s$,于是,存在一个函数 $g(x_1,\cdots,x_n)\in L_G$ 使得

$$f(x_1,\cdots,x_n)=s^{-1}g(s(x_1),\cdots,s(x_n)).$$

设$(\alpha_1,\cdots,\alpha_n)$和$(\beta_1,\cdots,\beta_n)$是任意两个值组. 显然,

$$\begin{aligned}&g(s(\alpha_1)+s(\beta_1)+,\cdots,+s(\alpha_n)+s(\beta_n))+g(0,\cdots,0)\\&\quad=g(s(\alpha_1)+,\cdots,+s(\alpha_n))+g(s(\beta_1)+,\cdots+,s(\beta_n)).\end{aligned}$$

从而

$$\begin{aligned}&s^{-1}(ss^{-1}g(s(\alpha_1\oplus\beta_1),\cdots,s(\alpha_n\oplus\beta_n))+ss^{-1}g(ss^{-1}(0),\cdots,ss^{-1}(0)))\\&\quad=s^{-1}(ss^{-1}g(s(\alpha_1),\cdots,s(\alpha_n))+ss^{-1}g(s(\beta_1),\cdots,s(\beta_n))).\end{aligned}$$

由(14)式可得

$$s^{-1}g(s(\alpha_1\oplus\beta_1),\cdots,s(\alpha_n\oplus\beta_n))\oplus s^{-1}g(ss^{-1}(0),\cdots,ss^{-1}(0))$$
$$=s^{-1}g(s(\alpha_1),\cdots,s(\alpha_n))\oplus s^{-1}g(s(\beta_1),\cdots,s(\beta_n)).\tag{15}$$

由(15)式可知,$f(x_1,\cdots,x_n)\in L_{G^s}$. 因此,$L_G^s\subset L_{G^s}$. 设函数 $f(x_1,\cdots,x_n)\in L_{G^s}$,$(\alpha_1,\cdots,\alpha_n)$ 和 $(\beta_1,\cdots,\beta_n)$ 是任意两个值组. 显然,

$$f(\alpha_1\oplus\beta_1,\cdots,\alpha_n\oplus\beta_n)\oplus f(0',\cdots,0')=f(\alpha_1,\cdots,\alpha_n)\oplus f(\beta_1,\cdots,\beta_n).$$

由(14)式可得

$$s^{-1}(sf(s(\alpha_1),\cdots,s(\alpha_n)),\cdots,s^{-1}(s(\alpha_n+s(\beta_n))+sf(s^{-1}(0),\cdots,s^{-1}(0)))$$
$$=s^{-1}(sf(\alpha_1,\cdots,\alpha_n)+sf(\beta_1,\cdots,\beta_n)).$$

$$sf(s^{-1}(s(\alpha_1),\cdots,s(\alpha_n)),\cdots,s^{-1}(s(\alpha_n)+s(\beta))+sf(s^{-1}(0),\cdots,s^{-1}(0)))$$
$$=sf(s^{-1}(s(\alpha_1),\cdots,s^{-1}s(\alpha_n))+sf(s^{-1}s(\beta_1),\cdots,s^{-1}s(\beta_n)).\tag{16}$$

由(16)式可知,函数 $sf(s^{-1}(x_1),\cdots,s^{-1}(x_n))\in L_G$. 因此,$f(x_1,\cdots,x_n)\in L_G^s$. 故 $L_{G^s}\subset L_G^s$.

定理 7 设 $k=p^n$(p 为质数),用不同的办法规定 E^k 中元素间的加法使它成为一个加法群且每一个非 0 元素的周期均为质数 p,这样所得到的所有极大线性封闭集之个数最多为 $\dfrac{p^n!}{p^n(p^n-p^0)\cdots(p^n-p^{n-1})}$ 个.

证明 取定一个加法运算使 E^k 成为一个加法群 G 且每一个非 0 元素的周期均为质数 p.

1) 设 $1,s_1,\cdots,s_m$ 是 E^k 的全部置换. 于是,$L_G,L_G^{s_1},\cdots,L_G^{s_m}$ 是所有的极大线性封闭集. 事实上,设 G 在另一个加法运算之下作为一个群而且每一个元素(除零外)的周期均为质数 p. 根据 abel 群的基本定理可知 G 为循环群的直接和:

$$G=(a_1)+\cdots+(a_n),$$
$$G=(a'_1)\oplus\cdots\oplus(a'_n).$$

定义变换 s 如下:

$$s(\alpha_1a'_1\oplus\cdots\oplus\alpha_na'_n)=\alpha_1a_1+\alpha_2a_2+\cdots+\alpha_na_n.$$

显然,s 是 G 的一个置换,而且

$$a\oplus b=s^{-1}(s(a)+s(b)),\quad a,b\text{ 为 }G\text{ 中任意元素}.$$

因之,加法运算"$\oplus$"是加法运算"$+$"关于 s 的对偶运算,由定理 6 可知,L_G,$L_G^{s_1},\cdots,G_G^{s_m}$ 是所有的极大线性封闭集.

2) 设 H 是 L_G 中所有不漏值的一元函数(即置换)作成之集合. 于是极大线

性封闭集的个数最多为$\frac{P^n!}{H\text{元数}}$个. 事实上,H显然是G的对称群的子群. 设s_1,s_2同属于H的某一个右陪集. 于是,有$h \in H$使得$s_1 = hs_2$. 设函数$g(x_1,\cdots,x_n) \in L_G^{s_1}$. 于是,有函数$f(x_1,\cdots,x_n) \in L_G$使得

$$g(x_1,\cdots,x_n) = s_1^{-1} f_1(s_1(x_1),\cdots,s_1(x_n)) = s_2^{-1} h^{-1} f(hs_2(x_1),\cdots,hs_2(x_n))$$
$$= s_2^{-1} f_2(s_2(x_1)\cdots,s_2(x_n)).$$

其中,$f_2(x_1,\cdots,x_n) = h^{-1} f_1(h(x_1),\cdots,h(x_n))$. 因为$f_1(x_1,\cdots,x_n)$,$h(x)$包含在$L_G$中,所以$g(x_1,\cdots,x_n) \in L_G^{s_2}$,故$L_G^{s_1} \subset L_G^{s_2}$. 由$L_G^{s_1}$与$L_G^{s_2}$的极大封闭性可知$L_G^{s_1} = L_G^{s_2}$.

3)H的元数$= p^n(p^n - p^0)\cdots(p^n - p^{n-1})$. 事实上,设$H_0$中是$H$中所有0变到0的置换作成之集合,不难验证,$H_0$中所有的元素恰为向量空间$G$中所有一对一的线性变换(将$G$看作是$p$元域上的向量空间),$H$的元数$= p^n$的元素. 然而,所有一对一的线性变换之个数$=$向量空间$G$中所有基底的个数$= (p^n - 1)(p^n - p)\cdots(p^n - p^{n-1})$. 于是,$H_0$的元数$= (p^n - p^0)\cdots(p^n - p^{n-1})$,故$H$的元数$= p^n(p^n - p^0)\cdots(p^n - p^{n-1})$.

由式(15)和式(16)可得,极大线性封闭集的个数最多为

$$\frac{p^n!}{p^n(p^n - p^0)\cdots(p^n - p^{n-1})}.$$

参考文献

[1] Кузнецов А В. о цроблемах Тождества н функцнональной полноыдля алебранцеских Системю Трулы Ⅲ всесоюз[J]. матем. сьезда,1956.

[2] Яблонский С В. функцнональные построения в K-значной логике. [J]. Труды матемй ин-та АН СССР,1958(51):5－142.

[3] Van der waerden B L. 近世代数学[M]. 萧君绛译,武汉:武汉大学出版社,1943.

关于保分划之函数集的极大封闭性(Ⅰ)

在 k 值逻辑理论中，函数集的完备性之刻划问题是一个基本而重要的问题，到目前为止，除 2 值和 3 值外尚未很好地解决. 此问题的彻底解决依赖于定出所有的极大封闭集，Яблонский(1958)[2] 和 Мартынюк(1960)[3] 定出了若干极大封闭集. 本文研究了保分划之函数集，包括 Яблонский(1958)提出的 U 型集和 T 型集以及 Мартынюк(1960)提出的 T_{ESR} 型集，并得到了大量新的极大封闭集，

本文所讨论的问题从提出到解决都是在王湘浩教授指导下完成的，在此表示感谢.

以下讨论所提到的一些概念和符号见文[1].

定义 集合 E^k 分解为一些子集合之并，称为 E^k 的一个分划，记为 D. 集合 E^k 分解为一些互不相交的子集合之并，称为 E^k 的一个直接分划.

定义 集合 E^k 中的 S 个元素为保分划 D，如果 S 个元素同属于分划 D 中某一个子集合. S 个值组：$\widetilde{\alpha^1} = (\alpha_1^1, \cdots, \alpha_n^1), \cdots, \widetilde{\alpha^s} = (\alpha_1^s, \cdots, \alpha_n^s)$ 为保分划 D，如果 $a_i^1, \cdots, a_i^s$ 是保分划 D，$i = 1, \cdots, n$.

定义 r 为分划 D 的临界数，如果 E^k 中任意 $r-1$ 个元素保分划 D 而存在 r 个不同的元素不保分划 D，临界数为 r 的分划 D 有时记为 D^r.

定义 设 D_1 与 D_2 是 E^k 的两个分划，我们说 D_1 与 D_2 是等价的，如果满足下列条件：

1) D_1 与 D_2 的临界数均为 r；

2) 任意保 D_1 的 r 个元素必保 D_2，任意保 D_2 的 r 个元素必保 D_1.

定义 临界数为 r 的分划 D：$E^k = A_1 \cup \cdots \cup A_m$ 为标准分划，如果满足下列条件：

1) $r-1 \leqslant A_i$ 的元数 $\leqslant r$；

2) 每一个 A_i 不包含在其余的任意一个子集合中.

显然下面的命题成立：

命题1 设 D_1 与 D_2 是 E^k 的两个标准分划. 于是，D_1 与 D_2 等价的充分必要条件是 D_1 与 D_2 相同.

命题2 E^k 的任意分划唯一地等价于一个标准分划.

证明 设 D 是 E^k 的临界数为 r 的一个分划，$A_1,\cdots,A_m$ 是所有保分划 D 而元数为 r 的子集合，$B_1,\cdots,B_m$ 是所有不包含在任意子集合 A_i 中而元数为 $r-1$ 的子集合. 我们不难看出标准分划 D' 中，

$$E^k = A_1 \cup \cdots \cup A_m \cup B_1 \cup \cdots \cup B_n$$

与分划 D 等价，再由命题1和分划等价之传递性可推得 D 唯一地等价于 D'.

定义 设分划 D 的临界数为 r. 函数 $f(x_1,\cdots,x_n)$ 为保分划 D，如果对任意的 r 个保分划 D 的值组：$\widetilde{\alpha^1}=(\alpha_1^1,\cdots,\alpha_n^1),\cdots,\widetilde{\alpha^r}=(\alpha_1^r,\cdots,\alpha_n^r)$，恒有 $f(\widetilde{\alpha^1}),\cdots,f(\widetilde{\alpha^r})$ 保分划 D.

所有保分划 D 的函数作成的集合记为 T_{D^r}. 容易证明，T_{D^r} 是封闭集.

下列的两种分划，我们称之为平凡分划：

1) 分划中的每一个子集合恰含一个元素；

2) 分划中有一个子集合是 E^k.

定理1 $T_{D^r}=P_k$ 的充分必要条件是 D 为平凡分划.

证明 若分划 D：$E^k=A_1\cup\cdots\cup A_m$ 不是平凡分划，则每一个 A_i 都是 E^k 的真子集合（即临界数 $r\leqslant k$），而且必有一个子集合 A_h 的元数大于1. 显然，我们能够取一个适当的正整数 n 作出下列 r 个不同的值组：

$$\widetilde{\alpha^1}=(\alpha_1^1,\cdots,\alpha_n^1),\cdots,\widetilde{\alpha^r}=(\alpha_1^r,\cdots,\alpha_n^r).$$

其中，$\alpha_i^j\in A_h, i=1,\cdots,n, j=1,\cdots,r$. 设 $a_1,\cdots,a_r$ 是不保分划 D，于是函数

$$f(x_1,\cdots,x_n)=\begin{cases}a_i, & \text{当 } x_1=\alpha_1^i, x_n=\alpha_n^i \text{ 时，}\\ a_1, & \text{在其余情形}\end{cases}$$

不属于 T_{D^r}. 因此，$T_{D^r}<P_k$. 故条件的必要性成立，充分性是显然成立的.

以下所提到的分划如果不作特别声明都是指非平凡的分划.

定理2 $T_{D_1^{r_1}}$ 与 $T_{D_2^{r_2}}$ 相等的充分必要条件是 D_1 与 D_2 等价.

证明 充分性.

设 $f(x_1,\cdots,x_n)\in T_{D_1^{r_1}}$ 值组：$\widetilde{\alpha^1}=(\alpha_1^1,\cdots,\alpha_n^1),\cdots,\widetilde{\alpha^{r_2}}=(\alpha_1^{r_2},\cdots,\alpha_n^{r_2})$ 保分划 D_2. 因为 D_1 与 D_2 等价，所以 $r_1=r_2$，而且值组：$\widetilde{\alpha^1}=(\alpha_1^1,\cdots,\alpha_n^1),\cdots,\widetilde{\alpha^{r_2}}=$

$(\alpha_1^{r_2},\cdots,\alpha_n^{r_2})$ 保分划 D_1. 因而 $f(\widetilde{\alpha^1}),\cdots,f(\widetilde{\alpha^{r_2}})$ 保分划 D_1. 由 D_1 与 D_2 的等价性可知，$f(\widetilde{\alpha^1}),\cdots,f(\widetilde{\alpha^{r_2}})$ 保分划 D_2. 因之，$f(x_1,\cdots,x_n)\in T_{D_2^{r_2}}$，故 $T_{D_1^{r_1}}\subset T_{D_2^{r_2}}$.

同理可证 $T_{D_2^{r_2}}\subset T_{D_1^{r_1}}$.

必要性.

若 $r_1\neq r_2$，则 $r_1<r_2$(或者 $r_2<r_1$). 不妨设 $r_1<r_2$. 因为分划 D_1 是非平凡的分划，所以 $r_1\leqslant k$ 而且分划 D_1 中有一个子集合 A_h 的元数大于 1，显然我们能够作出下列 r_1 个不同的值组：

$$(\alpha_1^1,\cdots,\alpha_n^1),\cdots,(\alpha_1^{r_1},\cdots,\alpha_n^{r_1}).$$

其中，$\alpha_i^j\in A_h,i=1,\cdots,n,j=1,\cdots,r$. 设 $a_1,\cdots,a_{r_1}$ 是不保分划 D_1. 于是函数

$$f(x_1,\cdots,x_n)=\begin{cases}a_i, & \text{当 } x_1=\alpha_1^i,\cdots,\quad x_n=\alpha_n^i \text{ 时},\\ a_{r_1}, & \text{在其余情形}\end{cases}$$

不属于 $T_{D_1^{r_1}}$. 但是函数 $f(x_1,\cdots,x_n)$ 属于 $T_{D_2^{r_2}}$，此与 $T_{D_2^{r_2}}=T_{D_1^{r_1}}$ 相矛盾，故 $r_1=r_2$. 仿照上述的方法，不难证明分划的等价定义中之条件 2) 亦满足.

由命题 2 和定理 2 可以看出，我们只需考虑 E^k 的标准分划就可以了. 因为 E^2 的分划都是平凡的分划，所以下面仅考虑 k 大于 2 的情形.

因为 $T_{N,k-1}\subset T_{D^k}<P_k$，且 $T_{N,k-1}$ 是极大封闭集[2]，所以 T_{D^k} 是极大封闭集. 以下所提到的分划如果不作特别声明都是指临界数小于 k 的非平凡分划.

设函数 $f(x_1,\cdots,x_n)\notin T_{D^r}$，于是必有 r 个保分划 D 的值组：$\widetilde{\alpha^1}=(\alpha_1^1,\cdots,\alpha_n^1),\cdots,\widetilde{\alpha^r}=(\alpha_1^r,\cdots,\alpha_n^r)$ 存在，使得 $f(\widetilde{\alpha^1}),\cdots,f(\widetilde{\alpha^r})$ 不保分划 D. 命 $f(\widetilde{\alpha^1})=a_1,\cdots,f(\widetilde{\alpha^r})=a_r,E^*=\{a_1,\cdots,a_r\}$.

引理 仅在集合 E^* 中取值的函数必包含在 $\overline{T_{D^r}\cup f(x_1,\cdots,x_n)}$ 中.

证明 设 $g(x_1,\cdots,x_m)$ 是仅在集合 E^* 中取值的函数，作下列函数：

$$h_i(x_1,\cdots,x_m)=\alpha_i^s.$$

当 $g(x_1,\cdots,x_m)=a_s$ 时，显然函数 $h_i(x_1,\cdots,x_m)\in T_{D^r},i=1,\cdots,n$，而且 $g(x_1,\cdots,x_m)=f(h_1(x_1,\cdots,x_m),\cdots,h_n(x_1,\cdots,x_m))$，故函数 $g(x_1,\cdots,x_m)$ 包含在函数集 $\overline{T_{D^r}\cup f(x_1,\cdots,x_n)}$ 中.

定理 3 设 D 是一个临界数为 r 的标准分划. 若存在一个元素 a 使得所有含 a 而元数为 r 的子集合皆在分划 D 中出现，则 T_{D^r} 是极大封闭集.

证明 设函数 $f(x_1,\cdots,x_n)\notin T_{D^r}$，必有 r 个保分划 D 的值组：$\widetilde{\alpha^1}=(\alpha_1^1,\cdots,\alpha_n^1),\cdots,\widetilde{\alpha^r}=(\alpha_1^r,\cdots,\alpha_n^r)$ 存在，使得 $f(\widetilde{\alpha^1}),\cdots,f(\widetilde{\alpha^r})$ 不保分划 D. 命 $f(\widetilde{\alpha^1})=$

$a_1,\cdots,f(\widetilde{\alpha^r})=a_r$. 设 $E_1,\cdots,E_\sigma$ 为集合 E^k 中所有元数为 r 的子集合,$E_i=\{e_{i1},\cdots,e_{ir}\}$. 对于子集合 E_i,我们定义一元函数 β_i^x 如下(其中,$i=1,\cdots,\sigma$):

$$\beta_i^x=\begin{cases}a_j, & \text{当 } x=e_{ij} \text{ 时},j=1,\cdots,r;\\ a_1, & \text{在其余的情形}.\end{cases}$$

用一元函数 β_i^x 的全部函数值作出下列 k 个不同的值组:

$$\widetilde{\beta^0}=(\beta_1^0,\beta_2^0,\cdots,\beta_\sigma^0),$$
$$\widetilde{\beta^1}=(\beta_1^1,\beta_2^1,\cdots,\beta_\sigma^1),$$
$$\vdots$$
$$\widetilde{\beta^{k-1}}=(\beta_1^{k-1},\beta_2^{k-1},\cdots,\beta_\sigma^{k-1}).$$

即$\widetilde{\beta^x}=(\beta_1^x,\beta_2^x,\cdots,\beta_\sigma^x)$. 定义函数 $\varphi(x_1,\cdots,x_\sigma)$ 如下:

$$\varphi(x_1,\cdots,x_\sigma)=\begin{cases}i, & \text{当}(x_1,\cdots,x_\sigma)=(\beta_1^i,\cdots,\beta_\sigma^i)\text{ 时},i=0,\cdots,k-1;\\ a, & \text{在其余的情形}.\end{cases}$$

由函数 $\varphi(x_1,\cdots,x_\sigma)$ 的定义不难看出,若将 r 个值组代入函数 $\varphi(x_1,\cdots,x_\sigma)$ 之后所得到的函数值:$e_{h1},\cdots,e_{hr}$ 不保分划 D,即 $e_{hj}\neq a$;$j=1,\cdots,r$,则此 r 个值组必是下列的 r 个值组:

$$\widetilde{\beta^{e_{h1}}}=(\beta_1^{e_{h1}},\cdots,\beta_\sigma^{e_{h1}}),$$
$$\widetilde{\beta^{e_{h2}}}=(\beta_1^{e_{h2}},\cdots,\beta_\sigma^{e_{h2}}),$$
$$\widetilde{\beta^{e_{hr}}}=(\beta_1^{e_{hr}},\cdots,\beta_\sigma^{e_{hr}}).$$

由函数 β_h^x 的定义可知,$\beta_h^{e_{h1}}=a_1,\cdots,\beta_h^{e_{hr}}=a_r$;因而$\widetilde{\beta^{e_{h1}}},\widetilde{\beta^{e_{h2}}},\cdots,\widetilde{\beta^{e_{hr}}}$ 不保分划 D. 因之,将保分划 D 的任意 r 个值组代入函数 $\varphi(x_0,\cdots,x_\sigma)$ 后所得到的函数值必保分划 D,故 $\varphi(x_1,\cdots,x_\sigma)\in T_{D^r}$.

设 $h(x_1,\cdots,x_m)$ 是 p_k 中任意的一个函数,我们作 σ 个函数:$g_i(x_1,\cdots,x_m)=\beta_i^s$. 当 $h(x_1,\cdots,x_m)=s$ 时,由函数 β_i^x 的定义及引理可知,$g_i(x_1,\cdots,x_m)$ 包含在函数集$\overline{T_{D^r}\cup f(x_1,\cdots,x_n)}$ 中,$i=1,\cdots,\sigma$. 显然,

$$h(x_1,\cdots,x_m)=\varphi(g_1(x_1,\cdots,x_m),\cdots,g_\sigma(x_1,\cdots,x_m)).$$

因之,$h(x_1,\cdots,x_m)$ 属于$\overline{T_{D^r}\cup f(x_1,\cdots,x_n)}$,故 T_{D^r} 是极大封闭集.

Мартынюк(1960) 提出的 T_{ESR} 型极大封闭集和 Яблонский(1958) 提出的 T 型极大封闭集(除 $T_{E,0}$ 型集外)都是满足定理 3 条件的 T_{D^r} 函数集,而在以后我们会指出确有很多满足定理 3 条件的 T_{D^r} 函数集不是 T 型集和 T_{ESR} 型集. 此外,

T 型集和 T_{ESR} 型集的定义是极不自然的. 而现在所讨论的 T_{D^r} 函数集之定义是比较自然的.

定义 设 D 是 E^k 的一个直接分划: $E^k = A_1 + \cdots + A_r$, E^k 中的一个元数为 r 的子集合, A 完全与 D 相交, 如果每一个 A_i 恰含 A 中一个元素.

定理 4 设 D 是一个临界数为 r 的标准分划. 若存在一个直接分划 D^*: $E^k = A_1^* + \cdots + A_r^*$, 使得所有在分划 D 中不出现而元数为 r 的子集合恰为所有完全与 D^* 相交的子集合, 则 T_{D^r} 是极大封闭集.

证明 设函数 $f(x_1, \cdots, x_n) \notin T_{D^r}$, 于是必有 r 个保分划 D 的值组: $\widetilde{a^1}, \cdots, \widetilde{a^r}$ 存在, 使得 $f(\widetilde{a^1}), \cdots, f(\widetilde{a^r})$ 不保分划 D. 命 $f(\widetilde{a^1}) = a_1, \cdots, f(\widetilde{a^r}) = a_r$, 根据定理的已知条件, 不妨假设 $a_1 \in A_1^*, \cdots, a_r \in A_r^*$. 设 $A_i^* = \{a_i^0, a_{1i}, \cdots, a_i^{s_i}\}$, $a_i^0 = a_i, i = 1, \cdots; r, s = \max(s_1 + 1, \cdots, s_r + 1)$. 因为分划 D 中一定有一个元数大于 1 的子集合, 所以我们能够取一个适当的正整数 σ 作出下列 s 个不相同且保分划 D 的值组:

$$\widetilde{\delta^0} = (\delta_1^0, \cdots, \delta_\sigma^0),$$

$$\widetilde{\delta^1} = (\delta_1^1, \cdots, \delta_\sigma^1),$$

$$\vdots$$

$$\widetilde{\delta^{s-1}} = (\delta_1^{s-1}, \cdots, \delta_\sigma^{s-1}).$$

定义 $\sigma + 1$ 元函数 $\varphi(x_0, x_1, \cdots, x_\sigma)$ 为: $\varphi(a_i, \delta_0^1, \cdots, \delta_\sigma^0) = a_i$, $\varphi(a_i, \delta_1^1, \cdots, \delta_\sigma^1) = a_i^1, \cdots, \varphi(a_i, \delta_1^{s_j}, \cdots, \delta_\sigma^{s_j}) = a_i^{s_i}$, $\varphi(a_i, x_1, \cdots, x_\sigma) = a_i$. 当 $(x_1, \cdots, x_m) \neq \widetilde{\delta^0}, \widetilde{\delta^1}, \cdots, \widetilde{\delta^{s_i}}$ 时, $\varphi(a_i^1, x_1, \cdots, x_\sigma) = a_i^1, \cdots, \varphi(a_i^{s_i}, x_1, \cdots, x_\sigma) = a_i^{s_i}, i = 1, \cdots, r$. 由 $\varphi(x_0, x_1, \cdots, x_\sigma)$ 的定义不难看出, 对于任意一个值组 $(\alpha_0, \alpha_1, \cdots, \alpha_\sigma)$, 若 $\varphi(\alpha_0, \alpha_1, \cdots, \alpha_\sigma) \in A_i^*$, 则 $\alpha_0 \in A_i^*$. 因此, 再根据定理的已知条件可知, 使得函数 $\varphi(x_0, \cdots, x_\sigma)$ 取 r 个不保分划 D 的值之 r 个值组一定不保分划 D. 故函数 $\varphi(x_0, x_1, \cdots, x_\sigma) \in T_{D^r}$, 由 D^* 是直接分划易知, $k = \sum_{i=1}^{r}(1 + s_i)$. 为了下面讨论方便, 我们将值组:

$$(a_1, \delta_1^0, \cdots, \delta_\sigma^0), (a_1, \delta_1^1, \cdots, \delta_\sigma^1), \cdots, (a_1, \delta_1^{s_1}, \cdots, \delta_\sigma^{s_2});$$

$$(a_2, \delta_1^0, \cdots, \delta_\sigma^0), (a_2, \delta_1^1, \cdots, \delta_\sigma^1), \cdots, (a_2, \delta_1^{s_2}, \cdots, \delta_\sigma^{s_2});$$

$$\vdots$$

$$(a_r, \delta_1^0, \cdots, \delta_\sigma^0), (a_r, \delta_1^1, \cdots, \delta_\sigma^1), \cdots, (a_r, \delta_1^{s_r}, \cdots, \delta_\sigma^{s_r})$$

重新写成下列 k 个值组：

$$\widetilde{\beta^0}=(\beta_0^0,\beta_1^0,\cdots,\beta_\sigma^0),$$
$$\widetilde{\beta^1}=(\beta_0^1,\beta_1^1,\cdots,\beta_\sigma^1),$$
$$\vdots$$
$$\widetilde{\beta^{k-1}}=(\beta_0^{k-1},\beta_1^{k-1},\cdots,\beta_\sigma^{k-1}).$$

其中，$\beta_0^0,\beta_0^1,\cdots,\beta^{k-1}$ 包含在子集合 $\{a_1,\cdots,a_r\}$ 中.

值组：$(\beta_1^0,\cdots,\beta_\sigma^0),(\beta_1^1,\cdots,\beta_\sigma^1),\cdots,(\beta_1^{k-1},\cdots,\beta_\sigma^{k-1})$ 保分划 D，因为它们只不过是 $\widetilde{\delta^0},\cdots,\widetilde{\delta^{s-1}}$ 重复若干次，根据函数 $\varphi(x_0,x_1,\cdots,x_\sigma)$ 的定义，$\varphi(\widetilde{\beta^0}),\cdots,\varphi(\widetilde{\beta^{k-1}})$ 是 k 个不相同的值，所以可以假设

$$\varphi(\widetilde{\beta^0})=0,\varphi(\widetilde{\beta^1})=1,\cdots,\varphi(\widetilde{\beta^{k-1}})=k-1.$$

设 $h(x_1,\cdots,x_m)$ 是 p_k 中任意的一个函数，我们作 $\sigma+1$ 个函数：$g_i(x_1,\cdots,x_m)=\beta_i^t,i=0,1,\cdots,\sigma$. 当 $h(x_1,\cdots,x_m)=t$ 时，由引理易知：$g_0(x_1,\cdots,x_m)$ 包含在函数集 $\overline{T_{D^r}\cup f(x_1,\cdots,x_n)}$ 中. 因为 $(\beta_1^0,\cdots,\beta_\sigma^0),(\beta_1^1,\cdots,\beta_\sigma^1),\cdots,(\beta_1^{k-1},\cdots,\beta_\sigma^{k-1})$ 保分划 D，所以 $g_i(x_1,\cdots,x_m)$ 包含在函数集 $\overline{T_{D^r}\cup f(x_1,\cdots,x_n)}$ 中，$i=1,2,\cdots,\sigma$. 显然，

$$h(x_1,\cdots,x_m)=\varphi(g_o(x_1,\cdots,x_m),\cdots,g_\sigma(x_1,\cdots,x_m)).$$

因之，$h(x_1,\cdots,x_m)$ 属于 $\overline{T_{D^r}\cup f(x_1,\cdots,x_n)}$ 中，故 T_{D^r} 是极大封闭集.

由定理 2 及命题 1 不难知道，满足定理 4 条件的 T_{D^r} 函数集和满足定理 3 条件的 T_{D^r} 函数集是不相同的. 因之，我们便得到了大量新的极大封闭集.

定义　E^k 的一个分划 D：$E^k=A_1\cup\cdots\cup A_m$ 为一个具有公共元素的分划，如果子集合 $A_1,\cdots,A_m$ 之交集 $\bigcap_{i=1}^{m}A_i$ 非空.

因为对于临界数为 r 的分划，任意 $r-1$ 个元素必在某一个子集合中出现，所以任意一个具有公共元素而临界数为 r 的分划一定等价于一个满足定理 3 条件的标准分划，即存在一个元素 a，使得所有含 a 而元数为 r 的子集合皆在标准分划中出现. 反之，任意一个满足定理 3 条件的标准分划一定等价于一个具有公共元素的分划.

定义　设 D 是 E^k 的一个临界数为 r 的分划，E^k 中的一个子集合 A 是相对地保分划 D，如果 A 中存在一个元素 a 使得 A 中任意包括 a 的 r 个元素（可重）必保分划 D.

定义 E^k 的一个分划 $\overline{D}:E^k=A'_1\cup\cdots\cup A'_n$ 为分划 D 的扩张分划,如果 $A'_1,\cdots,A'_n$ 恰为所有极大相对地保分划 D 之子集合.

因为分划 D 不是第一种平凡分划,所以 D 的扩张分划 $\overline{D}$ 亦不是第一种平凡分划.不难知道,$\overline{D}$ 为第二种平凡分划的充要条件是 D 等价于某一个具有公共元素的分划.因之,若 $\overline{D}$ 是第二种平凡分划,则 T_{D^r} 是极大封闭集.

命题 3 设 D 的扩张分划 $\overline{D}$ 不是平凡分划.于是,若 T_{D^r} 是极大封闭集,则 D 与 $\overline{D}$ 必等价.

证明 设 $f(x_1,\cdots,x_n)$ 是 T_{D^r} 中的任意一个函数,s 是分划 $\overline{D}$ 的临界数;$\widetilde{\alpha^1}=(\alpha_1^1,\alpha_2^1,\cdots,\alpha_n^1),\widetilde{\alpha^2}=(\alpha_1^2,\cdots,\alpha_n^2),\cdots,\widetilde{\alpha^s}=(\alpha_1^s,\cdots,\alpha_n^s)$ 是保分划 $\overline{D}$ 的任意 s 个值组.由扩张分划的定义易知,一定存在一个值组 $\tilde{\beta}=(\beta_1,\cdots,\beta_n)$ 使得在值组 $\tilde{\beta},\widetilde{\alpha^1},\widetilde{\alpha^2},\cdots,\widetilde{\alpha^s}$ 中任取 r 个含 $\tilde{\beta}$ 的值组必保分划 D,因为函数 $f(x_1,\cdots,x_n)\in T_{D^r}$,所以函数值 $f(\tilde{\beta}),f(\widetilde{\alpha^1}),\cdots,f(\widetilde{\alpha^s})$ 相对地保分划 D,显然,$f(\tilde{\beta}),f(\widetilde{\alpha^1}),\cdots,f(\widetilde{\alpha^s})$ 必包含在某一个极大相对地保分划 D 的子集合中.因而 $f(\tilde{\beta}),f(\widetilde{\alpha^1}),\cdots,f(\widetilde{\alpha^s})$ 保分划 $\overline{D}$,因之,函数 $f(x_1,\cdots,x_n)\in T_{\overline{D}^s}$,故 $T_{D^r}\subset T_{\overline{D}^s}<P_k$.因为 T_{D^r} 是极大封闭集,所以 $T_{D^r}=T_{\overline{D}^s}$,从而由定理 2 可知 D 与 $\overline{D}$ 一定等价.

定理 5 设 D 是一个临界数为 2 的分划,于是,T_{D^2} 是极大封闭集的充要条件或者 D 等价于一个直接分划或者 D 等价于一个具有公共元素的分划.

证明 必要性.

设 D 不等价于任意一个具有公共元素的分划,于是,D 的扩张分划 $\overline{D}:E^k=A'_1\cup\cdots\cup A'_n$ 不是平凡分划,由命题 3 可知 D 与 $\overline{D}$ 等价,设两个不同的子集合 A'_i,A'_j 有公共元素 a,于是,子集合 $A'_i+A'_j$ 中任意两个含 a 的元素必保分划 $\overline{D}$,因为 D 与 $\overline{D}$ 价,所以子集合 $A'_i+A'_j$ 中任意两个含 a 的元素必保分划 D,因而 $A'_i+A'_j$ 是相对地保分划 D.

此与 A'_i 是极大相对地保分划 D 相矛盾,故 $\overline{D}$ 是直接分划.

充分性.

设分划 D 等价于一个直接分划,于是,T_{D^2} 是 Яблонский(1958) 提出的 U 型集,所以是极大封闭集,但是 Яблонский(1958) 关于 U 型集之极大封闭性给出的证明是比较繁杂而且还用到了单调函数集之极大封闭性.在此我们给出一个比较简单的证明.

由定理 2 可以假设 D 是一个直接分划,因而不难验证值组间保分划 D 之关系是一个具有传递性，反身性和对称性的关系，故值组间保分划 D 之关系是一个等价关系. 设 $f(x_1,\cdots,x_n)$ 是不属于 T_{D^2} 中的任意一个函数，于是必有 2 个保分划 D 的值组 $\widetilde{\alpha^1}$，$\widetilde{\alpha^2}$ 存在使得 $f(\widetilde{\alpha^1})$，$f(\widetilde{\alpha^2})$ 不保分划 D.

命 $f(\widetilde{\alpha^1})=a_1$，$f(\widetilde{\alpha^2})=a_2$. 利用元素 a_1,a_2 我可作出下列 k 个值组：

$$(\widetilde{\beta^0})=(a_1,\underbrace{a_2,a_2,\cdots,a_2}_{k-1})=(\beta_1^0,\beta_2^0,\cdots,\beta_k^0),$$

$$(\widetilde{\beta^1})=(a_2,a_1,\underbrace{a_2,\cdots,a_2}_{k-1})=(\beta_1^1,\beta_2^1,\cdots,\beta_k^1),$$

$$\vdots$$

$$(\widetilde{\beta^{k-1}})=(\underbrace{a_2,a_2,\cdots,a_2}_{k-1},a_1)=(\beta_1^{k-1},\beta_2^{k-1},\cdots,\beta_k^{k-1}).$$

显然，在值组 $\widetilde{\beta^0},\widetilde{\beta^1},\cdots,\widetilde{\beta^{k-1}}$ 中任取两个值组不保分划 D，定义 k 元函数 $\varphi(x_1,\cdots,x_k)$ 如下：

$$\varphi(x_1,\cdots,x_k)=\begin{cases} i, & \text{当}(x_1,x_2,\cdots,x_k),\widetilde{\beta^i}\text{ 保分划 } D \text{ 时}, i=0,\cdots,k-1, \\ 0, & \text{在其余的情形}. \end{cases}$$

根据值组间保分划 D 之关系是一个等价关系，很容易证明函数 $\varphi(x_1,\cdots,x_k)\in T_{D^2}$.

设 $h(x_1,\cdots,x_m)$ 是 P_k 中任意的一个函数，我们作 k 个函数：$g_i(x_1,\cdots,x_m)\beta_i^s$. 当 $h(x_1,\cdots,x_m)=s$ 时，由引理易知 $g_i(x_1,\cdots,x_m)$ 包含在函数集 $\overline{T_{D^2}\cup f(x_1,x_2,\cdots,x_n)}$ 中，$i=1,2,\cdots,k$. 显然，

$$h(x_1,x_2,\cdots,x_m)=\varphi(g_1(x_1,\cdots,x_m),\cdots,g_k(x_1,\cdots,x_m)).$$

因之，$h(x_1,x_2,\cdots,x_m)$ 属于 $\overline{T_{D^2}\cup f(x_1,x_2,\cdots,x_n)}$ 中，故 T_{D^2} 是极大封闭集.

最后，若 D 等价于一个具有公共元素的分划，则由定理 3 可知，T_{D^2} 是极大封闭集.

为了以后讨论方便，在此将 Яблонский(1958) 所得到的基本引理及其推论写出.

基本引理 设 $f(x_1,\cdots,x_n)$ 是 p_k 中的一个真多元取 l 个值的函数(其中，$k\geqslant 3,l>2$). 于是，一定有 n 个至多含两个元素的子集合 $G_1,G_2,\cdots,G_n$ 存在使得函数 $f(x_1,\cdots,x_n)$ 在值组集合 $G_1\times G_2\times\cdots\times G_n$ 上至少取 3 个值.

推论 设 $f(x_1,\cdots,x_n)$ 是 p_k 中的一个真多元取 l 个值的函数(其中，$k\geqslant 3$，$l>2$). 于是，一定有 n 个至多含 $l-1$ 个元素的子集合 $G_1,G_2,\cdots,G_n$ 存在使得函

数 $f(x_1,\cdots,x_n)$ 在值组集合 $G_1\times G_2\times\cdots\times G_n$ 上取 l 个值.

在基本引理及其推论中所提到的值组集合 $G_1\times G_2\times\cdots\times G_n$ 表示由所有值组$(\alpha_1,\alpha_2,\cdots,\alpha_n)$作成之集合,$\alpha_i\in G,i=1,\cdots,n$.

命题 4 设 D 是一个临界数为 r 的标准分划,$3\leqslant r\leqslant k-1$. 于是,若 T_{D^r} 是极大封闭集,则一定有 3 个元素 a,b,c 存在使得所有含元素 a,b,c 而元数为 r 的子集合皆在分划 D 中出现.

证明 用反证法.

设定理之结论不成立,即对于任意 3 个元素 a,b,c 可找到一个含元素 a,b,c 而元数为 r 的子集合不在分划 D 中出现. 设 $f(x_1,\cdots,x_n)$ 是一个真多元取 k 个值的函数,根据基本引理可知,存在 3 个值组:

$$\widetilde{\alpha^1}=(\alpha_1^1,\cdots,\alpha_n^1),$$

$$\widetilde{\alpha^2}=(\alpha_1^2,\cdots,\alpha_n^2),$$

$$\widetilde{\alpha^3}=(\alpha_1^3,\cdots,\alpha_n^3).$$

其中,$\alpha_i^1,\alpha_i^2,\alpha_i^3$ 至少有两个相等,使得 $f(\widetilde{\alpha^1}),f(\widetilde{\alpha^2}),f(\widetilde{\alpha^3})$ 互不相同,$i=1,\cdots,n$. 命 $f(\widetilde{\alpha^1})=a_1,f(\widetilde{\alpha^2})=a_2,f(\widetilde{\alpha^3})=a_3$,由反证法之假设可知,存在一个包含 a_1,a_2,a_3 而元数为 r 的子集合 $\{a_1,a_2,a_3,a_4,\cdots,a_r\}$ 不在分划 D 中出现. 因为 $f(x_1,\cdots,x_n)$ 是取 k 个值的函数,所以有组值 $\widetilde{\alpha^4},\cdots,\widetilde{\alpha^r}$ 存在,使得 $f(\widetilde{\alpha^4})=a_4,\cdots,f(\widetilde{\alpha^r})=a_r$. 显然,值组 $\widetilde{\alpha^1},\cdots,\widetilde{\alpha^r}$ 保分划 D. 可是 $f(\widetilde{\alpha^1}),\cdots,f(\widetilde{\alpha^r})$ 却不保分划 D. 因之,T_{D^r} 中没有真多元取 k 个值的函数,故 $T_{D^r}\subset T_{D^k}<P_k$. 因为 r 小于 k,所以必有一个取 $k-1$ 个值的函数不属于 T_{D^r},于是,$T_{D^r}<T_{D^k}$. 此与 T_{D^r} 是极大封闭集相矛盾,故命题成立.

定理 6 设 D 是一个临界数为 $k-1(>2)$ 的标准分划. 于是 $T_{D^{k-1}}$ 是极大封闭集的充要条件为或者存在一个元素 a 使得所有含 a 而元数为 $k-1$ 的子集合皆在分划 D 中出现,或者存在一个直接分划 $D^*:E^*=A_1^*+\cdots+A_{k-1}^*$ 使得所有在分划 D 中不出现而元数为 $k-1$ 的子集合恰为所有完全与 D^* 相交的子集合.

证明 由定理 3 和 4 可知,条件的充分性是成立的.

必要性.

设 $A_i=E^k-\{i\},i=0,1,\cdots,k-1$. 显然,$A_0,A_1,\cdots,A_{k-1}$ 是 E^k 中所有元数为 $k-1$ 的子集合,设 $T_{D^{k-1}}$ 是极大封闭集,由命题 4 可知,存在 3 个元素(不妨

设为0,1,2),使得所有含0,1,2的子集合 $A_3,A_4,\cdots,A_{k-1}$ 皆在分划 D 中出现. 显然,子集合 A_0,A_1,A_2 在分划 D 中出现的情形不外为下列4种情形:

1) 子集合 A_0,A_1,A_2 全在分划 D 中出现;

2) 子集合 A_0,A_1,A_2 有两个在分划 D 中出现;

3) 子集合 A_0,A_1,A_2 有一个在分划 D 中出现;

4) 子集合 A_0,A_1,A_2 全都不在分划 D 中出现.

因为 D 的临界数为 $k-1$,所以第一种情形不可能出现. 对于第二种和第三种情形,我们不难推得条件之必要性. 因此,只需讨论第四种情形,设第四种情形出现,分划 D 为

$$\begin{aligned}E^k = &\{0,1,2,4,\cdots,k-1\}+\{0,1,2,3,4,5,\cdots,k-1\}+\cdots+\\&\{0,1,2,3,\cdots,k-2\}+\{0,3,4,\cdots,k-1\}+\\&\{1,3,4,\cdots,k-1\}+\{2,3,4,\cdots,k-1\}.\end{aligned}$$

定义一元函数 $h(x)$ 如下:

$$h(x)=\begin{cases}1, & \text{当 } x=0 \text{ 时},\\ x, & \text{在其余的情形}.\end{cases}$$

容易验证,$h(x)\in T_{D^{k-1}}$. 设 $T_{D^{k-1}}$ 中有一个真多元取 k 个值的函数 $f(x_1,\cdots,x_n)$. 因为 $h(f(x_1,\cdots,x_n))\in T_{D^{k-1}}$ 且子集合 A_0 不在分划 D 中出现,所以根据基本引理之推论可知,$h(f(x_1,\cdots,x_n))$ 必是一元函数, 不妨假设函数 $h(f(x_1,\cdots,x_n))$ 仅真正依赖于自变数 x_1, 而且 $h(f(a_0,x_2,\cdots,x_n))=1$, $h(f(a_1,x_2,\cdots,x_n))=1$, $h(f(a_i,x_2,\cdots,x_n))=i$, $i=2,\cdots,k-1$. 其中,$a_0,a_1,\cdots,a_{k-1}$ 是 E^k 的 k 个元素. 由函数 $h(x)$ 之定义可知,$f(a_0,x_2,\cdots,x_n)$ 和 $f(a_1,x_2,\cdots,x_n)$ 的函数值只能是0和1,$f(a_2,x_2,\cdots,x_n)=2,\cdots,f(a_{k-1},x_2,\cdots,x_n)=k-1$. 由子集合 A_2 不在分划 D 中出现和 $f(x_1,\cdots,x_n)\in T_{D^{k-1}}$ 可推得,$f(a_0,x_2,\cdots,x_n)$ 和 $f(a_1,x_2,\cdots,x_n)$ 必是常数. 因此,$f(x_1,\cdots,x_n)$ 是一个一元函数,此为矛盾. 故 $T_{D^{k-1}}$ 中没有真多元取 k 个值的函数,因而 $T_{D^{k-1}}\subset T_{D^k}<P_k$. 因为 D 的临界数为 $k-1$,所以必有一个取 $k-1$ 个值的函数不属于 $T_{D^{k-1}}$. 于是,$T_{D^{k-1}}<T_{D^k}$. 此与 $T_{D^{k-1}}$ 是极大封闭集相矛盾. 因此,第四种情形不可能出现.

命题 5 设 D 是一个临界数为 r 的标准分划,$3\leqslant r\leqslant k-2$,若存在两个元素 $a,b(a\neq b)$,使得所有在分划 D 中出现而元数为 r 的子集合恰为所有含 a,b 而元数为 r 的子集合,则 T_{D^r} 不是极大封闭集.

证明 设分划 D 为 $E^k=A_1\cup\cdots\cup A_m$. 命 $A_{ji}=A_j+\{i\}$, $i=0,\cdots,k-$

$1, j=1, \cdots, m$. 设分划 $\overline{D}$ 为 $E^k = A'_1 + \cdots + A'_n$，其中，$A'_1, \cdots, A'_n$ 是下列子集合

$$\begin{matrix} A_{10}, A_{11}, \cdots, A_{1k-1}, \\ A_{20}, A_{21}, \cdots, A_{2k-1}, \\ \vdots \quad \vdots \quad\quad \vdots \\ A_{m0}, A_{m1}, \cdots, A_{mk-1} \end{matrix}$$

中所有的极大子集合. 由分划 D 的假设及其临界数为 r 不难看出，分划 $\overline{D}$ 的临界数为 $r+1$. 因为 $r+1 \leqslant k-1$，所以 $T_{\overline{D}^{r+1}} < P_k$.

下面我们逐步证明 $T_{D^r} \subset T_{\overline{D}^{r+1}}$.

首先容易知道，T_{D^r} 中的一元函数和至多取 r 个值的真多元函数都包含在 $T_{\overline{D}^{r+1}}$ 中，设 $f(x_1, \cdots, x_n)$ 是 T_{D^r} 中的任意一个真多元取 $s(>r)$ 个值的函数，a_0，$a_1, \cdots, a_{s-1}$ 是函数 $f(x_1, \cdots, x_n)$ 所取的 s 个值. 根据基本引理以及分划 D 之性质可推得元素 a, b 必在 $a_0, a_1, \cdots, a_{s-1}$ 中出现. 不妨假设 $a_0 = a, a_1 = b$，我们作一元函数 $h(x)$ 如下：

$$h(x) = \begin{cases} x, & \text{当 } x = a_1, a_2, \cdots, a_r \text{ 时}, \\ a_1, & \text{当 } x = a_0, a_{r+1}, \cdots, a_{k-1} \text{ 时}. \end{cases}$$

其中，$a_0, a_1, \cdots, a_{k-1}$ 是集合 E^k 的 k 个元素. 显然，$h(x) \in T_{D^r}$. 因为 $h(f(x_1, \cdots, x_n)) \in T_{D^r}$，所以根据基本引理之推论以及子集合 $\{a_1, a_2, \cdots, a_r\}$ 不在分划 D 中出现可推得，$h(f(x_1, \cdots, x_n))$ 必是一元函数. 不妨假设函数 $h(f(x_1, \cdots, x_n))$ 仅真正依赖于自变数 x_1，且设

$$\begin{matrix} h(f(a_1^1, x_2, \cdots, x_n)) = a_1, \cdots, h(f(a_1^{s_1}, x_2, \cdots, x_n)) = a_1, \\ h(f(a_2^1, x_2, \cdots, x_n)) = a_2, \cdots, h(f(a_2^{s_2}, x_2, \cdots, x_n)) = a_2, \\ \vdots \qquad\qquad\qquad \vdots \qquad\qquad\qquad \vdots \\ h(f(a_r^1, x_2, \cdots, x_n)) = a_r, \cdots, h(f(a_r^{s_r}, x_2, \cdots, x_n)) = a_r. \end{matrix}$$

其中，$a_1^1, a_1^2, \cdots, a_1^{s_1}; a_2^1, a_2^2, \cdots, a_2^{s_2}; \cdots; a_r^1, a_r^2, \cdots, a_r^{s_r}$ 是 E^k 中的 k 个元素. 由函数 $h(x)$ 之定义可知，

$$\begin{matrix} f(a_1^1, x_2, \cdots, x_n) = a_1, \\ f(a_i^2, x_2, \cdots, x_n) = a_i, \\ \vdots \\ f(a_i^{s_i}, x_2, \cdots, x_n) = a_i. \end{matrix}$$

其中，$i = 2, \cdots, r$，而函数 $f(a_1^j, x_2, \cdots, x_n)$ 的函数值只能是 $a_0, a_1, a_{r+1}, \cdots, a_{k-1}$. 再由分划 D 的性质可推得 $f(a_1^j, x_2, \cdots, x_n)$ 或为常数，或为仅取值 a_0, a_1 的函

数，$j=1,\cdots,s_1$. 因之，$n-1$ 元函数 $f(i,x_2,\cdots,x_n)$ 或是常数，或是仅取值为 a_0，a_1 的函数，$i=0,\cdots,k-1$. 若 $f(x_1,\cdots,x_n)\notin T_{\overline{D}^{r+1}}$，则必有 $r+1$ 个保分划 D 的值组：

$$\widetilde{\alpha^1}=(\alpha_1^1,\alpha_1^2,\cdots,\alpha_n^1),$$
$$\widetilde{\alpha^2}=(\alpha_1^2,\alpha_2^2,\cdots,\alpha_n^1),$$
$$\vdots$$
$$\widetilde{\alpha^{r+1}}=(\alpha_1^{r+1},\alpha_2^{r+1},\cdots,\alpha_n^{r+1})$$

存在使得 $f(\widetilde{\alpha^1}),f(\widetilde{\alpha^2}),\cdots,f(\widetilde{\alpha^{r+1}})$ 不保分划 $\overline{D}$. 由分划 $\overline{D}$ 的定义可知，在 $f(\widetilde{\alpha^1})$，$\cdots,f(\widetilde{\alpha^{r+1}})$ 中任取 r 个元素都不保分划 D. 换句话说，在 $f(\widetilde{\alpha^1}),\cdots,f(\widetilde{\alpha^{r+1}})$ 中不能同时出现 a_0,a_1，而且 $f(\widetilde{\alpha^1}),\cdots,f(\widetilde{\alpha^{r+1}})$ 互不相同. 不妨假设 $f(\widetilde{\alpha^1}),f(\widetilde{\alpha^2})$，$\cdots,f(\widetilde{\alpha^r})$ 都不与 a_0,a_1 相等.

由以上的讨论可知

$$f(\widetilde{\alpha^1})=f(\alpha_1^1,x_2,\cdots,x_n)=f(\alpha_1^1,\alpha_2^{r+1},\cdots,\alpha_n^{r+1}),$$
$$f(\widetilde{\alpha^2})=f(\alpha_1^2,x_2,\cdots,x_n)=f(\alpha_1^2,\alpha_2^{r+1},\cdots,\alpha_n^{r+1}),$$
$$\vdots\qquad\qquad\vdots\qquad\qquad\vdots$$
$$f(\widetilde{\alpha^r})=f(\alpha_1^r,x_2,\cdots,x_n)=f(\alpha_1^r,\alpha_2^{r+1},\cdots,\alpha_n^{r+1}).$$

因此，根据在元素 $\alpha_1^1,\alpha_1^2,\cdots,\alpha_1^{r+1}$ 中必有 r 个元素保分划 D 以及 $f(x_1,\cdots,x_n)\in T_{D^r}$ 可推得，在函数值 $f(\widetilde{\alpha^1}),\cdots,f(\widetilde{\alpha^{r+1}})$ 中必有 r 个元素保分划 D，此为矛盾. 故 $f(x_1,\cdots,x_n)\in T_{\overline{D}^{r+1}}$.

至此我们证明了 $T_{D^r}\subset T_{\overline{D}^{r+1}}$. 由定理 2 和 $r+1\leqslant k$ 易知，$T_{D^r}<T_{\overline{D}^{r+1}}<P_k$，因而 T_{D^r} 不是极大封闭集.

下面对临界数为 2 的情形，指出确有许多满足定理 3 条件的 T_{D^2} 函数集不是 T 型集和 T_{ESR} 型集，至于临界数大于 2 的情形也是不难指出的.

设 E 是 E^k 的一个真子集合，分划 $D_0:E^k-E=A_1\cup A_2\cup\cdots\cup A_m$ 是集合 E^k-E 的一个临界数为 2 的非平凡分划，而且 D_0 既不等价于直接分划也不等价于具有公共元素的分划. 于是，由分划 $D:E^k=(E+A_1)\cup(E+A_2)\cup\cdots\cup(E+A_m)$ 所确定的 T_{D^2} 函数集不是 Яблонский 提出的 T 型集和 Мартынюк 提出的 T_{ESR} 型集.

参考文献

[1] 罗铸楷.线性函数集和环的极大封闭性[J].吉林大学自然科学学报,1963(2):1—14.

[2] Яблонский С В. функцнональные построения в K-значной логике. [J]. Труды матемй ин-та АН СССР,1958(51):5—142.

[3] Мартынюк В В. Ирследование некоторых классов функций в многозначнвлх логиках[J]. Ироблеиы кибернетики,1960(3):49—60.

在多值逻辑中二项关系所确定的极大封闭集

在 k 值逻辑中定出所有极大封闭集的问题是一个基本和重要的问题. 这个问题除 $k=2,3$ 外尚未解决. Кузнецов 曾经指出, P_k 中的任意一个极大封闭集必是某一个保 k^2 项关系的函数集, 王湘浩教授改进了 Кузнецов 的结果, 证明了 P_k 中任意一个极大封闭集必是某一个保 r 项关系的函数集($2\leqslant r\leqslant k$), 从而使得有可能通过"保关系"的道路解决这个问题, 特别是在是 k 比较小时, 完全有可能定出所有的极大封闭集. 不难想到, 为了定出 P_k 中全部极大封闭集, 首先应该研究二项关系所确定的极大封闭集. 本文完全定出了二项关系所确定的极大封闭集.

凡本文中所引用的符号和概念, 除在本文中定义的以外, 均见 Яблонский (1958) 与罗铸楷(1963)的论文.

定义 E^k 中 m 个元素(可重)作成之序列称为一个 m 元序列, 记为 $\langle a_1, a_2, \cdots a_m\rangle$. 一组 m 元序列作成之集合称为一个 m 元序列集合, 记为 H_m.

定义 一个 m 元序列集合 H_m 说是确定 $x_1, x_2, \cdots, x_m$ 的一个 m 项关系, 记为 R_m 若. 凡 H_m 是空集, 则 R_m 叫作空关系, 记为 O_m.

定义 设 m 项关系 R_m, R'_m 分别由集合 H_m, H'_m 所确定的, R'_m 是 R_m 的一个子关系, 如果 $H'_m\subset H_m$, 记为 $R'_m\subset R_m$.

为了方便起见, $\langle a_1, \cdots, a_m\rangle\in H_m$ 有时也说成是 $\langle a_1, \cdots, a_m\rangle\in R_m$.

定义 设 R_m 是由集合 H_m 所确定的一个 m 项关系. P_k 中的函数 $f(x_1, \cdots, x_n)$ 是保 R_m, 如果对于 H_m 中任意 n 个元素 $\langle a_{11}, a_{12}, \cdots, a_{1m}\rangle, \cdots, \langle a_{n1}, a_{n2}, \cdots, a_{nm}\rangle$ 都有序列 $\langle f(a_{11}, a_{12}, \cdots, a_{n1}), f(a_{12}, a_{22}, \cdots, a_{n2}), \cdots, f(a_{1m}, a_{2m}, \cdots, a_{nm})\rangle$ 包含在 H_m 中.

因为二值逻辑的完备性问题已经彻底解决, 所以我们不再讨论, 本文仅讨论 $k\geqslant 3$ 的情形.

P_k 中所有保 R_m 的函数作成之集合, 记为 $U(R_m)$, 称为一个 m 重 U 型集.

命题 1 $U(R_m)$ 是一个包含一元函数 x 的封闭集.

证明 一元函数 x 保 R_m 是显然的. 设 $f(t_1,\cdots,t_p)$,$g_1(x_1,\cdots,x_n)$,$\cdots$,$g_p(x_1,\cdots,x_n)$ 都属于 $U(R_m)$,$\langle a_{11},a_{12},\cdots,a_{1m}\rangle$,$\cdots$,$\langle a_{n1},a_{n2},\cdots,a_{nm}\rangle$ 是 H_m 中的任意 n 个元素,于是

$$\langle g_1(a_{11},\cdots,a_{n1}),\cdots,g_1(a_{1m},\cdots,a_{nm})\rangle,$$
$$\langle g_2(a_{11},\cdots,a_{n1}),\cdots,g_2(a_{1m},\cdots,a_{nm})\rangle,$$
$$\vdots$$
$$\langle g_p(a_{11},\cdots,a_{n1}),\cdots,g_p(a_{1m},\cdots,a_{nm})\rangle$$

都属于 H_m. 因而序列 $\langle f(g_1(a_{11},\cdots,a_{n1}),\cdots,g_p(a_{11},\cdots,a_{n1})),\cdots,f(g_1(a_{1m},\cdots,a_{nm}),\cdots,g_p(a_{1m},\cdots,a_{nm}))\rangle$ 属于 H_m. 因此 $f(g_1(x_1,\cdots,x_n),\cdots,g_p(x_1,\cdots,x_n))\in U(R_m)$,故 $U(R_m)$ 是封闭集.

用 Q 表示 E^k 上所有一元函数的集合,用 G 代表任意包含自变数 x 的一元函数封闭集.

函数 $f(x_1,\cdots,x_n)\in P_k$ 是保 G 的. 如果对任何 $g_i(x)\in G$,都有 $f(g_1(x),\cdots,g_n(x))\in G$,其中,$i=1,2,\cdots,n$. 当 $G\neq Q$ 时,用 $T(G)$ 表示所有保 G 的函数作成的集合;当 $G=Q$ 时,用 $T(Q)$ 表示全部一元函数加上全部漏值函数作成的集合. $T(G)$ 称为 T 型集,显然,$T(G)$ 是封闭集.

$T(G)$ 说是极大 T 型集,如果没有 $T(G')$,适合 $T(G)<T(G')$.

王湘浩教授曾说明了 P_k 中的所有极大封闭集就是所有的极大 T 型集. 以后,我们称包含自变数 x 但小于 Q 的一元函数封闭集为正则集.

设 G 是正则集,其元素为 $f_1(x)$,$f_2(x)$,$\cdots$,$f_r(x)$. 令

$$H_k=\{\langle a_{0i},a_{1i},\cdots,a_{k-1i}\rangle\}.$$

其中,$a_{ji}=f_i(j)$,$j=0,\cdots,k-1$;$i=1,\cdots,r$.

由 H_k 所确定的 k 项关系 R_k,亦称为由 G 所确定的 k 项关系.

若 R_k 是由正则集 G 所确定的 k 项关系,则

$$U(R_k)=T(G).$$

事实上,设 $f(x_1,\cdots,x_n)\in U(R_k)$,$g_1(x)$,$\cdots$,$g_n(x)$ 是 G 中任意 n 个元素,于是 $\langle a_{01},\cdots,a_{k-11}\rangle\in R_k$,$\cdots$,$\langle a_{0n},\cdots,a_{k-1n}\rangle\in R_k$. 其中,$a_{ji}=g_i(j)$,$j=0,\cdots,k-1$;$i=1,\cdots,r$. 因此,$\langle f(a_{01},\cdots,a_{0n}),f(a_{11},\cdots,a_{1n}),\cdots,f(a_{k-11},\cdots,a_{k-1n})\rangle\in R_k$. 造一元函数如下:

$$g(x)=\begin{cases}f(a_{01},\cdots,a_{0n}), & x=0,\\ \vdots & \\ f(a_{k-11},\cdots,a_{k-1n}), & x=k-1.\end{cases}$$

显然,$g(x)\in G$.但是不难看出,$f(g_1(x),\cdots,g_n(x))=g(x)$.因而 $f(x_1,\cdots,x_n)\in T(G)$,故 $U(R_k)\subset T(G)$.

同理可证 $T(G)\subset U(R_k)$.

定理 1 P_k 中任意极大封闭集必是 m 重 U 型集,其中,$2\leqslant m\leqslant k$.

证明 设 $T(G)$ 是极大封闭集.若 G 是正则集,则 $T(G)=U(R_k)$,其中,R_k 是由 G 所确定的 k 项关系.若 $G=Q$,设 H_k^* 是所有至多含 $k-1$ 个不同元素的 k 元序列作成之集合,R_k^* 是由 H_k^* 所确定的 k 项关系,则 $T(Q)\subset U(R_k^*)$.造二元函数如下:

$$f(x,y)=\begin{cases}i, & \text{当 } x=0 \text{ 且 } y=i \text{ 时}, i=0,\cdots,k-1,\\ k-1, & \text{当 } x\neq 0 \text{ 时}.\end{cases}$$

不难看出,$f(x,y)\notin U(R_k^*)$,因而

$$T(Q)\subset U(R_k^*)<P_k.$$

由于 $T(Q)$ 的极大封闭性,而 $U(R_k^*)$ 是封闭集,所以 $T(Q)\subset U(R_k^*)$.

下面求出所有由二项关系确定的极大封闭集.

定义 设 R_2 是由集合 H_2 所确定的一个二项关系.R_2 说是具有反身性,如果每一个二元序列 $\langle a,a\rangle$ 都属于 H_2;R_2 说是全无反身性,如果每一个二元序列 $\langle a,a\rangle$ 都不属于 H_2;R_2 说是具有对称性,若二元序列 $\langle a,b\rangle$ 属于 H_2,则二元序列 $\langle b,a\rangle$ 亦属于 H_2;R_2 具有反对称性,若二元序列 $\langle a,b\rangle)a\neq b)$ 属于 H_2,则 $\langle b,a\rangle$ 就不属于 H_2.

命题 2 若 R_2 既非具有反弹性也非全无反身性,则 $U(R_2)\subset T_{E,0}$[1].

证明 设 $E=\{a\,|\,a\in E^k,\langle a,a\rangle\in R_2\}$.由命题假设可知 E 非空且不等于 E^k.任取 $f(x_1,\cdots,x_n)\in U(R_2)$,$\alpha_1,\cdots,a_n\in E$.因为 $\langle\alpha_1,\alpha_1\rangle\in R_2,\cdots,\langle\alpha_n,\alpha_n\rangle\in R_2$,所以 $\langle f(\alpha_1,\cdots,\alpha_n),f(\alpha_1,\cdots,\alpha_n)\rangle\in R_2$,因此,$f(\alpha_1,\alpha_n)\in E$,从而 $f(x_1,\cdots,x_n)\in T_{E,0}$.这就证明了 $U(R_2)\subset T_{E,0}$.

定义 设 R_2 是由集合 H_2 所确定的一个二项关系.R_2 说是第一种完全关系,如果 H_2 包含全部的二元序列;R_2 说是第二种完全关系,如果 H_2 中恰含二元序列:$\langle 0,0\rangle,\langle 1,1\rangle,\cdots,\langle k-1,k-1\rangle$.

第一种和第二种完全关系被称为完全关系,

命题 3 $U(R_2)=P_k$的充分必要条件是R_2或为完全关系或为空关系.

证明 假若R_2既非空关系,亦非完全关系,如果有二元序列$\langle a,b\rangle\in R_2$,且$a\neq b$,则一元函数

$$f(x)=\begin{cases}c, & x=a,\\ d, & x\neq a\end{cases}$$

不属于$U(R_2)$.其中,$\langle c,d\rangle\notin R_2$.因此,$U(R_2)<P_k$.如果不存在二元序列$\langle a,b\rangle\in R_2(a\neq b)$,则必有二元序列$\langle c,c\rangle\notin R_2$.因为$R_2$非空,所以必有$\langle d,d\rangle\in R_2$.故由命题 2 可知$U(R_2)\subset T_{E,0}<P_k$.

至此,命题的必要性得证,命题的充分性是显然的.

下面提到的二项关系,如果不作特别明都是指非完全而且非空的关系.

命题 4 若R'_2是R_2中具有对称性的最大子关系,则$U(R_2)\subset U(R'_2)$.

证明 若R'_2是空关系,则命题显然成立.

设R'_2是非空关系,任取$f(x_1,\cdots,x_n)\in U(R_2)$,$\langle a_1,b_1\rangle$,$\langle a_2,b_2\rangle$,$\cdots$,$\langle a_n,b_n\rangle$都属于$R'_2$,由假设知$\langle a_1,b_1\rangle$,$\langle b_1,a_1\rangle$,$\cdots$,$\langle a_n,b_n\rangle$,$\langle b_n,a_n\rangle$都属于$R_2$.因此,$\langle f(a_1,\cdots,a_n),f(b_1,\cdots,b_n)\rangle$和$\langle f(b_1,\cdots,b_n)f(a_1,\cdots,a_n)\rangle$都属于$R_2$,所以$\langle f(a_1,\cdots,a_n),f(b_1,\cdots,b_n)\rangle\in R'_2$,从而$f(x_1,\cdots,x_n)\in U(R'_2)$.

由命题 2 可以看出,我们只需讨论具有反身性和全无反身性的二项关系就可以了.对于具有反身性的二项关系,由命题 4 可知,只需讨论具有对称性和反对称性两种二项关系就可以了.保具有反身性和对称性的二项关系的函数集也就是T_{D^2}函数集[4],T_{D^2}函数集何时是极大封闭集的问题已被罗铸楷解决,因此,我们只需讨论下列二项关系:

1) 具有反身性和具有反对称性;

2) 全无反身性.

定义 设R_2是由集合H_2所确定的一个二项关系,H'_2是具有下列性质的二元序列集合:

1) 若序列$\langle a,c\rangle$,$\langle c,b\rangle$属于H_2,则$\langle a,b\rangle$属于H'_2.

2) 若序列$\langle a,b\rangle\in H'_2$,则必有两个二元序列$\langle a,c\rangle$,$\langle c,b\rangle$属于$H_2$.

于是,由集合H'_2所确定的二项关系称之为R_2的第一自乘积,记为R_2^2.

定义 设R_2是由集合H_2所确定的一个二项关系,H'_2是具有下列性质的二元序列集合:

1) 若序列$\langle a,c\rangle$,$\langle a,b\rangle$属于H_2,则$\langle c,b\rangle$,$\langle b,c\rangle$属于H'_2.

2) 若序列$\langle c,b\rangle$属于H'_2，则$\langle b,c\rangle$属于H'_2且必有两个二元序列$\langle a,c\rangle$，$\langle a,b\rangle$属于H_2.

于是，由集合H'_2所确定的二项关系称之为R_2的第二自乘积，记为$R_2^{(2)}$.

命题 5 $U(R_2)\subset U(R_2^2)$，$U(R_2)\subset U(R_2^{(2)})$.

证明 任取函数$f(x_1,\cdots,x_n)\in U(R_2)$，$\langle a_{11},a_{12}\rangle\in R_2^2$，$\langle a_{21},a_{22}\rangle\in R_2^2$，$\cdots$，$\langle a_{n1},a_{n2}\rangle\in R_2^2$. 由第一自乘积的定义可知，存在$c_1,c_2,\cdots,c_n$，使得二元序列$\langle a_{11},c_1\rangle$，$\langle a_{21},c_2\rangle$，$\cdots$，$\langle a_{n1},c_n\rangle$和$\langle c_1,a_{12}\rangle$，$\langle c_2,a_{22}\rangle$，$\cdots$，$\langle c_n,a_{n2}\rangle$属于$R_2$. 显然，$\langle f(a_{11},a_{21},\cdots,a_{n1}),f(c_1,c_2,\cdots,c_n)\rangle$和$\langle f(c_1,c_2,\cdots,c_n),f(a_{12},a_{22},\cdots,a_{n2})\rangle$属于$R_2$. 因此，$\langle f(a_{11},\cdots,a_{n1}),f(a_{12},\cdots,a_{n2})\rangle$属于$R_2^2$，故$f(x_1,\cdots,x_n)\in U(R_2^2)$.

类似地，可以证明$U(R_2)\subset U(R_2^{(2)})$.

定义 设$E^k=A_1\cup A_2\cup\cdots\cup A_m$. 函数$f(x_1,\cdots,x_n)$属于函数集$T_{A_1,\cdots,A_m}$，如果对任意$A_{i_1},\cdots,A_{i_n}$，有$A_j$存在（其中，$1\leqslant i_1,i_2,\cdots,i_n\leqslant m$；$1\leqslant j\leqslant m$），使得

$$f(A_{i_1},\cdots,A_{i_n})\subset A_j.$$

函数集$T_{A_1,\cdots,A_m}$是封闭集. 事实上，设$f(t_1,\cdots,t_p)\in T_{A_1,\cdots,A_m}$，$g_1(x_1,\cdots,x_n)$，$\cdots$，$g_p(x_1,\cdots,x_n)$亦属于$T_{A_1,\cdots,A_m}$. 对任意$A_{i_1},\cdots,A_{i_n}$，有$A_{j_1},\cdots,A_{i_p}$存在（其中，$1\leqslant i_1,\cdots,i_n\leqslant m$；$1\leqslant j_1,\cdots,i_p\leqslant m$），使得

$$\begin{aligned} g_1(A_{i_1},\cdots,A_{i_n}) &\subset A_{j_1}, \\ &\vdots \\ g_p(A_{i_1},\cdots,A_{i_n}) &\subset A_{j_p}. \end{aligned}$$

对于$A_{j_1},\cdots,A_{j_p}$来说，有A_j存在（其中，$1\leqslant j\leqslant m$），使得$f(A_{j_1},\cdots,A_{j_p})\subset A_j$，故$f(g_1(A_{i_1},\cdots,A_{i_n}),\cdots,g_p(A_{i_1},\cdots,A_{i_n}))\subset A_j$. 因此，$f(g_1(x_1,\cdots,x_n),\cdots,g_p(x_1,\cdots,x_n))\in T_{A_1,\cdots,A_m}$.

命题 6 函数集$T_{A_1,\cdots,A_m}$完备的充分必要条件是$A_1,\cdots,A_m$中至少有一个是E^k或者每个A_i恰由E^k中一个元素组成.

证明 充分性显然.

假如有一个A_i由两个以上的元素组成，且所有A_j都不是E^k，$1\leqslant j\leqslant m$. 设$A_1=\{a_1,a_2,\cdots,a_s\}$是$A_1,\cdots,A_m$中所含元素个数最大者，其中，$2\leqslant s\leqslant k-1$. 造二元函数如下：

$$f(x,y)=\begin{cases} a_i, & \text{当 } x=a_1 \text{ 且 } y=a_i \text{ 时}, \\ a_{s+1}, & \text{当 } x\neq a_1 \text{ 或 } y\neq a_i \text{ 时}, \end{cases} \quad i=1,\cdots,s.$$

其中，$a_{s+1} \notin A_1$. 可以看出，$f(x_1, \cdots, x_n) \notin T_{A_1, \cdots, A_m}$. 因此，$T_{A_1, \cdots, A_m}$ 不完备.

命题 7 设 R_2 是由 H_2 所确定的二项关系，设 $A_i = \{x \mid x \in E^k, \langle i, x \rangle \in H_2\}$，$i = 0, 1, \cdots, k-1$，而 $A_{i_1}, \cdots, A_{i_m}$ 是这些 A_i 中的所有非空集合，$0 \leqslant i_1 < i_2 < \cdots < i_m \leqslant k-1$. 于是，

$$U(R_2) \subset T_{Ai_1, \cdots, Ai_m}.$$

证明 令 $I = \{i_1, i_2, \cdots, i_m\}$. 设 $f(x_1, \cdots, x_n) \in U(R_2)$. 任取 $A_{j1}, \cdots, A_{jn}$，其中，$j_1, \cdots, j_n$ 都属于 I，设 $f(j_1, \cdots, j_n) = j$. 因为 i 和 A_i 中的元素具有关系 R_2，而 $f(x_1, \cdots, x_n) \in U(R_2)$，所以 $j = f(j_1, \cdots, j_n)$ 和 $f(A_{j_1}, \cdots, A_{j_n})$ 中的元素具有关系 R_2，因而 $f(A_{j_1}, \cdots, A_{j_n}) \subset A_j$，且 $j \in I$. 因此，$f(x_1, \cdots, x_n) \in T_{A_{i_1}, \cdots, A_{i_m}}$. 由于 $f(x_1, \cdots, x_n)$ 的任意性，命题得证.

定理 2 在 k 值逻辑中，二项关系所确定的任意极大封闭集必是一个单调函数集 M，T 型集 $T_{E,0}$，二重保分划函数集 T_{D^2} 或自对偶函数集 $S^k_{\sigma(x)}$.

证明

1) 若 R_2 是具有反身性和反对称性的二项关系，且 $U(R_2)$ 是极大封闭集，则 $U(R_2)$ 必为单调函数集.

事实上，由第一自乘积定义可知，$R_2 \subset R_2^2$. 若 $R_2^2 = R_2$，则由第一自乘积定义可知，R_2 具有反身性，反对称性和传递性，因此，$U(R_2)$ 是一个单调函数集[2]. 下面用反证法证明 $R_2 < R_2^2$ 是不可能的. 事实上，若 $R_2 < R_2^2$，则由二元序列之个数的有限性可知，必有 r 存在，使得下列不等式成立：

$$R_2 < R_2^2 < R_2^{2^2} < \cdots < R_2^{2^{r-1}} < R_2^{2^r} = R_2^{2^{r+1}}.$$

① 若 $R_2^{2^r}$ 不是完全关系，则 $U(R_2) \subset U(R_2^{2^r}) < P_k$.

如果 $R_2^{2^r}$ 具有反对称性，由 $R_2^{2^r} = R_2^{2^{r+1}}$ 知，则 $U(R_2^{2^r})$ 是单调函数集. 由 $U(R_2)$ 的极大性知，$U(R_2) = U(R_2^{2^r})$. 设 a 为关于二项关系 $R_2^{2^r}$ 的最小元素，亦即对 E^k 中任意元素 x，都有 $\langle a, x \rangle \in R_2^{2^r}$（$a$ 的存在性见文[2]）. 由于 $R_2 \subset R_2^{2^r}$，不难看出至少存在一个元素 $b \neq a$ 使得 $\langle a, b \rangle \in R_2$. 设 $\langle c, d \rangle \notin R_2$，$\langle c, d \rangle \notin R_2^{2^r}$. 造一元函数如下：

$$\varphi(x) = \begin{cases} c, & x = a, \\ d, & x \neq a. \end{cases}$$

于是，$\varphi(x) \in U(R_2^{2^r})$，$\varphi(x) \notin U(R_2)$. 所以 $U(R_2) < U(R_2^{2^r})$，矛盾. 如果 $R_2^{2^r}$ 不具有反对称性，设 $\langle c, d \rangle \in R_2^{2^r}$，$\langle d, c \rangle \in R_2^{2^r}$. 设 $\langle c, d \rangle \notin R_2$（$\langle c, d \rangle$，$\langle d, c \rangle$

至少有一个不属于 R_2). 取 $\langle a,b\rangle \in R_2$, $\langle a,b\rangle \in R_2^{2^r}$, 且 $a \neq b$, 于是一元函数 $\varphi(x) \in U(R_2^{2^r})$, $\varphi(x) \notin U(R_2)$, 从而 $U(R_2) < U(R_2^{2^r}) < P_k$. 与 $U(R_2)$ 的极大性矛盾, 故情形 ① 是不可能的.

② 设 $R_2^{2^r}$ 是完全关系.

若 $R_2^{2^{r-1}}$ 不具有反对称性, 则 $R_2^{2^{r-1}} \geqslant R_2^2$, 从而 $U(R_2) \subset U(R_2^{2^{r-1}}) < P_k$. 与上面同样道理, 可以造一元函数 $\varphi(x) \in U(R_2^{2^{r-1}})$, 但 $\varphi(x) \notin U(R_2)$. 于是 $U(R_2) < U(R_2^{2^{r-1}}) < P_k$ 与 $U(R_2)$ 的极大性矛盾.

若 $R_2^{2^{r-1}}$ 具有反对称性, 由于 $R_2^{2^r}$ 是完全关系, 则不存在元素 $a \in E^k$, 使得对任意 $x \in E^k$, 都有 $\langle a,x\rangle \in R_2^{2^{r-1}}$. 令

$$A_i = \{x \mid x \in E^k, \langle i,x\rangle \in R_2^{2^{r-1}}\}, \quad i = 0,1,\cdots,k-1.$$

于是 A_i 非空且不等于 E^k. 由于 R_2 不是完全关系, 每个 A_i 也不可能恰由一个元素组成, 所以 $T_{A_0,\cdots,A_{k-1}} < P_k$. 因之由命题 7 知

$$U(R_2) \subset U(R_2^{2^{r-1}}) \subset T_{A_0,\cdots,A_{k-1}} < P_k.$$

设 $\langle a,b\rangle \in R_2$, 且 $a \neq b$. 于是 $\langle a,b\rangle \in R_2^{2^{r-1}}$, 从而 a,b 属于 A_a, 造一元函数如下:

$$\varphi(x) = \begin{cases} b, & x = a, \\ a, & x \neq a. \end{cases}$$

于是 $\varphi(x) \notin U(R_2)$, $\varphi(x) \in T_{A_0,\cdots,A_{k-1}}$. 因此, $U(R_2) < T_{A_0,\cdots,A_{k-1}} < P_k$ 与 $U(R_2)$ 的极大性矛盾. 因此, 反证法完成.

2) 若 R_2 是全无反身性的二项关系, 且 $U(R_2)$ 是极大封闭集, 则 $U(R_2)$ 必为自对偶函数集.

事实上, 令 $A_i = \{x \mid x \in E^k, \langle i,x\rangle \in R_2\}$, $i = 0,1,\cdots,k-1$.

① 若 $A_0 \cup A_1 \cup \cdots \cup A_{k-1} = E^k$, 且对 E^k 中每一个 a, 有且只有一个 a', 使得 $\langle a,a'\rangle \in R_2$, 则有一个置换 σ, 使得 a,b 具有关系 R_2 必要而且只要 $\sigma(a) = b$. 于是, $U(R_2) = S^k_{\sigma(x)}$.

② 若 $A_0 \cup A_1 \cup \cdots \cup A_{k-1} = E^k$, 但是 R_2 非情形 ①, 因为 $i \notin A_i$, 所以 A_i 不等于 E^k, 并且不是每个 A_i 恰由一个元素组成. 由命题 6 和命题 7 知

$$U(R_2) \subset T_{A_{i_1},\cdots,A_{i_m}} < P_k, \quad i = 0,\cdots,k-1.$$

其中, $A_{i_1},\cdots,A_{i_m}$ 是 A_i 中的所有非空集合 $(0 \leqslant i_1 < i_2 < \cdots < i_m \leqslant k-1)$. 而常数函数不属于 $U(R_2)$, 但是属于 $T_{A_{i_1}},\cdots,T_{A_{i_m}}$, 所以 $U(R_2) < T_{A_{i_1},\cdots,A_{i_m}} < P_k$

与 $U(R_2)$ 的极大性矛盾. 所以情形 ② 是不可能的.

③ 若 $A_0 \cup \cdots \cup A_{k-1} = E^k$,则必有 $a \in E^k$,使得对任意 $x \in E^k$,都有 $\langle x,a \rangle \notin R_2$. 由第二自乘积定义及 R_2 全无反身性可知,$\langle a,a \rangle \in R_2^{(2)}$. 因此,$U(R_2) \subset U(R_2^{(2)}) < P_k$. 而存在常数函数属于 $U(R_2^{(2)})$ 不属于 $U(R_2)$,故 $U(R_2) < U(R_2^{(2)}) < P_k$. 与 $U(R_2^{(2)})$ 的极大性矛盾,因此,情形 ③ 是不可能的.

至此定理证毕.

作者对王湘浩教授表示最深挚的感谢,因为从问题的提出到解决都是在他的辛勤指导下完成的.

参考文献

[1] Яблонский С В. функцнональные построения в K-значной логике[J]. Труды матемй ин-та АН СССР,1958(51):5—142.

[2] Мартынюк В В. Ирследование некоторых классов функций в многозначнвлх логиках[J]. Ироблеиы кибернетики,1960(3):49—60.

[3] 王湘浩. 有限集合上缺值及不缺值函数的结构理论[J]. 吉林大学自然科学学报,1963(2):295—318.

[4] 罗铸楷. 关于保分划之函数集的极大封闭性(Ⅰ)[J]. 吉林大学自然科学学报,1963(2):105—116.

[5] 庞云阶. 在多值逻辑中求全部极大封闭集的一个能行方法[J]. 吉林大学自然科学学报,1962(2):99—102.

在 k 值逻辑中正规 k 项关系所确定的极大封闭集

在 k 值逻辑理论中，函数系的完备性之刻画问题是一个基本而重要的问题，此问题的彻底解决依赖于定出 k 值函数集 P_k 中的所有极大封闭集. Post[1] 定出了 P_2 中的所有极大封闭集共 5 个，Яблонский[2] 定出了 P_3 中的所有极大封闭集共 18 个.

Кузнецов 曾经指出，P_k 中的任意一个极大封闭集必是某一个保 k^2 项关系的函数集. 王湘浩教授改进了 Кузнецов 的结果，证明了 P_k 中任意一个极大封闭集必是某一个保 m 项关系的函数集，$2 \leqslant m \leqslant k$. 因此，只要求出二项关系以及正规的 r 项关系所确定的极大封闭集便得到 P_k 中的全部极大封闭集，$r = 3, \cdots, k$. 罗铸楷，刘叙华定出了二项关系所确定的全部极大封闭集[9].

在本文中，我们定出了正规 k 项关系所确定的全部极大封闭集，而且简单地证明了 P_3 中只有 Яблонский 的 18 个极大封闭集.

本文所引用的一些基本概念和事实除已指明的外，均见 Яблонский[2] 和罗铸楷[7,8] 的论文.

本文所讨论的问题从提出到解决都是在王湘浩教授指导下完成的，在此表示感谢.

1. 一些基本事实

为了以下叙述方便，我们把有关的一些基本概念和已知结果列举如下：

设 E^k 是含 k 个元素的一个集合，其元素可以记为 $0, 1, \cdots, k-1$，定义在 E^k 上而其函数值仍属于 E^k 的任意多个变数的函数我们称之为 k 值函数. 所有 k 值函数作成之集合记为 P_k.

以下所提到的函数都是指 k 值函数而且 $k \geqslant 3$.

定义　设 M 是一个封闭集，$M < P_k$. M 说是一个极大封闭集，如果没有封

闭集 M_1 存在适合 $M < M_1 < P_k$.

可以证明，P_k 中只有有限个极大封闭集，而且 $A \subset P_k$ 是一个完备集必要而且只要 A 不包含在任何极大封闭集之内[2]. 由此可见，为了刻画完备集只需要找出全部的极大封闭集.

定义 设 G 是一个 k 元加法群，$f(x_1, \cdots, x_n)$ 是定义在 G 上而函数值仍属于 G 的函数. 函数 $f(x_1, \cdots, x_n)$ 说是线性函数，如果对任意的值组 $\tilde{\alpha} = (\alpha_1, \cdots, \alpha_n)$ 和 $\tilde{\beta} = (\beta_1, \cdots, \beta_n)$ 恒有

$$f(\tilde{\alpha} + \tilde{\beta}) + f(\tilde{o}) = f(\tilde{\alpha}) + f(\tilde{\beta}).$$

其中，$\tilde{\alpha} + \tilde{\beta} = (\alpha_1 + \beta_1, \cdots, \alpha_n + \beta_n)$，$\tilde{o} = (o, \cdots, o)$. 所有线性函数作成之集合记为 L_G.

定理 1 设 G 是一个 k 元加法群. L_G 是极大封闭集必要而且只要 G 中每一个元素（除 o 外）的周期均为同一个质数 p[8].

定义 把集合 E^k 写成一些子集合 $A_1, A_2, \cdots, A_n$ 的并集，说是作 E^k 的一个分划 D：$E^k = A_1 \cup \cdots \cup A_n$.

E^k 中的 S 个元素说是保分划 D，如果 S 个元素同属于分划 D 中某一个子集合. S 个值组：$\widetilde{\alpha^1} = (\alpha_1^1, \cdots, \alpha_n^1), \cdots, \widetilde{\alpha^s} = (\alpha_1^s, \cdots, \alpha_n^s)$ 说是保分划 D，如果 $\alpha_i^1, \cdots, \alpha_i^s$ 均保分划 D，$i = 1, \cdots, n$.

定义 r 说是分划 D 的临界数，如果 E^k 中任意 $r-1$ 个元素（可重）保分划 D 而存在 r 个不同的元素不保分划 D，临界数为 r 的分划 D 有时记为 D^r.

定义 设分划 D 的临界数为 r，函数 $f(x_1, \cdots, x_n)$ 说是保分划 D，如果对任意的 r 个保分划 D 的值组：$\widetilde{\alpha^1} = (\alpha_1^1, \cdots, \alpha_n^1), \cdots, \widetilde{\alpha^r} = (\alpha_1^r, \cdots, \alpha_n^r)$ 恒有 $f(\widetilde{\alpha^1}), \cdots, f(\widetilde{\alpha^r})$ 保分划 D，所有保分划 D 的函数作成之集合记为 T_{D^r}.

T_{D^k} 是由 P_k 中全部一元函数和全部漏值函数所作成的集合，而且是极大封闭集[7]. 众所周知，包含所有一元函数和一个真多元取 k 个值的函数的集合必是一个完备集[2]. 因此，若封闭集 A 中包含全部一元函数 $A < P_k$，则 $A \subset T_{D^k}$.

在文[7]中我们定出了保分划函数集类中的三类极大封闭集，其中大量的是异于 $T, U, T_{E,s,k}$ 型集的新的极大封闭集，而且在临界数为 $2, k-1$ 的情形中，完全解决了 $T_{D^2}, T_{D^{k-1}}$ 何时为极大封闭集的问题.

E^k 中 m 个元素（可重）作成之序列称为一个 m 元序列，记为 $\langle a_1, \cdots, a_m \rangle$（有时也写成一个直行）. 一组 m 元序列作成之集合称为一个 m 元序列集合，记为 G_m.

定义 一个 m 元序列集合 G_m 说是确定 $x_1, x_2, \cdots, x_m$ 的一个 m 项关系，记为

$R(G_m)$. $R(G'_m)$ 说是 $R(G_m)$ 的一个子关系，如果 $G'_m \subset G_m$，且记为 $R(G'_m) \subset R(G_m)$.

定义 函数 $f(x_1, \cdots, x_n)$ 说是保 $R(G_m)$，如果对于 G_m 中任意 n 个元素 $\langle a_{11}, a_{12}, \cdots, a_{1m} \rangle$, $\langle a_{21}, a_{22}, \cdots, a_{2m} \rangle$, $\cdots$, $\langle a_{n1}, a_{n2}, \cdots, a_{nm} \rangle$ 恒有 $\langle f(a_{11}, a_{21}, \cdots, a_{n1}), f(a_{21}, a_{22}, \cdots, a_{n2}), \cdots, f(a_{1m}, a_{2m}, \cdots, a_{nm}) \rangle$ 包含在 G_m 中，所有保 $R(G_m)$ 的函数作成之集合记为 $U(R(G_m))$，称为一个 m 重 U 型集.

不难验证，$U(R(G_m))$ 是一个封闭集.

王湘浩教授改进了 Кузнецов 定理[2]，证明了以下定理.

定理 2 P_k 中任意极大封闭集必是一个 m 重 U 型集，其中，$2 \leqslant m \leqslant k$[9].

据此，我们可以从二项关系开始，研究那些二项关系 $R(G_2)$，所确定的 $U(R(G_2))$ 是极大封闭集. 然后看三项关系，如此继续直到 k 项关系，便可得到所有极大封闭集.

定理 3 二项关系所确定的任意极大封闭集必是一个单调函数集 M[3]，自对偶函数集 S，函数集 $T_{E,0}$ 或 T_{D^2}[9].

下面指出 m 项关系的一些初等性质. 由定理 2 和定理 3 可知，我们无需再讨论大于 k 和等于 2 的 m 项关系. 因之，下面所提到的 m 项关系如果不作特别声明都是指 $2 \leqslant m \leqslant k$.

定义 设 $R(G_m)$ 是一个 m 项关系，$G_m^{i\sim j}$ 是具有下列性质的 m 元序列集合：

$$\langle a_1, \cdots, a_{i-1}, a_i, a_{i+1}, \cdots, a_{j-1}, a_j, a_{j+1}, \cdots, a_m \rangle \in G_m \Leftrightarrow$$
$$\langle a_1, \cdots, a_{i-1}, a_j, a_{i+1}, \cdots, a_{j-1}, a_i, a_{j+1}, \cdots, a_m \rangle \in G_m^{i\sim j}.$$

于是，由集合 $G_m^{i\sim j}$ 所确定的 m 项关系称之为由 $R(G_m)$ 对换 i, j 项所得到的 m 项关系，记为 $R(G_m^{i\sim j})$.

定义 设 $R(G_m)$ 是一个 m 项关系，G_r 是具有下列性质的 r 元序列集合，$2 \leqslant r \leqslant m$：

1) 若序列 $\langle a_1, a_2, \cdots, a_m \rangle \in G_m$，则 $\langle a_1, \cdots, a_r \rangle \in G_r$；

2) 若序列 $\langle a_1, a_2, \cdots, a_r \rangle \in G_r$，则存在 $a_{r+1}, \cdots, a_m$ 使得 $\langle a_1, a_2, \cdots, a_m \rangle \in G_m$.

于是，由集合 G_r 所确定的 r 项关系称为在 $R(G_m)$ 中取 $1, 2, \cdots, r$ 项所得到的 r 项关系，记为 $R(G_{r,G_m}^{(i,\cdots,r)})$.

完全类似地可定义在 $R(G_m)$ 中取 $i_1, i_2, \cdots, i_r$ 项所得到的 r 项关系 $R(G_{r,G_m}^{(i_1,\cdots,i_r)})$，$1 \leqslant i_1, \cdots, i_r \leqslant m$，且 $i_1, i_2, \cdots, i_r$ 两两互不相同.

定义 设 $R(G_m)$ 是一个 m 项关系. $R(G_m)$ 说是对 i, j，项具有对称性，如果 $G_m = G_m^{i\sim j}$，其中，$1 \leqslant i, j \leqslant m, i \neq j$；$R(G_m)$ 说是具有对称性，如果 $\langle a_1, \cdots, a_m \rangle$

$\in G_m$，则任意颠倒 $a_1,\cdots,a_m$ 所得到的 m 元序列都属于 G_m.

定义 一个 m 项关系 $R(G_m)$ 说是完全的 m 项关系，如果 $U(R(G_m))=P_k$. 例如，空关系 $R(G_m)$（即 G_m 是空集）也就是完全的 m 项关系.

不难证明下列 3 个命题成立.

命题 1 $U(R(G_m))=U(R(G_m^{i\sim j}))$.

命题 2 $U(R(G_m))\subset U(R(G_{r,G_m}^{i_1,\cdots,i_r}))$.

命题 3 设 $R(G'_m)$ 是 $R(G_m)$ 中最大的对 i,j 项具有对称性的子关系，或是 $R(G_m)$ 中最大的具有对称性的子关系，于是 $U(R(G_m))\subset U(R(G'_m))$.

设 $R(G_m)$ 是一个 m 项关系，σ 是 E^k 的一个置换，命 $G_m^{\sigma^{-1}}=\{\langle\sigma^{-1}(a_1),\cdots,\sigma^{-1}(a_m)\rangle\mid\langle a_1,\cdots,a_m\rangle\in G_m\}$. $U^\sigma(R(G_m))$ 代表 $U(R(G_m))$ 在 σ 之下的对偶函数集[2].

命题 4 $U(R(G_m^{\sigma^{-1}}))=U^\sigma(R(G_m))$.

证明 设函数 $f(x_1,\cdots,x_n)\in U(R(G_m^{\sigma^{-1}}))$. 于是，$\sigma f(\sigma^{-1}(x_1),\cdots,\sigma^{-1}(x_n))\in U(R(G_m))$. 因此，$\sigma^{-1}\sigma f(\sigma^{-1}\sigma(x_1),\cdots,\sigma^{-1}\sigma(x_n))=f(x_1,\cdots,x_n)\in U^\sigma(R(G_m))$. 故 $U(R(G_m^{\sigma^{-1}}))\subset U^\sigma(R(G_m))$.

设函数 $f(x_1,\cdots,x_n)\in U^\sigma(R(G_m))$. 于是，$\sigma f(\sigma^{-1}\sigma(x_1),\cdots,\sigma^{-1}\sigma(x_n))\in U(R(G_m))$. 因而 $f(x_1,\cdots,x_n)\in U(R(G_m^{\sigma^{-1}}))$，故 $U^\sigma(R(G_m))\subset U(R(G_m^{\sigma^{-1}}))$.

总之，有 $U(R(G_m^{\sigma^{-1}}))=U^\sigma(R(G_m))$.

定义 $R(G_m)$ 说是一个正规的 m 项关系，如果 $R(G_m)$ 非完全而且任意包含 $U(R(G_m))$ 的 $U(R(G_i))(i<m)$ 都等于 P_k.

容易说明，只要求出二项关系以及正规的 $3,4,\cdots,k$ 项关系所确定的极大封闭集，便能得到所有的极大封闭集.

设 $i_1,i_2,\cdots,i_r$ 是任意取定的不同的 r 个数，$2\leqslant r<m$；$1\leqslant i_h\leqslant m$，$h=1,\cdots,r$. 命 $G_m(x_{i1}=x_{i1}=\cdots=x_{ir})$ 代表 m 元序列集合 $\{\langle x_1,\cdots,x_m\rangle\mid x_i\in E^k, x_{i1}=x_{i2}=\cdots=x_{ir}\}$，$G_m^*(x_{i1}=x_{i2}=\cdots=x_{ir})$ 代表 $G_m(x_{i1}=x_{i1}=\cdots=x_{ir})$ 中所有含 $(m-r+1)$ 个不同元素的 m 元序列作成之子集合.

命题 5 设 $R(G_m)$ 是一个正规的 m 项关系. 若 $G_m^*(x_{i1}=x_{i2}=\cdots=x_{ir})$ 中有一个序列属于 G_m，则 $G_m(x_{i1}=x_{i1}=\cdots=x_{ir})\subset G_m$，即 $G_m(x_{i1}=x_{i1}=\cdots=x_{ir})\subset G_m$ 或者 $G_m^*(x_{i1}=x_{i2}=\cdots=x_{ir})$ 内无序列包含在 G_m 中.

证明 为了使证明简单起见，假设 $i_1=1,i_2=2,\cdots,i_r=r$. 命 $\overline{G_m}=G_m\cap G_m(x_1=x_2=\cdots=x_r)$. 由命题假设 $\overline{G_m}$ 中有序列 $\langle a,\cdots,a,a_{r+1},\cdots,a_m\rangle$，其中，

$a, a_{r+1}, \cdots, a_m$ 是互不相同的，容易证明 $U(R(G_m)) \subset U(R(\overline{G_m}))$. 由命题 2 和 $R(G_m)$ 的正规性可知，

$$U(R(G_m)) \subset U(R(\overline{G_m})) \subset U(R(G^{(r,\cdots,m)}_{m-1+1,\overline{G_m}})) = P_k.$$

因为 $\langle a, a_{r+1}, \cdots, a_m \rangle \in G^{(r,\cdots,m)}_{m-1+1,\overline{G_m}}$，且 $a, a_{r+1}, \cdots, a_m$ 彼此互不相同，所以由 $U(R(G^{(r,\cdots,m)}_{m-1+1,\overline{G_m}})) = P_k$ 可推得全部 $(m-r+1)$ 元序列皆包含在 $G^{(r,\cdots,m)}_{m-1+1,\overline{G_m}}$ 中. 故 $G(x_1 = x_2 = \cdots = x_r) \subset \overline{G_m}$，因而 $G_m(x_1 = x_2 = \cdots = x_r) \subset G_m$. 完全类似地可以证明 $G_m(x_{i1} = x_{i1} = \cdots = x_{ir}) \subset G_m$.

设 $i_1, \cdots, i_r; j_1, \cdots, j_s; \cdots; k_1, \cdots, k_t$ 是任意取定的彼此不相同的数，$2 \leqslant r, S, \cdots, t$，且 $1 \leqslant i_1, \cdots, i_r; j_1, \cdots, j_s; \cdots; k_1, \cdots, k_t \leqslant m$. 令 $G_m(x_{i_1} = \cdots = x_{i_r}, x_{j_1} = \cdots = x_{j_s}, \cdots, x_{k_1} = \cdots = x_{k_t})$ 是 m 元序列集合 $\{\langle x_1, \cdots, x_m \rangle \mid x_{i_1} = \cdots = x_{i_r}, x_{j_1} = \cdots = x_{j_s}, \cdots, x_{k_1} = \cdots = x_{k_t}\}$，$G_m^*(x_{i_1} = \cdots = x_{i_r}, x_{j_1} = \cdots = x_{j_s}, \cdots, x_{k_1} = \cdots = x_{k_t}) = G_m(x_{i_1} = \cdots = x_{i_r}, x_{j_1} = \cdots = x_{j_s}, \cdots, x_{k_1} = \cdots = x_{k_t})$ 中所有含 $m-(r-1)-(s-1)-\cdots-(t-1)$ 个不同元素的 m 元序列作成之子集合.

仿照命题 5 的证明不难证明：

命题 6　设 $R(G_m)$ 是一个正规的 m 项关系. 若 $G_m^*(x_{i_1} = \cdots = x_{i_r}, x_{j_1} = \cdots = x_{j_s}, \cdots, x_{k_1} = \cdots = x_{k_t})$ 中有一个序列属于 G_m，则 $G_m(x_{i_1} = \cdots = x_{i_r}, x_{j_1} = \cdots = x_{j_s}, \cdots, x_{k_1} = \cdots = x_{k_t}) \subset G_m$，即 $G_m^*(x_{i_1} = \cdots = x_{i_r}, x_{j_1} = \cdots = x_{j_s}, \cdots, x_{k_1} = \cdots = x_{k_t}) \subset G_m$，或者 $G_m^*(x_{i_1} = \cdots = x_{i_r}, x_{j_1} = \cdots = x_{j_s}, \cdots, x_{k_1} = \cdots = x_{k_t})$ 内无序列包含在 G_m 中.

在以后的讨论中我们会看到命题 5,6 对 m 项关系的分类是极为有用的.

命题 7　设 $R(G_m)$ 是一个 m 项关系而且任意包含 $U(R(G_m))$ 的 $U(R(G_2))$ 都等于 P_k. 于是 G_m 中必包含 $\langle i, i, \cdots, i \rangle$，$i = 0, 1, \cdots, k-1$.

证明　由命题 2 及题设可知：

$$U(R(G_m)) \subset U(R(G^{(1,2)}_{2,G_m})) = P_k.$$

因之，$G^{(1,2)}_{2,G_m}$ 中必包含 $\langle i, i \rangle$，G_m 中亦必包含序列 $\langle i, i, a_{i_3}, \cdots, a_{i_m} \rangle$，$i = 0, 1, \cdots, k-1$. 命 $\overline{G_m} = G_m \wedge G_m(x_1 = x_2)$. 显然，

$$\langle i, i, a_{i_3}, \cdots, a_{i_m} \rangle \in \overline{G_m}, \quad i = 0, 1, \cdots, k-1.$$

不难证明 $U(R(G_m)) \subset U(R(\overline{G_m}))$. 由命题 2 及题设可知：

$$U(R(G_m)) \subset U(R(\overline{G_m})) \subset U(R(G^{(2,3)}_{2,\overline{G_m}})) = P_k.$$

因之，$G^{(2,3)}_{2,\overline{G_m}}$ 中必包含 $\langle i, i \rangle$，G_m 中亦必包含序列 $\langle i, i, i, b_{i_4}, \cdots, b_{i_m} \rangle$. 如此继续下去便能推得 G_m 中包含 $\langle i, i, \cdots i \rangle$，$i = 0, 1, \cdots, k-1$.

命题 7 说明了正规 $m(>2)$ 项关系所确定的极大封闭集必包含全部常数.

定理 4 设 $R(G_m)$ 是一个正规的 m 项关系而且 G_m 中不包含含 m 个不同元素的序列. 于是, $U(R(G_m))\subset T_{D^k}$.

证明 设 $f(x)$ 是 P_k 中任意一个一元函数, $\langle a_1,a_2,\cdots,a_m\rangle$ 是 G_m 中任意一个序列. 因为 G_m 中不包含含 m 个不同元素的序列,所以 $a_1,\cdots,a_m$ 中至少有两个相等. 若 $a_1=a_2=\cdots=a_m$,则由命题 7 可知, $\langle f(a_1),\cdots,f(a_m)\rangle\in G_m$;若 a_1, $\cdots,a_m$ 中至少有两个不相等,则由命题 5 或 6 可知, $\langle f(a_1),\cdots,f(a_m)\rangle\in G_m$. 因此, $f(x)\in U(R(G_m))$. 故 P_k 中全部的一元函数都包含在 $U(R(G_m))$ 中, $U(R(G_m))\subset T_{D^k}$.

2. 正规 k 项关系所确定的极大封闭集

在本节中所提到的线性函数集 L_G 都是指 L_G 是极大封闭集的情形. 由文[8]之定理 7 可知,当 $k=3,4$ 时, P_k 中仅有一个线性函数集是极大封闭集.

命题 8 设 $k=3$, $R(G_k)$ 是一个正规的 k 项关系且 G_k 中包含所有含 k 个不同元素的序列,于是, $U(R(G_k))\subset L_G$.

证明 设 $R(\widetilde{G_k})$ 是 $R(G_k)$ 中最大具有对称性的子关系,由命题 3 可知, $U(R(G_k))\subset U(R(\widetilde{G_k}))$. 显然, $\widetilde{G_k}$ 中仍包含所有含 k 个不同元素的序列, $R(\widetilde{G_k})$ 非完全. 再由 $U(R(G_k))\subset U(R(\widetilde{G_k}))$ 及 $R(G_k)$ 的正规性可知, $R(\widetilde{G_k})$ 是正规的 k 项关系. 若 k 元序列集合: $G_k(x_1=x_2)$, $G_k(x_1=x_3)$, $G_k(x_2=x_3)$ 中有一个包含在 $\widetilde{G_k}$ 中,则由 $R(\widetilde{G_k})$ 具有对称性可知, $G_k(x_1=x_2)$, $G_k(x_1=x_3)$, $G_k(x_2=x_3)$ 必包含在 $\widetilde{G_k}$ 中,因而 $R(\widetilde{G_k})$ 是完全的,此与 $R(\widetilde{G_k})$ 非完全相矛盾. 故任意的 $G_k(x_i=x_j)$ 都不包含在 $\widetilde{G_k}$ 中.

因此,由命题 5 可知, $G_k^*(x_1=x_2)$, $G_k^*(x_1=x_3)$, $G_k^*(x_2=x_3)$ 内无序列包含在 $\widetilde{G_k}$ 中. 由命题 7 可知, $\widetilde{G_k}$ 中必包含 $\langle 0,0,0\rangle$, $\langle 1,1,1\rangle$, $\langle 2,2,2\rangle$. 可见, $\widetilde{G_k}$ 中仅包含下列序列:

$$
\begin{matrix}
0 & 0 & 0 & 1 & 1 & 1 & 2 & 2 & 2 \\
0 & 1 & 2 & 1 & 0 & 2 & 2 & 0 & 1 \\
0 & 2 & 1 & 1 & 2 & 0 & 2 & 1 & 0
\end{matrix}
$$

不难验证, $U(R(\widetilde{G_k}))$ 中的所有一元函数恰是常数函数 0,1,2 和全部不漏

值的一元函数，即是全部的一元线性函数. 因之，

$$U(R(G_k)) \subset U(R(\widetilde{G_k})) = L_G.$$

定理5 当 $k = 3$ 时，正规 k 项关系所确定的极大封闭集是线性函数集 L_G，函数集 T_{D^k}.

证明 设 $R(G_k)$ 是一个正规的 k 项关系. 命 $G_k(x_1 = x_2)$，$G_k(x_1 = x_3)$，$G_k(x_2 = x_3)$ 是第1组序列集合；$G_k^*(x_1 = x_2)$，$G_k^*(x_1 = x_3)$，$G_k^*(x_2 = x_3)$ 是第 1^* 组序列集合. 由命题5可知，对于第 1^* 组中的任意一个集合或者包含在 G_k 中，或者全无元素包含在 G_k 中. 因此，我们可以分为下列几种情形进行讨论.

1) 设第 1^* 组中至多有一个集合包含在 G_k 中，即第 1^* 组中至少有两个集合全无元素包含在 G_k 中. 于是，$U(R(G_k))$ 包含在 L_G 或 T_{D^k} 中. 事实上，由命题1我们不妨假设 $G_k^*(x_1 = x_3)$，$G_k^*(x_2 = x_3)$ 内全无元素包含在 G_k 中，若 G_k 中出现含 k 个不同元素的序列，则 $U(R(G_{2,G_k}^{(1,2)}))$ 中必出现含2个不同元素的序列. 根据 $R(G_k)$ 具有正规性可知，$U(R(G_{2,G_k}^{(1,2)})) = P_k$. 因此，$G_{2,G_k}^{(1,2)}$ 中包含全部的二元序列，从而由 $G_k^*(x_1 = x_3)$，$G_k^*(x_2 = x_3)$ 内全无元素包含在 G_k 中可推知，G_k 中包含所有含 k 个不同元素的序列. 由命题8可知，$U(R(G_k)) \subset L_G$. 可见，若 G_k 中出现含 k 个不同元素的序列，则 $U(R(G_k)) \subset L_G$；若 G_k 中不出现含 k 个不同元素的序列，则由定理4知，$U(R(G_k)) \subset T_{D^k}$.

2) 设第 1^* 组中恰有两个集合包含在 G_k 中. 于是，$U(R(G_k))$ 包含在 L_G 或 T_{D^k} 中，事实上. 由命题1不妨假设 $G_k^*(x_1 = x_2)$，$G_k^*(x_2 = x_3)$ 包含在 G_k 中，设 $\overline{G_k}$ 是 G_k 中对1，3项最大具有对称性的子集合，$\overline{G'_k}$ 是 $\overline{G_k}$ 中对1，2项最大具有对称性的子集合，$\overline{G''_k}$ 是 $\overline{G_k}$ 中对2，3项最大具有对称性的子集合. 不难看出，$\overline{G_k}$ 中仍包含 $G_k^*(x_1 = x_2)$，$G_k^*(x_2 = x_3)$，$\overline{G'_k}$ 中包含 $G_k^*(x_1 = x_2)$ 而 $G_k^*(x_2 = x_3)$ 中全无元素包含在 $\overline{G'_k}$ 中，$\overline{G''_k}$ 包含 $G_k^*(x_2 = x_3)$ 而 $G_k^*(x_1 = x_2)$ 中全无元素包含在 $\overline{G''_k}$ 中. 由命题3可知，$U(R(G_k)) \subset U(R(\overline{G_k}))$，$U(R(\overline{G_k})) \subset U(R(\overline{G'_k}))$，$U(R(\overline{G'_k})) \subset U(R(\overline{G''_k}))$.

① 设 $\overline{G_k}$ 中不包含含 k 个不同元素的序列. 显然，$R(\overline{G_k})$ 是非完全的. 再由 $R(G_k)$ 的正规性可推知，$R(\overline{G_k})$ 是正规的. 因此，由定理4可知，$U(R(G_k)) \subset U(R(\overline{G_k})) \subset T_{D^k}$.

② 设 $R(\overline{G'_k})$ 或 $R(\overline{G''_k})$ 是非完全的. 由 $R(G_k)$ 的正规性可推知，$R(\overline{G'_k})$ 或 $R(\overline{G''_k})$ 是正规的，因此，由1)可知，$U(R(G_k)) \subset U(R(\overline{G_k})) \subset U(R(\overline{G'_k}))$(或

$U(R(\overline{G''_k}))) \subset L_G$ 或 T_{D^k}.

③ 设$\overline{G_k}$中包含含 k 个不同元素的序列,而且 $R(\overline{G'_k})$,$R(\overline{G''_k})$ 都是完全的,由 $R(\overline{G'_k})$,$R(\overline{G''_k})$ 的完全性以及 $G_k^*(x_2=x_3)\not\subset\overline{G'_k}$,$G_k^*(x_1=x_3)\not\subset\overline{G''_k}$ 可推知,$\overline{G'_k}$ 和$\overline{G''_k}$ 中都不包含含 k 个不同元素的序列,不妨假设$\langle 0,1,2\rangle\in\overline{G_k}$,由$\overline{G_k}$对 1,3 项具有对称性可知,$\langle 2,1,0\rangle\in\overline{G_k}$. 这样,由$\overline{G'_k}$ 中不包含含 k 个不同元素的序列可知,$\langle 1,0,2\rangle\notin\overline{G_k}$,$\langle 1,2,0\rangle\notin\overline{G_k}$;由$\overline{G''_k}$ 中不包含含 k 个不同元素的序列可知,$\langle 0,2,1\rangle$,$\langle 2,0,1\rangle\notin\overline{G_k}$. 可见,$\overline{G_k}$ 中仅含下列序列:

$$\begin{matrix}0&0&0&1&1&1&2&2&2&0&0&1&1&2&2&0&2\\0&0&0&1&1&1&2&2&2&1&2&0&2&0&1&1&1\\0&1&2&0&1&2&0&1&2&1&2&0&2&0&1&2&0\end{matrix}$$

设$U(R(\overline{G_k}))$ 中包含有一个真多元取 k 个值的函数 $f(x_1,\cdots,x_n)$. 根据Яблонский 基本引理[2],必有值组$(\alpha_1^0,\alpha_2^0,\cdots,\alpha_n^0)$,$(\alpha_1^1,\alpha_2^1,\cdots,\alpha_n^1)$,$(\alpha_1^2,\alpha_2^2,\cdots,\alpha_n^2)$存在,使得

$$f(\alpha_1^0,\alpha_2^0,\cdots,\alpha_n^0)=0,$$
$$f(\alpha_1^1,\alpha_2^1,\cdots,\alpha_n^1)=1,$$
$$f(\alpha_1^2,\alpha_2^2,\cdots,\alpha_n^2)=2.$$

其中,$(\alpha_i^0,\alpha_i^1,\alpha_i^2)$ 至少有两个相等,$i=1,\cdots,n$.

设$(\beta_1,\cdots,\beta_n)$ 是按照下列取法所得到的一个值组:

a) 设 $\alpha_i^0=\alpha_i^1$,有 $\beta_i=\alpha_i^2$.

b) 设$\alpha_i^0\neq\alpha_i^1$,若$\alpha_i^0=\alpha_i^2$,则$\beta_i=\alpha_i^2$;若$\alpha_i^0\neq\alpha_i^2$(此时必是$\alpha_i^1=\alpha_i^2$),则$\beta_i=\alpha_i^0$.

不难看出,序列$\langle\alpha_i^1,\alpha_i^0,\beta_i\rangle\in\overline{G_k}$,$\langle\alpha_i^1,\alpha_i^2,\beta_i\rangle\in\overline{G_k}$,$i=1,\cdots,n$,因而

$$\langle f(\alpha_1^1,\cdots,\alpha_n^1),f(\alpha_1^0,\cdots,\alpha_n^0),f(\beta_1,\cdots,\beta_n)\rangle\in\overline{G_k},$$
$$\langle f(\alpha_1^1,\cdots,\alpha_n^1),f(\alpha_1^2,\cdots,\alpha_n^2),f(\beta_2,\cdots,\beta_n)\rangle\in\overline{G_k},$$

即$\langle 1,0,f(\beta_1,\cdots,\beta_n)\rangle$,$\langle 1,2,f(\beta_1,\cdots,\beta_n)\rangle\in\overline{G_k}$. 由$\langle 1,0,f(\beta_1,\cdots,\beta_n)\rangle\in\overline{G_k}$ 可知,$f(\beta_1,\cdots,\beta_n)$ 必为 0. 但是$\langle 1,2,0\rangle\notin G_k$ 与$\langle 1,2,f(\beta_1,\cdots,\beta_n)\rangle\in\overline{G_k}$ 相矛盾,故$U(R(\overline{G_k}))$ 中不包含真多元取 k 个值的函数,因而$U(R(G_k))\subset U(R(\overline{G_k}))\subset T_{D^k}$.

3) 设第 1^* 组中的 3 个集合都包含在 G_k 中,有 $U(R(G_k))\subset T_{D^k}$. 事实上,由命题 5 可知,第 1 组中的 3 个集合都包含在 G_k 中. 设 $R(\widetilde{G_k})$ 是 $R(G_k)$ 中最大具有对称性的子关系. 容易看出,$\widetilde{G_k}$ 中仍包含第 1 组中的 3 个集合. 若$\widetilde{G_k}$ 中出现含 k 个不同元素的序列,则由$\widetilde{G_k}$ 具有对称性可知,$\widetilde{G_k}$ 中包含所有含 k 个不同元素的

序列.如此,G_k 中便包含所有的 k 元序列,此与 $R(G_k)$ 非完全相矛盾.可见,$\widetilde{G_k}$ 中不出现含 k 个不同元素的序列.因此,$U(R(G_k)) \subset U(R(\widetilde{G_k})) \subset T_{D^k}$.

由 1),2),3) 可得,任意的正规 k 重 U 型集必包含在 L_G 或 T_{D^k} 中.另外,的确有两个正规 k 重 U 型集:一个与 L_G 相等,另一个与 T_{D^k} 相等.因之,正规 k 项关系所确定的极大封闭集是 L_G 和 T_{D^k}.

命题 9 设 $k=4$,$R(G_k)$ 是一个正规的 k 项关系,而且 G_k 中包含所有含 k 个不同元素的序列.于是,$U(R(G_k)) \subset L_G$ 或 T_{D^k}.

证明 命

$$G_k(x_1=x_2),\quad G_k(x_1=x_3),\quad G_k(x_1=x_4),$$
$$G_k(x_2=x_3),\quad G_k(x_2=x_4),\quad G_k(x_3=x_4)$$

是第 1 组序列集合.

$$G_k^*(x_1=x_2),\quad G_k^*(x_1=x_3),\quad G_k^*(x_1=x_4),$$
$$G_k^*(x_2=x_3),\quad G_k^*(x_2=x_4),\quad G_k^*(x_3=x_4)$$

是第 1^* 组序列集合.

$$G_k(x_1=x_2,x_3=x_4),\quad G_k(x_1=x_3,x_2=x_4),\quad G_k(x_1=x_4,x_2=x_3)$$

是第 2 组序列集合.

$$G_k^*(x_1=x_2,x_3=x_4),\quad G_k^*(x_1=x_3,x_2=x_4),\quad G_k^*(x_1=x_4,x_2=x_3)$$

是第 2^* 组序列集合.

$$G_k(x_1=x_2=x_3),\quad G_k(x_1=x_2=x_4),$$
$$G_k(x_1=x_3=x_4),\quad G_k(x_2=x_3=x_4)$$

是第 3 组序列集合.

$$G_k^*(x_1=x_2=x_3),\quad G_k^*(x_1=x_2=x_4),$$
$$G_k^*(x_1=x_3=x_4),\quad G_k^*(x_2=x_3=x_4).$$

是第 3^* 组序列集合.

设 $R(\widetilde{G_k})$ 是 $R(G_k)$ 中最大具有对称性的子关系.由命题 3 可知,$U(R(G_k)) \subset U(R(\widetilde{G_k}))$.$\widetilde{G_k}$ 中仍包含所有含 k 个不同元素的序列,因此,$R(\widetilde{G_k})$ 非完全.再由 $U(R(G_k)) \subset U(R(\widetilde{G_k}))$ 及 $R(G_k)$ 的正规性可知,$R(\widetilde{G_k})$ 是正规的 k 项关系.由命题 5,6 可知,对于上述带 * 号的任意一个集合或者包含在 $\widetilde{G_k}$ 中,或者全无元素包含在 $\widetilde{G_k}$ 中.另外,因为 $\widetilde{G_k}$ 具有对称性,若第 i^* 组中有一个集合包含在 $\widetilde{G_k}$ 中,则第 i^* 组中的全部集合都包含在 $\widetilde{G_k}$ 中.因此,第 i^* 组中的全部集合都包含在

$\widetilde{G_k}$ 中(或者第 i^* 组中的每一个集合全无元素包含在$\widetilde{G_k}$ 中)，故我们可以分为下列几种情形进行讨论：

1) 设第 1^* 组中的全部集合都包含在$\widetilde{G_k}$ 中. 由命题 5 可知，第 1 组中的全部集合都包含在$\widetilde{G_k}$ 中，因之，$\widetilde{G_k}$ 中包含所有 k 元序列，此与 $R(\widetilde{G_k})$ 非完全相矛盾，故$\widetilde{G_k}$ 中不包含第 1^* 组中任意集合内的元素.

2) 设第 3^*组中的全部集合都包含在$\widetilde{G_k}$ 中，有$U(R(\widetilde{G_k}))\subset T_{D^k}$. 事实上，由命题5可知，第3组中的全部集合都包含在$\widetilde{G_k}$ 中. 设$U(R(\widetilde{G_k}))$ 中包含有一个真多元取 k 个值的函数 $f(x_1,\cdots,x_n)$，根据 Яблонский 基本引理[2] 可知，必有值组 $(\alpha_1^i,\alpha_2^i,\cdots,\alpha_n^i)$ 存在(其中，$i=0,1,2$)，使得 $f(\alpha_1^i,\alpha_2^i,\cdots,\alpha_n^i)=a_i$，$a_0,a_1,a_2$ 互不相同，其中，$\alpha_j^0,\alpha_j^1,\alpha_j^2$ 至少有两个相等，$j=1,\cdots,n$. 取 β_j 与 $\alpha_j^0,\alpha_j^1,\alpha_j^2$ 中的相等两数相同，不难看出，序列$\langle\alpha_j^0,\alpha_j^1,\alpha_j^2,\beta_j\rangle$，$\langle\alpha_j^1,\alpha_j^2,\beta_j,\beta_j\rangle$ 包含在第 3 组中的集合内，因而包含在$\widetilde{G_k}$ 中，$j=1,\cdots,n$. 因此，$\langle f(\alpha_1^0,\cdots,\alpha_n^0),f(\alpha_1^1,\cdots,\alpha_n^1),f(\alpha_1^2,\cdots,\alpha_n^2),f(\beta_1,\cdots,\beta_n)\rangle$，$\langle f(\alpha_1^1,\cdots,\alpha_n^1),f(\alpha_1^2,\cdots,\alpha_n^2),f(\beta_1,\cdots,\beta_n),f(\beta_1,\cdots,\beta_n)\rangle\in\widetilde{G_k}$，即 $\langle a_0,a_1,a_2,a\rangle$，$\langle a_1,a_2,a,a\rangle\in\widetilde{G_k}$，其中，$f(\beta_1,\cdots,\beta_n)=\alpha$. 由 1) 知，$\widetilde{G_k}$ 中不包含第 1^*组中任意集合内的元素，从而由$\langle a_0,a_1,a_2,a\rangle\in\widetilde{G_k}$ 可知，$a\neq a_0,a_1,a_2$. 于是，$\langle a_1,a_2,a,a\rangle\in G_k^*(x_3=x_4)$，此与$\widetilde{G_k}$ 中不包含第 1^*组中任意集合内的元素相矛盾，可见，$U(R(\widetilde{G_k}))$ 中无真多元取 k 个值的函数，因而 $U(R(\widetilde{G_k}))\subset T_{D^k}$.

3) 设第 1^*和第 3^*组中的每一个集合全无元素包含在$\widetilde{G_k}$ 中，有$U(R(\widetilde{G_k}))\subset L_G$. 事实上，若第 2^* 组中的每一个集合全无元素包含在$\widetilde{G_k}$ 中，则不难推知，$R(G_{3,\widetilde{G}_k}^{(1,2,3)})$ 非完全. 但是，由 $U(R(\widetilde{G_k}))\subset U(R(G_{3,\widetilde{G}_k}^{(1,2,3)}))$ 及 $R(\widetilde{G_k})$ 的正规性可知，$R(G_{3,\widetilde{G}_k}^{(1,2,3)})$ 是完全的. 因此，第 2^*组中的全部集合都包含在$\widetilde{G_k}$ 中，由命题6可知，第 2 组中的全部集合都包含在$\widetilde{G_k}$ 中，可见，

$$\widetilde{G_k}=G_k(x_1=x_2,x_3=x_4)\cup G_k(x_1=x_3,x_2=x_4)\cup G_k(x_1=x_4,x_2=x_3)\cup G'_k.$$

其中，G'_k是所有含 k 个不同元素的序列作成之集合.

由此不难看出，若$\langle a_1,a_2,a_3,a_4\rangle\in\widetilde{G_k}$，则 $a_1+a_2+a_3+a_4=0$；反之，若 $a_1+a_2+a_3+a_4=0$，则$\langle a_1,a_2,a_3,a_4\rangle\in\widetilde{G_k}$，其中，“+”运算是指满足定理 2 条件的加法群中之加法运算(每一个元素(除 0 外) 的周期均为 2). 由线性函数的定

义容易知道，$U(R(\widetilde{G_k}))\subset L_G$.

由 1)，2)，3) 可得 $U(R(G_k))\subset U(R(\widetilde{G_k}))\subset L_G$ 或 T_{D^k}.

命题 10 设 $k>4$，$R(G_k)$ 是一个正规的 k 项关系，而且 G_k 中包含所有含 k 个不同元素的序列. 于是，$U(R(G_k))\subset T_{D^k}$.

证明 设 $f(x)$ 是一个不漏值的一元函数，$\langle a_1,\cdots,a_k\rangle$ 是 G_k 中的任意一个序列，若 $a_1,a_2,\cdots,a_k$ 是 k 个不相同的数，则由 G_k 中包含所有含 k 个不同元素的序列可知，$\langle f(a_1),\cdots,f(a_k)\rangle\in G_k$. 若 $a_1,a_2,\cdots,a_k$ 中至少有 2 个数相同，则由命题 5 或 6 可知，$\langle f(a_1),\cdots,f(a_k)\rangle\in G_k$. 因此，$f(x)\in U(R(G_k))$. 故 P_k中全部不漏值的一元函数都包含在 $U(R(G_k))$ 中，由此根据文[4] 中的定理可知，$U(R(G_k))$ 中无取 k 个值的真多元函数，从而 $U(R(G_k))\subset T_{D^k}$.

定理 6 当 $k=4$ 时，正规 k 项关系所确定的极大封闭集必是线性函数集 L_G，函数集 T_{D^k}. 当 $k>4$ 时，正规 k 项关系所确定的极大封闭集是 T_{D^k}.

证明 设 $R(G_k)$ 是一个正规的 k 项关系. 命

$$G_k(x_1=x_2),G_k(x_1=x_3),\cdots,G_k(x_1=x_k),G_k(x_2=x_3),G_k(x_2=x_4),\cdots,G_k(x_2=x_k),\cdots,G_k(x_{k-1}=x_k)$$

是第 1 组序列集合.

$$G_k^*(x_1=x_2),G_k^*(x_1=x_3),\cdots,G_k^*(x_1=x_k),G_k^*(x_2=x_3),G_k^*(x_2=x_4),\cdots,G_k^*(x_2=x_k),\cdots,G_k^*(x_{k-1}=x_k)$$

是第 1^* 组序列集合.

$$G_k(x_1=x_2,x_3=x_4=\cdots=x_k),G_k(x_1=x_3,x_2=x_4=\cdots=x_k),\cdots,G_k(x_1=x_k,x_2=x_3=\cdots=x_{k-1}),G_k(x_2=x_3,x_1=x_4=\cdots=x_k),G_k(x_2=x_4,x_1=x_3=\cdots=x_k),\cdots,G_k(x_2=x_k,x_1=x_3=\cdots=x_{k-1}),\cdots,G_k(x_{k-1}=x_k,x_1=x_2=\cdots=x_{k-2})$$

是第 2 组序列集合.

$$G_k(x_2=x_3\cdots=x_k),G_k(x_1=x_3=\cdots=x_k),\cdots,G_k(x_1=x_2=\cdots=x_{k-1})$$

是第 3 组序列集合.

1) 设 G_k 中包含含 k 个不同元素的序列且第 1^* 组中有 r 个不同的序列集合 $G_k^*(x_{i_1}=x_{j_1}),G_k^*(x_{i_2}=x_{j_2}),\cdots,G_k^*(x_{i_r}=x_{j_r})$ 包含在 G_k 中，$1\leqslant i_h,j_h\leqslant k$，$i_h\neq j_h$，$h=1,\cdots r$. 命 $A^k=\{1,2,\cdots,k\}$，$A_h=\{h_h,j_h\}$，我们分下列两种情形进行讨论：

① 设 $\bigcup\limits_{h=1}^{r}A_h<A^k$.

当 $k=4$ 时,$U(R(G_k))\subset L_G$ 或 T_{D^k};当 $k>4$ 时,$U(R(G_k))\subset T_{D^k}$. 事实上,设 G'_k 是 G_k 中所有含 k 个不同元素的序列作成之集合,$G''_k=G_k-G'_k$. 显然,$G_{k-1,G''_k}^{(2,\cdots,k)}=G_{k-1,G_k}^{(2,\cdots,k)}-G_{k-1,G'_k}^{(2,\cdots,k)}$. 根据 $\bigcup\limits_{h=1}^{r}A_h<A^k$ 可知,A^k 中必有一个元素不属于 A_h,由命题 1 不妨设此元素为 1;$i_h,j_h\neq 1,h=1,\cdots,r$. 容易看出,$G_{k-1,G_k^*(x_{i_h}=x_{j_h})}^{(2,3\cdots,k)}$ 中不出现含 $k-1$ 个不同元素的序列. 不难说明,$G_{k-1,G''_k}^{(2,3,\cdots,k)}$ 中亦不出现含 $k-1$ 个不同元素的序列,由此可知,$G_{k-1,G_k}^{(2,3,\cdots,k)}$ 中所有含 $k-1$ 个不同元素的序列作成之子集合是 $G_{k-1,G'_k}^{(2,\cdots,k)}$. 由 $R(G_k)$ 具有正规性可知,$R(G_{k-1,G_k}^{(2,3,\cdots,k)})$ 是完全的,因而由 $G_{k-1,G_k}^{(2,\cdots,k)}$ 中包含含 $k-1$ 个不同元素的序列易知,$G_{k-1,G_k}^{(2,\cdots,k)}$ 中包含所有含 $k-1$ 个不同元素的序列,即 $G_{k-1,G'_k}^{(2,\cdots,k)}$ 中包含所有含 $k-1$ 个不同元素的序列,从而可推知 G'_k 中包含所有含 k 个不同元素的序列. 可见,G_k 中包含所有含 k 个不同元素的序列,故由命题 9 可知,当 $k=4$ 时,$U(R(G_k))\subset L_G$ 或 T_{D^k};由命题 10 可知,当 $k>4$ 时,$U(R(G_k))\subset T_{D^k}$.

② 设 $\bigcup\limits_{h=1}^{r}A_h<A^k$.

当 $k=4$ 时,$U(R(G_k))\subset L_G$ 或 T_{D^k};当 $k>4$ 时,$U(R(G_k))\subset T_{D^k}$. 我们分两种情形来讨论:

a) 设 $\bigcap\limits_{h=1}^{r}A_h$ 是空集,由命题 1 不妨假设 $i_1=1,j_1=2$,即 $A_1=\{1,2\}$. 因为 $\bigcap\limits_{h=1}^{r}A_h$ 是空集,所以必有集合 A_s,A_t 存在,使得 $1\notin A_s,2\notin A_t$,即 $i_s,j_s\neq 1,i_t,j_t\neq 2$. 由此不难知道,

$$G_k(x_1=x_3=\cdots=x_k)\subset G_k(x_{i_t}=x_{j_t}),$$

$$G_k(x_2=x_3=\cdots=x_k)\subset G_k(x_{i_s}=x_{j_s}).$$

另外,容易看出

$$G_k(x_1=x_2=\cdots=x_{i-1}=x_{i+1}=\cdots=x_k)\subset G_k(x_1=x_2),\quad i=3,\cdots,k.$$

因为 $G_k^*(x_1=x_2),G_k^*(x_{i_t}=x_{j_t}),G_k^*(x_{i_s}=x_{j_s})$ 包含在 G_k 中,所以由命题 5 可知,$G_k(x_1=x_2),G_k(x_{i_t}=x_{j_t}),G_k(x_{i_s}=x_{j_s})$ 亦包含在 G_k 中. 因之,第 3 组中的全部集合都包含在 G_k 中. 可见,若 $\bigcap\limits_{h=1}^{r}$ 是空集,则第 3 组中的全部集合都包含在 G_k 中.

b) 设 $\bigcap\limits_{h=1}^{r}A_h$ 不是空集,由命题 1 不妨假设 $1\in\bigcap\limits_{h=1}^{r}A_h$. 因为 $\bigcup\limits_{h=1}^{r}A_h=A^k$,所以由 $1\in\bigcap\limits_{h=1}^{r}A_h$ 可知,$A_1,A_2,\cdots,A_r$ 不外是下列集合:

$$\{1,2\},\{1,3\},\cdots,\{1,k\}.$$

即 $G_k^*(x_1=x_2), G_k^*(x_1=x_3), \cdots, G_k^*(x_1=x_k)$ 包含在 G_k 中. 由命题 5 可知, $G_k(x_1=x_2), G_k(x_1=x_3), \cdots, G_k(x_1=x_k)$ 包含在 G_k 中. 容易看出:

$G_k(x_1=x_2, x_3=x_4=\cdots=x_k) \subset G_k(x_1=x_2), G_k(x_1=x_3, x_2=x_4=\cdots=x_k) \subset G_k(x_1=x_3), \cdots, G_k(x_1=x_k, x_2=x_4=\cdots=x_{k-1}) \subset G_k(x_1=x_k)$;

$G_k(x_2=x_3, x_1=x_4=\cdots=x_k), G_k(x_2=x_5, x_1=x_4=\cdots=x_k), \cdots, G_k(x_2=x_k, x_1=x_3=\cdots=x_{k-1})$

包含在 $G_k(x_1=x_4)$ 中, $G_k(x_2=x_4, x_1=x_3=\cdots=x_k) \subset G_k(x_1=x_3)$; 而在第 2 组中余下的序列集合都包含在 $G_k(x_1=x_2)$ 中. 因之, 第 2 组中的全部集合都包含在 G_k 中. 可见, 若 $\bigcap_{h=1}^{r} A_h$ 不是空集, 则第 2 组中的全部集合都包含在 G_k 中, 由 a), b) 我们得到: 若 $\bigcup_{h=1}^{r} A_h = A^k$, 则 G_k 中或者包含第 2 组中的全部集合或者包含第 3 组中的全部集合. 设 $R(\widetilde{G_k})$ 是 $R(G_k)$ 中最大具有对称性的子关系, 不难看出, $\widetilde{G_k}$ 中或者包含第 2 组中的全部集合或者包含第 3 组中的全部集合. 由此可推知, $R(\widetilde{G_k})$ 是非完全的. 再根据命题 3 可知, $U(R(G_k)) \subset U(R(\widetilde{G_k}))$. 因之, $R(\widetilde{G_k})$ 是正规的, 若 $\widetilde{G_k}$ 中不出现含 k 个不同元素的序列, 则由定理 4 可知, $U(R(G_k)) \subset U(R(\widetilde{G_k})) \subset T_{D^k}$. 若 $\widetilde{G_k}$ 中出现含 k 个不同元素的序列, 则由 $R(\widetilde{G_k})$ 具有对称性可知, 所有含 k 个不同元素的序列都包含在 $\widetilde{G_k}$ 中, 因而由命题 9 可知, 当 $k=4$ 时, $U(R(G_k)) \subset U(R(\widetilde{G_k})) \subset L_G$ 或 T_{D^k}; 由命题 10 可知, 当 $k>4$ 时, $U(R(G_k)) \subset U(R(\widetilde{G_k})) \subset \widetilde{G_{D^k}}$.

由 ①, ② 我们得到: 若 G_k 中出现含 k 个不同元素的序列且第 1^* 组中至少有一个集合包含在 G_k 中, 则当 $k=4$ 时, $U(R(G_k)) \subset L_G$ 或 T_{D^k}; 当 $k>4$ 时, $U(R(G_k)) \subset T_{D^k}$.

2) 设 G_k 中不出现含 k 个不同元素的序列, 由定理 4 可知, $U(R(G_k)) \subset T_{D^k}$.

3) 设 G_k 中包含含 k 个不同元素的序列且第 1^* 组中没有集合包含在 G_k 中, 于是, 完全与 ① 类似地推证便可得到: 当 $k=4$ 时, $U(R(G_k)) \subset L_G$ 或 T_{D^k}; 当 $k>4$ 时, $U(R(G_k)) \subset T_{D^k}$.

由 1), 2), 3) 可得任意的正规 k 重 U 型集, 当 $k=4$ 时, 必包含在 L_G 或 T_{D^k} 中; 当 $k>4$ 时, 必包含在 T_{D^k} 中. 另外, 当 $k=4$ 时, 的确有两个正规 k 重 U 型集: 一个与 L_G 相等, 另一个与 T_{D^k} 相等; 当 $k>4$ 时, 的确有一个正规 k 重 U 型

集与 T_{D^k} 相等. 因之，当 $k=4$ 时，正规 k 项关系所确定的极大封闭集是 L_G，T_{D^k}；当 $k>4$ 时，正规 k 项关系所确定的极大封闭集是 T_{D^k}.

根据定理 5 和定理 6，我们定出了正规 k 项关系所确定的极大封闭集.

根据定理 3 和定理 5，我们重新求出了三值逻辑中的所有极大封闭集[2].

参考文献

[1] Post E L. The two-valued iterative systems of mathematical logic[J] . Annals of Mathematics Studies，1941，5(5)：1－22.

[2] Яблонский С В. функцнональные построения в К-значной логике[J]. Труды матемй ин-та АН СССР，1958(51)：5－142.

[3] Мартынюк В В. Ирследование некоторых классов функций в многозначнвлх логиках[J]. Ироблеиы кибернетики，1960(3)：49－60.

[4] Salomaa A. Some completeness criteria for sets of function over a finite domain. Ⅰ，Ⅱ[J]. Turun Ylopiston Julkaisuja Annales Universitatis Turkuensis，Saria A，1962(53)：1－9；1963：1－19.

[5] 庞云阶. 在多值逻辑中求全部极大封闭集的一个能行方法[J]. 吉林大学自然科学学报，1962(2)：99－102.

[6] 王湘浩. 有限集合上缺值及不缺值函数的结构理论[J]. 吉林大学自然科学学报，1963(2)：295－318.

[7] 罗铸楷. 关于保分划之函数集的极大封闭性(Ⅰ)[J]. 吉林大学自然科学学报，1963(2)：105－116.

[8] 罗铸楷. 线性函数集和环的极大封闭性[J]. 吉林大学自然科学学报，1963(2)：1－14.

[9] 罗铸楷，刘叙华. 在多值逻辑中二项关系所确定的极大封闭集[J]. 吉林大学自然科学学报，1963(4)：27－33.

4 值逻辑中的所有极大封闭集

在 k 值逻辑理论中，函数系的完备性刻画问题是一个基本而重要的问题，此问题的彻底解决依赖于定出 k 值函数集 P_k 中的所有极大封闭集. Post 定出了 P_2 中的所有极大封闭集共 5 个，Яблонский[1] 定出了 P_3 中的所有极大封闭集共 18 个. 对于一般的 k 到目前为止尚未解决.

Кузнецов 曾经指出，P_k 中的任意一个极大封闭集必是某一个保 k^2 项关系的函数集. 王湘浩教授[4] 改进了 Кузнецов 的结果，证明了 P_k 中任意一个极大封闭集必是某一个保 m 项关系的函数集($2 \leqslant m \leqslant k$)；罗铸楷与刘叙华[7] 定出了二项关系所确定的全部极大封闭集.

另外，对于一般的 k，Яблонский[1] 和 Мартынюк[2] 定出了几类重要的极大封闭集. 之后，本文作者扩大了极大封闭集类中的线性函数集类[6] 和 T,U，$T_{E,S,R}$ 型集类[5]，并得到了大量新的极大封闭集.

上述“保关系”的系统观点和关于“二项关系”及新的极大封闭集类的具体结果使我们有可能在 k 不太大时定出 P_k 中的所有极大封闭集. 本文的目的就是定出 P_4 中的所有极大封闭集. 为此，我们首先对于一般的 k 定出了“正规 k 项关系”所确定的全部极大封闭集. 把我们的方法和结果用到 $k=3$ 的情形，可以立即证明 P_3 中只有 Яблонский[1] 的 18 个极大封闭集，从而极大地简化了后者的工作.

本文所讨论的问题从提出到解决都是在王湘浩教授指导下完成的，在此表示感谢.

以下所提到的一些概念除本文定义的以外，均见罗铸楷，刘叙华[7] 的论文.

定义　设 E^k 是由 $k(\geqslant 2)$ 个元素作成的一个集合，定义在 E^k 上而其函数值仍属于 E^k 的任意多个变数的函数我们称之为 k 值函数，所有 k 值函数所作成之集合记为 P_k.

以下所提到的函数都是指 k 值函数.

E^k 中 m 个元素(可重)作成之序列称为一个 m 元序列,记为 $\langle a_1, a_2, \cdots, a_m\rangle$. 一组 m 元序列作成之集合称为一个 m 元序列集合,记为 G_m.

定义 一个 m 元序列集合 G_m 说是确定 $x_1, x_2, \cdots, x_m$ 的一个 m 项关系,记为 $R(G_m)$.

定义 设 $R(G_m)$ 是一个 m 项关系,函数 $f(x_1, x_2, \cdots, x_n)$ 说是保 $R(G_m)$,如果对于 G_m 中任意几个元素

$$\langle a_{11}, a_{12}, \cdots, a_{1m}\rangle, \langle a_{21}, a_{22}, \cdots, a_{2m}\rangle, \cdots, \langle a_{n1}, a_{n2}, \cdots, a_{nm}\rangle,$$

恒有

$$\langle f(a_{11}, a_{12}, \cdots, a_{n1}), f(a_{21}, a_{22}, \cdots, a_{n2}), \cdots, f(a_{1m}, a_{2m}, \cdots, a_{nm})\rangle$$

包含在 G_m 中. 所有保 $R(G_m)$ 的函数作成之集合记为 $U(R(G_m))$,称为一个 m 重 U 型集.

王湘浩教授改进了 Кузнецов 定理并证明了下列定理:

定理 1[3] 任意极大封闭集必是一个 m 重 U 型集,其中,$m \leqslant k$.

罗铸楷,刘叙华证明了下列定理:

定理 2[1] 二项关系所确定的任意极大封闭集必是单调函数集 M,自对偶函数集 S,函数集 $T_{E,0}$ 或函数集 T_{D^2}.

定义 $R(G_m)$ 说是一个正规的 m 项关系,如果 $R(G_m)$ 非完全而且任意包含 $U(R(G_m))$ 的 $U(R(G_i))(i < m)$ 都等于 P_k.

由定理 1 可知,只要求出二项关系以及正规的 $3, 4, \cdots, k$ 项关系所确定的极大封闭集便能得到所有的极大封闭集. 最近,本文作者基本上求出了正规的 $4, 5, \cdots, k$ 项关系所确定的极大封闭集.

由定理 1,2 可知,我们无需再讨论大于 k 和等于 2 的 m 项关系. 因之,下面所提到的 m 项关系如果不作特别声明都是指 $2 < m \leqslant k$.

定理 3 设 $R(G_m)$ 是一个 m 项关系而且任意包含 $U(R(G_m))$ 的 $U(R(G_2))$ 都等于 P_k. 于是,G_m 中必包含 $\langle i, i, \cdots, i\rangle$, $i = 0, 1, \cdots, k-1$.

此定理说明了正规的 m 项关系所确定的极大封闭集必包含全部常数.

定理 4 设 $R(G_m)$ 是一个正规的 m 项关系而且 G_m 中不包含 m 个不同元素的序列. 于是,$U(R(G_k)) \subset T_{D^k}$.

引理 1 设 $k = 3$, $k(G_k)$ 是一个正规的 k 项关系,而且 G_k 中包含所有含 k 个不同元素的序列. 于是,$U(R(G_k)) \subset L_G$, L_G 是线性函数集.

引理 2 设 $k = 4$, $R(G_k)$ 是一个正规的 k 项关系,而且 G_k 中包含所有含 k

个不同元素的序列. 于是,$U(R(G_k)) \subset L_G$ 或 T_{D^k}.

引理 3 设 $k > 4$,$R(G_k)$ 是一个正规的 k 项关系,而且 G_k 中包含所有含 k 个不同元素的序列. 于是,$U(R(G_k)) \subset T_{D^k}$.

利用引理 1,引理 2 和引理 3 以及定理 4 可证明下列定理是成立的.

定理 5 当 $k = 3,4$ 时,正规 k 项关系所确定的极大封闭集是线性函数集 L_G,函数集 T_{D^k},当 $k > 4$ 时,正规 k 项关系所确定的极大封闭集是 T_{D^k}.

引理 4 设 $k = 4$,G_3 中恰含下列序列:

$$\langle 0,0,0\rangle,\langle 0,1,2\rangle,\langle 0,2,3\rangle,\langle 0,3,1\rangle;$$
$$\langle 1,1,1\rangle,\langle 1,0,3\rangle,\langle 1,2,0\rangle,\langle 1,3,2\rangle;$$
$$\langle 2,2,2\rangle,\langle 2,0,1\rangle,\langle 2,1,3\rangle,\langle 2,3,0\rangle;$$
$$\langle 3,3,3\rangle,\langle 3,0,2\rangle,\langle 3,1,0\rangle,\langle 3,2,1\rangle.$$

于是,$U(R(G_3)) < L_G$.

引理 5 设 $k = 4$,$G_3 = G'_3 \vee G''_3 \vee G'''_3$,其中,$G'_3 = \{\langle x_1,x_2,x_3\rangle \mid x_i \in E^k, x_1 = x_2\}$,$G''_3 = \{\langle x_1,x_2,x_3\rangle \mid x_i \in E^k, x_2 = x_3\}$,$G'''_3$中恰含下列序列:

$$\langle 0,1,2\rangle,\langle 2,1,0\rangle,\langle 1,2,3\rangle,\langle 3,2,1\rangle;$$
$$\langle 1,0,3\rangle,\langle 3,0,1\rangle,\langle 2,3,0\rangle,\langle 0,3,2\rangle.$$

于是,$U(R(G_3)) < L_G$.

利用引理 4 和引理 5 以及定理 4 能够证明下面的定理是成立的,

定理 6 当 $k = 4$ 时,正规三项关系所确定的极大封闭集是 T_{D^3}.

由定理 2,定理 5 和定理 6 可知,P_4 中任意极大封闭集必是单调函数集 M,自对偶函数集 S,函数集 $T_{E,0}$ 或函数集 T_{D^r} $(r = 2,3,4)$,据此容易计算出 P_4 中共有 82 个极大封闭集.

由定理 2 和定理 5,我们便重新地求出了 P_3 中的所有极大封闭集.

参考文献

[1] Мартынюк В В. Функциональные построения в к-значной логнкей[J]. Труды матем. ин-та АН СССР,1958(51).

[2] Мартынюк В В. Ирследование некоторых классов функций в многозначнвлх логиках[J]. Ироблеиы кибернетики,1960(3):49—60.

[3] 庞云阶. 在多值逻辑中求全部极大封闭集的一个能行方法[J]. 吉林大学自然科学学报,1962(2):99—102.

[4] 王湘浩.有限集合上缺值及不缺值函数的结构理论[J].吉林大学自然科学学报,1963(2):295－318.

[5] 罗铸楷.关于保分划之函数集的极大封闭性(Ⅰ)[J].吉林大学自然科学学报,1963(2):105－116.

[6] 罗铸楷.线性函数集和环的极大封闭性[J].吉林大学自然科学学报,1963(2):1－14.

[7] 罗铸楷,刘叙华.在多值逻辑中二项关系所确定的极大封闭集[J].吉林大学自然科学学报,1963(4):27－33.

多值逻辑中函数的完备性问题

在 k 值逻辑理论中，函数系的完备性之判定问题是一个基本而重要的问题，同时也是 k 值计算机理论中必需解决的问题. 此问题的彻底解决依赖于定出 k 值函数集 P_k 中的所有极大封闭集. Post 定出了 P_2 中的所有极大封闭集共 5 个[1]，Яблонский 定出了 P_3 中的所有极大封闭集 18 个[2]，作者定出了 P_4 中的所有极大封闭集共 82 个[11].

对于一般的 k，王湘浩教授于1963年证明了 P_k 中任意极大封闭集必是某一个保 m 项关系的函数集[6]，$2 \leqslant m \leqslant k$. 这就指出了解决这个问题的途径，即用"保关系"的系统思想来定出 P_k 中的所有极大封闭集. 之后，罗铸楷，刘叙华定出了二项关系所确定的全部极大封闭集[9]；作者定出了 k 项关系所确定的全部极大封闭集[10].

与此同时，王湘浩教授还提出了两类新的重要函数集：广义线性函数集 L_G（包括 Яблонский[2] 提出的极为特殊的线性函数集），保分划函数集 T_{D^r}（包括 Яблонский[2] 和 Мартынюк[3] 提出的 $T,U,T_{E,S,R}$ 型集），保分划函数集 T_{D^r} 可分为两类：一类是所有不保分划 D^r 的 r 元子集之并小于 E^k，记为 $T_{D^r,L}$；另一类是所有不保分划 D^r 的 r 元子集之并等于 E^k，记为 $T_{D^r,E}$. 本文作者[7,8] 完全解决了广义线性函数集 L_G 和保分划函数集 $T_{D^r,L}$，T_{D^2} 之极大封闭性问题，而对保分划函数集 $T_{D^r,E}$($r \geqslant 3$) 也定出了一类重要的极大封闭集. 本文独立地定出了 $T_{D^r,E}$($r \geqslant 3$) 中的所有极大封闭集.

此外，Яблонский[2] 和 Мартынюк[3] 完全解决了函数集：自对偶函数集 S_σ，T 型集 $T_{E,0}$ 和单调函数集 M 的极大封闭性问题.

根据"保关系"的系统观点，在文[12] 中作者证明了 P_k 中任意极大封闭集必是一个线性函数集 L_G，单调函数集 M，自对偶函数集 S_σ，T 型集 $T_{E,0}$，或保分划函数集 T_{D^r}. 由于函数集：L_G，M，S_σ，$T_{E,0}$，$T_{D^r,L}$，T_{D^2} 的极大封闭性问题已完全解决，因此，只要定出保分划函数集 $T_{D^r,E}(r \geqslant 3)$ 的所有极大封闭集便得到 P_k 中的全部极大封闭集. 此结果曾在 1963 年全国计算技术学术报告会上宣读，于 1964 年全文寄往数学学报[12]，由于该学报一度停刊未能及时刊出.

现在多值逻辑理论中著名的 Rosenberg[13,14] 定理是：P_k 中任意极大封闭集必是一个线性函数数集 L_G，单调函数集 M，自对偶函数集 S_σ，保等价关系函数集（$\subset T_{D^2}$），保中心关系函数集（即 $T_{E,0}$，$T_{D^r,L}$），或保"$[r,m]$ 正则关系"函数集（$\subset T_{D^r,E}, r \geqslant 3, m \geqslant 3, m \geqslant 1$）. 此定理是在 1965 年以简报形式发表[13]，1970 年全文发表[14]，与文[12] 中的结果相比其主要结论已由文[12] 中的基本定理给出. 因此，Rosenberg 定理只不过是定出了保分划函数集 $T_{D^r,E}$ 中的所有极大封闭集（作者在文[7] 中已定出了一类重要的极大封闭集）.

本文中所引用的一些基本概念，事实，符号除指明的以外，均见文[7].

定义 集合 $E^k = \{0,1,\cdots,k-1\}$ 分解为一些子集合之并，称为 E^k 的一个分划，记为 D. 集合器 E^k 分解为一些互不相交的子集合之并，称为 E^k 的一个直接分划.

定义 集合 E^k 中的 S 个元素为保分划 D，如果 S 个元素同属于分划 D 中某一个子集合. S 个值组：

$$\widetilde{\alpha^1} = (\alpha_1^1, \cdots, \alpha_n^1), \cdots, \widetilde{\alpha^s} = (\alpha_1^s, \cdots, \alpha_n^s)$$

是保分划 D，如果 $\alpha_i^1, \cdots, \alpha_i^s (i = 1, \cdots, n)$ 是保分划 D.

定义 r 是分划 D 的临界数，如果 E^k 中任意 $r-1$ 个元素保分划 D 而存在 r 个不同的元素不保分划 D，临界数为 r 的分划 D 有时记为 D^r.

定义 设 D 是 E^k 的一个直接分划：

$$E^k = A_1 + A_2 + \cdots + A_r,$$

我们称集合 $A = \{a_1, a_2, \cdots, a_r\} (a_i \in A_i)$ 为由分划 D 所生成的子集.

定义 分划 D^r 是可分离的，如果存在一个直接分划 D：

$$E^k = A_1 + A_2 + \cdots + A_r,$$

使得每一个由 D 所生成的子集皆不保分划 D^r.

对于 $T_{D^r,E}(r \geqslant 3)$ 在文[14] 中已证明了，当 D^r 是非可分离时，$T_{D^r,E}$ 不是极大封闭集. 下面我们来定出可分离保分划函数集中的所有极大封闭集.

定义 分划 D^r 是完全可分离的，如果存在 $m(\geqslant 1)$ 个直接分划 $D_1, \cdots, D_m$ 使得不保分划 D^r 的所有 r 元子集恰为由分划 $D_1, \cdots, D_m$ 所生成的全部子集. 同时，$D_1, \cdots, D_m$ 称为完全可分离分划 D^r 的生成分划组.

显然，完全可分离必是可分离，可分离未必是完全可分离.

完全可分离划 D^r 的生成分划组可能有多个，显然，所有生成分划组之并仍是 D^r 的生成分划组，此生成分划组称为 D^r 的最大生成分划组. 不难看出，若直接分划 D：

$$E^k = A_1 + A_2 + \cdots + A_r$$

所生成的每一个 r 元子集都不保分划 D^r，则 D 必包含在 D^r 的最大生成分划组中.

定理 1 若 D^r 是可分离的分划，则必存在一个完全可分离的分划 $\overline{D_r}$ 使 $T_{D^r} \subset T_{\overline{D}^r}$，而且当 D^r 为非完全可分离时，$T_{D^r} < T_{\overline{D}^r}$.

证明 设直线分划 D_i：

$$E^k = A_1^{(i)} + A_2^{(i)} + \cdots + A_r^{(i)}, \quad i = 1, \cdots, m$$

是所有具有这样性质的分划：由 $D_i(i = 1, \cdots, m)$ 所生成的全部 r 元子集皆不保分划 D^r. 因为 D^r 是可分离的，所以 $m \geqslant 1$. 作分划 $\overline{D^r}$ 如下：由 $D_1, \cdots, D_m$ 所生成的全部子集恰是所有不保分划 $\overline{D^r}$ 的 r 元子集. 显然，保 D^r 的子集必保 $\overline{D^r}$. $T_{D^r} \subset T_{\overline{D}^r}$.

设有一函数 $f(x_1, \cdots, x_n) \in T_{D^r}$，而 $f(x_1, \cdots, x_n) \notin T_{\overline{D}^r}$，于是必有 r 个保分划 $\overline{D^r}$ 的值组：

$$\widetilde{\alpha^1} = (\alpha_1^1, \cdots, \alpha_n^1), \cdots, \widetilde{\alpha^r} = (\alpha_1^r, \cdots, \alpha_n^r)$$

存在，使得 $f(\widetilde{\alpha^1}), \cdots, f(\widetilde{\alpha^r})$ 不保分划 $\overline{D^r}$，令

$$f(\widetilde{\alpha^1}) = a_1, \cdots, f(\widetilde{\alpha^r}) = a_r,$$

由于 $a_1, \cdots, a_r$ 不保分划 $\widetilde{D^r}$，因此，$a_1, \cdots, a_r$ 必为某一个 D_i 所生成，不妨假设为 D_1，$a_i \in A_i^{(i)}$，$i = 1, \cdots, r$.

作一元函数：$h(x) = a_i$. 当 $x \in A_i^{(i)}$ 时，$i = 1, \cdots, r$. 不难验证，$h(x) \in T_{D^r}$，从而 $h(f(x_1, \cdots, x_n)) \in T_{D^r}$ 且恰取值 $a_1, \cdots, a_r$. 根据 Яблонский[2] 基本引理可推得 $h(f(x_1, \cdots, x_n))$ 必是一元函数，不妨假设真正依赖于自变 x_1，因此，有

$$h(f(A'_1, x_2, \cdots, x_n)) = a_1, \cdots, h(f(A'_1, x_2, \cdots, x_n)) = a_r. \tag{1}$$

其中，$A'_i, A'_j (i \neq j)$ 互不相交且 D'：$E^k = A'_1 + \cdots + A'_r$.

从式(1) 不难知道，由 D' 所生成的所有子集皆不保分划 D^r，因而 D' 必是某一个 $D_s(1 \leqslant s \leqslant m)$. 如此便有

$$h(f(A_1^{(s)}, x_2, \cdots, x_n)) = a_1, \cdots, h(f(A_r^{(s)}, x_2, \cdots, x_n)) = a_r.$$

从而

$$f(A_1^{(s)},x_2,\cdots,x_n)\subset A_1^{(1)},\cdots,f(A_r^{(s)},x_2,\cdots,x_n)\subset A_r^{(1)}.$$

这样，α_1^i 必属于 $A_i^{(s)}$，$i=1,\cdots,r$，亦即 $\alpha_1^1,\alpha_1^2,\cdots,\alpha_1^r$ 不保分划$\overline{D^r}$，此为矛盾，故 $T_{D^r}\subset T_{\overline{D}^r}$.

若 D^r 是非完全可分离，则必有 r 个元素 $b_1,\cdots,b_r$ 存在，使得 $\{b_1,\cdots,b_r\}$ 保分划$\overline{D^r}$ 而不保分划 D^r. 我们作二元函数如下：

$$g(x_1,x_2)=\begin{cases}b_i, & \text{当}(x_1,x_2)=(\alpha_1^i,\alpha_2^i)\text{时},i=1,\cdots,r,\\ b_1, & \text{在其余的情形}.\end{cases}$$

其中，$(\alpha_1^1,\alpha_2^1),\cdots,(\alpha_1^r,\alpha_2^r)$ 是保分划 D^r 的 r 个值组，显然 $g(x_1,x_2)\in T_{\overline{D}^r}$ 而 $g(x_1,x_2)\notin T_{D^r}$，因此 $T_{D^r}<T_{\overline{D}^r}$.

由此定理我们知道，保分划函数集 $T_{D^r,E}(r\geqslant 3)$ 的极大封闭性问题可归结为定出完全可分离保分划函数集的全部极大封闭集. 当完全可分离的分划 D^r 仅由于一个直接分划生成时，由文[7] 知 T_{D^r} 是极大封闭集. 因此，我们仅讨论其生成分划组的分划个数多于 1 的情形. 下面如果不作特别声明都是指其生成分划组的分划个数大于 1.

定义 m 个直接分划：

$$E^k=A_1^{(i)}+A_2^{(i)}+\cdots+A_r^{(i)},\quad i=1,\cdots,m,m\geqslant 2$$

说是具有公共元素，如果 $A_{i_1}^{(1)}A_{i_2}^{(2)}A_{i_m}^{(m)}\neq$ 空集，$i_1,\cdots,i_m=1,\cdots,r$.

定理 2 设 D^r 是一个完全可分离的分划，而且 D^r 的一个生成分划组 $D_1,\cdots,D_m$ 具有公共元素，$m\geqslant 2$. 于是，T_{D^r} 是极大封闭集.

证明 设 D_i 为

$$E^k=A_1^{(i)}+A_2^{(i)}+\cdots+A_r^{(i)},\quad i=1,\cdots,m.$$

由假设 $A_{i_1}^{(1)}A_{i_2}^{(2)}A_{i_m}^{(m)}\neq$ 空集，$i_1,i_2,\cdots,i_m=1,\cdots,r$. 不难看出

$$E^k=\sum_{i_1,\cdots,i_m=1}^{r}A_{i_1}^{(1)}\cdots A_{i_m}^{(m)}$$

是一个直接分划，设

$$A_{i_1}^{(1)}A_{i_2}^{(2)}\cdots A_{i_m}^{(m)}=\{a_{i_1,\cdots,i_m}^1,\cdots,a_{i_1,\cdots,i_m}^{s_{i_1,\cdots,i_m}}\},\quad S=\max_{1\leqslant i_1,\cdots,i_m\leqslant r}\{S_{i_1,\cdots,i_m}\};$$

$$i_1,\cdots,i_m=1,\cdots,r.$$

因为一定有一个元数大于 1 的保分划 D^r 的子集合存在，所以我们能够取一个适当的正整数 σ，作出下列 S 个不相同且保分划 D^r 的值组：

$$\widetilde{\delta^1}=(\delta_{m+1},\cdots,\delta_\sigma^1)$$

$$\widetilde{\delta^2}=(\delta_{m+1}^2,\cdots,\delta_\sigma^2)$$

$$\vdots$$

$$\widetilde{\delta^s}=(\delta_{m+1}^s,\cdots,\delta_\sigma^s)$$

设函数 $f(x_1,\cdots,x_n)\notin T_{D^r}$，于是必有 r 个保分划 D^r 的值组：$\widetilde{\alpha^1},\cdots,\widetilde{\alpha^r}$ 存在，使得 $f(\widetilde{\alpha^1}),\cdots,f(\widetilde{\alpha^r})$ 不保分划 D^r，令

$$f(\widetilde{\alpha^1})=a_1,f(\widetilde{\alpha^2})=a_2,\cdots,f(\widetilde{\alpha^r})=a_r.$$

不妨假设 $\alpha_1,\cdots,\alpha_r$ 由 D_1 所生成而且 $a_i\in A_i^{(1)}$，$i=1,\cdots,r$. 定义 σ 元函数 $\varphi(x_1,\cdots,x_m,\cdots,x_\sigma)$ 如下：

$$\varphi(a_{i_1},\cdots,a_{i_m},\widetilde{\delta^1})=a^1_{i_1,\cdots,i_m},$$

$$\varphi(a_{i_1},\cdots,a_{i_m},\widetilde{\delta^2})=a^2_{i_1,\cdots,i_m},$$

$$\vdots$$

$$\varphi(a_{i_1},\cdots,a_{i_m},\widetilde{\delta}^{s_{i_1},\cdots,i_m})=a^{s_{i_1},\cdots,i_m}_{i_1,\cdots,i_m}.$$

当 $x_1\in A_{i_1}^{(1)},\cdots,x_m\in A_{i_m}^{(1)}$ 且 $(x_1,\cdots,x_\sigma)\neq(a_{i_1},\cdots,a_{i_m},\widetilde{\delta}^1),\cdots,(a_{i_1},\cdots,a_{i_m},\widetilde{\delta}^{s_{i_1},\cdots,i_m})$ 时，

$$\varphi(x_1,\cdots,x_m,\cdots,x_\sigma)=a^1_{i_1,\cdots,i_m}.$$

其中，$i_1,\cdots,i_m=1,\cdots,r$. 如此定义的函数，显然有

$$\varphi(A_{i_1}^{(1)},A_{i_2}^{(1)},\cdots,A_{x_m}^{(1)}x_{m+1},\cdots,x_\sigma)=A_{i_1}^{(1)},A_{i_2}^{(2)}\cdots A_{i_m}^{(m)}.\tag{2}$$

其中，$i_1,\cdots,i_m=1,\cdots,r$. 今证 $\varphi(x_1,\cdots,x_m,\cdots,x_\sigma)\in T_{D^r}$. 对于任意 r 个值组：

$$\widetilde{\alpha_1}=(\alpha_1^1,\cdots,\alpha_m^1,\cdots,\alpha_\sigma^1),\cdots,\widetilde{\alpha^r}=(\alpha_1^r,\cdots,\alpha_m^r,\cdots,\alpha_\sigma^r).$$

若 $\varphi(\widetilde{\alpha^1}),\cdots,\varphi(\widetilde{\alpha^r})$ 不保分划 D^r，则 $\varphi(\widetilde{\alpha^1}),\cdots,\varphi(\widetilde{\alpha^r})$ 必由某一个 D_i 所生成，不妨假设由 D_m 所生成而且

$$\varphi(\widetilde{\alpha^1})\in A_1^{(m)},\varphi(\widetilde{\alpha^2})\in A_2^{(m)},\cdots,\varphi(\widetilde{\alpha^r})\in A_r^{(m)}.$$

显然，对于 $\varphi(\widetilde{\alpha^i})\in A_i^{(m)}(i=1,\cdots,r)$ 必有 $A_{i_1}^{(1)}\cdots A_{i_{m-1}}^{(m-1)}$ 存在，使

$$\varphi(\widetilde{\alpha^i})\in A_{i_1}^{(1)}A_{i_2}^{(1)}\cdots A_{i_{m-1}}^{(m-1)}A_i^{(m)}.$$

从而由式(2) 可得

$$a_m^i\in A_i^{(1)},\quad i=1,\cdots,r.$$

因此，$\alpha_m^1,\cdots,\alpha_m^r$ 不保分划 D^r，从而$\widetilde{\alpha^1},\cdots,\widetilde{\alpha^r}$ 亦不保分划 D^r. 这就证明了函

数 $\varphi(x_1,\cdots,x_\sigma)$ 保分划 D^r,即 $\varphi(x_1,\cdots,x_\sigma)\in T_{D^r}$. 由

$$E^k=\sum_{i_1,\cdots,i_m=1}^{r}A_{i_1}^{(1)}\cdots A_{i_m}^{(m)}$$

是直接分划. 易知,

$$k=\sum_{i_1,\cdots,i_m=1}^{r}S_{i_1\cdots i_m}.$$

为了下面讨论方便,我们将值组:

$$(a_{i_1},\cdots,a_{i_m},\widetilde{\delta^1}),$$
$$(a_{i_1},\cdots,a_{i_m},\widetilde{\delta^2}),$$
$$\vdots$$
$$(a_{i_1},\cdots,a_{i_m},\widetilde{\delta^{s_{i_1},\cdots,i_m}}),$$

其中,$i_1,\cdots,i_m=1,\cdots,r$. 重新写成下列 k 个值组:

$$\widetilde{\beta^0}=(\beta_1^0,\cdots,\beta_m^0,\cdots,\beta_\sigma^0),$$
$$\widetilde{\beta^1}=(\beta_1^1,\cdots,\beta_m^1,\cdots,\beta_\sigma^1),$$
$$\vdots$$
$$\widetilde{\beta^{k-1}}=(\beta_1^{k-1},\cdots,\beta_m^{k-1},\cdots,\beta_\sigma^{k-1}).$$

其中,$\beta_1^i,\cdots,\beta_m^i(i=0,\cdots,k-1)$ 包含在子集合 $\{a_1,\cdots,a_r\}$ 中;值组:

$$(\beta_{m+1}^0,\cdots,\beta_\sigma^0)\cdots(\beta_{m+1}^{k-1},\cdots,\beta_\sigma^{k-1})$$

保分划 D^r,因为它们只不过 $\widetilde{\delta^1},\cdots,\widetilde{\delta^s}$ 重复若干次. 由于 $\varphi(\widetilde{\beta^0}),\cdots,\varphi(\widetilde{\beta_\sigma^{k-1}})$ 是 k 个不相同的值,所以我们可以假设

$$\varphi(\widetilde{\beta^0})=0,\varphi(\widetilde{\beta^1})=1,\cdots,\varphi(\widetilde{\beta_\sigma^{k-1}})=k-1.$$

设 $h(x_1,\cdots,x_m)$ 是 P_k 中任意的一个函数,我们作 σ 个函数:$g_i(x_1,\cdots,x_m)=\beta_i^t$. 当 $h(x_1,\cdots,x_m)=t$ 时,$i=1,\cdots,\sigma$. 因为值组:

$$(\beta_{m+1}^0,\cdots,\beta_\sigma^0),\cdots,(\beta_{m+1}^{k-1},\cdots,\beta_\sigma^{k-1})$$

保分划 D^r,所以

$$g_{m+1}(x_1,\cdots,x_m),\cdots,g_\sigma(x_1,\cdots,x_m)\in T_{D^r}\subset\overline{T_{D^r}\cup f(x_1,\cdots,x_n)}.$$

因为 $\beta_1^i,\cdots,\beta_m^i\in\{a_1,\cdots,a_r\},i=0,\cdots,k-1$,所以 $g_j(x_1,\cdots,x_m)(j=1,\cdots,m)$ 的函数值包含在 $\{a_1,\cdots,a_r\}$ 中. 由前面的讨论我们知道

$$f(\widetilde{\alpha^1})=a_1,f(\widetilde{\alpha^2})=a_2,\cdots,f(\widetilde{\alpha^r})=a_r.$$

值组$\widetilde{\alpha^1}=(\alpha_1^1,\cdots,\alpha_n^1),\cdots,\widetilde{\alpha^r}=(\alpha_1^r,\cdots,\alpha_n^r)$保分划$D^r$.设$g(x_1,\cdots,x_m)$是仅在集合$\{a_1,\cdots,a_r\}$中取值的函数,我们作下列的$n$个函数:当$g(x_1,\cdots,x_m)=a_s$时,$S_i(x_1,\cdots,x_m)=\alpha_i^s,i=1,\cdots,n$.显然,$S_i(x_1,\cdots,x_m)\in T_{D^r},i=1,\cdots,n$.而且

$$g(x_1,\cdots,x_m)=f(S_1(x_1,\cdots,x_m),\cdots,S_n(x_1,\cdots,x_m)),$$

从而$g(x_1,\cdots,x_m)\in\overline{T_{D^r}\cup f(x_1,\cdots,x_n)}$.如此,便可得到

$$g_j(x_1,\cdots,x_m)\in\overline{T_{D^r}\cup f(x_1,\cdots,x_n)},\quad j=1,\cdots,m.$$

显然,

$$h(x_1,\cdots,x_m)=\varphi(g(x_1,\cdots,x_m),\cdots,g_\sigma(x_1,\cdots,x_m)),$$

因之,$h(x_1,\cdots,x_n)\in\overline{T_{D^r}\cup f(x_1,\cdots,x_n)}$.故$T_{D^r}$是极大封闭集.

引理1 设$D_A:E^k=A_1+\cdots+A_s;D_B:E^k=B_1+\cdots+B_t$是两个不同的直接分划,$s_1,\cdots,s_r$是所有的非空交集$A_iA_j,i=1,\cdots,s;j=1,\cdots,t$.于是,

1) $E^k=S_1+S_2+\cdots+S_r$是一个直接分划,而且$r>s,t$;

2) 若$C_i\in S_i,i=1,\cdots,r$,则集合$\{C_1,\cdots,C_r\}$中必有s个元素$a_1,\cdots,a_s$和t个元素$b_1,\cdots,b_t$存在使得

$$a_i\in A_i,b_i\in B_i,\quad i=1,\cdots,s;j=1,\cdots,t.$$

证明 显然,$E^k=S_1+S_2+\cdots+S_r$是一个直接分划而且$r\geqslant s,t$.若r与s,t之一相等,不妨假设$r=S$,则必有$B_{i_1},\cdots,B_{i_r}$存在使

$$E^k=A_1B_{i_1}+\cdots+A_rB_{i_r}=S_1+\cdots+S_r,\quad 1\leqslant i_1,\cdots,i_r\leqslant t.$$

这样,由$A_1B_{i_1}\subset A_1,B_{i_1},\cdots,A_rB_{i_r}\subset A_r,B_{i_r}$,不难知道

$$A_1=A_1B_{i_1}=B_{i_1},\cdots,A_r=A_rB_{i_r}=B_{i_r}.$$

此与分划D_A,D_B不相矛盾.故$r>s,t$.

对于任意$A_i(i=1,\cdots,s)$显然必有$B_{j_i}(1\leqslant j_i\leqslant t)$使$A_iB_{j_i}$非空,因此$\{C_1,\cdots,C_r\}$中必有$s$个元素$a_1,\cdots,a_s$使得$a_1\in A_1B_{j_1}\subset A_1,\cdots,a_s\in A_sB_{j_s}\subset A_s$.

同理可证其余结论亦成立.

定义 设$D:E^k=A_1+\cdots+A_r$是一个直接分划,$A=\{f(x_1,\cdots,x_n)\mid x_i\in E^k\}$.$f(x_1,\cdots,x_n)$是覆盖$D$,如果$AA_i$非空集,$i=1,\cdots,r$.

设D^r是一个完全可分离的分划,而且D^r的最大生成分划组H无公共元素,于是,H可分为下列两种情形:

1) H中存在两个不同的分划无公共元素;

2) H中存在$n+1$个不同的分划无公共元素,任意s个不同的分划有公共元素,$2\leqslant s\leqslant n,2\leqslant n<m$($m$是$H$的元数).此时,我们将$n(1\leqslant n\leqslant m)$称为$H$

的阶数.

下面所提到的分划 D^r,如果不作特别声明都是指完全可分离的.

引理 2 设直接分划 $D:E^k=A_1+\cdots+A_r$ 是 D^r 的最大生成分划组 H 中的一个分划,且函数 $f(x_1,\cdots,x_n)(\in T_{D^r})$ 覆盖 D,有

1) H 中必有 $\overline{D}:E^k=\overline{A_1}+\cdots+\overline{A_r}$ 存在,使得对某一个 x_j 有

$$f(x_1,\cdots,x_{j-1},\overline{A_i},x_{j+1},\cdots,x_n)\subset A_i,\quad i=1,\cdots,r. \tag{3}$$

2) 满足式(3) 的 $\overline{D}$,x_j 是唯一确定的.

证明 取 $a_i\in A_i$,$i=1,\cdots,r$,作一元函数:$h(x)=a_i$. 当 $x\in A_i$ 时,$i=1,\cdots,r$. 不难验证 $h(x)=T_{D^r}$ 从而 $h(f(x_1,\cdots,x_n))\in T_{D^r}$. 由于 $f(x_1,\cdots,x_n)$ 覆盖 D, 因此 $h(f(x_1,\cdots,x_n))$ 恰取值 $a_1,\cdots,a_r$. 根据基本引理[2] 可推得 $h(f(x_1,\cdots,x_n))$ 必是一个一元函数,设其真正依赖于自变量 x_j,有

$$h(f(x_1,\cdots,x_{j-1}\ \overline{A_i},x_{j+1},\cdots,x_n))=a_i,\quad i=1,\cdots,r.$$

显然,分划 $\overline{D}:E^k=\overline{A_1}+\cdots+\overline{A_r}$ 是一个直接分划,而且由 $\overline{D}$ 所生成的全部 r 元子集皆不保分划 D^r. 因此,$\overline{D}\in H$,且

$$f(x_1,\cdots,x_{j-1}\ \overline{A_i},x_{j+1},\cdots,x_n)\subset A_i,\quad i=1,\cdots,r.$$

即结论 1) 成立.

设有直接分划 $D':E^k=B_1+\cdots+B_r$ 使

$$f(x_1,\cdots,x_{g-1},B_i,x_{g+1},\cdots,x_n)\subset A_i,\quad i=1,\cdots,r.$$

若 $j\neq g$,不妨假设 $g>j$,则

$$f(x_1,\cdots,x_{j-1},\overline{A_1},x_{j+1},\cdots,x_{g-1},B_2,x_{g+1},\cdots,x_n)\subset A_1A_2,$$

因而 A_1A_2 非空,此与 D 是直接分划相矛盾. 因此,$g=j$. 若有某一个 $\overline{A_i}$ 与 B_i 不相同,不妨设 $a\in\overline{A_i}$ 而 $\alpha\notin B_i$,则 a 一定属于 B_s,$s\neq i$,从而

$$f(x_1,\cdots,x_{j-1},a,x_{j+1},\cdots,x_n)\subset A_i,A_s,$$

亦即 A_iA_s 非空,此与 D 是直接分划相矛盾. 因此,$\overline{A_i}=B_i$,$i=1,\cdots,r$. 即结论 2) 成立.

设 $D_i:E^k=A_1^{(i)}+A_2^{(i)}+\cdots+A_r^{(i)}(i=1,\cdots,m,m\geqslant 2)$ 是 m 个直接分划,$S_1,\cdots,S_h$ 是所有的非空交集:$A_{i_1}^{(1)},A_{i_2}^{(2)}\cdots A_{i_m}^{(m)},i_1,\cdots,i_m=1,\cdots,r$. 由引理 1 中 $D:E^k=S_1+\cdots+S_h$ 也是一个直接分划而且 $h>r$. 我们将 D 称为 $D_1,\cdots,D_m$ 的加细分划,h 称为加细长度.

引理 3 设直接分划 $D_i:E^k=A_1^{(i)}+\cdots+A_2^{(i)}(i=1,2)$ 是 D^r 的最大生成分划组 H 中的两个分划,D_1,D_2 不相同且无公共元素,函数 $f(x_1,\cdots,x_n)\in T_{D^r}$

且覆盖 D_1, D_2 的加细分划 $D: E^k = S_1 + \cdots + S_m$，由引理 2 对任意 D_h 恰有一个 $\overline{D_h}(\in H), x_{j_h}$ 存在使

$$f(x_1, \cdots, x_{j_h-1}, \overline{A_i^{(h)}}, x_{j_h+1}, \cdots, x_n) \subset A_i^{(h)}, \quad i = 1, \cdots, r; h = 1, 2.$$

于是，$j_1 = j_2 =$ 某一个 j，D_1, D_2 不相同且无公共元素.

证明 若 $j_1 \neq j_2$，不妨假设 $j_1 > j_2$，则

$$f(x_1, \cdots, x_{j_2-1}, \overline{A_i^{(2)}}, x_{j_2+1}, \cdots, x_{j_1-1}, \overline{A_i^{(1)}}, x_{j_1+1}, \cdots, x_n) \subset A_i^{(1)} A_i^{(2)}.$$

其中，$i, j = 1, \cdots, r$，此与 D_1, D_2 无公共元素相矛盾. 因此，$j_1 = j_2 =$ 某一个 j，即

$$f(x_1, \cdots, x_{j-1}, \overline{A_i^{(h)}}, x_{j+1}, \cdots, x_n) \subset A_i^{(h)}, \quad i = 1, \cdots, r; h = 1, 2.$$

这样，由 D_1, D_2 无公共元素不难推得 $\overline{D_1}, \overline{D_2}$ 亦无公共元素.

设 $\overline{D_1}$ 与 $\overline{D_2}$ 相同. 由于 $f(x_1, \cdots, x_n)$ 覆盖 D，因此，有 m 个值组：$\widetilde{\alpha^1} = \widetilde{\alpha_1^1}, \cdots, \widetilde{\alpha_n^1}), \cdots, \widetilde{\alpha^m} = (\widetilde{\alpha_1^m}, \cdots, \widetilde{\alpha_n^m})$ 存在，使 $f(\widetilde{\alpha^j}) = a_j \in s_j, j = 1, \cdots, m$. 由引理 1 中 $m > r$ 知，$a_1, \cdots, a_m$ 中必有两个元素同属某一子集 $A_i^{(1)}$，不妨假设 $a_1, a_2 \in A_i^{(1)}$. 由此 $\widetilde{a^1}, \widetilde{a^2}$ 的第 j 个分量 $a_j^1, a_j^2 \in \overline{A_i^{(1)}} = \overline{A_h^{(2)}}$（因为 $\overline{D_1}$ 与 $\overline{D_2}$ 相同），从而 $f(\widetilde{a^1})$，$f(\widetilde{a^2}) \in A_h^{(2)}$. 因此，$a_1, a_2 \in A_i^{(1)} A_h^{(2)} = S_g$，此与 a_j 的取法相矛盾，故 $\overline{D_1}$ 与 $\overline{D_2}$ 不相同.

引理 4 设直接分划

$$D_i: E^k = A_1^{(i)} + A_2^{(i)} + \cdots + A_r^{(i)}, \quad i = 1, \cdots, n+1, n \geqslant 2$$

是 D^r 的最大生成分划组 H 中的 $n+1$ 个分划；$D_1, \cdots, D_{n+1}$ 互不相同且无公共元素；$D_1, \cdots, D_{n+1}$ 中任意 s 个不同的分划有公共元素，$2 \leqslant s \leqslant n$；函数 $f(x_1, \cdots, x_m) \in T_{D^r}$ 且覆盖 $D_1, \cdots, D_{n+1}$ 的加细分划 D，由引理 2 可知，对任意 D_h 恰有一个 $\overline{D_h}(\in H), x_{j_h}$ 存在，使

$$f(x_1, \cdots, x_{j_h-1}, \overline{A_i^{(h)}}, x_{j_h+1}, \cdots, x_m) \subset A_i^{(h)}.$$

其中，$i = 1, \cdots, r, h = 1, \cdots, n+1$. 于是，$j_1 = j_2 = \cdots = j_{n+1} =$ 某一个 j；$\overline{D_1}, \overline{D_2}, \cdots, \overline{D_{n+1}}$ 互不相同且无公共元素；$\overline{D_1}, \cdots, \overline{D_{n+1}}$ 中任意 S 个不同的分划有公共元素，$2 \leqslant s \leqslant n$.

证明 若 $j_1, \cdots, j_{n+1}$ 中有 S 个相同，$n \geqslant s \geqslant 2$，不妨假设 $j_1 = j_2 = \cdots = j_s =$ 某一个 j，即

$$f(x_1, \cdots, x_{j-1}, \overline{A_i^{(h)}}, x_{j+1}, \cdots, x_m) \subset A_i^{(h)},$$

其中，$i = 1, \cdots, r; h = 1, \cdots, s$，则 $\overline{D_1}, \overline{D_2}, \cdots, \overline{D_s}$ 有公共元素从而互不相同.

事实上，对于任意交集$\overline{A_{i_1}^{(1)}}\ \overline{A_{i_2}^{(2)}}\cdots\overline{A_{i_s}^{(s)}}$，$1\leqslant i_1,\cdots,i_s\leqslant r$，由假设有交集$A_{i_1}^{(1)}A_{i_2}^{(2)}\cdots A_{i_s}^{(s)}$ 非空. 因为函数 $f(x_1,\cdots,x_m)$ 覆盖 D，所以由引理 1 有值组 $\tilde{\alpha}=(\alpha_1,\cdots,\alpha_n)$ 存在，使 $f(\alpha_1,\cdots,\alpha_j,\cdots,\alpha_m)\in A_{i_1}^{(1)}A_{i_2}^{(2)}\cdots A_{i_s}^{(s)}$，从而 $\alpha_j\in\overline{A_{i_1}^{(1)}},\cdots,\overline{A_{i_s}^{(s)}}$，即$\overline{A_{i_1}^{(1)}}\cdots\overline{A_{i_s}^{(s)}}$ 非空，故$\overline{D_1},\cdots,\overline{D_s}$ 有公共元素从而互不相同.

如果 $j_1,\cdots,j_{n+1}$ 中有两个不相同，则 $j_1,\cdots,j_{n+1}$ 进行分类，使所有相同的为一类. 显然，至少有两类. 当只有两类时，为了看起来方便，不妨假设 j，$j+1$ 为其两类，而且，

$$f(x_1,\cdots,x_{j-1},\overline{A_i^{(h)}},x_{j+1},\cdots,x_m)\subset A_i^{(h)},\quad i=1,\cdots,r;h=1,\cdots,s;$$

$$f(x_1,\cdots,x_j,\overline{A_i^{(g)}},x_{j+2},\cdots,x_m)\subset A_i^{(g)},\quad i=1,\cdots,r;g=s+1,\cdots,n+1.$$

其中，$1\leqslant s\leqslant n$，对于任意交集 $A_{i_1}^{(1)},\cdots,A_{i_s}^{(s)}A_{i_{s+1}}^{(s+1)},\cdots,A_{i_{n+1}}^{(n+1)}$，$1\leqslant i_1,\cdots,i_{n+1}\leqslant r$，由假设 $A_{i_1}^{(1)},\cdots,A_{i_s}^{(s)}A_{i_{s+1}}^{(s+1)},\cdots,A_{i_{n+1}}^{(n+1)}$ 非空，从而由上面的结论可知交集：$\overline{A_{i_1}^{(1)}}$，$\cdots$，$\overline{A_{i_s}^{(s)}}\ \overline{A_{i_{s+1}}^{(s+1)}},\cdots,\overline{A_{i_{n+1}}^{(n+1)}}$ 非空，设 $a\in\overline{A_{i_1}^{(1)}},\cdots,\overline{A_{i_s}^{(s)}}$，$b\in\overline{A_{i_{s+1}}^{(s+1)}},\cdots,\overline{A_{i_{n+1}}^{(n+1)}}$，于是

$$f(x_1,\cdots,x_{j-1},a,b,x_{j+2},\cdots,x_m)\subset\overline{A_{i_1}^{(1)}},\cdots,\overline{A_{i_{n+1}}^{(n+1)}},$$

亦即$A_{i_1}^{(1)},\cdots,A_{i_{n+1}}^{(n+1)}$ 非空，此与 $D_1,\cdots,D_{n+1}$ 无公共元素相矛盾，故 $j_1,\cdots,j_{n+1}$ 不能分为两类.

同理可证，$j_1,\cdots,j_{n+1}$ 不能分为多于两类，因此，$j_1,\cdots,j_{n+1}$ 完全相同，即 $j_1=j_2=\cdots=$ 某一个 j，从而

$$f(x_1,\cdots,x_{j-1},\overline{A_i^{(h)}},x_{j+1},\cdots,x_m)\subset A_i^{(h)}.$$

其中，$i=1,\cdots,r;h=1,\cdots,n+1$. 据此，由 $D_1,\cdots,D_{n+1}$ 无公共元素可推得直接分划

$$\overline{D_i}:E^k=\overline{A_1^{(i)}}+\cdots+\overline{A_r^{(i)}},\quad i=1,\cdots,n+1$$

无公共元素.

由引理假设和上面的结论不难知道，$\overline{D_1},\overline{D_2},\cdots,\overline{D_{n+1}}$ 中任意 s 个不同的分划有公共元素，$2\leqslant s\leqslant n$；且$\overline{D_1},\cdots,\overline{D_{n+1}}$ 互不相同.

至此引理 4 证明完毕.

设 H 是 D^r 的最大生成分划组，其元数为 m，阶数为 n，$1\leqslant n<m$；$M_1,\cdots,M_t$ 是 H 中所有元数为 $n+1$ 而其 $n+1$ 个分划无公共元素的子集（即 M_i 中恰含 $n+1$ 个不相同且无公共元素的分划），对于每一个 M_i 有一个相应的加细长度，在 $M_1,\cdots,M_t$ 中取出所有相应加细长度最短者，不妨设为 $M_1,\cdots,M_s$，$s\leqslant t$. 我们将 $M_i(i=1,\cdots,s)$ 称为加细长度最短子集.

定理 3 设 D^r 是一个完全可分离的分划，而且 D^r 的一个生成分划组 G 无

公共元素，G 的元数大于 1. 于是，T_{D^r} 不是极大封闭集.

证明 设 H 是 D^r 的最大生成分划组，其元数为 m，阶数为 n. 显然，$G \subset H$ 且 H 亦无公共元素，从而 $1 \leqslant n \leqslant m$.

设 M 是 H 中的一个加细长度最短子集，M 中的分划为

$$D_i: E^k = A_1^{(i)} + A_2^{(i)} + \cdots + A_r^{(i)}, \quad i = 1, \cdots, n+1.$$

$f(x_1, \cdots, x_m) \subset T_{D^r}$ 且覆盖 $D_1, \cdots, D_{n+1}$ 的加细分划 D. 于是，H 中必存在一个加细长度最短子集 $\overline{M}$ 其分划为

$$\overline{D_i}: E^k = \overline{A_1^{(i)}} + \overline{A_2^{(i)}} + \cdots + \overline{A_r^{(i)}}, \quad i = 1, \cdots, n+1.$$

使得对某一个 x_j，有

$$f(x_1, \cdots, x_{j-1}, \overline{A_i^{(h)}}, x_{j+1}, \cdots, x_m) \subset A_i^{(h)}, \quad i = 1, \cdots, r; h = 1, \cdots, n+1.$$

事实上，当 $n = 1$ 时由引理 3，$n \geqslant 2$ 时由引理 4 可知，在 H 中有分划

$$\overline{D_i}: E^k = \overline{A_1^{(i)}} + \overline{A_2^{(i)}} + \cdots + \overline{A_r^{(i)}}, \quad i = 1, \cdots, n+1$$

存在使得对某一个 x_i，有

$$f(x_1, \cdots, x_{j-1}, \overline{A_i^{(h)}}, x_{j+1}, \cdots, x_m) \subset A_i^{(h)}, \quad i = 1, \cdots, r; h = 1, \cdots, n+1.$$

$\overline{D_1}, \cdots, \overline{D_{n+1}}$ 互不相同且 $\overline{D_1}, \cdots, \overline{D_{n+1}}$ 无公共元素，显然，若 $\overline{A_{i_1}^{(1)}}\ \overline{A_{i_2}^{(2)}}, \cdots, \overline{A_{i_{n+1}}^{(n+1)}}$ 非空 $(1 \leqslant i_1, \cdots, i_{n+1} \leqslant r)$，则 $A_{i_1}^{(1)}, A_{i_2}^{(2)}, \cdots, A_{i_{n+1}}^{(n+1)}$ 非空. 因此，子集 $\overline{M} = \{\overline{D_1}, \cdots, \overline{D_{n+1}}\}$ 的相应加细长度 $\leqslant M$ 的相应加细长度，从而由 M 是加细长度最短子集可得 $\overline{M}$ 亦是 H 中的一个加细长度最短子集.

设 $M_1, \cdots, M_s$ 是 H 中所有的加细长度最短子集，M_i 相应的加细分划为

$$W_i: E^k = S_1^{(i)} + S_2^{(i)} + \cdots + S_h^{(i)}, \quad i = 1, \cdots, S.$$

由引理 1 及 $n+1 \geqslant 2$ 易知 $h > r$. 我们作一个临界数为 h 的分划 D^h：由分划 $W_1, \cdots, W_s$ 所生成的全部子集恰为所有不保分划 D^h 的 h 元子集. 显然，D^h 是完全可分离的，其生成分划组是 $W_1, \cdots, W_s$. 今证 $T_{D^r} < T_{D^h}$.

设 $f(x_1, \cdots, x_m) \in T_{D^r}$ 若有 h 个值组：

$$\widetilde{\alpha^1} = (\alpha_1^1, \cdots, \alpha_j^1, \cdots, a_m^1), \cdots, \widetilde{\alpha^h} = (\alpha_1^h, \cdots, \alpha_j^h, \cdots, a_m^h)$$

使 $f(\widetilde{\alpha^1}), \cdots, f(\widetilde{\alpha^h})$ 不保分划 D^h，则必有某一个 j 存在使 $\alpha_j^1, \alpha_j^2, \cdots, a_j^h$ 不保分划 D^h.

事实上，由 $f(\widetilde{\alpha^1}), \cdots, f(\widetilde{\alpha^h})$ 不保分划 D^h 可得，$f(\widetilde{\alpha^1}), \cdots, f(\widetilde{\alpha^h})$ 必由某一个 W_g 所生成，$1 \leqslant g \leqslant s$，因而 $f(x_1, \cdots, x_m)$ 覆盖 W_g，设 W_g 相应的加细长度最短子集 W_g 中的分划为：

$$D_i: E^k = A_1^{(i)} + A_2^{(i)} + \cdots + A_r^{(i)}, \quad i = 1, 2, \cdots, n+1.$$

于是，由上面的结论可知，H 中必存在一个加细长度最短子集 $M_l(1 \leqslant l \leqslant s)$ 其分划为

$$\overline{D_i}: E^k = \overline{A_1^{(i)}} + \overline{A_2^{(i)}} + \cdots + \overline{A_r^{(i)}}, \quad i = 1, \cdots, n+1,$$

使得对某一个 x_j 有

$$f(x_1, \cdots, x_{j-1}, \overline{A_i^{(h)}}, x_{j+1}, \cdots, x_m) \subset A_i^{(h)}, \quad i = 1, \cdots, r; h = 1, \cdots, n+1.$$

显然，若 $f(\alpha^i) \in A_{i_1}^{(1)} A_{i_2}^{(2)}, \cdots, A_{i_{n+1}}^{(n+1)}, 1 \leqslant i_1, \cdots, i_{n+1} \leqslant r, i = 1, \cdots, h$，则 $\alpha_j^i \in \overline{A_{i_1}^{(1)}}, \overline{A_{i_2}^{(2)}}, \cdots, \overline{A_{i_{n+1}}^{(n+1)}}$. 因此，$\alpha_j^1, \cdots, \alpha_j^h$ 不保分划 D^h.

这就证明了若 $f(x_1, \cdots, x_m) \in T_{D^r}$，则 $f(x_1, \cdots, x_m) \in T_{D^h}$. 因此，$T_{D^r} \in T_{D^h}$. 由 $h > r$ 不难知道，$T_{D^r} < T_{D^h}$.

由定理 2 和定理 3 可得，如果 D^r 有一生成分划组具有公共元素，则 D^r 的每一个生成分划组都具有公共元素. 此外，当 $T_{D^r,E}$ 为非可分离时，在文[14] 中已证明了 $T_{D^r,E}$ 不是极大封闭集. 这样，由定理 1 ～ 3 便得到下列定理成立：

基本定理 $T_{D^r,E}(r \geqslant 3)$ 是极大封闭集必要而且只要满足：

1) D^r 是完全可分离；

2) D^r 的生成分划组或具有公共元素或仅含一分划.

参考文献

[1] Post E L. The two-valued iterative systems of mathematical logic[J] . Annals of Mathematics Studies, 1941, 5(5): 1－22.

[2] Яблонский С В. функцнональные построения в К-значной логике[J]. Труды матемй ин-та АН СССР, 1958(51): 5－142.

[3] Мартынюк В В. Ирследование некоторых классов функций в многозначнвлх логиках[J]. Ироблеиы кибернетики, 1960(3): 49－60.

[4] Саломаа А. Некоторые критерии цолноты Для множеств функций многозначной логики [J]. Кnбернетuческuй сборнnк, 1964(8): 1－32.

[5] 庞云阶. 在多值逻辑中求全部极大封闭集的一个能行方法[J]. 吉林大学自然科学学报，1962(2): 99－102.

[6] 王湘浩. 有限集合上缺值及不缺值函数的结构理论[J]. 吉林大学自然科学学报，1963(2): 295－318.

[7] 罗铸楷. 关于保分划之函数集的极大封闭性(Ⅰ)[J]. 吉林大学自然科学学报，1963(2): 105－116.

[8] 罗铸楷.线性函数集和环的极大封闭性[J].吉林大学自然科学学报,1963(2):1－14.

[9] 罗铸楷,刘叙华.在多值逻辑中二项关系所确定的极大封闭集[J].吉林大学自然科学学报,1963(4):27－33.

[10] 罗铸楷.在 k 值逻辑中正规 k 项关系所确定的极大封闭集[J].吉林大学自然科学学报,1964(3):39－50.

[11] 罗铸楷.4 值逻辑中的所有极大封闭集[C]//全国数理逻辑专业学术会议论文选集.北京:国防工业出版社,1965.

[12] 罗铸楷.多值逻辑中所有极大封闭集之确定问题[J].数学学报,1980(1):152－156.

[13] Rosenberg I. La structure des fonctions de plusieurs variablessur un ensemble fini[J]. Comptes rendus hebdomadaires des séances de l Académie des sciences,1965(260):3817－3819.

[14] Rosenberg I. Uber die functionale vollstandigkeit in der mehrwertigen logiken[J]. Rozpravy Ceskoslovenske Akaal Ved,1970,80(3):3－93

多值逻辑中某些函数集的结构

在多值逻辑理论中，函数封闭集（其中，重要的有 P_k，P_k^*，P_{N_0} 及其极大封闭集，一元函数集等）之结构刻划问题是一个基本而重要的问题，同时也是自动机理论中必需解决的问题，除 P_k 和 P_k^* 的结构问题已完全解决外[1~3]，其余至今还是一个尚待解决的困难问题. 本文完全解决了 P_k 内著名极大封闭集 T_{D^k} 中完备性之判定问题，从而清晰地定出了 T_{D^k} 的结构，同时，对一元函数集 $P_k^{(1)}$，$P_{N_0}^{(1)}$ 的完备性理论也取得了一些基本的结果.

1. 极大封闭集 T_{D^k}

设有限集合 $E_k = \{0,1,\cdots,k-1\}$，定义在 E_k 上而其函数值仍属于 E_k 的任意多个变数的函数我们称之为 k 值逻辑函数，所有 k 值逻辑函数作成之集合记为 P_k. 设 $A \subseteq P_k$，所有由 A 复合出来的函数作成集合记为 A'，命 $S_p(A) = A \cup A' \cup A'' \cup \cdots$，$A$ 是完备集（$\subseteq T_{D^k}$），如果 $S_p(A) = T_{D^k}$，其中，T_{D^k} 为所有一元函数及所有漏值函数之并. 下面所提到的 S_k 如果不作特别声明都是指 E_k 上的对称群.

引理 1 设 $f(x_1,\cdots,x_n)$ 是一个真多元取 h 个值的函数，$h \leqslant k-1$. 于是，$S_p(f \cup S_k)$ 包含全部至多取 h 个值的一元函数.

证明 设 $f(x,\cdots,x)$ 是取 i 个值的一元函数，由 $f(x,\cdots,x) \in S_p(S_k \cup f)$ 及 $S_k \subset S_p(S_k \cup f)$ 不难推得 $S_p(S_k \cup f)$ 包含全部至多取 i 个值的一元函数，从而 $0,1,\cdots,k-1 \in S_p(S_k \cup f)$.

设 $f(x_1,\cdots,x_n)$ 本质地依赖于 x_n，有 $\alpha_i,\cdots,\alpha_n,\beta_n \in E_k$，使 $f(\alpha_1,\cdots,\alpha_n) \neq f(\alpha_1,\cdots,\alpha_{n-1},\beta_n)$. 这样有 $f(\alpha_1,\cdots,\alpha_{n-1},x) \in S_p(S_k \cup f)$. 显然，若 $f(\alpha_1,\cdots,\alpha_{n-1},x)$ 取 m 个值，则 $h \geqslant m \geqslant 2$，且推得 $S_p(S_k \cup f)$ 包含全部至多取 m 个值的一元函数.

由 Jablonskiĭ 基本引理[4]，有$\widetilde{\alpha^i}=(\alpha_1^i,\cdots,\alpha_n^i)$使$(f\widetilde{\alpha^i})=\alpha_i, i=0,\cdots,m$. 其中，$\alpha_j^0,\cdots,\alpha_j^m$ 至多有 m 个不相同，$j=1,\cdots,n$ 且 $\alpha_0\neq\alpha_1\neq\cdots\neq\alpha_m$. 令

$$f_j(x)=\begin{cases}\alpha_j^i, & \text{当 } x=i \text{ 时},\\ \alpha_j^0, & \text{当 } x\neq i \text{ 时},\end{cases}\quad i=0,1,\cdots,m; j=1,\cdots,n.$$

显然，$f_j(x)\in S_p(S_k\cup f)$ 且 $F(x)=f(f_1(x),\cdots,f_n(x))$，有 $F(i)=f(\widetilde{\alpha^i})=a_i, i=0,\cdots,m, F(x)=a_0$. 当 $x\geqslant m+1$ 时，$F(x)\in S_p(S_k\cup f)$ 且取 $m+1$ 个不同的值，从而不难推得 $S_p(S_k\cup f)$ 包含全部至多取 $m+1$ 个值的一元函数.

如此继续下去便可证明引理之结论成立.

引理 2 设 $f(x_1,\cdots,x_n)$ 是一个真多元取 h 个值的函数，$h\geqslant 3$. 于是，$S_p(S_k\cup f)$ 中包含一个在 $0\leqslant x_i\leqslant h-2(i=1,\cdots,n)$ 上取 h 个值 $0,1,\cdots,h-1$ 的真多元函数 $F(x_1,\cdots,x_n)$.

证明 设 $f(x_1,\cdots,x_n)$ 是取 h 个值 $a_0,\cdots,a_{h-1}$. 取置换 $\sigma(x)\in S_k$ 使 $\sigma(a_i)=i, i=0,\cdots,h-1$. 于是，$\sigma(f(x_1,\cdots,x_n))$ 亦是真多元取 h 个值：$0,1,\cdots,h-1$ 的函数.

根据 Jablonskiĭ 基本引理[4]，有$\widetilde{\alpha^i}=(\alpha_1^i,\cdots,\alpha_n^i)$，使 $\sigma(f(\widetilde{\alpha^i}))=i, i=0,1,\cdots,h-1$，其中，$\alpha_j^0,\cdots,\alpha_j^{h-1}$ 至多有 $h-1$ 个不相同，$j=1,\cdots,n$. 设 $\alpha_j^{i_0},\cdots,\alpha_j^{i_{mj}}$ 是 $\alpha_j^0,\cdots,\alpha_j^{h-1}$ 中所有互不相同的元素，$0\leqslant i_0<i_1<\cdots<i_{mj}\leqslant h-1, 0\leqslant m_j\leqslant h-2$，取置换 $\tau_j(x)\in S_k$ 使 $\tau_j(s)=\alpha_j^{i_s}, s=0,1,\cdots,m_j$. 于是 $F(x_1,\cdots,x_n)=\sigma(f(\tau_1(x_1),\cdots,\tau_n(x_n)))$ 亦是真多元函数且在 $0\leqslant x_i\leqslant h-2(i=1,\cdots,n)$ 上取值 $0,1,\cdots,h-1$. 显然，$F(x_1,\cdots,x_n)=S_p(S_k\cup f)$.

引理 3 设 $f(x_1,\cdots,x_n)$ 是一个真多元取 h 个值的函数，$h\geqslant 3$. 于是，$S_p(S_k\cup f)$ 中包含全部至多取 h 个值的函数，

证明 设 $E_h=\{0,1,\cdots,h-1\}\subseteq E_k$，函数 $g(x_1,\cdots,x_m)$ 说是保 E_h，如果对任意的 $a_1,\cdots,a_m\in E_h$，皆有 $g(a_1,\cdots,a_m)\in E_h$. $S_p(S_k\cup f)$ 中所有保 E_h 函数之集合记为 N. 由引理 1 和引理 2 可知，N 中包含 P_h 内全部的一元函数和一个真多元取 h 个值的函数，从而 N 是 P_h 的完备集，即 $S_p(N)=P_h$（当 N 中的函数限制在 E_h 上时），依此，由文[4]可知，$S_p(N)$ 中有函数 $\phi(x_1,x_2)$，$\varphi(x_1,x_2)$ 为：

$$\phi(x_1,x_2)=\max(x_1,x_2),\quad \varphi(x_1,x_2)=\min(x_1,x_2).$$

当 $x_1,x_2\in E_h$ 时，显然，$\phi(x_1,x_2),\varphi(x_1,x_2)\in S_p(S_k\cup f)$.

下面对变数个数同归纳法来证明引理之结论成立.

由引理 1 对 1 个变数引理之结论成立.

设 $g(x_1,\cdots,x_{m+1})$ 取值为 $a_0,a_1,\cdots.a_s,s\leqslant h-1$,取置换 $\sigma(x)\in S_k$ 使 $\sigma(a_i)=i,i=0,1,\cdots,S$. 于是,$\sigma(g(x_1,\cdots,x_{m+1}))\in S_p(S_k\cup f)$ 且取值为 $0,1,\cdots,S$,从而不妨假设 $g(x_1,\cdots,x_{m+1})$ 取值为 $0,1,\cdots,S$. 作一元函数如下:

$$g_i(x)=\begin{cases}h-1, & 当\ x=i\ 时,\\ 0, & 当\ x\neq i\ 时,\end{cases}\quad i=0,1,\cdots,k-1.$$

显然,$g_i(x)\in S_p(S_k\cup f)$. 不难验证,

$$\begin{aligned}g(x_1,\cdots,x_m,x_{m+1})=\max(&\min(g_0(x_{m+1}),g(x_1,\cdots,x_m,0)),\\&\min(g_1(x_{m+1}),g(x_1,\cdots,x_m,1)),\cdots,\\&\min(g_{k-1}(x_{m+1}),g(x_1,\cdots,x_m,k-1))).\end{aligned}$$

由于 $g_i(x),g(x_1,\cdots,x_m,x_{m+1})$ 的函数值均属于 E_h,有

$$\begin{aligned}g(x_1,\cdots,x_m,x_{m+1})=\phi(&\varphi(g_0(x_{m+1}),g(x_1,\cdots,x_m,0)),\varphi(g_1(x_{m+1}),\\&g(x_1,\cdots,x_m,1)),\cdots,\varphi(g_{k-1}(x_{m+1}),g(x_1,\cdots,x_m,k-1))),\end{aligned}$$

从而根据归纳法假设,$g(x_1,\cdots,x_m,x_{m+1})\in S_p(S_k\cup f)$.

定理 1 设 $k\geqslant 4$,$G_1,\cdots,G_h$ 是 S_k 中的所有极大子群,Q_i 是 P_k 中所有至多取 i 个值函数之集合,$i=k-2,k-1$. 于是,T_{D^k} 中的所有极大封闭集为

$$Q_{k-2}\cup P_k^{(1)},\quad Q_{k-1}\cup G_i,\quad i=1,\cdots,h.$$

其中,$P_k^{(1)}$ 是 P_k 中所有一元函数之集合.

证明 显然,$T_{D^k}=P_k^{(1)}\cup Q_{k-1}$,且 $Q_{k-1}\cup G_i$ 是 T_{D^k} 的极大封闭集,由引理 3 可知,$Q_{k-2}\cup P_k^{(1)}$ 是 T_{D^k} 的极大封闭集.

设 M 是 T_{D^k} 的极大封闭集,于是 $M\cap S_k\subseteq S_k$.

当 $M\cap S_k\subset S_k$ 时,由 $M\cap S_k$ 是 S_k 的子群有 G_j 使 $M\cap S_k\subseteq G_j$. 若 $M\cap S_k\subset G_j$,则 M 不是极大封闭集,因而 $M\cap S_k=G_j$,即 $G_j\subseteq M$. 若 $M\cap Q_{k-1}\subset Q_{k-1}$,则 M 不是极大封闭集,因而 $M\cap Q_{k-1}=Q_{k-1}$ 即 $Q_{k-1}\subseteq M$. 因此,$M=G_j\cup Q_{k-1}$.

当 $M\cap S_k=S_k$ 时,即 $S_k\subseteq M$. 由引理 3 可知,M 中无真多元取 $k-1$ 个的函数,即 $Q_{k-1}\cap M=\emptyset$. 若 $M\cap Q_{k-2}\subset Q_{k-2}$,则 M 不是极大封闭集,从而 $M\cap Q_{k-2}=Q_{k-2}$,即 $Q_{k-2}\subseteq M$. 因此,$M=S_k\cup Q_{k-2}$.

推论 设 $k\geqslant 4$,$A\subseteq T_{D^k}$. 于是,A 是完备集必要而且只要 A 不包含在极大封闭集:$Q_{k-2}\cup P_k^{(1)}$,$Q_{k-1}\cup G_i$,$i=1,\cdots,h$ 中.

2. 一元函数集 $P_k^{(1)}$

设 $P_k^{(1)}$ 是 P_k 中所有一元函数作成之集合,$Q_i^{(1)}$ 是 $P_k^{(1)}$ 中所有至多取 i 个值

函数之集合，$i=k-2,k-1$. 于是，仿定理1之证明可推得 $P_k^{(1)}$ 的全部极大封闭集为

$$Q_{k-2}^{(1)} \cup S_k,\quad Q_{k-1}^{(1)} \cup G_i,\quad i=1,\cdots,h.$$

其中，$G_1,\cdots,G_h$ 是 S_k 的所有极大子群. 因此，一元函数系的完备性之判定问题便归结为定出 S_k 中的所有极大子群，此问题是置换群中至今尚需解决的著名困难问题.

群 $G\subseteq S_k$ 说是一个基本群，如果对任意真多元取 k 个值的函数 $f(x_1,\cdots,x_n)$，皆有 $S_p(S_k\cup f)=P_k$.

当 $k=p^n$ 时（p 是质数），E_k 可以作成一个域，其特征数为 p. 置换 $\sigma\in S_k$ 说是一个线性置换，如果对任意 $x,y\in E_k$，皆有 $\sigma(x+y)+\sigma(0)=\sigma(x)+\sigma(y)$. S_k 中所有线性置换作成之群称为线性置换群，记为 L_{E_k} · $\sigma\in L_{E_k}$ 必要而且只要

$$\sigma(x_1,\cdots,x_n)=(x_1,\cdots,x_n)\boldsymbol{A}+B,\quad (x_1,\cdots,x_n)\in E_k.$$

其中，$\boldsymbol{A}$ 是 $n\times n$ 的可逆矩阵，$B=(b_1,\cdots,b_n)\in E_k$. 当 $p=2$ 时，L_{E_k} 是 A_k 的极大子群（A_k 是 E_k 上的交代群），当 $p\neq 2$ 时，L_{E_k} 是 S_k 的极大子群[5].

当 $k=h^m$ 时，显然，$E_k=\{(x_1,\cdots,x_m)\mid x_i\in E_h, i=1,\cdots,m\}$，其中，$E_h$ 是一个多元集合. 此时，定义在 E_k 上的一元函数 $f(x)$ 可以看成是定义在 E_h 上的 m 元函数 $f(x_1,\cdots,x_m)$. E_k 上的二项关系 R_2 说是正则的；如果 $R_2=\{\langle x,y\rangle \mid x=(x_1,\cdots,x_m), y=(y_1,\cdots,y_m)\in E_k$ 且 $x_i\neq y_i, i=1,\cdots,m\}$.

$\sigma\in S_k$ 说是保 R_2，如果对任意 $\langle x,y\rangle\in R_2$ 皆有 $\langle\sigma(x),\sigma(y)\rangle\in R_2$，$S_k$ 中所有保 R_2 的置换作成之群称为保正则二项关系的置换群，记为 G_{R_2}. 当 $h\geqslant 3$ 时，G_{R_2} 是单重可迁的本原群且 $\sigma\in G_{R_2}$ 必要而且只要

$$\sigma(x_1,\cdots,x_m)=(\sigma_1(x_{\tau(1)}),\cdots,\sigma_m(x_{\tau(m)})),\quad \tau\in S_m, \sigma_i\in S_h, i=1,\cdots,m.$$

其中，S_h 是 E_h 上的 h 次对称群，S_m 是 $E_m=\{1,\cdots,m\}$ 上的 m 次对称群[6]. 在文[6]中除 $h=5$ 和 $m=2$ 外，定出了 G_{R_2} 在 S_k 或 A_k 中的所有极大子群，详例如下：

当 $h=2$ 时，G_{R_2} 是 S_k 的极大子群；当 $h=3,4$ 时，$G_{R_2}\subset L_{E_k}$.

当 $h\geqslant 6, m=2$ 时，若 h 为奇数或 $h=2n$，n 为奇数，则 G_{R_2} 是 S_k 的极大子群；若 $h=2n$，n 为偶数，则 G_{R_2} 是 A_k 的极大子群且 G_{R_2} 与 S_k 之间除 A_k 外无其他子群.

当 $h\geqslant 5, m\geqslant 3$ 时，若 h 为奇数，则 G_{R_2} 是 S_k 的极大子群；若 h 为偶数，则 G_{R_2} 是 A_k 的极大子群且 G_{R_2} 与 S_k 之间除 A_k 外无其他子群.

从多值逻辑中基本群之研究[7]，可将置换群分为下列互不相同的4类：

1) 非可迁群和非本原群；

2) 线性置换群，此时是 $k = p^n$（p 是质数），E_k 是一个域；

3) 保正则二项关系的置换群，此时，$k = h^m, h \geqslant 5, m \geqslant 2$；

4) 基本群.

这样，只要定出 1) ~ 4) 类置换群在 S_k 中的极大子群便可得到 S_k 的全部极大子群，文[8] 中已定出了第 1 类置换群在 S_k 中的所有极大子群，因此，只要定出极大基本群便可得到 S_k 中的全部极大子群. 但目前还只有一些零星结果，离问题的解决还有很大的距离. 由于它与多值逻辑函数密切相关，可以预见，在其极大性之研究中，多值逻辑函数的结构理论必将成为有力工具之一.

1) Π 运算（项变换）：设 R 是一个 m 项关系，Π 是 $E_m = \{1, \cdots, m\}$ 上的一个置换，于是

$$\Pi(R) = \{\langle a_{\Pi(1)}, \cdots, a_{\Pi(m)} \rangle \mid \langle a_1, \cdots, a_m \rangle \in R\}.$$

2) Δ 运算（项等同）：设 R 是一个 m 项关系，于是，

$$\Delta(R) = \{\langle a_2, \cdots, a_m \rangle \mid \langle a_1, a_2, \cdots, a_m \rangle \in R \text{ 且 } a_1 = a_2\}.$$

3) ∇ 运算（项添加）：设 R 是一个 m 项关系，于是，

$$\nabla(R) = \{\langle a, a_1, \cdots, a_m \rangle \mid \langle a_1, \cdots, a_m \rangle \in R, a \in E_k\}.$$

4) 乘法运算 $*$：设 R, T 分别是 m, n 项关系，于是

$$R * T = \{\langle a_1, \cdots, a_{m-1}, b_2, \cdots, b_n \rangle \mid \langle a_1, \cdots, a_m \rangle \in R, \langle b_1, \cdots, b_n \rangle \in T \text{ 且 } a_m = b_1\}.$$

显然，$R * T$ 是一个 $(m + n - 2)$ 项关系.

5) 补运算 $\urcorner$：设 R 是一个 m 项关系，于是

$$\urcorner R = \{\langle a_1, \cdots, a_m \rangle \mid \langle a_1, \cdots, a_m \rangle \notin R, a_i \in E_k, i = 1, \cdots, m\}.$$

R 说是完全的 m 项关系，如果

$$R = \{\langle a_1, \cdots, a_m \rangle \mid a_i \in E_k, i = 1, \cdots, m, a_1 \neq \cdots \neq a_m\}.$$

设 $\sim$ 是 E_m 上的一个等价关系，至少有一个等价类其元数 $\geqslant 2$，m 项关系 R 说是一个对角线关系，如果

$$R = \{\langle a_1, \cdots, a_m \rangle \mid a_i \in E_k, i = 1, \cdots, m \text{ 且当 } i \sim j \text{ 时}, a_1 = a_j\}.$$

定义 设 $\hat{R}$ 是一个关系集合，包含完全关系，所有的对角线关系（此两者及其并都是一般的平凡关系）如果在 $\hat{R}$ 中满足运算 1) ~ 5)，则称 $\hat{R}$ 为第二类 Краснер 代数，记为 $(\hat{R}, \Pi, \Delta, \nabla, *, \urcorner)$.

设 R 是一个 m 项关系，置换 $\sigma \in S_k$ 说是保 R，如果对任意 $\langle a_1, \cdots, a_m \rangle \in R$，皆有 $\langle \sigma(a_1), \cdots, \sigma(a_m) \rangle \in R$. 所有保 R 置换之集合记为 $PRE(R)$. 设 $\hat{R}$ 是一个关

系集合，置换$\sigma \in S_k$说是保$\hat{R}$，如果对任意$R \in \hat{R}$皆有σ保R. 所有保$\hat{R}$置换之集合记为$PRE(\hat{R})$.

设G是一个置换群，关系R说是G的一个不变关系，如果G中任意置换皆保R. G的所有不变关系之集合记为$INV(G)$，不难证明$INV(G)$是第二类Краснер代数.

若G是S_k的极大子群，则对任意非平凡的$R \in INV(G)$，皆有$INV(R) = G$.

定理 2 设G是S_k的一个极大基本群，$k \geqslant 4$，于是：

1) 若$INV(G)$中有一个非平凡的二项关系，则将$INV(G)$中所有对称的二项关系作成一个非平凡的布尔代数，其中每一个原子都是点，线对称的连通无向图；

2) $INV(G)$中出现的非平凡m项关系，既不是中心的，也不是可分离的，$m \geqslant 3$.

证明

1) $INV(G)$中有非平凡的对称二项关系.

设R是$INV(G)$中非平凡的二项关系，且R与$\urcorner R$中均无对称子关系，于是，对任意$\langle a,b\rangle$，$\langle b,a\rangle$，$(a,b \in E_k, a \neq b)$恰有一个属于R.

设有奇置换$\sigma \in G$，将σ分解为一些不相杂轮换之乘积，其中必有一个轮换为奇置换，从而该轮换之长度为偶数$2n$，即

$$\sigma = (a_1, \cdots, a_n, b_1, \cdots, b_n)\sigma_2 \cdots \sigma_h.$$

其中，$\sigma_2, \cdots, \sigma_h$是不相杂的轮换，显然

$$\tau = \sigma^n = (a_1 b_1) \cdots (a_n b_n)\sigma_2^n \cdots \sigma_h^n \in G.$$

因而，若$\langle a_1, b_1\rangle \in R$，则$\langle a_1, b_1\rangle^\tau = \langle b_1, a_1\rangle \in R$；若$\langle b_1, a_1\rangle \in R$，则$\langle b_1, a_1\rangle^\tau = \langle a_1, b_1\rangle \in R$，此为矛盾的. 因此，$G$中无奇置换，即$G \subseteq A_k$，$A_k$是$E_k$上$k$次交代群. 当$\geqslant 4$时，显然，$(0\ 1)(2\ 3) \in A_k$而$(0\ 1)(2\ 3) \notin G$从而$G \subset A_k$. 此与$G$是$S_k$的极大子群相矛盾，故$R$或$\urcorner R$中有对称子关系.

不妨假设R中有对称子关系，其最大对称子关系为$\urcorner$，显然$R \cap S = T$，S是完全关系，从下面 2) 之证明中可知$T \in INV(G)$，T非平凡，

2) 每一个原子都是点，线对称的连通图.

我们将空关系看作 0，完全关系看作 1，$INV(G)$中所有对称的二项关系作成之集合记为B，并设$O \in B$. 易证，若$R, T \in B$则$R \cup T \in B$. 依此，$R \cap T = \urcorner(\urcorner R \cup \urcorner T) \in B$. 于是，$B$是一个非平凡的布尔代数.

设 T 是 B 的一个原子(即非 O 的极小元素),将 T 看作是一个无向图,其点集为 E_k,线集为 X(其中,$\langle a,b\rangle$,$\langle b,a\rangle$ 看作是一条线),即 $T=(E_k,X)$.

对任意 $a,b\in E_k$,由基本群 G 是可迁的,有 $\sigma\in G$ 使 $\sigma(a)=b$. 因此,T 是点对称图.

设 $\langle a,b\rangle\in T, a\neq b$,二维迹

$$T_o=\{\langle\sigma(a),\sigma(b)\rangle\,|\,\sigma\in G|\,\}\subseteq T.$$

若有 $\langle a_1,a_2\rangle,\langle a_2,a_1\rangle\in T$ 使 $\langle a_1,a_2\rangle,\langle a_2,a_1\rangle\notin T_o$,则 $\langle a_1,a_2\rangle,\langle a_2,a_1\rangle\in \urcorner T_o\cap\urcorner T\,INV(G)$(这是因为 T_o 是 G 的不变关系),从而 $\urcorner T_o\cap T\in B$ 且 $O\subset\urcorner T_o\cap T\subset T$,此与 T 是原子相矛盾. 因此,对任意 $\langle a_1,a_2\rangle,\langle a_2,a_1\rangle\in T$ 必有一个属于 T_o.

设 $\langle a_1,a_2\rangle,\langle b_1,b_2\rangle\in T$,由上之结论可不妨假设 $\langle a_1,a_2\rangle\in T_o$. 若 $\langle b_1,b_2\rangle(\langle b_2,b_1\rangle)\in T_o$,则有 $\sigma\in G$ 使 $\langle a_1,a_2\rangle=\langle b_1,b_2\rangle(\langle b_2,b_1\rangle)$. 因此,$T$ 是线对称图.

设原子 T 不连通,于是有 n 使 $T^{2^n}=T^{2^{n+1}}$,且 T^{2^n} 为非平凡的等价关系,其中,$T^2=T*T$,连通分支的点集恰为一个等价类. 显然 $PRE(T^{2^n})=G$. 由文[9]所有保 T^{2^n} 函数之集合 $T(T^{2^n})$ 中含有真多元取 k 个不同值的函数,从而,根据基本解的定义,$G\subseteq T(T^{2^n})$ 可得 $T(T^{2^n})=P_k$. 此与 $T(T^{2^n})$ 是 P_k 的极大封闭集相矛盾,因此,T 是连通图.

3) 设 m 项非平凡关系 R 属于 $INV(G)$,于是,R 既非中心也非可分离,$m\geqslant 3$.

R 说是中心关系,如果有 $a\in E_k$ 使得所有含 a 的 m 元不同序列皆属于 R,所有保 R 函数之集合记为 $T(R)$. 由文[9] $T(R)$ 中含有真多元取 k 个不同值的函数,从而,若 $G\subseteq T(R)$,则根据基本解之定义,$T(R)=P_k$,此与 $T(R)$ 是 P_k 的极大封闭集相矛盾. 因此,R 不是中心关系.

R 说是可分离关系,如果存在 E_k 的一个直接分划:

$$E_k=A_1+A_2+\cdots A_m, A_i\cap A_j=\varnothing.$$

当 $i\neq j$ 时,使得任意 $\langle a_1,a_2,\cdots,a_m\rangle\notin R, a_i\in A_i, i=1,\cdots,m$. 由文[10]中定理之证明可知,所有保 R 函数之集合 $T(R)$ 中含有真多元取 k 个不同值的函数,从而,若 $G\subseteq T(R)$,则根据基本群之定义,$T(R)=P_k$,此与 $T(R)=P_k$[10] 相矛盾. 因此,R 不是可分离关系.

3. 一元函数集户 $P_{N_0}^{(1)}$

设 $E_{N_0} = \{0,1,\cdots,n,\cdots\}$ 是无限可数集合，定义在 E_{N_0} 上而其函数值仍属于 E_{N_0} 的任意多个变数的函数，我们称之为可数值（或连续值）逻辑函数. 所有可数值逻辑函数作成之集合记为 P_{N_0}，P_{N_0} 中所有一元函数之集合记为 $P_{N_0}^{(1)}$. 近年来，国内外连续值逻辑元件不断出现并成功地应用于实际领域，此2值逻辑元件取得了显著的效益. 因此，在理论上要求解决 P_{N_0} 中函数系统完备性之判定问题，但此问题从20世纪60年代初期到至今尚未解决，仅定出了包含 $P_{N_0}^{(1)}$ 完备系之充要条件[11]，并指出了一些具体的完备系，比如 $x+y$，$P_{N_0}^{(1)}$ 是完备系. 本文解决了 $P_{N_0}^{(1)}$ 中函数系完备性之判定问题.

$f(x) \in P_{N_0}^{(1)}$ 说是不同值的，如果对任意 $a,b \in E_{N_0}$，$a \neq b$ 皆有 $f(a) \neq f(b)$. 显然，不同值，不漏值的一元函数便是 E_{N_0} 上一对一的变换，$P_{N_0}^{(1)}$ 中所有一对一的变换作成之集合 S_{N_0} 是一个群.

设 $f(x) \in P_{N_0}^{(1)}$，$a \in E_{N_0}$，称集合

$$X = \{x \mid x \in E_{N_0} \text{ 且 } f(x) = a\}$$

为 $f(x)$ 的一个水平集. 当 $|X| = 1$ 时，X 称为独元水平集；当 $|X|$ 为无限时，X 称为无限水平集.

下面我们定义5个重要的一元封闭集 M_i，$i = 1,\cdots,5$.

M_1 为下列2个集合之并：

1）所有常数函数集；

2）具有不多于有限个无限水平集的所有一元函数集.

M_2 为下列3个集合之并：

1）所有常数函数集；

2）所有漏无限个值的一元函数集；

3）具有不多于有限个非独元水平集而无无限水平集的所有一元函数集.

M_3 为下列3个集合之并：

1）所有常数函数集；

2）所有一元不同值函数集；

3）所有一元漏值函数集.

M_4 为下列3个集合之并：

1）所有常数函数集；

2）漏不多于有限个集的所有一元函数集；

3）对所有独元水平集之并具有无限补的所有一元函数集.

M_5 为下列 3 个集合之并：

1）所有常数函数集；

2）具有非独元水平集的所有一元函数集；

3）所有一元不漏值函数集.

Q 为下列 3 个集合之并：

1）所有常数函数集；

2）所有一元同值函数集；

3）所有一元漏值函数集.

定理 3 $P_{N_0}^{(1)}$ 中的全部极大封闭集为 $M_1,\cdots,M_5,Q\cup G_2$，其中，G_2 取遍 S_{N_0} 的所有极大子群.

证明 由文[11] $P_{N_0}^{(1)}$ 中包含 S_{N_0} 的极大封闭集恰为 $M_1,\cdots,M_5$，因为 $P_{N_0}^{(1)}=Q\cup S_{N_0}$ 且 $Q\cap S_{N_0}=\varnothing$，所以每一个 $Q\cup G_2$ 是 $P_{N_0}^{(1)}$ 的极大封闭集.

设 G 是 S_{N_0} 的一个子群，于是必有 S_{N_0} 的一个极大子群包含 G.

事实上，设

$$X=\{H\mid G\subseteq H\subset S_{N_0}\text{ 且 }H\text{ 是群}\}.$$

于是，按群的包含关系，X 便是一个部分序集. 设 W 是 X 的一个子序集，$L=\bigcup_{H\in W}H$. 显然，$G\subseteq L$. 对任意 $\sigma,\tau\in L$，显然有 $H_1,H_2\in W$ 使 $\sigma\in H_1,\tau\in H_2$，由 W 是序集可不妨假设，$H_1\subseteq H_2$，从而 $\sigma\tau^{-1}\in H_2\subseteq L$. 因此，$L$ 是一个群，$G\subseteq L\subseteq S_{N_0}$ 且是 W 的上界. 于是，根据集合论中的 Zorn 引理，X 中必有一个极大元素，即 S_{N_0} 中有一个极大子群包含 G.

设 M 是 $P_{N_0}^{(1)}$ 的一个极大封闭集，于是，$G=M\cap S_{N_0}$ 是 S_{N_0} 的一个子群.

1）设 $G=S_{N_0}$，即 $S_{N_0}\subseteq M$.

由文[11] 可知，M 必为 $M_1,\cdots,M_5$ 之一.

2）设 $G\subset S_{N_0}$.

若 G 不是 S_{N_0} 的极大子群，则有 S_{N_0} 的极大子群 G_2 使 $G\subset G_2$，从而有 $\sigma\in G_2$ 而 $\sigma\notin G$. 显然，$S_p(M\cup\sigma)\subseteq Q\cup G_2,\sigma\notin M$，此与 M 是极大封闭集相矛盾，因此，G 是 S_{N_0} 的一个极大子群.

若 $M\cap Q\subset Q$，则有 $f(x)\in Q$ 而 $f(x)\notin M\cap Q$. 由 $M=(Q\cap M)\cup(S_{N_0}$

$\cap M) = (Q \cap M) \cup G_2$ 有 $f(x) \notin M$. 显然，$S_p(M \cup f(x)) \subseteq Q \cup G_2$，此与 M 是极大封闭集相矛盾. 因此，$M \cap Q = Q$，从而 $M = Q \cup G_2$.

推论 设 $A \subseteq P_{N_0}^{(1)}$. 于是，$A$ 是完备集必要而且只要 A 不包含在极大封闭集 $M_1, \cdots, M_5$ 中，$Q \cup G_2$；其中，G_2 取遍 S_{N_0} 的所有极大子群.

参考文献

[1] 罗铸楷. 多值逻辑中所有极大封闭集之确定问题[J]. 数学学报，1980(1)：152—156.

[2] 罗铸楷. 部分多值逻辑函数的完备性理论[J]. 数学学报，1984，27(5)：676—683.

[3] Rosenberg I. La structure des fonctions de plusieurs variablessur un ensemble fini[J]. Comptes rendus hebdomadaires des séances de l Académie des sciences，1965(260)：3817—3819.

[4] Jablonskiĭ S V. Functional constructions in a k-valued logic(Russian)[J]. Trudy Math Inst Steklov，1958(51)：5—142.

[5] 罗承杰. 一元多值逻辑函数集中的一类极大封闭集——线性置换群在对称群中的极大性[J]. 湘潭大学学报，1985(1)：42—50.

[6] 罗铸楷. 在对称群中正则 2 项关系所确定的全部极大子群[J]. 数学学报，1985，28(6)：772—782.

[7] Blohina G N，Kudrjavcev V B. On basic groups in k-valued logics(Russian)[J]. Dokl Akad Nauk SSSR，1971(201)：9—11.

[8] Baĭramov R A. On the completeness problem in the symmetric semigroup of finite degree (Russian)[J]. Diskret Analiz，1966(8)：3—26.

[9] 罗铸楷. 关于保分划函数的极大封闭性[J]. 吉林大学自然科学学报，1963(2)：105—116.

[10] 罗铸楷. 多值逻辑中函数的完备性问题[J]. 湘潭大学学报，1982(1)：1—13.

[11] Gavilow G P. On functional completeness in countably valued logics(Russian)[J]. Plroblemy Kibernet，1965(15)：5—64.

Structure Theory of Many-valued Logic Functions

In this paper, the author sums up the results in his studies on the structure theory of many-valued logic functions. In many-valued logic theories, the decision of completeness of function system is a basic and important problem, and thus it is also a problem which must be solvedin automata theory. The thorough solution of this problem depends on determining all maxxinal closed sets in the many-valued logic function set.

For complete k-valued logic function, it is clear from conclusions of the paper[10] that difficult problem has come near to solution. The complete determination is due to Rosenberg[11].

For partial k-valued logic function, the completeness problem has been thoroughly solved by the author.

For one-variable k-valued logic function, only a few results have been obtained up to now. The author of this paper determines two classes of maximal closed sets.

1. Complete k-valued Logic Function Set P_k

Let $E_k=\{0,1,\cdots,k-1\}$. Let $f(x_1,\cdots,x_n)$ be n-variable function over E_k. $f(x_1,\cdots,x_n)$ is said to be a complete k-valued logic function if for arbitrary $(a_1,\cdots,a_n)(a_i \in E_k, i=1,\cdots,n)$, $f(a_1,\cdots,a_n)$ is defined; otherwise f is said be incomplete, The set of all complete k-valued logic functions is denoted by P_k Post[1] determined all 5 maximal closed sets in P_2 (1941), Jablonskiǐ[2] determined all 18 maximal closed sets in P_3 (1958).

For general k, Jablonskiǐ[2] and Martynjuk[3] determined all maximal closed sets in self-dual function set S_σ, T-Type set $T_{E,o}$ and monotonic function set M respectively. Afterwards, Professor Wang Xianghao brought forward new two important function sets: generalized linear funetion set L_G (includes particular linear function set presented in paper[2]) and T_{D^r} set of functions preserving a partition D^r of E_k · T_{D^r} can be divided into two classes: the first is that the union of r-elements subsets of all impreserving a partition D^r is smaller than E_k, and denoted by $T_{D^r,L}$; the second is that the union of r-elements subsets of all impreserving a partition D^r is equal to E_k, and denoted by $T_{D^r,E}$. The author[6,7] of this paper ascertained all maximal closed sets in L_G and T_{D^r}, L, T_{D2}, and determined a class of important maximal closed sets for $T_{D^r,E}(r\geqslant 3)$.

In the meantime, professor Wang Xianghao proved that an arbitrary maximal closed set in P_k must be a set of all functions preserving a m-ary relation, $2\leqslant m\leqslant k$, in 1962(see[4]). It pointed out a way to solve this problem, i. e., we can use the systematic ideas of "preserving relation" to determine all maximal closed sets in P_k. Later, Luo Zhukai and Liu Xuhua detrmained all maximal closed sets that are determined by a 2-ary relations. The author determained all maximal closed sets determained by normal k-ary relations[8,9].

According to the systematic views of "preserving relation", the author proved the following Theorem in paper[10].

Theorem 1. An arbitrary maximal closed set in P_k must be a linear function set L_G, or a self-dual function set S_σ, or a monotonic function set M, or a T-type set $T_{E,0}$, or a T_{D^r} set of functions preserving a partition D^r.

Because the problem about the maximal closed funetion sets: L_G, M, S_σ, $T_{E,O}$, $T_{D^R,L}$, T_{D2} was fully solved, we can get all maximal closed sets in P_k if we determine all maximal closed sets of $T_{D^r,E}(r\geqslant 3)$. This condusion was read at the National Calculating Technique Report meeting in 1963. The pater[10] was sent to the periodical "*Acta Mathematica Sinica*" in 1964, and was not published until 1980 because it had stopped publishing for a time.

Now, the well-known Rosenberg's Theorem in multivalued logic theory is

Theorem 2. [11,12] An arbitrary maximal closed set in P_k must be a linear function set L_G, or a monotonic function set M, or a set of functions preserving a equivalent relation ($\subseteq T_{D2}$), or a set of functions preserving a central relation (i. e. $T_{E,0}$, $T_{D^r,L}$), or a set of functions preserving a"(r,m)-regular relation"($\subseteq T_{D^r,E}$, $r\geqslant 3$, $m\geqslant 1$).

With the thorough solution of the completeness problem of complete k-valued logic functions, its structure theory has widely and deeply devoloped by now.

2. Partial k-valued Logic Function Set P_k^*

The complete and incomplete functions are all said to be partial k-valued logic functions. The set of all partial k-valued logic functions is denoted by P_k^*.

Let $f(t_1,\cdots,t_m)$, $g_i(x_i,\cdots,x_n)\in P_k^*$, $i=1,\cdots,m$. The composition $h(x_1,\cdots,x_n)=f(g_1(x_1,\cdots,x_n),\cdots,g_m(x_1,\cdots x_n))$

$r(1\leqslant r<h)$, there are A_{ir}^r, A_{jr}^r

such that a_1,a_2 (or a_1,a_3) $\in A_{ir}^r$

and a_3,a_4 (or a_2,a_4) $\in A_{jr}^r$.

$T(G_4)$ is said to be the V-type set and denoted by $V_{G_{4,2}}$ if G_4 is 2-degree regular separable or G_4^* is empty.

Professor Wang Xianghao[5] is the first man studying the completeness theory of the partial k-valued logic function set P_k^*. He presented a sufficient and necessary condition for completeness using the method of group theory. And, according to this he determained the all maximal closed sets in P_2^* and P_3^*. But he did not succeed for the general P_k^*. Later, Freivald[13] proved that an arbitrary maximal closed set in P_k^* must be a function set preserving some k^2-ary relation. And, using this he determined all maximal closed sets in P_2^*. Rumov[14] determined some special maximal closed sets in P_k^* and all in P_3^*. These results are contained in paper[5].

The author of this paper determined all maximal closed sets in P_k^* [15,16] and proved the following two theorems:

Theorem 3. [15] Full symmetric function set $F_{S,m}$ pseudolinear function set L_p, simple separable function set $S_{I,m}$, regular separable function set $S_{R,m}$, the set T_E of functions preserving E, and V-type set $V_{G_{4,2}}$ are maximal closed sets in P_k^*.

Theorem 4. [16] When $k \geqslant 3$, all maximal closed sets in P_k^* are: $F_{S,m}$, L_p, $P_k \cup \{*\}$, $S_{I,m}$, $S_{R,m}$, T_E and $V_{G_{4,2}}$.

Corollary. [16] Let $A \subseteq P_k^*$. Then A is complete if A is not included in one of the maximal closed sets: $F_{S,m}$, L_p, $P_k \cup \{*\}$, $S_{I,m}$, $S_{R,m}$, T_E, $V_{G_{4,2}}$.

3. Addition of P_k

In this section, we mention without proof the principal results of paper[6-9].

Definition. Let E_k be an addition group G with k elements. We call $f(x_1, \cdots, x_n) \in P_k$ a linear function if, for any $\alpha = (\alpha_1, \cdots, \alpha_n)$, $\tilde{\beta} = (\beta_1, \cdots, \beta_n)$ $(\alpha_i, \beta_i \in G, i = 1, \cdots, n)$, $f(\tilde{\alpha} + \tilde{\beta}) + f(\tilde{O}) = f(\tilde{\alpha}) + f(\tilde{\beta})$, where $\tilde{\alpha} + \tilde{\beta} = (\alpha_1 + \beta_1, \cdots, \alpha_n + \beta_n)$, $\tilde{O} = (o, \cdots, o)$. The set of all linear functions in P_k is called a linear function set and denoted by L_G.

Theorem. [7] Let G be an addition group with k elements. Then, L_G is a precomplete set if and only if the period of every nonzero element of G is a same prime number p. The number of linear precomplete classes is at most $p^n! / p^n (p^n - p^o) \cdots (p^n - p^{n-1})$.

Definition. Decomposition of E_k:

$$E_k = A_1 \cup A_2 \cup \cdots \cup A_m \ (A_i \subseteq E_k, i = 1, \cdots, m)$$

is called a partition of E_k and denoted by D. We call D a direct partition if $A_i \cap A_j = \emptyset$ for $i \neq j, i, j = 1, \cdots, m$.

Definition. We say that s elements of E_k preserve D if they belong to a same subset of D; s vectors

$$\widetilde{\alpha^1} = (\alpha_1^1, \cdots, \alpha_n^1), \cdots, \widetilde{\alpha^s} = (\alpha_1^s, \cdots, \alpha_n^s)$$

preserve D if $\alpha_i^1, \cdots, \alpha_i^s (i = 1, \cdots, n)$ preserve D.

Definition. We say that a partition D is of order r, if any $(r-1)$ elements of E_k preserve D but there exist r dements of E_k not. Denote by D^r a partition of order r.

Obviously, D^r is equivalent to an r-ary full symmetric relation.

Definition. $f(x_1, \cdots, x_n) (\in P_k)$ is said to be a function preserving D' if, for any r vectors preserving D^r: $\widetilde{\alpha^1} = (\alpha_1^1, \cdots, \alpha_n^1), \cdots, \widetilde{\alpha^r} = (\alpha_1^r, \cdots, \alpha_n^r)$, $f(\widetilde{\alpha^1}), \cdots,$

$f(\widetilde{\alpha^r})$ preserve D^r. The set of all functions preserving D^r in P_k is denoted by T_{D^r}, called a set of functions preserving a partition.

T_{D^k} is a precomplete class.

Theorem. [6] If there exists such an element $a \in E_k$ that any r elements including a preserve D^r, then T_{D^r} is a precomplete class.

Let D^* be a direct partition: $E_k = A_1 \cup \cdots \cup A_r$. We say that $a_1, \cdots, a_r \in E_k$ intersect with D^*, if $a_i \in A_i, i=1,\cdots,r$.

Theorem. [6] If there exists a direct partition D^* such that $a_1, \cdots, a_r (\in E_k)$ do not preserve $D' \Leftrightarrow a_1, \cdots, a_r$ intersect with D^*, then T_{D^r} is a precomplete class.

In addition, all precomplete classes of $T_{D^2}, T_{D^k} - 1$ in P_k were determined.

Definition. Let R_m be an m-ary relation. We say that a function $f(x_1, \cdots, x_n)$ preserve R_m if $\langle f(a_{11}, a_{21}, \cdots, a_{n1}), f(a_{12}, a_{22}, \cdots, a_{n2}), \cdots, f(a_{1m}, a_{2m}, \cdots, a_{nm}) \rangle \in R_m$ for any $\langle a_{11}, a_{12}, \cdots, a_{1m} \rangle, \cdots, \langle a_{n1}, a_{n2}, \cdots, a_{nm} \rangle \in R_m$.

The set of all functions preserving R_m in P_k is denoted by $U(R_m)$.

Theorem. [8] Arbitrary precomplete class in P_k must be a $U(R_m)$, $2 \leqslant m \leqslant k$.

Theorem. [8] If $\cup(R_2)$ is a precomplete class, then it must be a monotonic function set M, or a T-type set $T_{E,0}$, or a T_{D2} set of functions preserving a partition D^2 or a self-dual function set $S^k_{\sigma(X)}$.

Theorem. [9] Let $k=3,4$. Any precomplete class defined by normal k-ary relations must be a linear function set L_G, or a T_{D^k} set of functions preserving a partition D^k. If $k>4$, then precomplete classes defined by normal k-ary relations are T_{D^k}.

4. 1-Variable Function Set $P_k^{(1)}$

In this section, we demonstrate the completeness of sets of 1-variable multivalued logic functions, and, determine two classes of maximal subgroups in the symmetric and alternating group.

Let E_k be a set with k elements. Denote by $P_k^{(1)}$ the set of all functions of one variable ranging in E_k with values in E_k. Let H_i denote the set of $f \in P_k^{(1)}$ with exactly i values. Then H_k is the symmetric group S_k on E_k. For $F \subseteq P_k^{(1)}$ a subset G of F generates F or is complete in F if each $f \in F$ is a composition of functions from G, i. e. , $f(x) = g_1(g_2 \cdots (g_n(x)))$ for all x and some $g_1, \cdots, g_n \in G$. The generators of $P_k^{(1)}$ have applications in multiple valued logics and automata theory. It is known[17] and not difficult to see that G is complete in $P_k^{(1)}$ if and only if(i)$G \cap H_{k-1} \neq \emptyset$ and(ii)$G \cap S_k$ generates S_k. The condition(i) requires a simple check. The condition(ii)is the problem of generators of the symmetric group S_k. The characterization of generators of S_k is an old open and difficult problem in finite group theory[18]. A proper subgroup G of S_k is maximal if $G \subset H \subset S_k$ for no group H. Clearly $F \subseteq S_k$ is a generator of S_k if and only if F is included in no maximal group. It follows that we need to find the full list of maximal groups in S_k.

Let G be a permutation group on E_k and $E \subseteq E_k$. E is said to be a fixed block of G, if for each $g \in G, E^g = E$. E is said to be a block of G, if for each $g \in G, E^g = E$ or $E^g \cap E = \emptyset$.

Definition. Let G be a permutation group on E_k. G is called transitive if it has only trivial fixed blocks(i. e. , $E_k, \emptyset$);otherwise it is called intransitive. A transitive group is called primitive if it has only trivial blocks(i. e. $E_k, \emptyset, \{a\}, a \in E_k$);otherwise it is called imprimitive.

Baĭramov[17] determained all maximal subgroups of the intransitive group and the imprimitive group in S_k.

Definition. Let E_k be an addition group, $\sigma \in S_k$ is said to be a linear permutation if $\sigma(a+b)+\sigma(o)=\sigma(a)+\sigma(b)$ for any $a, b \in E_k$. The set $L(E_k)$ of all linear permutations is a group and is called a linear permutation group.

Theorem. [22] Let E_k be an addition group, $k \geqslant 5$. Then,

1) $L(E_k)$ is a maximal subgroup of A_k(alternating group)if and only if the period of every nonzero element of E_k is equal to 2;

2) $L(E_k)$ is a maximal subgroup of S_k if and only if the periods of all the nonzero elements of E_k are the same prime number $p, p \neq 2$.

Definition. Let $k = h^m$ and $E_k = \{(x_1, \cdots, x_m) \mid x_i \in E_h, i = 1, \cdots, m\}$. A binary relation R over E_k is said to be regular if $R=\{(x,y)\mid x=(a_1,\cdots,a_m),y=(b_1,\cdots b_m)\in E_k$ and $a_i\neq b_i,i=1,\cdots,m\}$. $\sigma\in S_k$ is called preserving R, if $(\sigma(x),\sigma(y)\in R)$ for any $(x,y)\in R$. The set $T(R)$ of all permutations preserving R is a group and is called a permutation group preserving regular binary selation.

Luo Zhukai[23] proved the following theorems.

Theorem. For $h=2$, $T(R)$ is a maximal subgroup of S_k. For $h=3,4$, the group $T(R)$ is properly included in a linear permutation group.

Theorem. For $h\geqslant 3$, the group $T(R)$ is primitive and $g\in T(R)$ if and only if there are $g_i\in S_h, i=1,\cdots,m$ and $\sigma\in S_m$ such that

$$g(x_1,\cdots,x_m)=(g_1(x_{\sigma(1)}),\cdots,g_m(x_{\sigma(m)})),$$

for all $x_1,\cdots,x_m\in E_h$.

Theorem.

1) Let $h\geqslant 6$ and $m=2$. (a) If h not divisible by 4, then $T(R)$ is a maximal subgroup of S_k; (b) If $h=4n$, then $T(R)$ is a maximal subgroup of A_k and A_k is the only subgroup between $T(R)$ and S_k.

2) Let $h\geqslant 5$ and $m\geqslant 3$. (a) If h is odd, then $T(R)$ is a maximal subgroup of S_k; (b) If h is even, then $T(R)$ is a maximal subgroup of A_k and A_k is the only subgroup between $T(R)$ and S_k.

Definition. A function $f(x_1,\cdots,x_n)\in P_k$ is said to be essential if it depends on at laset two variables and takes on all values from E_k. A permutation group G is called basic if $G\cup\{f\}$ is complete for every essential function f.

According to the study of the basic groups in the multivalued logic, the permutation groups are classified into the following four classes, which are different one from another[19].

1) Intransitive groups and imprimitive groups.

2) Permutation groups preserving a regular binary relation, where $k=h^m$, $h\geqslant 5$ and $m\geqslant 2$.

3) Linear permutation groups, where $k=p^m$, p is a prime number.

4) Basic permutation groups.

Therefore, in order to obtain all maximal subgroups in S_k, we only need to determine all maximal basic groups in S_k. But up to now, little has done about it[18,20]. Because the study of the maximal subgroups in S_k is closely related to multivalued logic functions, it may be foreseen that the structure theory of multivalued logic functions can become very useful in this study.

This paper gives a class of maximal basic group.

Let E_n be a set of cardinality n, $n=mh$, $h\geqslant 2$, and let $D=\{\{D_1,\cdots,D_m\}\mid E_n=D_1+\cdots+D_m, |D_i|=h, i=1,\cdots,m\}$. Obviously $D_i\cap D_j=\emptyset, i\neq j, i,j=1,\cdots,m$, $|D|=k=(mh)!\ /(h!)^m m!$. The symmetric group S_n on E_n operates faithfully on D, and so can be considered as a subgroup of the symmetric group S^D on D.

Proposition 1. S_n is a uniprimitive (i. e., primitive but not doubly transitive) permutation group on D.

Proposition 2. S_n is a basic permutation group on D.

Proposition 3. Let $N(m,h)=\dfrac{m(m-1)h^2((mh-2)!)}{2\,(h!)^m m!}$. S_n is included in A^D (alternating group on D) if and only if $N(m,h)$ is even.

Proposition 4. If S_n is a maximal subgroup of A^D, $n\neq 6$, there is no other subgroup (except for A^D) between S_n and S^D.

In the following theorem, we assume that $m=2$, $h\geqslant 3$ and $N_G(S_2)$ is the normalizer of the symmetric group S_2 (on E_2) in G.

Theorem. If $N(2,h)$ is odd (even), then S_n is a maximal subgroup of S^D (A^D).

Proof. Let G be a permutation group on D, and $S_n\subseteq G\subset S^D$, $G\neq A^D$.

1) If $E_2\subseteq E_n$ and S_2 is the symmetric group on E_2, then $N_G(S_2)\subseteq S_n$.

2) Let $E_3\subseteq E_n$, $|E_3|=3$ and $Q=\{\mid\{D_1,D_2\}\in D\mid E_3\subseteq D_1 \text{ or } D_2\}$. If $G_Q=\{g\in G\mid \text{ for each } X\in Q, g(X)=X\}\subseteq S_n$, then $G=S_n$.

3) When $h\geqslant 4$, $N_{G_Q}(S_2)=S_2$ and S_2 is 2-Sylow subgroup of G_Q.

4) $G_Q\subseteq S_n$. Hence by 2), $G=S_n$.

References

[1] Post E L. The two-valued iterative systems of mathematical logic[J]. Annals of Mathematics Studies, 1941, 5(5): 1—22.

[2] Jablonskiĭ S V. Functional constructions in a k-valued logic(Russian)[J]. Trudy Math Inst Steklov,1958(51):5—142.

[3] Martynjuk V V. Investigation of certain classes of functions in many-valued logics(Russian)[J]. Problemy kibernet. ,1960(3):49—60.

[4] Pan J. A solving method for finding all precomplete classes in many-valued logics[J]. Acta Sci Natur Univ Jiliensis,1962:99—102.

[5] Wang X H. Structure theory of total and partial functions defined in a finite set[J]. Acta Sci Natur Univ Jiliensis,1963(2):295—318.

[6] Luo Z K. On the precompleteness of the classes of functions preserving a partition[J]. Acta Sci Natur Univ Jiliensis,1963(2):105—116.

[7] Luo Z K. The precompleteness of the linear function set and the ring[J]. Acta Sci Natur Univ Jiliensis,1963(2):1—14.

[8] Luo Z K,Liu X H. Precomplete classes determained by binary relations in many-valued logics[J]. Acta Sci Natur Univ Jiliensis,1963(3):27—33.

[9] Luo Z K. Precomplete classes defined by normal k-ary relations in k valued logics[J]. Acta Sci Natur Univ Jiliensis,1964(3):39—50.

[10] Luo Z K. The problem of determination of all maximal closed sets in many-valued logics [J]. Acta mathematica Sinica,1980(23):152—156.

[11] Rosenberg I. La structure des fonctions de plusieurs variablessur un ensemble fini[J]. Comptes rendus hebdomadaires des séances de l Académie des sciences,1965(260):3817—3819.

[12] Rosenberg I. Uber die functionale vollstandigkeit in der mehrwertigen logiken[J]. Rozpravy Ceskoslovenske Akaal Ved,1970,80(3):3—93

[13] Freivald R V. A completeness criterion for partial functions of logic and many-valued logic(Russian)[J]. DOCK Akad Nauk SSSR,1966(167):1249—1250.

[14] Rumov B A. On maximal subalgebras of the partial many-valued logic function algebra [J]. Cybernetics,1980(1):28—35.

[15] Luo Z K. Maximal closed sets in the set of partial many-valued logic functions[J]. Acta Mathematica Sinica,1984,27(6):795—800.

[16] Luo Z K. The completeness theory of partial many-valued logic functions[J]. Acta Mathematica Simica,1984,27(5):676—683.

[17] Baĭramov R A. On the completeness problem in the symmetric semigroup of finite degree (Russian)[J]. Diskret Analiz,1966(8):3—26.

[18] O' Nan M E. Some open problems in primitive permutation groups[C]. Proceedings of Symposia in Pure Mathematics,American Mathematical Society,1980(37).

[19] Blohina G N, Kudrjavcev V B. On basic groups in k-valued logics(Russian)[J]. Dokl Akad Nauk SSSR, 1971(201): 9－11.

[20] Kaloujnine L A, Kline M N. On certain maximal subgroups of symmetric or altemating groups[J]. Math Sbornik, 1972(16): 95－123.

[21] Romov B A. On uniprimitif fundaments of maximal Post subalgebras(Russian)[J]. Kibernetika(kiev), 1971(6): 21－30.

[22] Luo C J. The maximality of the linear permutation group in the symmetric group[J]. Natur Sci Jour of Xiangtan University, 1985(1): 42－50.

[23] Luo Z K. All maximal subgroups defined by regular binary relations in symmetric group [J]. Acta Matematica Sinica, 1985, 28(6): 612－621.

[24] Luo Z K. Galois theory of total and partial functions in many-valued logics[J]. Natur Sci Jour of Xiangtan University, 1983(1): 1－13.

The Theories on Completeness of Complete Many-valued Logic Functions

The aim of this paper is to report on recent progress in many-valued logic algebras.

In k-valued logic the decision of the completeness of function systems is a basic and important problem, and is also the question which must be solved in k-valued computer theory. The complete solution of this problem depends on determining all maximal closed sets in P_k which is the set of all k-valued logic functions. Post[1] had found all five maximal closed sets in P_2. Jablonskiǐ[2] had found all 18 maximal closed sets in P_3. For general k, it is clear from conclusions of the paper[13] that the difficult problem has a basic solution, only left the function set $T_{D^r,E}(r \geqslant 3)$ in which all maximal closed set were not determined(only partly determined). Now all its maximal closed sets are determined by Rosenberg[11,12].

In 1963, professor Wang Xianghao[6] proved that an arbitrary maximal closed set in P_k must be a set of all functions preserving certain m-ary relation, $2 \leqslant m \leqslant k$. It points out the way for solving this problem, i. e. to determine all maximal closed sets in P_k using the systematic ideals of "preserving relations". Later, Luo Zhukai and Liu Xuhua had determined all maximal closed sets determined by 2-ary relation[9]; the author of this paper had also determined all maximal closed sets determined by normal k-ary relations[10]. At the same time professor Wang Xianghao brought forward two new and important function sets: generaized linear function set L_G (including the particular linear function set advanced by Jablonskiǐ[2]) and T_{D^r} set of functions preserving a partition i. e. T_{D^r} is the set of all functions preserving a partition D^r of E^k (including T,

U, $T_{E,S,R}$ sets advanced by Jablonskiǐ and Martynjuk). The T_{D^r} set of functions preserving a partition may be divided into two classes: the first is that the union of r-elements subsets of all nonpreserving a partition D^r is smaller than E^k, denoted by $T_{D^r,L}$; the second is that the union of r-elements subsets of all non-preserving a partition D^r is equal to E^k, denoted by $T_{D^r,E}$. The author[7,8] of this paper completely solved the problem about maximal closeness of generalized linear function set L_G and $T_{D^r,L}$, T_{D^2} sets of functions preserving partitions, and determined a class of maximal closed sets for $T_{D^r,E}$ $(r\geqslant 3)$ set of functions preserving a partition D^r.

Furthermore, Jablonskiǐ[2] and Martynjuk[3] completely solved the problem about maximal closeness of function sets-self-dual function set S_σ, T-type set $T_{E,0}$ and monotonic function set M.

According to the systematic views of "preserving relations", in the paper[13] we proved that an arbitrary maximal closed sets in P_k must be a linear function set L_G, or a monotonic function set M, or a self-dual function set S_σ, or a T-typeset $T_{E,0}$, or a T_{D^r} set of functions preserving a partition D^r. Because the problem about maximal closeness of function sets L_G, M, S_σ, $T_{E,0}$, $T_{D^r,L}$, T_{D^2} were fully solved, we can get all maximal closed sets in P_k, if only determine all maximal closed sets of $T_{D^r,E}(r\geqslant 3)$. This conclusion was presented at the national calculating technique report meeting in 1963. The paper[13] was sent to the periodical *Acta Mathematica Sinica* in 1964, and was not published in time because the magazine had stopped publishing for a long time.

At present, in multi-valued logic theory the well-known I. G. Rosenberg's theorem is that an arbitrary maximal closed set in P_k must be a linear function set L_G, or a monotonic functition set M, or a self-dual function set S_σ, or a set of functions preserving a equivalent relation($\subseteq T_{D^2}$), or a set of functions preserving a central relatlon(i. e. $T_{E,0}$, $T_{D^r,L}$), or a set of functions preserving a "(r,m)-regular relation"($\subseteq T_{D^r,E}$, $r\geqslant 3$, $m\geqslant 1$).

This theorem determined all maximal closed sets in P_k.

With the thorough solution of the completeness problem of complete k-valued logic functions, its structure theory has widely and deeply devoloped by now[14].

1. Linear function set

1.1 The precompleteness of the ring

Definition. Let $E^k=\{0,1,\cdots,k-1\},k\geqslant 2$. We call $f(x_1,\cdots,x_n)$ a k-valued function if it is defined on E^k and whose values are confined in E^k.

We denote by P_k the set of all k-valued functions.

Definition. Let A be a nonempty subset of $P_k, f(t_1,\cdots,t_m)\in A, g_i(x_1,\cdots,x_n)(i=1,\cdots,m)$ belong to A or be simply x_i. Then function $f(g_1(x_1,\cdots,x_n),\cdots,g_m(x_1,\cdots,x_n))$ is called a function composed by the functions of A.

The set of all functions composed by A is denoted by A^1. Obviously, $A\subset A^1$. Furthermore we have

1) if $A\subset B$, then $A^1\subset B^1$.

Definition. A is said to be a closed set if $A^1=A$.

It is clear that the intersection of any closed sets is also a closed set.

Definition. Let A be a nonempty subset of P_k. The intersection of all closed sets including A is called the closure of A_2 denoted by $\overline{A}$.

Clearly, $\overline{A}$ is a closed set and $A\subset\overline{A}$, further we have.

2) if $A\subset B$, then $\overline{A}\subset\overline{B}$.

3) $\overline{\overline{A}}=\overline{A}$.

Theorem 1. $\overline{A}=A\cup A'\cup A''\cup\cdots\cup A^{(i)}\cup\cdots$.

Definition. Let A be a nonempty subset of P_k. A is said to be a complete set if $\overline{A}=P_k$.

Definition. Let A be a closed set and $A<P_k$. A is called a maximal closed set (or precomplete class) if there is no such a closed set B that

$$A<B<P_k.$$

Definition. Let $E^k=\{a_0,\cdots,a_{k-1}\}$. Suppose that E^k is a ring R under $x+y$ and $x\cdot y$, which are two functions in P_k. Let function set $A=\{x+y,xy,a_0,\cdots,a_{k-1}\}$. We say that the ring R is complete if A is complete; R is precomplete if $\overline{A}$ is precomplete.

Theorem 2. Let R be a ring with k elements. Then R is complete if and only if R is a full matrix ring over some field.

Theorem 3. Let R be a ring with k elements. Then R is precomplete if and only if $R^2=(0)$ and k is a prime number.

1.2 The precomleteness of the linear function set

Definition. Let G be an addition group with k elements, the $f(x_1,\cdots,x_n)$ be a function belonging to P_k. We call $f(x_1,\cdots,x_n)$ a linear function if, for any $\tilde{\alpha}=(\alpha_1,\cdots,\alpha_n)$ and $\tilde{\beta}=(\beta_1,\cdots,\beta_n)(\alpha_i,\beta_i\in G)$, $f(\tilde{\alpha}+\tilde{\beta})+f(0)=f(\tilde{\alpha})+f(\tilde{\beta})$, where $\tilde{\alpha}+\tilde{\beta}=(\widetilde{\alpha_1+\beta_1},\cdots,\alpha_n+\beta_n)$, $0=(0,\cdots,0)$. We denote by L_G the set of all linear functions.

It is clear that L_G includes the functions presented by Jablonskiĭ in 1958.

Example 1. $x+y$ is a linear function; constant functions $a_0,a_1,\cdots,a_{k-1}$ are linear functions.

Example 2. If F is a field with k elements, then $a_0+a_1x_1^{p^{r_1}}+\cdots+a_nx_n^{p^{r_n}}$ $(a_i\in F$, p is the characteristic number of $F)$ is a linear function.

Theorem 4. L_G is a closed proper subset of P_k.

Proof. Construct a binary function as follows,

$$f(x,y)=\begin{cases}a, & \text{while } x=a \text{ and } y=a,\\ O, & \text{otherwise;}\end{cases}$$

where $a\neq O$. By

$$f(O,a)+f(a,O)\neq f(a,a)+f(O,O),$$

we conclude that $f(x,y)$ is not a linear function, therefore $L_G<P_k$. Suppose that $f(t_1,\cdots,t_m)\in L_G$ and $f_i(x_1,\cdots,x_n)\in L_G(i=1,\cdots,m)$. For any $\tilde{\alpha}=(\alpha_1,\cdots,\alpha_n)$ and $\tilde{\beta}=(\beta_1,\cdots,\beta_n)$ we have

$$\begin{aligned}&f(f_1(\tilde{\alpha}),\cdots,f_m(\tilde{\alpha}))+f(f_1(\tilde{\beta}),\cdots,f_m(\tilde{\beta}))\\&=f(f_1(\tilde{\alpha})+f_1(\tilde{\beta}),\cdots,f_m(\tilde{\alpha})+f_m(\tilde{\beta}))+f(\tilde{O})\\&=f(f_1(\tilde{\alpha}+\tilde{\beta})+f_1(\tilde{O}),\cdots,f_m(\tilde{\alpha}+\tilde{\beta})+f_m(\tilde{O}))+f(\tilde{O})\\&=f(f_1(\tilde{\alpha}+\tilde{\beta}),\cdots,f_m(\tilde{\alpha}+\tilde{\beta}))+f(f_1(\tilde{O}),\cdots,f_m(\tilde{O})).\end{aligned}$$

So $f(f_1(x_1,\cdots,x_n),\cdots,f_m(x_1,\cdots,x_n))$ is a linear function, from this we assert that L_G is a closed set.

Theorem 5. Let G be an addition group with k elements. L_G is a precomplete class if and only if the period of every nonzero element of G is the same prime number P.

Proof. Necessity.

Write G as direct sum of its cyclic subgroup,

$$G=(a_1)\oplus\cdots\oplus(a_n).$$

Suppose that the period of a_i is $P_i^{r_i}$ and $P_i^{r_i}$ are not a same prime number($i=1,\cdots,n;r_i\geqslant 1$). Then There is a prime number P such that direct sum

$$(pa_1)\oplus\cdots\oplus(pa_n)$$

is a proper subgroup of G. In fact, choose the largest number r_h in $r_1,\cdots,r_n$. ① If $r_h=1$, then there must exist such a p_i that $p_h\neq p_i$, therefore$(p_h a_1)\oplus\cdots\oplus(p_h a_n)$ is a proper subgroup of G. ② If $r_h\geqslant 2$, then the period of $p_h a_h$ is $p_h^{r_h-1}$, therefore $(p_h a_1)\oplus\cdots\oplus(p_h a_n)$ is a proper subgroup of C. Set $H=(pa_1)\oplus\cdots\oplus(pa_n)$. Suppose that all cosets of H in G are $H,H_1,\cdots,H_{h-1}$ and H_h. By induction on the number of variables of the function we prove that $L_G\subset U_{H,H_1,\cdots,H_h}$. First we prove that any unary function of L_G belongs to $U_{H,H_1,\cdots,H_h}$. Choose any an unary function $f(x)$ in L_G, from the definition of linear function it is easy to prove that the following equation holds,

$$\begin{aligned} f(px)&=f((p-1)x)+f(x)-f(O)\\ &=f((p-2)x)+2f(x)-2f(O)\\ &\ \vdots\\ &=f(O)+pf(x)-pf(O). \end{aligned}$$

For any element $h=h_1(pa_1)+\cdots+h_n(pa_n)$ of H we then have

$$\begin{aligned} f(x+h)-f(x)&=f(h)-f(O)=f(p(h_1a_1+\cdots+h_na_n))-f(O)\\ &=pf(h_1a_1+\cdots+h_na_n)-pf(O). \end{aligned}$$

This means that

$$f(x+h)-f(O)\equiv O \pmod H,$$

therefore $f(x)\in U_{H,H_1,\cdots,H_h}$.

Suppose that any $(n-1)$-ary function in L_G belongs to $U_{H,H_1,\cdots,H_h}$. Choose an n-ary function $f(x_1,\cdots,x_n)$ in L_G. Obviously, for any $(h_1,\cdots,h_n)(h_i\in H)$ we have

$$f(x_1+h_1,\cdots,x_n+h_n)=f(x_1+h_1,O,\cdots,O)+f(O,x_2+h_2,\cdots,x_n+h_n)-f(O,O,\cdots,O).$$

Since

$$f(x_1+h_1, O, \cdots, O) \equiv f(x_1, O, \cdots, O) \pmod H$$

$$f(O, x_2+h_2, \cdots, x_n+h_n) \equiv f(O, x_2, \cdots, x_n) \pmod H$$

we have

$$\begin{aligned} f(x_1+h_1, \cdots, x_n+h_n) &\equiv f(x_1, O, \cdots, O) + f(O, x_2, \cdots, x_n) - f(O, \cdots, O) \\ &\equiv f(x_1, x_2, \cdots, x_n) \pmod H. \end{aligned}$$

From this it follows that $f(x_1, \cdots, x_n) \in U_{H,H_1,\cdots,H_h}$. By now we have proved that $L_G \subset U_{H,H_1,\cdots,H_h}$. It is easy to see that the binary function

$$f(x,y) = \begin{cases} a, & \text{while } x=a \text{ and } y=a (a \neq 0, a \in H), \\ Q, & \text{otherwise.} \end{cases}$$

Lies in $U_{H,H_1,\cdots,H_h}$, but not in L_G, therefore $L_G < U_{H,H_1,\cdots,H_h}$, that is to say that L_G is not a precomplete class. So if L_G is a precomplete class then $P_i^{r_i}$ $(i=1,\cdots,n)$ must be a same prime number, so must the period of every nonzero element of G.

Sufficiency.

We can consider G as an addition group of some field F because the period of every nonzero element of G is the same prime number p. Suppose that $f(x_1, \cdots, x_n)$ is a non-linear function. By the vertue of theorem 2 we can express $f(x_1, \cdots, x_n)$ as a polynomial,

$$f(x_1, \cdots, x_n) = \sum_{(i_1, \cdots, i_r; m_1, \cdots, m_r)} b_{i_1, \cdots, i_r; m_1, \cdots, m_r} x_{i_1}^{m_1} \cdots x_{i_r}^{m_r}, \tag{1}$$

where $b_{i_1, \cdots, i_r; m_1, \cdots, m_r} \in F; m < p^n = k (i=1, \cdots, r)$; but not as $a_0 + (a_{11} x_1^{l_{11}} + \cdots + a_1 r_1 x^{l_1 r_1}) + (a_{21} x_2^{l_{21}} + \cdots + a_2 r_2 x_2^{l_2 r_2}) + \cdots + (a_{n1} x_n^{l_{n1}} + \cdots + a_n r_n x_n^{l_n r_n})$, where $l_{ij} = 0$ or $p^{r_{ij}}$ (p is the characteristic number of F). In order to prove the precompleteness of L_G from the completeness of F, it suffices to verify that, $L_{G,f}$, the closure of the set $L_G U \{f(x_1, \cdots, x_n)\}$, contains $x \cdot y$.

1) Suppose that the degree of each variable appearing in (1) is a power of p (p is the characteristic number of F). Then in (1) there must exist a term which is the product of at least two variables. There is no harm in supposing that the term is $a x_1^{p^{r_1}} x_2^{p^{r_2}} \cdots (n > r_j \geqslant 0)$. we rewrite (1) as

$$\begin{aligned} f(x_1, \cdots, x_n) = x_1^{p^{r_1}} x_2^{p^{r_2}} \phi(x_3, \cdots, x_n) + \cdots + x_1^{p^r} \psi(x_3, \cdots, x_n) + \cdots + \\ x_2^{p^s} U(x_3, \cdots, x_n) + \cdots + U(x_3, \cdots, x_n), \end{aligned} \tag{2}$$

where $\phi(x_3,\cdots,x_n)\not\equiv 0$. Suppose that $a_3,\cdots,a_n$ is an array with which we have $\phi(x_3,\cdots,x_n)\neq 0$, substitute $a_3,\cdots,a_n$ into(2)we obtain

$$f(x_1,x_2,a_3,\cdots,a_n)=x_1^{p^{r_1}}x_2^{p^{r_2}}\phi(a_3,\cdots,a_n)+\cdots+x_1^{p^r}\psi(a_3,\cdots,a_n)+\cdots+$$
$$x_2^{p^s}U(a_3,\cdots,a_n)+\cdots+U(a_3,\cdots,a_n)$$
$$=a_{m_1,n_1}x_1^{m_1}x_2^{n_1}+\cdots+a_{m_h,n_h}x_1^{m_h}x_2^{n_h}+(\text{some linear function}),$$

where $a_{m_i,n_i}\neq 0$; $n_i=p^{r_i}$, $m_i=p^{s_i}$ $(0\leqslant r_i,s_i<0)$. Set

$$g(x_1,x_2)=a_{m_1,n_1}x_1^{m_1}x_2^{n_1}+\cdots+a_{m_h,n_h}x_1^{m_h}x_2^{n_h}. \tag{3}$$

Multiplying both members of(3)by a_{m_2,n_2}^{-1}, we have

$$a_{m_2,n_2}^{-1}g(x_1,x_2)=b_{m_1,n_1}x_1^{m_1}x_2^{n_1}+x_1^{m_2}x_2^{n_2}+\cdots+b_{m_h,n_h}x_1^{m_h}x_2^{n_h}. \tag{4}$$

We might as well suppose that $m_1\neq m_2$. Since $\max(m_1,m_2)<p^n$, then we can choose a nonzero element a in F such that $a^{m_1}-a^{m_2}\neq 0$.

Substituting x_1 in(4)by ax_1, we have

$$a_{m_2,n_2}^{-1}g(x_1,x_2)=b_{m_1,n_1}a^{m_1}x_1^{m_1}x_2^{n_1}+a^{m_2}x_1^{m_2}x_2^{n_2}+\cdots+a_{m_h,n_h}a^{m_h}x_1^{m_h}x_2^{n_h}. \tag{5}$$

Multiplying both members of(4)by a^{m_2}, we have

$$a^{m_2}a_{m_2,n_2}^{-1}g(x_1,x_2)=a^{m_2}b_{m_1,n_1}x_1^{m_1}x_2^{n_1}+a^{m_2}x_1^{m_2}x_2^{n_2}+\cdots+a^{m_2}b_{m_h,n_h}x_1^{m_h}x_2^{n_h}. \tag{6}$$

Subtracting(6)from(5), we obtain

$$a_{m_2,n_2}^{-1}g(ax_1,x_2)-a^{m_2}a_{m_2,n_2}^{-1}g(x_1,x_2)=b_{m_1,n_1}(a^{m_1}-a^{m_2})x_1^{m_1}x_2^{n_1}+$$
$$c_{m_3,n_3}x_1^{m_3}x_2^{n_3}+\cdots+c_{m_h,n_h}x_1^{m_h}x_2^{n_h}.$$

In the above way we can eliminate all terms except $a_{m_1,n_1}x_1^{m_1}x_2^{n_1}$, therefore $x_1^{m_1}x_2^{n_1}$ is contained in $L_{G,f}$. Because $x^{p^{-s_1}}y^{p^{-r_1}}$ is a linear function, substituting $x^{p^{-s_1}}$, $y^{p^{-r}}$ for x_1,x_2 respectively, we have that $L_{G,f}$ contains $x\cdot y$.

2) Suppose that there is a variable in(1), say x_1, whose degree is not a power of p, that is to say that x_1^l appears in(1)but l is not a power of p(clearly, $l>1$). Rewrite(1)as

$$f(x_1,\cdots,x_n)=x_1^{m_1}g_m(x_2,\cdots,x_n)+\cdots+x_1^l g_1(x_2,\cdots,x_n)+\cdots+$$
$$g_0(x_2,\cdots,x_n), \tag{7}$$

where $g_1(x_2,\cdots,x_n)\not\equiv 0$. Assume that $b_2,\cdots,b_n$ is an array with which we have $g_1(b_2,\cdots,b_n)\neq 0$. Putting $b_2,\cdots,b_h$ into(7), we have

$$f_1(x_1,\cdots,x_n)=x_1^m g_m(b_2,\cdots,b_n)+\cdots+x_1^1 g_1(b_2,\cdots,b_n)+\cdots+g_0(b_2,\cdots,b_n)$$
$$=a_1x_1^{l_1}+\cdots+a_mx_1^{l_m}+(\text{some linear function}),$$

where $l_1>l_2>\cdots>l_m>1$, and each $l_i(i=1,\cdots,m)$ is not a power of p. Set

$$g(x)=a_1x^{l_1}+\cdots+a_mx^{l_m}. \tag{8}$$

Multiplying the both members of(8)by a_2^{-1}, we have

$$a_2^{-1}g(ax)=a_2^{-1}a_1x^{l_1}+x^{l_2}+\cdots+a_2^{-1}a_mx^{l_m}. \tag{9}$$

Because max $(l_1, l_2)<p^n$, we can choose an element $a(a\neq 0)$ in F such that $a^{l_1}-a^{l_2}\neq 0$. Substituting ax for x in(9), we have

$$a_2^{-1}g(ax)=a_2^{-1}a_1a^{l_1}x^{l_1}+a^{l_2}x^{l_2}+\cdots+a_2^{-1}a_ma^{l_m}x^{l_m}. \tag{10}$$

Multiplying(9)by a^{l_2} we have

$$a^{l_2}a_2^{-1}g(x)=a^{l_2}a_2^{-1}a_1x^{l_1}+a^{l_2}x^{l_2}+\cdots+a^{l_2}a_ma_2^{-1}x^{l_m}.$$

Subtracting(10)from(11), we have

$$a_2^{-1}g(ax)-a^{l_2}a_2^{-1}g(x)=(a^{l_1}-a^{l_2})a_2^{-1}a_1x^{l_1}+c_2x^{l_2}+\cdots+c_mx^{l_m}.$$

Going on in the above way, we can eliminate all terms in(8) but $a_1x^{l_1}$, therefore x^{l_1} is contained in $L_{G,f}$. Suppose that $l_1=p^rr_1, r_1>1; p\nmid r_1$. Since $x^{p^{-r}}$ is a linear function, we assest that $x^{r_1}\in L_{G,f}$. Substituting x by x_1+x_2, we obtain the following equation,

$$(x_1+x_2)^{r_1}=x_1^{r_1}+x_2^{r_1}+r_1x_1^{r_1-1}x_2+\cdots$$

$r_1x_1^{r_1-1}\cdot x_2+\cdots$ is contained in $L_{G,f}$ since $x_1+x_2, x^{r_1}\in L_{G,f}$. In the above way we can prove that $x_1^{r_1-1}\cdot x_2\in L_{G,f}$, if $r_1-1=p^v$, then $x\cdot y$ lies in $L_{G,f}$ since x_1^{p-v} is a linear function; otherwise, suppose $r_1-1=p^ur_2, r_2>1; p\nmid r_2$. Fom the linearity of 1 and x_1^{p-u} we can infer that $x^{r_2}\in L_{G,f}$. Substituting x_1+x_2 for x, we have

$$(x_1+x_2)^{r_2}=x_1^{r_2}+x_2^{r_1}+r_2x_1^{r_2-1}x_2+\cdots$$

Obviously, $r_2x_1^{r_2-1}\cdot x_2+\cdots\in L_{G,f}$ and r_2 is a nonzero element of F, again in the above way we can prove that $x_1^{r_2-1}\cdot x_2\in L_{G,f}$. If $r_2-1=p^s$, from the linarity of $x_1^{p^{-s}}$ we can infer that $x\cdot y\in L_{G,f}$; otherwise, suppose that $r_2-1=p^tr_s, r_3>1; p\nmid r_3$. Going on in this way, since $l_1\geqslant r_1>r_1-1\geqslant r_2>r_2-1>\cdots$, finally we can infer that $x\cdot y$ must be in $L_{G,f}$.

In the proof of sufficiency of theorem 5 we acctually proved that if $f(x_1, x_2, \cdots, x_n)$ can not be expressed as $a_0+(a_{11}x_1^{l_{11}}+\cdots+a_1r_1x^{l_1r_1})+(a_{21}x_2^{l_{21}}+\cdots+a_2r_2x^{l_2r_2})+\cdots+(a_{n1}x_n^{l_{n1}}+\cdots+a_nr_nx_n^{l_nr_n})$, then $L_{G,f}$ is complete.

Thus, if G is an addition group of a field with k elements, then any element of L_G can be expressed as $a_0+(a_{11}x_1^{l_{11}}+\cdots+a_1r_1x_1^{l_1r_1})+(a_{21}x_2^{l_{21}}+\cdots+$

$a_{2r_2} x_2^{l_{2r_2}}) + \cdots + (a_{n1} x_n^{l_{n1}} + \cdots + a_{nr_n} x_n^{l_{nr_n}})$, where $a_0, a_{ij} \in G; l_{ij} = p^{r_{ij}}, 0$ (p is the characteristic number of F).

Let E^k be of p^n elements. Define additions on E^k in different ways so that E^k become addition groups in any of which the period of every nonzero element is a same prime number p. The linear function sets defined under different additions may be the same. From now on we shall discuss the number of different linear function sets.

Definition. Let s be a permutation on E^k. $g(x_1, \cdots, x_n)$ is said to be a dual function of $f(x_1, \cdots, x_n)$ with respect to s if

$$g(x_1, \cdots, x_n) = s^{-1} f(s(x_1), \cdots, s(x_n)).$$

The set of dual functions of all functions in M (M is a function set) with respect to s is called the dual function set of M.

Definition. Let "+" and "$\oplus$" are two additions on the finite set G, and s be a permutation on G. "$\oplus$" is said to be a dual operation with respect of "+", if

$$a \oplus b = s^{-1}(s(a)) + (s(b)),$$

where a and b are any two elements of G.

Theorem 6 Let G be a finite addition group whose addition is "+", s be a permutation on G. Then 1) G is a group under the dual operation of "+" with respect to s, denote it by G^s. 2) L_{G^s} is equal to L_G^S, the dual function set of L_G.

Proof. Suppose that the dual operation of "+" with respect to s is "$\oplus$", then we have

$$a \oplus b = s^{-1}(s(a)) + (s(b)), \tag{11}$$

where a and b are any two elements of G. Since G satisfies associtative law and commutative law under the addition "+", from (1) it follows that G also satisfies the laws under "$\oplus$". Assume that a is any element of G. From (11) we have

$$a \oplus s^{-1}(O) = s^{-1}(s(a) + O) = a,$$

$$a \oplus s^{-1}(-s(a)) = s^{-1}(s(a) - (s(a))) = s^{-1}(O).$$

From this we conclude that G forms a group under "$\oplus$".

Let $f(x_1, \cdots, x_n) \in L_G^s$, then, there is such a function $g(x_1, \cdots, x_n) \in L_G$ that

$$f(x_1, \cdots, x_n) = s^{-1} g(s(x_1), \cdots, s(x_n)).$$

Suppose that $(\alpha_1,\cdots,\alpha_n),(\beta_1,\cdots,\beta_n)$ are any two arrays. Clearly,

$$g(s(\alpha_1)+s(\beta_1),\cdots,s(\alpha_n)+s(\beta_n))+g(O,\cdots,O)$$
$$=g(s(\alpha_1)+s(\alpha_n))+g(s(\beta_1)+s(\beta_n)).$$

Therefore,

$$s^{-1}\{ss^{-1}g(s(\alpha_1\oplus\beta_1),\cdots,(\alpha_n\oplus\beta_n))+ss^{-1}g(ss^{-1}(O),\cdots,ss^{-1}(O))\}$$
$$=s^{-1}\{ss^{-1}g(s(\alpha_1),\cdots,s(\beta_n))+ss^{-1}g(s(\beta_1),\cdots,s(\beta_n))\}.$$

With(11)we have

$$s^{-1}g(s(\alpha_1\oplus\beta_1),\cdots,s(\alpha_n\oplus\beta_n))\oplus s^{-1}g(ss^{-1}(O),\cdots,ss^{-1}(O))$$
$$=s^{-1}g(s(\alpha_1),\cdots,s(\alpha_n))\oplus s^{-1}g(s(\beta_1),\cdots,s(\beta_n)). \tag{12}$$

From(12)it follows that $f(x_1,\cdots,x_n)\in L_{G^s}$, it means that $L_G^s\subset L_{G^s}$.

Suppose that $f(x_1,\cdots,x_n)$ lies in L_{G^s} and $(\alpha_1,\cdots,\alpha_n)$ and $(\beta_1,\cdots,\beta_n)$ are any two arrays. Obviously,

$$f(\beta_1\oplus\beta_1,\cdots,\alpha_n\oplus\beta_n)\oplus f(O',\cdots,O')=f(\alpha_1,\cdots,\alpha_n)\oplus f(\beta_1,\cdots,\beta_n).$$

With(11)we have

$$s^{-1}\{sf(s^{-1}(s(\alpha_1)+s(\beta_1)),\cdots,s^{-1}(s(\alpha_n)+s(\beta_n))+sf(s^{-1}(O),\cdots,s^{-1}(O))\}$$
$$=s^{-1}\{sf(\alpha_1,\cdots,\alpha_n)+sf(\beta_1,\cdots,\beta_n)\}.$$

Therefore,

$$sf(s^{-1}(s(\alpha_1)+s(\beta_1)),\cdots,s^{-1}(s(\alpha_n)+s(\beta_n))+sf(s^{-1}(O),\cdots,s^{-1}(O))$$
$$=sf(s^{-1}(s(\alpha_1),\cdots,s^{-1}s(\alpha_n))+sf(s^{-1}(s(\beta_1),\cdots,s^{-1}s(\beta_n)). \tag{13}$$

(13)shows that $sf(s^{-1}(x_1),\cdots,s^{-1}(x_n))\in L_G$, therefore $f(x_1,\cdots,x_n)\in L_G^s$. Then we conclude that $L_{G^s}\subset L_G^s$.

Theorem 7. Let $k=p^n$ (p is a prime number). Define additions on E^k in different ways so that E^k becomes addition groups in any of which the period of every nonzero element is the same prime number p. The number of linear precomplete classes defined in this way is at most $p^n!\ /p^n(p^n-p^0)(p^n-p^1)\cdots(p^n-p^{n-1})$.

Proof. Define an addition on E^k so that E^k becomes an addition group in which the period of every nonzero element is p.

1) Suppose that all permutations on E^k are $1,s_1,\cdots,s_m$, then all linear precomplete classes are $L_G,L_G^{s_1},\cdots,L_G^{s_m}$. In fact, suppose that under another addition G becomes a group in which the period of every nonzero element is the same prime number p by Abel's basic theorem we can write G as a direct sum

of its cyclic subgroups,

$$G=(a_1)+\cdots+(a_n),\quad G=(a_1')\oplus\cdots\oplus(a_n').$$

Define a transformations as follows,

$$s(\alpha_1 a_1'\oplus\cdots\oplus\alpha_n a_n')=\alpha_1 a_1+\cdots+\alpha_n a_n.$$

It is clear that s is a permutation on G and the following equation holds, $a\oplus b=s^{-1}(s(\alpha),\cdots,s(b))$ (a and b are any two elements of G). It means that "$\oplus$"and "$+$"are dual each other with respect to s. Then we assert that, by theorem 6, all linear precomplete classes of P_k are $L_G, L_G^{s_1},\cdots,L_G^{s_m}$.

2) Suppose that $H=\{\sigma\mid\sigma\in L_G,\sigma$ is a permutation on $G\}$, then the number of all linear precomplete classes is at most $p^n!$ /(the cardinal number of H). In fact, it is clear that H is a subgroup of the symmetrc group on G. Suppose that s_1 and s_2 lie in the same coset of H. Then there is such a $h(\in H)$ that $s_1=hs_2$. Let the function $g(x_1,\cdots,x_n)$ lie in $L_G^{s_1}$. Then, there is a function $f(x_1,\cdots,x_n)(\in L_G)$ so that

$$\begin{aligned}g(x_1,\cdots,x_n)&=s_1^{-1}f_1(s_1(x_1),\cdots,s_1(x_n))\\&=s_2^{-1}h^{-1}f(hs_1(x_1),\cdots,hs_2(x_n))\\&=s_2^{-1}f_2(s_2(x_1),\cdots,s_2(x_n)),\end{aligned}$$

where $f_2(x_1,\cdots,x_n)=h^{-1}f_1(h(x_1),\cdots,h(x_n))$. Since $f_1(x_1,\cdots,x_n)$ and $h(x)$ lie in L_G, we have $g(x_1,\cdots,x_n)\in L_G^{s_2}$, therefore $L_G^{s_1}\subset L_G^{s_2}$.

3) The cardinal number of H is equal to $p^n(p^n-p^0)\cdots(p^n-p^1)$. In fact, let $H_0=\{\sigma\mid\sigma\in H,\sigma(0)=0\}$, it is easy to verify that all elements of H_0 are just all one-to-one linear transformations on G(consider G as a vector space on a field with p elements), then(the cardinal number of H) $=p^n$ * (the cardinal number of H_0). But, (the number of all one-to-one linear transformtions) = (the number of different basis of the vector space G) $=(p^n-1)(p^n-p)\cdots(p^n-p^{n-1})$. So the cardinal number of $H=p^n(p^n-p^0)\cdots(p^n-p^{n-1})$.

By 2)and 3), we assert that the number of all linear precomplete classes is at most $p^n!\ /p^n(p^n-p^0)\cdots(p^n-p^1)$.

2. Set of functions preserving a partition

Definition. Decomposition of E^k:

$$E^k = A_1 \cup A_2 \cup \cdots A_m \quad (A_1 \cup E^k, i=1,\cdots,m)$$

is called a partition of E^k and denoted by D. We call D a direct partition if $A_i \cap A_j = \emptyset$ for $i \neq j, i, j = 1, \cdots, m$.

Definition. We say that s elements of E^k preserve D if they lie in a same subset of D; s vectors

$$\widetilde{\alpha_1} = (\alpha_1^1, \cdots, \alpha_n^1), \cdots, \widetilde{\alpha_s} = (\alpha_1^s, \cdots, \alpha_n^s),$$

preserve D if $\alpha_i^1, \cdots, \alpha_i^s (i=1, \cdots, n)$ preserve D.

Definition. We say that a partition D is of order r if any $r-1$ elements of E^k preserve D but there exist r elements of E^k not preserving D. Denote by D^r a partition of order r.

Definition. Let D_1 and D_2 be two partitions of E^k. We say that they are equivalent if they satisfy the following conditions:

1) they are of the same order r.

2) any r elements of E^k preserving D_1 must preserve D_2, and vise versa.

Definition. We say that a partition of order r, $E^k = A_1 \cup \cdots \cup A_m$, is a standard partition if the following conditions hold:

1) $r-1 \leqslant |A_i| \leqslant r$,

2) each subset of D is not contained in another subset of D. Obviously, the following propositions are true.

Proposition 1. Let D_1 and D_2 be two standard partitions. Then D_1 and D_2 are equivlent if and only if they are the same.

Proposition 2. Any Partition of E^k is equivalent to one ord only one standard partition.

Definition. Let D be a partition of order r. $f(x_1, \cdots, x_n) (\in P_k)$ is said to be a function preserving D if, for any r vectors preserving D:

$$\widetilde{\alpha^1} = (\alpha_1^1, \cdots, \alpha_n^1), \cdots, \widetilde{\alpha^r} = (\alpha_1^r, \cdots, \alpha_n^r),$$

it constantly follows that $f(\widetilde{\alpha^1}), \cdots, f(\widetilde{\alpha^r})$ preserve D.

The set of all functions preserving D^r in P_k is denoted by T_{D^r}, called a set of functions preserving a partition. It is clear that T_{D^r} is a closed set.

We call a partition trivial if

1) each subset of the partition is consists of only one element, or

2) E^k is a subset of the partition.

Theorem 1. $T_{D^r}=P_k$ if and only if D is a trivial partition.

Proof. Sufficiency is obvious.

If partition $D(E^k=A_1\cup\cdots\cup A_m)$ is not trivial, then every A_h must be a proper subset of E^k (the order $r\leqslant k$) and there is A_h with $|A_h|>1$. Clearly, we can choose a proper integer n to form the following r arrays,

$$\widetilde{\alpha^1}=(\alpha_1^1,\cdots,\alpha_n^1),\cdots,\widetilde{\alpha^r}=(\alpha_1^r,\cdots,\alpha_n^r),$$

$\alpha_r^j\in A_h, i=1,\cdots,n, j=1,\cdots,r$. Suppose that $a_1,\cdots,a_r$ do not preserve D, then function

$$f(x_1,\cdots,x_n)=\begin{cases}a_i, & \text{while } x_1=a_1^i,\cdots,x_n=a_n^i,\\ a_1, & \text{otherwise},\end{cases}$$

do not belong to T_{D^r}. So $T_{D^r}<P_k$. The necessity holds.

If without special statement the partitions mentioned below are not trivial.

Theorem 2. $T_{D_1^{r_1}}$ and $T_{D_2^{r_2}}$ are equivalent if and only if D_1 and D_2 are equivalent.

Proof. Sufficiency.

Suppose that $f(x_1,\cdots,x_n)=T_{D_1^{r_1}}$ and

$$\widetilde{\alpha^1}=(\alpha_1^1,\cdots,\alpha_n^1),\cdots,\widetilde{\alpha^{r_2}}=(\alpha_1^{r_2},\cdots,\alpha_n^{r_2}),$$

preserve D_2. Since D_1 is equivlent to D_2, we have $r_1=r_2$ and the above arrays also preserve D_1, therefore $f(\widetilde{\alpha^1}),\cdots,f(\widetilde{\alpha^{r_2}})$ preserve D_1. From the equivalence of D_1 and D_2 we conclude that $f(\widetilde{\alpha^1}),\cdots,f(\widetilde{\alpha^{r_2}})$ preserve D_2, it means $f(x_1,\cdots,x_n)=T_{D_2^{r_2}}$, so $T_{D_1^{r_1}}\subset T_{D_2^{r_2}}$. Also we can prove in the above way that $T_{D_2^{r_2}}\subset T_{D_1^{r_1}}$.

Necessity.

If $r_1\neq r_2$, then either $r_1<r_2$ or $r_2<r_1$. There is no harm in supposing that $r_1<r_2$. Since D_1 is not trivial, $r_1\leqslant k$ and there is at least on subset A_h of D_1 with $|A_h|>1$, obviously, we can form the following r_1 distinct arrays,

$$(\alpha_1^1,\cdots,\alpha_n^1),\cdots,(\alpha_1^{r_1},\cdots,\alpha_n^{r_1}),$$

$\alpha_i^j\in A_h, i=1,\cdots,n; j=1,\cdots,r_1$. Suppose that $a_1,\cdots,a_{r_1}$ do not preserve D_1. Then

$$f(x_1,\cdots,x_n)=\begin{cases}a_i, & \text{while } x_1=a_1^i,\cdots,x_n=a_n^i,\\ a_r, & \text{otherwise}\end{cases}$$

is not in $T_{D_1^{r_1}}$, but it is in $T_{D_2^{r_2}}$, which is contradictory to $T_{D_2^{r_2}}=T_{D_1^{r_1}}$, so we have $r_1=r_2$. Similarly it is easy to prove that condition ii) of equivalence definition is also satisfied.

By proposition 2 and theorem 2 we can see that it suffices to consider all standard partitions. Because all partitions of E^2 are trivial, from now on we only discuss the case of $k\geqslant 2$.

Because $T_{N,k-1}\subset T_{D^k}<P_k$ and $T_{N,k-1}$ is a precomplete class, (see Jablonskiĭ's paper of 1958), T_{D^k} is a precomplete class. If without special statement the partitions mentioned below are nontrivial ones of order $r<k$.

Suppose that $f(x_1,\cdots,x_n)\notin T_{D^r}$, then there must be r arrays preserving D.

$$\widetilde{\alpha^1}=(\alpha_1^1,\cdots,\alpha_n^1),\cdots,\widetilde{\alpha^r}=(\alpha_1^r,\cdots,\alpha_n^r),$$

such that $f(\widetilde{\alpha^1}),\cdots,f(\widetilde{\alpha^r})$ do not preserve D. Set $f(\widetilde{\alpha^1})=\alpha^1,\cdots,f(\widetilde{\alpha^r})=a_r$, $E^*=\{a_1,\cdots,a_r\}$.

Lemma. Functions whose values are in E^* must be contained in $\overline{T_{D^r}\cup f(x_1,\cdots,x_n)}$.

Proof. Suppose that $g(x_1,\cdots,x_m)$ is a function whose values are in E^*. Construct the following functions,

$$h_i(x_1,\cdots,x_m)=a_i^s,\ \text{while } g(x_1,\cdots,x_m)=a_s;$$

$i=1,\cdots,n$. Obviously, $h_i(x_1,\cdots,x_m)\in T_{D^r}$ $(i=1,\cdots,n)$ and

$$g(x_1,\cdots,x_m)=f(h_i(x_1,\cdots,x_m),\cdots,h_n(x_1,\cdots,x_m)).$$

It means that $g(x_1,\cdots,x_m)\in\overline{T_{D^r}\cup f(x_1,\cdots,x_n)}$.

Theorem 3. Let D be a standard partition of order r. If there exists such an element a that any r-element subset of E^k containing a is a subset of D, then T_{D^r} is a precomplete class.

Proof. Let $f(x_1,\cdots,x_n)\notin T_{D^r}$, then there must be r arrays:

$$\widetilde{\alpha^1}=(\alpha_1^1,\cdots,\alpha_n^1),\cdots,\widetilde{\alpha^r}=(\alpha_1^r,\cdots,\alpha_n^r),$$

preserving D such that $f(\widetilde{\alpha^1}),\cdots,f(\widetilde{\alpha^r})$ do not preserve D. Assume that $f(\widetilde{\alpha^1})=a_1,\cdots,f(\widetilde{\alpha^r})=a_r$. Let $E_1,\cdots,E_\sigma$ be the collections of all r-element subsets of

E^k and $E_i=\{e_{i1},\cdots,e_{ir}\}$. For each $E_i=(i=1,\cdots,\sigma)$ we define an unary function as follows,

$$\beta_i^x=\begin{cases}a_j, & \text{while } x=e_{ij}, j=1,\cdots,r,\\ a_1, & \text{otherwise.}\end{cases}$$

Then we form k distinct arrays,

$$\widetilde{\beta^0}=(\beta_1^0,\beta_2^0,\cdots,\beta_\sigma^0),$$

$$\widetilde{\beta^1}=(\beta_1^1,\beta_2^1,\cdots,\beta_\sigma^1),$$

$$\vdots$$

$$\widetilde{\beta^{k-1}}=(\beta_1^{k-1},\beta_2^{k-1},\cdots,\beta_\sigma^{k-1}).$$

i. e. $\widetilde{\beta^x}=(\beta_1^x,\beta_2^x,\cdots,\beta_\sigma^x)$. Define function $\phi(x_1,\cdots,x_\sigma)$ as

$$\phi(x_1,\cdots,x_\sigma)\begin{cases}i, & \text{while } (x_1,\cdots,x_\sigma)=(\beta_1^i,\cdots,\beta_\sigma^i), \quad i=0,\cdots,k-1,\\ a, & \text{otherwise.}\end{cases}$$

From the definition of $\phi(x_1,\cdots,x_\sigma)$ we can see that if the function values obtained by replacing r arrays into $\phi(x_1,\cdots,x_\sigma)$ do not preserve D, i. e. , $e_{hj}\neq a; j=1,\cdots,r$, then these r arrays must be of the following form,

$$\widetilde{\beta^{e_{h_1}}}=(\beta_1^{e_{h1}},\cdots,\beta_\sigma^{e_{h1}}),$$

$$\widetilde{\beta^{e_{h_2}}}=(\beta_1^{e_{h2}},\cdots,\beta_\sigma^{e_{h2}}),$$

$$\vdots$$

$$\widetilde{\beta^{e_{h_r}}}=(\beta_1^{e_{hr}},\cdots,\beta_\sigma^{e_{hr}}).$$

From the definition of β_h^x it follows that $\beta_h^{e_{h1}}=a_1,\cdots,\beta_h^{e_{hr}}=a_r$; therefore $\widetilde{\beta^{e_{h_1}}},\cdots,\beta^{e_{hr}}$ do not preserve D. So the function values obtained by replacing r arrays preserving D into $\phi(x_1,\cdots,x_\sigma)$ must preserve D, this means that $\phi(x_1,\cdots,x_\sigma)\in T_{D^r}$.

Suppose that $h(x_1,\cdots,x_m)$ is any one function in P_k. Construct the following functions as

$$g_i(x_1,\cdots,x_m)=\beta_i^s, \text{while } h(x_1,\cdots,x_m)=s,$$

$i=1,\cdots,\sigma$. From the definition of β_i^x and lemma we conclude that $g_i(x_1,\cdots,x_m)\in\overline{T_{D^r}\cup f(x_1,\cdots,x_n)}, i=1,\cdots,\sigma$. Obviously

$$h(x_1,\cdots,x_m)=\phi(g_1(x_1,\cdots,x_m),\cdots,g_\sigma(x_1,\cdots,x_m)).$$

Therefore $h(x_1, \cdots, x_m) \in \overline{T_{D^r} \cup f(x_1, \cdots, x_n)}$. So T_{D^r} is a precomplete class.

The T_{ESR}-type precomplete classes presented by V. V. Martynjuk and T-type precomplete classes presented by Jablonskiĭ in 1958 are all T_{D^r} sets satisfying the conditions in theorem 3, later, we shall point out that there are many T_{D^r} sets satisfying the conditions in theorem 3 but they are neither T-type sets nor T_{ESR}-type sets.

Definition. Let D^* be a direct partition: $E^k = A_1 + \cdots + A_r$. An r-element subset of E^k is said to intersect with D^* if there is exactly one of its elements in each $A_i, i=1, \cdots, r$.

Theorem 4. Let D be a standard partition of order r. If there exists a direct partition $D^*, E^k = A_1^* + \cdots + A_r^*$, such that

$a_1, \cdots, a (\in E^k)$ do not preserve $D \Leftrightarrow a_1, \cdots, a_r$ intersect with D^*, then T_{D^r} is a precomplete class.

Proof. Suppose that $f(x_1, \cdots, x_n) \notin T_{D^r}$, then there must be r arrays preserving $D, \widetilde{\alpha^1}, \cdots, \widetilde{\alpha^r}$, such that $f(\widetilde{\alpha^1}), \cdots, f(\widetilde{\alpha^r})$ do not preserve D. Assume that $f(\widetilde{\alpha^1}) = a_1, \cdots, f(\widetilde{\alpha^r}) = a_r$. By given condition, there is no harm in supposing that $a_1 \in A_1^*, \cdots, a_r \in A_r^*$. Assume that $A_i^* = \{a_i^0, a_i^1, \cdots, a_i^{si}\}, a_i^0 = a_i, i=1, \cdots, r, s = \max((s_1+1, \cdots, s_r+1)$. Since in the partition D there must be a subset whose cardinal number is more than 1, we can choose a proper integer to form the following s distinct arrays:

$$\widetilde{\delta^0} = (\delta_1^0, \cdots, \delta_\sigma^0),$$

$$\widetilde{\delta^1} = (\delta_1^1, \cdots, \delta_\sigma^1),$$

$$\vdots$$

$$\widetilde{\delta^{s-1}} = (\delta_1^{s-1}, \cdots, \delta_\sigma^{s-1}),$$

which preserve D. Define a $(\sigma+1)$-ary function $\phi(x_0, \cdots, x_\sigma)$ as

$$\phi(a_i, \delta_1^0, \cdots, \delta_\sigma^0) = a_i, \phi(a_i, \delta_1^1, \cdots, \delta_\sigma^1) = a_i^1, \cdots, \phi(a_i, \delta_1^{si}, \cdots, \delta_\sigma^{si}) = a_i^{si},$$

$$\phi(a_i, x_1, \cdots, x_\sigma) = a_i, \text{while } (x_1, \cdots, x_\sigma) \neq \widetilde{\delta^0}, \widetilde{\delta^1}, \cdots, \widetilde{\delta^{S_i}},$$

$$\phi(a_i^1, x_1, \cdots, x_\sigma) = a_i^1, \cdots, \phi(a_i^{si}, x_1, \cdots, x_\sigma) = a_i^{si},$$

$i=1,\cdots r$. From the definition it is easy to see that, for any array $(\alpha_0, \alpha_1, \cdots, \alpha_\sigma)$, $\phi(\alpha_0, \alpha_1, \cdots, \alpha_\sigma) \in A_i^*$ means $\alpha_0 \in A_i^*$. Then, by the given condition we assert that if r arrays make the functions values obtained by replacing these r arrays into $\phi(x_1, \cdots, x_\sigma)$ not preserve D, then they must not preserve D. So $\phi(x_0, \cdots, x_\sigma) \in T_{D^r}$. with D^*being a direct partition we have $k = \sum_{i=1}^{r}(1+Si)$. For the convinience of discussion, we shall rewrite

$$(a_1, \delta_1^0, \cdots, \delta_\sigma^0), (a_1, \delta_1^1, \cdots, \delta_\sigma^1), \cdots, (a_1, \delta_1^{s_1}, \cdots, \delta_\sigma^{s_1});$$

$$(a_2, \delta_1^0, \cdots, \delta_\sigma^0), (a_2, \delta_1^1, \cdots, \delta_\sigma^1), \cdots, (a_2, \delta_1^{s_2}, \cdots, \delta_\sigma^{s_2});$$

$$\vdots$$

$$(a_r, \delta_1^0, \cdots, \delta_\sigma^0), (a_2, \delta_1^r, \cdots, \delta_\sigma^1), \cdots, (a_r, \delta_1^{s_r}, \cdots, \delta_\sigma^{s_r});$$

as

$$\widetilde{\beta^0} = (\beta_\sigma^0, \beta_1^0, \cdots, \beta_\sigma^0),$$

$$\widetilde{\beta^1} = (\beta_0^1, \beta_1^1, \cdots, \beta_\sigma^1),$$

$$\vdots$$

$$\widetilde{\beta^{k-1}} = (\beta_0^{k-1}, \beta_1^{k-1}, \cdots, \beta_\sigma^{k-1}),$$

where $\beta_1^0, \beta_0^1, \cdots, \beta_\sigma^{k-1}$ lie in the subset $\{a_1, \cdots, a_r\}$. Arrays:

$$(\beta_1^0, \cdots, \beta_\sigma^0), (\beta_1^1, \cdots, \beta_\sigma^1), \cdots, (\beta_1^{k-1}, \cdots, \beta_\sigma^{k-1})$$

preserve D because they are only several repetitions of $\widetilde{\delta^0}, \cdots, \widetilde{\delta^{s-1}})$.

With the definition of $\phi(x_0, x_1, \cdots, x_\sigma)$ the function values $\phi(\widetilde{\beta^0}), \cdots, \phi(\widetilde{\beta^{k-1}})$ are mutually distinct, therefore we can suppose that

$$\phi(\widetilde{\beta^0}) = 0, \phi(\widetilde{\beta^1}) = 1, \cdots, \phi(\widetilde{\beta^{k-1}}) = k-1.$$

Suppose that $h(x_1, \cdots, x_m)$ is any one function in P_k. Construct the following $\sigma+1$ functions:

$$g_i(x_1, \cdots, x_m) = \beta_i^t, \text{while } h(x_1, \cdots, x_m) = t,$$

$i=0,1,\cdots,\sigma$. By lemma we have $g_0(x_1, \cdots, x_m) \in \overline{T_{D^r} \cup f(x_1, \cdots, x_n)}$.

Since

$$(\beta_1^0, \cdots, \beta_\sigma^0), (\beta_1^1, \cdots, \beta_\sigma^1), \cdots, (\beta_1^{k-1}, \cdots, \beta_\sigma^{k-1}),$$

preserve D, also $g_i(x_1, \cdots, x_m) \in \overline{T_{D^r} \cup f(x_1, \cdots, x_n)}$, $i=1,\cdots,\sigma$. Clearly

$$h(x_1, \cdots, x_m) = \phi(g_0(x_1, \cdots, x_m), \cdots, g_\sigma(x_1, \cdots, x_m)).$$

It means $h(x_1,\cdots,x_m)\in\overline{T_{D^r}\cup f(x_1,\cdots,x_n)}$. So T_{D^r} is precomplete.

By theorem 2 and proposition I it is easy to see that the T_{D^r} sets satisfying condition in theorem 4 and those satisfying the condition in theorem 3 are different. Then we obtain many new precomplete classes.

Definition. *A* partition of E^k, say $E^k=A_1\cup\cdots\cup A_m$, is called a partition with common elements if $\bigcap_{i=1}^{m}A_i\neq\emptyset$.

Any one partition of order r with common elements must be equivalent to a standard parfionon satisfying the condition in theorem 3 because any $r-1$ elements of E^k are contained in a subset of the partition, that is to say that there is one element a such that all r-element subsets of E^k including a appear in the standard partition, which is equivalent to the partition of order r with common elements. And vise versa.

Definition. Let D be a partition of order r of E^k. A subset A of E^k is said to relatively preserve the parfioion D if there is an element a in A such that any r-element subset of A containing a(including those subsets with repeated elements) must preserve D.

Definition. *A* partition $\overline{D}$ of E^k, $E^k=A_1'\cup\cdots\cup A_n'$, is called the extension of a partition D if $A_1',\cdots,A_n'$ are exactly all maximal substs which relatively preserve the partition D.

$\overline{D}$ is not the first trivial partition because D is not. It is easy to see that $\overline{D}$ is the second trivial partition if and only if D is equivalent to a partition with common elements. So, if $\overline{D}$ is the second trivial partition, then T_{D^r} is precomplete.

Proposition 3. Suppose that $\overline{D}$ is not trivial. If T_{D^r} is not a precomplete class, then D and $\overline{D}$ are equivalent.

Proof. Suppose that $f(x_1,\cdots,x_n)$ is any one function in T_{D^r}, s is the order, of $\overline{D}$; and

$$\widetilde{\alpha^1}=(a_1^1,a_2^1,\cdots,a_n^1),\widetilde{\alpha^2}=(a_1^2,\cdots,a_n^2),\cdots,\widetilde{\alpha^s}=(a_1^s,\cdots,a_n^s)$$

are any s arrays preserving $\overline{D}$. From the definition of extension it follows that there must be one array $\tilde{\beta}(\beta_1,\cdots,\beta_n)$ such that any r arrays including $\tilde{\beta}$ among $\tilde{\beta},\widetilde{\alpha^1},\cdots,\widetilde{\alpha^s}$ preserve D. $f(\tilde{\beta}),f(\widetilde{\alpha^1}),\cdots,f(\widetilde{\alpha^s})$ relatively preserve D since $f(x_1,$

$\cdots, x_n) \in T_{D^r}$. Obviously, $f(\widetilde{\beta}), f(\widetilde{\alpha^1}), \cdots, f(\widetilde{\alpha^s})$ must be contained in some maximal-subset, which relatively preserves the partition D, therefore $f(\widetilde{\alpha^1}), f(\widetilde{\alpha^s})$ preserve $\widetilde{D}$. So $f(x_1, \cdots, x_n) \in T_{\widetilde{D}^s}$, and $T_{D^r} \subset T_{\widetilde{D}^s} < P_k$. From the precompleteness of T_{D^r} we have $T_{D^r} = T_{\widetilde{D}^s}$, therefore by the venue of theorem 2 we assert that D and $\overline{D}$ are equivalent.

Theorem 5. Let D be a partition of order 2. Then T_{D^2} is a precmaplete class if and only if D is equivalent to a direct partition or a partition with common elements.

Proof. Necessity.

Suppes that D is not equivalent to any partition with common elements. Then, the extension $\overline{D}$ of D:

$$E^k = A_1' \cup \cdots \cup A_n'$$

is not a trivial partition. By proposition 3 we can infer that D and $\overline{D}$ are equivalent. Suppose that there are two subsets A_i' and A_j' with common element a, then, for any two elements of $A_i' + A_j'$, if one of them is a, then they preserve $\overline{D}$. From the equivalence of D and $\overline{D}$ we can infer that $A_i' + A_j'$ relatively preserves D, which is a contradiction to that A_i is maximally relatively preserve D. So $\overline{D}$ is a direct partition.

Sufficiency.

Suppose that D is equivalent to adirect partition. Then T_{D^2} is the U-type set presented by Jablonskiĭ in 1958, which is a precomplete class. But Jablonskiĭ's proof about the precompleteness of U-type sets was more complicated and was depended on the precompleteness of the monotonic function set. Now we shall give an easier proof about it. By theorem 2 we can suppose that D is a direct partition, then it is easy to prove that the relation of preserving partition D a-mong all arrays is an equivalence relation. Suppse that $f(x_1, \cdots, x_n) \notin T_{D^2}$ then there are two arrays preserving D, say $\widetilde{\alpha^1}$ and $\widetilde{\alpha^2}$, such that $f(\widetilde{\alpha^1})$ and $f(\widetilde{\alpha^2})$ do not preserve D. Let $f(\widetilde{\alpha^1}) = a_1, f(\widetilde{\alpha^2}) = a_2$. Using a_1 and a_2 we construct the following k arrays:

$$\widetilde{\beta^0} = (a_1, \underbrace{a_2, \cdots, a_2}_{k-1}) = (\beta_2^0, \beta_1^0, \cdots, \beta_k^0),$$

$$\widetilde{\beta^1}=(a_2,a_1,\underbrace{a_2,\cdots,a_2}_{k-2})=(\beta_1^1,\beta_2^1,\cdots,\beta_k^1),$$

$$\vdots$$

$$\widetilde{\beta^{k-1}}=(\underbrace{a_2,\cdots,a_2}_{k-1},a_1)=(\beta_1^{k-1},\beta_2^{k-1},\cdots,\beta_k^{k-1}).$$

Obviously, any two arrays among $\widetilde{\beta^0},\cdots,\widetilde{\beta^{k-1}}$ do not preserve D. Define a k-ary function as follows,

$$\phi(x_1,\cdots,x_k)=\begin{cases} i, & \text{while } (x_1,\cdots,x_k) \text{ and } \widetilde{\beta^i} \text{ preserve } D, i=0,\cdots,k-1, \\ 0, & \text{otherwise.} \end{cases}$$

From the equivalence of the relation of preserving D we can easily prove that the function $\phi(x_1,\cdots,x_k)$ lies in T_{D^2}.

Suppose that $h(x_1,\cdots,x_m)$ is any one function in P_k. Construct k functions as

$$g_i(x_1,\cdots,x_m)=\beta_i^R, \text{while } h(x_1,\cdots,x_m)=s,$$

$i=1,\cdots,k$. It follows by lemma that $g(x_1,\cdots,x_m)\in\overline{T_{D^2}\cup f(x_1,\cdots,x_n)}$, $i=1$, $\cdots,k$. Clearly,

$$h(x_1,\cdots,x_m)=\phi(g_1(x_1,\cdots,x_m),\cdots,g_k(x_1,\cdots,x_m)).$$

It means $h(x_1,\cdots,x_m)\in\overline{T_{D^2}\cup f(x_1,\cdots,x_n)}$. So T_{D^2} is Precomplete.

If D is equivalent to a partition with common elements, by theorem 3 we conclude that T_{D^2} is a precomplete class.

For convenience sake we write out Jablonskiĭ's basic lemma and corollary (1958).

Basic lemma. Let $f(x_1,\cdots,x_n)$ be a proper multivariable function with l ($l>2$) values in P_k. Then there exist n subsets, say $G_1,\cdots,G_n$, any of which consists of at most two different elements such that $f(x_1,\cdots,x_n)$ takes $m(\geqslant 3)$ values on the set $G_1\times G_2\times\cdots\times G_n$.

Corollary. Under the supposition of above basic lemma there must exist n subsets, say $G_1,\cdots,G_n$, any of which consists of at most $(l-1)$ elements such that $f(x_1,\cdots,x_n)$ takes l values on the set $G_1\times G_2\times\cdots\times G_n$.

They set $G_1\times G_2\times\cdots\times G_n$ mentioned above stands for the set of all arrays $(a_1,a_2,\cdots,a_n)(a_i\in G_i, i=1,\cdots,n)$.

Proposition 4. Let D be a standard partition of order $r, 3\leqslant r\leqslant k-1$. Then, if T_{D^r} is a precomplete class, there must exist three elements a, b and c such that all r-element subsets containing a, b and c appear in D.

Theorem 6. Let D be a standard partition of order $k-1(>2)$. $T_{D^{k-1}}$ is precomplete if and only if either there is an element a such that all $(k-1)$-element subsets containing a appear in the partition D, or there is a direct partition $D^*: E^k=A_1^*+\cdots+A_{k-1}^*$ such that all $(k-1)$-element subset not preserving D are just all subsets intersecting with D^*.

Proof. Sufficiency directly follows theorem 3 and 4.

Necessity.

Suppose that $A_i=E^k-\{i\}, i=0,1,\cdots,k-1$. It clear that $A_0,\cdots,A_{k-1}$ are all $(k-1)$-element subsets of E^k. Suppose that $T_{D^{k-1}}$ is a precomplete class, then by proposition 4 we have three elements, say 0, 1 and 2, such that all $(k-1)$-element subsets containing these three elements (i. e. $, A_3, \cdots, A_{k-1}$) appear in the partition D. Obviously, there are only the following four possibilities:

i) A_0, A_1 and A_2 all are the subsets of D.

ii) two of A_0, A_1 and A_2 appear in D.

iii) only one of A_0, A_1 and A_2 appears in D.

iv) A_0, A_1 and A_2 do not appear in D.

Since D is of order $k-1$, the first case is impossible. For the second and third cases we can easily infer that the condition is necessary. So it suffices to discuss the forth case. If A_0, A_1 and A_2 do not appear in D, then the partition D is

$$E^k=A_3+A_4+\cdots+A_{k-1}+\{0,3,4,\cdots,k-1\}+\{1,3,4,\cdots,k-1\}+\{2,3,4,k-1\}$$

Define an unary function as

$$h(x)=\begin{cases}1, & \text{while } x=0,\\ x, & \text{otherwise.}\end{cases}$$

It is easy to verify that $h(x)\in T_{D^{k-1}}$. Suppose that in $T_{D^{k-1}}$ there is a function $f(x_1,\cdots,x_n)$ depending on at least two variables and taking on k values. Since $h(f(x_1,\cdots,x_n))\in T_{D^{k-1}}$ and the subset A_0 is not in D, by the basic lemma we can infer that $h(f(x_1,\cdots,x_n))$ must be an unary function. There is no harm in supposing that $h(f(x_1,\cdots,x_n))$ only depends on x_1 and

$$h(f(a_0,x_2,\cdots,x_n))=1,\quad h(f(a_1,x_2,\cdots,x_n))=1,$$

$$h(f(a_i,x_2,\cdots,x_n))=i,\quad i=2,\cdots,k-1.$$

where $a_0,a_1,\cdots,a_{k-1}$ are k elements of E^k. Then, from the definition of $h(x)$ we can see that $f(a_0,x_2,\cdots,x_n)$ is either 0 or 1, so is $f(a_1,x_2,\cdots,x_n)$, $f(a_2,x_2,\cdots,x_n)=2,\cdots,f(a_{k-1},x_2,\cdots,x_n)=k-1$. Since A_2 is not in D and $f(x_1,\cdots,x_n)$ in $T_{D^{k-1}}$, $f(a_0,x_2,\cdots,x_n)$ and $f(a_1,x_2,\cdots,x_n)$ must be constants. So $f(x_1,\cdots,x_n)$ is an unary function, which is contradictory to the supposision. Thus in $T_{D^{k-1}}$ there is no proper multivariate function taking on k values, therefore $T_{D^{k-1}}\subset T_{D^k}<P_k$. Since is order $k-1$, there must be a function taking on $(k-1)$ values, which is not in $T_{D^{k-1}}$. It means that $T_{D^{k-1}}<T_{D^k}$, which is contradictory to the precompleteness of $T_{D^{k-1}}$. So the forth case is aslo impossible.

Proposition 5. Let D be a standard partition of order r, $3<r<k-2$. If there are such two elements a and $b(a\neq b)$ that all r-element subsets in D are exactly all r-element subsets containing a and b of E^k, then T_{D^r} is not precomplete.

Now we point out that there are many T_{D^2} satisfing the condition of theorem 3 which are neither T-type sets nor T_{ESR}-type sets. Also, for the case of order being more than 2 we can easily point out this.

Let E be a proper subset of E^k and $D_0: E^k-E=A_1\cup A_2\cup\cdots\cup A_m$ be a partition of order 2 of E^k-E. Suppose that D_0 is not trivial and equivalent to neither any direct partition nor any partition with common elements. Then the function set T_{D^2} defined by the partition D:

$$E^k=(E+A_1)\cup(E+A_2)\cup\cdots\cup(E+A_m)$$

is neither the T-type set presented by Jablonskiĭ nor a T_{ESR}-type set by Martynjuk.

3. Completeness properties of multplevalued logic algebras

Let $m>0$. An m-ary relation $R(G_m)$ on E^k is a subset G_m of the set $(E^k)^m$ (of all ordered m-tuples of elements of E^k). Thus unary relations are simply subsets of E^k. The partial orders and equivalence relations are well-known examples of binary relations, We say that a function $f(x_1, \cdots, x_n)$ preserves $R(G_m)$ if

$$\langle f(\alpha_{11}, \alpha_{12}, \cdots, \alpha_{1n}), \cdots, f(\alpha_{m1}, \alpha_{m2}, \cdots, \alpha_{mn})\rangle \in G_m,$$

whenever all m-tuples $\langle \alpha_{1i}, \cdots, \alpha_{mi}\rangle) i=1, \cdots, n)$ belong to G_m.

For every m-ary relation $R(G_m)$ on E^k, let $U(R(G_m))$ (or Pol $R(G_m)$) be the set of all $f \in P_k$ preserving $R(G_m)$.

3.1 Some basic propositions

Besides propositions and theorems in 1 of article[10] often used in present paper, below we shall give several basic propositions. Furthermore, for easy writing we rewrite $R(G^{i_1, \cdots, i_r}_{r, G_m})$ in article[10] into $R(G^{i_1, \cdots, i_r}_m)$.

Proposition 1. Let $R(G_m)$ be a complete m-ary relation, and G_m contains a sequence includiug m different elements, $m \geqslant 2$, then G_m must contains total sequences of m elements.

proposition 2. Let $R(G_m)$ satisfies the following conditions:

1) G_m contains the sequences $\langle i, i, \cdots, i\rangle, i = 0, \cdots, k-1$;

2) The arbitrary $a_1, \cdots, a_{i-1}, a_{i+1}, \cdots, a_m \in E^k$ have a, so that

$$\langle a_1, \cdots, a_{i-1}, a, a_{i+1}, \cdots, a_m\rangle \in G_m,$$

then $U(R(G_m)) \subset T_{D^r}$, where D^r is the following partition

$$E^k = \bigcup_{\substack{a_1, \cdots, a_{i-1} \\ a_{i+1}, \cdots, a_m = 0}}^{k-1} A_{a_1, \cdots, a_{i-1}, a, a_{i+1}, \cdots a_m},$$

$$A_{a_1, \cdots, a_{i-1}, a, a_{i+1}, \cdots, a_m} = \{a \mid \langle a_1, \cdots, a_{i-1}, a, a_{i+1}, \cdots, a_m\rangle \in G_m, a \in E^k\}.$$

Definition. A m-ary relation $R(G_m)$ is said to be simplicial, if $R(G_m)$ is non-complete and there exists no T_{D^r} such that

$$U(R(G_m)) < T_{D^r} < P_k.$$

Proposition 3. Let $R(G_4)$ be simplicial and symmetric, and

$$G_4 = G_4(x_1 = x_2, x_3 = x_4) \cup G_4(x_1 = x_3, x_2 = x_4) \cup G_4(x_1 = x_4, x_2 = x_3) \cup G_4', \tag{14}$$

where G_4' is not empty, and includes only sequences containing 4 different elements. Then $U(R(G_4))$ must be a linear function set L_G.

Proof.

1) Any a_1, a_2, a_3 have and only have 4 elements a, b, c, d, so that(a, a_1, a_2, a_3), (a_1, b, a_2, a_3), (a_1, a_2, c, a_3), $(a_1, a_2, a_3, d) \in G_4$.

① Suppose two elements from a_1, a_2, a_3 are equal. By formula(14) easily see there exists d in E^k, so that $\langle a_1, a_2, a_3, d\rangle \in G_4$.

② Suppose a_1, a_2, a_3 are different from each other. By proposition 2[10] $U(R(G_4)) \subset U(R(G_4^{1,2,3}))$. It is visible that $R(G_4^{1,2,3})$ is symmetric. From formula(14) we can see $G_3(x_1 = x_2)$, $G_3(x_1 = x_3)$, $G_3(x_2 = x_3) \subset G_4^{1,2,3}$. If $\langle a_1, a_2, a_3\rangle \notin G_4^{1,2,3}$, then $U(R(G^{1,2,3})) = T_{D^r} < P_k$, which contradicts with simplicity of $R(G_4)$. Therefore $\langle a_1, a_2, a_3\rangle G_4^{1,2,3}$, i. e. there exists d in E^k so that $\langle a_1, a_2, a_3, d\rangle \in G_4$.

We make the partition D of E^k as following:

$$E^k = \bigcup_{i,j,h=0}^{k-1} A_{i,j,h} A_{i,j,h} = \{a \mid \langle i, j, h, a\rangle \in G_4, a \in E^k\}.$$

By propostition 2, $U(R(G_4)) \subset T_{D^r}$ where r is critical value of D. Because $R(G_4)$ is simplicial, therefore, by theorem 1[7], either one of subsets within D^r is E^k, or every subset within D^r contains and only contains one element. From hypothesis of G_4 do not difficultly infer that any subset within D_r is not E^k. It had proved that for any a_1, a_2, a_3 there exists and only exists d in E^k so that $\langle a_1, a_2, a_3, d\rangle \in G_4$. By the same way we can completely prove there exist and only exist a, b, c, so that $\langle a, a_1, a_2, a_3\rangle$, $\langle a_1, b, a_2, a_3\rangle$, $\langle a_1, a_2, c, a_3\rangle \in G_4$.

Assume $\overline{G_4}$ is a set of sequences determined by following conditions:

① If $\langle a, b, c, d\rangle$, $\langle a, b, e, f\rangle \in G_4$, then $\langle c, d, e, f\rangle$, $\langle e, f, c, d\rangle \in \overline{G_4}$;

② If $\langle c, d, e, f\rangle \in \overline{G_4}$, then $\langle e, f, c, d\rangle \in \overline{G_4}$ and there must exist a, b in E^k, so that $\langle a, b, c, d\rangle$, $\langle a, b, e, f\rangle \in G_4$.

By definition we can directly verify that $U(R(G_4)) \subset U(R(\overline{G_4}))$.

2) $G_4 = \overline{G_4}$.

Suppose $\langle a_1, a_2, a_3, a_4\rangle \in G_4$. From $\langle a_1, a_2, a_1, a_2\rangle \in G_4$ we can have $\langle a_1, a_2, a_3, a_4\rangle \in \overline{G_4}$. Therefore $G_4 \subset \overline{G_4}$. We make the partition D of E^k as following:

$$E^k = \bigcup_{i,j,h=0}^{k-1} B_{i,j,h}, B_{i,j,h} = \{a \mid \langle i, j, h, a\rangle \in \overline{G_4}, a \in E^k\}.$$

By proposition 2 and simplicity of $R(G_4)$, $U(R(G_4)) \subset T_{D^r} = P_k$. Suppose a

$B_{i,j,h}$ of subsets within D^r is equal to E^k, then from $\langle i,j,h,h\rangle \in \overline{G_4}$ we can have $\langle a,b,i,j\rangle, \langle a,b,h,h\rangle \in G_4$, thus $a=b, i=j$. Take $n\neq h$, from $\langle i,i,h,n\rangle \in \overline{G_4}$ we can have $\langle c,d,i,i\rangle, \langle c,d,h,n\rangle \in G_4$ thus $c=d, h=n$, which is discrepant. Therefore, by theorem 1[7], every subset within D^r contains and only contains one element, thus from 1) and $G_4 \subset \overline{G_4}$ we can have $\overline{G_4} \subset G_4$.

3) $U(R(G_4))$ is a linear function set L_G.

We arbitrarily take an element from E^k, and denote it by 0. By 1), any two elements a,b within E^k and 0 have and only have one element c, so that $\langle 0,c,a,b\rangle \in G_4$. This c is defined as sum of a,b, i. e. $a+b=c$. By symmetry of $R(G_4)$, there is ① $a+b=b+a$. For arbitrary $a\in E^k$, there are $\langle 0,0,a,a\rangle, \langle 0,a,a,0\rangle \in G_4$, therefore, ② $a+a=0$, ③ $a+0=a$. Now prove

$$\langle a_1,a_2,a_3,a_4\rangle \in G_4 \Leftrightarrow a_1+a_2=a_3+a_4. \tag{15}$$

If $\langle a_1,a_2,a_3,a_4\rangle \in G_4$, then by 2), there are a,b in E^k so that $\langle a,b,a_1,a_2\rangle, \langle a,b,a_3,a_4\rangle \in G_4$. By $\langle 0,a+b,a,b\rangle \in G_4$. we have $\langle a,b,0,a+b\rangle \in G_4$ thereby by 2), $\langle 0,a+b,a_1,a_2\rangle, \langle 0,a+b,a_3,a_4\rangle \in G_4$. Therefore, $a_1+a_2=a+b=a_3+a_4$. Conversely, if $a_1+a_2=a_3+a_4$, then from $\langle 0,a_1+a_2,a_1,a_2\rangle, \langle 0,a_3+a_4,a_3,a_4\rangle \in G_4$ and 2) we can obtain $\langle a_1,a_2,a_3,a_4\rangle \in G_4$.

Suppose $a,b,c\in E^k$. Obviously, $\langle 0,a+b,a,b\rangle, \langle 0,b+c,b,c\rangle \in G_4$. By symmetry of $R(G_4)$, we have $\langle 0,b,a+b,a\rangle, \langle 0,b,b+c,c\rangle \in G_4$, thereby by 2) we have $\langle a+b,a,b+c,c\rangle \in G_4$, and also have $\langle a+b,c,a,b+c\rangle \in G_4$. From these by formula (15) we have

④ $(a+b)+c=a+(b+c)$.

By ① ~④, we have proved that for above mentioned operation of addition E^k forms an abelian group under addition, and is denoted by G. By formula (15), it is not difficult to verify $U(R(G_4))=L_G$.

3.2 The maximal closed sets determined by normal m-ary relations ($4\leqslant m\leqslant k$)

Proposition 4. Let $R(G_m)$ be a normal and symmetric m-ary relation, and G_m includes a sequence containing m different elements, then, while $m\geqslant 5$, $U(R(G_m))$ must be contained in T_{D^k} or T_{D^m} ($<P_k$); and while $m=4$, $U(R(G_m))$ must be contained in T_{D^k}, T_{D^r} ($<P_k$) or L_G.

Proof. We call

$$G_m(x_i=x_j), G_m^*(x_i=x_j) \quad (i \neq j, i, j=1,\cdots,m)$$

respectively as sequential sets of 1 group and 1*group;

$$G_m(x_i=x_j=x_h), G_m^*, (x_i=x_j=x_h), (i\neq j\neq h \;, i,j,h=1,\cdots,m)$$

respectively as sequential sets of 2 group and 2*group;

$$G_m(x_i=x_j, x_g=x_h), G_m^*(x_i=x_j, x_g=x_h), (i\neq j\neq h\neq g, i,j,h,g=1,\cdots,m)$$

respectivly as sequential sets of 3 group and 3*group. From proposition 6[10] and symmetry had by $R(G_m)$ we can have: either total sets in i*group are contained in G_m, or every set in i*group has not any element in G_m, $i=1,2,3$. Now we shall discuss following three types of cases:

1) Let total sets in 1*group be contained in G_m, then by proposition 6[10] total sets in 1 group are contained in G_m, thereby $U(R(G_m))$ is equal to certain T_{D^m}.

2) Let every set in 1*group has not any element in G_m and all sets in 2*group are contained in G_m, then $U(R(G_m))\subset T_{D^k}$.

If $U(R(G_m))$ has the function $f(x_1,\cdots,x_n)$ that depends essentially on at least two variables and takes k values, then by Jablonskiĭs fundamental lemma[2] there exist vectors:

$$\widetilde{\alpha^1}=(\alpha_1^1,\cdots,\alpha_n^1), \widetilde{\alpha^2}=(\alpha_1^2,\cdots,\alpha_n^2),\cdots,\widetilde{\alpha^{m-1}}=(\alpha_1^{m-1},\cdots,\alpha_n^{m-1}),$$

so that $f(\widetilde{\alpha^1}), f(\widetilde{\alpha^2}),\cdots,f(\widetilde{\alpha^{m-1}})$ are different from each other, where $\widetilde{\alpha_i^1}, \widetilde{\alpha_i^2}, \cdots, \widetilde{\alpha_i^{m-1}}$, at least, two are equal, $i=1,\cdots,n$. For i, we take β_i which is equal to two same elements from $\alpha_i^1, \alpha_i^2, \cdots, \alpha_i^{m-1}$. Such by proposition 6[10] $\langle\beta_i, \alpha_i^1, \cdots, \alpha_i^{m-1}\rangle, \langle\beta_i, \beta_i, \alpha_i^1, \cdots, \alpha_i^{m-2}\rangle \in G_{m,i}=1,\cdots,n$, thereby $\langle f(\tilde{\beta}), F(\widetilde{\alpha^1}), \cdots, f(\widetilde{\alpha^{m-1}})\rangle, \langle f(\tilde{\beta}), f(\tilde{\beta}), f(\widetilde{\alpha^1}),\cdots, f(\widetilde{\alpha^{m-2}})\rangle \in G_m$.

From these we can infer that it is discrepant with hypothesis of G_m. Thus $U(R(G_m))$ does not have the function that depends essentially on at least two variables and takes k values, i.e. $U(R(G_m))\subset T_{D^k}$.

3) Suppose that every set within 1*and 2*groups does not have any element contained in G_m, then, while $m\geqslant 5$, $U(R(G_m))\subset T_{D^k}$; and while $m=4$, $U(R(G_m))\subset L_G$. or $T_{D^r}(P_k)$.

From proposition 2[10] and normality of $R(G_m)$, we know that $U(R(G_m)) \subset U(R(G_m^{1,\cdots,m-1}))=P_k$. Such by proposition 1 we have that $\langle a, a, a_1, \cdots, a_{m-3},$

$b\rangle \in G_m$. $a, a_1, \cdots, a_{m-3}$ are different from each other. From hypothesis of G_m we can obtain $a \neq b, b = a_i$ i. e. $\langle a, a, a_1, \cdots, a_{m-3}, b\rangle$ is contained in 3*group, thereby by proposition 6[10], all sets in 3 group are contained in G_m.

While $m \geqslant 5$, if $U(R(G_m))$ has the function $f(x_1, \cdots, x_n)$ that depends essentially on at least two variables and takes k values, then by Jablonskiǐ's fundamental lemma[2], there exist: $\widetilde{\alpha^1} = (\alpha_1^1, \cdots, \alpha_1^1), \cdots, \widetilde{\alpha^{m-2}} = (\alpha_1^{m-2}, \cdots, \alpha_n^{m-2})$ so that $f(\widetilde{\alpha^{1}}), \cdots, f(\widetilde{\alpha^{m-2}})$ are different from each other, where $\alpha_i^1, \alpha_i^2, \cdots, \alpha_i^{m-2}$, at least, two are equal, $i = 1, \cdots, n$. For i take one element β_i which is not the same as $\alpha_i^1, \alpha_i^2, \cdots, \alpha_i^{m-2}$. Obviously, $\langle \beta_i, \beta_i, \alpha_i^1, \cdots, \alpha_i^{m-2}\rangle \in G_m$ thereby $\langle f(\tilde{\beta}), f(\tilde{\beta}), (\widetilde{\alpha^1}), \cdots, f(\widetilde{\alpha^{m-2}})\rangle \in G_m$, It is discrepant with hypothesis of G_m. thus $U(R(G_m)) \subset T_{D^k}$.

While $m = 4$, by proposition 3 we have $U(R(G_4)) \subset L_G$ or $T_{D^r}(<P_k)$.

Theorem 1. Suppose that $R(G_m)$ is normal, then, while $m \geqslant 5$, $U(R(G_m)) \subset T_{D^k}$ or $T_{D^m}(<P_k)$; while $m = 4$, $U(R(G_m)) \subset T_{D^k}$, $T_{D^r}(<P_k)$ or L_G.

Proof. Suppose that G_m does not include the sequence containing m different elements, then by theorem 4[10], $U(R(G_m)) \subset T_{D^k}$.

Suppose that G_m includes a sequence containing m different elements. We call $G_m(x_{i_1} = x_{i_2}, x_{i_3} = \cdots = x_{i_m})$, $G_m^*(x_{i_1} = x_{i_2}, x_{i_3} = \cdots = x_{i_m})$ $(i_1, \cdots, i_m = 1, \cdots, m, i_1, \cdots, i_m$ are different from each other) as sequential sets of 1 group and 1* group, respectively

$$G_m(x_2 = x_3 = \cdots = x_m), G_m(x_1 = x_3 = \cdots = x_m), \cdots, G_m(x_1 = x_2 = \cdots x_{m-1})$$

as sequential of 2 group.

1) G_m must contains total sets in 1 group or in 2 group.

Suppose that one set in 1*group has not any element contained in G_m. By proposition 1[10] we can suppose that G_m^*, $(x_1 = x_2, x_3 = \cdots = x_m)$ has not any element contained in G_m. According to proposition 2[10] and normality of $R(G_m)$, we can know

$$U(R(G_m)) \subset U(R(G_m^{1,2,4,\cdots,m})), U(R(G_m^{1,3,4\cdots,m})),$$
$$U(R(G_m^{2,3,4\cdots,m})), U(R(G_m^{l,2,3,5\cdots,m})) = P_k.$$

Therefore, from proposition 1 we can have $\langle a, a, a_0, a_1, \cdots, a_{m-3}\rangle$, $\langle b_1, b_0, b, b, b_2, \cdots, b_{m-3}\rangle$, $\langle c_0, c_1, c, c, c_2, \cdots, c_{m-3}\rangle$, $\langle d, d, d_1, d_0, d_2, \cdots, d_{m-3}\rangle \in G_m$, $a \neq$

$a_1 \neq \cdots \neq a_{m-3}, b \neq b_1 \neq \cdots \neq b_{m-3}, c \neq c_1 = \cdots \neq c_{m-3}, d \neq d_1 \neq \cdots \neq d_{m-3}$.

Thereby, by proposition 6[10] and that G_m^*, $(x_1 = x_2, x_3 = \cdots = x_m) \cap G_m$ is empty set, we can infer $a_0 = a, b_0 \neq b_1, c_0 \neq c_1, d_0 \neq d_1$. By $a = a^0$ and proposition 6[10] we can easily see that besides $G_m(x_2 = x_3 = \cdots = x_m), G_m(x_1 = x_3 = \cdots = x_m), G_m(x_1 = x_2 = x_4 = \cdots = x_m)$ other sets in 2 group are contained in G_m. At the same time, by $b_0 \neq b_1, c_0 \neq c_1, d_0 \neq d_1$ and proposition 6[10] we can infer respectively

$$G_m(x_2 = x_3 = \cdots = x_m), G_m(x_1 = x_3 = \cdots = x_m), G_m(x_1 = x_2 = x_4 = \cdots x_m) \subset G_m.$$

2) Assume $R(\widetilde{G_m})$ to be the greatest sub-relation having symmetry in $R(G_m)$, then $\bigcup R(G_m) \subset U(R(\widetilde{G_m})) < P_k$ and $R(\widetilde{G_m})$ is normal and symmetric.

By 1), $\widetilde{G_m}$ also contains all sets in 1 group or in 2 group. Because $R(G_m)$ is not complete, therefore we have $\langle a_1, \cdots, a_m \rangle \notin \widetilde{G}$. Define two functions:

$$f(x_2, \cdots, x_{m-1}) = \begin{cases} a_i, & \text{while}(x_1, \cdots, x_{m-1}) = \tilde{\alpha}, i = 1, \cdots, m, \\ a_1, & \text{otherwise}, \end{cases}$$

where $\widetilde{\alpha_1} = (1, \cdots, 1), \widetilde{\alpha_2} = (1, 0, \cdots, 0), \widetilde{\alpha_3} = (0, 1, 0, \cdots, 0), \cdots, \widetilde{\alpha_m} = (0, \cdots, 0, 1)$;

$$f(x_1, \cdots, x_m) = \begin{cases} a_i, & \text{while}(x_1, \cdots, x_m) = \widetilde{\beta_i}, i = 1, \cdots, m, \\ a_1, & \text{otherwise}, \end{cases}$$

where $\widetilde{\beta_1} = (1, 0, \cdots, 0), \widetilde{\beta_2} = (0, 1, 0, \cdots, 0), \cdots, \widetilde{\beta_m} = (0, \cdots, 0, 1)$. From these we can easily see $f(x_1, \cdots, x_{m-1})$ (or $g(x_1, \cdots, x_m) \notin U(R(\widetilde{G_m}))$ thus $U(R(\widetilde{G_m})) < P_k$. By proposition 3[10] and normality of $R(G_m)$, we can have $U(R(G_m)) \subset U(R(\widetilde{G_m})), R(\widetilde{G_m})$ is normal and symmetric.

By 2)and theorem 4[10], proposition 4, we can obtain that the conclusion of this theorem is held.

3.3 The maximal closed sets determined by normal 3-ary relations

By theorem 5[10], we need only discuss the cases of $k \geqslant 4$. We call

$$G_3(x_i = x_j), G_3^*(x_i = x_j)(i \neq j, i, j = 1, 2, 3,)$$

as the sequential sets of 1 and 1*groups, respectively.

Proposition 5. Suppose that $R(G_3)$ is normal, and G_3 contains all sets in 1*group, then $U(R(G_3)) \subset T_{D^3} < P_k$.

Proof. Assume $R(\widetilde{G_3})$ to be the greatest sub-relation having symmetry in $R(G_3)$. By proposition 3[10], $U(R(G_3)) \subset U(R(\widetilde{G_3}))$. Obviously, $\widetilde{G_3}$ still contains all sets within 1 group, thereby $U(R(\widetilde{G_3})) = T_{D^3} < P_k$.

Proposition 6. Suppose that $R(G_3)$ is normal, and 1*group has and only has one set contained in G_3, then $U(R(G_3)) \subset T_{D^r} < P_k$.

Proof. By proposition 1[10], 6[10] we can suppose that 1 group has only $G_3(x_2 = x_3) \subset G_3$. We make the partition D of E^k as the following:

$$E^k = \bigcup_{i,j=0}^{k-1} A_{i,j}, \quad A_{i,j} = \{a \mid \langle i, j, a\rangle \in G_3, a \in E^k\}.$$

By proposition 2, $U(R(G_3)) \subset T_{D^r}$. If each subset within D^r only contains one element, then, by $j \in A_{i,j}$ we can have $G_3 = G_3(x_2 = x_3)$ thereby $U(R(G_3)) = P_k$, which is discrepant. Because 1 group has only $G_3(x_2 = x_3) \subset G_3$, we can infer that any subset within D^r is not E^k. Such by theorem 1[7] $T_{D^r} < P_k$.

Proposition 7. Suppose that $R(G_3)$ is normal and simplical, and 1*group has and only has two sets contained in G_3, then $U(R(G_3)) \subset L_G$.

Proof. By proposition 1[10] and 6[10] we can suppose that 1 group has only $G_3(x_1 = x_2)$, $G_3(x_2 = x_3) \subset G_3$. Let G_4 be the set detemained by the following conditions:

1) If $\langle a_1, a_2, a\rangle, \langle a, a_3, a_4\rangle \in G_3$, then $\langle a_1, a_2, a_3, a_4\rangle \in G_4$;

2) If $\langle a_1, a_2, a_3, a_4\rangle \in G_4$, then there is a so that $\langle a_1, a_2, a\rangle, \langle a, a_3, a_4\rangle \in G_3$.

By the definition we can directly verify, $U(R((G_3)) \subset U(R((G_4))$. Suppose that $R(\widetilde{G_4})$ is the greatest sub-relation having symmetry in $R(G_4)$, by proposition 3[10], $U(R(G_4)) \subset U(R(\widetilde{G_4}))$.

1) $G_4(x_1 = x_2, x_3 = x_4), G_4(x_1 = x_3, x_2 = x_4), G_4(x_1 = x_4, x_2 = x_3) \subset \widetilde{G_4}$.

For arbitrary a, b there exist $\langle a,a,a\rangle, \langle a,b,b\rangle, \langle b,a,b\rangle, \langle a,b,a\rangle \in G_3$, therefore $\langle a,a,b,b\rangle, \langle a,b,a,b\rangle, \langle a,b,b,a\rangle$ belong to G_4, and also belong to $\widetilde{G_4}$.

2) $R(\widetilde{G_4})$ is simplicial and symmetric, and the sequential sets $G_4^*(x_i = x_j = x_h)(i \neq j \neq h, i, j, h = 1, \cdots, 4)$ have not any element contained in $\widetilde{G_4}$.

Suppose that $\langle a,a,a,b\rangle \in \widetilde{G_4} \cap G_4^*(x_1 = x_2 = x_3)$. By the definition of G_4 there is c, so that $\langle a,a,c\rangle, \langle c,a,b\rangle \in G_3$ thereby, because $G_3^*(x_1 = x_2) \cap G_3$ is the empty set, we can have $a=c=b$, which is discrepant. Therefore, $\widetilde{G_4}\cap G_4^*$ $(x_1=x_2=x_3)$ is the empty set, thereby by symmetry of $R(\widetilde{G_4})$ we can obtain that $\widetilde{G_4}\cap G_4^*(x_i=x_j=x_h)$ also is empty set. According to it, by 1) we can construct a function of two variables which does not belong to $U(R(\widetilde{G_4}))$, i. e. $U(R(\widetilde{G_4}))<P_k$, thereby by the simplicity of $R(G_3)$ we can also have that $R(\widetilde{G_4})$ is simplicial.

3) $G_4^*(x_i=x_j)(i\neq j, i, j=1,\cdots,4)$ have not any element contained in $\widetilde{G_4}$.

Otherwise, Without loss of generality we may assume that $\langle a,a,b,c\rangle\in G_4(x_1=x_2)\subset\widetilde{G_4}=\overline{G_4}, a\neq b\neq c$. It is easy to verify that $U(R(\widetilde{G_4}))\subset U(R(\overline{G_4}))$. By proposition 2[10], $U(R(\overline{G_4}))\subset U(R(\overline{G_4^{2,3,4}}))$. Obviously, $\langle a,b,c\rangle\in\overline{G_4^{2,3,4}}$; from $G_4(x_1=x_2, x_3=x_4)\subset\overline{G_4}$ we can have $G_3(x_2=x_3)\subset\overline{G^{2,3,4}}$; because $G_4^*(x_1=x_2=x_3)$ and $G_4^*(x_1=x_2=x_4)$ have not any element contained in $\widetilde{G_4}$, we can obtain that $G_3^*(x_1=x_2)$ and $G_3^*(x_1=x_3)$ have not any element contained in $\overline{G_4}$, we can obtain that $G_3^*(x_1=x_2)$ and $G_3^*(x_1=x_3)$ have not any element contained in $\overline{G_4^{2,3,4}}$. According to this, we can construct a function of one variable which does not belong to $U(R(\overline{G_4^{2,2,3,4}}))$, i. e. $U(R(\overline{G_4^{2,3,4}}))<P_k$, thus from normality of $R(G_3)$ we can obtain that $R(\overline{G_4^{2,3,4}})$ is normal. By proposition 6, $U(R(G_3))\subset U(R(\overline{G_4^{2,3,4}}))\subset T_{D'}<P_k$, which is discrepant.

By 1), 2), 3) we have proved that $R(\widetilde{G_4})$ is simplicial any symmetric, and

$$\widetilde{G_4}=G_4(x_1=x_2, x_3=x_4)\cup G_4(x_1=x_3, x_2=x_4)\cup G_4(x_1=x_4, x_2=x_3)\cup G_4',$$

where G_4' either is the empty set or only includes a sebuence containing 4 different elements If G_4' is the empty set, then it is not difficult to verify that all functions of one variable in P_k are contained in $U(R(\widetilde{G_4}))$, thereby, $U(R(\widetilde{G_4}))\subset T_{D'}$, which is disrepant. Therefore, G_4' is not the empty set, thus by proposition 3, $U(R(G_3))\subset U(R(\widetilde{G_4}))=L_G$.

Proposition 8. Suppose that $R(G_3)$ is normal and simplicial, and each subset in 1*group has not any element contained in G_3, then $U(R(G_3))=L_G$.

Proof.

1) For arbitrary a_1, a_2 there exist and only exist three elements a, b, c in

E^k, so that $\langle a_1, a_2, a\rangle, \langle a_1, b, a_2\rangle, \langle c, a_1, a_2\rangle \in G_3$.

By proposition 7[10] and nonmlity of $R(G_3)$ we have $\langle i, i, i\rangle \in G_3, i=0, \cdots, k-1, U(R(G_3)) \subset U(R(G_3^{1,2}))=P_k$. Obviously, there exists $\langle a, b, c\rangle \in \langle G_3, a \neq b \neq c$. Thus by proposition 1, $G_3^{1,2}$ contains all sequences of two elements. Therefore, for, arbitrary a_1, a_2 there exists a in E^k, so that $\langle a_1, a_2, a\rangle \in G_3$. We make the partition D of E^k as the following:

$$E^k = \bigcup_{i,j=0}^{k-1} A_{i,j}, \quad A_{i,j} = \{a \mid \langle i, j, a\rangle \in G_3, a \in E^k\}.$$

By proposition 2, $U(R(G_3)) \subset T_{D^r} = P_k$. According to this, by theorem 1[7] and proposition's hypothesis we can infer that each subset in D^r contains and only contains one element, i. e. for arbitrary a_1, a_2 there exists and only exists element a in E^k, so that $\langle a_1, a_2, a\rangle \in G_3$. With the same theorem we can prove the other conclusions are also held.

Suppose that G_4 is a set determined by the following conditions:

① If $\langle a, a_1, a_2), (a, a_3, a_4\rangle \in G_3$, then $\langle a_1, a_2, a_3, a_4\rangle, \langle a_3, a_4, a_1, a_2\rangle \in G_4$;

② If $\langle a_1, a_2, a_3, a_4\rangle \in G_4$, then there exists a so that $\langle a, a_1, a_2\rangle, \langle a, a_3, a_4\rangle \in G_3$.

By the definition we can directly verify $U(R(G_3)) \subset U(R(G_4))$.

Let $\overline{G_4}$ be a set determined by the following conditions:

① If $\langle a, a_1, b, a_3\rangle, \langle a, a_4, b, a_2\rangle \in G_4$, then $\langle a_1, a_2, a_3, a_4\rangle, \langle a_4, a_3, a_2, a_1\rangle \in \overline{G_4}$;

② If $\langle a_1, a_2, a_3, a_4\rangle \in G_4$, then, there exist a, b so that $\langle a, a_1, b, a_3\rangle, \langle a, a_4, b, a_2\rangle \in \overline{G_4}$.

By the definition we can directly verify $U(R(G_4)) \subset U(R(\overline{G_4}))$.

2) $G_4(x_1=x_3, x_2=x_4), G_4(x_1=x_4, x_2=x_3)=\overline{G_4}$ and the sets $G_4^*(x_i=x_j=x_h)(i \neq j \neq h, i, j, h=1, \cdots, 4)$ have not any element contained in $\overline{G_4}$.

Suppose that $\langle a_1, a_2, a_1, a_2\rangle \in G_4(x_1=x_3, x_2=x_4)$. By have c so that $\langle c, a_1, a_2\rangle \in G_3$ thereby $\langle a_1, a_2, a_1, a_2\rangle \in G_4$, Obviously, $\langle a_1, a_1, a_1, a_1\rangle \in G_4$. Therefore, by the definition of $\overline{G_4}$, $\langle a_1, a_2, a_1, a_2\rangle \in \overline{G_4}$. Hence, $G_4(x_1=x_3, x_2=x_4) \subset \overline{G_4}$.

Assume that $\langle a_1, a_2, a_2, a_1\rangle \in G_4(x_1=x_4, x_2=x_3)$. By 1)we have b so that $\langle a_1, b, a_2\rangle \in G_3$, thereby from $\langle a_1, a_1, a_1\rangle \in G_3$ we can obtain $\langle a_1, a_1, b, a_2\rangle \in G_4$. Therefore, by definition of $\overline{G_4}$ we have $\langle a_1, a_2, a_2, a_1\rangle \in \overline{G_4}$. Hence, $G_4(x_1=$

$x_4, x_2 = x_3) \subset \overline{G_4}$.

If $\langle a_1, a_2, a_2, a_2 \rangle \in \overline{G_4}, a_1 \neq a_2$, then there exist a, b in E^k so that $\langle a, a_1, b, a_2 \rangle, \langle a, a_2, b, a_2 \rangle \in G_4$, thereby we have c, d so that $\langle c, a, a_1 \rangle, \langle c, b, a_2 \rangle, \langle d, a, a_2 \rangle, \langle d, b, a_2 \rangle \in G_3$. Therefore, by 1) we can have $c = d, a_1 = a_2$, which is discrepant. Hence, G_4^* $(x_2 = x_3 = x_4)$ has not any element contained in $\overline{G_4}$. With the same thorem the other conclusions are also held.

3) We only need to discuss: for arbitrary a_1, a_2, a_3 there must exist a, b, c, d, in E^k so that $\langle a, a_1, a_2, a_3 \rangle, \langle a_1, b, a_2, a_3 \rangle, \langle a_1, a_2, c, a_3 \rangle, \langle a_1, a_2, a_3, d \rangle \in \overline{G_4}$.

By proposition 2[10] $U(R(\overline{G_4})) \subset U(R(\overline{G_4^{i,j,h}})), i \neq j \neq h, i, j, h = 1, \cdots, 4$. By 2), $G_3(x_1 = x_3), G_3(x_1 = x_2) \subset \overline{G_4^{2,3,4}}, \overline{G_4^{1,3,4}}$; $G_3(x_1 = x_3), G_3(x_2 = x_3) \subset \overline{G_4^{1,2,4}}$ and $\overline{G_4^{1,2,3}}$. If one of $\overline{G_4^{i,j,h}}$ does not include total sequences containing 3 elements, without loss of generality, we may assume it to be $\overline{G_4^{2,3,4}}$, then we can construct a function of two variables which does not belong to $U(R(\overline{G_4^{2,3,4}}))$, i. e. , $U(R(G_3)) \subset U(R(\overline{G_4^{2,3,4}})) < P_k$, thereby because $R(G_3)$ is nonnal and simplicial, we can obtain that $R(\overline{G_4^{2,3,4}})$ is normal and simplicial. Therefore, by propositions 5, 7 we have $U(R(G_3)) \subset U(R(\overline{G_4^{2,3,4}})) \subset L_G$, thus the conclusion of this proposition is established. Hence, we only need to discuss: $\overline{G_4^{i,j,h}}$ contain total sequences of 3 elements, i. e. the conclusion of 3) is established.

4) For arbitrary a_1, a_2, a_3 there exist and only exist 4 elements a, b, c, d, in E^k so that $\langle a, a_1, a_2, a_3 \rangle, \langle a_1, b, a_2, a_3 \rangle, \langle a_1, a_2, c, a_3 \rangle, \langle a_1, a_2, a_3, d \rangle \in \overline{G_4}$.

We make the partition D of E^k as the following:

$$E^k = \bigcup_{i,j,h=0}^{k-1} A_{i,i,h}, \quad A_{i,i,h} = \{a \mid \langle i, j, h, a \rangle \in \overline{G_4}, a \in E^k\}.$$

By proposition 2 and simplicity of $R(G_3)$, $U(R(G_3)) \subset U(R(\overline{G_4})) \subset T_r = P_k$. Suppose that there is a subset $A_{i,j,h}$ in D^r which is equal to E^k. Take from E^k an element l as follows:

① if $i = j \neq h$, then $l \neq i$;

② if $i = j \neq h$ or $i = h \neq j$, then $l = i$;

③ if $j = h \neq i$, then $l = j$; ⅳ) if $i \neq j \neq h$, then $l = i$.

Obviously, from 2) and $\langle i, j, h, l \rangle \in \overline{G_4}$ we can have $i \neq j \neq h$. Let $\overline{G_4'} = \overline{G_4} \cup G_4(x_1 = x_4)$, then we can verify $U(R(\overline{G_4})) \subset U(R(\overline{G_4'})) \subset U(R(\overline{G'{}_4^{1,2,3}}))$, $\langle i, j,$

$h\rangle\in\overline{G'^{1,2,3}_4}$. From $G_4(x_1=x_4,x_2=x_3)\subset\overline{G'_4}$ we can have $G_3(x_2=x_3)\subset\overline{G'^{1,2,3}_4}$, by 2) we know that $G_3^*(x_1=x_3)$, $G_3^*(x_1=x_2)$ have not any element contained in $\overline{G'^{1,2,3}_4}$. Therefore, by proposition 1, $U(R(\overline{G'^{1,2,3}_1}))<P_k$, thus because $R(G_3)$ is normal and simplicial, we can obtain that $R(\overline{G'^{1,2,3}_4})$ is normal and simplicial. This is discrepant with proposition 6. Therefore by theorem 1[7] each subest within D^r contains and only contains one element, i. e. for arbitrary a_1,a_2,a_3 there exists and only exists one element d in E^k so that $\langle a_1,a_2,a_3,d\rangle\in\overline{G_4}$. In fully analogous ways we can infer the other conclusions also established.

5) $G\cap G_3^{2\sim3}=G_3$. (i. e. $G_3=G_3^{2\sim3}$) or $G_3\cap G_3^{2\sim3}=\{\langle i,i,i\rangle\mid i\in E^k\}$.

Let $\overline{G_3}=G_3\cap G_3^{2\sim3}$, then by propositions 1[10], it is not difficult to prove $U(R(G_3))\subset U(R(\overline{G_3}))$. By proposition 7[10], $\langle i,i,i\rangle\in\overline{G_3}$, $i=0,\cdots,k-1$. By the normlity of $R(G_3)$ we have $U(R(G_3))\subset U(R(\overline{G_3^{1,2}}))=P_k$.

① If in $\overline{G_3^{1,2}}$ existts a sequence containing 2 different elements, then by proposition 1, for arbitrary a_1,a_2 there exists a in E^k so that $\langle a_1,a_2,a\rangle\in\overline{G_3}\subset G_3$, thus from 1), $\overline{G_3}=G_3$.

② If $\overline{G_3^{1,2}}$ does not include any sequence containing 2 different elements, then by $\langle i,i,i\rangle\in\overline{G_3}$ and 1) we can infer $\overline{G_3}=\{\langle i,i,i\rangle\mid i\in E^k\}$.

6) If $R(G_3)=R(G_3^{2\sim3})$, then $U(R(G_3))\subset L_G$.

Asstane that $\langle a_1,a_2,a_3,a_4\rangle\in G_4$. From the definition of G_4, $\langle a_3,a_4,a_1,a_2\rangle\in G_4$. For a_1,a_3 by 1) we have $\langle a,a_1,a_3\rangle\in G_3$, thus by $G_3=G_3^{2\sim3}$ we have $\langle a,a_3,a_1\rangle\in G_3$. Therefore, by thedefinition of G_4 we have $\langle a_3,a_1,a_1,a_3\rangle\in G_4$, thus by $\langle a_3,a_4,a_1,a_2\rangle\in G_4$ we have $\langle a_1,a_2,a_3,a_4\rangle\in\overline{G_4}$. i. e. $G_4\subset\overline{G_4}$. Suppose that $\langle a_1,a_2,a_3,a_4\rangle\in\overline{G_4}$. By 1), for a_1,a_2 there exists a in E^k, so that $\langle a,a_1,a_2\rangle\in G_3$, for a,a_3 there exists b in E^k, so that $\langle a,a_3,b\rangle\in G_3$. Therefore by the definition of G_4 we have $\langle a_1,a_2,a_3,b\rangle\in G_4\subset\overline{G_4}$, thereby by 4) $v=a_4$ i. e. $\overline{G_4}\subset G_4$. Thus $G_4=\overline{G_4}$.

From E^k arbitrarily take one element which is denoted by 0. By 4), for any two elements a,b within E^k and 0, there exists and only exists one element c in E^k so that $\langle 0,c,a,b\rangle\in\overline{G_4}=G_4$, such c may be defined as sum of a,b, i. e. $a+b=c$. By $G_3=G_3^{2\sim3}$ we can infer ① $a+b=b+a$. By 2), for arbitary a, we have ②

$a+0=a$. By 4), for arbitrary a, we have b, so that $\langle 0,0,a,b\rangle\in\overline{G_4}=G_4$, i. e. ③ $a+b=0$. Now prove

$$\langle a_1,a_2,a_3,a_4\rangle\in\overline{G_4}=G_4\Leftrightarrow a_1+a_2=a_3+a_4. \tag{16}$$

If $\langle a_1,a_2,a_3,a_4\rangle\in G_4$, then there exists a in E^k, so that $\langle a,a_1,a_2\rangle$, $\langle a,a_3,a_4\rangle\in G_3$. By 1) we have c, so that $\langle a,0,c\rangle\in G_3$. Therefore, we have $\langle 0,c,a_1,a_2\rangle$, $\langle 0,c,a_3,a_4\rangle\in G_4$ thus $a_1+a_2=a_3+a_4$. Otherwise, if $a_1+a_2=c=a_3+a_4$, then by the definition of addition's operation we have $\langle 0,c,a_1,a_2\rangle$, $\langle 0,c,a_3,a_4\rangle\in G_4$, thereby there exist a,b in E^k, so that $\langle a,0,c\rangle$, $\langle a,a_1,a_2\rangle$, $\langle b,0,c\rangle$, $\langle b,a_3,a_4\rangle\in G_3$. Therefore, by 1) we have $a=b$, thus, by the definition of G_4 we have $\langle a_1,a_2,a_3,a_4\rangle\in G_4$.

Suppose that $a,b,c\in E^k$. Obviously, $\langle 0,a+b,b,a\rangle$, $\langle 0,b+c,b,c\rangle\in G_4$, thereby $\langle a+b,c,a,b+c\rangle\in\overline{G_4}=G_4$. By (16) we have ⅳ) $(a+b)+c=a+(b+c)$.

By ①~④ we have proved that for above mentioned operation of addition E^k forms an abelian group under addition, which is denoted by G. From formula (16) we can infer $U(R(G_3))\subset U(R(G_4))=L_G$.

7) $U(R(G_3))\subset L_G$.

① Assume that $G_4^*(x_1=x_2,x_3=x_4)\subset\overline{G_4}$.

Suppose that $R(\widetilde{G_4})$ is the greatest sub-relation having symmetry in $R(\overline{G_4})$. By proposition 3[10] and 2), we have $U(R(\overline{G_4}))\subset(R(\widetilde{G_4}))$, $G_4(x_i=x_i,x_h=x_g)\subset\widetilde{G_4}(i\neq j\neq h\neq g,i,j,h,g=1,\cdots,4)$ and $G_4^*(x_i=x_j=x_h)(i\neq j\neq h,i,j,h=1,\cdots,4)$ have not any element contained in $\widetilde{G_4}$. Now we prove that $G_4^*(x_i=x_i)(i\neq j,i,j=1,\cdots,4)$ have not any element contained in $\widetilde{G_4}$. Otherwise, by symmetry of $R(\widetilde{G_4})$, without loss of generality we may assume that $\langle a,a,b,c\rangle\in\widetilde{G_4}\cap G_4(x_1=x_2)=G_4'$, $a\neq b\neq c$. It is not difficult to prove that $U(R(\widetilde{G_4}))\subset U(R(G_4'))\subset U(R(G'^{2,3,4}_4))$. For $R(G'^{2,3,4}_4)$: by $\langle a,a,b,c\rangle\in G_4'$, we have $\langle a,b,c\rangle\in G'^{2,3,4}_4$; by $G_4(x_1=x_2,x_3=x_4)\subset G_4'$ we have $G_3(x_2=x_3)\subset G'^{2,3,4}_4$; because $\widetilde{G_4}\cap G_4^*(x_i=x_j=x_h)$ are empty sets, we can infer that $G_3^*(x_1=x_2)$, $G_3^*(x_1=x_3)$ have not any element contained in $G'^{2,3,4}_4$. Therefore, by proposition 1, $U(R(G'^{2,3,4}_4))<P_k$, thus because $R(G_3)$ is normal and simplicial, we can also have

that $R(G'^{2,3,4}_4)$ is normal and simplicial. However, by proposition 6, $U(R(G'^{2,3,4}_4)) \subset T_{D^r} < P_k$, which is discrepant.

Obviously, we can construct a function of two variables which does not belong to $U(R(\widetilde{G_4}))$, i. e. $U(R(\widetilde{G_4})) < P_k$, thereby from simplicity of $R(G_3)$ we know $R(\widetilde{G_4})$ is also simplicial. According to the last proof of proposition 7 we may have

$$U(R(G_3)) \subset U(R(\widetilde{G_4})) = L_G.$$

② Suppose that there is a sequence $\langle a,a,b\rangle \notin \overline{G_4}$, $a \neq b$ in G_4^* $(x_1 = x_2, x_3 = x_4)$.

Assume that $R(\widetilde{G_4})$ is the greatest in $R(\widetilde{G_4})$ sub-relation having symmetry for 3, 4 terms. By proposition 3[10] and 2), we have $U(R(\overline{G_4},)) \subset U(R(\widetilde{G_4}))$, $G_4(x_1 = x_3, x_2 = x_4)$, $G_4(x_1 = x_4, x_2 = x_3) \subset \widetilde{G_4}$, and $G_4^*(x_i = x_j = x_h)$ $(i \neq j \neq h, i,j,h = 1,\cdots,4)$ have not any element contained in $\widetilde{G_4}$. Obviously, $\langle a,a,b,b\rangle \notin \widetilde{G_4}$.

a) Suppose that $\widetilde{G_4} < \overline{G_4}$, i. e. there is a sequence $\langle a_1,a_2,a_3,a_4\rangle \notin \widetilde{G_4}$ in $\overline{G_4}$.

From proposition 2[10], $U(R(\widetilde{G_4})) \subset U(R(\widetilde{G^{1,2,3}_{4,4}}))$. For $R(\widetilde{G^{1,2,3}_4})$: by 4) and $\langle a_1,a_2,a_3,a_4\rangle \notin \widetilde{G_4}$ we have $\langle a_1,a_2,a_3\rangle \notin \widetilde{G^{1,2,3}_4}$; by $G_4(x_1 = x_3, x_2 = x_4)$, $G_4(x_1 = x_4, x_2 = x_3) \subset \widetilde{G_4}$ we have $G_3(x_1 = x_3)$, $G_3(x_2 = x_3) \subset \widetilde{G^{1,2,3}_4}$. Therefore, we can construct a function of two variables which does not belong to $U(R(\widetilde{G^{1,2,3}_4}))$, i. e. $U(R(\widetilde{G^{1,2,3}_4})) < P_k$, thereby because $R(G_2)$ is normal and simplicial and $U(R(G_3)) \subset U(R(\widetilde{G^{1,2,3}_4}))$ we can have that $R(\widetilde{G^{1,2,3}_4})$ is normal and simplicial. Hence, by propositiosn 5, 7,

$$U(R(G_3)) \subset U(R(\widetilde{G^{1,2,3}_4})) \subset L_G.$$

b) Suppose that $\overline{G_4} = \widetilde{G_4}$.

Let $G'_4 = \overline{G_4} \cap G_4(x_1 = x_2)$, it is easily to prove $U(R(\overline{G_4})) \subset U(R(G'_4))$. By 4) and $\overline{G_4} = \widetilde{G_4}$, for a, b there exists c in E^k so that $\langle a,a,b,c\rangle$, $\langle a,a,c,b\rangle \in \overline{G_4}$. Because $\langle a,a,b,b\rangle$, $(a,a,b,a) \notin \overline{G_4}$ therefore $c \neq a, b$, thereby $a \neq b \neq c$. For $R(G'^{2,3,4}_4)$: obviously $\langle a,b,c\rangle$, $\langle a,c,b\rangle \in G'^{2,3,4}_2$; by proposition 2[10], $U(R(G_3))$

$\subset U(R(G_4'))\subset U(R(G'^{2,3,4}_4))$; by $\langle a,a,b,b\rangle\notin\overline{G_4}$ we have $\langle a,b,b\rangle\notin G'^{2,3,4}_4$. Therefore, by proposition 1, $U(R(G'^{2,3,4}_4))<P_k$ thus because $R(G_3)$ is normal and simplicial, we can have that $R(G'^{2,3,4}_4)$ is normal and simplicial. Furthermre, because $G_4^*(x_1=x_2=x_3)$, $G_4^*(x_1=x_2=x_4)$ have not any element contained in $\overline{G_4}$ we can get that $G_3^*(x_1=x_2)$, $G_3^*(x_1=x_3)$ have not any element contained in $G'^{2,3,4}_4$; by proposition 6[10] and $(a,b,b)\notin G'^{2,3,4}_4$, we can get that $G_3^*(x_2=x_3)$ has not any element contained in $G'^{2,3,4}_4$. Let $\overline{G_3}=G'^{2,3,4}_4$, we have: $U(R(G_3))\subset U(R(\overline{G_3}))$: $R(\overline{G_3})$ is normal and simplicial and each subset in 1^* group has not any element contained in $\overline{G_3}$; $\langle a,b,c\rangle$, $\langle a,c,b\rangle\in\overline{G_3}$, $a\neq b\neq c$. Therefore, by 5), 6) we have $U(R(\overline{G_3}))\subset L_G$.

By the proofs of ① and a), b) of b) we can have $U(R(G_3))\subset L_G$.

According to propositions 5～8 we can obtain the following theorem:

Theorem 2. If $k\geqslant 4$, $R(G_3)$ is normal, then $U(R(G3))\subset L_G$ or $T_{D^r}(<P_k)$.

3.4 Fundamental theorem

By theorems 1[9], 2[9], 5[10] and theorems 1, 2 we have proved that the following theorem is established.

Fundamental theorem. While $k\geqslant 3$, an arbitrary maximal closed set in P_k must be a linear function set L_G, or a monotonic function set M, or a self-dual function set S_σ, or a T-type set $T_{E,O}$, or a T_{D^r} set of functions preserving a partition D^r.

We say that an h-ary relation ρ on E^k is central if $\rho\neq(E^k)^h$ and there is $\varnothing<c<E^k$ such that

1) $a_j\in c\Rightarrow(a_0,\cdots,a_{h-1})\in\rho$, for every $j=0,\cdots,h-1$;

2) $(a_0,\cdots,a_{h-1})\in\rho\Rightarrow\langle a_{S(0)},\cdots,a_{S(h-1)}\rangle\in\rho$, for every permutation S of $E_h=\{0,1,\cdots,h-1\}$;

3) $a_i=a_j\Rightarrow(a_0,\cdots,a_{h-1})\in\rho$, for every $0\leqslant i<j<h-1$.

Note that every unary relation C distinct from $\varnothing$ and E^k is central.

Let $2<h\leqslant k$ and let $m\geqslant 1$. We say that the family $T\{\theta_0,\cdots,\theta_{m-1}\}$ of epuivalence relations on E^k is h-regular if

1) each θ_j has h equivalence classes $(j=0,\cdots,m-1)$

2) the intersection $\bigcap_{j=0}^{m-1}\varepsilon_j$ of arbitrary equivalence classes ε_j of θ_j $(j=0,$

$\cdots, m-1$) is nonempty.

The relation determined by T is the relation λ_T of all $(a_0, \cdots, a_{h-1}) \in (E^k)^h$ having the property that for each $0 \leqslant j \leqslant m-1$ at least two elements among a_0, $\cdots, a_{h-1}$ are equivalent in θ_j.

Theorem. [12] Each maximal closed set in P_k is of the form Pol ρ where ρ is one of the followirg relations on E^k:

1) Every partial order on E^k with a least and greatest element.

2) Every relation $\{\langle x, S(x)\rangle \mid x \in E^k\}$ where S is a permutation of E^k with k/p cycles of the same prime length p.

3) Every quaternary relation $\{\langle a_0, \cdots, a_3\rangle \in (E^k)^4 \mid a_0 + a_1 = a_2 + a_3\}$ where $\langle E^k, +\rangle$ is a p-elementary abelian group $\langle p$ prime$\rangle$.

4) Every non-trivial equivalence relation on E^k.

5) Every central relation on E^k.

6) Every relation λ_T determined by an h-regular family T of equivalence relations on $E^k (h>2)$.

A set $X \subseteq P_k$ is complete if and only if for every relation described under 1)~6)above there exists an $f \in X$ not preserving ρ.

A function $f \in P_k$ is said to be Sheffer[15] if $\{f\}$ is complete in P_k.

Let $A = \{\{\langle x, S(x)\rangle \mid x \in E^k\} \mid S$ is a permutation of E^k with k/p cycles of prime length $p\}$, $B = \{p \mid \emptyset < \rho < E^k\}$ and $Q = \{\theta \mid \theta\}$ nontrivial equivalence relation on E^k, and let

$$G = U\{\text{Pol } \rho \mid \rho \in A \cup B \cup Q\}.$$

Rousseau[16] applied the completeness criterion to $\{f\}$ and obtained the following strikingly simple result.

Theorem. A function $f \in P_k$ is Sheffer if and only if $f \notin G$.

In other words, the maximal closed sets Pol $\rho\{\rho \in A \cup B \cup Q\}$ form a cover of the set of all maximal closed sets. Kudrjavcev[17] proved that the cover is the only irreducible cover. This also follows from a somewhat stronger result by P. Schofield[13] who proved the following theorem.

Theorem. A maximal closed set H in P_k has a Sheffer function in H if and only if $H = $ Pol ρ, were $\rho \in A \cup B \cup Q$.

References

[1] Post E L. The two-valued iterative systems of mathematical logic[J] . Annals of Mathematics Studies,1941,5(5):1—22.

[2] Jablonskiĭ S V. Functional constructions in a *k*-valued logic(Russian)[J]. Trudy Math Inst Steklov,1958(51):5—142.

[3] Martynjuk V V. Investigation of certain classes of functions in many-valued logics(Russian)[J]. Problemy kibernet. ,1960(3):49—60.

[4] Salomaa A. Some completeness criteria for sets of function over a finite domain. Ⅰ, Ⅱ [J]. Turun Ylopiston Julkaisuja Annales Universitatis Turkuensis, Saria A, 1962(53): 1—9;1963:1—19.

[5] 庞云阶. 在多值逻辑中求全部极大封闭集的一个能行方法[J]. 吉林大学自然科学学报, 1962(2):99—102.

[6] 王湘浩. 有限集合上缺值及不缺值函数的结构理论[J]. 吉林大学自然科学学报,1963(2):295—318.

[7] 罗铸楷. 关于保分划之函数集的极大封闭性(Ⅰ)[J]. 吉林大学自然科学学报,1963(2):105—116.

[8] 罗铸楷. 线性函数集和环的极大封闭性[J]. 吉林大学自然科学学报,1963(2):1—14.

[9] 罗铸楷,刘叙华. 在多值逻辑中二项关系所确定的极大封闭集[J]. 吉林大学自然科学学报,1963(4):27—33.

[10] 罗铸楷. 在 *k* 值逻辑中正规 *k* 项关系所确定的极大封闭集[J]. 吉林大学自然科学学报, 1964(3):39—50.

[11] Rosenberg I. La structure des fonctions de plusieurs variablessur un ensemble fini[J]. Comptes rendus hebdomadaires des séances de l Académie des sciences, 1965(260): 3817—3819.

[12] Rosenberg I. Uber die functionale vollstandigkeit in der mehrwertigen logiken[J]. Rozpravy Ceskoslovenske Akaal Ved,1970,80(3):3—93.

[13] Luo Z K. The problem of determination of all maximal closed sets in many-valued logics [J]. Acta mathematica Sinica,1980(23):152—156.

[14] Rine D C. Computer science and multiple valued logic[M]. New York: North-Holland Publishing Company,1977.

[15] Sheffer H M. A Set of Five Independent Postu1ates for Boolen Algebras with Application to Logical Constants[J]. Trans Am Math Soc,1983(14):481—488.

[16] Rousseau G. Completeness in finite algebras with a single soperation[J]. Proc Amer Math,1967,18:1009—1013.

[17] Kudrjavcev V B. The coverings of precomplete classes of *k*-valued logic(Russian)[J]. Diskret Analiz,1970(17):32—44.

[18] Schofield P. Independent conditions for completeness of finite algebras with a single generator[J]. J London Math Soc,1969(44):413—423.

群和线性半群的准完备性

在多值逻辑理论中，函数系统完备性之制定问题是一个基本而重要的问题，同时，也是多值计算机理论中应需解决的问题. 对于常用的代数系统中环，域，布尔代数的完备性问题已经完全解决. 本文定出了群完备和准完备的充要条件. 同时，还较详尽地讨论了线性半群中的完备性问题，定出其所有的准完备类(即极大封闭集).

1. 群的完备性和准完备性

设 $E_k=\{0,1,\cdots,k-1\}$，我们将 E_k 上所有完全 k 值逻辑函数之集合记为 P_k.

设函数 $f^*(x,y)=x*y\in P_k$ 具有下列性质：

1) 对任意 $a\in E_k$，$a*y$，$x*a$ 皆是置换；

2) 有 $e\in E_k$ 使得 $e*x=x*e=x$.

定理 1 设 $A=\{f^*(x,y),0,1,\cdots,k-1\}$，$A$ 是完备集必要而且只要 $f^*(x,y)$ 是非线性函数且不保非平凡的等价关系.

证明 必要性显然成立.

充分性.

1) 设 S_σ 是一个自对偶函数集，其中，$\sigma(0)=1$. 取 $f(x)=1$，显然 $\sigma^{-1}f\sigma(0)=0$，$f(0)=1$. 因此，$1\notin S_\sigma$.

2) 设 $E\subset E_k$，有 $a\in E_k$ 而 $a\notin E$. 因此，函数 $f(x)=a\notin T_E$.

3) 设 M 是一个极大的单调函数集，有 $f^*(x,y)\notin M$.

设 a 是部分序集 E_k 中的极小元素，作直接分划如下：

$$E_k=E+\{a\}. \tag{1}$$

如果 $f^*(x,y)\in M$，则 $a*a\leqslant f(a,a)\leqslant f(a,e)=a*e=a$，从而 $a*a=a$. 因为 $a*y$ 是置换，所以 $a=e$. 同时，对任意 $b,c\in E$ 有 $b*e=f(b,e)\leqslant f(b,$

$c) = b * c$,从而 $b * e < b * c$. 因此,$f(b,c) \in E$,从而可推得 $f^*(x,y)$ 保等价关系式(1),此为矛盾. 故 $f^*(x,y) \notin M$.

4) 除直接分划外,$f^*(x,y) \notin T_{D^h}, h \geqslant 2$.

设 $h = 2$. 于是,由文[2]可知,T_{D^h} 是极大封闭集必要而且只要 D^h 是直接分划或具有中心的分划.

设 D^2 是一个具有中心的分划,其中心为 $E, c \in E \subset E_k$. 如果 $f^*(x,y) = x * y \in T_{D^2}$,则对任意 $a \in E_k, a * x \in T_{D^2}$,从而对任意 $b \in E_k, a * b, a * c$ 保分划 D^2. 这样,由 $a * x$ 是置换可推得 $a * c \in E$. 因此,$i * c \in E, i = 0,1,\cdots,k-1$,此与 $E \in E_k$ 相矛盾,故 $f^*(x,y) \notin T_{D^2}$.

设 $h \geqslant 3$,下证 $f^*(x,y) \notin T_{D^h}$.

设有含 e 的 h 项序列 $\langle e,a_2,\cdots,a_h\rangle \notin D^h$. 显然,$\langle e,e,a_3,e,\cdots,e\rangle, \langle e,a_2,e,a_4,\cdots,a_h\rangle \in D^h$,而 $\langle e*e, e*a_2, a_3*e, e*a_4,\cdots,e*a_h\rangle = \langle e,\alpha_2,\cdots,a_h\rangle \notin D^h$. 因此,$f^*(x,y) \notin T_{D^h}$.

设含 e 的任意 h 个元素皆包含在 D^h 中,取 $\langle a_1,\cdots,a_h\rangle \notin D^h$. 显然,$\langle e,a_2,\cdots,a_h\rangle, \langle a_1,e,\cdots,e\rangle \in D^h$,而 $\langle e*a_1, a_2*e,\cdots,a_h*e\rangle = \langle a_1,\cdots,a_h\rangle \notin D^h$. 因此,$f^*(x,y) \notin T_{D^h}$.

至此,根据文[3]中的基本定理可得 A 是完备集.

设 $G = \{a_1,\cdots,a_k\}$ 是一个群,$f(x,y) = xy$ 是其运算函数. G 说是完备的,如果 $\{f(x,y),a_1\cdots,a_k\}$ 是实备集;G 说是准完备的,如果 G 不完备且对任意 $g(x_1,\cdots,x_n) \notin \langle f(x,y),a_1,\cdots,a_n\rangle$ 皆有 $\{f(x,y),a_1,\cdots,a_k,g(x_1,\cdots,x_n)\}$ 完备.

定理 2 设 G 是一个群,G 是完备的必要而且只要 G 是非交换且单纯.

证明 必要性.

设 G 是交换的,G 是一个加法群,由文[1]可知,线性函数集 L_G 中包含 $x + y, a_1,\cdots,a_k$,且 $L_G < P_k$,此为矛盾. 因此,G 非交换.

设 G 是非单纯的,G 有真子正规群 N,$\{e\} \subset N \subset G$. 按正规子群 N 可将 G 分为一些陪集的直接和:

$$G = N_0 \cup N_1 \cup \cdots \cup N_m. \tag{2}$$

其中,$N_0 = N$.

设 $f(x,y) = xy$ 是 G 的运算函数. 任取 $a_1,a_2 \in N_i, b_1,b_2 \in N_j$,显然,有 $h, k \in N$ 使 $a_2 = a_1 h, b_2 = b_1 k$. 于是,

$$f(a_1,b_1) = a_1 b_1, \quad f(a_2,b_2) = a_2 b_2 = a_1 b_1 h', \quad h' \in N.$$

从而 $f(a_1,b_1)$，$f(a_2,b_2)$ 同属于某一个 N_r 中. 因此，$f(x,y)$ 保等价关系式(2)，此为矛盾. G 是单纯的.

充分性.

1) $f(x,y)=xy$ 不是线性函数.

设 $f(x,y)$ 是线性函数，由线性函数集的极大封闭性可知，此时 G 又是一个初等加法群.

如果群 G 中的单位元 e 与加法群 G 中的零元素 o 相同，则由

$$f(a,o)+f(o,b)=f(a,b)+f(o,o)\Rightarrow a+b=ab,$$

$$f(b,0)+f(o,a)=f(b,a)+f(o,o)\Rightarrow b+a=ba.$$

从而 G 是交换的，此为矛盾的. 因此，$o\neq e$.

任取 $a\in G$，由

$$f(o,a)+f(e,o)=f(e,a)+f(o,o)\Rightarrow oa=a+o\cdot o,$$

$$f(a,o)+f(o,e)=f(a,e)+f(o,o)\Rightarrow ao=a+o\cdot o.$$

从而 $oa=ao$，即 o 与 G 中任意元可换. 因此，$o,e\in N$，N 是群 G 的中心，$N\subset G$，此为矛盾的，故 $f(x,y)$ 不是线性函数.

2) $f(x,y)=xy$ 不保等价关系.

设 $f(x,y)$ 保非平凡的直接分划：

$$E_k=A_1+\cdots+A_n,\quad A_i\cap A_j=\varnothing,\quad i\neq j,i,j=1,\cdots n \tag{3}$$

不妨假设 $e\in A_1$. $A_1,\cdots,A_m$ 是 $A_1,\cdots,A_n$ 中所有元数为 $|A_1|$ 的集合，令

$$E=A_1+\cdots+A_m.$$

① 设 $E_x=E$，即 $E=A_1+\cdots+A_n$，A_1 是 G 的真子正规群.

对任意 $a,b\in A_1$，显然，$f(e,a)=a\in A_1$，由 $f(x,y)$ 保分划(3)有 $f(a,b)=ab\in A_1$.

任取 $g\in G$，显然 $g\in gA_1\cap A_1g$. 设 $g\in A_r$，由 gx 保分划(3)有 $gA_1=A_r$；由 xg 保分划(3)有 $A_1g=A_r$. 因此，$A_1g=gA_1$. 故 A_1 是 G 的真子正规群.

② 设 $E\subset E_k$，E 是 G 的真子正规群.

先证 $|E|\geqslant 2$. 显然，若 $|A_1|\geqslant 2$，则 $|E|\geqslant 2$. 设 $A_1\{e\}$，取 $a\in E_k$，$a\neq e$，有 $b\in A_i$，使 $ab=e$. 依此，如果 A_i 中还有另一元素 c，则由 ax 保分划(3)有 $ac\in A_1$，此为矛盾. 因此 $A_i=\{b\}$，从而 $|E|\geqslant 2$.

任取 $g\in E_k$ 及 A_i，$1\leqslant i\leqslant m$. 由置换 gx 保分划(3)有 A_j，$1\leqslant j\leqslant m$ 使 $gA_i=A_j$，从而 $gE=E$. 同理 $Eg=E$，因此，$gE=Eg$ 且对任意 $a,b\in E$ 有 $ab\in$

E(因为 $aE=E$),故 E 是 G 的真子正规群.

由 ① 和 ② 可知,$f(x,y)$ 不保非平凡的等价关系.

由定理 1 及 1) 和 2) 可得,G 是完备的.

由定理 2 可得,n 次交代群 $A_n(n\geqslant 5)$ 是完备的.

定理 3 设 G 是一个交换群,G 是准完备必要而且只要 G 是 P 元群,其中,P 是质数.

证明 充分性.

设 G 是 P 元群. 于是,$x+y,0,1,\cdots,P-1$ 能迭合出所有的一元线性函数:$ax+b(a,b\in k_p)$. 由文[1] 可知,对任意线性函数 $f(x_1,\cdots,x_n)$,有

$$f(x_1,\cdots,x_n)=f_n(x_n)+\cdots+f_1(x_1).$$

其中,$f_i(x_i)$ 是一元线性函数 $i=1,\cdots,n$. 因此,

$$\langle x+y,0,1,\cdots,P-1\rangle=L_G.$$

故 G 是准完备的.

必要性.

因为 G 是交换解,所以 $x+y,0,\cdots,k-1\in L_G$. 若 G 是准完备,则 $\langle x+y,0,\cdots,k-1\rangle=L_G$,从而 L_G 是极大封闭集. 依此,由文[1] 可知,L_G 中一元函数之个数为 k^{n+1},且 $k=p^n$. 而 $\langle x+y,0,1,\cdots,k-1\rangle$ 中的所有一元函数为 $ax+b(a,b\in E_k)$,共 k^2 个. 因此,$k^{n+1}=k^2$,从而 $n=1,k=p$. 故 G 是 p 元群.

设 E_k 是一个乘法群,$f(x_1,\cdots,x_n),g(x_1,\cdots,x_n)\in P_k$. 定义函数 $F(x_1,\cdots,x_n)$ 为 $f(\alpha_1,\cdots,\alpha_n)=f(\alpha_1,\cdots,\alpha_n)g(\alpha_1,\cdots,\alpha_n)$,对任意 $\alpha_1,\cdots,\alpha_n\in E_k$. $F(x_1,\cdots,x_n)$ 称为 $f(x_1,\cdots,x_n)$ 和 $g(x_1,\cdots,x_n)$ 的乘积. $g(x_1,\cdots,x_n)$ 是 $f(x_1,\cdots,x_n)$ 的逆,如果 $f(x_1,\cdots,x_n)g(x_1,\cdots,x_n)=e$. 易证 P_k 对如此的函数乘法是一个群.

设 N 是群 G 的一个正规子群,可将 G 分为一些陪集的直接和:

$$G=N_0+N_1+\cdots+N_m,\quad N_0=N. \tag{4}$$

P_k 中所有保此分划函数之集合记为 $T_{N_0,\cdots,N_m}$,$T_{N_0,\cdots,N_m}$ 是封闭集.

命题 1 $T_{N_0,\cdots,N_m}$ 是 P_k 中的乘法子群.

证明 易证$\{xy,a_1,\cdots,a_k\}\subseteq T_{N_0,\cdots,N_m}$,设 $f(x_1,\cdots,x_n),g(x_1,\cdots,x_n)\in T_{N_0,\cdots,N_m}$,由 $xy\in T_{N_0,\cdots,N_m}$ 有 $f(x_1,\cdots,x_n)g(x_1,\cdots,x_n)\in T_{N_0,\cdots,N_m}$.

设 $f(x_1,\cdots,x_n)\in T_{N_0,\cdots,N_m}$,定义函数 $g(x_1,\cdots,x_n)$ 如下:对任意 $\alpha_1,\cdots,\alpha_n\in G$,当 $f(\alpha_1,\cdots,a_n)=a$ 时,$g(\alpha_1,\cdots,\alpha_n)=a^{-1}$. 显然,$g(x_1,\cdots,x_n)$ 是 $f(x_1,\cdots,x_n)$ 的逆. 设值组$\tilde{\alpha}=(\alpha_1,\cdots,\alpha_n)$,$\tilde{\beta}=(\beta_1,\cdots,\beta_n)$ 保分划(4). 由 $f(x_1,\cdots,x_n)$

保分划(4) 有 $h \in N$ 使 $b = ah$，其中，$a = f(\tilde{\alpha})$，$b = f(\tilde{\beta})$，从而 $b^{-1} = h^{-1}a^{-1}$. 依此，$g(\tilde{\alpha})(= a^{-1})$，$g(\tilde{\beta})(= b^{-1})$ 保分划(4)，故 $g(x_1,\cdots,x_n) \in T_{N_0,\cdots,N_m}$.

设 G 是一个非交换群，N 是 G 的一个正规子群，$P_{k,N} = \{f(x_1,\cdots,x_n) \mid f(x_1,\cdots,x_n) \in P_k$ 且 $f(x_1,\cdots,x_n)$ 的函数值属于 $N\}$. G 说是对 N 完备，如果 G/N 完备且 $P_{k,N} \subseteq \langle xy, a_1,\cdots,a_k\rangle$(即 $P_{k,N}$ 完全能由函数 $xy, a_1,\cdots,a_{k-1}$ 迭合出来).

定理 4 设 G 是一个非交换群，G 准完备必要而且只要 G 恰有一个真正规子群 N 且 G 对 N 完备.

证明 必要性.

由定理 2 可知，G 不是单群，即 G 有真正规子群. 设 N, N' 是 G 的两个真正规子群，易证 $\{xy, a_1,\cdots,a_{k-1}\} \subseteq T_{N_0,\cdots,N_m} \cap T_{N'_0,\cdots,N'_n}$，由 G 的准完备性可得 $T_{N_0,\cdots,N_m} \cap T_{N'_0,\cdots,N'_n}$ 是准完备的，从而 $T_{N_0,\cdots,N_m} = T_{N'_0,\cdots,N'_n}$. 因此，可推得 $N = N'$. 故 G 恰有一个真正规子群.

由 G 的准完备性有 $\langle x\cdot y, a_1,\cdots,a_k\rangle = T_{N_0,\cdots,N_m}$. 显然，$P_{k,N} \subseteq T_{N_0,\cdots,N_m}$ 从而 $P_{k,N} \subseteq \langle xy, a_1,\cdots,a_k\rangle$.

设 $G/N = \{\overline{\alpha_1},\cdots,\overline{\alpha_h}\}$，$\sigma$ 是 G 到 G/N 上的同态映射，即 $G \overset{\sigma}{\sim} G/N$. 令 P_h 是 G/N 上所有 h 值逻辑函数作成之集合. 取 $f(x_1,\cdots,x_n) \in T_{N_0,\cdots,N_m}$，在 G/N 上定义函数，$f^*(x_1,\cdots,x_n)$ 如下：

$$f^*(\overline{\alpha_1},\cdots,\overline{\alpha_n}) = \sigma(f(\alpha_1,\cdots,\alpha_n)) = \overline{f(\alpha_1,\cdots,\alpha_n)}, \quad A\,\overline{\alpha_1},\cdots,\overline{\alpha_n} \in G/N.$$

其中，$\alpha_i \in G$ 且 $\sigma(\alpha_i) = \overline{\alpha_i}$，$i = 1,\cdots,n$. 易证，$f^*(\overline{\alpha_1},\cdots,\overline{\alpha_n})$ 与 $\alpha_1,\cdots,\alpha_n$ 的选择无关. 定义 $T_{N_0,\cdots,N_m}$ 到 P_h 的映射 σ^* 为 $f(x_1,\cdots,x_n) \xleftarrow{\sigma^*} f^*(x_1,\cdots,x_n)$，即

$$\sigma^*(f(x_1,\cdots,x_n)) = f^*(x_1,\cdots,x_n).$$

显然，σ^* 键是 σ 的一个扩充.

设 $f(x_1,\cdots,x_n), g(x_1,\cdots,x_n) \in T_{N_0,\cdots,N_m}$，$\sigma^*(f(x_1,\cdots,x_n)) = f^*(x_1,\cdots,x_n)$，$\sigma^*(g(x_1,\cdots,x_n)) = g^*(x_1,\cdots,x_n)$，对任意 $\alpha_1,\cdots,\alpha_n \in G$，有

$$\sigma^*(f(\alpha_1,\cdots,a_n)g(\alpha_1,\cdots,a_n)) = \alpha^*(f(\alpha_1,\cdots,\alpha_n))\sigma^*(g(\alpha_1,\cdots,\alpha_n)).$$

从而，$\sigma^*(f(x_1,\cdots,x_n)g(x_1,\cdots,x_n)) = \sigma^*(f(x_1,\cdots,x_n))\sigma^*(g(x_1,\cdots,x_n))$.

故 σ^* 是 $T_{N_0,\cdots,N_m}$ 到 P_h 上的同态映射. 依此，由 $\langle xy, a_1,\cdots,a_k\rangle = T_{N_0,\cdots,N_m}$ 不难推得 $\langle x * y, \overline{a_1},\cdots,\overline{a_h}\rangle = P_h$，其中，$x * y = \sigma^*(xy)$，即 G/N 是完备的.

充分性.

由上之讨论，乘法群 $T_{N_0,\cdots,N_m} \overset{\sigma^*}{\sim} P_h$，易证 σ^* 的同态核为 $P_{k,N}$. 于是，

$$P_h \cong \frac{T_{N_0,\cdots,N_m}}{P_{k,N}},$$

$$T_{N_0,\cdots,N_m} = P_{k,N} + H_1 + \cdots + H_n + \cdots(\text{直接和}),$$

其中，H_i 是 $T_{N_0,\cdots,N_m}$ 对正规子群 $P_{k,N}$ 的陪集，$i = 1,2.$

设 $\sigma^*(H_i) = f_i^*(x_1,\cdots,x_n)$，由假设 G/N 完备，即 $\langle x * y, \overline{a_1},\cdots,\overline{a_h}\rangle = P_h$，$f^*{}_i(x_1,\cdots,x_n)$ 可由函数 $x * y, \overline{a_1},\cdots,\overline{a_h}$ 迭合出来，取 $a_j \in G$ 使 $\sigma(a_j) = \overline{a_j}, j = 1,\cdots,h$，在其表达式中将 $\overline{a_j}$ 换成 a_j，“$*$”换成“$\cdot$”，$j = 1,\cdots,h$，便得另一函数 $f_i(x_1,\cdots,x_n)$. 易证，$f_i(x_1,\cdots,x_n) \in T_{N_0,\cdots,N_m}$，且 $\sigma^* f(x_1,\cdots,x_n)) = f_i^*(x_1,\cdots,x_n)$，从而 $f_i(x_1,\cdots,x_n) \in H_i$. 依此，$H_i = f_i(x_1,\cdots,x_n)P_{k,N}$，从而

$$H_i \subseteq \langle xy, a_1,\cdots,a_k\rangle, \quad i = 1,2,\cdots.$$

故 $T_{N_0,\cdots,N_m} = \langle xy, a_1,\cdots,a_k\rangle$. 这样，由文[2] 可知，$T_{N_0,\cdots,N_m}$ 是极大封闭集，可得 G 是准完备的.

2. 线性半群的完备性和个数

设 G 是一个 k 元加法群，由文[1] 线性函数集可知，L_G 是 P_k 中的极大封闭集必要而且只要 G 是初等加法群. 在 G 中适当地定义乘法可使 G 成为一个域，这样，P_k 中任意函数可唯一地表示为一个多项式，其中，变量的方次小于 k.

设 L_S 是 L_G 中所有一元函数之集合. 显然，L_S 在复合运算下是一个半群，此即称为线性半群. 由文[1] 可知，L_S 中任意线性函数 $f(x)$ 可唯一地表示为：

$$f(x) = a_n x^{p^{n-1}} + \cdots + a_2 x^p + a_1 x + a_0, \quad a_i \in G, i = 0,1,\cdots,n.$$

其中，$k = p^n$. 据此，$|L_S| = p^{n^2+n}$.

显然，我们可以将有限域 G 看成是质域 $R_p = \{0,1,\cdots,p-1\}$ 上的向量空间，当 $|G| = p^n$ 时，其维数为 n. G 中的元素也可用 n 元向量来表示，即

$$G = \{(x_1,\cdots,x_n) \mid x_i \in R_p, i = 1,\cdots,n\}.$$

设 $\boldsymbol{A}$ 是 R_p 上 $n \times n$ 的常量矩阵，$\boldsymbol{X}$ 是 R_p 上 $n \times 1$ 变量矩阵. 于是，$\boldsymbol{AX} + \boldsymbol{B}$ 是一元线性函数，其中，$\boldsymbol{B}$ 是 R_p 上 $n \times 1$ 的常量矩阵. 易证，$\boldsymbol{AX} + \boldsymbol{B}$ 不同的个数为 p^{n^2+n}，从而

$$L_S = \{\boldsymbol{AX} + \boldsymbol{B} \mid \boldsymbol{A}, \boldsymbol{B} \text{ 分别是 } R_p \text{ 上的 } n \times n, n \times 1 \text{ 矩阵}\}.$$

设 L_p 是 L_S 中所有线性置换之集合，显然，L_p 是一个群，此即称为线性置换

群. 易证

$$L_p = \{\boldsymbol{AX} + \boldsymbol{B} \mid \boldsymbol{A} \text{ 是 } R_p \text{ 上的非奇异矩阵}\}.$$

定理 5 设 $M \subseteq L_S$，M 是 L_S 中的准完备类(即极大封闭集)必要而且只要 $M = L_p \cup W$ 或 $M = (L_S - L_p) \cup M^*$，其中，M^* 是 L_p 的极大子群，

$$W = \{f(x) \mid f(x) \in L_S \text{ 且 } f(x) \text{ 至多取 } p^{n-2} \text{ 个值}\}.$$

证明 充分性.

显然，$(L_S - L_p) \cup M^*$ 是 L_S 的极大封闭集.

设矩阵 $\boldsymbol{A}$ 的秩数为 r，于是，方程 $\boldsymbol{A}X = 0$ 的解向量空间 V 的维数为 $n-r$，从而 $|V| = p^{n-r}$. 易证，对任意 $n \times 1$ 矩阵 $\boldsymbol{B}$，有

$$\boldsymbol{A}X + \boldsymbol{B} = \boldsymbol{A}Y + \boldsymbol{B} \Leftrightarrow Y = X + \boldsymbol{C}, \quad \boldsymbol{C} \in V.$$

因此，一元线性函数 $\boldsymbol{A}X + \boldsymbol{B}$ 共取 p^r 个值.

设 $f(x) \notin L_S$ 而 $f(x) \notin (L_p \cup W)$；$f(x)$ 的向量表示为 $\boldsymbol{A}X + \boldsymbol{B}$. 于是 $f(x)$ 必取 p^{n-1} 个值，由上之讨论 $\boldsymbol{A}$ 的秩数为 $n-1$. 设 $\boldsymbol{C}X + D$ 是一个取 p^{n-1} 个值的函数，即 $\boldsymbol{C}$ 的秩数为 $n-1$. 于是，有非奇异矩阵 $\boldsymbol{P}$，$\boldsymbol{Q}$ 使 $\boldsymbol{PAQ} = \boldsymbol{C}$. 由

$$\boldsymbol{P}X, \boldsymbol{Q}X, \boldsymbol{A}X \in \langle (L_p \cup W, f(x)\rangle \Rightarrow \boldsymbol{PAQ}X = \boldsymbol{C}X \in \langle (L_p \cup W, f(x))\rangle,$$

再由 $X + D \in L_p$，有 $\boldsymbol{C}X + D \in \langle (L_p \cup W), f(x)\rangle$. 因此，$\langle (L_p \cup W), f(x)\rangle = L_S$. 故 $L_p \cup W$ 是极大封闭集.

必要性.

设 M 是 L_S 中的极大封闭集. 当 $M \cap L_p \subset L_p$ 时，易证 $M \cap L_p$ 是 L_p 的极大子群且 $M = (L_S - L_p) \cup (M \cap L_p)$.

当 $M \cap L_p = L_p$ 时，即 $L_p \subseteq M$. 设 M 中有一个函数 $f(x)$ 取 p^r 个值，由上之讨论 $f(x)$ 的向量表示 $\boldsymbol{A}X + \boldsymbol{B}$ 中 $\boldsymbol{A}$ 的秩数为 r. 仿充分性之证明可推得所有取 p^r 个值的函数均包含在 M 中.

设 $\boldsymbol{A}$，$\boldsymbol{C}$ 的秩数为 r，于是，有非奇异矩阵 $\boldsymbol{P}_1, \boldsymbol{P}_2, \boldsymbol{Q}_1, \boldsymbol{Q}_2$ 使

$$\boldsymbol{P}_1\boldsymbol{A}\boldsymbol{Q}_1 = \begin{bmatrix} \overbrace{\begin{matrix}1 & & \\ & \ddots & \\ & & 1\end{matrix}}^{r} & 0 \\ 0 & \begin{matrix}0 & & \\ & \ddots & \\ & & 0\end{matrix} \end{bmatrix}, \quad \boldsymbol{P}_2\boldsymbol{C}\boldsymbol{Q}_2 = \begin{bmatrix} 0 & & \\ & \overbrace{\begin{matrix}1 & & \\ & \ddots & \\ & & 1\end{matrix}}^{r} & 0 \\ 0 & & \begin{matrix}0 & & \\ & \ddots & \\ & & 0\end{matrix} \end{bmatrix}.$$

易证$(\boldsymbol{P}_1\boldsymbol{A}\boldsymbol{Q}_1)(\boldsymbol{P}_2\boldsymbol{C}\boldsymbol{Q}_2)$的秩数为 $r-1$ 且$(\boldsymbol{P}_1\boldsymbol{A}\boldsymbol{Q}_1)(\boldsymbol{P}_2\boldsymbol{C}\boldsymbol{Q}_2)X \in M$. 仿充分性

之证明可推得 M 中包含所有取 p^{r-1} 个值的函数.

如此继续下去便可推得：若 M 中包含一个取 p^r 个值的函数，则 M 中包含全部至多取 p^r 个值的函数. 因此，$M = L_p \cup W$. 设

$$H = \{\boldsymbol{A}X \mid \boldsymbol{A} \text{ 是非奇异的 } n \times n \text{ 矩阵}\},$$

$$k = \{X + \boldsymbol{B} \mid \boldsymbol{B} \text{ 是 } n \times 1 \text{ 矩阵}\}.$$

于是，k 是 L_p 的正则正规子群且是初等的交换群.

事实上，任取 $\boldsymbol{f} = \boldsymbol{A}X + \boldsymbol{B} \in L_p$，$X + \boldsymbol{C} \in k$，由 $\boldsymbol{f}^{-1} = \boldsymbol{A}^{-1}X - \boldsymbol{A}^{-1}\boldsymbol{B}$ 有 $\boldsymbol{f}^{-1}(X + \boldsymbol{C})\boldsymbol{f} = X + \boldsymbol{A}^{-1}\boldsymbol{C} \in k$，从而 k 是 L_p 的正规子群. 易证，k 是可迁群且对任意 $\alpha \in G$，$k_\alpha = e$. 因此，k 是正则群.

由文[5]之定理 11.3 可知，当 $p \neq 2$ 且 $k > 3$ 时，H 在 $G - \{0\}$ 上可迁但非本原.

易证 L_p 为 k 由 H 的半直积，即

1) $k \triangle L_p$； 2) $L_p = Hk$； 3) $H \cap k = \{e\}$.

命题 2 当 $p \neq 2$ 且 $k \neq 3$ 时，线性置换群 L_p 是 2 重可迁但非 3 重可迁的；当 $p = 2$ 且 $k \neq 4$ 时，线性置换群 L_p 是 3 重可迁但非 4 重可迁的.

证明 对任意 $\alpha_1, \alpha_2, \beta_1, \beta_2 \in G$，$\alpha_1 \neq \alpha_2$，$\beta_1 \neq \beta_2$，显然方程组

$$\begin{cases} a\alpha_1 + b = \beta_1 \\ a\alpha_2 + b = \beta_2 \end{cases}$$

对 a, b 有解，因此，L_p 是 2 重可迁群.

因为 k 是 L_p 的正则正规子群，所以由文[5]可知，当 $p \neq 2$ 且 $k \neq 3$ 时，L_p 非 3 重可迁.

设 $\boldsymbol{\alpha} = (1, 0, \cdots, 0)$，$H_\alpha = \{A \mid A \in H, A\boldsymbol{\alpha} = \boldsymbol{\alpha}\}$，当 $p = 2$ 且 $k \neq 4$ 时，H_α 在 $G - \{0, \boldsymbol{\alpha}\}$ 上可迁，从而 L_p 是 3 重可迁的.

事实上，令 $\boldsymbol{\rho} = (0, 1, 0, \cdots, 0)$. 任取向量 $\boldsymbol{\beta} = (\alpha_1, \cdots, \alpha_n) \in G - \{0, \boldsymbol{\alpha}\}$，由 $p = 2$ 有 $\boldsymbol{\alpha}, \boldsymbol{\beta}$ 线性无关，从而有向量 $\boldsymbol{\alpha}_i = [a_1^{(i)}, \cdots, \alpha_n^{(i)}]$ 使 $\boldsymbol{\alpha}, \boldsymbol{\beta}, \boldsymbol{\alpha}_3, \cdots, \boldsymbol{\alpha}_n$ 线性无关，$i = 3, \cdots, n$，因此，

$$\boldsymbol{A} = \begin{bmatrix} 1 & a_1 & a_1^{(3)} & \cdots & a_1^{(n)} \\ 0 & \vdots & \vdots & & \vdots \\ \vdots & \vdots & \vdots & & \vdots \\ 0 & a_n & a_n^{(3)} & \cdots & a_n^{(n)} \end{bmatrix}$$

是非奇异矩阵. 显然，$\boldsymbol{A\alpha} = \boldsymbol{\alpha}$，$\boldsymbol{A\rho} = \boldsymbol{\beta}$. 这样，对任意 $\boldsymbol{\beta} \in G - \{0, \boldsymbol{\alpha}\}$ 有 $\boldsymbol{A} \in H_\alpha$ 使

$\boldsymbol{A}\rho = \boldsymbol{\beta}$. 故 H_α 在 $G - \{0, \boldsymbol{\alpha}\}$ 上可迁.

由文[5]可知，当 $k \neq 4$ 时，L_p 非 4 重可迁.

群 G 说是 L_p 的第 1 类子群，如果 $G \subseteqq H$.

群 G 说是 L_p 的第 2 类子群，如果循环群 $R_p - \{0\} (= \{1, \cdots, p-1\})$ 中有极大子群 I 存在，使

$$G \subseteqq \{A \mid A \in H \text{ 且 } |A| \in I\}.$$

群 G 说是 L_p 的第 3 类子群，如果 H 中有极大子群 T 存在使

$$G \subseteqq T, \quad T = A_1(T \cap N) \cup \cdots \cup A_{p-1}(T \cap N),$$

$$\{e\} \subset T \cap N \subset N, \quad |A_i| = i, \quad i = 1, \cdots, p-1.$$

其中，$N = \{A \mid A \in H \text{ 且 } |A| = 1\}$.

定理6 设集合 $E \subseteq L_S$，E 是完备的必要而且只要 E 不包含在极大封闭集：

$$L_p \cup W, (L_S - L_p) \cup Rk, \quad (L_S - L_p) \cup SK, \quad (L_S - L_p) \cup Tk$$

的任何一个中，其中，R, S, T 分别为 L_p 中 1,2,3 类子群.

证明

1) M 是 L_p 的极大子群必要而且只要 $M \subseteqq H$ 或 $M \subseteqq H^* k$，H^* 是 H 的极大子群.

设 σ 是 L_p 到 L_p/k 上的同态映射，即

$$L_p \overset{\sigma}{\sim} L_p/k \subseteqq H.$$

当 $k \subseteq M$ 时，显然，M 是 L_p 的极大子群必要而且只要 $\sigma(M)$ 是 L_p/k 的极大子群，从而 M 是 L_p 的极大子群必要而且只要 $M \subseteqq H^* k$，H^* 是 H 的极大子群.

当 $k \cap M = \{e\}$ 时，根据同构定理，$M/k \cap M \subseteqq Mk/k$. 因此，若 M 是 L_p 的极大子群，则 $M \subseteqq l_p/k \subseteqq H$. 反之，由 L_p 是本原群及 $(L_p)_0 = H$ 可得 H 是 L_p 的极大子群.

设 $\{e\} \subset k \cap M \subset k$，$k = (k_1) \times \cdots \times (k_m)$. 由 k 是初等交换群不妨假设 $k \cap M = (k_1) \times \cdots \times (k_r)$，$r < m$. 根据同构定理及 M 的极大性有

$$M/k \cap M \subseteqq kM/k = L_p/k \subseteqq H,$$

从而 $M = H(k \cap M)$. 设 $k = X + B_1$，$k_m = X + B_m$. 由 H 的可迁性有 $A \in H$ 使 $AB_1 = B_m$. 显然，由 $k \cap M$ 是 M 中的正规子群有

$$fk_1 f^{-1} = x + B_m = k_m \in k \cap M,$$

其中，$f = AX \in H \subseteq M$，此为矛盾. 因此，$k \cap M = k$ 或 $k \cap M = \{e\}$.

2) H^* 是 H 的极大子群必要而且只要 H^* 是第 2 或第 3 类子群.

设 σ 是 H 到 H/N 上的同态映射，即

$$H \overset{\sigma}{\sim} H/N \cong kp - \{0\}.$$

当 $N \subseteq H^*$ 时，显然，H^* 是 H 的极大子群必要而且只要 $\sigma(H^*)$ 是 H/N 的极大子群，从而可证 H^* 是 H 的极大子群必要而且只要 H^* 是第 2 类子群.

当 $\{e\} \subset N \cap H^* \subset N$ 时，由同构定理可知，

$$H^*/N \cap H^* \cong H^*N/N.$$

因此，若 H^* 是 H 的极大子群，则 $H^*/N \cap H^* \cong H/N \cong k_p - \{0\}$，从而 H^* 是第 3 类子群.

设 $N \cap H^* = \{e\}$，由 $NH^* = H$ 有 $H^* \cong H/N \cong k_p - \{0\}$. 令 H' 为下列矩阵作成之集合，

$$\begin{bmatrix} a & & & 0 \\ & 1 & & \\ & & \ddots & \\ 0 & & & 1 \end{bmatrix}, \quad a \in k_p - \{0\}.$$

显然，$H' \cong k_p - \{0\} \cong H^*$，从而 H' 是 H 的极大子群. 取

$$\mathbf{A} = \begin{bmatrix} a & & & & 0 \\ & a & & & \\ & & 1 & & \\ & & & \ddots & \\ 0 & & & & 1 \end{bmatrix} \notin H'.$$

易证 $\langle H', A \rangle \subset H$，此为矛盾. 因此，$N \cap H^* \subset\neq \{e\}$.

由定理 6 之 1) 和 2) 及定理 5 便可推得定理之结论成立.

设 G 是一个 k 元集，$k = p^2$，p 是质数；S_k 是 G 上的对称群. 由文[1] 可推得下列结论成立：

1) 若 G 对加法运算"+"是一个初等的加法群，则对任意 $\sigma \in S_k$，G 对下列加法运算"$\oplus$"也是一个初等的加法群.

$a \oplus b = \sigma^{-1}(\sigma(a) + \sigma(b))$，对任意 $\alpha, b \in G$.

2) 若 G 对加法运算"+"和"$\oplus$"皆是初等的加法群，则有 $\sigma \in S_k$ 使

$a \oplus b = \sigma^{-1}(\sigma(\alpha) + \sigma(b))$，对任意 $\alpha, b \in G$.

显然，对任意 $\alpha, b \in G$，有 $a \oplus b = a + b = \Leftrightarrow a + b = \sigma^{-1}(\sigma(a) + \sigma(b)) \Leftrightarrow \sigma(a + b) = \sigma(a) + \sigma(b) \Leftrightarrow \sigma$ 是群 G 的同构映射.

因为初等交换群的自同构映射数为$(p^n-p^0)\cdots(p^n-p^{n-1})$，所以$k$元集恰能做成$p^n!/(p^n-p^0)\cdots(p^n-p^{n-1})$个不同的初等加法群.

设G对加法运算“$+$”，乘法运算“$\cdot$”是一个域. 对任意$\sigma\in S_k$定义加法运算“$\oplus$”和乘法运算“$*$”为：$a\oplus b=\sigma^{-1}(\sigma(a)+\sigma(b))$，$a*b=\sigma^{-1}(\sigma(a)\sigma(b))$，对任意$a,b\in G$. 易证，$G$对“$\oplus$”和“$*$”两运算也是一个域.

反之，若G对运算“$+$”“$\cdot$”和运算“$\oplus$”“$*$”皆是域，则由元数相同的有限域必同构，有同构映射$\sigma\in S_k$，使

$$\sigma(a\oplus b)=\sigma(a)+\sigma(b),\quad \sigma(a*b)=\sigma(a)\sigma(b),$$

即

$$a\oplus b=\sigma^{-1}(\sigma(a)+\sigma(b)),\quad a*b=\sigma^{-1}(\sigma(a)\sigma(b)).$$

显然，对任意$a,a\in G$，有

$$a+b=a\oplus b\Leftrightarrow\sigma(a+b)=\sigma(a)+\sigma(b),$$
$$a\cdot b=a*b\Leftrightarrow\sigma(ab)=\sigma(a)\sigma(b).$$

于是，两个域相同必要而且只要σ是域的自同构映射. 因为有限域的 Galois 群的元数为n，所以k元集恰能做成$p^n!/n$个不同的域.

定理 7 L_G,L_S,L_p的不同个数均为$p^n!/p^n(p^n-p^0)\cdots(p^n-p^{n-1})$.

证明 设G对加法运算“$+$”是一个初等加法群，$\sigma\in S_k$，G对加法运算“$\oplus$”为

$$a\oplus b=\sigma^{-1}(\sigma(a)+\sigma(b)),\quad 对任意\ a,b\in G$$

亦是一初等加法群，将此群记为G^σ，相应的线性函数集记为L_{G^σ}. 令

$$L_{G^\sigma}=\{\sigma^{-1}(f(\sigma(x_1),\cdots,\sigma(x_n))\mid f(x_1,\cdots,x_n)\in L_G\},$$
$$L_{G^\sigma}=\{\sigma^{-1}\{f(\sigma(x))\mid f(x)\in L_S\},$$
$$L_p^\sigma=\{\sigma^{-1}f(\sigma(x))\mid f(x)\in L_p\}.$$

由文[1]可推得：

$$L_{G^\sigma}=L_G^\sigma,\quad L_{S^\sigma}=L_S^\sigma,\quad L_{p^\sigma}=L_p^\sigma.$$

其中，L_{S^σ}，L_{p^σ}分别是L_{G^σ}中的线性半群，线性置换群.

1) 若$\sigma\in L_p$，则$L_G=L_G^\sigma$，$L_S=L_S^\sigma$，$L_p=L_p^\sigma$.

由L_G是封闭集及$\sigma,\sigma^{-1}\in L_p\subseteq L_G$，有$L_G^\sigma\subseteq L_G$，从而$L_{G^\sigma}\subseteq L_G$. 依此，由$L_{G^\sigma}$是极大封闭集有$L_{G^\sigma}=L_G$，从而$L_{G^\sigma}=L_G$.

由L_S是半群及$\sigma,\sigma^{-1}\subseteq L_p\subseteq L_S$，有$L_S^\sigma\subseteq L_S$从而$L_{S^\sigma}\subseteq L_S$. 因为$|L_{S^\sigma}|=|L_S|$，所以$L_{S^\sigma}=L_S$，从而$L_S^\sigma=L_S$. 同理可证$L_p^\sigma=L_p$.

2) 若$L_G^\sigma=L_G$，或$L_S^\sigma=L_S$，则$L_p^\sigma=L_p$.

由 $L_{G^\sigma}=L_G \Rightarrow L_{p^\sigma}=L_p$，$L_{G^\sigma}=L_G^\sigma \Rightarrow L_{p^\sigma}=L_p^\sigma$，从而 $L_p^\sigma=L_p$. 当 $L_S^\sigma=L_S$ 时，同理可证 $L_p^\sigma=L_p$.

3) 若 $L_p=L_p^\sigma$，则 $\sigma\in L_p$.

① 设 $n=1$，即域 G 的元数为 p，于是，$L_p=\{ax+b\mid a,b\in G,a\neq 0\}$. 因此，$|L_p|=p(p-1)$ 且 $\langle x+1\rangle$ 是 L_p 的 p-sylow 子群. 若 k 是 L_p 的另一 p-sylow 子群，则 k 与 $\langle k+1\rangle$ 在 L_p 中共轭，即有 $f=ax+b\in L_p$ 使 $f^{-1}\langle x+1\rangle f=k$，其中，$f^{-1}=ax^{-1}-ab^{-1}$. 通过计算可得 $f^{-1}\langle x+1\rangle f=\langle x+1\rangle$，从而 $k=\langle x+1\rangle$. 因此，L_p 中仅有一个 p 元群. 由 $L_p=L_p^\sigma$ 可推得 $\sigma^{-1}\langle x+1\rangle\sigma\in L_p$ 而 L_p 中仅有一个 p 元群，于是，$\sigma^{-1}\langle x+1\rangle\sigma=\langle x+1\rangle$.

设 σ 不是线性函数，于是，

$$\sigma(x)=a_mx^m+a_{m-1}x^{m-1}+\cdots+a_1x+a_0,\quad a_m\neq 0,1<m<p.$$

令 $h=x+1$，$\sigma^{-1}h\sigma=g$. 显然，$g\in\langle x+1\rangle$，即 $g=x+a$，且

$$\begin{aligned}h\sigma&=a_mx^m+\cdots+a_1x+a_0+1\\&=\sigma g=a_m(x+a)^m+a_{m-1}(x+a)^{m-1}+\cdots+a_1(x+a)+a_0.\end{aligned}$$

如果 $a=0$，则 $a_0+1=a_0$，此为矛盾，因此 $a\neq 0$. 比较等式两边的 x^{m-1} 的系数有 $a_{m-1}=ma_ma+a_{m-1}$，此为矛盾. 因此，σ 是线性函数，即 $\sigma\in L_p$.

② 设 $n\geqslant 2$，当 $p\neq 2$ 时，由文[6] 可推得 L_p 是 S_k 中的极大子群，从而 $N_{S_k}(L_p)=L_p$ 或 $N_{S_k}(L_p)=S_k$，其中，$N_{S_k}(L_p)$ 是 L_p 在 S_k 中的正规化群. 因为 S_k 中只有交代群 A_k 是它的唯一正规子群，所以 $N_{S_k}(L_p)=L_p$，从而 $\sigma\in N_{S_k}(L_p)=L_p$.

当 $p=2$ 时，L_p 是交代群 A_k 的极大子群，且 L_p 与 S_k 之间除 A_k 外无其他子群，$k\geqslant 4$. 由 A_k 单群可推得 $N_{S_k}(L_p)=L_p$ 或 $N_{S_k}(L_p)=S_k$，从而 $\sigma\in N_{S_k}(L_p)=L_p$.

由 1)，2) 和 3) 可推得：置换 σ,τ 同属于 S_k 对 L_p 的一个左陪集必要而且只要 $L_p^\sigma=L_p^\tau$（$L_S^\sigma=L_S^\tau$ 或 $L_G^\sigma=L_G^\tau$）. 因此，L_G，L_S，L_p 的不同个数均为

$$\frac{P^n!}{p^n(p^n-p^0)\cdots(p^n-p^{n-1})},$$

其中，$|L_p|=p^n(p^n-p^0)\cdots(p^n-p^{n-1})$.

参考文献

[1] 罗铸楷. 线性函数集和环的极大封闭性[J]. 吉林大学自然科学学报，1963(2)：1—14.

[2] 罗铸楷.关于保分划之函数集的极大封闭性(Ⅰ)[J].吉林大学自然科学学报,1963(2):105—116.

[3] 罗铸楷.多值逻辑中所有极大封闭集之确定问题[J].数学学报,1980(1):152—156.

[4] Rosenberg I. La structure des fonctions de plusieurs variablessur un ensemble fini[J]. Comptes rendus hebdomadaires des séances de l Académie des sciences, 1965 (260): 3817—3819.

[5] Widlandt H. Finite permutation groups[M]. New York: Academic Press, 1964.

[6] Mortimer B. Permutation groups containing affine groups of the same degree[J]. J London math Soc, 1977, 2(15): 445—455.

正则准完备类中的一元半群

在多值逻辑理论中，由著名的完备性定理[1-4]可知，准完备类(即极大封闭集)对函数系完备性之判定问题起着决定性的作用，而准完备类实际上是由其一元半群所完全确定.因此，深入研究准完备类中的一元半群，在理论上和实用上都具有十分重要的意义.

多值逻辑函数集 P_K 中包含全部一元函数之准完备类仅有一个，即保分划函数集 T_{D^K}. 设 N 是 P_K 中的准完备类，$N \neq T_{D^K}$；G 是 N 中所有一元函数之集合.于是，N 是保 G 函数集，即 $N = T(G)$. 虽然，G 在复合运算下是一个含单位元的半群.

我们将半群 G 分为两部分：$G = G^{(0)} \cup G^{(1)}$，$G^{(0)}$ 是 G 中所有奇异变换之集合，也是一个半群，$G^{(1)}$ 是 G 中所有非奇异变换(置换)之集合，它是一个群.下面将证明准完备类 $T(G)$ 中的 G 由 $G^{(0)}$ 完全确定，当然也完全确定 $G^{(1)}$；反之，由 $G^{(1)}$ 不能确定 $G^{(0)}$，即置换群相同的准完备类，但其一元半群的奇异部分未必相同，比如，保 E 函数集与保中心分划函数集，其置换群相同，但奇异部分并不相同.

定理 1 设 $T(G_1)$ 和 $T(G_2)$ 是准完备类，于是，

$$T(G_1) = T(G_2) \Leftrightarrow G_1^{(0)} = G_2^{(0)}.$$

其中，$G_i^{(0)}$ 是 G_i 中所有奇异变换之集合，$i = 1,2$.

证明

1) 设 $T(G)$ 是极大封闭集，有 $g \in g^{(0)}$ 使 $P_K^{(1)} g \not\subset G^{(0)}$，其中，$G \subset P_K^{(1)}$，$P_K^{(1)}$ 是 P_k 中所有一元函数之集合.

① $T(G)$ 是线性函数集.

设 p 是 E_K 域的特征数，易证线性函数 $ax^p + bx + c$ 不是置换必要而且只要方程式 $ax^{p-1} + b = 0$ 有解.设 $E_K - \{0\} = (\xi)$，显然，ξ 的周期为 $p^n - 1 = (p-1)m$，从而当取 $b = -a$ 时，ξ^m 便是方程式 $ax^{p-1} + b = 0$ 的解.因此，$x^p - x \in G^{(0)}$.

当 $p = 2$ 时，取 $x^3 \in P_K^{(1)}$，显然[5]，

$$(x^2-x)^3=x^3+x^4+x^5+x^6\notin G^{(0)}.$$

当 $p\neq 2$ 时,取 $x^2\in P_k^{(1)}$,显然[5],

$$(x^1-x)^2=x^{2p}-2x^{p+1}+x^2\notin G^{(0)}.$$

② $T(G)$ 是单调函数集.

设 E_K 的极大和极小元素分别为 1 和 0. 须然,$f(g(x))\notin G^{(0)}$,$g(x)\in g^{(0)}$,其中,

$$g(x)=\begin{cases}1, & x=1,\\ 0, & x\neq 1;\end{cases}\qquad f(x)=\begin{cases}0, & x=1,\\ 1, & x\neq 1.\end{cases}$$

③ $T(G)$ 是保分划函数集 T_{D^r},$r\geqslant 2$.

设 $a_1,\cdots,a_r$ 不保分划 D^r,$b_1,\cdots,b_r$ 保分划 D^r,$b_1\neq\cdots\neq b_r$. 令

$$g(x)=\begin{cases}b_i, & x=b_i,i=1,\cdots,r,\\ b_1, & \text{其余情形};\end{cases}\qquad f(x)=\begin{cases}a_i, & x=b_i,i=1,\cdots,r,\\ a_1, & \text{其余情形}.\end{cases}$$

显然,$g(x)\in G^{(0)}$,$f(g(x))\notin G^{(0)}$.

当 $T(G)$ 是自对偶函数集或保 E 函数集时,易证结论 1) 成立.

2) 设 $T(G)$ 是极大封闭集,$G\subseteq H\subset P_K^{(1)}$,$H$ 是半群. 若 $G\subset H$,则有 $\phi\notin H$ 使

$$\phi G'\subseteq G, G'=\{g\mid g\subseteq G\text{ 且 }Hg\subseteq G\}.$$

由 $T(G)$ 的极大性有 $T(G)$ 不包含在 $T(H)$ 中,从而有

$$f(t_1,\cdots,t_n)\in T(G),\quad f(t_1,\cdots,t_n)\notin T(H).$$

由 $f(t_1,\cdots,t_n)\notin T(H)$ 有 $h_i(x)\in H$,$i=1,\cdots,n$ 使

$$\phi(x)=f(h_1(x),\cdots,h_n(x))\notin H.$$

若 $g\in G'$,则 $h_1(g),\cdots,h_n(g)\in G$,从而由 $f(t_1,\cdots,t_n)\in T(G)$ 有

$$\phi(g)=f(h_1(g),\cdots,h_n(g))\in G.$$

故 $\phi(G')\subseteq G$.

3) 设 $T(G)$ 是极大封闭集,由 1) 有 $g\in G^{(0)}$ 使 $P_K^{(1)}g\not\subset G^{(0)}$(显然,$P_K^{(1)}g\not\subset G$),于是,

$$G=\{g\mid g\in P_k^{(1)}\text{ 且 }gG^*\subseteq G^*\},\quad G^*=P_K^{(1)}g\cap G.$$

令 $H=\{g\mid g\in P_K^{(1)}$,且 $gG^*\subseteq G^*\}$,显然,

$$GG^*\subseteq GG\subseteq G,\quad GG^*\subseteq GP_K^{(1)}g\subseteq P_K^{(1)}g.$$

因此,$GG^*\subseteq G^*$,从而 $G\subseteq H$. 由 $P_K^{(1)}g\not\subset G\Rightarrow P_K^{(1)}G^*\not\subset G^*$(因为 $g\in G^*$)$\Rightarrow H\subset P_K^{(1)}$.

由 $HHG^* \subseteq HG^* \subseteq G^* \Rightarrow HH \subseteq H$，即 H 是一个半群.

若 $G \subset H$，则由 2) 有 $\phi \notin H$，使

$$\phi G' \subseteq G, \quad G' = \{g \mid g \in G \text{ 且 } Hg \subseteq G\}.$$

因为 $HG^* \subseteq G^* \subseteq G$，所以 $G^* \subseteq G'$，从而 $\phi(G^*) \subseteq G$. 但是，$\phi G^* \subseteq \phi(P_K^{(1)} g) \subseteq P_K^{(1)} g$，故 $\phi(G^*) \subseteq G^*$，从而 $\phi \in H$，此为矛盾. 因此，

$$G = H = \{g \mid g \in P_K^{(1)} \text{ 且 } gG^* \subseteq G^*\}.$$

由 3) 之结论便知一元半群 G 由其奇异部分 $G^{(0)}$ 完全决定，因此，定理之结论成立.

设 $D: E_K = A_1 + \cdots + A_h$ 是一个直接分划，即 $A_i \cap A_j = \varnothing, i \neq j, i, j = 1, \cdots, h; a_i \in A_i, i = 1, \cdots, h$. 我们称集合 $\{a_1, \cdots, a_h\}$ 为 D 所生成的子集.

分划 D^h 说是正则的，如果存在 m 个直接分划 $D_i: E_K = A_1^{(i)} + A_2^{(i)} + \cdots + A_h^{(1)}$，使得不保分划 D^h 的所有 h 元子集恰为由 $D_1, \cdots, D_m$ 所生成的全部子集，$i = 1, \cdots, m$，同时，当 $m \geqslant 2$ 时，

$$A_{i_1}^{(1)} A_{i_2}^{(2)} \cdots A_{i_m}^{(m)} \neq \phi, \quad i_1, \cdots, i_m = 1, \cdots, h.$$

保正则分划 D^h 的函数集 T_{D^h} 称为正则函数集，它是准完备类[6]，有时记为 $T_{D^h, R}$.

正则分划说是简单的，如果 $m = 1$ 且分划 D_1 中除一元子集外，所有子集之元数均相同.

正则分划说是标准的，如果 $m \geqslant 2$ 且 $|A_{i_1}^{(1)} A_{i_2}^{(2)} \cdots A_{i_m}^{(m)}| = 1, i_1, \cdots, i_m = 1, \cdots, h$. 此时，$K = h^m$.

定理 2 除标准正则函数集外，任意正则函数集中的一元半群（即全部一元函数之集合）必包含在简单正则函数集中，且简单正则函数集中的一元半群（即全部一元函数之集合）彼此互不包含.

证明

1) 任意正则函数集中的一元半群必包含在一度正则函数集中（即 $m = 1$）.

设 D^K 是一个非标准正则分划，其生成分划组为 $D_i: E_K = A_1^{(i)} + A_2^{(i)} + \cdots + A_h^{(i)}, i = 1, \cdots, m$. $A_{i_1}^{(i)} A_{i_2}^{(i)} \cdots A_{i_m}^{(m)} \neq \phi, \quad i_1, \cdots, i_m = 1, \cdots, h$.

当 $m \geqslant 2$ 时，作一度正则分划 $D^r, r = h^m$，其生成分划为 $D: E_K = \bigcup_{i_1, \cdots, i_m = 1}^{h} A_{i_1}^{(1)} A_{(i_2)}^{(2)} \cdots A_{i_m}^{(m)}$.

用 $T_{D^h}^{(1)}, T_{D^r}^{(1)}$ 分别代表 T_{D^h}, T_{D^r} 中的一元半群，下证 $T_{D^h}^{(1)} \subseteq T_{D^r}^{(1)}$.

设 $f(x) \in T_{D^h}^{(1)}, a_1, \cdots, a_r$ 保分划 $D^r, a_1, \cdots, a_r$ 中至少有两个元素同属于分

划 D 中的某一个子集合，为了看起来方便，不妨假设 $a_1, a_2 \in A_{i_1}^{(1)} A_{i_2}^{(2)} \cdots A_{i_m}^{(m)}$.

若 $f(a_1), \cdots, f(a_r)$ 不保分划 D^r，则它们分别包含在分划 D 的每一个子集合中. 不妨假设

$$f(a_1) \in A_1^{(1)} A_{s_2}^{(2)}, \cdots, A_{s_m}^{(m)}, \quad f(a_2) \in A_2^{(1)} A_{t_2}^{(2)} \cdots A_{t_m}^{(m)}.$$

显然，在 $f(a_3), \cdots, f(a_r)$ 中可选出 $h-2$ 个使得其属于子集分别有 $A_3^{(1)}$，$\cdots, A_h^{(1)}$ 出现，不妨设为

$$f(a_3) \in A_3^{(1)}, \cdots, A_{\mu_m}^{(m)}, \cdots, f(a_h) \in A_h^{(1)} \cdots A_{\lambda_m}^{(m)},$$

从而 $f(a_i) \in A_i^{(1)}, i = 1, \cdots, h$，而 $a_1, a_2, \cdots, a_h$ 保分划 D^h，此为矛盾. 因此，$f(a_1), \cdots, f(a_r)$ 保分划 D^r，从而 $f(x) \in T_{D^r}^{(1)}$. 故 $T_{D^h}^{(1)} \subseteq T_{D^r}^{(1)}$.

2）任意一度正则函数集中的一元半群包含在简单正则函数集中.

设 D^m 是一度正则分划，其生成分划为 $D: E_K = A_1 + A_2 + \cdots + A_m$.

如果 D^m 不是简单的，则可不妨假设

$$|A_1| = \cdots = |A_r| = S > |A_j|, \quad j = r+1, \cdots, m.$$

其中，$A_{r+1}, \cdots, A_m$ 中必有一个元数不为 1，令

$$A_i = \{a_i^{(1)}, \cdots, a_s^{(i)}\}, \quad i = 1, \cdots, r.$$

作一度正则分划 $D^n, n = (m-r) + rs$，其生成分划为

$$D^*: E_K = \underbrace{\{a_1^{(1)}\} + \cdots + \{a_s^{(1)}\}}_{A_1} + \cdots + \underbrace{\{a_1^{(r)}\} + \cdots + \{a_s^{(r)}\}}_{A_r} + A_{r+1} + \cdots + A_m.$$

下证 $T_{D^m}^{(1)} \subseteq T_{D^n}^{(1)}, T_{D^m}^{(1)}, T_{D^n}^{(1)}$ 分别代表 T_{D^m}, T_{D^n} 中的一元半群.

设 $f(x) \in T_{D^m}^{(1)}, b_1, \cdots, b_n$ 保分划 D^n. 若 $f(b_1), \cdots, (b_n)$ 不保分划 D^n，则 $f(b_1), \cdots, f(b_n)$ 两两互不相同且分别属于分划 D^* 中的每一个子集. 为了看起来方便，我们将 $b_1, \cdots, b_n$ 改写为 $b_1^{(1)}, \cdots, b_s^{(i)}$. 其中，$i = 1, \cdots, r, b_{r+1}, \cdots, b_m$. 不妨假设

$$f(b_1^{(i)}) = a_1^{(i)}, \cdots, f(b_s^{(i)}) = a_s^{(i)}, \quad i = 1, \cdots, r.$$

$$f(b_j) \in A_j, \quad j = r+1, \cdots, m.$$

由 $f(x) \in T_{D^m}^{(1)}$ 可推得 $b_1^{(1)} b_1^{(2)}, \cdots, b_1^{(r)}, b_{r+1}, \cdots, b_m$ 中无两个元素同属于分划 D^* 中的某一个子集合. 因此，$\{b_1^{(1)}, \cdots, b_s^{(1)}\}$ 为某一个 $A_{i1}, 1 \leqslant i_1 \leqslant r$.

同理可证 $\{b_1^{(2)}, \cdots, b_s^{(2)}\} = A_{i2}, \cdots, \{b_1^{(r)}, \cdots, b_s^{(r)}\} = A_{ir}$. 其中，$1 \leqslant i_1, \cdots, i_r \leqslant r$ 且 $i_1 \neq i_2 \neq \cdots \neq i_r$，即 $A_{i_1}, \cdots, A_{i_r}$ 是 $A_1, \cdots, A_r$ 的另一排列.

设 $b_{r+j} \in A_{K_j}, j = 1, \cdots, m-r$，由上之讨论可知，此 $m-r$ 个子集恰是 A_{r+1}，$\cdots, A_m$ 的另一排列. 因此，$b_1, \cdots, b_n$ 不保分划 D^n，此为矛盾. 故 $f(b_1), \cdots, f(b_n)$ 保分划 D^n 从而 $f(x) \in T_{D^n}^{(1)}$. 至此便证明了 $T_{D^m}^{(1)} \subseteq T_{D^n}^{(1)}$.

如果 D^n 不是简单的,则采用上述方法有一度正则分划 D^1 使 $T_{D^n}^{(1)} \subseteq T_{D^1}^{(1)}$. 如此继续下去便可得 2) 之结论成立.

3) 简单正则函数集中的一元半群彼此互不包含.

设 D_1^m, D_2^n 是简单正则分划, $n \geqslant m$,其生成分划分别为

$D_1: E_K = A_1 + A_2 + \cdots + A_m$;

$D_2: E_K = B_1 + \cdots + B_n$.

① 当 $m = n$ 时,若 $T_{D_1^m}^{(1)} \subseteq T_{D_2^n}^{(1)}$ 或 $T_{D_2^n}^{(1)} \subseteq T_{D_1^m}^{(1)}$,则 $T_{D_1^m} = T_{D_2^n}$.

$a, b \in E_K$ 对分划 D_i 说是等价的,记为 $a \sim b(D_i)$,如果 a, b 同属于 D_i 中的某一个子集合, $i = 1, 2$.

设 $T_{D_1^m}^{(1)} \subseteq T_{D_2^n}^{(1)}$,若 $a_1 \sim a_2(D_1)$,则 $a_1 \sim a_2(D_2)$.

事实上,若 a_1, a_2 对 D_2 不等价,则 a_1, a_2 在分划 D_2 中分别属于不同的子集,不妨假设 $a_1 \in B_1, a_2 \in B_2$; $a_1, a_2 \in A_1$. 取 $a_3 \in B_3, \cdots, a_n \in B_n$;取 $b_1, \cdots, b_n$ 两两互不相同且保分划 D_2^n,令

$$f(x)\begin{cases} a_i, & x = b_i, i = 1, \cdots, n. \\ a_1, & \text{在其余的情形}. \end{cases}$$

显然, $f(x) \in T_{D_1^m}^{(1)}$. $f(x) \notin T_{D_2^n}^{(1)}$,此为矛盾. 因此, $a_1 \sim a_2(D_2)$.

这样便有 $A_i \subseteq B_{t_i}, i = 1, m$,由 $n = m$ 可推得分划 D_1 与 D_2 完全相同,因此, $T_{D_1^m} = T_{D_2^n}$.

当 $T_{D_2^n}^{(1)} \subseteq T_{D_1^m}^{(1)}$ 时,同理可证 $T_{D_1^m} = T_{D_2^n}$.

② 当 $n > m$ 时,此时显然 $T_{D_2^n}^{(1)} \nsubseteq T_{D_1^m}^{(1)}$.

设有 $a \sim b(D_1)$ 而 $a\chi b(D_2)$,不妨假设 $a, b \in A_1, a \in B_1, b \in B_2$,若 $|B_1| > 1$,取 $c \in B_1, c \neq a$,显然,对换 $\sigma = (ab) \in S_{A1} \subseteq T_{D_1^m}^{(1)}, \sigma \notin T_{D_2^n}^{(1)}$,这是因为 $a, c, b_3, \cdots, b_n (b_i \in B_i, i = 3, \cdots, n)$ 保分划 D_2^n,而 $\sigma(a), \sigma(c), \sigma(b_3), \cdots, \sigma(b_n)$ 不保分划 D_2^n. 因此, $T_{D_1^m}^{(1)} \nsubseteq T_{D_2^n}^{(1)}$. 同理可证,若 $|B_2| > 1$,则 $T_{D_1^m}^{(1)} \nsubseteq T_{D_2^n}^{(1)}$.

这样我们只需讨论这样的情形:若 $a \sim b(D_1)$,则 $a \sim b(D_2)$ 或 D_2 中含 a 的子集仅为 $\{a\}$,含 b 的子集仅为 $\{b\}$,即对 D_1 的每一个 A_i 或者 A_i 包含在某一个 B_j 中或者 A_i 中每一个元素作的集合必是 $B_1, \cdots, B_n$ 之一,此时,我们称 A_i 在 D_2 中完全分解.

由 $n > m$ 可推得, D_1 中必有一个子集在 D_2 中完全分解.

i) 分划 D_1 中的每一个子集均分别在 D_2 中完全分解. 不妨假设

$$|A_1| = \cdots = |A_r| \geqslant 2, \ |A_j| = 1, \quad j = r+1, \cdots, m;$$

$$A_1+\cdots+A_r=B_1+\cdots+B_t,\ |B_i|=1,\quad i=1,\cdots,t;$$
$$A_{r+1}+\cdots+A_m=B_{t+1}+\cdots+B_n;$$
$$|B_n|\geqslant 2.$$

取 $a\in A_1, B_1=\{a\}, b\in B_n$，令

$$f(x)=\begin{cases}a, & x=b,\\ x, & x\neq b.\end{cases}$$

由 $|A_j|=1, j=r+1,\cdots,m$ 可知，$f(x)\in T^{(1)}_{D_1^m}$. 可取 $c\in B_n, c\neq b, b_2\in B_2,\cdots,b_{n-1}\in B_{n-1}$. 显然，$b_2,\cdots,b_{n-1},b,c$ 保分划 D_2^n，而 $f(b_2),\cdots,f(b_{n-1}),f(b),f(c)$ 不保分划 D_2^n，因而 $f(x)\notin T^{(1)}_{D_2^n}$，即 $T^{(1)}_{D_1^m}\not\subseteq T^{(1)}_{D_2^n}$.

ⅱ）分划 D_1 中有一个子集在分划 D_2 中不是完全分解.

设 A_i 在分划 D_2 中不能完全分解，$|A_i|\geqslant 2$，于是，A_i 必包含在 D_2 的某一个子集中，不妨设为 B_n. 由上面的讨论可知，D_1 中必有一个子集，不妨设为 A_1 在 D_2 中完全分解. 由 $|A_1|=|A_i|$，有 $|A_1|\subseteq|B_n|$.

设 $A_1=\{b_1,\cdots,b_r\}, B_n=\{b_1^*,\cdots,b_s^*\}$，为了方便起见，不妨假设 $B_i=\{b_i\}, i=1,\cdots,r$. 令一元函数 $f(x)$ 如下：

$$f(b_i)=b_i^*,\quad i=1,\cdots,r;\quad f(B_i)=b_i,\quad i=r+1,\cdots,n-1;$$
$$f(b_i^*)=b_i,\quad i=1,\cdots,r;\quad f(b_i^*)=b_1,\quad i=r+1,\cdots,S.$$

其中，$b_{r+1}\in B_{r+1},\cdots,b_{n-1}\in B_{n-1}$.

显然，$b_1^*,\cdots,b_r^*,b_{r+1},\cdots,b_{n-1},b_1$ 保分划 D_2^n，而 $f(b_1^*),\cdots,f(b_r^*),f(b_{r+1}),\cdots,f(b_{n-1}),f(b_1)$ 不保分划 D_2^n，从而 $f(x)\notin T^{(1)}_{D_2^n}$.

设 $a_1,\cdots,a_m$ 保分划 D_1^m，不妨假设 $a_1,a_2\in A_i$. 当 $i=1$ 时，$f(a_1)=f(a_2)$，从而 $f(a_1),\cdots,f(a_m)$ 保分划 D_1^m.

下面假设 $i>1$.

如果 $A_i\subseteq B_j$，则当 $j=n$ 时，$f(a_1),f(a_2)\in A_1$；当 $j\neq n$ 时，$f(a_1)=f(a_2)$. 如果 A_i 在 D_2 中完全分解，则 $f(a_i)=a_i, i=1,2$. 总之，有 $f(a_1),\cdots,f(a_m)$ 保分划 D_1^m，从而 $f(x)\in T^{(1)}_{D_2^m}$. 因此，$T^{(1)}_{D_1^m}\not\subseteq T^{(1)}_{D_2^n}$.

命题 1 保等价分划函数集中的一元半群包含在简单正则函数集中.

证明 设 D^2 是一个等价分划，其直接分划为 $D:E_K=A_1+A_2+\cdots+A_h$. 以 D 为生成分划作一度正则分划 D^h. 用 $T^{(1)}_{D^2}$ 表示保等价分划函数集 T_{D^2} 中所有一元函数之集合.

设 $f(x)\in T^{(1)}_{D^2}, a_1,\cdots,a_h$ 保分划 D^h，即有 a_i,a_j 使 $a_i\sim a_j(D)$，于是，

$f(a_i) \sim f(a_j)(D)$，从而 $f(a_1),\cdots,f(a_h)$ 保分划 D_h. 因此，$T_{D^2}^{(1)} \subseteq T_{D^h}^{(1)}$. 由定理 2 可知，$T_{D^2}^{(1)}$ 包含在简单正则函数集中.

命题 2 设 S_σ 是自对偶函数集.

$$\sigma = (a_1^{(1)}\cdots a_1^{(p)})(a_2^{(1)}\cdots a_2^{(p)})\cdots(a_m^{(1)}\cdots a_m^{(p)}), \quad k = mp;$$

其中，$S_\sigma^{(1)}$ 是 S_σ 中的一元半群；G 是 $S_\sigma^{(1)}$ 中的置换群. 于是，

1) $G = N_{S_K}(H)$（H 在 S_K 中的正规化子），$H = (a_1)\times(a_2)\times\cdots\times(a_m)$，其中，$(a_i)$ 是轮换 $(a_i^{(1)}\cdots a_i^{(p)})$ 所生成的 P 阶循环群，$i = 1,\cdots,m$.

2) 若 $f(x) \in \{S_\sigma^{(1)}\}$，则 $(f(a_i^{(1)}\cdots f(a_i^{(p)}))$ 必为 $(a_1^{(1)}\cdots a_1^{(p)}),(a_2^{(1)}\cdots a_2^{(p)}),\cdots,(a_m^{(1)}\cdots a_m^{(p)})$ 之一，$i = 1,\cdots,m$，从而由命题 1 可知，$S_\sigma^{(1)}$ 包含在简单正则函数集中.

证明 设 $g \in G$，于是 $\sigma^{-1}g\sigma = g$ 从而 $g\sigma g^{-1} = \sigma$，即

$(g(a_1^{(1)})\cdots g(a_1^{(p)})\cdots(g(a_m^{(1)})\cdots g(a_m^{(p)})) = (a_1^{(1)}\cdots a_1^{(p)})\cdots(a_m^{(1)}\cdots a_m^{(p)})$.

因此，g 是下列有向圈的自同构变换，

$a_1^{(1)} \to a_1^{(2)} \to \cdots \to a_1^{(p)} \to a_1^{(1)},\cdots,a_m^{(1)} \to a_m^{(2)} \to \cdots \to a_m^{(p)} \to a_m^{(1)}$.

从而可推得 $G = N_{S_h}(H)$.

设 $f(x) \in S_\sigma^{(1)}$，$f(a_j^{(i)}) = b_i$，$i = 1,\cdots,p$. 显然，

$$\sigma f(a_j^{(i)}) = \sigma(b_i), \quad f\sigma(a_j^{(i)}) = f(a_j^{(i+1)}) = b_{i+1}.$$

由 $\sigma f = f\sigma$ 有 $\sigma(b_i) = b_{i+1}$，$i = 1,\cdots,p$，从而 $(b_1\cdots b_p)$ 必为 $(a_1^{(1)}\cdots a_1^{(p)}),\cdots,(a_m^{(1)}\cdots a_m^{(p)})$ 之一. 故 $(f(a_j^{(1)})\cdots f(a_j^{(p)}))$ 必是 $(a_1^{(1)}\cdots a_1^{(p)}),\cdots,(a_m^{(1)}\cdots a_m^{(p)})$ 之一，$j = 1,\cdots,m$.

命题 3 设 G 是简单正则函数集中所有置换作成的群，简单正则分划 D^m 的生成分划为 D：$E_K = A_1 + A_2 + \cdots + A_m$. 其中，$|A_1| = \cdots = |A_r| \geqslant 2$，$|A_{r+1}| = \cdots = |A_m| = 1$. 因此，

$$G = S_A \cdot N_{S_B}(S_{A_1}\cdots S_{A_r}), \quad A = A_{r+1} + \cdots + A_m, B = A_1 + \cdots + A_r.$$

其中，S_A, S_B, S_{A_i} 分别是 A, B, A_i 上的对称群，$i = 1,\cdots,r$，$N_{S_B}(S_{A_1}\cdots S_{A_r})$ 表示 $S_{A_1}\cdots S_{A_r}$ 在 S_B 中的正规化群.

证明 首先设 R_m 是 E_K 上一个 m 项关系，$\overline{R_m}$ 是 R_m 的余关系，即 $\overline{R_m} = E_K^m - R_m$，$E_K^m = \{\langle a_1,\cdots,a_m\rangle \mid a_i \in E_K, i = 1,\cdots,m\}$. 于是，置换 σ 保 R_m 必要而且只要 σ 保 $\overline{R_m}$.

事实上，设 σ 保 R_m，$\langle a_1,\cdots,a_m\rangle \in \overline{R_m}$，如果 $\langle\sigma(a_1),\cdots,\sigma(a_m)\rangle \in R_m$，由所有保 R_m 之置换作成一个群有 σ^{-1} 保 R_m，从而

$$\langle a_1,\cdots,a_m\rangle = \langle\sigma^{-1}\sigma(a_1),\cdots,\sigma^{-1}\sigma(a_m)\rangle \in R_m,$$

此为矛盾. 因此,$\langle \sigma(a_1),\cdots,\sigma(a_m)\rangle \in \overline{R_m}$,即 σ 保$\overline{R_m}$.

易证 $S_A N_{S_B}(S_{A_1}\cdots,S_{A_r})$ 是保等价分划 D 的置换群,由命题 1 之证明 $S_A N_{S_B}(S_{A_1}\cdots S_{A_r})\subseteq G$.

设 R_m 是 D^m 的余关系,$\sigma\in G$,

$$R_m^{1,2}=\{\langle a_1a_2\rangle \mid \langle a_1,\cdots,a_m\rangle \in R_m\}.$$

易证,σ 保 $R_m^{1,2}$,且 $R_m^{1,2}$ 恰是等价分划 D 所决定的二项关系之余关系,从而 σ 保等价分划 D. 于是,$\sigma\in S_A N_{S_B}(S_{A_1}\cdots S_{A_r})$,因此,$G\subseteq S_A N_{S_B}(S_{A_1}\cdots S_{A_r})$. 故 $G=S_A N_{S_B}(S_{A_1}\cdots S_{A_r})$.

当 $K=h^m$ 时,E_K 中的元素可用 m 维向量表示,即 $E_K=\{(x_1,\cdots,x_m)\mid x_i\in E_h\}$. 易证,标准正则函数集中之一元半群为$\{g\mid g(x_1,\cdots,x_m)=(g_1(x_1,\cdots,x_m),\cdots,g_m\{x_1,\cdots,x_m)),g_i(x_1,\cdots,x_m)\in T_{D^h},i=1,\cdots,m\}$. 其中,$T_{D^h}$ 是集合 E_h 上的保分划函数集,它是 E_h 上全部一元函数和真多元至多取 $h-1$ 个值的函数之集合.

定理 3 设 G 是标准正则函数集中所有置换作成的群. 于是,$G=\{g\mid g(x_1,\cdots,x_m)=(g_1(x_{\sigma(1)}),\cdots,g(x_{\sigma(m)})),g_i\in S_h,i=1,\cdots,m,\sigma\in S_m\}$[7]; $|G|=(h!)^m m!$. 其中,G 为 K 由 H 的半直积,即

$$K\trianglelefteq G,\quad G=KH,\quad H\cap K=1.$$

其中,$K=\{g\mid g(x_1,\cdots,x_m)=(g_1(x_1),\cdots,g_m(x_m)),g_i\in S_h,i=1,\cdots,m\}$; $K\cong S_h\times\cdots\times S_h$; $H=\{g\mid g(x_1,\cdots,x_m)=(x_{\sigma(1)},\cdots,x_{\sigma(m)}),\sigma\in S_m\}$. S_h,S_m 分别是 $E_h=\{0,1,\cdots,h-1\}$ 和集合$\{1,\cdots,m\}$ 上的对称群.

证明 设 $g\in G$,于是

$$g(x_1,\cdots,x_m)=(g_1(x_{\sigma(1)}),\cdots,g_m(x_{\sigma(m)}))=kh(x_1,\cdots,x_m),$$

$$k(x_1,\cdots,x_m)=(g_1(x_1),\cdots,g_m(x_m))\in K,$$

$$h(x_1,\cdots,x_m)=(x_{\sigma(1)},\cdots,x_{\sigma(m)})\in H.$$

因此,$G=KH$.

设 $g\in K\cap H$,由 $g\in K$ 有 $g(x_1,\cdots,x_m)=(g_1(x_1),\cdots,g_m(x_m))$,从而 $g(x,\cdots,x)=(g_1(x),\cdots,g_m(x))$;由 $g\in H$ 有 $g(x,\cdots,x)=(x,\cdots,x)$. 因此,$g_i(x)=x,i=1,\cdots,m$,从而 g 是单位元. 故 $K\cap H=1$.

设 $k(x_1,\cdots,x_m)=(k_1(x_1),\cdots,k_m(x_m)),k_i\in S_h,i=1,\cdots,m,h(x_1,\cdots,x_m)=(x_{\sigma(1)},\cdots,x_{\sigma(m)})$. 易证,$h^{-1}(x_1,\cdots,x_m)=(x_{\sigma_{(1)}}^{-1},\cdots,x_{\sigma_{(m)}}^{-1})$. 显然,

$$\begin{aligned}h^{-1}kh(x_1,\cdots,x_m)&=h^{-1}k(x_{\sigma_{(1)}},\cdots,x_{\sigma_{(m)}})=h^{-1}(k_1(x_{\sigma(1)}),\cdots,k_m(x_{\sigma_{(m)}}))\\&=(k_1(x_1),\cdots,k_m(x_m))=k(x_1,\cdots,x_m).\end{aligned}$$

设 $g \in G$,由上可知,有 $k \in K, h \in H$ 使 $g = kh$,且

$$g^{-1}Kg = h^{-1}k^{-1}Kkh \subseteq h^{-1}Kh = K.$$

于是,$K \trianglelefteq G$.

不难看出:$|K| = (h!)^m$, $|H| = m!$,从而 $|G| = (h!)^m m!$.

由定理 2 可得下列推论.

推论 正则半群 C(即正则函数集中所有一元函数之集合)是极大的必要的而且只要 G 是简单的或标准的.

参考文献

[1] Post E L. The two-valued iterative systems of mathematical logic[J] . Annals of Mathematics Studies,1941,5(5):1—22.

[2] Jablonskiĭ S V. Functional constructions in a *k*-valued logic(Russian)[J]. Trudy Math Inst Steklov,1958(51):5—142.

[3] 罗铸楷.多值逻辑中所有极大封闭集之确定问题[J].数学学报,1980(1):152—156.

[4] Rosenberg I. La structure des fonctions de plusieurs variablessur un ensemble fini[J]. Comptes rendus hebdomadaires des séances de l Académie des sciences, 1965(260): 3817—3819.

[5] 罗铸楷.群和线性半群的准完备性[J].湘潭大学自然科学学报,1989,11(2):106—115.

[6] 罗铸楷.多值逻辑中函数的完备性问题[J].湘潭大学学报,1982(1):1—13.

[7] 罗铸楷.在对称群中正则 2 项关系所确定的全部极大子群[J].数学学报,1985,28(6):772—782.

关于 k 值 Sheffer 函数

Sheffer 函数是多值逻辑函数结构理论中一个重要的研究课题，由于它与多值逻辑网络，多值开关理论，单向多值函数密切相关，多年来一直引人注目，比较活跃. 对于完全多值逻辑函数，Kudrjavcev[1] 和 Rousseau[2] 根据著名的完备性定理[3]，定出了判定 Sheffer 函数一般的精确充要条件，之后，Muyio[4] 和 Rosenberg[5] 定出了大量具体的 Sheffer 函数，几乎包括了历史上许多学者提出的 Sheffer 函数，设 $\Phi_n(k)=\dfrac{k\text{ 值逻辑中 }n\text{ 元 Sheffer 函数的个数}}{k^{k^n}}$，这里 k^{k^n} 是 n 元 k 值逻辑函数之个数. Davies[6] 证明了

$$\lim_{k\to\infty}\Phi_n(k)=\frac{1}{\mathrm{e}}=0.367\ 88.$$

此说明了多值逻辑函数中有近 36% 是 Sheffer 函数. Rosenberg[5] 证明了 Sheffer 函数的最小模为 $k+2$ 并定出了模为 $k+2$ 的所有 Sheffer 函数.

对于部分多值逻辑函数，虽然完备性的判定问题已完全解决[7,8]，但其 Sheffer 函数的精确判别至今一直尚未解决，是一个十分困难的问题. 刘任任[9,10] 对于 $k\leqslant 4$ 完全定出了 Sheffer 函数的精确判定；对于 $k\geqslant 5$ 定出了几类重要的必需出现在最小覆盖中的准完备类[9-14]，从而对问题的最终解决做了实质性的推进，此外，Rosenberg[15] 也取得了一些初步结果.

本文定出了模为 $k+3$ 且 $d(x)$ 为置换的所有 Sheffer 函数，这里，$d(x)=f(x_2,\cdots,x)$，$f(x_1,\cdots,x_n)$ 是 k 值 Sheffer 函数，主要结果是定理 1 ~ 定理 3.

以下所提到的一些基本概念和符号除已指明的外，均见文[3] 和文[5].

引理 1 设 Sheffer 函数 $f(x_1,\cdots,x_n)$ 的模为 $k+h$，于是，

1) $\langle \underline{k},d(x)\rangle$ 的图形 G 之圈数 $\leqslant h$，其中，$d(x)=f(x,\cdots,x)$；

2) 如果 $d(x)$ 是一个置换，G 的圈数 $=h$，则 G 的每一个圈环之元数为某一质数之幂且必有两个互异的质数.

引理 2 设 $f(x_1,\cdots,x_n)$ 是 Sheffer 函数，其模为 $k+3$，于是，若其图形是一

个圈环 C,则 $|C| = k = p_1^{r_1} p_2^{r_2}$, p_1, p_2 是互异质数.

引理 3　设 $f(x_1, \cdots, x_n)$ 是 Sheffer 函数,其模为 $k+3$,若其图形是两个圈环 C_1, C_2,则 $|C_1| = p_1^{r_1} p_2^{r_2}$, $|C_2| = p_3^{r_3}$,其中,p_1, p_2, p_3 是质数,p_1, p_2 互异.

由引理 1 可知,当 $d(x)$ 是 $\underline{k}$ 上的置换时,图形 G 必为一个圈环,两个圈环或三个圈环.

定理 1　(一个圈环定理) 设 $n \geqslant 2, k > 2, d(x)$ 是一个置换且图形 G 是一个圈环 C,于是,$f(x_1, \cdots, x_2)$ 是模为 $k+3$(即 $D = k+3$, $|\Delta| = k$) 的 Sheffer 函数必要且只要满足下列条件:

1) $k = p_1^{r_1}, p_2^{r_2}$. 其中,p_1, p_2 是互异质数.

2) 对于某一个 $l_i, 0 < l_i < p_i, i = 1, 2$,有

$$\begin{cases} a_{2m} \equiv a_{1m} + \dfrac{l_1 k}{p_1} (\text{mod } k), \\ a_{3m} \equiv a_{1m} + \dfrac{l_2 k}{p_2} (\text{mod } k), \end{cases} \quad m = 1, \cdots, n.$$

而 $fa_2 \not\equiv fa_1 + \dfrac{l_1 k}{p_1} (\text{mod } k), fa_3 \not\equiv fa_1 + \dfrac{l_2 k}{p_2} (\text{mod } k)$.

3) 设$\left(fa_2 - fa_1, fa_3 - fa_1, \dfrac{k}{p_1 p_2}\right) = k_1, k_1 = p_1^{\lambda_1} p_2^{\lambda_2}$ 于是

① $a_{11} \equiv \cdots \equiv a_{1n} (\text{mod } k_1)$;

② 若 $\lambda_i > 0$,则 $fa_1 \not\equiv a_{11} + 1 (\text{mod } p_i), 1 \leqslant i \leqslant 2$.

4) 若$\left(fa_2 - fa_1, \dfrac{k}{p_1}\right) = k_2 = p_1^{\lambda_1} p_2^{\lambda_2}$,则

$a_{11} \equiv \cdots \equiv a_{1n} (\text{mod } k_2)$,　$a_{11} + 1 \not\equiv fa_1 (\text{mod } p_2^{r_2})$,或

$a_{31} \equiv \cdots \equiv a_{3n} (\text{mod } k_2)$,　$a_{31} + 1 \not\equiv fa_3 (\text{mod } p_2^{r_2})$

5) 若$\left(fa_3 - fa_1, \dfrac{k}{p_2}\right) = k_2 = p_1^{r_1} p_2^{\lambda_2}$,则

$a_{11} \equiv \cdots \equiv a_{1n} (\text{mod } k_3)$,　$a_{11} + 1 \not\equiv fa_1 (\text{mod } p_1^{r_1})$,或

$a_{21} \equiv \cdots \equiv a_{2n} (\text{mod } k_3)$,　$a_{21} + 1 \not\equiv fa_2 (\text{mod } p_1^{r_1})$.

证明　必要性.

由引理 2 可知结论 1) 成立. 不妨假设 $C = \langle 0, 1, \cdots, k-1 \rangle, d(x) = x + 1 (\text{mod } k)$,令

$$\Phi_i(x) = x + \frac{k}{p_i} (\text{mod } k), \quad i = 1, 2.$$

易证 $\Phi_i(x)$ 是一个置换且可表示为长度均为 p_i 的不相杂轮换之乘积.

设 $S_i(x)$ 是 A 中的一个自同构,其轮换均具有相同长度 p_i,易证有 l_i,$0<l_i<p_i$,使

$$S_i(x)=\Phi_i^{l_i}(x)\equiv x+l_i\frac{k}{p_i}(\bmod k).$$

这是因为 $\Phi_i(x)$ 的周期为 p_i,由 f 不保 $S_i(x)$ 即 f 对 $S_i(x)$ 非自对偶,有 $u^{(i)}=(u_1^{(i)},\cdots,u_n^{(i)})\in k^{(n)}$,使

$$S_i(f(u_1^{(i)},\cdots,u_n^{(i)}))\not\equiv f(S_i(u_1^{(i)}),\cdots,S_i(u_n^{(i)}))(\bmod k).$$

显然,由 $S_i(u_m^{(i)})\equiv u_m^{(i)}+l_i\dfrac{k}{p_i}(\bmod k)$,$m=1,\cdots,n$ 可得 $(S_i(u_1^{(i)}),\cdots,S_i(u_n^{(i)}))\neq(u_1^{(i)},\cdots,u_n^{(i)})$. 若 $(u_n^{(i)},\cdots,u_n^{(i)})\in\Delta$, 则 $S_i(f(u_1^{(i)},\cdots,u_n^{(i)}))\equiv f(S_i(u_n^{(i)}),\cdots,S_i(u_n^{(i)}))(\bmod k)$,矛盾. 因此,

$$(u_n^{(i)},\cdots,u_n^{(i)})\neq(S_i(u_1^{(i)}),\cdots,S_i(u_n^{(i)})),\quad i=1,2,$$

且均不包含在 Δ 中. 由模为 $k+3$ 可推得

$$a_1=(a_{i1},\cdots,a_{in}),\quad i=1,2,3.$$

$$S_1(a_{1m})=a_{2m},\quad S_2(a_{1m})=a_{3m},\quad m=1,\cdots,n.$$

即

$$a_{2m}=a_{1m}+l_1\frac{k}{p_1}(\bmod k),\quad a_{3m}=a_{1m}+l_2\frac{k}{p_2},\quad m=1,\cdots,n.$$

使

$$fa_2\not\equiv fa_1+l_1\frac{k}{p_1}(\bmod k),\quad fa_3\not\equiv fa_1+l_2\frac{k}{p_2}(\bmod k).$$

至此我们便证明了对任意的 l_i,$0<l_i<p_i$ 结论 2) 成立.

设 $\left(fa_2-fa_1,fa_3-fa_1,\dfrac{k}{p_1p_2}\right)=k_1=p_1^{\lambda_1}p_2^{\lambda_2}$. 显然,$\lambda_i<r_i$,$i=1,2$. 此时有

$$fa_1\equiv fa_2\equiv fa_3(\bmod k_1),\quad a_{2m}\equiv a_{1m}\equiv a_{3m}(\bmod k_1),\quad m=1,\cdots,n. \tag{1}$$

即

$$a_1\equiv a_2\equiv a_3(\bmod k_1). \tag{2}$$

作等价类 Q_{k_1},如下:

$$\langle x,y\rangle\in Q_{k_1}\Leftrightarrow x\equiv y(\bmod k_1),\quad x,y\in\underline{k}.$$

由 f 不保 Q_{k_1} 有 $U,V\in k^{(n)}$,$U\equiv V(\bmod k_1)$ 使 $f(U)\not\equiv f(V)(\bmod k_1)$,若 $U,V\in\Delta$,则由 $U\equiv V$ 有 $f(U)\equiv f(V)(\bmod k_1)$,此为矛盾. 因此,必有一个

为 a_1,a_2,a_3 之一.

设 $U=a_1$，由 $fa_1\equiv fa_2\equiv fa_3$ 可知，$V\not\equiv a_2,a_3$，从而 $V=(v,\cdots,v)$. 于是

$$a_{1m}\equiv v(\mathrm{mod}\ k_1),\quad m=1,\cdots,n.$$

依此有

$$a_{i1}\equiv a_{i2}\equiv\cdots\equiv a_{in}(\mathrm{mod}\ k_1),\quad i=1,2,3.$$

同理，设 $U=a_2$ 或 a_3 亦有上式.

若 $\lambda_i>0$，作等价类 Q_{p_i} 如下：

$$\langle x,y\rangle\in Q_{p_i}\Leftrightarrow x\equiv y(\mathrm{mod}\ p_i),\quad x,y\in \underline{k}.$$

由 f 不保 Q_{p_i}，有 $U\equiv V(\mathrm{mod}\ p_i)$ 而 $f(U)\not\equiv f(V)(\mathrm{mod}\ p_i)$.

若 $U,V\in\Delta$，则有 $f(U)\equiv f(V)(\mathrm{mod}\ p_i)$，因此，$U,V$ 中必有一个为 a_1,a_2，a_3 之一.

设 $U=a_1$，由 $f_{a1}\equiv f_{a2}\equiv f_{a3}(p_i)$ 有 $V\neq a_2$ 或 a_3 即 $V=(v,\cdots,v)\in\Delta$，于是，

$$a_{1m}\equiv v(p_i),\quad i=1,\cdots,n;$$

$$fa_1\not\equiv f(V)\equiv v+1(\mathrm{mod}\ p_i).$$

从而

$$fa_1\not\equiv a_{11}+1(\mathrm{mod}\ p_i).$$

同理，设 $U=a_2$ 或 a_3，分别有

$$fa_2\not\equiv a_{21}+1(\mathrm{mod}\ p_i),\quad fa_3\not\equiv a_{31}+1(\mathrm{mod}\ p_i),$$

这样，由式(1) 和式(2) 总之有

$$fa_1\not\equiv a_{11}+1(\mathrm{mod}\ p_i).$$

至此我们便证明了结论 3) 成立.

若$(fa_2-fa_1,\dfrac{k}{p^1})=k_2=p_1^{\lambda_1}p_2^{r_2}$，则 $\lambda_1<r_1$，$fa_2\equiv fa_1(\mathrm{mod}\ k_2)$，$a_{1m}\equiv a_{2m}(\mathrm{mod}\ k_2)$，$m=1,\cdots,n$.

如果 $a_1\equiv a_3(\mathrm{mod}\ k_2)$，则 $p_2^{r_2}\mid(a_{3m}-a_{1m})$，$m=1,\cdots,n$，从而由 $p_1^{r_1}\mid(a_{3m}-a_{1m})$ 可得 $k\mid(a_{3m}-a_{1m})$. 因此，$a_{1m}=a_{3m}(\mathrm{mod}\ k)$，$m=1,\cdots,n$ 此与 $a_1\not\equiv a_3(\mathrm{mod}\ k)$ 相矛盾. 故

$$a_1\not\equiv a_3(\mathrm{mod}\ k_2).$$

作等价类 Q_{k_2} 如下：

$$\langle x,y\rangle\in Q_{k_2}\Leftrightarrow x\equiv y(\mathrm{mod}\ k_2),\quad x,y\in\underline{k}.$$

由 f 不保 Q_{k_2} 有 $U,V\in k^n$，$U=V(\mathrm{mod}\ k_2)$ 使 $f(U)\not\equiv f(V)(\mathrm{mod}\ k_2)$. 若

$U,V\in\Delta$,则由 $U\equiv V(\bmod k_2)$ 有 $f(U)=f(V)(\bmod k_2)$,此为矛盾.因此,必有一个为 a_1,a_2,a_3 之一.设 $U=a_1$,由 $fa_2\equiv fa_1(\bmod k_2)$ 有 $V\neq a_2$,再由 $a_1\not\equiv a_3(\bmod k_2)$ 有 $V\neq a_3$ 从而 $V=(v,\cdots,v)\in\Delta$.于是

$$a_{1m}\equiv V(\bmod k_2),\quad m=1,\cdots,n.$$

依此有

$$a_{11}\equiv\cdots\equiv a_{1n}(\bmod k_2).$$

设 $V=a_2$ 或 a_3,同上分别有

$$a_{21}\equiv\cdots\equiv a_{2n}(\bmod k_2),\quad a_{31}\equiv\cdots\equiv a_{3n}(\bmod k_2).$$

由 $a_{1m}\equiv a_{2m}\equiv a_{3m}(\bmod p_1^{\lambda_1}),m=1,\cdots,n$ 可推得

$$a_{i1}\equiv\cdots\equiv a_{in}(\bmod p_1^{\lambda_1}),\quad i=1,2,3. \tag{3}$$

作等价类 $Q_{p_2^{r_2}}$ 如下:

$$\langle x,y\rangle\in Q_{p_2^{r_2}}\Leftrightarrow x\equiv y(\bmod p_2^{r_2}),\quad x,y\in \underline{k}.$$

由 f 不保 $Q_{p_2^{r_2}}$ 有 $U,V\in\underline{k}^{(n)}$,$(U\equiv V(\bmod p_2^{r_2})$ 使 $f(U)\not\equiv(V)(\bmod p_{p_2^{r_2}})$.由于 U,V 不能同属于 Δ,因此,必有一个为 a_1,a_2,a_3 之一.

设 $U=a_1$,由 $fa_2\equiv fa_1(\bmod p_2^{r_2})$ 有 $V\neq a_2$,由 $a_1\not\equiv a_3(\bmod p_2^{r_2})$ 有 $V\neq a_3$,从而

$$V=(v,\cdots,v)\in\Delta.$$

于是

$$a_{1m}\equiv v(\bmod p_2^{r_2}),\quad m=1,\cdots,n.$$

依此有

$$a_{11}\equiv\cdots=a_{1n}(\bmod p_2^{r_2}),\quad fa_1\not\equiv f(V)\equiv v+1\equiv a_{11}+1(\bmod p_2^{r_2}).$$

设 $U=a_2$ 或 a_3,同上分别有

$$a_{21}\equiv\cdots\equiv a_{2n}(\bmod p_2^{r_2}),\quad fa_2\not\equiv a_{21}+1(\bmod p_2^{r_2}),$$

$$a_{31}\equiv\cdots\equiv a_{3n}(\bmod p_2^{r_2}),\quad fa_3\not\equiv a_{31}+1(\bmod p_2^{r_2}).$$

由式(3)及 $a_1\equiv a_2(\bmod\equiv p_2^{r_2})$,有

$$a_{11}\equiv\cdots\equiv a_{1n}(\bmod k_2),fa_1\not\equiv a_{11}+1(\bmod p_2^{r_2}),$$

或

$$a_{31}\equiv\cdots\equiv a_{3n}(\bmod k_2),fa_3\not\equiv a_{31}+1(\bmod p_2^{r_2}).$$

至此我们便证明了结论4)成立.同4)的讨论一样完全可以证明结论5)成立.

充分性.

因为图形 G 是一个圈环,所以无真子代数,即 S 是一个空集.

设 $S(x)$ 是 A 中的一个自同构，$S(x)$ 的轮换长度均为 p_i，由 $S(x)$ 的周期为 p_i 不难证明有 r 使 $S^r(x)=\Phi_i^{l_i}(x)$. 若 f 对 $S(x)$ 是自对偶函数，即

$$S(f(x_1,\cdots,x_n))=f(S(x_1),\cdots,S(x_n)).$$

依此

$$S^2(f(x_1,\cdots,x_n))=f(S^2(x),\cdots,S^2(x_n)).$$

$$\vdots$$

$$S^r(f(x_1,\cdots,x_n))=f(S^r(x_1),\cdots,S^r(x_n)).$$

从而

$$S^r(f(a_{11},\cdots,a_{1n}))=f(S^r(a_{11}),\cdots,S^r(a_{1n})),$$

即

$$fa_1+l_i\frac{k}{p_i}=f(a_{i+1,1},\cdots,a_{i+1,m})=fa_{i+1},\quad 1\leqslant i\leqslant 2.$$

此与条件 2) 相矛盾，故 f 对 $S(x)$ 不是自对偶函数.

在 E 中任取一个非平凡的等价关系，由文[5] 必为下列等价关系 $Q_{k'}$：

$$\langle x,y\rangle\in Q_k\Leftrightarrow x\equiv y(\bmod k'),\quad x,y\in \underline{k},k'\mid k.$$

我们分下列三种情形来证明 f 不保 $Q_{k'}$：

1) $p_2^{r_2}\nmid fa_2-fa_1,p_1^{r_1}\nmid fa_3-fa_1$.

显然 $(fa_2-fa_1,fa_3-fa_1,p_1^{r_1}p_2^{r_2})=k_1=p_1^{\lambda_2}p_2^{\lambda_2},\quad \lambda_i<r_i,i=1.2.$

① $k'\mid k_1$.

由条件 3) 可知 $a_{11}\equiv\cdots\equiv a_{1n}(\bmod k')$，而 $fa_1\not\equiv a_{11}+1(\bmod k')$. 因此，$f$ 不保 $Q_{k'}$.

② $k'\nmid k_1$.

显然，$k'\nmid fa_2-fa_1$ 或 $k'\nmid fa_3-fa_1$，即 $fa_2\not\equiv fa_1(\bmod k')$ 或 $fa_3\not\equiv fa_1(\bmod k')$.

如果 k' 既不含 $p_1^{r_1}$ 也不含 $p_2^{r_2}$，则 $a_1\equiv a_2\equiv a_3(\bmod k')$，从而 f 不保 $Q_{k'}$.

如果 k' 含 $p_1^{r_1}$，则 $a_1\equiv a_3(\bmod k')$. 由 $p_1^{r_1}\nmid fa_3-fa_1$ 有 $k'\nmid fa_2-fa_1$，即 $fa_1\not\equiv fa_3(\bmod k')$. 因此，$f$ 不保 $Q_{k'}$.

如果 k' 含 $p_2^{r_2}$，则 $a_1\equiv a_2(\bmod k')$. 由 $p_2^{r_2}\nmid fa_2-fa_1$ 有 $k'\nmid fa_2-fa_1$，即 $fa_1\not\equiv fa_2(\bmod k')$. 因此，$f$ 不保 $Q_{k'}$，

2) $p_2^{r_2}\mid fa_2-fa_1$.

显然 $(fa_2-fa_1,p_1^{r_1-1}p_2^{r_2})=p_1^{\lambda_2}p_2^{\lambda_2}=k_2,\lambda_1<r_1$.

① k' 含有 $p_2^{r_2}$.

如果 $k' \mid k_2$，则由条件 4) 可推得 f 不保 $Q_{k'}$.

如果 $k' \nmid k_2$，则 $k' \nmid fa_2 - fa_1$，即有 $fa_1 \not\equiv fa_2 (\bmod k')$. 此时，$a_1 \equiv a_2 (\bmod k')$，因此，$f$ 不保 $Q_{k'}$.

② k' 既不含有 $p_2^{r_2}$ 也不含有 $p_1^{r_1}$.

此时有 $a_1 \equiv a_2 \equiv a_3 (\bmod k')$. 如果 $k' \nmid k_1$ 则 $k' \nmid fa_2 - fa_1$ 或 $k' \nmid fa_3 - fa_1$，即 $fa_2 \not\equiv fa_1 (\bmod k')$ 或 $fa_3 \not\equiv fa_1 (\bmod k')$，因此，$f$ 不保 $Q_{k'}$. 如果 $k' \mid k_1$，则由条件 3) 可得 f 不保 $Q_{k'}$.

③ k' 不含有 $p_2^{r_2}$，而含有 $p_1^{r_1}$.

此时有 $a_1 = a_3 (\bmod k')$. 如果 $fa_3 \not\equiv fa_1 (\bmod k')$，则 f 不保 $Q_{k'}$. 如果有 $fa_3 \equiv fa_1 (\bmod k')$，则 $k' \mid (fa_3 - fa_1)$，从而 $k' \mid k_3$，由条件 5) 可知 f 不保 $Q_{k'}$.

3) $p_1^{r_1} \mid fa_3 - fa_1$.

完全与 2) 的讨论一样，有 f 不保 $Q_{k'}$.

至此，我们便证明了 $f(x_1, \cdots, x_n)$ 是 Sheffer 函数.

定理 2 （两个圈环定理）设 $n \geqslant 2, k > 2, d(x)$ 是一个置换且图形 G 是两个圈环 C_1, C_2，于是，$f(x_1, \cdots, x_n)$ 是模为 $k+3$ 的 Sheffer 函数必要而且只要满足下列条件：

1) $|C_1| = k_1 = p_1^{r_1} p_2^{r_2}$，$|C_2| = k_2 = p_3^{r_3}$，$p_1, p_2, p_3$ 是质数，$p_1 \neq p_2$，不妨设 $C_1 = \langle 0, 1, \cdots, k_1 - 1 \rangle$，$C_2 = \langle k_1, k_1 + 1, \cdots, k - 1 \rangle$.

2) 有 $a_i \in \underline{C}_i^{(n)}, fa_i \notin \underline{C}_i, i = 1, 2, b_1 \in \underline{C}_1^{(n)}, a_1 \neq a_2 \neq b_1$.

3) $a_{21} \equiv \cdots \equiv a_{2n} (\bmod p_3^{r_3 - 1})$.

4) 下列条件之一成立：

① $a_1 \equiv b_1 (\bmod \frac{k_1}{p_1})$，$a_1 \equiv V (\bmod \frac{k_1}{p_2})$，其中，$V \in \Delta$，当 $fb_1 \in \underline{C}_2$ 时，$fa_1 \not\equiv fb_1 (\bmod k)$.

② $a_1 \equiv b_1 (\bmod \frac{k_1}{p_2})$，$a_1 \equiv V (\bmod \frac{k_1}{p_1})$，其中，$V \in \Delta$，当 $fb_1 \in \underline{C}_2$ 时，$fa_1 \not\equiv fb_1 (\bmod k)$.

③ $a_1 \equiv U (\bmod \frac{k_1}{p_2})$，$b_1 \equiv V (\bmod \frac{k_1}{p_2})$，其中，$U, V \in \Delta$，当 $fb_1 \in \underline{C}_1$ 时，$fb_1 \not\equiv b_{11} + 1 (\bmod p_1^{r_1})$.

④ $a_1 \equiv U (\bmod \frac{k_1}{p_2})$，$b_1 \equiv V (\bmod \frac{k_1}{p_1})$，其中，$U, V \in \Delta$，当 $fb_1 \in \underline{C}_1$ 时，fb_1

$\not\equiv b_{11}+1(\bmod\ p_2^{r_2})$.

⑤ 下列 ⅰ),ⅱ) 同时成立：

ⅰ) $a_1 \equiv b_1(\bmod\ \frac{k_1}{p_1}), b_1 \equiv V(\bmod\ \frac{k_1}{p_2})$,其中,$V \in \Delta$,当 $fb_1 \in \underline{C}_2$ 时,$fa_1 \not\equiv fb_1(\bmod\ k)$;

ⅱ) $a_{11} \equiv a_{12} \equiv \cdots \equiv a_{ln}(\bmod\ \frac{k_1}{p_1})$ 或当 $fb_1 \in \underline{C}_1$ 时,$fb_1 \not\equiv b_{11}+(\bmod\ p_1^{r_1})$.

⑥ 下列 ⅰ),ⅱ) 同时成立：

ⅰ) $a_1 = b_1(\bmod\ \frac{k_1}{p_1}), b_1 \equiv V(\bmod\ \frac{k_1}{p_1})$,其中,$V \in \Delta$,当 $fb_1 \in \underline{C}_2$ 时,$fa_1 \not\equiv fb_1(\bmod\ k)$;

ⅱ) $a_{11} \equiv a_{12} \equiv \cdots \equiv a_{1n}(\bmod\ \frac{k_1}{p_1})$ 或当 $fb_1 \in \underline{C}_1$ 时,$fb_1 \not\equiv b_{11}+1(\bmod\ p_2^{r_2})$.

5) 若$(k_1,k_2)=p^\lambda, \lambda \geqslant 1$(不妨设 $p_2 = p_3 = p$),则满足下列条件：

① $p_1^{r_1}p^{r_2-1} \mid b_{1m}-a_{1m}, m=1,\cdots,n$ 而当 $fb_1 \in fb_2$ 时,$p^{r_3-1} \equiv fb_1 - fa_1$.

② 有$1 \leqslant i \leqslant 3$,使 $a_{im} \equiv a_{i+1m}(\bmod\ p^\lambda), m=1,\cdots,n$ 而 $fa_i \not\equiv fa_{i+1}(\bmod\ p^\lambda)$,或 $a_{i1} = \cdots a_{in}(\bmod\ p^\lambda)$ 而 $fa_i \not\equiv a_{i1}+1(\bmod\ p^\lambda)$,这里 $a_3 = b_3$,当 $i=3$ 时,$i+1$ 为 1.

定理3 (三个圈环定理)设 $n \geqslant 2, k > 2, d(x)$ 是一个置换且图形 G 是 3 个圈环 C_1, C_2, C_3. 于是 $f(x_1,\cdots,x_n)$ 是模为 $k+3$ 的 Sheffer 函数必要而且只要满足下列条件：

1) $|C_i| = p_i^{r_i}, p_i$ 是质数,$i=1,2,3$ 且 p_1, p_2, p_3 至多有 2 个相同.

2) 有 $a_i \in \underline{C}_i^{(n)}$ 使 $a_{i1} \equiv \cdots \equiv a_{in}(p_i^{r_i-1}), i=1,2,3$ 且 $fa_1 \in \underline{C}_2, fa_2 \in \underline{C}_3, fa_3 \in \underline{C}_1$ 或 $fa_1 \in \underline{C}_3, fa_3 \in \underline{C}_2, fa_2 \in \underline{C}_1$.

3) 若 p_1, p_2, p_3 中有两个相等,不妨设 $p_1 = p_2 = p, r = r_1 \leqslant r_2$ 则

① $a_1 = a_2(p^r)$ 而 $fa_1 \not\equiv fa_2(\bmod\ p^r)$.

② $a_{21} \equiv \cdots \equiv a_{2n}(\bmod\ p^r)$ 而 $fa_2 \not\equiv a_{21}+1(\bmod\ p^r)$,此时 $r_1 < r_2$.

证明　设 $\underline{C}_1 = \langle 0,1,\cdots p_1^r - 1\rangle, \underline{C}_2 = \langle p_1^{r_1}, p_1^{r_1}+1,\cdots,p_1^{r_1}+p_2^{r_2}-1\rangle, \underline{C}_3 = \langle p_1^{r_1}+p_2^{r_2}, p_1^{r_1}+p_2^{r_2}+1,\cdots,k-1 >$ 即

$$d(x)=\begin{cases} x+1(p_1^{r_1}), & 0 \leqslant x \leqslant p^{r_1}-1, \\ p^{r_1}+(x-p_1^{r_1}+1)(p_2^{r_2}), & p_1^{r_1} \leqslant x \leqslant p_1^{r_1}+p_2^{r_2}-1, \\ p_1^{r_1}+p_2^{r_2}+(x-p_1^{r_1}-p_2^{r_2}+1)(p_3^{r_3}), & p_1^{r_1}+p_2^{r_2} \leqslant x \leqslant k-1. \end{cases}$$

必要性.

由引理 1 结论 1) 成立.

由 f 不保 $\underline{C}_i$ 有 $a_i \in C_i^{(n)}$ 使 $fa_i \notin \underline{C}_i$,其中,$a_i = (a_{i1}, \cdots, a_{in})$,$a_{in} \in \underline{C}_i$,$m = 1, \cdots, n$. 虽然,$a_i \notin \Delta$,$a_1 \neq a_2 \neq a_3$.

由 f 不保 $\underline{C}_1 \cup \underline{C}_2$ 有 $u = (u_1, \cdots, u_n) \in (\underline{C}_1 \cup \underline{C}_2)^{(n)}$ 使 $f(u) \notin \underline{C}_1 \cup \underline{C}_2$,即 $f(u) \in \underline{C}_3$.

如果 $u = (u_1, \cdots, u_n) \in \Delta$,即 $u_1 = \cdots = u_n$,则 $f(u) \in \underline{C}_1$ 或 $\underline{C}_2$,此不可能出现. 因此,$u = a_1$ 或 $u = a_2$,从而 $fa_1 \in \underline{C}_3$ 或 $fa_2 \in \underline{C}_3$.

同理,由 f 不保 $\underline{C}_1 \cup \underline{C}_3$ 有 $fa_1 \in \underline{C}_2$ 或 $fa_3 \in \underline{C}_2$. 由 f 不保 $\underline{C}_2 \cup \underline{C}_3$ 有 $fa_2 \in \underline{C}_1$ 或 $fa_3 \in \underline{C}_1$.

上述的 8 种组合,实际上只有两种情形:$fa_1 \in \underline{C}_3$,$fa_3 \in \underline{C}_2$,$fa_2 \in \underline{C}_1$ 或 $fa_1 \in \underline{C}_2$,$fa_2 \in \underline{C}_3$,$fa_3 \in \underline{C}_1$.

作等价类 $Q_{p_i^{r_i-1}}$ 如下:

$\langle x, y \rangle \in Q_{p_i^{r_i-1}} \Leftrightarrow x \equiv y(p_i^{r_i-1})$, $\quad x, y \in \underline{C}_i$,其余 $\langle x, y \rangle \in Q_{p_i^{r_i-1}} \in \underline{k}$.

由 f 不保 $Q_{p_i^{r_i-1}}$ 有 $U \equiv V(\mathrm{mod}\ p_i^{r_i-1})$,$U, V \in \underline{C}_i^{(n)}$ 使 $f(U) \not\equiv f(V)(\mathrm{mod}\ p_1^{r_i-1})$. 显然,$U, V$ 不能同属于 Δ. 因为模为 $k+3$,所以也不可能 $U, V \in \Delta$. 因此,有 $U = a_i$,$V \in \Delta$,从而 $v = a_{im}(\mathrm{mod}\ p_1^{r_i-1})$,$m = 1, \cdots, n$,其中,$V = (v, \cdots, v)$. 故

$$a_{i1} \equiv \cdots \equiv a_{in}(p_i^{r_i-1}), \quad i = 1, 2, 3.$$

至此证明了结论 2) 成立.

设 $p_1 = p_2 = p$,$r = r_1 \leqslant r_2$,$a \in C_1$,$b \in C_2$,作等价类 Q_{ab}^* 如下:

$\langle x, y \rangle \in Q_{ab}^* \Leftrightarrow x \equiv y(\mathrm{mod}\ \xi_{ab})$, $\quad x, y \in \underline{C}_1 \cup \underline{C}_2$,其余 $\langle x, y \rangle \in Q_{ab}^*$,$x \in \underline{C}_3$.

由文[5]可知,$\xi_{ab} = (|C_1|, |C_2|) = p^r$,从而

$$\langle x, y \rangle \in Q_{ab}^* \Leftrightarrow x \equiv y(\mathrm{mod}\ p^r), \quad x, y \in \underline{C}_1 \cup \underline{C}_2.$$

由 f 不保 Q_{ab}^* 有 $U, V \in (\underline{C}_1 \cup \underline{C}_2)^{(n)}$ 使 $U \equiv V(\mathrm{mod}\ p^r)$ 而 $f(U) \not\equiv f(V)(\mathrm{mod}\ p^r)$.

若 $U, V \in \Delta$,则 $f(U) = u+1$,$f(V) = v+1$($U = (u, \cdots, u)$,$V = (v, \cdots, v)$). 由 $U \equiv V(\mathrm{mod}\ p^r)$ 有 $v+1 \equiv u+1(\mathrm{mod}\ p^r)$ 从而 $f(U) \equiv f(V)(\mathrm{mod}\ p^r)$,此为矛盾. 因此,$U, V$ 中必有一个不在 Δ 中,从而 U, V 中必有一个是 a_1 或 a_2.

若 $\{U, V\} = \{a_1, a_2\}$,则 $a_1 \equiv a_2(\mathrm{mod}\ p^r)$ 而 $fa_1 \not\equiv fa_2(\mathrm{mod}\ p^r)$.

若 $U = a_1$,$V = (v, \cdots, v) \in \Delta$,则 $a_{1m} \equiv v(\mathrm{mod}\ p^r)$,$m = 1, \cdots, n$,从而 $a_{11} \equiv a_{12} \equiv \cdots \equiv a_{1n}(\mathrm{mod}\ p^r)$. 如此便有 $a_{11} = a_{12} \equiv \cdots \equiv a_{1n}$ 即 $a_1 \in \Delta$,此为矛盾.

因此，$U = a_2, V = (v,\cdots,v)$ 即

$$v \equiv a_{21} \equiv a_{22} \equiv \cdots \equiv a_{2n} (\mathrm{mod}\ p^r).$$

若 $r_1 = r_2 = r$，则 $a_{21} = \cdots = a_{2n}$，即 $a_2 \in \Delta$ 此为矛盾，不可能出现.

若 $r = r_1 < r_2$，则 $fa_2 \not\equiv f(V) = v + 1 \equiv a_{21} + 1 (\mathrm{mod}\ p^r)$.

至此我们便证明了结论 3) 成立.

充分性.

根据文[5]，由 1) 可知，f 不保 A 中任意一个自同构；由 2) 可知，f 不保 S 中任意一个真子代数.

任取一个等价关系 Q_{ab}^*，可分为下列 4 种情形：

1) $a,b \in \underline{C}_i$，由文[5] 有

$\langle x,y\rangle \in Q_{ab}^* \Leftrightarrow x \equiv y(p_i^{\lambda_i})$，　$\lambda_i \leqslant r_i - 1, x,y \in \underline{C}_i$，其余 $\langle x,x\rangle \in Q_{ab}^*, x \notin \underline{C}_i$.

由 2) 有 $a_{i1} \equiv \cdots = a_{in}(p_i^{\lambda_i})$，即 $a_i \equiv (a_{i1},\cdots,a_{i1})(p_i^{\lambda_i})$. 显然，$f(a_{i1},\cdots,a_{i1}) = a_{i1} + 1 \in \underline{C}_i$，但是 $fa_i \notin \underline{C}_i$，从而 $fa_i \not\equiv f(a_{i1},\cdots,a_{i1})(p_i^{\lambda_i})$，故 f 不保 Q_{ab}^*.

2) $a \in \underline{C}_1, b \in \underline{C}_3$，由文[5] 有

$$\langle x,y\rangle \in Q_{ab}^* \Leftrightarrow x \equiv y(\xi_{ab}),\quad x,y \in \underline{C}_1 \cup \underline{C}_3.$$

$$\xi_{ab} = (|\ C_1\ |, |\ C_3\ |) = 1.$$

因此，$Q_{ab}^* = \underline{C}_1 \cup \underline{C}_3$，由 2) 有 $fa_1 \in \underline{C}_2$ 或 $fa_3 \in \underline{C}_2$. 故 f 不保 Q_{ab}^*.

3) $a \in \underline{C}_2, b \in \underline{C}_3$，由 2) 之讨论有 f 不保 Q_{ab}^*.

4) $a \in \underline{C}_1, b \in \underline{C}_2$，易证 f 不保 Q_{ab}^*.

由于 f 的图形仅有 3 个圈环，根据文[5] 中之引理 2,3 可推得 f 不保 E 中的任意一个直等价类.

至此我们便证明了 $f(x_1,\cdots,x_n)$ 是 Sheffer 函数.

参考文献

[1] Kudrjavcev V B. The coverings of precomplete classes of k-valued logic(Russian)[J]. Diskret Analiz，1970(17)：32－44.

[2] Rousseau G. Completeness in finite algebras with a single soperation[J]. Proc Amer Math，1967，18：1009－1013.

[3] 罗铸楷，胡谋，陈廷槐. 多值逻辑的理论及应用[M]. 北京：科学出版社，1992.

[4] Muzio J C. Some large classes of n-valued Sheffer functions[J]. Proc Camb Phil，1973，74：201－211.

[5] Rosenberg I G. On generating large classes of Sheffer functions[J]. Aeg Math,1978,17:160－181.

[6] Davies R O. On n-valued Sheffer functions[M]. New York:Universizy of Leicester,1968.

[7] 罗铸楷. 部分多值逻辑函数集中的极大封闭集[J]. 数学学报,1984,27(6):795－800.

[8] 罗铸楷. 部分多值逻辑函数的完备性理论[J]. 数学学报,1984,27(5):676－683.

[9] 刘任任. 部分三值逻辑中准完备集的最小复盖[J]. 湘潭大学自然科学学报,1991,13(2):158－165.

[10] 刘任任. 关于部分 k 值逻辑中准完备集之最小复盖的一些结果(Ⅰ)[J]. 湘潭大学自然科学学报,1992,14(1):123－129.

[11] 刘任任. 关于部分 k 值逻辑中准完备集之最小复盖的一些结果(Ⅱ)[J]. 湘潭大学自然科学学报,1993,15(2):141－148.

[12] Liu R R. The minimal covering of precomplete classes in partial four-valued logic[J]. Proc of ICYCS,1991,7:40－50.

[13] Liu R R. Some results on the decision and construction for Sheffer function in partial k-valued logic[J]. Proc of ISMVL,1993,5:30－36.

[14] Liu R R. Some results on the decision for Sheffer functions in partial k-valued logic[J]. Multi Val Logic,1996,1:253－269.

[15] Rosenberg I G. Partial Sheffer operations[J]. J Combinatorics,1991,12(1):9－21.

关于 Sheffer 函数

Sheffer 函数是多值逻辑函数结构理论中一个重要的研究课题，由于它与多值逻辑网络，多值开关理论，单向多值逻辑函数密切相关，多年来一直引人注目，比较活跃.

对于完全多值逻辑函数，Kudrjavcev[1] 和 Rousseau[2] 根据著名的完备性定理[3]，定出了判定 Sheffer 函数的精确充要条件. 之后，Muzio[4] 和 Rosenberg[5] 定出了大量具体的 Sheffer 函数. 设

$$\Phi_n(k) = \frac{k\text{ 值逻辑中 }n\text{ 元 Sheffer 函数的个数}}{k^{k^n}}.$$

其中，k^{k^n} 是 n 元 k 值逻辑函数之个数. Davies[6] 证明了

$$\lim_{k\to\infty}\Phi_n(k) = \frac{1}{\mathrm{e}} = 0.367\ 88.$$

这说明了多值逻辑函数中有近 36% 是 Sheffer 函数. Rosenberg[5] 证明了 Sheffer 函数的最小模为 $k+2$，并定出了模为 $k+2$ 的所有 Sheffer 函数.

本文定出了模为 $k+3$ 且 $d(x)$ 为置换时的所有 Sheffer 函数(其中，$d(x) = f(x,\cdots,x)$，f 是 Sheffer 函数)，即定理 2 ～ 定理 4.

对于部分多值逻辑函数，虽然完备性的判定问题已完全解决[7,8]，但其 Sheffer 函数的精确判别至今一直尚未解决，是一个十分困难的问题. 刘任任[9,10] 对于 $k<4$ 完全定出了 Sheffer 的精确判定，对于 $k>5$，定出了几类重要的必须出现在最小覆盖中的准完备类[9～14]，从而对问题的最终解决做了实质性的推进. 此外，Rosenberg[15] 也取得了一些初步结果.

本文证明了部分 k 值逻辑中的 Sheffer 函数的最小模为 $k+3$，并定出了大量的 Sheffer 函数，即定理 5.

定理 1

1) 设 Sheffer 函数 $f(x,\cdots,x)$ 的模为 $k+h$. 于是 $\langle k, d(x)\rangle$ 的图形 G 的圈数 $<h$，其中，$d(x) = f(x,\cdots,x)$.

2）设 $d(x)$ 是一个置换，G 的圈数 $=h$. 于是，G 的每一个圈的元数为某一质数之幂且不为同一质数之幂.

定理 2 设 $d(x)$ 是一个置换且其图形是一个圈. 于是，$f(x_1,\cdots,x_n)$ 是部分 Sheffer 函数，且具有 $k+3$ 的模必要而且只要满足下列条件：

1）$k=p_1^{r_1}p_2^{r_2}$，p_1，p_2 是互异质数.

2）对于某些 l_i，$0<l_i<p_i$，$i=1,2$ 有

$$a_{2m}=a_{1m}+l_1p_1^{r_1-1}p_2^{r_2}(\mathrm{mod}\ k),\quad a_{3m}=a_{1m}+l_2p_1^{r_1}p_2^{r_2-1}(\mathrm{mod}\ k),\quad m=1,\cdots,n;$$
$$fa_2\not\equiv fa_1+l_1p_1^{r_1-1}p_2^{r_2}(\mathrm{mod}\ k),\quad fa_3\not\equiv fa_1+l_2p_1^{r_1}p_2^{r_2-2}(\mathrm{mod}\ k).$$

3）设 $((fa_2-fa_1),p_1^{r_1-1}p_2^{r_2})=p_1^{\lambda_1}p_2^{\lambda_2}=k_1$，$((fa_3-fa_1),p_1^{r_1}p_2^{-1})=p_1^{\mu_1}p_2^{\mu_2}=k_2$.

① 当 $k_1=p_1^{\lambda_1}p_2^{r_2}$ 时，$a_{11}\equiv\cdots\equiv a_{1n}(k_1)$，$a_{11}-1\not\equiv fa_1(p_2^{r_2})$，或 $a_{31}\equiv\cdots\equiv a_{3n}(k_1)$，$a_{31}-1\not\equiv fa_3(p_2^{r_2})$.

② 当 $k_2=p_1^{r_1}p_2^{\mu_2}$ 时，$a_{11}\equiv\cdots\equiv a_{1n}(k_2)$，$a_{11}-1\not\equiv fa_1(p_1^{r_1})$，或 $a_{21}\equiv\cdots\equiv a_{2n}(k_2)$，$a_{21}-1\not\equiv fa_2(p_1^{r_1})$.

③ 当 λ_1，$\mu_1<r_1$，λ_2，$\mu_2<r_2$ 时，$k'_1=((fa_3-fa_1),k_1)$，$k'_1=p_1^{\alpha_1}p_2^{\alpha_2}$；$k'_2=((fa_2-fa_1),k_2)$，$k'_2=p_1^{\beta_1}p_2^{\beta_2}$，$\alpha_i$，$\beta_i<ri$；$\omega_1=\max(\alpha_1,\beta_1)$，$\omega_2=\max(\alpha_2,\beta_2)$，$k=p_1^{\omega_1}p_2^{\omega_2}$.

ⅰ）$a_{11}\equiv\cdots\equiv a_{1n}(k)$；

ⅱ）若 $\omega_i>0$，则 $fa_1\not\equiv fa_{11}-1(p_i)$，$i=1,2$.

定理 3 定出了模为 $k+3$ 的具有两个圈的所有 Sheffer 函数.

定理 4 定出了模为 $k+3$ 的具有三个圈的所有 Sheffer 函数.

定理 5

1）部分多值函数逻辑中 Sheffer 函数的最小模为 $k+3$.

2）若 $f(x_1,\cdots,x_n)$ 是完全多值逻辑函数集中的 Sheffer 函数，则 $(n+1)$ 元函数

$$f^*(x_1,\cdots,x_{n+1})=\begin{cases}f(x_1,\cdots,x_n), & \text{当 } x_n=x_{n+1} \text{ 时},\\ *, & \text{当 } x_n\neq x_{n+1} \text{ 时}\end{cases}$$

是部分多值逻辑函数中的 Sheffer 函数.

由此定理可定出大量的非完全 Sheffer 函数.

参考文献

[1] Kudrjavcev V B. The coverings of precomplete classes of k-valued logic(Russian)[J]. Dis-

kret Analiz,1970(17):32－44.

[2] Rousseau G. Completeness in finite algebras with a single soperation[J]. Proc Amer Math,1967,18:1009－1013.

[3] 罗铸楷,胡谋,陈廷槐.多值逻辑的理论及应用[M].北京:科学出版社,1992.

[4] Muzio J C. Some large classes of *n*-valued Sheffer functions[J]. Proc Camb Phil,1973,74:201－211.

[5] Rosenberg I G. On generating large classes of Sheffer functions[J]. Aeg Math,1978,17:160－181.

[6] Davies R O. On *n*-valued Sheffer functions[M]. New York:Universizy of Leicester,1968.

[7] 罗铸楷.部分多值逻辑函数集中的极大封闭集[J].数学学报,1984,27(6):795－800.

[8] 罗铸楷.部分多值逻辑函数的完备性理论[J].数学学报,1984,27(5):676－683.

[9] 刘任任.部分三值逻辑中准完备集的最小复盖[J].湘潭大学自然科学学报,1991,13(2):158－165.

[10] Liu R R. The minimal covering of precomplete classes in partial four-valued logic[J]. Proc of ICYCS,1991,7:40－50.

[11] 刘任任.关于部分 *k* 值逻辑中准完备集之最小复盖的一些结果(Ⅰ)[J].湘潭大学自然科学学报,1992,14(1):123－129.

[12] 刘任任.关于部分 *k* 值逻辑中准完备集之最小复盖的一些结果(Ⅱ)[J].湘潭大学自然科学学报,1993,15(2):141－148.

[13] Liu R R. Some results on the decision and construction for Sheffer function in partial *k*-valued logic[J]. Proc of ISMVL,1993,5:30－36.

[14] 刘任任.部分 *k* 值逻辑中准完备集之最小覆盖的一些结果(Ⅲ)[J].湘潭大学自然科学学报,1995,17(3):109－113.

[15] Rosenberg I G. Partial Sheffer operations[J]. J Combinatorics,1991,12(1):9－21.

多值逻辑中的 Sheffer 函数

Sheffer 函数是多值逻辑函数结构理论中一个重要的研究课题，由于它与多值逻辑网络，多值开关理论，单向多值逻辑函数密切相关，多年来一直引人注目，比较活跃.

对于完全多值逻辑函数，Kudrjavcev[1] 和 Rousseau[2] 根据著名的完备性定理[3] 定出了判定 Sheffer 函数的精确充要条件. 之后，Muzio[4] 和 Rosenberg[5] 定出了大量具体的 Sheffer 函数，几乎包括了历史上许多学者提出的 Sheffer. 设

$$Q_n(k)=\frac{k\text{ 值逻辑中 }n\text{ 元 Sheffer 函数的个数}}{k^{k^n}}.$$

其中，k^{k^n} 是 n 元 k 值逻辑函数的个数. Davies[6] 证明了 k^n：

$$\lim_{k\to\infty}Q_n(k)=\frac{1}{\mathrm{e}}=0.367\ 88,\quad \text{其中},k\to\infty.$$

这说明了多值逻辑函数中有近 36% 是 Sheffer 函数. Rosenberg[5] 证明了 Sheffer 函数的最小模为 $k+2$ 并定出了模为 $k+2$ 的所有 Sheffer 函数.

对于部分多值逻辑函数，完备性的判定问题已完全解决[7,8]，但其 Sheffer 函数的精确判别至今一直未解决，是一个十分困难的问题. 刘任任[9,10] 对于 $k\leqslant 4$ 完全定出了 Sheffer 的精确判定；对于 $k\geqslant 5$，定出了几类重要的必须出现在最小覆盖中的准完备类[9-14]，从而对问题的最终解决做了实质性的推进. 此外，Rosenberg[15] 也取得了一些初步结果.

本文具体给出了当 $d(x)$ 仅为一个圈环时，$f(x_1,x_2,\cdots,x_n)$ 为 Sheffer 函数的判定条件，以及由完全的 Sheffer 函数构造部分 Sheffer 的简捷方法，从而定出了大量的 Sheffer 函数，同时还证明了 2 值逻辑中若 $f(x_1,\cdots,x_n)$ 是 Bent 函数，则 $f(x_1,\cdots,x_n)$，$f(x_1,\cdots,x_n)+1$，$f(x_1,\cdots,x_n)+x_i+1$ 中必有一个是 Sheffer 函数.

在以下的定理 1～3 中，假设 $f(x_1,\cdots,x_n)$ 是 k 值逻辑函数，$f(x_0,\cdots,x)=d(x)$，$d(x)$ 是一个圈环 $k=p_1^{r_1},\cdots,p_h^{r_R}$，$p_1,\cdots,p_h$ 两两互异的质数.

定理 1　$f(x_1,\cdots,x_n)$ 是 Sheffer 函数必要而且只要满足下列条件：

1）对 k/p_i 有 $a_{11},\cdots,a_{1n},l_i(1<l_i<p_i)$ 使

$$fa_2 \neq fa_1 + \frac{l_i k}{p_i(k)}, \quad a_{2m} = a_{1m} + \frac{l_i k}{p_i(k)}, \quad m=1,\cdots,n.$$

2）对于 k 的任意因数 $u(u>1)$ 有 $b_{11},\cdots,b_{1n}$ 及 $u_1,\cdots,u_n$ 使

$$fb_2 \neq fb_1(u), \quad b_{2m} = b_{1m} + u_m(k), \quad m=1,\cdots,n.$$

定理 2　若 $f(x_1,\cdots,x_n)$ 满足下列条件，则 $f(x_1,\cdots,x_n)$ 是 Sheffer 函数.

1）有 $a_{11},\cdots,a_{1n},l_i(1<l_i<p)$ 使

$$fa_{i+1} \neq fa_1 + \frac{l_k}{p_i(k)}, \quad i=1,\cdots,h;$$

$$a_{i+1m} = a_{1m} + \frac{l_i k}{p_i(k)}, \quad m=1,\cdots,n.$$

2）同定理 1 中之 2）.

定理 3　若 $f(x_1,\cdots,x_n)$ 满足下列条件，则 $f(x_1,\cdots,x_n)$ 是 Sheffer 函数.

1）同定理 2 中之 1）.

2）$fa_{j+1} \neq fa_1(p_i), i=1,\cdots,h$.

定理 4　若 $f(x_1,\cdots x_n)$ 是 k 值逻辑 Sheffer 函数，则

$$g(x_1,\cdots,x_{n+1}) = \begin{cases} f(x_1,\cdots,x_n), & \text{当 } x_n = x_{n+1} \text{ 时}, \\ *, & \text{当 } x_n \neq x_{n+1} \text{ 时} \end{cases}$$

是部分多值逻辑中的 Sheffer 函数，其中 $*$ 表示无定义.

定理 5　在 2 值逻辑中，若 $f(x_1,\cdots,x_n)$ 是 Bent 函数，则 $f(x_1,\cdots,x_n)$，$f(x_1,\cdots,x_n)+1$，$f(x_1,\cdots,x_n)+x_i+1$ 中必有一个是 Sheffer 函数.

参考文献

[1]Kudrjavcev V B. The coverings of precomplete classes of k-valued logic(Russian)[J]. Diskret Analiz,1970(17):32－44.

[2] Rousseau G. Completeness in finite algebras with a single soperation[J]. Proc Amer Math,1967,18:1009－1013.

[3] 罗铸楷，胡谋，陈廷槐. 多值逻辑的理论及应用[M]. 北京：科学出版社，1992.

[4] Muzio J C. Some large classes of n-valued Sheffer functions[J]. Proc Camb Phil,1973,74:201－211.

[5] Rosenberg I G. On generating large classes of Sheffer functions[J]. Aeg Math,1978,17:

160－181.

[6] Davies R O. On n-valued Sheffer functions[M]. New York:Universizy of Leicester,1968.

[7] 罗铸楷.部分多值逻辑函数集中的极大封闭集[J].数学学报,1984,27(6):795－800.

[8] 罗铸楷.部分多值逻辑函数的完备性理论[J].数学学报,1984,27(5):676－683.

[9] 刘任任.部分三值逻辑中准完备集的最小复盖[J].湘潭大学自然科学学报,1991,13(2):158－165.

[10] Liu R R. The minimal covering of precomplete classes in partial four-valued logic[J]. Proc of ICYCS,1991,7:40－50.

[11] 刘任任.关于部分 k 值逻辑中准完备集之最小复盖的一些结果(Ⅰ)[J].湘潭大学自然科学学报,1992,14(1):123－129.

[12] 刘任任.关于部分 k 值逻辑中准完备集之最小复盖的一些结果(Ⅱ)[J].湘潭大学自然科学学报,1993,15(2):141－148.

[13] Liu R R. Some results on the decision and construction for Sheffer function in partial k-valued logic[J]. Proc of ISMVL,1993,5:30－36.

[14] Liu R R,Luo Z K. The maximal closed classes of unary functions in P-valued[J]. Mathematical Logic Quarterly,1996(42):234－240.

[15] Rosenberg I G. Partial Sheffer operations[J]. J Combinatorics,1991,12(1):9－21.

部分多值逻辑的完备性理论

部分多值逻辑函数的完备性理论

在 k 值逻辑理论中，函数系的完备性之判定问题是一个基本而重要的问题，此问题的彻底解决依赖于定出 k 值逻辑函数集中的所有极大封闭集.

对于完全 k 值逻辑函数集 P_k，在文[1] 和文[2] 中定出了自对偶函数集 S_σ，T 型集 $T_{E,0}$，单调函数集 M 中的所有极大封闭集，作者[4,5] 定出了线性函数集 L_G 的所有极大封闭集，保分划函数集 T_{D^r} 的大量极大封闭集(仅剩一类尚未定出). 之后，作者[6] 于 1964 年证明了 P_k 中任意极大封闭集必是一个 S_σ，$T_{E,0}$，M，L_G 或 T_{D^r}. 由此基本结论可知，只要定出 T_{D^r} 中的所有极大封闭集，便能得到 P_k 中的全部极大封闭集. 1965 年，Rosenberg[7] 也证明了此结论并定出了 T_{D^r} 中的所有极大封闭集. 因此，现在著名的 Rosenberg 定理只不过是定出了 T_{D^r} 中其余部分的极大封闭集. 随着完备性判定问题的解决，近十几年来，完全 k 值逻辑函数的结论理论有了广泛，深入，系统的发展[9].

对于部分 k 值逻辑函数集 P_k^* 的完备性理论是由王湘浩教授[3] 首先进行研究的，并用群论方法提出了一个完备性的充要条件，依此定出了 P_2^* 和 P_3^* 中的所有极大封闭集，但未能定出 P_k^* $(k \geqslant 4)$ 中的所有极大封闭集，在这之后，在文[8] 和文[10] 中也定出了 P_2^* 和 P_3^* 中的所有极大封闭集，且其大部分内容已在文[3] 中指出. 作者[11] 定出了 P_k^* 中的 6 类极大封闭集.

本文采用保关系的系统方法定出了 P_k^* 中的全部极大封闭集. 以下所采用的一些基本概念，事实，符号除指明的以外均见文[11]，并假设 $k \geqslant 4$.

定义 m 项关系 G_m 说是正规的，$m \geqslant 2$，如果 G_m 非完全，且任意包含 $T(G_m)$ 的 $T(G_i)$ 都等于 P_k^*，其中，$1 \leqslant i < m$.

由文[11] 定理 1 和 2 可知，只要定出正规的 $m(2 \leqslant m \leqslant k)$ 项关系所确定的所有极大封闭集，便可得到 P_k^* 中的全部极大封闭集.

设 $1 \leqslant i_1 < i_2 < \cdots < i_r \leqslant m$，令 $G_m^{i_1,\cdots,i_r} = \{\langle a_{i_1},\cdots,a_{i_r}\rangle \mid \langle a_1,\cdots,a_{i_1},\cdots,a_{i_2},\cdots,a_{i_r},\cdots,a_m\rangle \in G_m\}$. 设 $G_m^*(R_1,\cdots,R_n) = G_m(R_1,\cdots,R_n)$ 中所有含$(m+n$

$-\sum_{i=1}^{n}|R_i|$)元不同的序列作成的子集合.

命题 1 设$\widetilde{G_m}=G_m\cap G_m(R_1,\cdots,R_n)$,有

$$T(G_m)\subseteq T(\widetilde{G_m})\subseteq T(\widetilde{G}_m^{r_1,\cdots,r_n,\cdots,r_{n+h}}),$$

其中,$r_i\in R_i,i=1,\cdots,n,\{r_{n+1},\cdots,r_{n+h}\}=\{1,\cdots,m\}-\bigcup_{i=1}^{n}R_i$.

命题 2 设 G_m 正规. 若 $G_m^*(R_1,\cdots,R_n)$ 中有一个序列属于 G_m,则 $G_m(R_1,\cdots,R_m)\subseteq G_m$.

设 S_m 是 $E_m=\{1,\cdots,m\}$ 上的 m 次对称群,H 是 S_m 的子群,我们将$\widetilde{G_m}=\{\langle a_1,\cdots,a_m\rangle\mid\langle a_1,\cdots,a_m\rangle\in G_m$,且对任意$\sigma\in H,\langle a_{\sigma(1)},\cdots,a_{\sigma(m)}\rangle\in G_m\}$称为 G_m 对 H 的子关系. 显然,H 是$\widetilde{G_m}$ 的对称群[11].

命题 3 若$\widetilde{G_m}$ 是 G_m 对 H 的子关系,则 $T(G_m)\subseteq T(\widetilde{G_m})$.

命 $G_m^*(\{i,j\}),i>j,i,j=1,\cdots,m$ 为 C^* 组序列集合.

命题 4 设 G_m 正规,$m\geqslant 3$,且包含 C^*组的全部序列集合. 于是,$T(G_m)$ 中包含在完满对称函数集 $F_{s,m}$ 中[11].

命题 5 设 G_m 正规,$m\geqslant 4$,且 C^*组的既非全部又非全无序列集合包含在 G_m 中. 于是,必有一个 $G_m(\{i,j\})$,使 $G_m=G_m(\{i,j\})\cup G_m^*,i>j$. 其中,$G_m^*$ 仅含 m 元不同的序列.

设 $G_m(E_m)=\{\langle\overbrace{a,\cdots,a}^{m}\rangle\mid a\in E^k\}$,由命题 2 可知,若 G_m 正规,则 $G_m(E_m)\subseteq G_m$ 或 G_m 中仅含 m 元不同的序列.

命题 6 设 G_m 正规,$G_m(E_m)\subseteq G_m,m\geqslant 4$,且 C^*组中全无序列集合包含在 G_m 中. 于是,

$$G_m=G_m(R_1,\cdots,R_n)\cup G_m^*\quad 或\quad G_4=G'_4\cup G_4^*.$$

其中,G_m^* 仅含 m 元不同的序列,G_4^* 或是空集,或仅含四元不同的序列,G'_4是序列集合:$G_4(\{1,2\},\{3,4\}),G_4(\{1,3\},\{2,4\}),G_4(\{1,4\},\{2,3\})$ 中 2 或 3 个序列集合之并.

命题 7 设 $G_3=G_3(\{1,2\})\cup G_3(\{1,3\})\cup G_3^*,G_3^*$ 或是空集,或仅含三元不同的序列. 于是,$T(G_3)\subseteq T(\widetilde{G_3})$ 或 $T(\widetilde{G_4})$. 其中,$\widetilde{G_3}=(\{1,2\})\cup\widetilde{G_3^*},\widetilde{G_3^*}$ 非空,且仅含三元不同的序列;$\widetilde{G_4}=G_4(\{1,2\},\{3,4\})\cup G_4(\{1,3\},\{2,4\})\cup\widetilde{G_4^*},\widetilde{G_4^*}$ 或是空集,或仅含四元不同的序列.

命题 8 设 G_m 正规且含有 m 元不同的序列，N 是所有保 G_m 的完全一元函数之集合. 于是，N 是一元正则集（即 $N \subset Q_k, x \in N$，且 N 封闭），$T(G_m) \subseteq T(N) \subset P_k^*$.

由命题 2～7 和文[11]中之定理 1，定理 2 和命题 2，我们只需讨论下列 4 类正规关系的极大封闭性，其中所提到的$\overline{G_m}$（或$\overline{G_4}$）都仅含 m（或四）元不同的序列，$m \geqslant 2$.

0 类关系：$G_m = G_m^*, G_m^* = \overline{G_m} \cup \overline{G_m^{\sigma_1}} \cup \cdots \cup \overline{G_m^{\sigma_{h-1}}}, H = \{e, \sigma_1, \cdots, \sigma_{h-1}\}$ 是 m 次对称群 S_m 的子群.

1 类关系：$G_m = G_m(R_1, \cdots, R_n) \cup G_m^*, G_m^* = \overline{G_m} \cup \overline{G_m^{\sigma_1}} \cup \cdots \cup \overline{G_m^{\sigma_{h-1}}}, H = \{e, \sigma_1, \cdots, \sigma_{h-1}\}$ 是 $G_m(R_1, \cdots, R_n)$ 的对称群，由命题 2[11] 可设 $R_1 = \{1, \cdots, r_1\}$，$R_2 = \{r_1 + 1, \cdots, r_2\}, \cdots, R_n = \{r_{n-1} + 1, \cdots, r_n\}$.

2 类关系：$G_4 = G_{4,2} \cup G_4^*, G_4^* = \overline{G_4} \cup \overline{G_4^{\sigma_1}} \cup \cdots \cup \overline{G_4^{\sigma_{h-1}}}, G_{4,2} = G_4(\{1,2\}, \{3,4\}) \cup G_4(\{1,3\}, \{2,4\}), H = \{e, \sigma_1, \cdots, \sigma_{h-1}\}$ 是 $G_{4,2}$ 的最大对称群.

3 类关系：$G_4 = G_{4,3} \cup G_4^*, G_4^* = \overline{G_4} \cup \overline{G_4^{\sigma_1}} \cup \cdots \cup \overline{G_4^{\sigma_{h-1}}}, G_{4,3} = G_{4,2} \cup G_4(\{1,4\}\{2,3\}), H = \{e, \sigma_1, \cdots, \sigma_{h-1}\}$ 是 $G_{4,3}$ 的最大对称群（即 S_4）.

设 G_m 是 0 类关系，序列 $\langle a_1, \cdots, a_m \rangle \in \overline{G_m}$ 说是可分离的，如果存在一个直接分划：$E^k = A_1 + \cdots + A_m$（当 $i \neq j$ 时，$A_i \cap A_j =$ 空集），使得 $a_j \in A_j, j = 1, \cdots, m$，而对任意 $\langle b_1, \cdots, b_m \rangle \in \overline{G_m}$ 皆有 $b_i \in A_j, j = 1, \cdots, m$.

设 G_m 是 i 类关系，$i = 1,2,3$. 序列 $\langle a_1, \cdots, a_m \rangle \in \overline{G_m}$ 说是可分离的，如果存在一个直接分划 D：$E^k = A_1 + \cdots + A_m$，使得 $a_j \in A_j$，而对任意 $\langle b_1, \cdots, b_m \rangle \in \overline{G_m}$，或有 $\sigma \in H$，使 $b_{\sigma(j)} \in A_j, j = 1, \cdots, m$，或对 D 分组可离，即当 $i = 1$ 时，有 $A_{i_1}, \cdots, A_{i_n}$ 使 $b_1, \cdots, b_{r_1} \in A_{i_1}, \cdots, b_{r_{n-1}+1}, \cdots, b_{r_n} \in A_{i_n}$；当 $i = 2$ 时，有 A_{i_1}, A_{i_2}，使 b_1, b_2（或 b_1, b_3）$\in A_i, b_3, b_4$（或 b_2, b_4）$\in A_{i_2}$；当 $i = 3$ 时，可将 $b_1, \cdots, b_4$ 分为两对，使每对属于某一个 A_j.

定理 1 设 G_m 是上述的 4 类正规关系之一，$2 \leqslant m \leqslant k$. 若 $T(G_m)$ 是极大封闭集，则有$\widetilde{G_m} \subseteq G_m$ 亦是上述的 4 类正规关系之一，使 $T(G_m) = T(\widetilde{G_m})$，且有序列 $\langle a_1, \cdots, a_m \rangle \in \widetilde{G_m}$ 是可分离的（对$\widetilde{G_m}$ 而言）.

证明 将 4 类正规关系统一地表示为

$$G_m = G_{m.i} \cup G_m^*, \quad i = 0, \cdots, 3,$$

$$G_m^* = \overline{G_m} \cup \overline{G_m^{\sigma_1}} \cup \cdots \cup \overline{G_m^{\sigma_{h-1}}},$$

$$H = \{e, \sigma_1, \cdots, \sigma_{h-1}\},$$

其中，$G_{m,0}$ = 空集，$G_{m,1} = G_m(R_1,\cdots,R_n)$. 当 $i = 2,3$ 时，$m = 4$. 设 N 是所有保 G_m 的完全一元函数之集合，由命题 8 和 $T(G_m)$ 的极大封闭性有，$T(G_m) = T(N)$，N 是一元正则集.

1) 假设 $m = k$

设 $G_{k,N} = \{\langle h(0),\cdots,h(k-1)\rangle \mid h(x) \in N\}$. 显然，$T(G_{k,N}) = T(G_k)$，$\langle 0,\cdots,k-1\rangle \in G_{k,N}$. 由命题 2[11] 不妨假设 $\langle 0,\cdots,k-1\rangle \in G_k$，于是，$G_{k,N} \leqslant G_k$. 设 $L = \{e,\tau_1,\cdots,\tau_{l-1}\}$ 是 N 中所有置换作成之集合，$\widetilde{G_k^*} = \{\langle h(0),\cdots,h(k-1)\rangle \mid h(x) \in L\} \subseteq G_{k,N}$. L 是 S_k 的子群，且 $\widetilde{G_k^*} = \langle 0,\cdots,k-1\rangle + \langle 0,\cdots,k-1\rangle^{\tau_1} + \cdots + \langle 0,\cdots,k-1\rangle^{\tau_{l-1}}$.

设 $\widetilde{G_k}$ 是 $G_{k,N}$ 对 L 的子关系. 不难推得 $\widetilde{G_k} = \widetilde{G_{k,i}} \cup \widetilde{G_{k,i}^*}$，$\widetilde{G_{k,i}} \subseteq G_{k,i}$，$\widetilde{G_k}$ 是非完全关系，L 是 $\widetilde{G_{k,i}}$ 的对称群. 由命题 3 及 $T(G_k)$ 的极大封闭性有

$$T(G_k) = T(G_{k,N}) = T(\widetilde{G_k}).$$

当 $\widetilde{G_{k,i}}$ 为非完全关系时，设其最大对称群为 L'. 显然，$L \subseteq L'$. 设 G'_k 是 $\widetilde{G_k}$ 对 L' 的子关系. 于是，$G'_k = \widetilde{G_{k,i}} \cup G'^*_k$，$G'^*_k \subseteq \widetilde{G_k^*}$，从而由命题 3 和 $T(G_k)$ 的极大封闭性有 $T(G_k) = T(G_k) = T(G'_k)$. 依此可推得 G'^*_k 非空. 由命题 3[11] 可知，$\mid G'^*_k \mid \geqslant \mid L' \mid \geqslant \mid L \mid = \mid \widetilde{G_k^*} \mid$，从而 $L' = L$. 因此，L 是 $\widetilde{G_{k,i}}$ 的最大对称群.

至此我们便证明了 $T(G_k) = T(\widetilde{G_k})$，$\widetilde{G_k}$ 是上述的 4 类正规关系之一，且 $\langle 0,\cdots,k-1\rangle \in \widetilde{G_k^*}$ 是可分离的.

2) 假设 $2 \leqslant m < k$

① 有一个直接分划 D:$E^k = A_1 + \cdots + A_m (2 \leqslant m < k)$，使 $T(G_m) = T(G_{m,\overline{N}})$，其中，$G_{m,\overline{N}} = \{\langle h(A_1),\cdots,h(A_m)\rangle \mid h(x) \in \overline{N}\}$，$\overline{N} = \{h(x) \mid h(x) = h(y)$，当 $x,y \in A_i$ 时，$i = 1,\cdots,m; h(x) \in N\}$.

容易证明：$T(G_m) = T(N) \subseteq T(\overline{N}) \subseteq T(G_{m,\overline{N}})$.

设对任意直接分划的 $G_{m,\overline{N}}$ 都是完全关系. 取 $\langle a_1,\cdots,a_m\rangle \in G_m^*$，$\langle b_1,\cdots,b_m\rangle \notin G_m$，作一元函数如下：当 $x = a_i$ 时. $f(x) = b_i$，$i = 1,\cdots,m$；其余情形，$f(x) = *$ (无定义). 显然，$f(x) \notin T(G_m)$.

设 $g(x) \in N$，若 $f(g(x))$ 是完全函数，则有直接分划：$E^k = B_1 + \cdots + B_m$ 使 $g(x) = C_i$，当 $x \in B_i$ 时，$i = 1,\cdots,m$. 令 $\overline{N} = \{h(x) \mid h(x) = h(y)$，当 x，$y \in B_i$ 时，$i = 1,\cdots,m; h(x) \in N\}$，$G_{k,\overline{N}} = \{\langle h(0),\cdots,h(k-1)\rangle \mid h(x) \in \overline{N}\}$，

$G_{m,\overline{N}} = \{\langle h(B_1),\cdots,h(B_m)\rangle \mid h(x) \in \overline{N}\}$. 显然，$g(x) \in \overline{N}$，从而 $\langle g(0),\cdots,g(k-1)\rangle \in G_{k,\overline{N}}$. 由假设 $G_{m,\overline{N}}$ 是完全关系可知，$G_{k,\overline{N}}$ 亦是完全关系. 这样，$\langle f(g(0)),\cdots,f(g(k-1))\rangle \in G_{k,\overline{N}}$，从而 $f(g(x)) \in \overline{N} \subseteq N$. 因此，$f(x) \in T(N)$，此与 $T(G_m) = T(N)$ 相矛盾. 故有直接分划使 $T(G_{m,\overline{N}}) \subset P_k^*$，从而 $T(G_m) = T(G_{m,\overline{N}})$.

② $G_{m,\overline{N}} \subseteq G_m$，且 $G_{m,\overline{N}}$ 含有 m 元不同的序列.

若 $G_{m,\overline{N}}$ 中无 m 元不同的序列，则由命题 2 不难推得任意一元函数都保 $G_{m,\overline{N}}$，从而亦保 G_m，此与 N 是一元正则集相矛盾. 因此，$G_{m,\overline{N}}$ 中有 m 元不同的序列 $\langle c_1,\cdots,c_m\rangle$，从而有 $h(x) \in \overline{N}$，使得 $h(A_i) = c_i, i = 1,\cdots,m$.

设 $\langle a_1,\cdots,a_m\rangle \in G_m^*$，且 $a_1,\cdots,a_m$ 中至少有 2 个元素同属于某一个 A_j. 显然，$\langle h(a_i),\cdots,h(a_m)\rangle \notin G_m^*$ 而 $\in G_{m,i}$. 依此，可推得当 G_m 为 0 类关系时，$a_1,\cdots,a_m$ 中无 $r(\geqslant 2)$ 个元素同属于某一个 A_j，即有 $\sigma \in S_m$，使 $a_i \in A_{\sigma(i)}, i = 1,\cdots,m$；当 G_m 为非 0 类关系时，$\langle a_1,\cdots,a_m\rangle$ 对直接分划 D 分组可离.

设 $\langle b_1,\cdots,b_m\rangle \notin G_{m,\overline{N}}$，作一元函数：$g(x) = b_i$. 当 $x \in A_i$ 时，$i = 1,\cdots,m$. 显然，$g(x) \notin N$，从而 $\notin T(N)$. 当 G_m 为非 0 类关系时，若任意 $\langle a_1,\cdots,a_m\rangle \in G_m^*$，至少有 2 个元素同属于某一个 A_j，则由 $\langle a_1,\cdots,a_m\rangle$ 对 D 分组可分离，可推得 $\langle g(a_1),\cdots,g(a_m)\rangle \in G_{m,j} \subseteq G_m$，从而 $g(x) \in T(G_m)$，此与 $T(G_m) = T(N)$ 相矛盾. 因此，当 G_m 为非 0 类关系时，有 $\langle a_1,\cdots,a_m\rangle \in G_m^*$，$\sigma \in S_m$，使得 $a_i \in A_{\sigma(i)}$.

由命题 2[11] 不妨假设有 $\langle a_1,\cdots,a_m\rangle \in G_m^*$，$a_i \in A_i, i = 1,\cdots,m$. 于是，$G_{m,\overline{N}} = \{\langle h(a_1),\cdots,h(a_m)\rangle \mid h(x) \in \overline{N}\} \subseteq G_m$.

③ 有 $\widetilde{G_m} \subseteq G_{m,\overline{N}}$，满足定理之结论条件.

由 ① 可知 $G_{m,\overline{N}}$ 是正规关系. 在 $G_{m,\overline{N}}$ 中取一个子关系 $\widetilde{G_m}$ 如下：当 $m = 4$，且 $G_{m,\overline{N}}$ 包含 $G_{4,3}$（或包含 $G_{4,2}$ 但不包含 $G_{4,3}$）时，$\widetilde{G_m}$ 是 $G_{m,\overline{N}}$ 对 N 的子关系，H 是 $G_{4,3}$（或 $G_{4,2}$）的最大对称群；其余情形，$\widetilde{G_m} = G_{m,\overline{N}}$，由命题 3 及 $T(G_m)$ 的极大封闭性有 $T(G_m) = T(N) = T(\overline{N}) = T(G_{m,\overline{N}}) = T(\widetilde{G_m})$. 令 $\widetilde{N} = \{h(x) \mid < h(A_1),\cdots,h(A_m)\rangle \in \widetilde{G_m}, h(x) \in \overline{N}\}$. 显然，$\widetilde{G_m} = \{\langle h(A_1),\cdots,h(A_m)\rangle \mid h(x) \in \widetilde{N}\}$.

仿照 ② 之证明，有 $h(x) \in \widetilde{N}, h(A_i) = C_i, i = 1,\cdots,m$，且 $\langle c_1,\cdots,c_m\rangle \in \widetilde{G_m}$，$c_1 \neq c_2 \neq \cdots \neq c_m$. 这样，$\widetilde{G_m}$ 仍是上述的 4 类正规关系之一，从而

$$\widetilde{G_m}=\widetilde{G_{m,i}}\cup\widetilde{G_m^*},\quad \widetilde{G_{m,i}}\subseteq G_{m,i},\quad \widetilde{G_m^*}\subseteq G_m^*,\quad i=0,1,2,3.$$

其中，$\widetilde{G_m^*}$ 仅含m元不同的序列；$\widetilde{G_{m,0}}=$空集；$\widetilde{G_{m,1}}=G_m(\widetilde{R_1},\cdots,\widetilde{R_r})$；$i=2,3$时，$m=4$，$\widetilde{G_{4,2}}=G_{4,2}$，$\widetilde{G_{4,3}}=G_{4,3}$.

仿照②之证明可得下列 ⅰ）和 ⅱ）成立：

ⅰ）设$\langle b_1,\cdots,b_m\rangle\in\widetilde{G_m^*}$，且$b_1,\cdots,b_m$中至少有2个元素同属于某一个$A_i$. 当$\widetilde{G_m}$为0类关系时，此为不可能；当$\widetilde{G_m}$为非0类关系时，$b_1,\cdots,b_m$对$D$分组可离.

ⅱ）若$\langle b_1,\cdots,b_m\rangle\in\widetilde{G_m^*}$，且有$\tau\in S_m$，使得$b_{\tau(i)}\in A_i$，$i=1,\cdots,m$.

ⅲ）若$\langle b_1,\cdots,b_m\rangle\in\widetilde{G_m^*}$，且有$\tau\in S_m$，使得$b_{\tau(i)}\in A_i$，$i=1,\cdots,m$，则$\widetilde{G_m^\tau}=\widetilde{G_m}$.

事实上，由$b_i\in A_{\tau^{-1}(1)}$，$i=1,\cdots,m$及$\widetilde{N}$中之函数皆保$\widetilde{G_m}$，可得

$$\begin{aligned}\widetilde{G_m^{-1}}&=\{\langle h(A_{\tau^{-1}(1)}),\cdots,h(A_{\tau^{-1}(m)})\rangle\mid h(x)\in\widetilde{N}\}\\&=\{\langle h(b_1),\cdots,h(b_m)\rangle\mid h(x)\in\widetilde{N}\}\subseteq\widetilde{G_m}.\end{aligned}$$

显然，$|\widetilde{G_m}|=|\widetilde{G_m^{r^{-1}}}|$. 因此，$\widetilde{G_m^{r^{-1}}}=\widetilde{G_m}$，从而$\widetilde{G_m^r}=\widetilde{G_m}$.

由 ⅱ）和 ⅲ）有$\langle a_1,\cdots,a_m\rangle\in\widetilde{G_m^*}$，使得$a_i\in A_i$，$i=1,\cdots,m$. 下证$\langle a_1,\cdots,a_m\rangle$对$\widetilde{G_m}$是可分离的.

令$G'_m=\{\langle c_1,\cdots,c_m\rangle\mid\langle c_1,\cdots,c_m\rangle\in\widetilde{G_m^*}$，且$c_1,\cdots,c_m$中至少有2个元素同属于某一个$A_j\}$，有

$$\hat{G}_m=\{\langle c_1,\cdots,c_m\rangle\mid\langle c_1,\cdots,c_m\rangle\in\widetilde{G_m^*},\text{且 } c_i\in A_i,i=1,\cdots,m\},$$
$$G''_m=\hat{G}_m\cup\hat{G}_m^{\tau_1}\cup\cdots\cup\hat{G}_m^{\tau_{l-1}},\quad L=\{e,\tau_1,\cdots,\tau_{l-1}\}.$$

其中，当$\widetilde{G_m}$为2(或3)类关系时，L是$G_{4,2}(G_{4,3})$的最大对称群；当$\widetilde{G_m}$为0，1类关系时，L是由$M=\{\tau\mid\tau\in S_m$，且有$\langle c_1,\cdots,c_m\rangle\in\widetilde{G_m^*}$，使$c_{\tau(i)}\in A_i$，$i=1,\cdots,m\}$所生成的群，显然，$L$是$\widetilde{G_m}$的对称群(由 ⅲ）可知)，从而亦是$\widetilde{G_{m,i}}$，$\widetilde{G_m^*}$，$G'_m$的对称群.

显然，$G'_m\cup G''_m\subseteq\widetilde{G_m^*}$.

设$\langle b_1,\cdots,b_m\rangle\in\widetilde{G_m^*}-G'_m$，有$\tau\in S_m$使$b_{\tau(i)}\in A_i$，$i=1,\cdots,m$. 从而由 ⅲ）可知，$\widetilde{G_m^r}=\widetilde{G_m}$. 因此，$\tau\in L$，$\langle b_{\tau(1)},\cdots,b_{\tau(m)}\rangle\in\hat{G}_m$，即$\langle b_1,\cdots,b_m\rangle\in\hat{G}_m^{r^{-1}}\subseteq G''_m$. 故$\widetilde{G_m^*}=G'_m\cup G''_m=(G'_m\cup\hat{G}_m)\cup(G'_m\cup\hat{G}_m)^{\tau_1}\cup\cdots\cup(G'_m\cup\hat{G}_m)^{\tau_{l-1}}$. 至此，由$\langle a_1,\cdots,a_m\rangle\in\hat{G}_m$及 ⅰ）可知，$\langle a_1,\cdots,a_m\rangle$对$\widetilde{G_m}$是可分离的.

由定理 1 及定理 4[11] 可得下列定理 2 成立.

定理 2 设 G_m 正规,且仅含 m 元不同的序列,$m \geqslant 2$,$T(G_m)$ 是极大封闭集必要而且只要 $T(G_m)$ 等于某一个单纯可离函数集 $S_{I,m}$.

设 G_m 是上述 1 ~ 3 类正规关系之一,即

$$G_m = G_{m,i} \cup G_m^*, \quad i = 1,2,3;$$

$$G_m^* = \overline{G_m} \cup \overline{G_m^{\sigma_1}} \cup \cdots \cup \overline{G_m^{\sigma_{h-1}}}, \quad H = \{e,\sigma_1,\cdots,\sigma_{h-1}\}.$$

由定理1可知,我们只需讨论有$\langle a_1,\cdots,a_m\rangle \in \overline{G_m}$对$G_m$是可分离的,即有直接分划 $D_0:E^k = A_1^{(0)} + \cdots + A_m^{(0)}$ 存在,使得 $a_i \in A_i^{(0)}, i = 1,\cdots,m$,而对任意$\langle b_1,\cdots,b_m\rangle \in \overline{G_m}$,或有 $\sigma \in H$ 使 $b_{\sigma(i)} \in A_j^{(0)}, j = 1,\cdots,m$ 或对 D_0 分组可离. 令 $\hat{G}_m = \{\langle a_1,\cdots,a_m\rangle \mid \langle a_1,\cdots,a_m\rangle \in \overline{G_m}$,且有 $\sigma \in H$,使 $a_{\sigma(i)} \in A_i^{(0)}, i = 1,\cdots, m\}$,$\overline{G_{m,1}} = \overline{G_m} - \hat{G}_m$,$G_{m,1}^* = \overline{G_{m,1}} \cup \overline{G_{m,1}^{\sigma_2}} \cup \cdots \cup \overline{G_{m,1}^{\sigma_{h-1}}}$,$G_m^{(1)} = G_m \cup G_{m,1}^*, i = 1, 2,3$. 显然,$G_m \supset G_m^{(1)}$.

设有$\langle a_1,\cdots,a_m\rangle \in \overline{G_{m,1}}$ 对 $G_m^{(1)}$ 是可分离的,即有直接分划 $D_1:E^k = A_1^{(1)} + \cdots + A_m^{(1)}$ 存在,使得 $a_i \in A_i^{(1)}$,而对任意$\langle b_1,\cdots,b_m\rangle \in \overline{G_{m,1}}$,或有 $\sigma \in H$,使 $b_{\sigma(i)} \in A_i^{(1)}, i = 1,\cdots,m$ 或对 D_1 分组可离. 令 $\hat{G}_{m,1} = \{\langle a_1,\cdots,a_m\rangle \mid \langle a_1,\cdots,a_m\rangle \in \overline{G_{m,1}}$,且有 $\sigma \in H$,使 $a_{\sigma(i)} \in A_i^{(1)}, i = 1,\cdots,m\}$,$\overline{G_{m,2}} = \overline{G_{m,1}} - \hat{G}_{m,1}$,$G_{m,2}^* = \overline{G_{m,2}} \cup \overline{G_{m,2}^{\sigma_1}} \cup \cdots \cup \overline{G_{m,2}^{\sigma_{h-1}}}$,$G_m^{(2)} = G_{m,j} \cup G_{m,2}^*, i = 1,2,3$. 显然,$G_m^{(1)} \supset G_m^{(2)}$.

如此继续下去,便得到G_m的一个降链:$G_m = G_m^{(0)} \supset G_m^{(1)} \supset \cdots \supset G_m^{(n)}$,其中,

$$G_m^{(j)} = G_{m,i} \cup G_{m,j}^*, \quad i = 1,2,3, j = 0,\cdots,n;$$

$$D_j:E^k = A_1^{(j)} + \cdots + A_m^{(j)};$$

$$G_{m,j}^* = \overline{G_{m,j}} \cup \overline{G_{m,j}^{\sigma_2}} \cup \cdots \cup \overline{G_{m,j}^{\sigma_{h-1}}};$$

$$\overline{G_{m,j}} = \overline{G_{m,j-1}} - \hat{G}_{m,j-1};$$

$$\hat{G}_{m,j-1} = \{\langle a_1,\cdots,a_n\rangle \mid \langle a_1,\cdots,a_m\rangle \in \overline{G_{m,j-1}} \text{有} \sigma \in H, \text{使} a_{\sigma(i)} \in A_i^{(j-1)}, i = 1,\cdots,m\};$$

$$G_{m,0}^* = G_m^*, \quad \overline{G_{m,0}} = \overline{G_m}, \quad \hat{G}_{m,0} = \hat{G}_m.$$

根据 G_m 的有限性,有 n 使 $G_m^{(n)} = G_{m,i}$,或者$\overline{G_{m,n}}$ 中任意序列对 $G_m^{(n)}$ 不可分离,此时称 $G_m^{(n)}$ 为完全不可分离.

定理 3 设 G_m 是上述 1 ~ 3 类正规关系之一,且有$\langle a_1,\cdots,a_m\rangle \in \overline{G_m}$ 对 G_m 可分离. 若 $T(G_m)$ 是极大封闭集,则 G_m 的降链中必有 n 使 $G_m^{(n)} = G_{m,i}$.

证明 设$G_m^{(n)}$ 为完全不可分离. 令 N 是所有保G_m 的完全一元函数之集合,$\widetilde{N}$ 是所有保 $G_m^{(n)}$ 的完全一元函数之集合. 由命题 8 可知,$T(G_m) = T(N)$. 下证

$T(N) \subseteq T(\widetilde{N})$.

1) 有 $h(x) \in \widetilde{N}$ 而 $h(x) \notin N$.

因为 $\langle a_1, \cdots, a_m \rangle \in \overline{G_m}$ 对 G_m 可分离,所以 $a_i \in A_i^{(0)}, i = 1, \cdots, m$,而对任意 $\langle b_1, \cdots, b_n \rangle \in \overline{G_m}$,或有 $\sigma \in H$ 使 $b_{\sigma(i)} \in A_i^{(0)}$,或对 D_0 分组可离. 取 $\langle c_1, \cdots, c_m \rangle \notin G_m$,作函数:$h(x) = c_i$,当 $x \in A_i^{(0)}$ 时. 显然,$\langle h(a_1), \cdots, h(a_m) \rangle \notin G_m$,从而 $h(x) \notin N$.

另外,由 $G_m \supset G_m^{(n)}$ 可知,若 $\langle b_1, \cdots, b_m \rangle \in \overline{G_{m,n}}$,则 $\langle b_1, \cdots, b_m \rangle \notin \hat{G}_m$,从而 $\langle b_1, \cdots, b_m \rangle$ 必是对 D_0 分组可离. 据此,不难推得 $h(x)$ 保 $G_m^{(n)}$,因而 $h(x) \in \widetilde{N}$.

2) 设一元函数 $h(x)$ 是完全的.

若 $h(G_m^{(n)}) = \{\langle h(b_1), \cdots, h(b_m) \rangle \mid \langle b_1, \cdots, b_m \rangle \in G_m^{(n)}\} \subseteq G_m$,则 $h(G_m^{(n)}) \subseteq G_m^{(n)}$.

今证对任意 j,若 $h(G_m^{(n)}) \subseteq G_m^{(j)}$,则 $h(G_m^{(n)}) \subseteq G_m^{(j+1)}, 0 \leqslant j \leqslant n-1$. 显然,若此命题成立,则 2) 之结论亦成立.

若 $h(\overline{G_{m,n}}) \subseteq G_m^{(j+1)}$,则可推得 $h(G_m^{(n)}) \subseteq G_m^{(j+1)}$,因此,只需证明 $h(\overline{G_{m,n}}) \subseteq G_m^{(j+1)}$. 设有 $\langle c_1, \cdots, c_m \rangle \in \overline{G_{m,n}}$,而 $\langle h(c_1), \cdots, h(c_m) \rangle \notin G_m^{(j+1)}$. 下证 $\langle c_1, \cdots, c_m \rangle$ 对 $G_m^{(n)}$ 可分离.

由假设 $h(G_m^{(n)}) \subseteq G_m^{(j)}$ 可知,$\langle h(c_1, \cdots, h(c_m) \rangle \in (C_{m,j}^*, -C_{m,j+1}^*) = \hat{G}_{m,j} \cup \hat{G}_{m,j}^{\sigma_1} \cup \cdots \cup \hat{G}_{m,j}^{\sigma_{h-1}}$,从而有 $\sigma \in H$ 使 $h(c_i) \in A_{\sigma(i)}^{(j)}, i = 1, \cdots, m$.

令 $B_i = \{c \mid h(c) \in A_{\sigma(i)}^{(j)}, c \in E^k\}, i = 1, \cdots, m; D_B: E^k = B_1 + \cdots + B_m$.

显然,D_B 是一个直接分划,且

$$c_i \in B_i, \quad h(B_i) \subseteq A_{\sigma(i)}^{(j)}, \quad i = 1, \cdots, m. \tag{1}$$

设 $\hat{G}_{m,n} = \{\langle b_1, \cdots, b_m \rangle \mid \langle b_1, \cdots, b_m \rangle \in \overline{G_{m,n}}$,且有 $\sigma \in H$ 使 $b_{\sigma(j)} \in B_i, i = 1, \cdots, m\}$,$\overset{\perp}{G}_{m,n} = \{\langle b_1, \cdots, b_m \rangle \mid \langle b_1, \cdots, b_m \rangle \in \overline{G_{m,n}}$,且 $b_1, \cdots, b_m$ 中至少有 2 个元素同属于某一个 $B_i\}$. 显然,$\langle c_1, \cdots, c_m \rangle \in \hat{G}_{m,n}, (\hat{G}_{m,n} \cup \overset{\perp}{G}_{m,n}) \subseteq \overline{G_{m,n}}$.

设 $\langle b_1, \cdots, b_m \rangle \in (\overline{G_{m,n}} - \overset{\perp}{G}_{m,n})$,有 $\tau \in S_m$ 使 $b_i \in B_{\tau(i)}, i = 1, \cdots, m$,从而由 (1) 式可得 $h(b_i) \in A_{\sigma\tau(i)}^{(j)}, i = 1, \cdots, m$. 依此,由 $\langle h(b_1), \cdots, h(b_m) \rangle \in G_m^{(j)}$ 可得 $\langle h(b_1), \cdots, h(b_m) \rangle \in (\hat{G}_{m,j} \cup \hat{G}_{m,j}^{\sigma_1} \cup \cdots \cup \hat{G}_{m,j}^{\sigma_{h-1}})$,从而有 $\rho \in H$ 使 $h(b_i) \in A_{\rho(i)}^{(j)}, i = 1, \cdots, m$. 这样,$\rho = \sigma\tau$,从而 $\tau \in H$. 由 $b_{\tau^{-1}(i)} \in B_i$ 可得 $\langle b_1, \cdots, b_m \rangle \in \hat{G}_{m,n}$,故 $\overline{G_{m,n}} = \hat{G}_{m,n} \cup \overset{\perp}{G}_{m,n}$,即有

$$G_{m,n}^* = (\hat{G}_{m,n} \cup \overset{\perp}{G}_{m,n}) \cup (\hat{G}_{m,n} \cup \overset{\perp}{G}_{m,n})^{\sigma_1} \cup \cdots \cup (\hat{G}_{m,n} \cup \overset{\perp}{G}_{m,n})^{\sigma_{h-1}}.$$

设$\langle b_1,\cdots,b_m\rangle\in\overset{\perp}{G}_{m,n}$,即$b_1,\cdots,b_m$中至少有2个元素同属于某一个$B_i$,由(1)式可得,$h(b_0),\cdots,h(b_m)$中亦至少有2个元素同属于某一个$A_{\sigma(i)}^{(j)}$,从而$\langle h(b_1),\cdots,h(b_m)\rangle\in G_{m,i}$,或有$\tau\in H$使得$\langle h(b_1),\cdots,h(b_m)\rangle\in(\overline{G_{m,j}}-\hat{G}_{m,i})^{\tau}$.

设$\langle h(b_1),\cdots,h(b_m)\rangle\in G_{m,i}$. 当$i=1$时,$G_{m,1}=G_m(R_1,\cdots,R_n)$. 于是,$h(b_1)=\cdots=h(b_{r_1}))$,$\cdots$,$(h(b_{r_{n-1}+1})=\cdots=h(b_{r_n})$. 因此,由(1)式有$B_i,\cdots,B_{i_n}$,使得$(b_1,\cdots,b_{r_1}\in B_{i_1})$,$\cdots$,$(b_{r_{n-1}+1},\cdots,b_{r_n}\in B_{i_n})$,即$\langle b_1,\cdots,b_m\rangle$对$D_B$分组可离.

当$i=2,3$时,同理可证$\langle b_1,\cdots,b_m\rangle$对$D_B$分组可离.

设$\langle h(b_1),\cdots,h(b_n)\rangle\in(\overline{G_{m,j}}-\hat{G}_{m,j})^{\tau}$,即有$\langle d_1,\cdots,d_m\rangle\in(\overline{G_{m,j}}-\hat{G}_{m,k})$,使得$\langle h(b_1),\cdots,h(b_m)\rangle=\langle d_{\tau(1)},\cdots,d_{\tau(m)}\rangle$,且$\langle d_1,\cdots,d_m\rangle$对$D_j$分组可离. 当$i=1$时,$G_m^{(j)}=G_{m,1}\cup G_{m,j}^{*}=G_m(R_1,\cdots,R_n)\cup G_{m,j}^{*}$,有$A_{i_1}^{(j)},\cdots,A_{i_n}^{(j)}$,使得$(d_1,\cdots,d_{r_1}\in A_{i_1}^{(j)})$,$\cdots$,$(d_{r_{n-1}+1},\cdots,d_{r_n}\in A_{i_n}^{(j)})$,从而由$H$是$G_m(R_1,\cdots,R_n)$的对称群可推得,有$A_{j_1}^{(j)},\cdots,A_{j_n}^{(j)}$,使得$(d_{\tau(1)},\cdots,d_{\tau(r_1)}\in A_{j_1}^{(j)})$,$\cdots$,$(d_{\tau(r_{n-1}+1)},d_{\tau(r_n)})\in A_{j_n}^{(j)})$. 因此,由(1)式有$(b_1,\cdots,b_{r_1}\in B_{\sigma^{-1}(j_1)})$,$\cdots$,$(b_{r_{n-1}+1},\cdots,b_{r_n}\in B_{\sigma^{-1}(j_n)})$,即$\langle b_1,\cdots,b_m\rangle$对$D_B$分组可离.

当$i=2,3$时,同理可证$\langle b_1,\cdots,b_m\rangle$对$D_B$分组可离.

至此,我们便证明了序列$\langle c_1,\cdots,c_m\rangle\in\overline{G_{m,n}}$对$G_m^{(n)}$是可分离的,此为矛盾. 故$h(\overline{G_{m,n}})\subseteq G_m^{(j+1)}$.

3)$T(G_m)=T(N)\subseteq T(\widetilde{N})$.

设$f(x_1,\cdots,x_n)\in T(G_m)$,$h_i(x)\in\widetilde{N}$,$i=1,\cdots,n$. 若$f(h_1(x),\cdots,h_n(x))=\phi(x)$是完全函数,则对任意$\langle b_1,\cdots,b_m\rangle\in G_m^{(n)}$,由$\langle h_i(b_1),\cdots,h_i(b_m)\rangle\in G_m^{(n)}$可得,$\langle\phi(b_1),\cdots,\phi(b_m)\rangle=\langle f(h_1(b_1),\cdots,h_n(b_1)),\cdots,f(h_1(b_m),\cdots,h_n(b_m))\rangle\in G_m$,亦即$\varphi(G_m^{(n)})\subseteq G_m$. 由2)中$\varphi(x)\in\widetilde{N}$可知,$f(x_1,\cdots,x_n)\in T(\widetilde{N})$,故$T(N)\subseteq T(\widetilde{N})$.

由1)和3)可得,$T(N)\subseteq T(\widetilde{N})$,显然,$T(\widetilde{N})\subseteq P_k^{*}$. 此与$T(N)$是极大封闭集相矛盾. 因此,$G_m^{(n)}=G_{m,i}$.

定理4 设G_m是上述1～3类正规关系之一,$T(G_m)$是极大封闭集必要而且只要$T(G_m)$等于正则可离函数集$S_{R,m}$,拟线函数集L_p,V型集$V_{G_{4,2}}$之一.

证明 由定理4[11]可知充分性成立.

必要性.

设$T(G_m)$是极大封闭集. 由定理1和3可假设G_m的降链为:

$$G_m=G_m^{(0)}\supset G_m^{(1)}\supset\cdots\supset_m^{(n)}=G_{m,i}.$$

其中，$G_m^{(j)} = G_{m,i} \cup G_{m,j}^*$，$i = 1,2,3$，$j = 0,\cdots,n-1$；$G_{m,j}^* = \overline{G_{m,j}} \cup \overline{G_{m,j}^{\sigma_1}} \cup \cdots \cup \overline{G_{m,j}^{\sigma_{h-1}}}$；$H = \{e,\sigma_1,\cdots,\sigma_{h-1}\}$，而且有$\langle a_1^j,\cdots,a_m^{(j)}\rangle \in \overline{G_{m,j}}$对$G_m^{(j)}$可分离，即有直接分划$D_j$：$E^k = A_1^{(j)} + \cdots + A_m^{(j)}$，使得$\overline{G_{m,j}} = \hat{G}_{m,j} \cup \widetilde{G_{m,j}}$，$\hat{G}_{m,j} = \{\langle a_1,\cdots,a_m\rangle \mid \langle a_1,\cdots,a_m\rangle \in \overline{G_{m,j}}$，且有$\sigma \in H$使$a_{\sigma(i)} \in A_i^{(j)}$，$i = 1,\cdots,m\}$，$\widetilde{G_{m,j}} = \{\langle a_1,\cdots,a_m\rangle \mid \langle a_1,\cdots,a_m\rangle \in \overline{G_{m,j}}$，且对$D_j$分组可离$\}$；$a_i^j \in A_i^{(j)}$，$i = 1,\cdots,m$.

设$\overset{\perp}{G}_{m,n} = \{\langle a_1,\cdots,a_m\rangle \mid \langle a_1,\cdots,a_m\rangle \in (\hat{G}_{m,j} \cup \hat{G}_{m,j}^{\sigma_1} \cup \cdots \cup \hat{G}_{m,j}^{\sigma_{h-1}})$，且$a_j \in A_i^{(j)})$，$i = 1,\cdots,m\}$. 显然，$\langle a_1^j,\cdots,a_m^j\rangle \in \overset{\perp}{G}_{m,j}$，即$\overset{\perp}{G}_{m,j}$非空，同时，可直接验证

$$\overset{\perp}{G}_{m,j} \cup \overset{\perp}{G}{}_{m,j}^{\sigma_1} \cup \cdots \cup \overset{\perp}{G}{}_{m,j}^{\sigma_{h-1}} = \hat{G}_{m,j} \cup \hat{G}_{m,j}^{\sigma_1} \cup \cdots \cup \hat{G}_{m,j}^{\sigma_{h-1}}.$$

因此，$G_{m,j}^* = (\overset{\perp}{G}_{m,j} \cup \widetilde{G_{m,j}}) \cup (\overset{\perp}{G}_{m,j} \cup \widetilde{G_{m,j}})^{\sigma_1} \cup \cdots \cup (\overset{\perp}{G}_{m,j} \cup \widetilde{G_{m,j}})^{\sigma_{h-1}}$，从而不难推得，当$i = 1$时，$G_m$为正则可离关系[11]，当$i = 2$(或 3) 时，$G_m$是 2(或 3) 度正则可离关系[11].

故必要性成立.

定理 5[3]　当$k = 3$时，P_k^*中的全部极大封闭集是$P_k \cup \{*\}$，保E函数集T_E，完满对称函数集$F_{S,m}$，单纯可离函数集$S_{I,m}$，正则可离函数集$S_{R,m}$，拟线性函数集L_P，V型集$V_{G_{4,2}}$.

由文[11]之定理 1～4，本文之定理 2，4，5 以及命题 4 可得下列基本定理成立：

基本定理　当$k \geqslant 3$时，P_k^*中的全部极大封闭集是$P_k \cup \{*\}$，保E函数集T_E，完满对称函数集$F_{S,m}$，单纯可离函数集$S_{I,m}$，正则可离函数集$S_{R,m}$，拟线性函数集L_P，V型集$V_{G_{4,2}}$.

推论　设$A \subseteq P_k^*$. 若A是完备集，则必要而且只要A不包含在极大封闭集：$P_k \cup \{*\}$，T_E，$F_{S,m}$，$S_{I,m}$，$S_{R,m}$，L_P，$V_{G_{4,2}}$中.

参考文献

[1] Jablonskiĭ S V. Functional constructions in a k-valued logic(Russian)[J]. Trudy Math Inst Steklov,1958(51):5－142.

[2] Martynjuk V V. Investigation of certain classes of functions in many-valued logics(Russian)[J]. Problemy kibernet. ,1960(3):49－60.

[3] 王湘浩. 有限集合上缺值及不缺值函数的结构理论[J]. 吉林大学自然科学学报,1963(2):295－318.

[4] 罗铸楷. 线性函数集和环的极大封闭性[J]. 吉林大学自然科学学报,1963(2):1—14.

[5] 罗铸楷. 关于保分划之函数集的极大封闭性(Ⅰ)[J]. 吉林大学自然科学学报,1963(2):105—116.

[6] 罗铸楷. 多值逻辑中所有极大封闭集之确定问题[J]. 数学学报,1980(1):152—156.

[7] Rosenberg I. La structure des fonctions de plusieurs variablessur un ensemble fini[J]. Comptes rendus hebdomadaires des séances de l Académie des sciences,1965(260):3817—3819.

[8] Freivald R V. A completeness criterion for partial functions of logic and many-valued logic (Russian)[J]. DOCK Akad Nauk SSSR,1966(167):1249—1250.

[9] Rine D C. Computer science and multiple valued logic[M]. New York: North-Holland Publishing Company,1977.

[10] Ромов ь А. О максимапвмвых подапгеорах аляеоры частичых Футкдии многознаднои логикн[J]. Кпоернетлка,1980(1):28—35.

[11] 罗铸楷. 部分多值逻辑函数集中的极大封闭集[J]. 数学学报(将发表).

部分多值逻辑函数集中的极大封闭集

设k元集合$E^k=\{0,1,\cdots,k-1\}$. 函数$f(x_1,\cdots,x_n)$定义在E^k上而其函数值仍属于E^k,如果对任意$\alpha_1,\cdots,\alpha_n\in E^k$,$f(\alpha_1,\cdots,\alpha_n)$皆有定义,则称$f(x_1,\cdots,x_n)$为完全函数,否则称$f(x_1,\cdots,x_n)$为非完全函数. 当$f(\alpha_1,\cdots,\alpha_n)$无定义时,记为$f(\alpha_1,\cdots,\alpha_n)=*$. 处处无定义的函数记为$*$. 完全和非完全函数都称为部分$k$值逻辑函数. 所有部分$k$值逻辑函数作成之集合记为$P_k^*$.

设$f(t_1,\cdots,t_m),g_i(x_1,\cdots,x_n)\in P_k^*,i=1,\cdots,m$. 规定$h(x_1,\cdots,x_n)=f(g_1(x_1,\cdots,x_n),\cdots,g_m(x_1,\cdots,x_n))$如下:对任意$\alpha_1,\cdots,\alpha_n\in E^k$,若$g_1(\alpha_1,\cdots,\alpha_n),\cdots,g_m(\alpha_1,\cdots,\alpha_n)$都有定义,则$h(\alpha_1,\cdots,\alpha_n)=f(g_1(\alpha_1,\cdots,\alpha_n),\cdots,g_m(\alpha_1,\cdots,\alpha_n))$,否则$h(\alpha_1,\cdots,\alpha_n)=*$. 设$A\subseteq P_k^*$,$f(t_1,\cdots,t_m)\in A$,$g_i(x_1,\cdots,x_n)$,$i=1,\cdots,m$或属于$A$或为自变数$x_1,\cdots,x_n$之一. 函数$f(g_1(x_1,\cdots.x_n),\cdots,g_m(x_1,\cdots,x_n))$说是由$A$中的函数复合出来的函数,所有由$A$复合出来的函数作成之集合记为$A'$. 如果$A=A'$,则$A$说是一个封闭集. 封闭集$A\subset P_k^*$说是极大的,如果没有封闭集$B$存在而适合$A\subset B\subset P_k^*$.

设$A\subseteq P_k^*$,命$S_p(A)=A'\cup A''\cup A'''\cup\cdots$. $A\subseteq P_k^*$说是一个完备集,如果$S_p(A)=P_k^*$. P_k^*中函数集的完备性之判定问题是一个基本而重要的问题,此问题的彻底解决依赖于定出P_k^*中的所有极大封闭集. 在文[1]中采用群论方法提出了一个完备性的充要条件,并依此定出了P_2^*和P_3^*中的所有极大封闭集. 但对一般的k,未能定出P_k^*中的所有极大封闭集. 之后,文[2]中证明了P_k^*中任意极大封闭集必是某一个保k^2项关系的函数集,并定出了P_2^*中的所有极大封闭集;文[3]中定出了P_k^*中一些特殊的极大封闭集,并依此定出了P_3^*中的所有极大封闭集. 这些结果其大部分内容已在文[1]中指出.

本文定出了P_k^*中的6类极大封闭集,即保E函数集T_E,拟线性函数集L_p,完满对称函数集$F_{S,m}$,单纯可离函数集$S_{1,m}$,正则可离函数集$S_{R,m}$,V型集$V_{G_{4,2}}$. 在另一文中我们将证明此6类函数集和$P_k\cup\{*\}$便是P_k^*中的全部极大封闭集.

本文所采用的一些基本概念,事实,符号除指明的以外均见文[1],并假定$k \geqslant 4$.

E^k 中 m 个元素(可重)作成之序列称为一个 m 元序列,记为$\langle \alpha_1, \cdots, \alpha_m \rangle$,一组 m 元序列作成之集合 G_m 说是 E^k 上的一个 m 项关系.

定义 m个n元序列:$\widetilde{\alpha^1} = \langle \alpha_1^1, \cdots, \alpha_n^1 \rangle, \cdots, \widetilde{\alpha^m} = \langle \alpha_1^m, \cdots, \alpha_n^m \rangle$说是保$m$项关系$G_m$,如果$\langle \alpha_i^1, \alpha_i^2, \cdots, \alpha_i^m \rangle \in G_m, i = 1, \cdots, n$.函数$f(x_1, \cdots, x_n) \in P_k^*$说是保$G_m$,如果对任意保$G_m$的$n$元序列$\widetilde{\alpha^1}, \cdots, \widetilde{\alpha^m}$,$\langle f(\widetilde{\alpha^1}), \cdots, f(\widetilde{\alpha^m}) \rangle$或未完全有定义或仍属于$G_m$.所有保$G_m$函数之集合记为$T(G_m)$,称为保$G_m$的函数集.

显然,$T(G_m)$是封闭集.G_m说是完全关系,如果$T(G_m) = P_k^*$.空关系是完全关系.

设$R \subseteq \{1, \cdots, m\}$, $|R_i| \geqslant 2, i = 1, \cdots, n$,且当$i \neq j$时,$R_i \cap R_j =$空集.命$G_m(R_1, \cdots, R_n) = \{\langle x_1, \cdots, x_m \rangle \mid x_1, \cdots, x_m \in E^k$,且当$i, j \in R_h$时,$x_i = x_j\}$.

命题 1 G_m是非空的完全关系必要而且只要G_m是全部m元序列集合成$G_m(R_1, \cdots, R_n)$.

设$P_k(Q_k)$是P_k^*中所有完全(一元)函数作成之集合,由文[1]可推得定理1成立.

定理 1

1) $A(\subset P_k^*)$是完备集必要而且只要A不包含在任何极大封闭集中,且除$P_k \cup \{*\}$外,P_k^*中任意极大封闭集必是某一个保m项关系的函数集$T(G_m)$,$m \leqslant k$.

2) 包含Q_k的极大封闭集恰有下列$k+1$个:

$P_k \cup \{*\}$;

$T(G_m), G_m = \bigcup\limits_{\substack{i,j=1 \\ i>j}}^{m} G_m(\{i,j\}), \quad m = 3, \cdots, k$;

$T(G_{4,2}), G_{4,2} = G_4(\{1,2\}, \{3,4\}) \cup G_4(\{1,3\}, \{2,4\})$;

$T(G_{4,3}), G_{4,3} = G_4(\{1,2\}, \{3,4\}) \cup G_4(\{1,3\}, \{2,4\}) \cup G_4(\{1,4\}, \{2,3\})$.

据此,为了刻画完备集只需定出$T(G_m)$的所有极大封闭集,$Q_k \nsubseteq T(G_m)$,$m \leqslant k$.

设$E \subset E^k$,E非空.函数$f(x_1, \cdots, x_n)$说是保E,如果对任意$\alpha_1 \cdots \alpha_n \in E$,$f(\alpha_1, \cdots, \alpha_n) = *$或$\in E$.所有保$E$函数之集合记为$T_E$,称为保$E$函数集.显然,若一项关系$G_1$非完全,则$T(G_1)$便是保$E$函数集.

定理 2 保E函数集T_E是极大封闭集.

证明 设 $f(x_1,\cdots,x_n)\notin T_E$，必有 $\tilde{\alpha}=\langle\alpha_1,\cdots,\alpha_n\rangle,\alpha_i\in E,i=1,\cdots,n$，使 $f(\tilde{\alpha})=\beta\notin E$. 设 $g(x_1,\cdots,x_m)\in P_k^*$，作函数 $h(x_1,\cdots,x_m,x_{m+1})=\alpha_1$，当 $x_{m+1}\neq\beta$ 时；$h(x_1,\cdots,x_{m+1})=g(x_1,\cdots,x_m)$，当 $x_{m+1}=\beta$ 时，显然，$h(x_1,\cdots,x_m,f(\tilde{\alpha}))=g(x_1,\cdots,x_m)$，$h(x_1,\cdots,x_{m+1})\in T_E$. 这样，由 $SP(\alpha_n)\in SP(f(x_1,\cdots,x_n)\cup T_E)$ 可得，$g(x_1,\cdots,x_m)\in SP(f(x_1,\cdots,x_n)\cup T_E)$，从而 $SP(f(x_1,\cdots,x_n)\cup T_E)=P_k^*$. 因此，$T_E$ 是极大封闭集.

设 S_m 是集合 $E_m=\{1,\cdots,m\}$ 上的 m 次对称群，其单位元素记为 $e,\sigma\in S_m$. 命 $G_m^\sigma=\{\langle\alpha_{\sigma(1)},\cdots,\alpha_{\sigma(m)}\rangle\mid\langle\alpha_1,\cdots,\alpha_m\rangle\in G_m\}$. 以下总假设 $m\geqslant 2$.

命题 2 对任意 $\sigma\in S_m$，$T(G_m^\sigma)=T(G_m)$.

设子群 $H\subseteq S_m$，G_m 说是对 H 是对称的或 H 说是 G_m 的对称群，如果对任意 $\sigma\in H$ 有 $G_m^\sigma=G_m$. 显然，$\{\sigma\mid\sigma\in S_m$，且 $G_m^\sigma=G_m\}$ 是 G_m 的最大对称群.

命题 3 设子群 $H=\{e,\sigma_1,\cdots,\sigma_{h-1}\}\subseteq S_m$，$G_m$ 仅含 m 元不同的序列. 若 H 是 G_m 的对称群，则必要而且只要有 $\overline{G_m}=\overline{G_m}\cup\overline{G_m^{\sigma_1}}\cup\cdots\cup\overline{G_m^{\sigma_{h-1}}}$，$|G_m|=|\overline{G_m}|h$；$|G_m|$，$|\overline{G_m}|$ 分别是 G_m，$\overline{G_m}$ 的元数.

定义 G_m 说是完满对称关系，如果

$$G_m=\bigcup_{\substack{i,j=1\\i>j}}^{m}G_m(\{i,j\})\cup G_m^*.$$

G_m^* 是空集（$m=2$ 时除外）或仅含 m 元不同的序列，且 G_m 对 S_m 是对称的. 所有保 G_m 函数之集合记为 $F_{S,m}$，称为完满对称函数集.

定理 3 $F_{S,m}$ 是极大封闭集.

证明 设 $f(x_1,\cdots,x_n)\notin F_{S,m}$，必有 m 个保 G_m 的序列 $\widetilde{\alpha^1}=\langle\alpha_1^1,\cdots,\alpha_n^1\rangle$，$\cdots$，$\widetilde{\alpha^m}=\langle\alpha_1^m,\cdots,\alpha_n^m\rangle$，使 $\langle f(\widetilde{\alpha^1}),\cdots,f(\widetilde{\alpha^m})\rangle\notin G_m$. 令 $f(\widetilde{\alpha^1})=\alpha_1,\cdots,f(\widetilde{\alpha^m})=\alpha_m$，$E^*=\{\alpha_1,\cdots,\alpha_m\}$.

设 $g(x_1,\cdots,x_m)$ 有定义的函数值都属于 E^*. 作下列 n 个函数：$h_i(x_1,\cdots,x_m)=\alpha_i^s$，当 $g(x_1,\cdots,x_m)=\alpha_s$ 时；$h_i(x_1,\cdots,x_m)=*$，当 $g(x_1,\cdots,x_m)=*$ 时，$i=1,\cdots,n$. 易知，$h_i(x_i,\cdots,x_m)\in F_{S,m}$，$g(x_1,\cdots,x_m)=f(h_1(x_1,\cdots,x_m),\cdots,h_n(x_1,\cdots,x_m))$. 于是，$g(x_1,\cdots,x_m)\in SP(f(x_1,\cdots,x_n)\cup F_{S,m})$.

设 $\{e_{i_1},\cdots,e_{i_m}\}$，$i=1,\cdots,\rho$ 是集合 E^k 的所有元数为 m 的子集合. 定义一元函数 $\beta_i^x(i=1,\cdots,\rho)$ 如下：

当 $x=e_{ij}$ 时，$\beta_i^x=\alpha_j$，$j=1,\cdots,m$，其余情形 $\beta_i^x=\alpha_1$. 令 $\widetilde{\beta^x}=\langle\widetilde{\beta_1^x},\cdots,\widetilde{\beta_\rho^x}\rangle$，定义函数 $\varphi(x_1,\cdots,x_\rho)$ 如下：

当$\langle x_1,\cdots,x_\rho\rangle=\widetilde{\beta^i}$时，$\varphi(x_1,\cdots,x_\rho)=i$，$i=0,\cdots,k-1$；其余情形$\varphi(x_1,\cdots,x_\rho)=*$. 将$m$个保$G_m$的序列代入$\varphi(x_1,\cdots,x_\rho)$之后，若所得到的完全确定的函数值序列$\langle e_{h_1},\cdots,e_{h_m}\rangle\notin G_m$，则此$m$个序列必是$\widetilde{\beta^{e_{h_1}}}=\langle\beta_1^{e_{h_1}},\cdots,\beta_\rho^{e_{h_1}}\rangle,\cdots,\widetilde{\beta^{e_{h_m}}}=\langle\beta_1^{e_{h_m}},\cdots,\beta_\rho^{e_{h_m}}\rangle$. 由函数$\beta_h^*$的定义，$\beta_h^{e_{h_1}}=\alpha_1,\cdots,\beta_h^{e_{h_m}}=\alpha_m$，从而$\widetilde{\beta^{e_{h_1}}},\cdots,\widetilde{\beta^{e_{h_m}}}$不保$G_m$，此为矛盾. 故$\varphi(x_1,\cdots,x_\rho)\in F_{S,m}$.

设$h(x_1,\cdots,x_m)\in P_k^*$，作下列$\rho$个函数：$g_i(x_1,\cdots,x_m)=\beta_i^S$，当$h(x_1,\cdots,x_m)=S$时，$g_i(x_1,\cdots,x_m)=*$；当$h(x_1,\cdots,x_m)=*$时，$i=1,\cdots,\rho$. 显然，$h(x_1,\cdots,x_m)=\varphi(g_1(x_1,\cdots,x_m),\cdots,g_\rho(x_1,\cdots,x_m))$. 因为$g_i(x_1,\cdots,x_m)$有定义的函数值都属于$E^*$，所以$g_i(x_1,\cdots,x_m)\in SP(f(x_1,\cdots,x_n)\cup F_{S,m})$，$i=1,\cdots,\rho$，因而$h(x_1,\cdots,x_m)\in SP(f(x_1,\cdots,x_n)\cup F_{S,m})$. 即$SP(f(x_1,\cdots,x_n)\cup F_{S,m})=P_k^*$. 故$F_{S,m}$是极大封闭集.

在下面的4种定义中所提到的$\overline{G_m}$（或$\overline{G_4}$），都仅含m（或4）元不同的序列. 设子群$H=\{e,\sigma_1,\cdots,\sigma_{h-1}\}\subseteq S_m$（或$S_4$）.

定义 设$G_m=\overline{G_m}\cup\overline{G_m^{\sigma_1}}\cup\cdots\cup\overline{G_m^{\sigma_{h-1}}}$，$G_m$说是单纯可离的，当$i\neq j$时，如果存在$E^k$的一个直接分划：

$$E^k=A_1+\cdots+A_m,\quad A_i\cap A_j=\text{空集},$$

使得对任意$\langle\alpha_1,\cdots,\alpha_m\rangle\in\overline{G_m}$，皆有$\alpha_i\in A_i$，$i=1,\cdots,m$. 若$G_m$单纯可离，则称$T(G_m)$为单纯可离函数集，并记为$S_{1,m}$.

定义 设$G_m=G_m(R_1,\cdots,R_n)\cup G_m^*$，$H$是$G_m(R_1,\cdots,R_n)$的对称群，$G_m^*=\overline{G_m}\cup\overline{G_m^{\sigma_2}}\cup\cdots\cup\overline{G_m^{\sigma_{h-1}}}$. 由命题2不妨假设

$$R_1=\{1,\cdots,r_1\},R_2=\{r_1+1,\cdots,r_2\},\cdots,R_n=\{r_{n-1}+1,\cdots,r_n\}.$$

G_m说是正则可离的，如果存在一组直接分划D_i：$E^k=A_1^{(i)}+\cdots+A_m^{(i)}$，$i=1,\cdots,n$，使得对任意$\langle\alpha_1,\cdots,\alpha_m\rangle\in\overline{G_m}$必有一个具有下列性质的直接分划$D_h$（$1\leqslant h\leqslant n$）：$\alpha_i\in A_i^{(h)}$，$i=1,\cdots,m$，且当$h\geqslant2$时，$\alpha_1,\cdots,\alpha_{r_1}\in$某一个$A_{i_1}^{(1)}\cap A_{i_2}^{(2)}\cap\cdots\cap A_{i_{h-1}}^{(h-1)},\cdots;\alpha_{r_{n-1}+1},\cdots,\alpha_{r_n}\in$某一个$A_{j_1}^{(1)}\cap A_{j_2}^{(2)}\cap\cdots A_{j_{h-1}}^{(h-1)}$.

若G_m正则可离，则称$T(G_m)$为正则可离函数集，记为$S_{R,m}$.

定义 设$G_4=G_{4,3}\cup G_4^*$. H是$G_{4,3}$的最大对称群（即S_4），$G_4^*=\overline{G_4}\cup\overline{G_4^{\sigma_1}}\cup\cdots\cup\overline{G_4^{\sigma_{h-1}}}$. G_4说是三度正则可离的，如果存在一组直接分划D_i：$E^k=A_1^{(i)}+\cdots+A_4^{(i)}$，$i=1,\cdots,n$，使得对任意$\langle\alpha_1,\cdots,\alpha_4\rangle\in\overline{G_4}$必有一个具有下列性质的直接分划$D_h$（$1\leqslant h\leqslant n$）：$\alpha_i\in A_i^{(h)}$，$i=1,\cdots,4$，且当$h\geqslant2$时，$\alpha_1,\alpha_2$（或$\alpha_1,\alpha_3$或

$\alpha_1,\alpha_4) \in$ 某一个 $A_{i_1}^{(1)} \cap \cdots \cap A_{i_{h-1}}^{(h-1)}$，$\alpha_3,\alpha_4$（或 α_2,α_4 或 α_2,α_3）$\in$ 某一个 $A_{j_1}^{(i)} \cap \cdots \cap A_{j_{h-1}}^{(h-1)}$. 如果 G_4 是三度正则可离的，或 G_4^* 是空集，则称 $T(G_4)$ 为拟线性函数集，记为 L_P（P_k 中的线性函数皆属于 L_P）.

定义 设 $G_4 = G_{4,2} \cup G_4^*$，H 是 $G_{4,2}$ 的最大对称群. $G_4^* = \overline{G_4} \cup \overline{G_4^{\sigma_1}} \cup \cdots \cup \overline{G_4^{\sigma_{h-1}}}$. G_4 说是二度正则可离的，如果存在一组直接分划 $D_i: E^k = A_1^{(i)} + \cdots + A_4^{(i)}$，$i = 1,\cdots,n$，使得对任意 $\langle\alpha_1,\cdots,\alpha_4\rangle \in \overline{G_4}$ 必有一个具有下列性质的直接分划 $D_h(1 \leqslant h \leqslant n)$：$\alpha_i \in A_i^{(h)}$，$i = 1,\cdots,4$，且当 $h \geqslant 2$ 时，α_1,α_2（或 α_1,α_3）$\in$ 某一个 $A_{i_1}^{(i)} \cap \cdots \cap A_{i_{h-1}}^{(h-1)}$；$\alpha_3,\alpha_4$（或 α_2,α_4）$\in$ 某一个 $A_{j_1}^{(1)} \cap \cdots \cap A_{j_{h-1}}^{(h-1)}$.

如果 G_4 是二度可离的或 G_4^* 是空集，则称 $T(G_4)$ 为 V 型集，并记为 $V_{G_{4,2}}$.

在上述定义中其直接分划组称为该关系的可离直接分划组. 在可离直接分划组中应删去多余无用的直接分划，即对任意直接分划 $D_h(1 \leqslant h \leqslant n)$，必有 $\alpha_i \in A_i^{(h)}$)，$i = 1,\cdots,m$（或 4），使 $\langle\alpha_1,\cdots,\alpha_m\rangle \in \overline{G_m}$（或 $\overline{G_4}$）.

命题 4 $S_{I,m}$，$S_{R,m}$，L_P（G_4^* 非空）. $V_{G_{4,2}}$（G_4^* 非空）不包含在定理 1 之 2) 指出的极大封闭集中.

设 $N \subseteq Q_k$，函数 $f(t_1,\cdots,t_m)$ 说是保 N，如果对任意的 $g_1(x),\cdots,g_m(x) \in N$，$f(g_1(x),\cdots,g_m(x)) \in N$ 或非完全. 所有保 N 函数之集合记为 $T(N)$. 显然，$T(N)$ 是封闭集. 封闭集 N 说是一元正则集，如果 $N \subset Q_k$，$x \in N$.

定理 4 单纯可离函数集 $S_{1,m}$，正则可离函数集 $S_{R,m}$，拟线性函数集 L_P，V 型集 $V_{G_{4,2}}$ 是极大封闭集.

证明 由定理 1 可设 G_1^* 非空. 为了方便起见，将四类函数集所属的关系统一地表示为

$$G_m = G_{m,i} \cup G_m^*, \quad i = 0,\cdots,3;$$

$$G_m^* = \overline{G_m} \cup \overline{G_m^{\sigma_1}} \cup \cdots \cup \overline{G_m^{\sigma_{h-1}}}, \quad H = \{e,\sigma_1,\cdots,\sigma_{h-1}\}.$$

其中，$G_{m,0} =$ 空集，$G_{m,1} = G_m(R_1,\cdots,R_n)$，当 $i = 2,3$ 时，$m = 4$. 显然，H 是 G_m 的对称群. 由文[1]和命题 4 可知，有一元正则集 N，使 $T(G_m) \subset T(N)$，$T(N)$ 是极大封闭集. 设 $\widetilde{G_m} = \{\langle\alpha_1,\cdots,\alpha_m\rangle \mid \langle\alpha_1,\cdots,\alpha_m\rangle \in G_m$，且对任意的 $h(x) \in N$ 皆有 $\langle h(\alpha_1),\cdots,h(\alpha_n)\rangle \in G_m\}$. 于是，$G_{m,i} \subseteq \widetilde{G_m} \subseteq G_m$，且对任意的 $\sigma \in H$，$\widetilde{G_m^{\sigma}} = \widetilde{G_m}$.

1) 若 $\widetilde{G_m} = G_m$，则 $T(G_m) = T(N)$，从而 $T(G_m)$ 是极大封闭集.

设 N' 是所有保 G_m 的完全一元函数作成的集合，由 $x \in N$ 和 $\widetilde{G_m} = G_m$ 可得 $N = N'$，$T(N) = T(N')$.

设 G_m 的可离直接分划组 D_i 为 $E^k = A_1^{(i)} + \cdots + A_m^{(i)}, i = 1, \cdots, n$. 对任意的 $\rho = \langle \alpha_1, \cdots, \alpha_m \rangle \in G_m$ 定义一元函数：$h_\rho(x) = \alpha_i$，当 $x \in A_i^{(1)}$ 时，$i = 1, \cdots, m$. 由 G_m 的可离性可得 $h_\rho(x) \in N'$；反之，若 $h(x) \in N'$，且当 $x \in A_i^{(1)}$ 时，$h(x) = \alpha_i, i = 1, \cdots, m$，则由 $\overline{G_m}$ 中必有序列 $\langle \alpha_1, \cdots, \alpha_m \rangle$ 使 $\alpha_i \in A_i^{(1)}, i = 1, \cdots, m$，可得 $\langle \alpha_1, \cdots, \alpha_m \rangle \in G_m$.

设 $G_k^1 = \{\langle h(0), \cdots, h(k-1) \rangle \mid h(x) \in N'\}$，当 $m = k$ 时，有 $\sigma \in S_k$ 使 $G_k^\sigma = G'_k$，从而由命题 2 可知，$T(G_k) = T(G'_k)$；当 $m < k$ 时，不妨假设 $A_1^{(1)}, \cdots, A_r^{(1)}$ 是 $A_1^{(1)}, \cdots, A_m^{(1)}$ 中所有元数大于 1 之集合，易证 $T(G'_k) \subseteq T(G'_k \cap G_k(A_1^{(1)}, \cdots, A_r^{(1)})) \subseteq T(G_m)$. 因此，当 $m \leqslant k$ 时，$T(N) = T(N') = T(G'_k) \subseteq T(G_m)$，故 $T(N) = T(G_m)$.

2) 若 $\widetilde{G_m} = G_{m,i}$，则 $T(G_m)$ 不包含在 $T(N)$ 中.

设 $\rho = \langle \alpha_1, \cdots, \alpha_m \rangle$ 是任意一个 m 元不同的序列，若 $\rho \in G_m^*$，则由 $\widetilde{G_m} = G_{m,i}$ 有 $h_\rho(x) \in N$，而 $\langle h_\rho(\alpha_1), \cdots, h_\rho(\alpha_m) \rangle \notin G_m$. 定义一元函数 $g_\rho(x)$：当 $\rho \in G_m^*$ 时，$g_\rho(x) = h_\rho(x)$；当 $\rho \notin G_m^*$ 时，$g_\rho(x) = x$. 显然，$g_\rho(x) \in N$，且 $\langle g_\rho(\alpha_1), \cdots, g_\rho(\alpha_n) \rangle \notin G_m$. 设完全一元函数 $l(x) \notin N$，$\rho_1, \cdots, \rho_n$ 是 E^k 上所有 m 元不同的序列. 定义 n 元函数如下：当 $\langle x_1, \cdots, x_n \rangle = \langle g_{\rho_1}(i), \cdots, g_{\rho_n}(i) \rangle$ 时，$f(x_1, \cdots, x_n) = l(i), i = 0, \cdots, k-1$；其余情形，$f(x_1, \cdots, x_n) = *$. 显然，$f(g_{\rho_1}(x), \cdots, g_{\rho_n}(x)) = l(x)$.

设 $\widetilde{\beta^i} = \langle \widetilde{\beta_1^i}, \cdots, \widetilde{\beta_n^i} \rangle (i = 1, \cdots, m)$ 是保 G_m 的任意 m 个序列. 如果 $\langle f(\widetilde{\beta^1}), \cdots, f(\widetilde{\beta^m}) \rangle$ 有定义，则有 $\alpha_1, \cdots, \alpha_m$ 使 $f(\widetilde{\beta^i}) = l(\alpha_i)$，$\widetilde{\beta^i} = \langle g_{\rho_1}(\alpha_i), \cdots, g_{\rho_n}(\alpha_i) \rangle, i = 1, \cdots, m$，从而 $\langle g_{\rho_j}(\alpha_1), \cdots, g_{\rho_j}(\alpha_m) \rangle \in G_m, j = 1, \cdots, n$. 若 $\langle \alpha_1, \cdots, \alpha_m \rangle = \rho_r, 1 \leqslant r \leqslant n$，则 $\langle g_{\rho_r}(\alpha_1), \cdots, g_{\rho_r}(\alpha_m) \rangle \notin G_m$. 因此，$\alpha_1, \cdots, \alpha_m$ 中至少有两个元素相同，从而 $\langle g_{\rho_i}(\alpha_1), \cdots, g_{\rho_i}(\alpha_m) \rangle \notin G_m^*$ 而 $\in G_{m,i}, j = 1, \cdots, n$. 这样，当 $i = 1, 2, 3$ 时，可推得 $\langle f(\widetilde{\beta^1}), \cdots, f(\widetilde{\beta^m}) \rangle \in G_m$，当 $i = 0$ 时，$\langle f(\widetilde{\beta^1}), \cdots, f(\widetilde{\beta^m}) \rangle$ 必是未完全有定义. 于是 $f(x_1, \cdots, x_n) \in T(G_m)$.

由 $f(g_{\rho_1}(x), \cdots, g_{\rho_n}(x)) = l(x) \notin N$，$g_{\rho_1}(x), \cdots, g_{\rho_n}(x) \in N$ 可得 $f(x_1, \cdots, x_n) \notin T(N)$. 故 $T(G_m)$ 不包含在 $T(N)$ 中.

3) 若 $G_{m,i} \subset \widetilde{G_m} \subset G_m$，则 $T(G_m)$ 不包含在 $T(N)$ 中.

令 $\widetilde{G_m^*} = \widetilde{G_m} - G_{m,i}$，对任意的 $\sigma \in H$，由 $\widetilde{G_m^\sigma} = G_m$ 有 $\widetilde{G_m^{*\sigma}} = \widetilde{G_m^*}$，从而

$$\widetilde{G_m^*} = (\overline{G_m} \cap \widetilde{G_m^*}) \cup (\overline{G_m} \cap \widetilde{G_m^*})^{\sigma_1} \cup \cdots \cup (\overline{G_m} \cap \widetilde{G_m^*})^{\sigma_{h-1}}. \tag{1}$$

设 G_m 的可离直接分划组 D_i 为 $E^k = A_1^{(i)} + \cdots + A_m^{(i)}, i = 1, \cdots, n$. 根据 G_m 的可离性，必有一个具有下列性质的 $D_h(1 \leqslant h \leqslant n)$：

ⅰ）对任意 $\langle \alpha_1, \cdots, \alpha_m \rangle \in \overline{G_m} \cap \widetilde{G_m^*}$，若 $\alpha_1 \in A_i^{(r)}, i = 1, \cdots, m$，则 $r \geqslant h$；

ⅱ）有 $\langle \alpha_1, \cdots, \alpha_m \rangle \in \overline{G_m} \cap \widetilde{G_m^*}$，使 $\alpha_i \in A_i^{(h)}, i = 1, \cdots, m$.

取 $\langle b_1, \cdots, b_m \rangle \in \overline{G_m}$ 且 $\notin \widetilde{G_m}$，定义一元函数如下：当 $x \in A_i^{(h)}$ 时，$\varphi(x) = b_i, i = 1, \cdots, m$. 由 $\widetilde{G_m}$ 之定义，有 $h(x) \in N$ 使 $\langle h(b_1), \cdots, h(b_m) \rangle \notin G_m$，从而 $\langle h(\varphi(\alpha_1)), \cdots, h(\varphi(\alpha_m)) \rangle \notin G_m$. 依此，由 $\langle \alpha_1, \cdots, \alpha_m \rangle \in \widetilde{G_m}$ 可推得以 $\varphi(x) \notin N$.

设 $h_1(x), \cdots, h_r(x)$ 是 N 的全部函数. 定义 $r+1$ 元函数：当 $\langle x, x_1, \cdots, x_r \rangle = \langle i, h_1(i), \cdots, h_r(i) \rangle$ 时，$f(x, x_1, \cdots, x_r) = \varphi(i), i = 0, \cdots, k-1$；其余情形，$f(x, x_1, \cdots, x_r) = *$. 显然，$f(x, h_1(x), \cdots, h_r(x)) = \varphi(x) \notin N$，从而 $f(x, x_1, \cdots, x_r) \notin T(N)$.

设 $\widetilde{\beta^i} = \langle \widetilde{\beta_1^i}, \cdots, \widetilde{\beta_{r+1}^i} \rangle$ 是保 G_m 的任意 m 个序列 $(i = 1, \cdots, m)$. 若 $\langle f(\widetilde{\rho^1}), \cdots, f(\widetilde{\beta^m}) \rangle$ 有定义，则有 $\alpha_1, \cdots, \alpha_m$ 使 $f(\widetilde{\beta^i}) = \varphi(\alpha_i), \widetilde{\beta^i} = \langle \alpha_1, h_1(\alpha_i), \cdots, h_r(\alpha_i) \rangle, i = 1, \cdots, m$，从而 $\langle \alpha_1, \cdots, \alpha_m \rangle, \langle h_j(\alpha_1), \cdots, h_j(\alpha_m) \rangle \in G_m, j = 1, \cdots, r$. 根据 $\widetilde{G_m}$ 之定义可知 $\langle \alpha_1, \cdots, \alpha_m \rangle \in \widetilde{G_m}$，因而由 G_m 的可离性及(1)式不难验证

$$\langle f(\widetilde{\beta^1}), \cdots, f(\widetilde{\beta^m}) \rangle = \langle \varphi(\alpha_1), \cdots, \varphi(\alpha_m) \rangle \in G_m.$$

因此，$f(x, x_1, \cdots, x_r) \in T(G_m)$. 故 $T(G_m)$ 不包含在 $T(N)$ 中.

至此我们便证明了 $T(G_m)$ 是极大封闭集.

参考文献

[1] 王湘浩. 有限集合上缺值及不缺值函数的结构理论[J]. 吉林大学自然科学学报，1963(2)：295－318.

[2] Freivald R V. A completeness criterion for partial functions of logic and many-valued logic (Russian)[J]. DOCK Akad Nauk SSSR，1966(167)：1249－1250.

[3] Ромов ь А. О максимапвмвых подапгеорах аляеоры частичых Футкдии многознаднои логикн[J]. Кпоернетлка，1980(1)：28－35.

部分多值逻辑函数的 Galois 理论

在 k 值逻辑理论中,函数封闭集之刻画问题是一个基本而重要的问题,其难度远远超过定出其所有的极大封闭集.

对于 $k=2$ 的情形,Post[1] 定出了完全 2 值逻辑函数集 P_2 的所有封闭集,但未能揭示出封闭集与关系代数之间的关系.

对于一般的 $k(\geqslant 3)$,部分 k 值逻辑函数集 P_k^*(包括完全函数与非完全函数)的封闭集之个数实际上不小于连续统一的基数. 因此,不可能推广 Post 的方法逐一定出其所有的封闭集,必需寻找其他的途径.

本文揭示出了 P_k^* 中的封闭集与关系代数之间的内在联系,建立了 P_k^* 的 Galois 理论,主要结果是定理 1~6. 这样便将多值逻辑函数的结构理论与关系代数理论紧密联系在一起,沟通了两个不同的分支,比如,封闭集 A 是 P_k^* 的极大封闭集必要而且只要 A 保其一个极小的关系代数. 现在,关系代数已成为一般泛代数的一个重要方面,其研究必将促进多值逻辑函数结构理论的发展.

本文所提到的 m 项关系都是指集合 $E^k=\{0,1,\cdots,k-1\}$ 上有限个 m 元序列作成之集合. 此外,以下所提到的基本概念和事实,除已指明的以外,均可见文[2] 和文[3].

1. 关系代数

1) Π 运算(项变算).

设 R 是一个 m 项关系,Π 是 $E_m=\{1,\cdots,m\}$ 上的一个置换,$\Pi(R)=\{\langle a_{\Pi(1)},\cdots,\alpha_{\Pi(m)}\rangle \mid \langle a_1,\cdots,a_m\rangle\in R\}$.

2) Δ 运算(项等同).

设 R 是一个 m 项关系,$\Delta(R)=\{\langle a_2,\cdots,a_m\rangle \mid \langle a_1,a_2,\cdots,a_m\rangle\in R$ 且 $a_1=a_2\}$. 显然,$\Delta(R)$ 是 $m-1$ 项关系或空关系.

3) ∇ 运算(项添加).

设 R 是一个 m 项关系,$\nabla(R)=\{\langle a,a_1,\cdots,a_m\rangle \mid \langle a_1,\cdots,a_m\rangle \in R, a\in E^k\}$. 显然,$\nabla(R)$ 是 $m+1$ 项关系.

4) 乘法运算 $*$.

设 R,T 分别是 m,n 项关系,$R*T=\{\langle a_1,\cdots,a_m,b_2,\cdots,b_n\rangle \mid \langle a_1,\cdots,a_m\rangle \in R, \langle b_1,\cdots,b_n\rangle \in T$ 且 $a_m=b_1\}$,显然,$R*T$ 是一个$(m+n-1)$ 项关系.

$R=\{\langle a_1,\cdots,a_m\rangle \mid a_i\in E^k, i=1,\cdots,m\}$ 称为完全的 m 项关系. R 说是一个标准的 m 项关系,如果对任意两项 $i,j(i\neq j)$ 必有 $\langle a_1,\cdots,a_m\rangle \in R$ 使 $a_i\neq a_j$.

设 $\sim$ 是 E'_m 上的一个等价关系,至少有一个等价类其元数 $\geqslant 2$. m 项关系 R 说是一个对角线关系,如果 $\{\langle a_1,\cdots,a_m\rangle \mid a_1\in E^k, i=1,\cdots,m$ 且 $a_i=a_j$,当 $i\sim j$ 时$\}=R$.

定义 设 $\hat{R}$ 是一个关系集合,包含完全关系,所有的对角线关系(此两者都是一般的平凡关系). 如果在 $\hat{R}$ 中有运算 1) ~ 4),则称 $\hat{R}$ 为第一类关系代数(即 Post 合代数),记为$(\hat{R};\Pi,\Delta,\nabla,*)$.

5) 笛卡尔乘法 $\times$.

设 R,T 分别为 m,n 项关系,$R\times T=\{\langle a_1,\cdots,a_m,b_1,\cdots,b_n\rangle \mid \langle a_1,\cdots,a_m\rangle \in R, \langle b_1,\cdots,b_n\rangle \in T\}$. 不难验证,$R\times T=R*(\Delta(T))$

6) 行添加.

设 R 是一个 m 项关系,有 $R'=\{\langle a_1,\cdots,a_m,a_i\rangle \mid \langle a_1,\cdots,a_m\rangle \in R\}$,称为由 R 的行添加而得到的 $m+1$ 项关系.

设置换 Π,使 $\Pi_1(R)=\{\langle a_1,\cdots,a_{i-1},a_{i+1},\cdots,a_m,a_i\rangle \mid \langle a_1,\cdots,a_m\rangle \in R\}$,对角线关系 $D=\{\langle a,a\rangle \mid a\in E^k\}$. 显然,$\Pi_1(R)*D=\{\langle a_1,\cdots,a_{i-1},a_{i+1},\cdots,a_m,a_i,a_i\rangle \mid \langle a_1,\cdots,a_m\rangle \in R\}$. 再取置换 Π_2 使

$$\Pi_2(\Pi_1(R)*D)=\{\langle a_1,\cdots,a_m,a_i\rangle \mid \langle a_1,\cdots,a_m\rangle \in R\}=R'.$$

因此,行添加可由运算 Π 和 $*$ 而获得.

7) 交运算 $\cap$.

设 R,T 是 m 项关系,$R\cap T=\{\langle a_1,\cdots,a_m\rangle \mid \langle a_1,\cdots,a_m\rangle \in R$ 且 $\in T\}$.

在集合 $\{1,\cdots,2m\}$ 上定义等价关系 $\sim$ 如下:$i\sim i+m, i=1,\cdots,m$. 按此等价关系将 $R\times T$ 反复施以 Π,Δ 运算便可得 $R\cap T$. 因此,$R\cap T$ 可由 1) ~ 4) 运算而获得.

8) 对角化.

设 R 是一个 m 项关系，$\sim$ 是 $E_m = \{1,\cdots,m\}$ 上的一个等价关系，$R' = \{\langle a_1,\cdots,a_m\rangle \mid \langle a_1,\cdots,a_m\rangle \in R$ 且 $a_i = a_j$，当 $i \sim j$ 时$\}$ 便称为 R 的对角化关系（对 $\sim$ 而言）. 显然，$R' = R \cap T$，其中，T 是一个对角线关系（对 $\sim$ 而言）.

总之，在第一类关系代数中具有 5) ～ 8) 运算.

9) 并运算 $\cup$.

设 R,T 是 m 项关系，$R \cup T = \{\langle a_1,\cdots,a_m\rangle \mid \langle a_1,\cdots,a_m\rangle \in R$ 或 $\in T\}$.

10) 补运算$\urcorner$.

设 R 是一个 m 项关系，于是$\urcorner R = \{\langle a_1,\cdots,a_m\rangle \mid \langle a_1,\cdots,a_m\rangle \notin R, a_i \in E^k, i = 1,\cdots,m\}$.

定义　设 $\hat{R}$ 是第一类关系代数. 如果在 $\hat{R}$ 中有并运算，则称为第二类关系代数（即第一类 Краснер 代数）；如果在 $\hat{R}$ 中有补运算，则称为第三类关系代数（即第二类 Краснер 代数），分别记为 $(\hat{R};\Pi,\Delta,\nabla,*,\cup)$，$(\hat{R};\Pi,\Delta,\nabla,*,\urcorner)$.

显然，第三类关系代数必是第二类关系代数.

设 R 是一个 m 项关系，m 个值组 $\widetilde{\alpha^1} = (\alpha_1^1,\cdots,\alpha_n^1),\cdots,\widetilde{\alpha^m} = (\alpha_1^m,\cdots,\alpha_n^m)$ 说是保 R，如果 $\langle \alpha_i^1,\alpha_i^2,\cdots,\alpha_i^m\rangle \in R, i = 1,\cdots,n$. 函数 $f(x_1,\cdots,x_n) \in P_k^*$ 说是保 R，如果对任意保 R 的 m 个值组 $\widetilde{\alpha^1},\cdots,\widetilde{\alpha^m}$，$\langle f(\widetilde{\alpha^1}),\cdots,f(\widetilde{\alpha^m})\rangle$ 或未完全有定义或伪属于 R. 所有保 R 函数之集合记为 $PRE(R)$，$PRE(R)$ 是封闭集.

设 $\hat{R}$ 是一个关系集合，函数 $f(x_1,\cdots,x_k) \in P_k^*$ 说是保 $\hat{R}$，如果对任意 $R \in \hat{R}$ 皆有 $f(x_1,\cdots,x_n)$ 保 R. 所有保 $\hat{R}$ 函数之集合记为 $PRE(\hat{R})$. 显然

$$PRE(\hat{R}) = \bigcap_a PRE(R_a)$$

且 $PRE(\hat{R})$ 亦是封闭集.

设 $f(x_1,\cdots,x_n) \in P_k^*$，$f^*(x_1,\cdots,x_n)$ 是将 $f(x_1,\cdots,x_n)$ 的任意一些函数值改为 $*$，即无定义. 显然，$PRE(\hat{R})$ 满足下列条件：

1) 若 $f(x_1,\cdots,x_n) \in PRE(\hat{R})$，则 $f^*(x_1,\cdots,x_n) \in PRE(\hat{R})$；

2) 选择函数 $u_n^i(x_1,\cdots,x_i,\cdots,x_n) = x_i \in PRE(\hat{R}), i = 1,\cdots,n$.

以下所提到的封闭集如不作特别声明都是指满足条件 1)，2) 的封闭集.

设 A 是一个函数集，关系 R 说是 A 的一个不变关系. 如果 A 中任意函数皆保 R，A 的所有不变关系之集合记为 $INV(A)$. 不难证明则 $INV(A)$ 是一个第 1 类关系代数.

设 R' 是由 R 经运算 1) 和 6) 而得，$PRE(R') = PRE(R)$. 设 R' 是由 R 经运算 2) 和 3) 而得，$PRE(R') \geqslant PRE(R)$. 显然，

$$PRE(R*T) \geqslant PRE(R) \cap PRE(T),$$
$$PRE(R \times T) \geqslant PRE(R) \cap PRE(T),$$
$$PRE(R \cap T) \geqslant PRE(R) \cap PRE(T).$$

设 A,B 是函数集，$\hat{R},\hat{T}$ 是关系的集合：

① 若 $A \leqslant PRE(INV(A))$，则 $\hat{R} \leqslant INV(PRE(\hat{R}))$；

② 若 $A \leqslant B$，则 $INV(A) \geqslant INV(B)$；

③ 若 $\hat{R} \leqslant \hat{T}$，则 $PRE(\hat{R}) \geqslant PRE(\hat{T})$.

2. 基本定理

设 A 是一个封闭集，采用下列方法作 A 中所有 n 元函数图 G_n 把(A)：

1) 将 $E^k = \{0,1,\cdots,k-1\}$ 上所有 n 元值组按字典次序进行排列，记为 $(OP)_n$；

2) 在$(OP)_n$ 的右边，列出 A 中所有 n 元函数相应于$(OP)_n$ 的函数值，记为 $G_n(A)$（即每一列为一个函数之所有函数值），比如第一列表示：$f(0,\cdots,0) = a_1, f(0,\cdots,0,1) = a_2, \cdots, f(k-1,\cdots,k-1) = a_k^n$.

$$\overbrace{\begin{matrix} 0, & 0, & \cdots & 0 \\ 0 & 0 & \cdots & 0 \\ & & \vdots & \\ k-1 & k-1 & \cdots & k-1 \end{matrix}}^{(OP)_n} \qquad \overbrace{\begin{matrix} a_1 & \cdots & b_1 \\ a_2 & \cdots & b_2 \\ \vdots & & \vdots \\ a_k^n & \cdots & b_k^n \end{matrix}}^{G_n(A)}$$

显然，$G_n(A)$ 中有一些列含 $*$ 元素，即无定义. 由选择函数 $u_n^i(x_1,\cdots,x_i,\cdots,x_n) = x_i \in A$ 可得$(OP)_n \leqslant G_n(A)$. 设 $C_m = \{i_1,\cdots,i_m\}, i_1 < \cdots < i_m, C_m \leqslant \{1,2,\cdots,k^n\}$，令 $G_n^{C_m}(A) = \{\langle a_{i_1},\cdots,a_{i_m}\rangle \mid \langle a_1,\cdots,a_k^n\rangle \in G_n(A)$ 且 $a_{i_1},\cdots,a_{i_m} \neq *\}$，即在 $G_n(A)$ 中取出 $i_1,\cdots,i_m$ 行（项）删去含 $*$（未定义）的列便得到 m 项关系 $G_n^{C_m}(A)$. $G_n^{C_m}(A)$ 是标准关系.

命题 1 对任意 $n, C_m, G_n^{C_m}(A)$ 是 A 的不变关系，

证明 设 $f(x_1,\cdots,x_h) \in A$，值组 $\widetilde{\alpha^1} = (\alpha_1^1,\cdots,\alpha_h^1),\cdots,\widetilde{\alpha^m} = (\alpha_1^m,\cdots,\alpha_h^m)$ 保 $G_n^{C_m}(A)$. 由 $G_n^{C_m}(A)$ 的定义有 $g_1(x_1,\cdots,x_n),\cdots,g_h(x_1,\cdots,x_n) \in A$. 值组 $\widetilde{\beta^{i_1}},\cdots,\widetilde{\beta^{i_m}} \in (OP)_n$（即$(OP)_n$ 中有 $i_1,\cdots,i_m$ 行），使得

$$g_i(\widetilde{\beta^{i_1}}) = \alpha_i^1, g_i(\widetilde{\beta^{i_2}}) = \alpha_i^2, \cdots, g_i(\widetilde{\beta^{i_m}}) = \alpha_i^m, \quad i = 1,\cdots,h.$$

从而

$$f(\widetilde{\alpha^1}) = f(g(\widetilde{\beta^{i_1}}), g_2(\widetilde{\beta^{i_1}}), \cdots, g_h(\widetilde{\beta^{i_1}})),$$

$$f(\widetilde{\alpha^2}) = f(g_1(\widetilde{\beta^{i_2}}), g_2(\widetilde{\beta^{i_2}}), \cdots, g_h(\widetilde{\beta^{i_1}})),$$

$$\vdots$$

$$f(\widetilde{\alpha^m}) = f(g_1(\widetilde{\beta^{i_m}}), g_2(\widetilde{\beta^{i_m}}), \cdots, g_h(\widetilde{\beta^{i_m}})).$$

因此，若 $\langle f(\widetilde{\alpha^1}), \cdots, f(\widetilde{\alpha^m}) \rangle$ 有定义，则由 $f(g_1(x_1, \cdots, x_n), \cdots, g_h(x_1, \cdots, x_n)) \in A$ 有 $\langle f(\widetilde{\alpha^1}), \cdots, f(\widetilde{\alpha^m}) \rangle \in G_n^{C_m}(A)$. 故 $G_n^{C_m}(A)$ 是 A 的不变关系.

命题 2 $f(x_1, \cdots, x_n)$ 保任意的 $G_n^{C_m}(A)$ 必要而且只要 $f(x_1, \cdots, x_n) \in A$.

证明 由命题 1 充分性成立.

设 $f(\widetilde{\alpha^{i_1}}), \cdots, f(\widetilde{\alpha^{i_h}})$ 有定义，在其余值组 $f(x_1, \cdots, x_n)$ 无定义，$i_1 < i_2 < \cdots < i_h$. 显然，$\widetilde{\alpha^{i_1}}, \cdots, \widetilde{\alpha^{i_h}} \in (OP)_n \subseteq G_n(A)$，因此，$\widetilde{\alpha^{i_1}}, \cdots, \widetilde{\alpha^{i_h}}$ 保 $G_n^{C_h}(A)$，从而 $\langle f(\widetilde{\alpha^{i_1}}), \cdots, f(\widetilde{\alpha^{i_h}}) \rangle \in G_n^{C_h}(A)$. 这样由 A 满足条件 1) 不难推得 $f(x_1, \cdots, x_n) \in A$.

定理 1 设 A 是一个封闭集，$A = PRE(INV(A))$.

证明 显然，$A \leqslant PRE(INV(A))$.

设 $f(x_1, \cdots, x_n) \in PRE(INV(A))$. 由命题 1 任意的 $G_n^{C_m}(A)$ 是 A 的不变关系从而 $G_n^{C_m}(A) \in INV(A)$. 因此，$f(x_1, \cdots, x_n)$ 保 $G_n^{C_m}(A)$，由命题 2 可知，$f(x_1, \cdots, x_n) \in A$. 故 $A \geqslant PRE(INV(A))$.

命题 3 设 A 是一个封闭集，T 是一个 m 项的标准关系，其元数 n. 若 T 是 A 的不变关系，则 T 经项变换后必为某一个 $G_n^{C_m}(A)$.

证明 以 $\boldsymbol{T}$ 中的序列为列将 $\boldsymbol{T}$ 排成为一 m 行 n 列矩阵. 显然，经过适当的项变换(即矩阵的行变换)后，可使矩阵的第 r 行等于 $(OP)_n$ 之 i_r 行. 因此，不妨假设 T 之 r 行 $(\alpha_r^1, \alpha_r^2, \cdots, \alpha_r^n) = (OP)_n$ 之 i_r 行，$r = 1, \cdots, m$，$i_1 < i_2 < \cdots < i_m$，令 $C_m = \{i_1, \cdots, i_m\}$，有

$$\begin{bmatrix} \alpha_1^1 & \alpha_1^2 & \cdots & \alpha_1^n \\ \alpha_2^1 & \alpha_2^2 & \cdots & \alpha_2^n \\ \vdots & \vdots & & \vdots \\ \alpha_m^1 & \alpha_m^2 & \cdots & \alpha_m^n \end{bmatrix} = \boldsymbol{T},$$

显然，由 $u_n^i(x_1, \cdots, x_n) = x_i \in A$，$i = 1, \cdots, n$ 可得 $T \subseteq G_n^{C_m}(A)$.

设 $\langle a_{i_1}, \cdots, a_{i_m} \rangle \in G_n^{C_m}(A)$，必有 $f(x_1, \cdots, x_n) \in A$ 使 $f(\alpha_r^1, \alpha_r^2, \cdots, \alpha_r^n) =$

$a_{i_r}, r = 1, \cdots, m$. 因为 $f(x_1, \cdots, x_n)$ 保 T，所以 $\langle a_{i_1}, a_{i_2}, \cdots, \alpha_{i_m} \rangle \in T$，从而 $G_n^{C_m}(A) \subseteq T, T = G_n^{C_m}(A)$.

命题 4 设 $A = PRE(R_1, \cdots, R_h)(= \bigcap_{i=1}^{h} PRE(R_i))$，$R_i$ 是 m_i 项关系，$i = 1, \cdots, h$，T 是一个标准的 m 项关系，其元数为 n. 若 T 是 A 的不变关系，则 $T \in \hat{R}$，$\hat{R}$ 是由 R_i 完全关系和所有对角线关系按运算 1) ～ 4) 所生成的第一类关系代数.

证明 以 R_i 中的序列为列作所有的 m_i 行 n 列矩阵 $\boldsymbol{M}_1^{(i)}, \cdots, \boldsymbol{M}_{l_i}^{(i)}, i = 1 \cdots, h$，将其依序重新编号后设为 $M_1, \cdots, M_{l_1}, \cdots, M_{l-1_h+1}, \cdots, M_1, l = l_1 + \cdots + l_h$. 设 $R' = \overbrace{R_1 \times \cdots \times R_1}^{l_1} \times \cdots \times \overbrace{R_h \times \cdots \times R_h}^{l_h}$，显然，$R'$ 是 S 项关系，$S = \sum_{i=1}^{h} l_i m_i$. 将所有矩阵与关系 R' 排列对应如下：

$$\begin{array}{cccccccc} \boldsymbol{M}: & \boldsymbol{M}_1 & \cdots & \boldsymbol{M}_{l_1} & \cdots & \boldsymbol{M}_{l-1_{h+1}} & \cdots & \boldsymbol{M}_1 \\ & \downarrow & & \downarrow & & \downarrow & & \downarrow \\ R' & R_1 & \cdots & R_1 & \cdots & R_h & \cdots & R_h \end{array} \tag{1}$$

此处将 M 看成是依序排列的 S 个 n 元值组. 在集合 $\{1, \cdots, S\}$ 上定义一个等价关系 $\sim$：$i \sim j \Leftrightarrow M$ 中之 i 行(即第 i 个值组)与 j 行(即第 j 个值组)相同. 按此等价关系将 R' 对角化得 R^*，显然，

ⅰ) 若 $f(x_1, \cdots, x_n) \in A$ 且 $f(M)$ 处处有定义，则 $f(M) \in R^*$；

ⅱ) 若 $f(x_1, \cdots, x_n) \in P_k^*$ 且 $f(M) \in R^*$，则 $f(x_1, \cdots, x_n) \in A$.

以 $\boldsymbol{T}$ 中的序列为列将 $\boldsymbol{T}$ 排成一个 m 行 n 列矩阵. 这样将矩阵的每一行看成是一个 n 元值组，因此，T 可看成是一个 n 元值组的集合. 此外，将矩阵 $\boldsymbol{M}_i$ 的每一行亦看成是一个 n 元值组，$i = 1, \cdots, l$，因此，M_i 亦看成是一个 n 元值组的集合.

1) 设 $M_i \cap T < M, i = 1, \cdots, l, T$ 是完全关系.

定义 n 元函数 $f(x_1, \cdots, x_n)$ 如下：

$$f(x_1, \cdots, x_n) = \begin{cases} *(\text{无定义}), & \text{当}(x_1, \cdots, x_n) \in M_i - (M_i \cap T), \\ \text{任意取值}, & \text{在其余值组}. \end{cases}$$

由 $M_i - (M_i \cap T)$ 非空可得 $f(M_i)$ 非完全有定义，$i = 1, \cdots, l$，从而 $f(x_1, \cdots, x_n) \in A$. 因此，$f(x_1, \cdots, x_n)$ 保 T. 设所有如此定义的函数作成之集合为 A'，有

$$E = \{f(T) \mid f(x_1, \cdots, x_n) \in A'\} \subset T, \quad E \text{ 是完全关系}.$$

因而 $T = E$.

2) 设 $M_i \cap T = M_i, i = 1, \cdots, h; M_i \cap T < M_j, j = h + 1, \cdots, l. T = R \times$

$E, R \in \hat{R}$，E 是空关系或完全关系.

定义 n 元函数 $f(x_1, \cdots, x_n)$ 如下：将矩阵 $\boldsymbol{M}_1, \cdots, \boldsymbol{M}_h$ 依序连结起来作成一个 k 行 n 列矩阵 $\boldsymbol{M}$，k 为 $\boldsymbol{M}_1, \cdots, \boldsymbol{M}_h$ 之行数和，$f(M) = R^*$ 中任意一序列的前 k 项；当 $(x_1, \cdots, x_n) \in M_j - (M_j \cap T)$ 时，$f(x_1, \cdots, x_n) = *$，无定义，$j = h+1, \cdots, l$；在其余的值组任取函数值. 不难看出，$f(x_1, \cdots, x_n) \in A$，从而 $f(x_1, \cdots, x_n)$ 保 T. 设所有如此定义的函数作成之集合为 A'. 在(1) 式中

$$\begin{array}{cccc} \boldsymbol{M}_1 & \boldsymbol{M}_2 & \cdots & \boldsymbol{M}_h \\ \downarrow & \downarrow & & \downarrow \\ R_{r_1} & R_{r_2} & \cdots & R_{r_n} \end{array}, \quad R_r \in \{R_1, \cdots, R_h\}, i = 1, \cdots, h.$$

将 $R_{r_1} \times R_{r_2} \times \cdots \times R_{r_h}$ 按上述的等价关系对角化，再采用 Δ 运算删去相同的行得 R. 不难验证，$R \times E = \{f(T) \mid f(x_1, \cdots, x_n) \in A'\} \subseteq T$，$E$ 是空关系或完全关系.

另外，由(1) 式的规定可知，矩阵 $\boldsymbol{M}_i$ 之列是 R_{r_1} 中的序列，$i = 1, \cdots, h$，从而 M 中之列亦是 $R_{r_1} \times \cdots \times \cdots \times R_{r_h}$ 中之序列. 因此，不难推得 M 当中每一列必是 R^* 中某一序列的前 k 项. 如此不难验证函数

$$f_i^*(x_1, \cdots, x_n) = \begin{cases} *, & \text{当}(x_1, \cdots, x_n) \in M_j - (M_j \cap T) \text{时}, j = h+1, \cdots, l, \\ x_1, & \text{在其余的情形}. \end{cases}$$

其中，$i = 1, \cdots, n$ 包含在 A'，A 中，从而 $f_i^*(x_1, \cdots, x_n)$ 保 T 且 $T = \{f_i(T) \mid i = 1, \cdots, n\}$. 因此，$T \subseteq \{f(T) \mid f(x_1, \cdots, x_n) \in A'\} = R \times E$，故 $T = R \times E$.

若 1) 之假设不成立，则不妨假设 2) 之假设成立. 因此，命题之结论成立.

定理 2 设 $\hat{R}$ 是 E^k 上的一个第一类关系代数，$\hat{R} = INV(PRE(\hat{R}))$.

证明 设 $A = PRE(\hat{R})$. 显然，$\hat{R} \subseteq INV(A)$.

1) 设 $\hat{R}$ 中除完全关系和对角线关系外，只有有限个生成元素，$R_1, \cdots, R_h$.

显然，$A = PRE(\hat{R}) = PRE(R_1, \cdots, R_h) = \bigcap_{i=1}^{h} PRE(R_i)$. 设标准关系 $T \in INV(A)$，由命题 4 可知，$T \in \hat{R}$ 从而 $INV(A) \subseteq \hat{R}$.

2) 设 $\hat{R}$ 中除完全关系和对角线关系外，有无限多个生成元素 $R_1, \cdots, R_\alpha, \cdots$.

显然，$A = PRE(\hat{R}) = PRE(R_1, \cdots, R_\alpha, \cdots) = \bigcap_{\alpha} PRE(R_\alpha)$. 设标准关系 $T \in INV(A)$，T 的项数为 m，元数为 n. 由命题 3 可知，有置换 Π 使 $\Pi(T) = G_n^{C_m}(A)$.

设 $\hat{R}$ 是由 $R_1, \cdots, R_j$ 及完全关系和所有对角线关系按 1) ~ 4) 运算所生成

的第一类关系代数，$A_j = PRE(\hat{R}_j) = \bigcap_{i=1}^{j} PRE(R_i) = PRE(R_1,\cdots,R_j)$.

显然，$A_1 \geqslant A_2 \geqslant \cdots \geqslant A_\alpha \geqslant \cdots, \quad A = \bigcap_\alpha A_\alpha$. 从而不难证明，

$G_n(A_1) \geqslant G_n(A_2) \geqslant \cdots \geqslant G_n(A_\alpha) \geqslant \cdots, \quad G_n(A) = \bigcap_\alpha G_n(A_\alpha)$;

$G_{n^m}^{C}(A_1) \geqslant G_{n^m}^{C}(A_2) \geqslant \cdots \geqslant G_{n^m}^{C}(A_\alpha) \geqslant \cdots, \quad G_{n^m}^{C}(A) \bigcap_\alpha G_{n^m}^{C}(A_\alpha)$.

由 $G_{n^m}^{C}(A_1)$ 的有限性可知，其降链必停于有限步，即有 h 使

$$G_{n^m}^{C}(A) = \bigcap_{i=1}^{h} G_{n^m}^{C}(A_i) = G_{n^m}^{C}(A_h).$$

由命题 1 可知，$G_{n^m}^{C}(A_h)$ 是 A_h 的标准不变关系，从而由命题 4 可知，$G_{n^m}^{C}(A_h) \in \hat{R}_h$. 因此，

$$\Pi(T) = G_{n^m}^{C}(A) \in \hat{R}_h \in \hat{R},$$

即 $T \in \hat{R}$，从而 $INV(A) \subseteq \hat{R}$.

由 1)，2) 可得，$\hat{R} = INV(PRE(\hat{R}))$.

定理 3 $E^k = \{0,1,\cdots,k-1\}$ 上的第一类关系代数$(\hat{R};\Pi,\Delta,\nabla,*)$ 与 P_k^* 中的封闭集 A 一一对应，其一对一的写像 σ 为：

$$A \xrightarrow{\sigma} INV(A) \quad 或 \quad \hat{R} \xrightarrow{\sigma} PRE(\hat{R}),$$

且是反保序的，即

$$A < B \Leftrightarrow INV(A) > INV(B) \quad 或 \quad \hat{R} < \hat{S} \Leftrightarrow PRE(\hat{R}) > PRE(\hat{S}).$$

其中，B 是 P_k^* 中的封闭集，$\hat{S}$ 是第一类关系代数.

证明 显然，$INV(A)$ 是第一类关系代数. 设 $\hat{R}$ 是一个第一类关系代数，$A = PRE(\hat{R})$. 由定理 2 可知，$INV(A) = \hat{R}$，从而任意$(\hat{R};\Pi,\Delta,\nabla,*)$ 必有封闭集 $A \subseteq P_h^*$ 使 $\sigma(A) = \hat{R}$. 设 $\sigma(A = \hat{R} = INV(A)$，$\sigma(B) = \hat{S} = INV(B)$，由定理 1 可知，$PRE(\hat{R}) = PRE(INV(A)) = A$，$PRE(\hat{S}) = PRE(INV(B)) = B$，从而若 $\hat{R} = \hat{S}$，则 $A = B$，因此，σ 是一对一的写像.

显然，$PRE(\hat{R})$ 是一个封闭集. 设 A 是一个封闭集，$INV(A) = \hat{R}$. 由定理 1 可知，$PRE(INV(A)) = A = PRE(\hat{R})$，从而任意封闭集 A 有$(\hat{R};\Pi,\Delta,\nabla,*)$ 使 $\sigma(\hat{R}) = PRE(\hat{R}) = A$. 设 $\sigma(\hat{R}) = A = PRE(\hat{R})$，$\sigma(\hat{S}) = B = PRE(\hat{S})$. 由定理 2 可知，$INV(A) = INV(PRE(\hat{R})) = \hat{R}$，$INV(B) = INV(PRE(\hat{S})) = \hat{S}$，从而若 $A = B$，则 $\hat{R} = S$. 因此，σ 是一对一的写像.

由定理 3 可得：P_k^* 对应最小关系代数$(\hat{R};\Pi,\Delta,\nabla,*)$，$\hat{R}$ 是平凡关系的集合；最小封闭集对应最大关系代数$(R;\Pi,\Delta,\nabla,*)$，$\hat{R}$ 是所有关系的集合；极大封闭集对应极小关系代数$(\hat{R};\Pi,\Delta,\nabla,*)$，$\hat{R}$ 是文[3] 中指出的 7 种关系之一；

极小封闭集对应极大关系代数($\hat{R};\Pi,\Delta,\nabla,*$).

显然,若 A 是一个一元封闭集(即仅是由一元函数作成之封闭集),则 $INV(A)$ 是一个第二类关系代数($INV(A);\Pi,\Delta,\nabla,*,\bigcup$). 由定理 1 可知,$A=PRE(INV(A))$.

定理 4 设 $\hat{R}$ 是第二类关系代数($\hat{R};\Pi,\Delta,\nabla,*,\bigcup$). $PRE(\hat{R})$ 是一元封闭集,$\hat{R}=INV(PRE(\hat{R}))$.

证明 设 $A=PRE(\hat{R})$,B 是 A 中所有一元函数作成之集合显然,B 是一元封闭集,$B\leqslant A$,$INV(B)\geqslant INV(A)$. 由定理 2 可知,

$$\hat{R}=INV(PRE(\hat{R}))=INV(A).$$

设 $T\in INV(B)$. 由命题 3 可知,有置换 Π 使 $\Pi(T)=G_n^{C_m}(B)$. 当 $n=1$ 时,由命题 1 可知,$G_1^{C_m}(B)=G_n^{C_m}(A)\in INV(A)=\hat{R}$. 设 $B_i=\{f_i(x_1,\cdots,x_n)\mid f_i(x_1,\cdots,x_n)\in A$,且 $f_i(x_1,\cdots,x_n)=f_i(x_i)\}$,$i=1,\cdots,n$. 不难验证,$G_n^{C_m}(B)=\bigcup\limits_{i=1}^{n}G_n^{C_m}(B_i)$,且 $G_n^{C_m}(B_i)$ 可由 $G_1^{C_{S_i}}(A)$ 经行添加,项变换而得到,$i=1,\cdots,n$. 由命题 1 可知,

$$G_1^{C_{S_i}}(A)\in INV(A)=\hat{R},$$

从而 $G_n^{C_m}(B)=\Pi(T)\in\hat{R}=INV(A)$. 因此,$INV(B)\leqslant INV(A)$,从而 $INV(B)=INN(A)$. 由定理 1 可知:

$$B=PRE(INV(B))=PRE(INV(A))=A.$$

一元函数 $f(x)$ 可说是一个广义置换,如果对任意 $a,b\in E^k$,$a\neq b$,当 $f(a)$,$f(b)$ 有定义时,$f(a)\neq f(b)$.

设 $f(x)$ 是一个广义置换,$f(a_i)=b_i$,$i=1,\cdots,m$,$m\leqslant k$,$f(a_j)=*$(无定义),$j=m+1,\cdots,k$ • $f(x)$ 的逆置换 $f^{-1}(x)$ 定义为 $f^{-1}(b_i)=a_i$,$i=1;\cdots,m$,$f(b_1)=*$(无定义),$j=m+1,\cdots,k$.

定义 一元封闭集 A 说是一个广义置换封闭集,如果 A 中的函数都是广义置换,且若 $f(x)\in A$,则 $f^{-1}(x)\in A$.

显然,广义置换封闭集中的所有置换作成一个群.

定理 5 若 A 是广义置换封闭集,则 $INV(A)$ 是第三类关系代数($INV(A);\hat{R};\Pi,\Delta,\nabla,*,\urcorner$) 且 $A=PRE(INV(A))$. 若 $\hat{R}$ 是第三类关系代数($\hat{R};\Pi,\Delta,\nabla,*,\urcorner$),则 $PRE(\hat{R})$ 是广义置换封闭集,且 $\hat{R}=INV(PRE(\hat{R}))$.

证明 设 A 是广义置换封闭集,$R\in INV(A)$. 在 A 中任取 $f(x)$,在 $\urcorner R$ 中任取序列 $\langle a_1,\cdots,a_h\rangle$. 若 $\langle f(a_1),\cdots,f(a_h)\rangle\in R$,$f(a_i)=b_i$,$i=1,\cdots,h$,则由

$f^{-1}(x) \in A$ 可知 $\langle a_1, \cdots, a_h \rangle = \langle f^{-1}(b_1), \cdots, f^{-1}(b_h) \rangle \in R$，此为矛盾. 因此，$\langle f(a_1), \cdots, f(a_h) \rangle \in \urcorner R$，从而 $f(x)$ 保 $\urcorner R$，即 $\urcorner R \in INV(A)$. 故 $INV(A)$ 是第三类关系代数. 由定理 1 可知，$A = PRE(INV(A))$.

设 $\hat{R}$ 是第三类关系代数，由定理 4 可知，$PRE(\hat{R})$ 是一元封闭集. 显然

$$\{\langle a,a \rangle \mid a \in E^k\} = R, \quad \{\langle a,b \rangle \mid a,b \in E^k, a \neq b\} = \urcorner R$$

包含在 $\hat{R}$ 中. 设 $f(x) \in PRE(\hat{R})$，$f(a)$，$f(b)$ 有定义($a \neq b$)，由 $f(x)$ 保 $\urcorner R$ 可得，$f(a) \neq f(b)$，从而 $f(x)$ 是广义置换.

在 $\hat{R}$ 中任取关系 R，在 R 中任取序列 $\langle a_1, \cdots, a_h \rangle$，设 $f(x) \in PRE(\hat{R})$，若 $\langle f^{-1}(a_1), \cdots, f^{-1}(a_h) \rangle \in \urcorner R$，$f^{-1}(a_i) = b_i$，$i = 1, \cdots, h$，则 $\langle f(b_1), \cdots, f(b_h) \rangle = \langle a_1, \cdots, a_h \rangle \in \urcorner R$，此为矛盾. 因此，当 $\langle f^{-1}(a_1), \cdots, f^{-1}(a_h) \rangle$ 有定义时必属于 R，从而 $f^{-1}(x)$ 保 R，即 $f^{-1}(x) \in PRE(\hat{R})$.

故 $PRE(\hat{R})$ 是广义置换封闭集，由定理 2 可知，$\hat{R} = INV(PRE(\hat{R}))$.

定理 6 $E^k = \{0, 1, \cdots, k-1\}$ 上的第二类和第三类关系代数($\hat{R}; \Pi, \Delta, \nabla, *, \cup\ (\urcorner)$) 与 P_k^* 中的一元(广义置换) 封闭集 A 一一对应，其一对一的写像 σ 为：

$$A \xrightarrow{\sigma} INV(A) \quad 或 \quad \hat{R} \xrightarrow{\sigma} PRE(\hat{R}),$$

且是反保序的，即

$$A < B \Leftrightarrow INV(A) > INV(B) \text{ 或 } \hat{R} < \hat{S} \Leftrightarrow PRE(\hat{R}) > PRE(\hat{S}).$$

其中，B 是 P_k^* 中的一元(广义置换) 封闭集；$\hat{S}$ 是第二，三类关系代数.

3. 极大一元封闭集

设 L_1^* 为 P_k^* 中所有一元函数作成之集合；Q_n 为 L_1^* 中所有至多取 n 个值的完全函数(即完全有定义) 作成之集合，$n \leqslant k-1$；Q_n^* 为 L_1^* 中所有至多取 n 个值的非完全函数(即未完全有定义) 作成之集合 $n \leqslant k-1$；S_k 是 E^k 上的对称群.

定理 7 L_1^* 中的极大封闭集必是下列极大一元封闭集：

$$S_k \cup Q_{k-1} \cup Q_{k-2}^*, \quad S_k \cup Q_{k-2} \cup Q_{k-1}^*, \quad M_i \cup Q_{k-1} \cup Q_{k-1}^*, \quad i = 1, \cdots, h.$$

其中，$M_1, M_2, \cdots, M_h$ 是对称群 S_k 中的所有极大子群.

证明 显然，$M_i \cup Q_{k-1} \cup Q_{k-1}^*$ 是极大一元封闭集，$i = 1, \cdots, h$.

在 $Q_{k-1}^* - Q_{k-2}^*$ 中任取一个函数 $f(x)$，不妨设为 $f(0) = *$，$f(i) = a_i$，$i = 1, \cdots, k-1$，$a_1 \neq \cdots \neq a_{k-1}$. 设 $g(x) \in Q_{k-1}^* - Q_{k-2}^*$，$g(i) = b_i$，$i = 0, \cdots, k-1$，

$b_r = *$（无定义），$b_0 \neq \cdots \neq b_{k-1}$. 显然，轮换 $\sigma = (0\ r)$，函数 $h(x)$：$h(a_0) = b$，$h(a_r) = b_0$；$h(a_i) = b_i$，$i = 1, \cdots, r-1, r+1, \cdots, k-1$ 包含在 S_k 中（$b \neq b_0, \cdots, b_{k-1}$，$a_0 \neq a_i$，$i = 1, \cdots, k-1$），且 $h(f(\sigma(x))) = g(x)$. 因此，$S_k \cup Q_{k-1} \cup Q_{k-2}^*$ 是一元极大封闭集.

在 $Q_{k-1} - Q_{k-2}$ 中任取一个函数 $f(x)$，不妨设为 $f(i) = a_i$，$i = 0, \cdots, k-1$，$a_0 = a_1 \neq \cdots \neq a_{k-1}$，设 $g(x) \in Q_{k-1} - Q_{k-2}$，$g(i) = b_i$，$i = 0, \cdots, k-1$，$b_i = b_j$，$b_0 \neq b_1 \neq \cdots b_{i-1} \neq b_{i+1} \neq \cdots \neq b_{k-1}$，显然，置换 $\sigma = (0\ i)(1\ j)$，函数 $h(x)$：$h(a_0) = b_i$，$h(a_1) = b_j$；$h(a_1) = b_0$，$h(a_j) = b_1$；$h(a_r) = b_i$，$r = 2, \cdots, i-1, i+1, \cdots, j-1, j+1, \cdots, k-1$；$h(a) = b$，$a \neq a_i$，$b \neq b_i$，$i = 0, \cdots, k-1$ 包含在 S_k 中且 $h(f(\sigma(x))) = g(x)$. 因此，$S_k \cup Q_{k-2} \cup Q_{i-1}^*$ 是极大一元封闭集.

设 M 是 L_1^* 中的极大封闭集，分下列两种情：

1）设 $M \cap S_k = S_k$，即 $S_k \leqslant M$，有 $M = S_k \cup Q_{k-1} \cup Q_{k-2}^*$ 或 $S_k \cup Q_{k-2} \cup Q_{k-1}^*$.

设 $(Q_{k-1} - Q_{k-2}) \cap M = \varnothing$，$(Q_{k-1}^* - Q_{k-2}^*) \cap M = \varnothing$. 于是，封化集 $\overline{M \cup f(x)} \leqslant S_k \cup Q_{k-1} \cup Q_{k-2}^* < L_1^*$，$f(x) \in (Q_{k-1} - Q_{h-2})$，$f(x) \notin M$. 此与 M 的极大性相矛盾.

设 $(Q_{k-1} - Q_{k-2}) \cap M \neq \varnothing$，$(Q_{k-1}^* - Q_{k-2}^*) \cap M = \varnothing$，取 $f(x) \in (Q_{k-1} - Q_{k-2}) \cap M$，由上述证明可得，$Q_{k-1} - Q_{k-2} \subseteq M$，从而有 $g(x) \in Q_{k-2} - Q_{k-3}$，$g(x) \in M$. 仿上述之证明可得：$Q_{k-2} - Q_{k-3} \leqslant M$，如此继续下去可得：$Q_1 \leqslant M$. 因此，$Q_{k-1} \leqslant M$. 若有 $f(x) \in Q_{k-2}^*$ 而 $f(x) \notin M$，则由 $(Q_{k-1}^* - Q_{k-2}^*) \cap M = \varnothing$ 可得

$$\overline{M \cup f(x)} \leqslant S_k \cup Q_{k-1} \cup Q_{k-2}^* < L_1^*.$$

此与 M 的极大性相矛盾. 因此，$Q_{k-2}^* \subseteq M$. 故

$$M = S_k \cup Q_{k-1} \cup Q_{k-2}^*.$$

设 $(Q_{k-1} - Q_{k-2}) \cap M = \varnothing$，$(Q_{k-1}^* - Q_{k-2}^*) \cap M \neq \varnothing$，同理可证，$M = S_k \cup Q_{k-1}^* \cup Q_{k-2}$.

设 $(Q_{k-1} - Q_{k-2}) \cap M \neq \varnothing$，$(Q_{k-1}^* - Q_{k-2}^*) \cap M \neq \varnothing$. 由上之证明，$M = S_k \cup Q_{k-1} \cup Q_{k-1}^*$，此与 M 的极大封闭性相矛盾.

2）设 $M \cap S_k < S_k$，有 M_i 使 $M = M_i \cup Q_{k-1} \cup Q_{k-1}^*$.

如果 $M \cap S_k$ 不是 S_k 的极大子群，则必有 M_j 在使 $M \cap S_k < M_j < S_k$. 显然，$\overline{f(x) \cup M} \leqslant M_j \cup Q_{k-1} \cup Q_{k-1}^* < L_1^*$，$f(x) \in M_j$，$f(x) \notin M \cap S_k$，此与 M 的极大性相矛盾. 因此，$M \cap S_k$ 是 S_k 的极大子群，即有 M_i 使 $M \cap S_k = M_i$.

若有 $f(x) \in (Q_{k-1} \cup Q_{k-1}^*)$，而 $f(x) \notin M$，则 $\overline{f(x) \cup M} \leqslant M_i \cup Q_{k-1} \cup Q_{k-1}^* < L_1^*$，此与 M 的极大性相矛盾. 因此，$Q_{k-1} \cup Q_{k-1}^* \subseteq M$. 故 $M = M_i \cup Q_{k-1} \cup Q_{k-1}^*$.

参考文献

[1] Post E L. The two-valued iterative systems of mathematical logic[J] . Annals of Mathematics Studies, 1941, 5(5): 1－22.

[2] 王湘浩. 有限集合上缺值及不缺值函数的结构理论[J]. 吉林大学自然科学学报, 1963(2): 295－318.

[3] 罗铸楷. 多值逻辑中所有极大封闭集之确定问题[J]. 数学学报, 1980(1): 152－156.

[4] Еайрамов Р А. Кроблеме полноты в симметрической полугруппеюсб[М]. Дискретный анализ, ЙМ Со АНСССР, 8, Новосибирск, 1966.

多值逻辑中正规关系的分类

设 k 元集合 $E^k=\{0,1,\cdots,k-1\}$，函数 $f(x_1,\cdots,x_n)$ 定义在 E^k 上而其函数值仍属于 E^k，如果对任意值组 $(\alpha_1,\cdots,\alpha_n)$，$f(\alpha_1,\cdots,\alpha_n)$ 皆有定义，则称 $f(x_1,\cdots,x_n)$ 完全函数，否则称 $f\{x_1,\cdots,x_n)$ 为非完全函数(其中，$\alpha_i\in E^k$). 当 $f(\alpha_1,\cdots,\alpha_n)$ 无定义时，记为 $f(\alpha_1,\cdots,\alpha_n)=*$. 处处无定义的函数称为空函数，记为 $*$. 完全和非完全函数都称为部分 k 值逻辑函数，所有部分 k 值逻辑函数作成之集合记为 P_k^*.

设 $f(t_1,\cdots,t_m),g_i(x_1,\cdots,x_n)\in P_k^*,i=1,\cdots,m$. 我们规定，复合函数 $h(x_1,\cdots,x_n)=f(g_1(x_1,\cdots,x_n),\cdots,g_m(x_1,\cdots,x_n))$ 如下：对任意值组 $\tilde{\alpha}=(\alpha_1,\cdots,\alpha_n)$，若 $g_1(\tilde{\alpha}),\cdots,g_m(\tilde{\alpha})$ 都有定义，则规定 $h(\tilde{\alpha})=f(g_1(\tilde{\alpha}),\cdots,g_m(\tilde{\alpha}))$；若 $g_1(\tilde{\alpha}),\cdots,g_m(\tilde{\alpha})$ 有的无定义，则规定 $h(\tilde{\alpha})=*$.

定义 设 $A\subseteq P_k^*$，$f(t_1,\cdots,t_m)\in A$，$g_i(x_1,\cdots,x_n)$ 或属于 A 或为自变数 $x_1,\cdots,x_n$ 之一，$i=1,\cdots,m$. 函数 $f(g_1(x_1,\cdots,x_n),\cdots,g_m(x_1,\cdots,x_n))$ 说是由 A 复合出来的函数. 所有由 A 复合出来的函数作成之集合记为 A'，如果 $A=A'$，则 A 说是一个封闭集.

设 $A\subseteq P_k^*$，命 $\overline{A}=A'\cup A''\cup A'''\cup\cdots$. $\overline{A}$ 中的函数说是由 A 叠合出来的函数. 显然，A 为封闭集必要而且只要 $\overline{A}=A$.

定义 若 $M\subseteq P_k^*$ 是一个封闭集，而 M 与 P_k^* 之间无另外的封闭集，则 M 称为一个极大封闭集.

$A(\subseteq P_k^*)$ 说是一个完备集，如果 $\overline{A}=P_k^*$.

设 $N(\subseteq P_k^*)$ 是一个封闭集且 N 中的函数都是完全的. $f(t_1,\cdots,t_m)$ 说是保 N，如果对任意 $g_1(x_1,\cdots,x_n),\cdots,g_m(x_1,\cdots,x_n)\in N$，复合函数 $f(g_1(x_1,\cdots,x_n),\cdots,g_m(x_1,\cdots,x_n))$ 或非完全，或仍 $\in N$. 所有保 N 函数之集合记为 $T(N)$.

完全函数 $l(x,y)$ 说是一个局部线性函数，若对任意 $\alpha_1,\alpha_2,\beta_1,\beta_2\in E^k$，$l(\alpha_1,\beta_1),l(\alpha_1,\beta_2),l(\alpha_2,\beta_1),l(\alpha_2,\beta_2)$ 或全相等，或分成两对，每对相等.

设 N_0 是所有假完全二元函数作成之集合；N_1 是所有局部线性函数作成之集合；N_r 是 N_0 添上所有至多取 r 个不同值的完全二元函数作成之集合，$2 \leqslant r \leqslant k-1$；$P_k$ 是所有完全函数作成之集合. $T(N_i)$，$P_k \cup \{*\}$ 是极大封闭集[3]，$i = 0,\cdots,k-1$.

定理 1 $A(\subseteq P_k^*)$ 是一个完备集必要而且只要 A 不包含在任何极大封闭集中. 同时，P_k^* 中任意极大封闭集必是一个 $T(N_i)$，$P_k \cup \{*\}$ 或 $T(N)$，其中，$i=0,\cdots,k-1$，N 是一元正则集，即 N 是完全一元函数封闭集，包含 x 但非包含所有的完全一元函数.

E^k 中 m 个元素(可重)作成之序列称为一个 m 元序列，记为 $\langle \alpha_1,\cdots,\alpha_m \rangle$. 一组 m 元序列作成之集合 G_m 说是确定 $x_1,\cdots,x_m$ 的一个 m 项关系.

定义 m 个值组：$\widetilde{\alpha_1} = (\alpha_1^1,\cdots,\alpha_n^1)$，$\cdots$，$\widetilde{\alpha_m} = (\alpha_1^m,\cdots,\alpha_n^m)$ 说是保 m 项关系 G_m，如果 $\langle \alpha_i^1,\alpha_i^2,\cdots,\alpha_i^m \rangle \in G_m$，$i=1,\cdots,n$. 函数 $f(x_1,\cdots,x_n)(\in P_k^*)$ 说是保 m 项关系 G_m，如果对任意保 G_m 的 m 个值组 $\widetilde{\alpha^1},\cdots,\widetilde{\alpha^m}$，$\langle f(\widetilde{\alpha^1}),\cdots,f(\widetilde{\alpha^m}) \rangle$ 或未完全有定义或仍属于 G_m. 所有保 G_m 函数之集合记为 $T(G_m)$，称为保 G_m 函数集.

如果 $T(G_m) = P_k^*$，则称 G_m 为完全的 m 项关系.

显然，$T(G_m)$ 是一个封闭集且 $T(N)$(N 是一元正则集) 必是一个保 k 项关系的函数集 $T(G_k)$.

设 $R_i \subseteq \{1,\cdots,m\}$，$i=1,\cdots,n$，$|R_i| \geqslant 2$ 且当 $i \neq j$ 时，$R_i \cap R_j =$ 空集. 命 m 项关系如下：

$$G_m(R_1,\cdots,R_n) = \{\langle x_1,\cdots,x_m \rangle \mid x_i \in E^k, i=1,\cdots,m \text{ 且当 } i,j \in \text{某一个 } R_h \text{ 时}, x_i = x_j\};$$

$$G_m^*(R_1,\cdots,R_n) = \{\langle x_1,\cdots,x_m \rangle \mid x_i \in E^k, i=1,\cdots,m \text{ 且当 } x_i = x_j \Leftrightarrow i,j \in \text{某一个 } R_h\}.$$

显然，$G_m^*(R_1,\cdots,R_n)$ 是 $G_m(R_1,\cdots,R_n)$ 中所有含 $m - \sum\limits_{i=1}^{n}(m_i - 1)$ 个不同元素的 m 元序列作成的子集合，称 $\rho = m - \sum\limits_{i=1}^{n}(m_i - 1)$ 为 $G_m(R_1,\cdots,R_n)$ 的自由度.

命题 1 G_m 是完全关系必要而且只要 G_m 是全部 m 元序列集合或 $G_m(R_1,\cdots,R_n)$.

证明 充分性显然成立.

设 G_m 中有一个 m 元不同的序列. 由 G_m 的完全性 $T(G_m)$ 必包含全部一元函数，因而 G_m 必包含全部的 m 元序列.

设 G_m 中无 m 元不同的序列. 若 $G_m^*(R_1,\cdots,R_n)\cap G_m$ 非空,则由 G_m 的完全性,有 $G_m(R_1,\cdots,R_n)\subseteq G_m$. 这样,在 G_m 中可取一个子集 $G_m(R_1,\cdots,R_n)$,其自由度 ρ 是最大的.

设 $G_m(R'_1,\cdots,R'_h)\subseteq G_m$. 对于 R_i 作交集:

$$R_iR'_1,\cdots,R_iR'_h \tag{1}$$

如果(1) 式中每一个交集至多含一个元素,则由 $T(G_m)$ 包含全部二元函数可得 $G_m(R_1,\cdots,R_{i-1},R_{i+1},\cdots,R_n)\subseteq G_m$. 显然,$G_m(R_1,\cdots,R_{i-1},R_{i+1},\cdots,R_n)$ 的自由度 $>\rho$,此与假设相矛盾. 因此,(1) 式中必有一个交集至少含 2 个元素. 不妨假设 $R_iR'_1,\cdots,R_iR'_r$ 为其所有至少含 2 个元素的交集. 由 $T(G_m)$ 包含全部二元函数可得

$$G_m(R_1,\cdots,R_{i-1},R_iR'_1,\cdots,R_iR'_r,R_{i+1},\cdots,R_n)\subseteq G_m.$$

显然,当 $r\geqslant 2$ 或 $r=1$,$R_iR'_1\subset R_i$ 时,$G_m(R_1,\cdots,R_{i-1},R_iR'_1,\cdots,R_iR'_r,R_{i+1},\cdots,R_n)$ 的自由度 $>\rho$,此与假设相矛盾. 因此,$R_iR'_1=R_i$ 即 $R_i\subseteq R'_i$. 这就证明了对任意 R_i 有 R'_j 使 $R_i\subseteq R'_j$,从而 $G_m(R'_1,\cdots,R'_h)\subseteq G_m(R_1,\cdots,R_n)$. 故 $G_m=G_m(R_1,\cdots,R_n)$.

设 S_m 是集合 $E_m=\{1,\cdots,m\}$ 上的 m 次对称群,其单位元素为 e,$\sigma\in S_m$. 命 $G_m^\sigma=\{\langle a_{\sigma(1)},\cdots,a_{\sigma(m)}\rangle\mid\langle a_1,\cdots,a_m\rangle\in G_m\}$,实际上,$G_m$ 按 σ 指定的项数交换后便是 G_m^σ.

命题 2 对任意 $\sigma\in S_m$,$T(G_m)=T(G_m^\sigma)$.

设子群 $H\subseteq S_m$,G_m 说是对 H 具有对称性或 H 说是 G_m 的对称群,如果对任意 $\sigma\in H$ 有 $G_m^\sigma=G_m$.

设 $H\subseteq S_m$,且 $\sigma\in H\Leftrightarrow G_m^\sigma=G_m$,易证 H 是 S_m 的子群,而且 H 是 G_m 的最大对称群. 规定空关系的最大对称群是 S_m.

命题 3 设子群 $H=\{e,\sigma_1,\cdots,\sigma_{h-1}\}\subseteq S_m$,$G_m$ 仅含 m 元不同的序列,若 H 是 G_m 的对称群,则必要而且只要有 $\overline{G_m}$ 使

$$G_m=\overline{G_m}\cup\overline{G_m^{\sigma_1}}\cup\cdots\cup\overline{G_m^{\sigma_{h-1}}},\quad |G_m|=|\overline{G_m}|h.$$

其中,$|G_m|$ 和 $|\overline{G_m}|$ 分别是 G_m 和 $\overline{G_m}$ 的元数.

证明 充分性显然成立.

G_m 中的两个序列 $\langle a_1,\cdots,a_m\rangle$,$\langle b_1,\cdots,b_m\rangle$ 说是相似的,如果有 $\sigma\in H$ 使 $\langle a_{\sigma(1)},\cdots a_{\sigma(m)}\rangle=\langle b_1,\cdots,b_m\rangle$. 由 H 是 S_m 的子群可推得此相似关系是等价关系,从而可将 G_m 分为一些等价类之直接和:

$$G_m = \{\langle a^1_{\sigma(1)},\cdots,a^1_{\sigma(m)}\rangle \mid \sigma \in H\} + \cdots + \{\langle a^n_{\sigma(1)},\cdots,a^n_{\sigma(m)}\rangle \mid \sigma \in H\}.$$

取$\overline{G_m} = \{\langle a^1_1,\cdots,a^1_m\rangle,\cdots,\langle a^n_1,\cdots,a^n_m\rangle\}$. 显然,

$$G_m = \overline{G_m} \cup \overline{G_m^{\sigma_1}} \cup \cdots \cup \overline{G_m^{\sigma_{h-1}}}, \quad |G_m| = |\overline{G_m}|\, h.$$

定义 G_m 说是完满对称关系,如果

$$G_m = \bigcup_{i,j=1}^{m} G_m(R_{i,j}) \cup G_m^*, \quad R_{i,j} = \{i,j\}, \quad i \neq j.$$

G_m^* 是空集(当 $m=2$ 时除外)或仅含 m 元不同的序列,且 G_m 对 S_m 是对称的. 所有保 G_m 函数之集合记为 $F_{s,m}$,称为完满对称函数集.

$F_{s,m}$ 是极大封闭集[11].

定理 2 P_k^* 中除 $P_k \cup \{*\}$ 外任意极大封闭集必是某一个保 m 项关系的函数集 $T(G_m)$, $m \leqslant k$.

证明 设 $G_{m+1} = \bigcup\limits_{\substack{i,j=1\\ i\neq j}}^{m+1} G_{m+1}(\{i,j\})$, $m = 2,\cdots,k-1$; $f(x_1,\cdots,x_n) \in T(N_m)$; 值组$\widetilde{\alpha^1} = (\alpha^1_1,\cdots,\alpha^1_n),\cdots,\widetilde{\alpha^{m+1}} = (\alpha^{m+1}_1,\cdots,\alpha^{m+1}_n)$ 保 G_{m+1}. 若 $f(\widetilde{\alpha^1}),\cdots,f(\widetilde{\alpha^{m+1}})$ 皆有定义且互不相同,则有完全二元函数 $g_i(x,y)$ 仅取值 $\alpha^1_i,\cdots,\alpha^{m+1}_i$, $i=1,\cdots,n$,使 $f(g_1(x,y),\cdots,g_n(x,y)) \notin N_m$. 但是, $g_i(x,y) \in N_m$, $i=1,\cdots,n$,此为矛盾. 因此, $f(x_1,\cdots,x_n) \in T(G_m)$. 从而由命题 1 及 $T(N_m)$ 的极大性可知, $T(N_m) = T(G_m)$.

设 $E^k = A_1 + A_2$, $A_1 \cap A_2 =$ 空集. 对任意 $\rho = \langle a_1,\cdots,a_4\rangle \in G_{4,3} = G_4(\{1,2\},\{3,4\}) \cup G_4(\{1,3\},\{2,4\}) \cup G_4(\{1,4\},\{2,3\})$,我们定义函数如下:

当 $a_1 = a_2, a_3 = a_4$ 或 $a_1 = \cdots = a_4$ 时,

$$h_\rho(x,y) = \begin{cases} a_1, & x \in A_1, \\ a_3, & x \in A_2. \end{cases} \tag{2}$$

当 $a_1 = a_3, a_2 = a_4$ 且 $a_1 \neq a_2$ 时,

$$h_\rho(x,y) = \begin{cases} a_1, & y \in A_1, \\ a_2, & y \in A_2. \end{cases} \tag{3}$$

当 $a_1 = a_4, a_2 = a_3$ 且 $a_1 \neq a_2$ 时,

$$h_\rho(x,y) = \begin{cases} a_1, & x \in A_1, y \in A_1, \\ a_2, & x \in A_1, y \in A_2, \\ a_2, & x \in A_2, y \in A_1, \\ a_1, & x \in A_2, y \in A_2. \end{cases} \tag{4}$$

显然，(4) 式之 $h_\rho(x,y) \in N_1$，(2) 式和(3) 式之 $h_\rho(x,y) \in N_0 \subseteq N_1$，$h_\rho(A_1,A_1) = a_1, h_\rho(A_1,A_2) = a_2, h_\rho(A_2,A_1) = a_3, h_\rho(A_2,A_2) = a_4$.

设 $f(x_1,\cdots,x_n) \in T(N_1)$，$\widetilde{\alpha^1} = (\alpha_1^1,\cdots,\alpha_n^1),\cdots,\widetilde{\alpha^4} = (\alpha_1^4,\cdots,\alpha_n^4)$ 是保 $G_{4,3}$ 的任意 4 个值组，即 $\rho_i = \langle \alpha_i^1,\cdots,\alpha_i^4 \rangle \in G_{4,3}, i = 1,\cdots,n$. 令 $F(x,y) = f(h_{\rho_1}(x,y),\cdots,h_{\rho_n}(x,y))$，显然，

$$F(A_1,A_1) = f(\widetilde{\alpha^1}),\quad F(A_1,A_2) = f(\widetilde{\alpha^2}),$$

$$F(A_2,A_1) = f(\widetilde{\alpha^3}),\quad F(A_2,A_2) = f(\widetilde{\alpha^4}).$$

因此，若 $f(\widetilde{\alpha^1}),\cdots,f(\widetilde{\alpha^4})$ 皆有定义，则 $F(x,y)$ 是完全函数，从而 $F(x,y) \in N_1$，取 $a \in A_1, b \in A_2$，由局部线性函数之定义，有

$$\langle f(\widetilde{\alpha^1}),\cdots,f(\widetilde{\alpha^4}) \rangle = \langle F(a,a),F(a,b),F(b,a),F(b,b) \rangle \in G_{4,3}.$$

于是，$f(x_1,\cdots,x_n) \in T(G_{4,3})$，从而 $T(N_1) \subseteq T(G_{4,3})$. 由命题 1 及 $T(N_1)$ 的极大性可知，$T(N_1) = T(G_{4,3})$.

完全类似地可以证明，$T(N_0) = T(G_{4,2})$，$G_{4,2} = G_4(\{1,2\},\{3,4\}) \cup G_4(\{1,3\},\{2,4\})$.

至此由定理 1 便可推得此定理成立.

定义 m 项关系 G_m 说是正规的，$m \geqslant 2$，如果 G_m 非完全且任意包含 $T(G_m)$ 的 $T(G_i)(1 \leqslant i < m)$ 都等于 P_k^*.

当一项关系 G_1 非完全时，$T(G_1)$ 就是保 E 函数集 T_E，因而是极大封闭集[3~6]. 这样，由定理 2 只要求出正规的 m 项关系($m = 2,\cdots,k$) 所确定的所有极大封闭集便能得到 P_k^* 中的全部极大封闭集.

设 G_m 是一个 m 项关系，$G_r = \{\langle a_1,\cdots,a_r \rangle \mid \langle a_1,\cdots,a_r,\cdots,a_m \rangle \in G_m\}, 1 \leqslant r \leqslant m$. 我们将 G_r 称为在 G_m 中取 $1,\cdots,r$ 项所得到的 r 项关系，记为 $G_m^{1,\cdots,r}$. 完全类似地，可定义在 G_m 中取 $i_1,\cdots,i_r$ 项所得到的 r 项关系 $G_m^{i_1,\cdots,i_r}$.

命题 4 设 $\overline{G_m} = G_m \cap G_m(R_1,\cdots,R_n)$. 于是，

$$T(G_m) \subseteq T(\overline{G_m}) \subseteq T(\overline{G_m^{r_1,\cdots,r_n,\cdots,r_{n+h}}}).$$

其中，$r_i \in R_i, i = 1,\cdots,n$；$\{1,\cdots,m\} - (R_1 \cup \cdots \cup R_n) = \{r_{n+1},\cdots,r_{n+h}\}$.

命题 5 设 G_m 正规，$m \geqslant 2$. 若 $G_m^*(R_1,\cdots,R_n)$ 中有一个序列属于 G_m，则 $G_m(R_1,\cdots,R_n) \subseteq G_m$，从而或者 $G_m^*(R_1,\cdots,R_n) \subseteq G_m$ 或者 $G_m^*(R_1,\cdots,R_n)$ 内无序列包含在 G_m 中.

证明 令 $\overline{G_m} = G_m \cap G_m(R_1,\cdots,R_n)$. 由命题 4 和 G_m 的正规性可得

$\overline{G_m^{r_1,\cdots,r_{n+1}}}$是完全关系. 因为 $G_m \cap G_m^*(R_1,\cdots,R_n)$ 非空，当 $R_1 \neq \{1,\cdots,m\}$ 时，$(n+h)$ 项关系 $\overline{G_m^{r_1,\cdots,r_{n+h}}}$ 中必有 $(n+h)$ 元不同的序列，从命题 1 可知，$\overline{G_m^{r_1,\cdots,r_{n+h}}}$ 必包含全部的 $(n+h)$ 元序列；当 $R_1 = \{1,\cdots,m\}$ 时，$\overline{G_m^{r_1}}$ 是完全一项关系，从而 $\overline{G_m^{r_1}} = \{a \mid a \in E^k\}$. 因此，$G_m(R_1,\cdots,R_n) \subseteq G_m$.

此命题对正规关系的分类极为有用.

设 $E_m = \{1,\cdots,m\}$，显然，$G_m(E_m) = \{\langle\overbrace{a,\cdots,a}^{m}\rangle \mid a \in E^k\}$. 由命题 5 可知，若 G_m 正规，则 $G_m(E_m) \subseteq G_m$ 或 G_m 中仅含 m 元不同的序列.

设 S_m 是集合 E_m 上的 m 次对称群，子群 $H \subseteq S_m$. 我们将 $\widetilde{G_m} = \{\langle a_1,\cdots,a_m\rangle \mid \langle a_1,\cdots,a_m\rangle \in G_m$ 且对任意 $\sigma \in H$，$\langle a_{\sigma(1)},\cdots,a_{\sigma(m)}\rangle \in G_m\}$ 称为 G_m 对 H 的子关系. 显然，对任意 $\sigma \in H$，有 $\widetilde{G_m^{\sigma}} = \widetilde{G_m}$，即 H 是 $\widetilde{G_m}$ 的对称群.

命题 6 若 $\widetilde{G_m}$ 是 G_m 对 H 的子关系，则 $T(G_m) \subseteq T(\widetilde{G_m})$.

设 $R_{i,j} = \{i,j\}$，$i \neq j$，$i,j = 1,\cdots,m$. 命 $G_m(R_{i,j})$ 为 C 组序列集合；$G_m^*(R_{i,j})$ 为 C^* 组序列集合.

引理 1 设 G_m 正规，$m \geqslant 3$ 且包含 C^* 组的全部序列集合. 于是，

$$T(G_m) \subseteq F_{s,m}.$$

证明 设 $\widetilde{G_m}$ 是 G_m 对 S_m 的子关系. 由命题 5 可推得 $\widetilde{G_m}$ 必包含 C 组的全部序列集合. 显然，$\widetilde{G_m}$ 对 S_m 是对称的. 因此，$\widetilde{G_m}$ 是完满对称关系，即 $T(\widetilde{G_m}) = F_{s,m}$. 由命题 6 可知，$T(G_m) \subseteq T(\widetilde{G_m}) = F_{s,m}$.

引理 2 设 G_m 正规，$m \geqslant 4$ 且 C^* 组内既非全部又非全无序列集合包含在 G_m 中. 于是，

$$G_m = G_m(R_{i,j}) \cup G_m^*, \quad R_{i,j} = \{i,j\}, \quad i \neq j, 1 \leqslant i,j \leqslant m.$$

其中，G_m^* 非空且仅含 m 元不同的序列.

证明 由命题 2 不妨假设 $G_m^*(R_{m-1,m})$ 内全无序列包含在 G_m 中且 $G_m(R_{i,j}) \subseteq G_m$，$i < j \leqslant m-1$. 显然，$i \leqslant m-2$. 令

$$\overline{G_m} = G_m(R_{m-1,m}) \cap G_m, \quad \overline{G_m^{1,\cdots,m-1}} = \overline{G_{m-1}}.$$

显然，由 $i < j \leqslant m-1$ 和 $G_m(R_{i,j}) \subseteq G_m$ 有 $G_{m-1}(R_{i,j}) \subseteq \overline{G_{m-1}}$，根据命题 4 和 G_m 的正规性可得 $\overline{G_{m-1}}$ 是完全关系，从而由命题 1 和 $G_m^*(R_{m-1,m}) \cap G_m$ 为空集有 $\overline{G_{m-1}} = G_{m-1}(R_{i,j})$. 因此，若 $G_m(R_{i,r})$（或 $G_m(R_{r,j})$）$\subseteq G_m$，$r \leqslant m-1$，则 $r = j$（或 $i = r$）.

设 $G_m(R_1,\cdots,R_n)\subseteq G_m$，令 $\widetilde{G_{m-1}}=(G_m(R_1,\cdots,R_n)\cap G_m(R_{m-1,m}))^{1,\cdots,m-1}$，我们分下列 4 种情形进行讨论：

1) 设 $m-1,m\notin R_i, i=1,\cdots,n$. 显然，

$$\widetilde{G_{m-1}}=G_{m-1}(R_1,\cdots,R_n)\subseteq\overline{G_{m-1}}=G_{m-1}(R_{i,j}).$$

因此，必有 R_r 存在使 $i,j\in R_r$.

2) 设 $m-1,m\in R_h, 1\leqslant h\leqslant n$. 显然，

$$\widetilde{G_{m-1}}=G_{m-1}(R_1,\cdots,R_{h-1},R'_h,R_{h+1},\cdots,R_n)\subseteq\overline{G_{m-1}}=G_{m-1}(R_{i,j}).$$

其中，$R'_h\subseteq R_h$ 且当 $R_h=\{m-1,m\}$ 时，R'_h 为空集. 因此，必有 R_r 存在使 $i,j\in R_r$.

3) 设 $m-1\in R_h, m\notin R_i$ 或 $m-1\notin R_i, m\in R_h, i=1,\cdots,n$. 显然，

$$\widetilde{G_{m-1}}=G_{m-1}(R_1,\cdots,R_{h-1},R'_h,R_{h+1},\cdots,R_n)\subseteq\overline{G_{m-1}}=G_{m-1}(R_{i,j}).$$

其中，$R'_h=R_h$，当 $m-1\in R_h$ 时；$R'_h=(R_h-\{m\})\cup\{m-1\}$，当 $m\in R_h$ 时. 因此，必有 R_r 存在使 $i,j\in R_r$ 或 $i,j\in R'_h$ 且 i,j 不同属于 R_h.

设 $i,j\in R'_h$ 且 i,j 不同属于 R_h. 此时 $m\in R_h, i\in R_h$（由 $i\leqslant m-2$ 可知），$j\notin R_h$，下面我们将推出矛盾.

令 $\hat{G}_m=G_m(R_{i,m})\cap G_m, \hat{G}_{m-1}=\hat{G}_m^{1,\cdots,m-1}$. 显然：$G_{m-1}(R_{i,j})\subseteq\hat{G}_{m-1}$；$(G_m(R_1,\cdots,R_n)\cap G_m(R_{i,m}))^{1,\cdots,m-1}=G_m(R_1,\cdots,R_{h-1},R'_h,R_{h+1},\cdots,R_n)\subseteq\hat{G}_{m-1}$. 其中，$R'_h\subseteq R_h$ 且当 $R_h=\{i,m\}$ 时，R'_h 为空集. 根据命题 4 及 G_m 的正规性可得 $\hat{G}_{m-1}$ 是完全关系，从而由命题 1 及 $R_1,\cdots,R_{h-1},R'_h,R_{h+1},\cdots,R_n$ 中无一集合包含 i,j 可知，$\hat{G}_{m-1}$ 包含全部的 $m-1$ 元序列. 因此，$G_m(R_{i,m})\subseteq G_m$. 由 $m\geqslant 4$ 可取 r 满足 $r\neq i,j,m$.

令 $\hat{G}_m=G_m(R_{i,r})\cap G_m, \hat{G}_{m-1}=\hat{G}_m^{1,\cdots,r-1,r+1,\cdots,m}$. 显然：

$$G_m(R_{i,j})^{1,\cdots,r-1,r+1,\cdots,m}, G_m(R_{i,m})^{1,\cdots,r-1,r+1,\cdots,m}\subseteq\hat{G}_{m-1} \tag{5}$$

根据命题 4 及 G_m 的正规性可知，$\hat{G}_{m-1}$ 是完全关系，从而由命题 1 及(5)式可知：$\hat{G}_{m-1}$ 包含全部的 $m-1$ 元序列，此与 $r\neq j$ 相矛盾. 故 $i,j\in R_r$.

4) 设 $m-1\in R_g, m\in R_h, h\neq g$. 不妨假设 $h<g$. 显然，

$$\widetilde{G_{m-1}}=G_{m-1}(R_1,\cdots,R_{h-1},R_{h+1},\cdots,R_{g-1},R_{g+1},\cdots,R_n,R_{h,g})\subseteq\overline{G_{m-1}}=G_{m-1}(R_{i,j}).$$

其中，$R_{h,g}=R_h\cup R_g-\{m\}$. 因此，必有 R_r 存在使 $i,j\in R_r$，或 $i\in R_h, j\in R_g$ 或 $j\in R_h, i\in R_g$.

若 $i\in R_h, j\in R_g$，则 $j,m\in R_h, j\notin R_h$，从而完全与 3) 的讨论一样可推出矛盾.

若 $i \in R_g, j \in R_h$，则 $j, m \in R_h, i \notin R_h$，从而完全仿照 3) 的讨论，只需将 i 与 j 互换便可推出矛盾.

故 $i, j \in R_r$.

至此便证明了若 $G_m(R_1, \cdots, R_n) \subseteq G_m$，则必有 R_r 存在使 $i, j \in R_r$，从而 $G_m(R_1, \cdots, R_n) \subseteq G_m(R_{i,j})$. 因此，$G_m = G_m(R_{i,j}) \cup G_m^*$.

引理 3 设 G_m 正规，$G_m(E_m) \subseteq G_m, m \geqslant 4$ 且 C^* 组内全无序列集合包含在 G_m 中. 于是，$G_m = G_m(R_1, \cdots, R_n) \cup G_m^*$，其中，$G_m^*$ 非空且仅含 m 元不同的序列；或者 $G_4 = G'_4 \cup G_4^*$ $(m = 4)$，其中，G_4^* 或是空集或仅含四元不同的序列，G'_4 是序列集合：$G_4(\{1,2\}, \{3,4\}), G_4(\{1,3\}, \{2,4\}), G_4(\{1,4\}, \{2,3\})$ 中 2 或 3 个序列集合之并.

证明 由 $G_m(E_m) \subseteq G_m$ 及命题 5，可在 G_m 中取一个子序列集合 $G_m(R_1, \cdots, R_n)$ $(n \geqslant 1)$，其自由度 ρ 是最大的. 根据命题 2 不妨假设：$R_1 = \{1, \cdots, r_1\}, R_2 = \{r_1 + 1, \cdots, r_1 + r_2\}, \cdots, R_n = \{r_1 + \cdots + r_{n-1} + 1, \cdots, r_1 + \cdots + r_n\}$，即

$$G_m(R_1, \cdots, R_n) = \{\langle \overbrace{x_1, \cdots, x_1}^{r_1}, \overbrace{x_2, \cdots, x_2}^{r_2}, \cdots, \overbrace{x_n, \cdots, x_n}^{r_n}, x_{p+1}, \cdots, x_m \rangle \mid$$
$$x_i \in E^k, i = 1, \cdots, n, p+1, \cdots, m\}.$$

其中，$p = r_1 + \cdots + r_n$，显然，$\rho = n + (m - p)$.

若 $\rho = 1$，则命题显然成立，因此，以下假设 $\rho > 1$.

设 $G_m(R'_1, \cdots, R'_k) \subseteq G_m$，作下列 nk 个交集：

$$R_i \cap R'_1, R_i \cap R'_2, \cdots, R_i \cap R'_k, \quad i = 1, \cdots, n. \tag{6}$$

1) 设(6) 式中有一个交集至少包含 2 个元素，$G_m(R'_1, \cdots, R'_k) \subseteq G_m(R_1, \cdots, R_n)$.

设 $L_1, \cdots, L_s$ 是(6) 式中所有至少包含 2 个元素之交集. 令

$$\overline{G_m} = G_m \cap G_m(L_1, \cdots, L_s),$$
$$\widetilde{G_m} = G_m(R_1, \cdots, R_n) \cap G_m(L_1, \cdots, L_s),$$
$$\hat{G}_m = G_m(R'_1, \cdots, R'_k) \cap G_m(L_1, \cdots, L_s).$$

不难看出：

$\hat{G}_m, \widetilde{G_m} \subseteq \overline{G_m}$；

$\overline{G_m^{l_1, \cdots, l_s, \cdots, l_t}}, \hat{G}_m^{l_1, \cdots, l_t} \subseteq \overline{G^{l_1, \cdots, l_s, \cdots, l_t}}$，

$l_i \in L_i, i = 1, \cdots, s, \quad \{l_{s+1}, \cdots, l_t\} = \{1, \cdots, m\} - (\bigcup_{i=1}^{s} L_i)$；

$$\widetilde{G}_m^{l_1,\cdots,l_t}=\{\langle\overbrace{x_1,\cdots,x_1}^{h_1},\overbrace{x_2,\cdots,x_2}^{h_2},\cdots,\overbrace{x_n,\cdots,x_n}^{h_n},x_{p+1},\cdots,x_m\rangle\mid x_i\in E^k,$$
$$i=1,\cdots,n,p+1,\cdots,m\}.$$

其中,$1\leqslant h_i\leqslant r_i,i=1,\cdots,n$;且有序列$\langle\alpha_1^1,\cdots,\alpha_{h_1}^1,\alpha_1^2,\cdots,\alpha_{h_2}^2,\cdots,\alpha_1^n,\cdots,\alpha_{h_n}^n,\alpha_{p+1},\cdots,\alpha_m\rangle\in\hat{G}_m^{l_1,\cdots,l_t},\alpha_1^i\neq\cdots\neq\alpha_{h_i}^i,i=1,\cdots,n$.

对于任意序列$\langle\alpha_1^1,\cdots,\alpha_{h_1}^1,\cdots,\alpha_1^n,\cdots,\alpha_{h_n}^n,\alpha_{p+1},\cdots,\alpha_m\rangle$,作二元函数如下:

$$f(x,y)=\begin{cases}\alpha_i^j, & \text{当}(x,y)=(\beta_j,\alpha_i^j)\text{时},i=1,\cdots,h_j,j=1,\cdots,n;\\ \alpha_i, & \text{当}(x,y)=(\beta_i,\alpha_i)\text{时},i=p+1,\cdots,m;\\ *, & \text{在其余情形}.\end{cases}$$

其中,$\langle\overbrace{\beta_1,\cdots,\beta_1}^{h_1},\overbrace{\beta_n,\cdots,\beta_n}^{h_n},\beta_{p+1},\cdots,\beta_m\rangle\in\widetilde{G}_m^{l_1,\cdots,l_t},\beta_{p+1}\neq\cdots\neq\beta_m,\beta_1\neq\cdots\neq\beta_n$,由命题4及$G_m$的正规性可得$\overline{G_m^{l_1,\cdots,l_t}}$是完全关系,从而$f(x,y)$保$\overline{G_m^{l_1,\cdots,l_t}}$.因此,$\langle f(\beta_1,\alpha_1^1),\cdots,f(\beta_1,\alpha_{h_1}^1),\cdots,f(\beta_n,\alpha_1^n),\cdots,f(\beta_n,\alpha_{h_n}^n),f(\beta_{p+1},\alpha_{p+1}),\cdots,f(\beta_m,\alpha_m)\rangle=\langle\alpha_1^1,\cdots,\alpha_{h_1}^1,\cdots,\alpha_1^n,\cdots,\alpha_{h_n}^n,\alpha_{p+1},\cdots,\alpha_m\rangle\in\overline{G_m^{l_1,\cdots,l_t}}$,从而$\overline{G_m^{l_1,\cdots,l_t}}$包含全部的$(h_1+\cdots+h_n+m-p)$元序列.

故$G_m(L_1,\cdots,L_s)\subseteq G_m$.

显然,$G_m(L_1,\cdots,L_s)$的自由度为$(h_1+\cdots+h_n+m-p)$.因为$G_m(R_1,\cdots,R_n)$的自由度ρ最大,所以有

$$(h_1+\cdots+h_n)+m-p\leqslant\rho=n+m-p,$$

从而$h_i=1,i=1,\cdots,n$.依此,不难推得(6)式中之交集必为

$$R_i\cap R'_{t_i}=R_i,$$

即$R_i\subseteq R'_{t_i},1\leqslant t_i\leqslant k,i=1,\cdots,n$.从而可推得$G_m(R'_1,\cdots,R'_k)\subseteq G_m(R_1,\cdots,R_n)$.

2) 设(6)式中每一个交集至多包含1个元素,有$m=4,\rho=n=2$,从而$G_4(R_1,R_2)=G_4(\{1,2\},\{3,4\})$.

由2)之假设,有序列$\langle\alpha_1^1,\cdots,\alpha_{r_1}^1,\cdots,\alpha_1^n,\cdots,\alpha_{r_n}^n,\alpha_{p+1},\cdots,\alpha_m\rangle\in G_m(R'_1,\cdots,R'_k),\alpha_1^i\neq\cdots\neq\cdots\alpha_{r_i}^i,i=1,\cdots,n$.

设$m>p$.当$m\in R'_j$时,取$i\in R'_j,i\neq m$;当$m\notin R'_j$时,$j=1,\cdots,k$,取$i=1$.令$G_m\cap G_m(\{i,m\})=\overline{G_m}$,显然,$\{\langle\overbrace{x_1,\cdots,x_1}^{r_1},\overbrace{x_2,\cdots,x_2}^{r_2},\cdots,\overbrace{x_n,\cdots,x_n}^{r_n},x_{p+1},\cdots,x_{m-1}\rangle\mid x_i\in E^k,i=1,\cdots,n,p+1,\cdots,m-1\}\subseteq\overline{G_m^{1,\cdots,m-1}}$;$\langle\alpha_1^1,\cdots,\alpha_{r_1}^1,\cdots,\alpha_1^n,\cdots,\alpha_{r_n}^n,\alpha_{p+1},\cdots,\alpha_{m-1}\rangle\in\overline{G_m^{1,\cdots,m-1}}$.

根据命题4及G_m的正规性可得$\overline{G_m^{1,\cdots,m-1}}$是完全关系.依此,对任意的$(m-$

1) 元序列仿照 1) 之 $f(x,y)$ 作相应的二元函数便可推得该序列包含在$\overline{G_m^{1,\cdots,m-1}}$中,从而$\overline{G_m^{1,\cdots,m-1}}$ 包含全部的$(m-1)$ 元序列. 因此,$G_m(\{i,m\})\subseteq G_m$,此与引理之假设相矛盾. 故 $m=p$,从而 $\rho=n$.

当 $m=p$ 时,

$$E_m=\{1,\cdots,m\}=R_1+\cdots+R_n;$$

$$G_m(R_1,\cdots,R_n)=\{\langle\overbrace{x_1,\cdots,x_1}^{r_1},\cdots,\overbrace{x_n,\cdots,x_n}^{r_n}\rangle\mid x_i\in E^k,i=1,\cdots,n\};$$

$$\langle\alpha_1^1,\cdots,\alpha_{r_1}^1,\cdots,\alpha_1^n,\cdots,\alpha_{r_n}^n\rangle\in G_m(R'_1,\cdots,R'_k),\quad \alpha_1^i\neq\cdots\neq\alpha_{r_i}^i,i=1,\cdots,n. \tag{7}$$

这样,对 R'_1 由 2) 之假设必有 R_i,R_j 使 $R'_1\cap R_i,R'_1\cap R_j$ 非空$(i\neq j)$,即$(R_i+R_j)\cap R'_1$至少包含 2 个元素. 不妨假设 $i=1,j=2$. 设 $L_1,\cdots,L_s$ 是交集:$(R_1+R_2)\cap R'_1,\cdots,(R_1+R_2)\cap R'_k$中所有至少包含 2 个元素之交集(实际上仅含 2 个元素). 令

$$\overline{G_m}=G_m\cap G_m(L_1,\cdots,L_s),$$

$$\widetilde{G_m}=G_m(R_1,\cdots,R_m)\cap G_m(L_1,\cdots,L_s),$$

$$\hat{G}_m=G_m(R'_1,\cdots,R'_k)\cap G_m(L_1,\cdots,L_s).$$

不难看出:

$$\widetilde{G_m},\hat{G}_m\subseteq\overline{G_m};$$

$$\widetilde{G}_m^{l_1,\cdots,l_s,\cdots,l_t},\hat{G}_m^{l_1,\cdots,l_s,\cdots,l_t}\subseteq\overline{G_m^{l_1,\cdots,l_s,\cdots,l_t}},$$

$$l_i\in L_i,\quad i=1,\cdots,s,\quad \{l_{s+1},\cdots,l_t\}=E_m-\bigcup_{i=1}^{s}L_i.$$

其中,$\widetilde{G}_m^{l_1,\cdots,l_t}=\{\langle\overbrace{x_0,\cdots,x_0}^{r_0},\overbrace{x_3,\cdots,x_3}^{r_3},\cdots,\overbrace{x_n,\cdots,x_n}^{r_n}\rangle\mid x_i\in E^k,i=0,3,\cdots,n\}$,而且有序列$\langle\alpha_1^0,\cdots,\alpha_{r_0}^0,\alpha_1^3,\cdots,\alpha_{r_3}^3,\cdots,\alpha_1^n,\cdots,\alpha_{r_n}^n\rangle\in\hat{G}_m^{l_1,\cdots,l_t}$,$\alpha_1^i\neq\cdots\neq\alpha_{r_i}^i$,$i=0,3,\cdots,n$. 根据命题 4 及 G_m 的正规性可得$\overline{G_m^{l_1,\cdots,l_t}}$ 是完全关系. 依此,对任意的$(r_0+r_3+\cdots+r_n)$ 元序列仿照 1) 之 $f(x,y)$ 作相应的二元函数便可推得该序列包含在$\overline{G_m^{l_1,\cdots,l_t}}$ 中,从而$\overline{G_m^{l_1,\cdots,l_t}}$ 包含全部的$(r_0+r_3+\cdots+r_n)$ 元序列. 因此,$G_m(L_1,\cdots,L_s)\subseteq G_m$.

显然,$G_m(L_1,\cdots,L_s)$ 的自由度为$(r_0+r_3+\cdots+r_n)$. 因为 $G_m(R_1,\cdots,R_n)$ 的自由度 $\rho(>1)$ 最大,所以有$(r_0+r_3+\cdots+r_n)\leqslant\rho=n$. 此外,由 2) 之假设和 $L_i(i=1,\cdots,s)$ 的取法不难推得 $r_1,r_2\leqslant r_0$. 因此,由 $r_i\geqslant 2,i=1,\cdots,n$ 可得

$$1<\rho=n\geqslant r_1+r_3+\cdots+r_n\geqslant 2(n-1).$$

即 $n=\rho=2$. 同时,从(7)式可以看出:$2\leqslant r_1, r_2\leqslant G_m(R'_1,\cdots,R'_k)$ 的自由度 $\leqslant \rho=2$,从而 $r_1=r_2=2$. 故 $m=4, n=\rho=2$.

由 1),2) 可推得引理之结论成立.

引理 4 设 $G_3=G_3(\{1,3\}\cup G_3\{1,2\})\cup G_3^*$,$G_3^*$ 或为空集或仅含三元不同的序列,$T(G_3)\subseteq T(\widetilde{G_3})$ 或 $T(\widetilde{G_4})$,其中,$\widetilde{G_3}=G_3(\{1,2\})\cup\widetilde{G_3^*}$,$\widetilde{G_3^*}$ 非空且仅含三元不同的序列;$\widetilde{G_4}=G_{4,2}\cup\widetilde{G_4^*}$,$\widetilde{G_4^*}$ 或为空集或仅含四元不同的序列.

证明 由 G_3 定义 G 可知:$G_4=\{\langle a_1,\cdots,a_4\rangle \mid a_i\in E^k, i=1,\cdots,4$ 且 $\langle a_1,a_2,a_3\rangle,\langle a_3,a_1,a_4\rangle,\langle a_3,a_4,a_1\rangle\in G_3\}$,易证:

$$T(G_3)\subseteq T(G_4).$$

$\langle a,a,b,b\rangle,\langle a,b,a,b\rangle\in G_4$,对任意 $a,b\in E^k$,即 $G_{4,2}\subseteq G_4$;$\langle a,b,b,a\rangle,\langle a,a,b,a\rangle,\langle b,a,a,a\rangle,\langle b,a,a,c\rangle,\langle a,b,c,a\rangle\notin G_4$,对任意 $a,b,c\in E^k, a\neq b\neq c$.

通过直接计算可得:$H=\{(23),(14),(12)(34),(14)(23),(13)(24),(1243),(1342),e\}$ 是 $G_{4,2}$ 的最大对称群. 设 $\widetilde{G_4}$ 是 G_4 对 H 的子关系,由命题 6 可知,$T(G_4)\subseteq T(\widetilde{G_4})$. 显然,$G_{4,2}\subseteq\widetilde{G_4}$.

若 $\langle a,a,a,b\rangle$(或 $\langle a,b,a,a\rangle$)$\in\widetilde{G_4}, a\neq b$,取 $\sigma=(12)(34)$,则 $\langle a,a,a,b\rangle^\sigma=\langle a,a,b,a\rangle$(或 $\langle a,b,a,a\rangle^\sigma=\langle b,a,a,a\rangle$)$\in\widetilde{G_4}\subseteq G_4$,此为矛盾. 因此,$\langle a,a,a,b\rangle,\langle a,b,a,a\rangle\notin\widetilde{G_4}$.

设 $\widetilde{G_4}$ 不含三元不同的序列,$\widetilde{G_4}=G_{4,2}\cup\widetilde{G_4^*}$. 此时引理之结论成立.

设 $\widetilde{G_4}$ 含有三元不同的序列,$T(G_3)\subseteq T(\widetilde{G_3})$.

事实上,令 $\sigma_1=(23),\sigma_2=(1243),\sigma_3=(13)(24)$,显然

$$\langle a,b,a,c\rangle^{\sigma_1}=\langle b,a,c,a\rangle^{\sigma_2}=\langle b,c,a,a\rangle^{\sigma_3}=(a,a,b,c).$$

因此,可不妨假设 $\langle a,a,b,c\rangle\in\widetilde{G_4}, a\neq b\neq c$. 取 $\sigma=(12)(34)$,由 $\langle a,a,b,c\rangle^\sigma=\langle a,a,c,b\rangle\in\widetilde{G_4}$ 及 G_4 的定义可得

$$\langle b,c,a\rangle,\langle c,b,a\rangle\in G_3.$$

设 $\widetilde{G_3}$ 是 G_3 对 $H(=\{(12),e\})$ 的子关系,由命题 6 可知,$T(G_3)\subseteq T(\widetilde{G_3})$. 显然,$G_3(\{1,2\})\subseteq\widetilde{G_3}$,$G_3^*(\{1,3\})\cap\widetilde{G_3}=$ 空集,$\langle b,c,a\rangle,\langle c,b,a\rangle\in\widetilde{G_3}$. 因此,$\widetilde{G_3}=G_3(\{1,2\})\cup\widetilde{G_3^*}$,$\widetilde{G_3^*}$ 非空且仅含三元不同的序列.

设 G_m 正规且 $G_m=G'_m\cup G_m^*, m\geqslant 2$;$G'_m$ 中无 m 元不同的序列,G_m^* 或是空集或仅含 m 元不同的序列,在 G_m 中取一个子关系 $\widetilde{G_m}$ 如下:

1) 当 G'_m 为非完全关系时，$\widetilde{G_m}$ 是 G_m 对 H 的子关系，其中，H 是 G'_m 的最大对称群；

2) 当 G'_m 为完全关系时，$\widetilde{G_m}$ 是 G_m 对 H 的非完全子关系，其中 H 是 G'_m 的对称群（比如 $H=\{e\}$）.

由命题 6 可知，$T(G_m)\subseteq T(\widetilde{G_m})$. 显然，$\widetilde{G_m}$ 非完全且 H 是 $\widetilde{G_m^*}$ 的对称群：

$$\widetilde{G_m}=G'_m\cup\widetilde{G_m^*},\quad \widetilde{G_m^*}\subseteq G_m^*.$$

当 $\widetilde{G_m^*}$ 非空时，由命题 3 有 $\overline{G_m}$ 使

$$\widetilde{G_m^*}=\overline{G_m}\cup\overline{G_m^{\sigma_1}}\cup\cdots\cup\overline{G_m^{\sigma_{h-1}}},\quad H=\{e,\sigma_1,\cdots,\sigma_{h-1}\},\quad |\widetilde{G_m^*}|=|\overline{G_m}|h.$$

这样，根据引理 1 ～ 4 和命题 2，我们可将正规关系分为下列 5 类，其中，$\overline{G_m}$（或 $\overline{G_4}$）都仅含 m（或 4）元不同的序列，子群 $H=\{e,\sigma_1,\cdots,\sigma_{h-1}\}\subseteq S_m$.

① 完满对称关系：$G_m=\bigcup\limits_{i,j=1}^{m}G_m(R_{i,j})\cup G_m^*$，$R_{i,j}=\{i,j\}$，$i\neq j$，其中，$G_m^*$ 是空集（当 $m=2$ 时除外）或仅含 m 元不同的序列，且 G_m 对 S_m 是对称的.

② 单纯关系：$G_m=\overline{G_m}\cup\overline{G_m^{\sigma_1}}\cup\cdots\cup\overline{G_m^{\sigma_{h-1}}}$.

③ 正则关系：$G_m=G_m(R_1,\cdots,R_n)\cup G_m^*$，$G_m^*=\overline{G_m}\cup\overline{G_m^{\sigma_1}}\cup\cdots\cup\overline{G_m^{\sigma_{h-1}}}$，$H$ 是 $G_m(R_1,\cdots,R_n)$ 对称群.

④ 2 度正则关系：$G_4=G_{4,2}\cup G_4^*$，$G_{4,2}=G_4(\{1,2\},\{3,4\})\cup G_4(\{1,3\},\{2,4\})$，$G_4^*=\overline{G_4}\cup\overline{G_4^{\sigma_1}}\cup\cdots\cup\overline{G_4^{\sigma_{h-1}}}$，$H$ 是 $G_{4,2}$ 的最大对称群.

⑤ 3 度正则关系：$G_4=G_{4,3}\cup G_4^*$，$G_{4,3}=G_4(\{1,2\},\{3,4\})\cup G_4(\{1,3\},\{2,4\})\cup G_4(\{1,4\},\{2,3\})$，$G_4^*=\overline{G_4}\cup\overline{G_4^{\sigma_1}}\cup\cdots\cup\overline{G_4^{\sigma_{h-1}}}$，$H$ 是 $G_{4,3}$ 的最大对称群（即 S_4）.

定理 3 P_k^* 中任意极大封闭集（除已知的极大封闭集 $P_k\cup\{*\}$ 和保 E 函数集 T_E 以外[3,6]）必是某一个 $T(G_m)$，$2\leqslant m\leqslant k$，且 G_m 是上述 5 类正规关系之一.

命题 7 设 G_m 正规且含 m 元不同的序列，N 是所有保 G_m 的完全一元函数之集合. 于是，N 是一元正则集且 $T(G_m)\subseteq T(N)\subseteq P_k^*$.

证明 显然，$f(x)=x\in N$，N 是封闭集. 若 N 包含全部的完全一元函数，则由 G_m 包含 m 元不同的序列可推得 G_m 是完全关系，此与 G_m 的正规性相矛盾. 因此，N 是一元正则集从而 $T(N)\subseteq P_k^*$.

设 $f(x_1,\cdots,x_n)\in T(G_m)$，$h_1(x),\cdots,h_n(x)\in N$. 若 $f(h_1(x),\cdots,h_n(x))=F(x)$ 是完全函数，则对任意 $\langle a_1,\cdots,a_m\rangle\in G_m$，由 $\langle h_i(a_1),\cdots,h_i(a_m)\rangle\in G_m$，$i=1,\cdots,n$ 可得

$$\langle F(a_1),\cdots,F(a_m)\rangle = \langle f(h_1(a_1),\cdots,h_n(a_1)),\cdots,f(h_1(a_m),\cdots,h_n(a_m))\rangle \in G_m.$$

从而 $F(x) \in T(G_m)$，即 $F(x) \in N$. 因此，$f(x_1,\cdots,x_n) \in T(N)$ 从而 $T(G_m) \subseteq T(N)$.

参考文献

[1] Jablonskiĭ S V. Functional constructions in a k-valued logic(Russian)[J]. Trudy Math Inst Steklov,1958(51):5－142.

[2] Martynjuk V V. Investigation of certain classes of functions in many-valued logics(Russian)[J]. Problemy kibernet. ,1960(3):49－60.

[3] 王湘浩.有限集合上缺值及不缺值函数的结构理论[J].吉林大学自然科学学报,1963(2):295－318.

[4] 罗铸楷.线性函数集和环的极大封闭性.吉林大学自然科学学报,1963(2):1－14.

[5] 罗铸楷.关于保分划之函数集的极大封闭性(Ⅰ)[J].吉林大学自然科学学报,1963(2):105－116.

[6] 罗铸楷.多值逻辑中所有极大封闭集之确定问题[J].数学学报,1980(1):152－156.

[7] Rosenberg I. La structure des fonctions de plusieurs variablessur un ensemble fini[J]. Comptes rendus hebdomadaires des séances de l Académie des sciences,1965(260):3817－3819.

[8] Freivald R V. A completeness criterion for partial functions of logic and many-valued logic (Russian)[J]. DOCK Akad Nauk SSSR,1966(167):1249－1250.

[9] Rine D C. Computer science and multiple valued logic[M]. New York: North-Holland Publishing Company,1977.

[10] Ромов ь А. О максимапвмвых подапгеорах аляеоры частичых Футкдии многознаднои логикн[J]. Кпоернетлка,1980(1):28－35.

[11] 罗铸楷.部分多值逻辑函数的完备性理论[J].数学学报,1984,27(5):676－683.

部分多值逻辑中的基本群和基本半群

在多值逻辑理论中，函数系完备性的判定问题是一个基本而重要的问题，也是多值逻辑网络系统中应需解决的问题，此问题的彻底解决依赖于定出多值逻辑函数集中的所有准完备类.

对于完全 k 值逻辑函数系 P_k，文[1] 解决了 $k=2,3$ 的情形. 对一般的 $k(>3)$，由文[2] 和文[3] 完全解决，即著名的完备性定理.

对于部分 k 值逻辑函数集 P_k^*，已故的中科院院士王湘浩教授[4] 用群论的方法解决了 $k=2,3$ 的情况. 之后，文[5] 和文[6] 用保关系的方法也解决了 $k=2,3$ 的情况，其大部分内容均已在文[4] 中指出. 对于一般的 $k(>3)$，由文[7] 和文[8] 完全解决，定出了 P_k^* 中的全部准完备类.

随着完备性定理之建立，还需解决 Sheffer 函数，基本群和基本半群之判定问题.

对于完全多值逻辑函数，文[9] 和文[10] 完全解决了 Sheffer 函数的判定问题，文[11] 定出了判定基本群的充要条件. 对于部分多值逻辑函数，文[12] 和文[13]解决了 $k=3,4$ 情形的 Sheffer 函数之判定问题，对于一般 k 已有部分结果[14].

本文完全解决了部分多值逻辑中基本群和基本半群的判定问题. 同时，证明了含非平凡一元半群的准完备类由奇异半群完全确定.

k 元集合 E^k 上所有完全 k 值逻辑函数之集合记为 P_k，所有完全和非完全 k 值逻辑函数之集合记为 P_k^*. 由文[7] 可知，$P_k \cup \{*\}$ 是 P_k^* 的极大封闭集，其中 $*$ 是处 n 无定义的函数.

真多元取 k 个值的完全函数称为本质函数. 设 M_k^* 是 P_k^* 中所有不含本质函数的准完备类和准完备类 $P_k \cup \{*\}$ 之并集. 置换群 $G(\subseteq S_k \subset P_k^{(1)})$ 说是基本的，如果对任意 $f(x_1,\cdots,x_n) \notin M_k^*$，均有 $GEN(f(x_1,\cdots,x_n) \cup G)=P_k^*$，即 $f(x_1,\cdots,x_n) \cup G$ 是完备集，其中 S_k 是 k 次对称群，$P_k^{(1)}$ 是 P_k 中所有一元函数之集合，一元半群 $H(\subseteq P_k^{(1)})$ 说是基本的，如果对任意 $f(x_1,\cdots,x_n) \notin M_k^*$ 均有

$GEN(H\cup f(x_1,\cdots,x_n))=P_k^*$，即 $H\cup f(x_1,\cdots,x_n)$ 是完备集.

设 $f(x_1,\cdots,x_n)$ 是一个本质函数，作函数如下：

$$F(x_1,\cdots,x_n,x_{n+1})=\begin{cases}f(x_1,\cdots,x_n), & x_n=x_{n+1},\\ *, & x_n\neq x_{n+1}.\end{cases}$$

其中，“$*$”表示无定义，显然，$F(x_1,\cdots,x_n,x_{n+1})\notin M_k^*$.

当 $k=p^n$ 时，p 是质数，由文[15]有加法和乘法运算使 E_k 成为一个域，且 P_k 中的任意函数均可表示另一个多项式. 设 L 是 $P_k^{(1)}$ 中所有线性函数之集合，即

$$L=\left\{a+\sum_{i=0}^{n-1}a_ix^{p^j}\ \middle|\ a,a_j\in E_k\right\}.$$

显然，L 是半群，由文[16]可知，$\sum_{i=0}^{n-1}a_ix^{p^j}$ 是线性置换必要而且只要下列矩阵 $\mathbf{A}$ 的行列式 $|\mathbf{A}|\neq 0$.

$$\mathbf{A}=\begin{bmatrix}a_0 & a_{n-1}^p & a_{n-2}^{p^2} & \cdots & a_1^{p^{n-1}}\\ a_1 & a_0^p & a_{n-1}^{p^2} & \cdots & a_2^{p^{n-1}}\\ a_2 & a_1^p & a_0^{p^2} & \cdots & a_3^{p^{n-1}}\\ \vdots & \vdots & \vdots & \cdots & \vdots\\ a_{n-1} & a_{n-2}^p & a_{n-3}^{p^2} & \cdots & a_0^{p^{n-1}}\end{bmatrix}.$$

令 L_p 是 L 中所有线性置换之集合，显然 L_p 是线性置换群. 用矩阵表示时，$L=\{(x_1,\cdots,x_n)\mathbf{A}+(a_1,\cdots,a_n)\mid a_i\in F_p,i=1,\cdots,n,\mathbf{A}$ 是 F_p 上的 $n\times n$ 矩阵$\}$；$L_p=\{(x_1,\cdots,x_n)\mathbf{A}+(a_1,\cdots,a_n)\mid a_i\in F_p,i=1,\cdots,n,\mathbf{A}$ 是 F_p 上的非奇异 $n\times n$ 矩阵$\}$.

定理 1 置换群 $G(\subseteq S_k)$ 是基本的必要而且只要 G 是不包含在 L_p，G_R 中的本原群. 其中，$G_R=\{g\mid g(x_1,\cdots,x_m)=(g_1(x_{\sigma(1)}),\cdots,g_m(x_{\sigma(m)})),g_i\in S_h,i=1,\cdots,m,\sigma\in S_m\}$，$k=h^m$，$S_h$，$S_m$ 分别是 $E_h=\{0,1,\cdots,h-1\}$ 和集合 $\{1,\cdots,m\}$ 上的对称群.

由文[15]有 $|G_R|=(h!)^m m!$，且 G_R 为 k 由 H 的半直积，即

$$k\Delta G_R,G_R=kH,H\cap k=\{e\}.$$

其中，$k=\{g\mid g(x_1,\cdots,x_n)=(g_1(x_1),\cdots,g_m(x_m)),g_i\in S_h,i=1,\cdots,m\}$，$k\subseteqq S_h\times\cdots\times S_h$；$H=\{g\mid g(x_1,\cdots,x_m)=(x_{\sigma(1)},\cdots,x_{\sigma(m)}),\sigma\in S_m\}$.

定理 2 当 $k=p\geqslant 5$，p 是质数时，置换群 $G(\subset S_p)$ 是基本群必要而且只要 G 是不包含 L_p 中的偶置换本原群. 其中，$L_p=\{ax+b\mid a,b\in F_p,a\neq 0\}$.

推论 1 设 k 既不是质数也不是某一个正整数的若干次方，于是，置换群 $G(\subseteq S_k)$ 是基本的必要而且只要 G 是本原群.

设 E_k 是一个全序集(即链)，$P_k^{(1)}$ 中所有单调函数之集合记为 M_c，称为全序单调函数集. 显然，M_c 是半群.

中心关系[15]$G_{c,h}$ 说是简单的，如果 $h=k-1$，$|C|=1$. $P_k^{(1)}$ 中所有保简单中心关系函数之集合记为 S_c，称为简单中心函数集，显然，S_c 是半群. 设 $E_k\overline{C}=\{a_1,\cdots,a_{k-1}\}$，不难证明，$P_k^{(1)}$ 中除去所有取 $k-1$ 个值 $a_1,\cdots,a_{k-1}$ 的函数和所有非单位置换外便是 S_c.

设 $D:E_k=A_1+\cdots+A_h$ 是一个直接分划，S_h 是集合 $\{1,\cdots,h\}$ 上的对称群，称序列集合 $H_{D,h}=\{\langle a_{\sigma(1)},\cdots,a_{\sigma(h)}\rangle \mid a_i\in A_i, i=1,\cdots,h,\sigma\in S_h\}$ 为直接分划 D 所生成的.

正则关系[15]$G_{R,h}$ 说是简单的，如果存在一个直接分划 $D:E_k=A_1+\cdots+A_h$. 其中，除一元子集外，所有子集之元数均相同，使得 $H_{D,h}$ 中的序列恰是所有不属于 $G_{R,h}$ 的 h 元序列. $P_k^{(1)}$ 中所有保简单正则关系函数之集合，记为 S_R，称为简单正则函数集. 显然，S_R 是半群.

正则关系[15]$G_{R,h}$ 说是标准的，如果有 m 个直接分划 $D_i:E_k=A_1^{(i)}+A_2^{(i)}+\cdots+A_h^{(i)}$ 使得 $H_{D_1,h},\cdots,H_{D_m,h}$ 中的序列恰是所有不属于 $G_{R,h}$ 的 h 元序列，$i=1,\cdots,m$，$m\geqslant 2$，且 $|A_{i1}^{(1)}A_{i2}^{(2)}\cdots A_{im}^{(m)}|=1$，$i_1,\cdots,i_{m-1},\cdots,h$，$k=h^m$.

$P_k^{(1)}$ 中所有保标准正则关系函数之集合，记为 N_R，称为标准正则函数集. 显然，N_R 是半群.

定理 3 一元半群 $H(\subseteq P_k^{(1)})$ 是基本的必要而且只要 H 不包含在 L，M_c，S_c，S_R，N_R 的任何一个之中. 其中，L 是线性半群，M_c 是全序单调半群，S_c 是简单中心半群，S_R 是简单正则半群，N_R 是标准正则半群.

由文[15]可知，P_k^* 中的准完备类可分为两类：一类是均含有全部的一元函数，共有 $k+1$ 个，其结构由所含的二元函数完全确定. 另一类是绝大多数，所含的一元函数半群 $G<P_k^{(1)}$，其结构由 G 完全确定.

我们将一元函数半群 G 分为两部分：$G=G^{(0)}\cup G^{(1)}$，$G^{(0)}$ 是所有奇异变换之集合，也是一个半群，$G^{(1)}$ 是 G 中所有非奇异变换(置换)之集合，它是一个群. G 说是平凡的半群，如果 $G^{(0)}$ 是空集或仅含常数 $0,1,\cdots,k-1$. 下面将证明，若准完备类 M 中的一元函数半群 G 是非平凡的，则 M 由 $G^{(0)}$ 完全确定，当然也完全确定 $G^{(1)}$. 反之，由 $G^{(1)}$ 不能确定 $G^{(0)}$，即置换群相同的准完备类，但其一元半群的奇异部分未必相同.

定理 4 设准完备类 M_i 中的一元半群 G_i 是非平凡的;$G_i = G_i^{(0)} \cup G_i^{(1)}$,其中,$G_i^{(0)}$ 是 G_i 中所有奇异变换之半群,$G_i^{(1)}$ 是 G_i 中所有非奇异变换(置换)之群,$i = 1,2$,因此,$M_1 = M_2 \Leftrightarrow G_1^{(0)} = G_2^{(0)}$.

参考文献

[1] Jablonskiĭ S V. Functional constructions in a k-valued logic(Russian)[J]. Trudy Math Inst Steklov,1958(51):5－142.

[2] 罗铸楷. 多值逻辑中所有极大封闭之确定问题. 数学学报,1980(1):152－156.

[3] Rosenberg I. La structure des fonctions de plusieurs variablessur un ensemble fini[J]. Comptes rendus hebdomadaires des séances de l Académie des sciences,1965(260):3817－3819.

[4] 王湘浩. 有限集合上缺值及不缺值函数的结构理论[J]. 吉林大学自然科学学报,1963(2):295－318.

[5] Freivald R V. A completeness criterion for partial functions of logic and many-valued logic (Russian)[J]. DOCK Akad Nauk SSSR,1966(167):1249－1250.

[6] 波莫夫. 部分多值逻辑函数代数中的极大子代数[J]. 控制论(俄),1980:28－35.

[7] 罗铸楷. 部分多值逻辑函数集中的极大封闭集[J]. 数学学报,1984,27(6):795－800.

[8] 罗铸楷. 部分多值逻辑函数的完备性理论[J]. 数学学报,1984,27(5):676－683.

[9] Rousseau G. Completeness in finite algebras with a single soperation[J]. Proc Amer Math,1967,18:1009－1013.

[10] Schofield P. Independent conditions for completeness of finite algebras with a single generator[J]. J London Math Soc,1969(44):413－423.

[11] Blohina G N,Kudrjavcev V B. On basic groups in k-valued logics(Russian)[J]. Dokl Akad Nauk SSSR,1971(201):9－11.

[12] 刘任任. 部分三值逻辑中准完备集的最小复盖[J]. 湘潭大学自然科学学报,1991,13(2):158－165.

[13] Liu R R. The minimal covering of precomplete classes in partial four-valued logic[J]. Proc of ICYCS,1991,7:40－50.

[14] Liu R R. Some results on the dicision and construction for Sheffer functions in partial k-valued logic[J]. Multiple Valued Logic,1996,1:253－269.

[15] 罗铸楷,胡谋,陈廷槐. 多值逻辑的理论及应用[M]. 北京:科学出版社,1992.

[16] Lidl R,Niederreiter H. Finite fields[M]. London:Addison-Wesley Publishing Company,1983.

Some Results on the Decision for Sheffer Functions in Partial *k*-valued Logic

1. Introduction

Let $E^k=\{0\ \cdots, k-1\}, k\geqslant 2$. The complete and incomplete k-valued logic functions over E_k are called partial k-valued logic functions. The set of all partial k-valued logic functions is denoted by P_k^*, and the set of all ccmplete k-valued logic functions is denoted by $P_k(\subset P_k^*)$, namely,

$$P_k=\{f(x_1,\cdots,x_n)\mid f:E_k^n\to E_k, n\geqslant 1\},$$

$$P_k^*=\{f(x_1,\cdots,x_n)\mid f:E_k^n\to E_k\cup\{*\}, n\geqslant 1\},$$

where $f(\alpha_1,\cdots,\alpha_n)=*$ means that f is undefined at point$(\alpha_1,\cdots,\alpha_n)\in E_k^n$. We denote by $*$ the empty function that is undefined at every point.

A function $f(x_1,\cdots,x_n)\in P_k^*$ is said to be a Sheffer function if any function in P_k^* can be composed by f.

In multiple-valued logic theories, the decision and construction for Sheffer functions is an important problem, and it is also a problem which must be solved in multiple-valued logic network. It includes the decision and construction for Sheffer functions in P_k and P_k^*, and the solution of these problems depends on the solution of the decision problem for completeness in P_k and P_k^*, i. e., it depends on determining all precomplete classes in P_k and P_k^*, and the solution of these problems is reduced to determining the minimal covering of precomplete classes in P_k and P_k^* respectively.

For Sheffer function in P_k, it has been systematically and deeply studied in recent more than 20 years because the decision problem for ccmpleteness is thoroughly solved.

For Sheffer functions in P_k^*, the decision problem for completeness had not been solved until all the precomplete classes in P_k^* ($k \geqslant 3$) were determined by Professor Luo Zhukai[2] in 1984, and so its systematical study is just at the beginning.

The problem of determining the minimal covering of precomplete classes in P_3^* was solved in 1991 by author[3], and it is proved that the set of all functions preserving E denoted by $T_E(\Phi \subset E \subset E_k)$ is a component part of the minimal covering of precomplete classes in P_k^* for $k \geqslant 4$ in 1992[4]. In this paper, it will be proved that the Pseudolinear Function Set denoted by L_p is a component part of the minimal covering of precomplete classes in P_k^*, $k \geqslant 4$.

2. Basic Definitions[5]

Let $f(t_1, \cdots, t_m), g_i(x_1, \cdots, x_n) \in P_k^*$, $i=1, \cdots, m$. The composition

$$h(x_1, \cdots, x_n) = f(g_1(x_1, \cdots, x_n), \cdots, g_m(x_1, \cdots, x_n))$$

is defined as follows:

For arbitrary $\tilde{\alpha} = (\alpha_1, \cdots, \alpha_n) \in E_k^n$, if $g_1(\tilde{\alpha}), \cdots, gm(\tilde{\alpha})$ are all defined, then $h(\tilde{\alpha}) = f(g_1(\tilde{\alpha}), \cdots, g_m(\tilde{\alpha}))$; and if one of $g_1(\tilde{\alpha}), \cdots, g_m(\tilde{\alpha})$ is not defined, then $h(\tilde{\alpha}) = *$ ($*$ means undefined).

Let $A \subseteq P_k^*$, $f(t_1, \cdots, t_m) \in A$ and $g_i(x_i, \cdots, x_n)$ $(i = 1, \cdots, m)$ either belongs to A or equals to one of the variables $x_1, \cdots x_n$. Then the function

$$f(g_1(x_1, \cdots, x_n), \cdots, g_m(x_1, \cdots, x_n))$$

is said to be composed from A. The set of all functions composed from A is denoted by A'; $A \subset P_k^*$ is said to be a closed set if $A = A'$.

A is said to be a complete set if $\bar{A} = P_k^*$, where $\bar{A} = A' \cup (A')' \cup ((A')')' \cup \cdots$

Definition 2.1 Let M is a closed set, $M \subset P_k^*$. If there is no other closed set between M and P_k^*, then M is said to be a precomplete class or maximal closed set.

By the paper[6], $P_k \cup \{*\}$ is a precomplete class in P_k^*, where $*$ is the empty function that is undefined at every point.

Definition 2.2 Let Σ be the set of all precomplete classes in P_k^* and $\Sigma' \subset \Sigma$. We denote by $S_{\Sigma'}$ the set of all functions $f \in A_j$, where $A_j \in \Sigma'$, namely,

$$S_{\Sigma'} = \{ f \in P_k^* \mid \exists A_j ((A_j \in \Sigma') \wedge (f \in A_j)) \}.$$

Set $\Sigma' (\subset \Sigma)$ is said to be the covering of Σ if $S_{\Sigma'} = S_{\Sigma}$.

Covering Σ' of Σ is said to be the minimal covering if any proper subset of Σ' is not the covering of Σ.

Obviously, for a precomlete class $A \subset P_k^*$, if there exists a function $f \in A$ such that for any other preocomplete class $B (\subset P_k^*)$, $f \notin B$. then A must be a component part of the minimal covering of precomplete classes in P_k^*.

Let $\Phi \subset E \subset E_k$. The function $f(x_1, \cdots, x_n)$ is said to preserve E if either $f(a_1, \cdots, a_n) = *$ or $f(a_1, \cdots, a_n)$ belongs to E for all $a_1, \cdots, a_n \in E$. The set of all functions preserving E is denoted by T_E, and is called the set of functions preserving E.

A set G_m of some m-tuples. $\langle a_1, \cdots, a_m \rangle$, $a_i \in E_k$, is called an m-ary relation on E_k. $\overline{a^1} = (a_1^1, \cdots, a_n^1), \cdots, \overline{a^m} = (a_1^m, \cdots, a_1^m)$ is said to preserve the m-ary relation G_m if $\langle a_i^1, \cdots, a_i^m \rangle \in G_m$, $i = 1, \cdots, n$; a function $f(x_1, \cdots, x_n) \in P_k^*$ is said to preserve the m-ary relation G_m if for arbitrary $\overline{a^1}, \cdots, \overline{a^m}$ which preserve G_m, either $\langle f(\overline{a^1}), \cdots, f(\overline{a^m}) \rangle \in G_m$, or one of $f(\overline{a^1}), \cdots, f(\overline{a^m})$ is undefined. The set of all functions preserving G_m is denoted by $T(G_m)$ and is said to be the set of functions preserving G_m. Hereafter we always assume $2 \leqslant m \leqslant k$.

Let S_m be the symmetric group over the set $E_m = \{1, \cdots, m\}$ and H be a subgroup of S_m. G_m is said to be symmetric about H or H is said to be the symmetric group of G_m if $G_m^\sigma = \{ \langle a_{\sigma(1)}, \cdots, a_{\sigma(m)} \rangle \mid \langle a_1, \cdots, a_m \rangle G_m \} = G_m$ for arbitrar $\sigma \in H$.

Let $R_i \subseteq E_m$. $i = 1, \cdots, n$ and $R_i \cap R_j = \emptyset$, $i \neq j$. Define $G_m(R_1, \cdots, R_n)$ as follows:

$$G_m(R_1, \cdots, R_n) = \{ \langle x_1, \cdots, x_n \rangle \mid i, j \in R_h \Rightarrow x_i = x_j, 1 \leqslant i, j \leqslant m; 1 \leqslant h \leqslant n \}.$$

Definition 2.3 G_m is said to be the full symmetric relation if $G_m = \bigcup_{i,j=1}^{m} G_m(R_{ij}) \cup G_m^*$, where $R_{ij} = \{i, j\}$, $i \neq j$, and G_m^* is an empty set (except $m = 2$) or only includes m-tuples whose elements are different from each other, and G_m is symmetric about S_m. The set of all functions preserving G_m is denoted by $F_{s,m}$ and called the Full Symmetric Function Set.

In the following definitions, $\overline{G_m}$ ($\overline{G_4}$) only contains those m-tuples (4-tuples) whose components are mutually different, the subgroup $H=\{e,\sigma_1,\cdots,\sigma_{h-1}\}\subset S_m(S_4)$.

Definition 2.4 Let $G_m=\overline{G_m}\cup\overline{G_m^{\sigma_1}}\cup\cdots\cup\overline{G_m^{\sigma_{h-1}}}$, G_m is said to be simple separable if there is a direct partition:

$$E_k=A_1\cup\cdots\cup A_m, A_i\cap A_j=\emptyset,\quad i\neq j,\quad 1\leqslant i,j\leqslant m.$$

Such that $a_i\in A_i$ for arbitrary $\langle a_1,\cdots,a_m\rangle\in\overline{G_m}$ · $T(G_m)$ is said to be a Simple Separable Function Set and denoted by $S_{I,m}$ if G_m is simple separable.

Definiton 2.5 Let $G_m=G_m(R_1,\cdots,R_n)\cup G_m^*$, H be the symmetric group of $G_m(R_1,\cdots,R_n)$ and $G_m^*=\overline{G_m}\cup\overline{G_m^{\sigma_1}}\cup\cdots\cup\overline{G_m^{\sigma_{h-1}}}$, $\sigma_i\in H$, where there is no harm in assuming[2]:

$$R_1=\{1,\cdots,r_1\},R_2=\{r_1+1,\cdots,r_2\},\cdots,R_n=\{r_{n-1}+1,\cdots,r_n\}.$$

G_m is said to be regular separable if there exist direct partitions:

$$D_i:E_k=A_1^i\cup A_2^i\cup\cdots\cup A_m^i,\quad i=1,\cdots,s.$$

Such that for arbitrary $\langle a_1,\cdots,a_m\rangle\in\overline{G_m}$, there must exist a direct partition $D_h(1\leqslant h\leqslant s)$ possessing following properties:

1) $a_i\in A_i^h, i=1,\cdots,m$;

2) for any $D_j, 1\leqslant j\leqslant h-1$, there exist

$$A_{j1}^j,\cdots,A_{jn}^j,\quad 1\leqslant j_1,\cdots,j_n\leqslant m.$$

Such that

$$a_1,\cdots,a_{r1}\in A_{j1}^j,\quad G_{r_{n-1}+1},\cdots,a_{r_n}\in A_{jn}^j.$$

$T(G_m)$ is said to be the Regular Separable Function Set and denoted by $S_{R,m}$ if G_m is regular separable.

Definiton 2.6 Let $G_4=G_{4,2}\cup G_4^*$, where $G_{4,2}=G_4(\{1,2\},\{3,4\})\cup G_4(\{1,3\},\{2,4\})$, $G_4^*=\overline{G_4}\cup\overline{G_4^{\sigma_1}}\cup\cdots\cup\overline{G_4^{\sigma_{h-1}}}$, $\sigma_i\in H$, and H is the maximal symmetric group of $G_{4,2}$. G_4 is said to be 2-degree regular separable if there are direct partitions:

$$D_i:E_k=A_1^i\cup\cdots\cup A_4^i,\quad i=1,\cdots,n.$$

Such that for any $\langle a_1,\cdots,a_4\rangle\in\overline{G_4}$ there must exist a direct partition $D_h(1\leqslant h\leqslant n)$ possessing the following properties:

1) $a_i\in A_i^h, i=1,\cdots,4$;

2) for any D_j, $1\leqslant j\leqslant h-1$, there exist

$$A^j_{j1}, A^j_{j2}, \quad 1\leqslant j_1, j_2\leqslant 4.$$

Such that

$$a_1, a_2(a_1, a_3)\in A^j_{j1}, \quad a_3, a_4(a_2, a_4)\in A^j_{j2}.$$

$T(G_4)$ is said to be the L-type Function Set and denoted by $L_{G_{4,2}}$ if G_4 is 2-degree regular separable or G_4^* is empty.

Definition 2.7 Let $G_4=G_{4,3}\cup G_4^*$, where $G_{4,3}=G_{4,2}\cup G_4(\{1,4\},\{2,3\})$, $G_4^*=\overline{G_4}\cup\overline{G_4^{\sigma_1}}\cup\cdots\cup\overline{G_4^{\sigma_{h-1}}}$. $\sigma_i\in H$, and H be the maximal symmetric group of $G_{4,3}$, G_4 is said to be 3-degree regular separable if there are direct partitions:

$$D_i: E_k=A_1^i\cup\cdots\cup A_4^i, \quad i=1, \cdots, n.$$

Such that for any $\langle a_1, \cdots, a_n\rangle\in\overline{G_4}$ there must exist a direct partition D_h $(1\leqslant h\leqslant n)$ possessing the following properties:

1) $a_i\in A_i^h$, $i=1,\cdots,4$;

2) for any D_j, $1\leqslant j\leqslant h-1$, there exist

$$A^j_{j_1}, A^j_{j_2}, \quad 1\leqslant j_1, j_2\leqslant 4.$$

Such that

$$a_1, a_2(a_1, a_3; a_1, a_4)\in A^j_{j_1}, \quad a_3, a_4(a_2, a_4; a_2, a_3)\in A^j_{j_2}.$$

$T(G_4)$ is said to be the Pseudolinear Function Set and denoted by L_p if G_4 is 3-degree regular separable or G_4^* is empty.

For $\langle a_1, \cdots, a_4\rangle\in\overline{G_4}$ and the direct partition D_h satisfying $a_i\in A_i^h$ $(i=1,\cdots,4)$ in the definition 2.6 and 2.7, we call that $\langle a_1,\cdots,a_4\rangle$ belongs to D_h.

According to the systematic views of "preserving relation", all the precomplete classes in P_k^* $(k\geqslant 3)$ has been determined by Professor Luo Zhukai[2]. We now state the theorem as follows:

Theorem 2.1 When $k\geqslant 3$, all the precomplete classes in P_k^* are T_E, $F_{s,m}$, $S_{I,m}$, $S_{R,m}$, $L_{G_{4,2}}$, L_p and $P_k\cup\{*\}$.

3. Main Results and Proof

Lemma 3.1 Let G_4 be a 3-degree regular separable relation. $\langle a_1,\cdots,a_4\rangle$ and $\langle b_1,\cdots,b_4\rangle$ belong to two distinct direct partitions respectively, where $\langle a_1,$

$\cdots, a_4\rangle, \langle b_1, \cdots, b_4\rangle \in \overline{G_4}$. As a result, we have

$$6 \leqslant |\{a_1, \cdots, a_4\} \cup \{b_1, \cdots, b_4\}| \leqslant 8,$$

namely, the number of the same elements between $\{a_1, \cdots, a_4\}$ and $\{b_1, \cdots, b_4\}$ is atmost 2.

Proof. It is obvious that if it is not true, then G_4 is not a 3-degree regular separable relation.

Lemma 3.2 Let G_4 be a 3-degree regular separable relation. Then, there exists a direct partition over E_k:

$$D: E_k = B_1 \cup B_2, B_1 \cap B_2 = \emptyset,$$

such that

$$a_1, a_2 (a_1, a_3; a_1, a_4) \in B_i, \quad a_3, a_4 (a_2, a_4; a_2, a_3) \in B_j,$$

for arbitrary $\langle a_1, \cdots, a_4\rangle \in \overline{G_4}$.

Proof. Suppose the direct partitions for 3-degree regular separable relation G_4 are as follows:

$$D_i: E_k = A_1^i \cup \cdots \cup A_4^1, \quad i = 1, \cdots, n;$$

$$A_r \cap A_s = \emptyset, \quad r \neq s.$$

Let $B_1 = A_1^1 \cup A_2^1$ and $B_2 = A_3^1 \cup A_4^1$. For any $\langle a_1, \cdots, a_4\rangle \in \overline{G_4}$, by definition there has $D_h (1 \leqslant h \leqslant n)$ such that $a_i \in A_i^h, i = 1, \cdots, 4$.

If $h = 1$, then it is obvious that $a_1, a_2 \in B_1; a_3, a_4 \in B_2$.

If $h > 1$, then by definition, for any $j (1 \leqslant j \leqslant h-1)$, in particular, when $j = 1$, there exist A_s^1 and $A_t^1 (1 \leqslant s, t \leqslant 4)$ such that

$$a_1, a_2 (a_1, a_3; a_1, a_4) \in A_s^1, \quad a_3, a_4 (a_2, a_4; a_2, a_3) \in A_t^1.$$

1) If $1 \leqslant s, t \leqslant 2$, then $a_1, \cdots, a_4 \in B_1$;

2) If $3 \leqslant s, t \leqslant 4$, then $a_1, \cdots, a_4 \in B_2$;

3) If there does not appear the case 1) or 2), then without loss generality, suppose $s < t$, so $1 \leqslant s \leqslant 2$ and $3 \leqslant t \leqslant 4$. therefore,

$$a_1, a_2 (a_1, a_3; a_1, a_4) \in A_s^1 \subset A_1^1 \cup A_2^1 = B_1,$$

$$a_3, a_4 (a_2, a_4; a_2, a_3) \in A_t^1 \subset A_3^1 \cup A_4^1 = B_2.$$

Theorem 3.1 When $G_4^* \neq \emptyset$, the Pseudolinear Function Set $L_p = T(G_4)$ is a component part of the minimal covering of precomplete classes in P_k^*.

Proof. We will construct an n-ary function $f(x_1, \cdots, x_n) \in T(G_4)$ such that f

does not belong to any other precomplete class in P_k^* by means of constructing matrix T whose each row is the point$(\alpha_1,\cdots,\alpha_n)\in E_k^n$ of $f(x_1,\cdots,x_n)$.

1) By Lemma 3. 2, for the 3-degree regular separable relation G_4 mentioned in the theorem, there exists a direct partition:

$$D: E_k = B_1 \cup B_2,\ B_1 \cap B_2 = \varnothing.$$

It is easy to know that $|B_j| \geqslant 2, j=1,2$. For the sake of simplification, let

$$B_1 = \{0,1,\cdots,i\}, \quad B_2 = \{i+1,i+2,\cdots,k-1\}.$$

Suppose that $S_1,S_2,\cdots,S_q$ are the nonempty proper subset of E_k which are not included in B_1 or B_2. Now, construct $\boldsymbol{T}_1$, $\boldsymbol{T}_2$ and $\boldsymbol{T}_3$ as follows:

$$\boldsymbol{T}_1 = \begin{bmatrix} 0 & \cdots & 0 \\ 1 & \cdots & 1 \\ \vdots & \cdots & \vdots \\ i & \cdots & i \end{bmatrix}, \qquad \boldsymbol{T}_2 = \begin{bmatrix} i+1 & \cdots & i+1 \\ i+2 & \cdots & i+2 \\ \vdots & \cdots & \vdots \\ k-1 & \cdots & k-1 \end{bmatrix},$$

$$\boldsymbol{T}_3 = \begin{bmatrix} \vdots & & S_1 & & \vdots & \alpha_1 & \cdot & \cdots & \cdot & \cdot & \cdot & \alpha_1 \\ \alpha_1 & \cdots & \cdots & \alpha_2 & \vdots & S_2 & \vdots & \alpha_2 & \cdot & \cdots & \cdot & \alpha_2 \\ \cdot & \cdot & \cdot & \cdot & \cdot & \cdot & \cdot & \cdot & \cdot & \cdot & \cdot & \cdot \\ \cdot & \cdot & \cdot & \cdot & \cdot & \cdot & \cdot & \cdot & \cdot & \cdot & \cdot & \cdot \\ \alpha_q & \cdot & \cdots & \cdot & \cdot & \alpha_q & \vdots & \cdot & S_q & \cdot & & \vdots \end{bmatrix},$$

where $\alpha_i \in S_i \cap B_1, i=1,\cdots,q$.

It is not difficult to know that for every S_i, there exists α_i such that $\alpha_i \in S_i \cap B_1$, or else this contradicts the supposition that S_i is not included in B_2, $i=1,\cdots,q$.

Take arbitrary four rows from $\boldsymbol{T}_3$ denoted by $\overline{\alpha^1}, \overline{\alpha^2}, \overline{\alpha^3}$ and $\overline{\alpha^4}$, it is easy to verify from the definition of $\boldsymbol{T}_3$ that $\overline{\alpha^1} \sim \overline{\alpha^4}$ preserve G_4 if and only if $\overline{\alpha^1} = \cdots = \overline{\alpha^4}$ or $\overline{\alpha^i} = \overline{\alpha^j}, \overline{\alpha^r} = \overline{\alpha^s}$ where$(i,j)=(1,2)((1,3),(1,4)),(r,s)=(3,4),(2,4),(2,3)$, respectively.

In fact, if $\overline{\alpha^i} = \overline{\alpha^j}$ and $\overline{\alpha^r} \neq \overline{\alpha^s}$ or otherwise, then it is clear that $\overline{\alpha^1} \sim \overline{\alpha^4}$ does not preserve G_4; if $\overline{\alpha^1} \sim \overline{\alpha^4}$ are different from each other, then we shall prove that $\overline{\alpha^1} \sim \overline{\alpha^4}$ does not preserve G_4.

Without loss of generality, suppose the submatrix consisting of $\overline{\alpha^1} \sim \overline{\alpha^4}$ is as follows:

$$\boldsymbol{U}=\begin{bmatrix}\overline{\alpha^{1}}\\ \overline{\alpha^{2}}\\ \overline{\alpha^{3}}\\ \overline{\alpha^{4}}\end{bmatrix}$$

$$=\begin{bmatrix}
\alpha_{i_1} & \cdots & \vdots & S_{i_1} & \alpha_{i_1} & \cdot & \cdot & \cdot & \cdot & \cdot & \cdot & \cdot & \cdot & \cdot & \cdot & \cdot & \cdot & \cdot & \cdot & \cdot & \alpha_{i_1}\\
\alpha_{i_2} & \cdots & \cdot & \cdot & \cdot & \cdot & \cdot & \vdots & S_{i_2} & \vdots & \alpha_{i_2} & \cdot & \cdot & \cdot & \cdot & \cdot & \cdot & \cdot & \cdot & \cdot & \alpha_{i_2}\\
\alpha_{i_3} & \cdots & \cdot & \cdot & \cdot & \cdot & \cdot & \cdot & \cdot & \cdot & \cdot & \vdots & S_{i_3} & \vdots & \alpha_{i_3} & \cdot & \cdot & \cdot & \cdot & \cdot & \cdot\\
\alpha_{i_4} & \cdots & \cdot & \cdot & \cdot & \cdot & \cdot & \cdot & \cdot & \cdot & \cdot & \cdot & \cdot & \cdot & \cdot & \vdots & S_{i_4} & \vdots & \cdots & & \alpha_{i_4}
\end{bmatrix}.$$

By the construction of $\boldsymbol{T}_3$, there at least exists a column $\boldsymbol{\beta}=(\alpha_{i_1}, \alpha_{i_2}, \alpha_{i_3}, \alpha_{i_4})^{\mathrm{T}}$. If $\overline{\alpha^1}\sim\overline{\alpha^4}$ preserve G_4, then there will appear one of two cases resulting in contradiction as follows:

① $\langle \alpha_{i_1}, \alpha_{i_2}, \alpha_{i_3}, \alpha_{i_4}\rangle \in \overline{G_4}$.

Because $\alpha_{i_j}\in B_1, j=1, \cdots, 4$, so if $\langle \alpha_{i_1}, \alpha_{i_2}, \alpha_{i_3}, \alpha_{i_4}\rangle$ belongs to the direct partition D_h, then there holds $h>1$. And there obviously exists γ such that $\gamma\in S_{i_1}\cap B_2$, therefore

$$\langle \gamma, \alpha_{i_2}, \alpha_{i_3}, \alpha_{i_3}\rangle \in \overline{G_4}.$$

i) If the direct partition whom $\langle \gamma, \alpha_{i_2}, \alpha_{i_3}, \alpha_{i_4}\rangle$ belongs to is also D_h, then because of $\gamma\in B_2$, we have

$$\gamma, \alpha_{i_j}\in A_r^1\subset B_2, \quad 2\leqslant j\leqslant 4, \quad 3\leqslant r\leqslant 4.$$

therefore, this contradicts with $\alpha_{i_j}\in S_{i_j}\cap B_1$ and $B_1\cap B_2=\varnothing, 2\leqslant j\leqslant 4$.

ii) If the direct partition whom $\langle \gamma, \alpha_{i_2}, \alpha_{i_3}, \alpha_{i_4}\rangle$ belongs to is $D_r, r\neq h$, then $|\{\alpha_{i_1}, \alpha_{i_2}, \alpha_{i_3}, \alpha_{i_4}\}\cup\{\gamma, \alpha_{i_2}, \alpha_{i_3}, \alpha_{i_4}\}|=5<6$, and it contradicts with lemma 3. 1.

② $\langle \alpha_{i_1}, \alpha_{i_2}, \alpha_{i_3}, \alpha_{i_4}\rangle \in G_{4,3}$.

i) If $\alpha_{i_1}=\alpha_{i_2}=\alpha_{i_3}=\alpha_{i_4}=\alpha$, then because of $|B_j|\geqslant 2, j=1, 2$, we have $|S_{i_1}|\geqslant 2$, otherwise $S_{i_1}\subset B_1$ or B_2, so there exists $\gamma_1\in S_{i_1}$ such that $\gamma_1\neq\alpha$ and $\langle \gamma_1, \alpha_{i_2}, \alpha_{i_3}, \alpha_{i_4}\rangle^{\mathrm{T}}=(\gamma_1, \alpha, \alpha, \alpha)^{\mathrm{T}}$ is a column in the submatrix U, but it is clear that $\langle \gamma_1, \alpha_{i_2}, \alpha_{i_3}, \alpha_{i_4}\rangle=\langle \gamma_1, \alpha, \alpha, \alpha\rangle\in G_4$.

ii) If $\alpha_i=\alpha_j, \alpha_r=\alpha_s$, and $\alpha_j\neq\alpha_r$, where $(i, j)(i_1, i_2)((i_1, i_3); (i_1, i_4)), (r, s)=(i_3, i_4)((i_2, i_4); (i_2, i_3))$ respectively, then there exists $\gamma_2\in S_{i_1}\cap B_2$ such that $\gamma_2\neq\alpha_j$ and $\gamma_2\neq\alpha_r$. Therefore,

$$\langle \gamma_2, \alpha_{i_2}, \alpha_{i_3}, \alpha_{i_4} \rangle \notin G_4.$$

In a word, $\overline{\alpha^1} \sim \overline{\alpha^4}$ does not preserve G_4. Let

$$\overline{\boldsymbol{G}_m^{i,j}} = \begin{bmatrix} a_1 & b_1 & \cdots & c_1 \\ \vdots & \vdots & & \vdots \\ a_m & b_m & \cdots & c_m \end{bmatrix}, \quad 2 \leqslant m \leqslant k,$$

where $\langle a_1, \cdots, a_m \rangle$, $\langle b_1, \cdots, b_m \rangle$, $\cdots$, $\langle c_1, \cdots, c_m \rangle$ are all elements of relation $\boldsymbol{G}_m^{i,j}$. We call $\overline{\boldsymbol{G}_m^{i,j}}$ the matrix formed by the relation $\boldsymbol{G}_m^{i,j}$ which determines pre-complete class $\boldsymbol{T}(G_m^{i,j})$.

2) Let the Full Symnetric Function Set $F_{s,m} = \boldsymbol{T}(G_m^{i,j})$, $i = 1, \cdots, t_1$. Define $\boldsymbol{T}_4$ as follows:

$$\boldsymbol{T}_4 = \begin{bmatrix}
\cdot & \cdots & \cdot & 0 & \cdot & \cdot & \cdot & \cdot & \cdot & \cdot & 0 \\
\vdots & \overline{G_m^{1,1}} & \vdots & \vdots & \cdot & \cdot & \cdot & \cdot & \cdot & \cdot & \vdots \\
\cdot & \cdots & \cdot & 0 & \cdot & \cdot & \cdot & \cdot & \cdot & \cdot & 0 \\
0 & \cdots & 0 & \cdot & \cdots & \cdot & 0 & \cdot & \cdot & \cdot & 0 \\
\vdots & & \vdots & \vdots & \overline{G_m^{2,1}} & \vdots & \cdot & \cdot & \cdot & \cdot & \vdots \\
0 & \cdots & 0 & \cdot & \cdots & \cdot & 0 & \cdot & \cdot & \cdot & 0 \\
\vdots & & & & & & \ddots & & & & \vdots \\
\vdots & & & & & & & \ddots & & & \vdots \\
0 & \cdot & \cdot & \cdot & \cdot & \cdot & \cdot & 0 & \cdot & \cdots & \cdot \\
\vdots & & & & & & & & \vdots & \overline{G_m^{t_1,1}} & \vdots \\
0 & \cdot & \cdot & \cdot & \cdot & \cdot & \cdot & 0 & \cdot & \cdots & \cdot
\end{bmatrix}.$$

3) Let the Simple Separable Function Set $S_{I,m} = \boldsymbol{T}(G_m^{i,2})$, $i = 1, \cdots, t_2$, where $G_m^{i,2}$ satisfies:

ⅰ) $|G_m^{i,2}| \geqslant 2$;

ⅱ) for any $j (1 \leqslant j \leqslant m)$, there exists $\langle a_1, \cdots, a_m \rangle$, $\langle b_1, \cdots, b_m \rangle \in G_2^{1,2}$ such that $a_j \neq b_j$, $i = 1, \cdots, t_2$.

It is easy to prove that[4] for the simple separable relation G_m which does not satisfy condition ⅰ) and ⅱ), we have

$$\boldsymbol{T}(G_m) \subseteq \bigcup_{i=1}^{m} \boldsymbol{T}_{\{a_i\}},$$

where $\langle a_1, \cdots, a_m \rangle \in G_m$ and $T_{\{a_i\}}$ is the function set preserving $\{a_i\}$, which is the precomplete class in P_k^*, $i=1,\cdots,m$. It follows that the precomplete class $T(G_m)$ determined by G_m not satisfying ⅰ)and ⅱ)is not a component part of the minimal covering of the precomplete classes in P_k^*, becuse it has been proved that $T_{\{a_i\}}$ is a component part of the minimal covering[4]. Now define $\boldsymbol{T}_5$ as follows:

$$\boldsymbol{T}_5=\begin{bmatrix}
\cdot & \cdots & \cdot & a_1 & \cdot & \cdot & \cdot & \cdot & \cdot & \cdot & a_1 \\
\vdots & \overline{G_m^{1,2}} & \vdots & \vdots & \cdot & \cdot & \cdot & \cdot & \cdot & \cdot & \vdots \\
\cdot & \cdots & \cdot & a_m & \cdot & \cdot & \cdot & \cdot & \cdot & \cdot & a_m \\
b_1 & \cdots & b_1 & \cdot & \cdots & \cdot & b_1 & \cdot & \cdot & \cdot & b_1 \\
\vdots & & \vdots & \vdots & \overline{G_m^{2,2}} & \vdots & \cdot & \cdot & \cdot & \cdot & \vdots \\
b_m & \cdots & b_m & \cdot & \cdots & \cdot & b_m & \cdot & \cdot & \cdot & b_m \\
\vdots & & & & & & \ddots & & & & \vdots \\
\vdots & & & & & & & \ddots & & & \vdots \\
c_1 & \cdot & \cdot & \cdot & \cdot & \cdot & \cdot & c_1 & \cdot & \cdots & \cdot \\
\vdots & & & & & & & & \vdots & \overline{G_m^{t_2,2}} & \vdots \\
c_m & \cdot & \cdot & \cdot & \cdot & \cdot & \cdot & c_m & \cdot & \cdots & \cdot
\end{bmatrix},$$

where $\langle a_1,\cdots,a_m\rangle\in G_m^{1,2}$, $\langle b_1,\cdots,b_m\rangle\in G_m^{2,2},\cdots,\langle c_1,\cdots,c_m\rangle\in G_m^{t_2,2}$, and $G_m^{i,2}$ satisfies ⅰ)and ⅱ)as mentioned above, $i=1,\cdots,t_2$.

4) Let the Regular Separable Function Set $S_{R,m}=T(G_m^{i,3})$, $i=1,\cdots,t_3$. Defined $\boldsymbol{T}_6$ as follaows:

$$\boldsymbol{T}_6=\begin{bmatrix}
\cdot & \cdots & \cdot & 0 & \cdot & \cdot & \cdot & \cdot & \cdot & \cdot & 0 \\
\vdots & \overline{G_m^{1,3}} & \vdots & \vdots & \cdot & \cdot & \cdot & \cdot & \cdot & \cdot & \vdots \\
\cdot & \cdots & \cdot & 0 & \cdot & \cdot & \cdot & \cdot & \cdot & \cdot & 0 \\
0 & \cdots & 0 & \cdot & \cdots & \cdot & 0 & \cdot & \cdot & \cdot & 0 \\
\vdots & & \vdots & \vdots & \overline{G_m^{2,3}} & \vdots & \cdot & \cdot & \cdot & \cdot & \vdots \\
0 & \cdots & 0 & \cdot & \cdots & \cdot & 0 & \cdot & \cdot & \cdot & 0 \\
\vdots & & & & & & \ddots & & & & \vdots \\
\vdots & & & & & & & \ddots & & & \vdots \\
0 & \cdot & \cdot & \cdot & \cdot & \cdot & \cdot & 0 & \cdot & \cdots & \cdot \\
\vdots & & & & & & & & \vdots & \overline{G_m^{t_3,3}} & \vdots \\
0 & \cdot & \cdot & \cdot & \cdot & \cdot & \cdot & 0 & \cdot & \cdots & \cdot
\end{bmatrix}.$$

5) Let the L-Type Function Set $L_{G_{4,2}}=T(G_4^{i,4}),i=1,\cdots,t_4$, where $G_4^{1,4}=G_{4,2}$, i. e. , $G_4^*=\varnothing$; and $G_4^{1,4}=G_{4,2}\cup G_4^*$, $G_4^*\neq\varnothing$, $i=2,\cdots,t_4$.

Define $\boldsymbol{T}_7$ as follows:

$$\boldsymbol{T}_7=\begin{bmatrix}
\bullet & \cdots & \bullet & 0 & \bullet & \bullet & \bullet & \bullet & \bullet & \bullet & 0\\
\vdots & \overline{G_4^{1,4}} & \vdots & \vdots & \bullet & \bullet & \bullet & \bullet & \bullet & \bullet & \vdots\\
\bullet & \cdots & \bullet & 0 & \bullet & \bullet & \bullet & \bullet & \bullet & \bullet & 0\\
0 & \cdots & 0 & \bullet & \cdots & \bullet & 0 & \bullet & \bullet & \bullet & 0\\
\vdots & & \vdots & \vdots & \overline{G_4^{2,4}} & \vdots & \bullet & \bullet & \bullet & \bullet & \vdots\\
0 & \cdots & 0 & \bullet & \cdots & \bullet & 0 & \bullet & \bullet & \bullet & 0\\
\vdots & & & & & & \ddots & & & & \vdots\\
\vdots & & & & & & & \ddots & & & \vdots\\
0 & \bullet & \bullet & \bullet & \bullet & \bullet & \bullet & 0 & \bullet & \cdots & \bullet\\
\vdots & & & & & & & & \vdots & \overline{G_4^{t_4,4}} & \vdots\\
0 & \bullet & \bullet & \bullet & \bullet & \bullet & \bullet & 0 & \bullet & \cdots & \bullet
\end{bmatrix}.$$

6) Let the Pseudolinear Function Set $L_p=T(G_4^{i,5}),i=1,\cdots,t_5+1$, where $G_4^{i,5}=G_{4,3}$, i. e. , $G^{i,5}=\varnothing$, and $G_4^{i,5}=G_{4,3}\cup G_4^*$, $i=2,\cdots,t_5$, where $G_4^*\neq\varnothing$, and $G_4^{t_5+1,5}=G_4$, i. e. , the relation mentioned in theorem.

Now define $\boldsymbol{T}_8$ as follows:

$$\boldsymbol{T}_8=\begin{bmatrix}
\bullet & \cdots & \bullet & 0 & \bullet & \bullet & \bullet & \bullet & \bullet & \bullet & 0\\
\vdots & \overline{G_4^{1,5}} & \vdots & \vdots & \bullet & \bullet & \bullet & \bullet & \bullet & \bullet & \vdots\\
\bullet & \cdots & \bullet & 0 & \bullet & \bullet & \bullet & \bullet & \bullet & \bullet & 0\\
0 & \cdots & 0 & \bullet & \cdots & \bullet & 0 & \bullet & \bullet & \bullet & 0\\
\vdots & & \vdots & \vdots & \overline{G_4^{2,5}} & \vdots & \bullet & \bullet & \bullet & \bullet & \vdots\\
0 & \cdots & 0 & \bullet & \cdots & \bullet & 0 & \bullet & \bullet & \bullet & 0\\
\vdots & & & & & & \ddots & & & & \vdots\\
\vdots & & & & & & & \ddots & & & \vdots\\
0 & \bullet & \bullet & \bullet & \bullet & \bullet & \bullet & 0 & \bullet & \cdots & \bullet\\
\vdots & & & & & & & & \vdots & \overline{G_4^{t_5,5}} & \vdots\\
0 & \bullet & \bullet & \bullet & \bullet & \bullet & \bullet & 0 & \bullet & \cdots & \bullet
\end{bmatrix}.$$

7) Define $\boldsymbol{T}_9$ as follows:

$$\boldsymbol{T}_9=(0,1,\cdots,k-1,0,\cdots,0,0,1,\cdots,k-1).$$

Now we construct matrix $\boldsymbol{T}$ as follows:

$$
\boldsymbol{T}_9=\left[\begin{array}{cccccccccccccccc}
\multicolumn{16}{c}{\dfrac{T_1}{T_2}} \\
\bullet & \bullet & \bullet & \bullet & \bullet & \bullet & \alpha_1 & \bullet & \bullet & \bullet & \bullet & \bullet & \bullet & \bullet & \bullet & \alpha_1 \\
\vdots & & T_3 & & & \vdots & \vdots & & & & & & & & & \vdots \\
\bullet & \bullet & \bullet & \bullet & \bullet & \bullet & \alpha_q & \bullet & \bullet & \bullet & \bullet & \bullet & \bullet & \bullet & \bullet & \alpha_q \\
0 & \bullet & \bullet & \bullet & 0 & \bullet & \cdots & \bullet & 0 & \bullet & \bullet & \bullet & \bullet & \bullet & \bullet & 0 \\
\vdots & & & & \vdots & \vdots & T_4 & \vdots & \vdots & & & & & & & \vdots \\
0 & \bullet & \bullet & \bullet & 0 & \bullet & \cdots & \bullet & 0 & \bullet & \bullet & \bullet & \bullet & \bullet & \bullet & 0 \\
a_1 & \bullet & \bullet & \bullet & \bullet & \bullet & a_1 & \bullet & \cdots & \bullet & a_1 & \bullet & \bullet & \bullet & \bullet & a_1 \\
\vdots & & & & & & \vdots & \vdots & T_5 & \vdots & \vdots & & & & & \vdots \\
c_m & \bullet & \bullet & \bullet & \bullet & \bullet & c_m & \bullet & \cdots & \bullet & c_m & \bullet & \bullet & \bullet & \bullet & c_m \\
\bullet & \bullet & \bullet & \bullet & \bullet & \bullet & \bullet & \bullet & \bullet & \bullet & \cdots & \bullet & \bullet & \bullet & \bullet & \bullet \\
\vdots & & & & 0 & & & & & \vdots & T_6 & \vdots & & 0 & & \vdots \\
\bullet & \bullet & \bullet & \bullet & \bullet & \bullet & \bullet & \bullet & \bullet & \bullet & \cdots & \bullet & \cdots & \bullet & \bullet & \bullet \\
\vdots & & & & & & 0 & & & & & \vdots & T_7 & \vdots & 0 & \vdots \\
\bullet & \bullet & \bullet & \bullet & \bullet & \bullet & \bullet & \bullet & \bullet & \bullet & \bullet & \bullet & \cdots & \bullet & \cdots & \bullet \\
\vdots & & & & & & & & 0 & & & & & \vdots & T_8 & \vdots \\
\bullet & \bullet & \bullet & \bullet & \bullet & \bullet & \bullet & \bullet & \bullet & \bullet & \bullet & \bullet & \bullet & \bullet & \cdots & \bullet \\
\bullet & 1 & \cdots & k-1 & 0 & \bullet & \bullet & \bullet & \bullet & \bullet & \bullet & 0 & 0 & 1 & \cdots & k-1
\end{array}\right].
$$

Let me number of columns of T be n. If we denote by $|T_i|$ the number of columns of matrix $\boldsymbol{T}_i$ as mentioned above ,then we have

$$n=\sum_{i=3}^{8}|T_i|.$$

We can now define the function $f(x_1,\cdots,x_n)$as follaow:

① for every row of submatrix $\boldsymbol{T}_1$,define

$$f(\alpha,\cdots,\alpha)=b_2\in B_2,\alpha\in B_1;$$

② for every row of submatrix $\boldsymbol{T}_2$,define

$$f(\beta,\cdots,\beta)=b_1\in B_1,\beta\in B_2;$$

③ for the i throw $\overline{\alpha^i}$ where submatrix $\boldsymbol{T}_3$ in T is,define

$$f(\overline{\alpha^i})=r_i$$

where $r_i \in E_k - S_i, i=1,\cdots,q$.

It follows from ①~③ that $f(x_1,\cdots,x_n) \notin T_E, \emptyset \subset E \subset E_k$.

④ for those rows where submatrixes $\boldsymbol{T}_4, \boldsymbol{T}_5$ and $\boldsymbol{T}_6$ in $\boldsymbol{T}$ are, define the value of $f(x_1,\cdots,x_n)$ in groups by the rows of $\overline{G_m^{i,j}}$, respectively, such that

$$\langle f(\overline{\alpha_{ij}^1}),\cdots,f(\overline{\alpha_{ij}^m})\rangle \notin G_m^{i,j},$$

where $\overline{\alpha_{ij}^1},\cdots,\overline{\alpha_{ij}^m}$ are m n-ary points in which $\overline{G_m^{i,j}}$ of T_s is, $i=1,\cdots,t_j, j=1,2,3, s=4,5,6$.

It follows from ④ that $f(x_1,\cdots,x_n)$ does not preserve all the full symmetric relations, simple separable relations and regular separable retions.

⑤ for the first 4 rows $\overline{\alpha^1},\cdots,\overline{\alpha^4}$ where submatrix $\boldsymbol{T}_7$ in $\boldsymbol{T}$ is, define

$$\langle f(\overline{\alpha^1},\cdots,f(\overline{\alpha^4})\rangle \in G_4 - G_4^{1,4},$$

when G_4 is the relation in the theorem; and for the other rows, define $f(x_1,\cdots,x_n)$ similar to ④ such that

$$\langle f(\overline{\alpha^1}),\cdots,f(\overline{\alpha^4})\rangle \notin G_4^{i,4},$$

where $\overline{\alpha^1},\cdots,\overline{\alpha^4}$ are the 4 n-ary points where $\overline{G_4^{i,4}}$ of $\boldsymbol{T}_7$ in $\boldsymbol{T}$ is, $i=2,\cdots,t_4$.

It follaws from ⑤ that $f(x_1,\cdots,x_n)$ does not preserve all the 2-degree regular separable relations.

⑥ for the first 4 rows $\overline{\alpha^1},\cdots,\overline{\alpha^4}$ where submatrix $\boldsymbol{T}_8$ is, define

$$\langle f(\overline{\alpha^1},\cdots,f(\overline{\alpha^4})\rangle = \langle a_1,a_2,a_3,a_4\rangle \in G_4 - G_4^{1,5},$$

where $G_4 = G_4^{t_5+1,5}$ is the 3-degree regular separable relation in the theorem, and for other rows, define $f(x_1,\cdots,x_n)$ similar to (4) such that

$$\langle f(\overline{\alpha^1}),\cdots,f(\overline{\alpha^4})\rangle \notin G_4^{i,5},$$

where $\overline{\alpha^1},\cdots,\overline{\alpha^4}$ are the 4 n-ary points where $\overline{G_4^{i,5}}$ of $\boldsymbol{T}_8$ in $\boldsymbol{T}$ is, $i=2,\cdots,t_5$.

It follows from ⑥ that $f(x_1,\cdots,x_n)$ does not preserve all the 3-degree regular separable relations except the G_4 in the theorem.

⑦ for the last row of matrix T, define

$$f(0,1,\cdots,k-1,0,\cdots,0,0,1,\cdots,k-1) = *.$$

It follows fran ⑦ that $f(x_1,\cdots,x_n) \notin P_k \cup \{*\}$.

⑧ for the other n-ary points $\bar{\alpha}$ which does not appear in matrix $\boldsymbol{T}$(if there exist), define

$$f(\bar{\alpha}) = *.$$

It follows from ①～⑧ that $(x_1, \cdots, x_n) \notin A$ for any precomplete class $A \subset P_k^*$ satisfying $A \neq T(G_4)$, where G_4 is the 3-degree regular separable relation in the theorem.

In addition, it is not diffcult to prove that the n-ary function $f(x_1, \cdots, x_n)$ as defined above preseives the relation G_4 in the theorem by means of proving the sufficiency and necessity condition when constructing $\boldsymbol{T}_3$.

The proof of the theorem is complete.

4. Conclusions and Future Directions

We know that the decision for Sheffer functions is reduced to determining the minimal covering of precomplete classes in P_k^*, and all the precomplete classes in P_k^* are $T_E, F_{s,m}, S_{I,m}, S_{R,m}, L_{G_{4,2}}, L_p$ and $P_k \cup \{*\}$. So far it has been proved that four precomplete classes in P_k^*, viz. $T_E, L_{G_{4,2}}, L_p$ and $P_k \cup \{*\}$ are some of the component parts of the minimal covering of precomplete classes in P_k^*. It has been found that some precomplete sets in $F_{s,m}$, $S_{I,m}$ and $S_{R,m}$ are component part of the minimal covering and some are not. So, the author will pursue his studies.

References

[1] Sheffer H M. A Set of Five Independent Postulates for Boolen Algebras with Application to Logical Constants[J]. Trans Am Math Soc, 1983(14): 481—488.

[2] Luo Z K. The Completeness Theory of Partial Many-valued Logic Functions[J]. Acta Math Sinica, 1984, 27(5): 676—683.

[3] Liu R R. The minimal covering of precomplete classes in partial three-valued logic[J]. Natur Sci Jour of Xiangtan University, 1991, 13(2): 158—165.

[4] Liu R R. Some results on the minimal covering of precomplete classes in partial k-valued logic(I)[J]. Natur Sci Jour of Xiangtan University, 1992, 14(1): 123—129.

[5] Proceedings of Cybemetics(Russian)[C]. Twenty-fifth edition: 1988, 131—161.

[6] Wang X H. Structure theory of total and partial functions defined in a finite set[J]. Natur Sci J Jiliensis Univ, 1963(2): 295—318.

二元多值逻辑函数的完备性理论

在对称群中正则 2 项关系所确定的全部极大子群

在 k 值逻辑理论和自动机理论中，一元逻辑函数系的完备性之判定问题是一个基本而重要的问题，此问题的彻底解决已归结为定出集合 $E_k = \{0,1,\cdots,k-1\}$ 上的 k 次对称群 S_k 之所有极大子群[1]. 但在有限群论中，定出 S_k 的所有极大子群至今还是一个应需解决的困难问题[2]. 从多值逻辑中基本群之研究[3]，我们可将置换群分为下列互不相同的 4 类：

1）非可迁群和非本原群；

2）保正则二项关系的置换群，此时 $k = h^m, h \geqslant 5, m \geqslant 2$；

3）线性置换群，此时 $k = p^n$（p 是质数），E_k 是一个域；

4）基本置换群，即它与任何一个真多元取 k 个不同值的函数构成一个完备系.

这样，只要定出 1）～ 4）类置换群在 S_k 中的极大子群便可得到 S_k 的全部极大子群.

在文[1] 中已定出了第 1 类置换群在 S_k 中的所有极大子群. 本文根据多值逻辑函数之特性较简捷地确定了第 2 类置换群的具体表示，并定出其在 S_k 或 A_k（k 次交代群）中的所有极大子群（除 $m = 2$，且 $h = 5$ 外），对于第 3 类和第 4 类置换群在 S_k 中的极大子群，目前还只有一些零星的结果[4,5]，由于它们与多值逻辑函数密切相关，因此，可以预见，在其极大性之研究中，多值逻辑函数的结构理论必将成为有力的工具之一.

本文中所提到的函数，如不作特别声明都是指定义在 E_k 上而其函数值仍属于 E_k 的函数.

设 $V_i \in E_k, i = 1,\cdots,m$. 将 m 元序列记为 $\langle V_1,\cdots,V_m\rangle$. 一组 m 元序列说是确定 $X_1,\cdots,X_m$ 的一个 m 项关系，记为 $R(X_1,\cdots,X_m)$.

一元函数 $f(X)$ 说是保 $R(X_1,\cdots,X_m)$，如果对任意 $\langle V_1,\cdots,V_m\rangle \in R(X_1,$

$\cdots,X_m)$ 皆有 $\langle f(V_1),\cdots,f(V_m)\rangle \in R(X_1,\cdots,X_m)$. 显然,所有保 $R(X_1,\cdots,X_m)$ 的一元不漏值函数(即 E_k 上的置换) 作成一个置换群.

二项关系 $R(X,Y)$ 说是连通的,如果对任意 $U,V \in E_k$,有 $V_i \in E_k, i = 1,\cdots,n$,使 $\langle V,V_1\rangle\langle V_1,V_2\rangle,\cdots,\langle V_i,U\rangle \in R(X,Y)$.

当 $k = h^m$ 时,显然,$E_k = E_{h^m} = \{(x_1,\cdots,x_m) \mid x_i \in E_h, i = 1,\cdots,m\}$. 其中,$E_h$ 是一个 h 元集合. 此时,定义在 E_{h^m} 上的一元函数可看成是定义在 E_h 上的 m 元函数 $f(x_1,\cdots,x_m)$. 设 S_{h^m} 和 A_{h^m} 分别是 E_{h^m} 上的 h^m 次对称群和 h^m 次交代群.

定义 E_{h^m} 上的二项关系 $R(X,Y)$ 说是正则的,如果 $R(X,Y) = \{\langle U,V\rangle \mid U = (\alpha_1,\cdots,\alpha_m), V = (\beta_1,\cdots,\beta_m) \in E_{h^m}$,且 $\alpha_i \neq \beta_i, i = 1,\cdots,m\}$. 所有保正则二项关系的一元不漏值函数(即置换) 作成之置换群记为 C_{h^m}.

为了方便起见,下面将一元不漏值函数 $g(x)$ 与其相应的置换 g 不加区别.

由文[1] 和线性函数之特性[6],易证下列定理 1 成立.

定理 1 当 $h = 2$ 时,G_{h^m} 是 S_{h^m} 的极大子群;当 $h = 3$ 和 4 时,G_{h^m} 真包含在线性置换群中.

定理 2 当 $h \geqslant 3$ 时,G_{h^m} 是一个本原群,且

$$G_{h^m} = \{g \mid g \in S_{h^m}, g(x) = g(x_1,\cdots,x_m) = (g_1(x_{\sigma(1)}),\cdots,g_m(x_{\sigma(m)})), \sigma \in S_m, g_i \in S_h, i = 1,\cdots,m\}. \quad (1)$$

其中,S_h 是 E_h 上的 h 次对称群,S_m 是$\{1,\cdots,m\}$ 上的 m 次对称群.

证明 显然,(1) 式右端的集合包含在 G_{h^m},中.

设 $g \in G_{h^m}$. 于是,

$$g(x) = g(x_1,\cdots,x_m) = (g_1(x_1,\cdots,x_m),\cdots,g_i(x_1,\cdots,x_m)).$$

其中,$g_i(x_1,\cdots,x_m)$ 是定义在 E_h 上其函数值仍属于 E_h 的 m 元函数,且取 h 个不同值,$i = 1,\cdots,m$,同时 $g_1(x_1,\cdots,x_m),\cdots,g_i(x_1,\cdots,x_m)$ 两两互不相同.

由正则二项关系 $R(X,Y)$ 定义 h 项关系如下:

$$R(X_1,\cdots,X_h) = \{\langle V_1,\cdots,V_h\rangle \mid V_i \in E_{h^m}, \text{且有 } V \in E_{h^m}, \text{使得} \langle V_i,V\rangle \in R(X,Y), i = 1,\cdots,h\}.$$

不难验证 $g(X)$ 保 $R(X_1,\cdots,X_h)$,从而可推得 $g_i(x_1,\cdots,x_m) \in T_{D^h}, i = 1,\cdots,m$[6]. 根据 Яблонский 基本引理[7],T_{D^h} 中无真多元取 h 个不同值的函数,因此,$g_i(x_1,\cdots,x_m)$ 必是一个一元函数,即有 $g_i(x_1,\cdots,x_m) = g_i(x_{\sigma(i)}), i = 1,\cdots,m, \sigma \in S_m$. 故(1) 式成立.

由(1) 式易知 G_{h^m} 是可迁的,且 G_{h^m} 的全部 2 维迹为 $R_i(X,Y) = \{\langle U,V\rangle \mid$

$U,V\in E_{h^m}$，且 $V=(\alpha_1,\cdots,\alpha_m)$ 和 $U=(\beta_1,\cdots,\beta_m)$ 的对应分量中恰有 i 个相同}，$i=0,1,\cdots,m$.

今用归纳法证明 $R_i(X,Y)$ 是连通的，其中，$i=0,\cdots,m-1$.

对任意 $U,V\in E_{h^m}$，由 $h\geqslant 3,m\geqslant 2$ 有 $W\in E_{h^m}$，使 $\langle U,W\rangle,\langle W,V\rangle\in R_0(X,Y)$. 因此，$R_0(X,Y)$ 是连通的二项关系.

设 $U,V\in E_{h^m}$，由归纳法假设有 $U_1,\cdots,U_n\in E_{h^m}$ 使 $\langle U,U_1\rangle,\langle U_1,U_2\rangle,\cdots,\langle U_n,V\rangle\in R_i(X,Y)$. 不妨假设 $U=(\alpha_1,\cdots,\alpha_m)$ 和 $U_1=(\beta_1,\cdots,\beta_m)$ 的前 i 个分量相同，即 $\alpha_j=\beta_j,j=1,\cdots,i;\alpha_j\neq\beta_j,j=i+1,\cdots,m$. 取 $V_1=(v_1,\cdots,v_m)$，其中，$v_j=\alpha_j,j=1,\cdots,i+1;v_{i+2}=\beta_{i+2},v_j\neq\alpha_j,\beta_j,j=i+3,\cdots,m$. 显然，$\langle U,V_1\rangle,\langle V_1,U_1\rangle\in R_{i+1}(X,Y)$. 同理可取 $V_2,\cdots,V_{n+1}\in G_{h^m}$，使 $\langle U_1,V_2\rangle,\langle V_2,U_2\rangle,\cdots,\langle U_n,V_{n+1}\rangle,\langle V_{n+1},V\rangle\in R_{i+1}(X,Y)$. 因此，$R_{i+1}(X,Y)$ 是连通的二项关系.

若 G_{h^m} 不是本原群，则 G_{h^m} 必有非平凡块 Δ[9]，从而包含 $\langle U,V\rangle$ 的 2 维迹是不连通的，$U\neq V,U,V\in\Delta$，此为矛盾. 因此，G_{h^m} 是本原群.

定理证明完毕.

在 G_{h^m} 中取置换 $g:g(x)=g(x_1,\cdots,x_m)=(\sigma(x_1),x_2,\cdots,x_m),\sigma=(ab)$（对换 $\sigma\in S_h$）. 显然，g 的度为 $2h^{m-1}$，周期为 2. 设 2 重可迁群 $G(\neq A_{h^m},S_{h^m})$ 包含 G_{h^m}，当 $m\geqslant 2,h\geqslant 5$ 时，g 的度 $2h^{m-1}<\dfrac{G\text{ 的度 }h^m}{2}$. 于是，由文[8]中 19 之结论，有

$$2h^{m-1}>\frac{h^m}{2}-\frac{\sqrt{h^m}}{2}-1,$$

从而当 $m=2$ 时，$h\leqslant 5$；当 $m\geqslant 3$ 时，$h\leqslant 4$. 因此，当 $m=2,h\geqslant 6$ 时，或当 $m\geqslant 3,h\geqslant 5$ 时，无异于 A_{h^m},S_{h^m} 的 2 重可迁群包含 G_{h^m}.

此外，由置换 g 可分为 h^{m-1} 个对换之乘积，因此，当 h 为奇数时，$G_{h^m}\not\subseteq A_{h^m}$.

设 $\sigma_1,\cdots,\sigma_n$ 是 S_h 中的所有对换，在 G_{h^m} 中取置换如下：

$$f_{ij}=f_{ij}(x_1,\cdots,x_i,\cdots,x_j,\cdots,x_m)=(x_1,\cdots,x_j,\cdots,x_i,\cdots,x_m),$$
$$i<j;\quad i,j=1,\cdots,m.$$
$$g_{ij}=g_{ij}(x_1,\cdots,x_m)=(x_1,\cdots,\sigma_i(x_j),\cdots,x_m),\quad i=1,\cdots,n;j=1,\cdots,m.$$

不难验证，g_{ij} 可分为 h^{m-1} 个对换之乘积，f_{ij} 可分为 $\dfrac{h-1}{2}h^{m-1}$ 个对换之乘积，且 f_{ij}（其中，$i<j;i,j=1,\cdots,m$），g_{ij}（其中，$i=1,\cdots,n;j=1,\cdots,m$）是 G_{h^m} 的生成系. 因此，当 $m=2,h=2n,n$ 为奇数时，$G_{h^2}\not\subseteq A_{h^2}$；当 $m=2,h=2n,n$

为偶数时，或当$m \geqslant 3$，h为偶数时，$G_{h^m} \subseteq A_{h^m}$.

设$E_h = \{0,1,\cdots,h-1\}$，$H = \{h \mid h \in S_{h^m}$，且$h(x_1,\cdots,x_m) = (\tau_1(x_1),\cdots,\tau_m,(x_m)),\tau_i \in (\rho), i = 1,\cdots,m\}$，其中，$(\rho)$是由轮换$\rho = (0,1,\cdots,h-1) \in S_h$所生成的循环群. 于是，$H$是$G_{h^m}$的正则交换子群，且$H = (h_1) \times \cdots \times (h_m)$（直乘积），$h_i = \rho, i = 1,\cdots,m$. 取$\alpha = (0,\cdots,0) \in E_{h^m}$，将$h(\in H)$与$\alpha^h(\in E_{h^m})$相对应，由$H$的正则性可知，此对应是$H$至$E_{h^m}$上的一一对应，同时可将$G_{h^m}$看成是$H$上的置换群.

设1是H中的单位元素，$G_{h^m}(1) = \{g \mid g \in G_{h^m}, g(1) = 1\}$. 不难推得$G_{h^m}(1)$的全部迹为

$$T_i = \{h \mid h = \tau_1\cdots\tau_m，且\ \tau_1,\cdots,\tau_m \in (\rho)\ 中恰有\ m-i\ 个\ 1\}, \quad i = 0,\cdots,m.$$

设$T_i = \sum_{h \in T_i} h$，$i = 0,\cdots,m$. 由Schur[9]方法可知，$R(E, G_{h^m}(1)) = \{\sum_{i=0}^{m} c_i H_i \mid c_i \in R, i = 0,\cdots,m, R$是整数环$\}$是一个$S$环，且$H_0, H_1,\cdots,H_m$为其基底.

定理3　设$h \geqslant 6$，$m = 2$. 当h为奇数或$h = 2n$，n为奇数时，G_{h^2}是S_{h^2}的极大子群；当$h = 2n$，n为偶数时，G_{h^2}是A_{h^2}的极大子群，且G_{h^2}与S_{h^2}之间除A_{h^2}外无其他子群.

证明　由以上的结论，无异于A_{h^2}，S_{h^2}的2重可迁群包含G_{h^2}.

设$G_{h^2} \subseteq G$，G仅是1重可迁（非2重可迁）群，$G(1) = \{g \mid g \in G$且$g(1) = 1\}$. 于是，S环$R(H, G(1))$是$R(H, G_{h^2}(1))$的子环. 若$H_0, H_1 + H_2$是$R(H, G(1))$的基底，则$G(1)$可迁，从而$G(2)$重可迁. 因此，H_0, H_1, H_2仍是$R(H, G(1))$的基底. 根据文[10]中之12.2和12.3可知，$R(H, G(1))$的基底个数与G的2维迹个数相同，从而G_{h^2}的全部2维迹：$R_0(X,Y), R_1(X,Y), R_2(X,Y)$仍是$G$的全部2维迹. 这样，$G$中的置换皆保正则二项关系$R_0(X,Y)$，从而$G = G_{h^2}$. 故无仅1重可迁群真包含$G_{h^2}$.

命题1

1）设$h \geqslant 5$，$m \geqslant 3$. 当h为奇数时，$G_{h^m} \subset S_{h^m}$，且除S_{h^m}外无2重可迁群包含G_{h^m}；当h为偶数时，$G_{h^m} \subset A_{h^m}$，且除A_{h^m}，S_{h^m}外无2重可迁群包含G_{h^m}.

2）设$h \geqslant 5$，$m = 3$. 无仅1重可迁（非2重可迁）的群真包含C_h^3.

证明　由以上的讨论，1）之结论成立.

设$G_{h^3} = G$，G仅是1重可迁（非2重可迁）群，$G(1) = \{g \mid g \in G, g(1) = 1\}$. 于是，$S$环$R(H, G(1))$是$R(H, G_{h^3}(1))$的子环. 在$S$环$R(H, G_{h^3}(1))$中通

过计算可得：

$H_1^2 = \lambda_2 H_2 + \lambda_3 H_3 + \cdots,\quad \lambda_2 = 2 > \lambda_3 = 0;$

$H_2^2 = \lambda_1 H_1 + \lambda_3 H_3 + \cdots,\quad \lambda_1 = 2(h-2)(h-1) > \lambda_3 = 6(h-2);$

$H_3^2 = \lambda_1 H_1 + \lambda_2 H_2 + \cdots,\quad \lambda_1 = (h-1)^2(h-2) > \lambda_2 = (h-1)(h-2)^2.$

因此，H_0, H_1, H_2, H_3 仍是 $R(H,G(1))$ 的基底. 根据文[10]中之 12.2 和 12.3 可知，$R(H,G(1))$ 的基底个数与 G 的 2 维迹个数相同，从而 G_{h^3} 的全部 2 维迹仍是 G 的全部 2 维迹. 这样，G 中的置换皆保正则二项关系 $R_0(X,Y)$，因而 $G = G_{h^3}$. 故无仅 1 重可迁群真包含 G_{h^3}.

本文将对 m 采用归纳法证明：当 $h \geqslant 5, m \geqslant 3$ 时，无仅 1 重可迁（非 2 重可迁）的群真包含 G_{h^m}. 由此命题之 2）可知，$m = 3$ 时，此结论成立. 假设为 $m-1(\geqslant 3)$ 时此结论成立.

1. 中心化群

设 $G_{h^m} \subseteq G$，G 仅是 1 重可迁（非 2 重可迁）群，在 S_h 中任取一个对换 $\sigma_1 = (ab)$，显然，置换 $\sigma(x_1,\cdots,x_m) = (\sigma_1(x_1), x_2,\cdots,x_m)$ 属于 G_{h^m}. 本节将证明 σ 的中心化群 $C_G(\sigma) \subseteq G_{h^m}$，$C_G(\sigma) = \{g \mid g \in G, \sigma g = g\sigma\}$.

设 $X = (\alpha_1,\cdots,\alpha_m)$，$Y = (\beta_1,\cdots,\beta_m)$，$X, Y \in E_{h^m}$，我们用 $\varepsilon(X,Y)$ 来表示 X, Y 对应分量相同的个数，令

$$\Delta(p) = \{\langle X,Y\rangle \mid X,Y \in E_{h^m}, \text{且 } \varepsilon(X,Y) = p\}.$$

其中，$p = 0,1,\cdots,m$，由定理 2 可知，G_{h^m} 的全部 2 维迹为 $\Delta(p)$，$p = 0,1,\cdots,m$. 设 $D(p)$ 是包含 $\Delta(p)$ 的 G 之 2 维迹，若 $D(0) = D(1) = \cdots = D(m-1)$，则 G 是 2 重可迁的，此与 G 之假设相矛盾. 因此，$D(0), D(1),\cdots, D(m-1)$ 不完全相同.

引理 1 对任意 $X, Y \in E_{h^m}$，$p \in \{0,1,\cdots,m-1\}$，有 $X_1,\cdots,X_n \in E_{h^m}$，使 $\varepsilon(X_i, X_{i+1}) = p$，$i = 1,\cdots,n-1$，且 $X_1 = X$，$X_n = Y$.

证明 设 $X = (\alpha_1,\cdots,\alpha_m)$，$Y = (\beta_1,\cdots,\beta_m)$. 当 $p = 0$ 时，取 $Z = (v_1,\cdots,v_m)$，$v_i \neq \alpha_i, \beta_i$；$i = 1,\cdots,m$. 显然，$\varepsilon(X,Z) = \varepsilon(Z,Y) = 0$.

假设为 $p-1$ 时引理之结论成立，即有 $X_1,\cdots,X_n \in E_{h^m}$，使 $\varepsilon(X_i, X_{i+1}) = p-1$，$i = 1,\cdots,n-1$，$X_1 = X$，$X_n = Y$. 不妨假设 $X_i = (\alpha_1,\cdots,\alpha_m)$，$X_{i+1} = (\beta_1,\cdots,\beta_m)$，$\alpha_j = \beta_j$，$j = 1,\cdots,p-1$，$\alpha_j \neq \beta_j$，$j > p-1$. 取 $Z = (v_1,\cdots,v_m)$，$v_j = \alpha_j$，$j = 1,\cdots,p$，$v_{p+1} = \beta_{p+1}$，$v_j \neq \alpha_j, \beta_j$，$j > p+1$. 显然，$\varepsilon(X_i, Z) = \varepsilon(Z, X_i) = p$.

设 $\Gamma_0 = \{(x_1,\cdots,x_m) \mid (x_1,\cdots,x_m) \in E_{h^m}$，且 $x_1 \neq a,b\}$，$\Gamma_1 = \{(x_1,\cdots,x_m) \mid (x_1,\cdots,x_m) \in E_{h^m}$，且 $x_1 = a$ 或 $b\}$；$G_{\Gamma_1} = \{g \mid g \in G$，对任意 $X \in \Gamma_1$，$g(X) = X\}$；$S_{h-2}^* = \{g \mid g(x_1,\cdots,x_m) = (g_1(x_1),x_2,\cdots,x_m)$，$g_1 \in S_{h-2}$，$S_{h-2}$ 是集合 $E_{h-2} = E_h - \{a,b\}$ 上的对称群$\}$.

引理 2　$G_{\Gamma_1} \supset S_{h-2}^*$.

证明　由 $G_{h^m} \subseteq G$ 可得 $S_{h-2}^* \subseteq G_{\Gamma_1}$

设 $G_{\Gamma_1} \supset S_{h-2}^*$，取 $g \in G_{\Gamma_1} - S_{h-2}^*$，必有 $X = (\alpha,\alpha_2,\cdots,\alpha_m) \in \Gamma_0$，使 $g(X) = (v,\beta_2,\cdots,\beta_m)$ 中有一个分量 β_1 与 α_i 不相同，$2 \leqslant i \leqslant m$. 显然，$v \in E_{h-2}$. 在 E_{h-2} 中取 β，$\beta \neq \alpha, v$. 作对换 $\tau_1 = (v\beta) \in S_{h-2}$，显然，置换 $\tau(x_1,\cdots,x_m) = (\tau_1(x_1),x_2,\cdots,x_m)$ 属于 S_{h-2}^*. 设 $h = \tau g$，有 $h \in G_{\Gamma_1}$，且 $h(X) = (\beta,\beta_2,\cdots,\beta_m) = Y$，$\alpha,\beta \in E_{h-2}$，$\alpha \neq \beta$，$\varepsilon(X,Y) = p \leqslant m-2$. 令 $X = (\alpha,\overline{X})$，$\overline{X} = (\alpha_2,\cdots,\alpha_m)$，$Y = (\beta,\overline{Y})$，$\overline{Y} = (\beta_2,\cdots,\beta_m)$. 显然 $\varepsilon(\overline{X},\overline{Y}) = p$.

设 $X' = (\alpha'_1,\cdots,\alpha'_m)$，$Y = (\beta'_1,\cdots,\beta'_m) \in \Gamma_0$. 令 $\overline{X}' = (\alpha'_2,\cdots,a'_m)$，$\overline{Y}' = (\beta'_2,\cdots,\beta'_m)$，由引理 1 有 $\overline{X_1},\cdots,\overline{X_n} \in E_{h^{m-1}}$，使 $\varepsilon(\overline{X_i}+\overline{X_{i+1}}) = p$，$i = 1,\cdots,n-1$，$\overline{X_1} = \overline{X}'$，$\overline{X_n} = \overline{Y}'$.

由 $h \geqslant 5$ 可在 E_{h-2} 中取 $v_1,\cdots,v_n$，使

$$v_i \neq v_{i+1},\quad i = 1,\cdots,n-1,\quad v_1 = \alpha'_1,\quad v_n = \beta_1.$$

令 $X_i = (v_i,\overline{X_i})$，$i = 1,\cdots,n$，显然，

$$\varepsilon(X_i,X_{i+1}) = p,\quad i = 1,\cdots,n-1,\quad X_1 = X',\quad X_n = Y'.$$

因为 $\langle\overline{X},\overline{Y}\rangle$，$\langle\overline{X_i},\overline{X_{i+1}}\rangle \in \Delta(p)$，所以有 $g_i \in G_{h^{m-1}}$，使

$$g_i(\overline{X}) = \overline{X_i},\quad g_i(\overline{Y}) = \overline{X_{i+1}},\quad i = 1,\cdots,n-1.$$

取 $\tau_i \in S_{h-2}$，使 $\tau_i(\alpha) = v_i$，$\tau_i(\beta) = v_{i+1}$，$i = 1,\cdots,n-1$. 显然，置换 $h_i(x_1,\cdots,x_m) = (\tau_i(x_1),g_i(x_2,\cdots,x_m))$ 属于 G_{h^m}，且 $h_i(X) = X_i$，$h_i(Y) = X_{i+1}$，$i = 1,\cdots,n-1$.

据此，由 $h(X) = Y$ 可得

$$h_ihh_i^{-1}(X_i) = X_{i+1},\quad h_ihh_i^{-1} \in G_{\Gamma_1},\quad i = 1,\cdots,n-1,$$

从而

$$k(X') = Y',\quad k = (h_{n-1}hh_{n-1}^{-1})\cdots(h_1hh_1^{-1}) \in G_{\Gamma_1}.$$

因此，G_{Γ_1} 在 Γ_0 上可迁. 设 $Z \in \Gamma_1$，X 取遍 Γ_0，于是 $\langle X,Z\rangle$ 属于 G_{Γ_1} 的同一 2 维迹中，显然亦属于 G 的同一 2 维迹中，从而 $D(0) = D(1) = \cdots = D(m-1)$，此为矛盾. 故 $G_{\Gamma_1} = S_{h-2}^*$.

设 $E_{h^{m-1}}=\{(x_1,\cdots,x_m)\mid x_i\in E_h,i=2,\cdots,m\}$，$S_{h^{m-1}}$ 是 $E_{h^{m-1}}$ 上的对称群，$A_{h^{m-1}}$ 是 $E_{h^{m-1}}$ 上的交代群.

1）设 $\lambda\in C_G(\sigma)$，对任意 $V\in E_{h^{m-1}}$，有

$$\lambda(a,V)=(a,V')\text{ 或 }(b,V'),\quad V'\in E_{h^{m-1}}.$$

事实上，设 $\lambda(\alpha,V)=(\alpha,\alpha_2,\cdots,\alpha_m)$，$\alpha\neq a,b$. 由 $\sigma\lambda=\lambda\sigma$，有

$$\lambda\sigma(a,V)=\lambda(b,V)=\lambda(a,V)=\sigma\lambda(a,V).$$

此为矛盾.

2）设 $\lambda\in C_G(\sigma)$.

ⅰ）若 $\lambda(a,V)=(a,V')$，则 $\lambda(b,V)=(b,V')$；

ⅱ）若 $\lambda(a,V)=(b,V')$，则 $\lambda(b,V)=(a,V')$.

事实上，

ⅰ）设 $\lambda(a,V)=(a,V')$. 由 $\sigma\lambda=\lambda\sigma$，有 $\sigma\lambda(b,V)=\lambda\sigma(b,V)=\lambda(a,V)=(a,V')$，即 $\lambda(b,V)=\sigma(a,V')=(b,V')$.

ⅱ）设 $\lambda(a,V)=(b,V')$. 由 $\sigma\lambda=\lambda\sigma$，有 $\sigma\lambda(b,V)=\lambda\sigma(b,V)=\lambda(a,V)=(b,V')$，即 $\lambda(b,V)=\sigma(b,V')=(a,V')$.

由 λ 定义写像 λ' 为：$\lambda'(V)=V'$. 当 $\lambda(a,V)=(a,V')$ 或 (b,V') 时，由 2）不难证明 λ' 是 $E_{h^{m-1}}$ 上的一个置换，即 $\lambda'\in S_{h^{m-1}}$.

我们定义从 $C_G(\sigma)$ 到 $E_{h^{m-1}}$ 的写像 φ 如下：$\varphi(\lambda)=\lambda'$，$\lambda\in C_G(\sigma)$，$\lambda'\in S_{h^{m-1}}$. 不难验证 φ 是一个同态写像. 设其核为 $\mathrm{Ker}(\varphi)$，其影像为 $\mathrm{Im}(\varphi)=\{\varphi(\lambda)\mid\lambda\in C_G(\sigma)\}\subseteq E_{h^{m-1}}$.

引理 3 $\mathrm{Ker}(\varphi)=(\sigma)S_{h-2}^*$，$(\sigma)$ 是循环群.

证明 显然，$(\sigma)S_{h-2}^*\subseteq\mathrm{Ker}(\varphi)$.

设 $(\sigma)S_{h-2}^*\subset\mathrm{Ker}(\varphi)$，取 $\lambda\in\mathrm{Ker}(\varphi)-(\sigma)S_{h-2}^*$，令

$\omega(\lambda)=\{V\mid V=(x_2,\cdots,x_m)\in E_{h^{m-1}},\lambda(a,V))=(b,V)\}$.

若 $\omega(\lambda)=$ 空集，则对任意 $V\in E_{h^{m-1}}$，皆有 $\lambda(a,V)=(a,V)$，由 2）有 $\lambda(b,V)=(b,V)$，因而 $\lambda\in G_{\Gamma_1}=S_{h-2}^*$，此与 λ 的取法相矛盾. 因此，$\omega(\lambda)\neq$ 空集.

若 $\omega(\lambda)=E_{h^{m-1}}$，则对任意 $V\in E_{h^{m-1}}$ 皆有 $\lambda(a,V)=(b,V)$，由 2）有 $\lambda(b,V)=(a,V)$. 这样便有 $\lambda\sigma(a,V)=\lambda(b,V)=(a,V)$，$\lambda\sigma(b,V)=\lambda(a,V)=(b,V)$，从而 $\lambda\sigma\in G_{\Gamma_1}=S_{h-2}^*$，即 $\lambda\in\sigma S_{h-2}^*\subseteq(\sigma)S_{h-2}^*$，此与 λ 的取法相矛盾. 因此，$\omega(\lambda)\neq E_{h^{m-1}}$.

取 $V\in\omega(\lambda)$，$U\notin\omega(\lambda)$，$p\in\{0,1,\cdots,m-2\}$. 由引理 1 有 $V_1,\cdots,V_n\in$

$E_{h^{m-1}}$,使 $\varepsilon(V_i,V_{i+1})=p,i=1,\cdots,n-1$,且 $V_1=V,V_n=U$,从而有 j 使 $V_j\in\omega(\lambda),V_{j+1}\notin\omega(\lambda),\varepsilon(V_j,V_{j+1})=p,1\leqslant j\leqslant n-1$. 因此,$\langle\lambda(a,V_i),\lambda(a,V_{i+1})\rangle=\langle(b,V_j),(a,V_{j+1})\rangle$,即 $\langle(a,V_i),(a,V_{j+1})\rangle$,$\langle(b,V_j),(a,V_{j+1})\rangle$ 属于 G 的同一个 2 维迹,从而

$$D(p)=D(p+1),\quad p=0,1,\cdots,m-2.$$

此为矛盾. 故 $\mathrm{Ker}(\varphi)=(\sigma)S_{h-2}^{*}$.

引理 4 $\mathrm{Im}(\varphi)=G_h^{m-1}$.

证明 令 $G'_{h^m}=\{g\mid g(x_1,\cdots,x_m)=(g_1(x_1),g_2(x_2,\cdots,x_m)),g_1\in S_{h-2},g_2\in G_{h^{m-1}}\}$. 显然,$G'_{h^m}\subseteq C_{G_{h^m}}(\sigma)$,$G_{h^{m-1}}\subseteq\varphi(G'_{h^m})\subseteq\mathrm{Im}(\varphi)\subseteq S_{h^{m-1}}$. 根据归纳法假设及命题 1 之 1) 可知,$\mathrm{Im}(\varphi)=G_{h^{m-1}}$ 或 $A_{h^{m-1}}\subseteq\mathrm{Im}(\varphi)$.

设 $A_{h^{m-1}}\subseteq\mathrm{Im}(\varphi)$. 下面我们将推出矛盾. 令

$$M=\{(a,V)\mid V\in E_{h^{m-1}}\},\quad H=\{g\mid g\in C_G(\sigma),g(M)\subseteq M\}.$$

显然,$G'_{h^m}\subseteq H$ 从而 $G_{h^{m-1}}\subseteq\varphi(H)$. 根据归纳法假设及命题 1 之 1) 可知,$\varphi(H)=G_{h^{m-1}}$ 或 $\varphi(H)\supseteq A_{h^{m-1}}$.

1) $A_{h^{m-1}}\subseteq\varphi(H)$.

在 M 中取 3 个不同的元素:

$$X_1=(a,V_1),\quad X_2=(a,V_2),\quad X_3=(a,V_3).$$

其中,$V_i=(\alpha_i,\beta_3,\cdots,\beta_m)$;$\alpha_1\neq\alpha_2\neq\alpha_3$,$V_i\in E_{h^{m-1}}$,$i=1,2,3$.

在 $E_{h^{m-1}}$ 上作置换

$$\begin{pmatrix}V_1 & V_2 & V_3\\ V_2 & V_3 & V_1\end{pmatrix}=(V_1V_2V_3).$$

显然,$(V_1V_2V_3)\in A_{h^{m-1}}\subseteq\mathrm{Im}(\varphi)$. 于是,有 $g\in C_G(\sigma)$,使

$$\varphi(g)=(V_1V_2V_3).$$

因为$(V_1V_2V_3)$的周期为 3,所以由引理 3 可知,$g^3\in\mathrm{Ker}(\varphi)=(\sigma)S_{h-2}^{*}$,从而 $g^3=\sigma\lambda$ 或 λ,$\lambda\in S_{h-2}^{*}$. 若 $g^3=\sigma\lambda$,则

$$(\sigma g)^3=\sigma g^3=\sigma(\sigma\lambda)=\lambda,\quad \varphi(\sigma g)=\varphi(\sigma)\varphi(g)=\varphi(g)=(V_1V_2V_3).$$

因此,当 $g^3=\sigma\lambda$ 时,可用 $\sigma g(\in C_G(\sigma))$ 代替 g,从而可设 $g^3=\lambda$,$\lambda\in S_{h-2}^{*}$.

取轮换 $\tau_2\in S_h$(S_h 是 E_h 上的对称群),使 $\tau_2(\alpha_1)=\alpha_2$,$\tau_2(\alpha_2)=\alpha_3$,$\tau_2(\alpha_3)=\alpha_1$. 显然,置换 $\tau(x_1,\cdots,x_m)=(x_1,\tau_2(x_2),x_3,\cdots,x_m)$ 属于 $C_{G_{h^m}}(\sigma)$,且 $\varphi(\tau)\varphi(g)=\varphi(g)\varphi(\tau)$,从而 $\varphi(g\tau)=\varphi(\tau g)$. 由引理 3 可知,$\tau g=g\tau\lambda$ 或 $\tau g=g\tau\sigma\lambda$,$\lambda\in S_{h-2}^{*}$,从而必有

$$g(X_1)=X_2,\quad g(X_2)=X_3,\quad g(X_3)=X_1.$$

这是因为，若$(a,V_1)\xrightarrow{g}(a,V_2)\xrightarrow{g}(b,V_3)\xrightarrow{g}(a,V_1)$，则由 2) 有，

$$\tau g(b,V_3)=(a,V_2),\quad g\tau\lambda(b,V_3)=(b,V_2)\Rightarrow\tau g\neq g\tau\lambda,$$

$$\tau g(a,V_2)=(b,V_1),\quad g\tau\sigma\lambda(a,V_2)=(a,V_1)\Rightarrow\tau g\neq g\tau\sigma\lambda.$$

若$(a,V_1)\xrightarrow{g}(b,V_2)\xrightarrow{g}(a,V_3)\xrightarrow{g}(a,V_1)$，则由 2) 有，

$$\tau g(b,V_2)=(a,V_1),\quad g\tau\lambda(b,V_2)=(b,V_1)\Rightarrow\tau g\neq g\tau\lambda,$$

$$\tau g(a,V_1)=(b,V_3),\quad g\tau\sigma\lambda(a,V_1)=(a,V_3)\Rightarrow\tau g\neq g\tau\sigma\lambda.$$

若$(a,V_1)\xrightarrow{g}(b,V_2)\xrightarrow{g}(b,V_3)\xrightarrow{g}(a,V_1)$，则由 2) 有，

$$\tau g(a,V_1)=(b,V_3),\quad g\tau\lambda(a.V_1)=(a,V_3)\Rightarrow\tau g\neq g\tau\lambda,$$

$$\tau g(b,V_3)=(a,V_2),\quad g\tau\sigma\lambda(b,V_3)=(b,V_2)\Rightarrow\tau g\neq g\tau\sigma\lambda.$$

设$V\in E_{h^{m-1}}-\{V_1,V_2,V_3\}$，有$\varphi(g)(V)=V$，从而$g(a,V)=(a,V)$或$(b,V)$．若$g(a,V)=(b,V)$，则由 2) 可知，$g^3(a,V)=(b,V)$，此与$g^3=\lambda$相矛盾．因此，$g(a,V)=(a,V)$．

至此我们证明了，$g\in H$，$\varphi(g)\in\varphi(H)$．但是，$\varphi(g)\notin G_{h^{m-1}}$．因此，$\varphi(H)\neq G_{h^{m-1}}$ 从而 $A_{g^{m-1}}\subseteq\varphi(H)$．

2) $D(0)=D(1)=\cdots=D(m-1)$．

在M中取定一个元素X，同时在$M-\{X\}$中任取 3 个不同的元素$Y_i=(a,V_i)$，$V_i\in E_{h^{m-1}}$，$i=1,2,3$．显然，轮换$(V_1V_2V_3)\in A_{h^{m-1}}$，由(1) 有$h\in H$，使

$$\varphi(h)=(V_1V_2V_3).$$

由$h(M)\subseteq M$可得

$$h(Y_1)=Y_2,\quad h(Y_2)=Y_3,\quad h(Y_3)=Y_1.$$

从而由 2) 可知，

$$h(\sigma Y_1)=\sigma Y_2,\quad h(\sigma Y_2)=\sigma Y_3,\quad h(\sigma Y_3)=\sigma Y_1.$$

设$V\in E_{h^{m-1}}-\{V_1,V_2,V_3\}$．于是，$\varphi(h)(V)=V$，从而由$h(M)\subseteq M$可得$h(a,V)=(a,V)$．因之，$h(X)=X$．

因此，$\langle Y_1,X\rangle$，$\langle Y_2,X\rangle$ 属于$(H\subseteq)G$的同一 2 维迹中，从而$D(1)=D(2)=\cdots=D(m-1)$；$\langle\sigma(Y_1),X\rangle$，$\langle\sigma(Y_2),X\rangle$ 属于$(H\subseteq)G$的同一 2 维迹中，从而$D(0)=D(1)=\cdots=D(m-2)$．故$D(0)=D(1)=\cdots=D(m-1)$．

由 2) 可得$\mathrm{Im}(\varphi)=G_{h^{m-1}}$．

命题 2 $C_G(\sigma)\subseteq G_{h^{m-1}}$．

证明 由引理3和引理4可知，$C_G(\sigma)/\mathrm{Ker}(\varphi) \cong G_{h^{m-1}}$，不难看出：

$$C_{G_{h^m}}(\sigma) \subseteq C_G(\sigma), \quad \varphi(C_{G_{h^m}}(\sigma)) = G_{h^{m-1}}, \quad \mathrm{Ker}(\varphi) = (\sigma)S^*_{h-2} \subseteq C_{G_{h^m}}(\sigma).$$

从而$\dfrac{C_{G_{h^m}}(\sigma)}{\mathrm{Ker}(\varphi) \cong G_{h^{m-1}}}$. 因此 $C_G(\sigma) = C_{G_{h^m}}(\sigma) \subseteq G_{h^m}$.

2. 基本定理

设 $G_{h^m} \subseteq G$,G仅是1重可迁(非2重可迁)群，根据命题2，本节将证明$G_{h^m} = G$.

引理5 设 $\sigma,\tau \in G_{h^m}$，且 $\sigma(x_1,\cdots,x_m) = (\sigma_1(x_1),x_2,\cdots,x_m)$，$\sigma_1$ 是 S_h 中之一对换. 若 σ,τ 在 G 中共扼，则 σ,τ 在 G_{h^m} 中亦共轭.

证明 设 $g \in S_{h^m}$，g 之度为 $\mu(g)$，即 $\mu(g) = \{X \mid X \in E_{h^m}, g(X) \neq X\}$ 之元数. 显然，若 σ,τ 在 G 中共轭，则 $\mu(\tau) = \mu(\sigma) = 2h^{m-1}$.

1) $\tau(x_1,\cdots,x_m) = (x_1,\cdots,x_{i-1},\tau_i(x_i),x_{i+1},\cdots,x_m)$，$\tau_i$ 是 S_h 中之一对换.

由定理2可知，$\tau(x_1,\cdots,x_m) = (\tau_1(x_{\lambda(1)}),\cdots,\tau_m(x_{\lambda(m)}))$，$\tau_i \in S_h$，$i = 1,\cdots,m$，$\lambda \in S_m$. 设 $\lambda \neq 1$，必有 $i,j(i \neq j)$ 使 $\lambda(i) = j$. 不妨假设 $i = 1, j = 2$，即 $\lambda(1) = 2$. 取 $\alpha_1,\alpha_2 \in E_h$，且 $\tau_1(\alpha_2) \neq \alpha_1$，于是

$$\begin{aligned}\tau(\alpha_1,\alpha_2,\alpha_3,\cdots,x_m) &= (\tau_1(\alpha_2),\tau_2(\alpha_{\lambda(2)}),\tau_3(x_{\lambda(3)}),\cdots,\tau_m(x_{\lambda(m)}))\\ &\neq (\alpha_1,\alpha_2,x_3,\cdots,x_m),\end{aligned}$$

从而可推得 $\mu(\tau) = 2h^{m-1} < (h^2-h)h^{m-2} \leqslant \mu(\tau)$，此为矛盾. 因此 $\lambda = 1$.

设有一个 $\tau_i(\neq 1)$ 不是对换. 于是，τ_i 的不相杂轮换表示式必为 $\tau_i = (\alpha_1\alpha_2)(\alpha_3\alpha_4)\cdots$，从而 $\mu(\tau) \geqslant 2h^{m-1} + 2h^{m-1}$；或 $\tau_i = (\alpha_1\cdots\alpha_r)$，$r \geqslant 3$，从而 $\mu(\tau) \geqslant rh^{m-1}$. 因此，$\mu(\tau) > 2h^{m-1}$，此为矛盾. 故 $\tau_i = 1$ 或为对换，$i = 1,\cdots,m$.

如果 $\tau_1,\cdots,\tau_m$ 中有2个是对换，则不难推得 $\mu(\tau) \geqslant 2h^{m-1} + h^{m-2} > 2h^{m-1}$，此为矛盾. 因此，$\tau_1,\cdots,\tau_m$ 中恰有一个是对换，其余都为1.

2) σ,τ 在 G_{h^m} 中共轭.

设 $\sigma_i = (ab)$，$\tau_i = (cd)$，在 S_h 中取 ρ 使 $\rho(a) = c$，$\rho(b) = d$.

当 $i = 1$ 时，即 $\tau(x_1,\cdots,x_m) = (\tau_1(x_1),x_2,\cdots,x_m)$，令 $g(x_1,\cdots,x_m) = (\rho(x_1),x_2,\cdots,x_m)$. 显然，$g \in G_{h^m}$，$g^{-1}(x_1,\cdots,x_m) = (\rho^{-1}(x_1),x_2,\cdots,x_m)$，且

$$\begin{aligned}g^{-1}\tau g(a,x_2,\cdots,x_m) &= g^{-1}\tau(c,x_2,\cdots,x_m) = g^{-1}(d,x_2,\cdots,x_m)\\ &= (b,x_2,\cdots,x_m),\end{aligned}$$

$$g^{-1}\tau g(b,x_2,\cdots,x_m) = g^{-1}\tau(d,x_2,\cdots,x_m) = g^{-1}(c,x_2,\cdots,x_m)$$

$$= (a, x_2, \cdots, x_m),$$

$$g^{-1}\tau g(x_1, x_2, \cdots, x_m) = (x_1, x_2, \cdots, x_m), \quad x_1 \neq a, b.$$

因此，$g^{-1}\tau g = \sigma$. 当 $i \neq 1$ 时，不妨假设 $i = 2$，即 $\tau(x_1, \cdots, x_m) = (x_1, \tau_2(x_2), x_3, \cdots, x_m)$. 令 $g(x_1, \cdots, x_m) = (x_2, \rho(x_1), x_3, \cdots, x_m)$. 显然，$g \in G_{h^m}$，$g^{-1}(x_1, \cdots, x_m) = (\rho^{-1}(x_2), x_1, x_3, \cdots, x_m)$，且

$$g^{-1}\tau g(a, x_2, \cdots, x_m) = g^{-1}\tau(x_2, c, . x_3, \cdots, x_m) = g^{-1}(x_2, d, x_3, \cdots, x_m)$$
$$= (b, x_2, \cdots, x_m),$$

$$g^{-1}\tau g(b, x_2, \cdots, x_m) = g^{-1}\tau(x_2, d, x_3, \cdots, x_m) = g^{-1}(x_2, c, x_3, \cdots, x_m)$$
$$= (a, x_2, \cdots, x_m),$$

$$g^{1}\tau g(x_1, x_2, \cdots, x_m) = (x_1, x_2, \cdots, x_m), \quad x_1 \neq a, b$$

因此，$g^{-1}\tau g = \sigma$.

设 $\sigma(x_1, \cdots, x_m) = (x_1, \cdots, x_{i-1}, \sigma_i(x_i), x_{i+1}, \cdots, x_m)$，$\sigma_i$ 是 S_h 中的一个对换，$i = 1, \cdots, m$. 从以上的证明不难看出，对此 σ 引理 5 亦成立.

命题 A[9] 设 G 是一个有限群，其元数 $|G| = 2n$，n 是奇数，G 包含一个元数为 n 的正规子群.

命题 B 设 G 是有限群，P 是 G 的 p- 子群，$N_G(P)$ 是 P 在 G 中的正规化子. 若 $N_G(P) = P$，则 P 是 sylow p -子群.

证明 将 G 分为两侧陪集之直接和：$G = \bigcup_{i=1}^{n} Pg_iP$. 易证每一个 Pg_iP 中含 P 的右陪集之个数为 $\dfrac{|P|}{|g_i^{-1}Pg_i \cap P|}$，即为 P 的方幂. 若 P 不是 sylow p -子群，则 P 整除 P 的右陪集之个数. 当 $g_i \in p$ 时，$Pg_iP = P$ 仅含一个右陪集. 因此，必有 $g_j \notin P$，使 pg_jP 仅含一个 P 的右陪集，从而 $g_j^{-1}Pg_j \cap P = P$. 于是，$g_j^{-1}Pg_j = P$，即 $g_j \in N_G(P)$，此与假设相矛盾.

命题 C[11] 设群 G 的元数为奇数，λ 是 G 的一个自同构，$\lambda^2 = 1$，有

$$G = G_1G_2, \quad G_1 \cap G_2 = 1;$$

$$G_1 = \{g \in G \mid g^\lambda = g\}, \quad G_2 = \{g \in G \mid g^\lambda = g^{-1}\}.$$

设 $E_3 = \{a, b, c\}$，$\alpha, b, c \in E_h$，$a \neq b \neq c$，$E_{h-3} = E_h - E_3$；S_3 和 A_3 分别是 E_3 上的对称群和交代群；S_{h-3} 是 E_{h-3} 上的对称群；$S_3^* = \{g \mid g(x_1, \cdots, x_m) = (g_1(x_1), x_2, \cdots, x_m), g_1 \in S_3\}$，$A_3^* = \{g \mid g(x_1, \cdots, x_m) = (g_1(x_1), x_2, \cdots, x_m), g_1 \in A_3\}$；$\Phi = \{(x_1, \cdots, x_m) \mid x_1 \in E_{h-3}, x_2, \cdots, x_m \in E_h\}$.

引理 6 $G_\Phi = S_3^*$，$G_\Phi = \{g \mid g \in G$，且对任意 $X \in \Phi$，$g(X) = X\}$.

证明 显然，$S_3^* \subseteq G_\Phi$.

1) 设 $\sigma(x_1,\cdots,x_m)=(\sigma_1(x_1),x_2,\cdots,x_m)$，对换 $\sigma_1=(ab)$，(σ) 是循环群，有

$$G_\Phi=(\sigma)R,\quad |G_\Phi|=2n,\quad |R|=n,\quad R\cap G_{h^m}=A_3^*.$$

其中，R 是 G_Φ 的交换特征子群，n 是奇数.

显然，(σ) 是 G_Φ 的 2- 子群. 由命题 2 可知，

$$N_{G_\Phi}((\sigma))=C_{G_\Phi}(\Phi)\subseteq(C_G(\sigma))_\Phi\subseteq(G_{h^m})_\Phi=S_3^*.$$

但是，S_3^* 中与 σ 交换的元素仅有 σ 和 1，从而 $N_{G_\Phi}((\sigma))=(\sigma)$. 因此，由命题 B 可知，$(\sigma)$ 是 G_Φ 的 sylow 2- 子群，从而 $|G_\Phi|=2n$，n 是奇数. 依此，由命题 A 可知，$G_\Phi=(\sigma)R=R\cup R\sigma$，$|R|=n$，$R$ 是 G_Φ 的正规子群. 设 $g^\sigma=\sigma g^\sigma$，$g\in R$，由 R 的正规性可得 σ 是 R 的一个自同构，$\sigma^2=1$. 若 $g\in R$，$g^\sigma=g$，即 $\sigma g=g\sigma$，则 $g\in C_{G_\Phi}(\sigma)=(\sigma)$，从而由 $\sigma\notin R$ 可得 $g=1$. 因此，由命题 C 可知，$R=\{g\mid g\in R, g^\sigma=g^{-1}\}$，从而 R 是交换群. 由

$$(|R|,|G_\Phi/R|)=(n,2)=1$$

可推得 R 是 G_Φ 的特征子群. 显然，

$$R\cap G_{h^m}\subseteq G_\Phi\cap G_{h^m}=G_\Phi\cap(G_{h^m})_\Phi=G_\Phi\cap S_3^*=S_3^*.$$

设 $\tau(x_1,\cdots,x_m)=(\tau_1(x_1),x_2,\cdots,x_m)$，$\tau_1=(ab),(bc),(ac)$. 于是，$\tau^2=1$，从而 $\tau\notin R$. 因此，$R\cap G_{h^m}\subseteq A_3^*$.

另外，若 $g\in\sigma R$，$g(x_1,\cdots,x_m)=(g_1(x_1),x_2,\cdots,x_m)$，$g_1=(abc)$，则

$$\sigma g\in R,\quad \sigma g(x_1,\cdots,x_m)=(\sigma_{g1}(x_1),x_2,\cdots,x_m),\quad \sigma_1 g_1=(bc).$$

此不可能. 因此，$g\in R$，从而 $A_3^*\subseteq R$，$R\cap G_{h^m}\supseteq A_3^*\cap G_{h^m}=A_3^*$. 故 $R\cap G_{h^m}=A_3^*$.

2) 设 $\tau(x_1,\cdots,x_m)=(\tau_1(x_1),x_2,\cdots,x_m)$，$\tau_1$ 是 S_{h-3} 中之一对换，有 $\tau R\tau=R$，且 $C_R(\tau)=A_3^*$.

设 $g^\tau=\tau g\tau$，$g\in G_\Phi$. 由 $\tau G_\Phi\tau=G_\Phi$ 可推得 τ 是 G_Φ 的一个自同构，从而由 1) 可知，$\tau R\tau=R$.

由命题 2 可知，$C_R(\tau)\subseteq C_G(\tau)\subseteq G_{h^m}$，从而 $C_R(\tau)=C_R(\tau)\cap G_{h^m}$. 由 1) 有 $R\cap G_{h^m}=A_3^*$，于是，

$$A_3^*\subseteq R\Rightarrow A_3^*\subseteq C_R(\tau)\Rightarrow A_3^*\subseteq C_R(\tau)\cap G_{h^m}\subseteq A_3^*.$$

因此，$C_R(\tau)=C_R(\tau)\cap C_{h^m}=A_3^*$.

3) $G_\Phi=S_3^*$.

设 $\tau(x_1,\cdots,x_m)=(\tau_1(x_1),x_2,\cdots,x_m)$，$\tau_1$ 是 S_{h-3} 中之一对换，$g^\tau=\tau g\tau$，$g\in$

R,由 2) 可推得 τ 是 R 的一个自同构,$\tau^2 = 1$. 据此,由命题 C 可知,若 $g \in R$,则 $g = g_1 g_2, g_1, g_2 \in R$,且 $g_1^\tau = \tau g_1 \tau = g_1, g_2^\tau = \tau g_2 \tau = g_2^{-1}$,从而由 2) 可知,

$$k = g\tau g\tau = g_1^2 \in C_R(\tau) = A_3^*.$$

设 $X \notin \Phi$,显然,$\tau(X) = X, \tau g(X) = g(X)(g(X) \notin \Phi)$,从而

$$k(X) = g\tau g\tau(X) = g^2(X).$$

设 $x \notin \Phi$,显然,$k(X) = X = g^2(X)$. 因此,$k = g^2$,从而由 g 的周期为 $2r+1$(由 $|R|$ 是奇数) 可得 $g = k^{-r} \in A_3^*$. 于是 $R \subseteq A_3^*$,依此由 1) 可得 $G_\Phi = (\sigma)R = (\sigma)A_3^* = S_3^*$.

命题 3　设 $h \geqslant 5, m \geqslant 3, G_{h^m} \subseteq G$. G 仅是 1 重可迁(非 2 重可迁) 的群. 于是 $G_{h^m} = G$.

证明　设 $G \supset G_{h^m}$,在 Φ 中取一个满足条件 $G_\Psi \nsubseteq G_{h^m}$ 的极大子集 Ψ,由引理 5 可知,$\Psi \subseteq \Phi$,令 $K = G_\Psi$. 设 $r \in K$ 而 $r \notin G_{h^m}$,$\sigma(x_1, \cdots, x_m) = (\sigma_1(x_1), x_2, \cdots, x_m)$,对换 $\sigma_1 = (ab)$,令 $k = r\sigma r^{-1}, k \in K$.

若 $k \in G_{h^m}$,则由引理 4 有 $g \in G_{h^m}$,使 $gkg^{-1} = \sigma$,从而 $(gr)\sigma(gr)^{-1} = \sigma$. 据此,由命题 2 可知,$gr \in C_G(\sigma) \subseteq G_{h^m}$ 从而 $r \in G_{h^m}$,此与 r 的取法相矛盾. 因此,$k \notin G_{h^m}$.

设 $X \in \Phi - \Psi$,令 $H = k_{X,k(X)} = \{h \mid h \in K$,且 $h(X) = X, h(k(X)) = k(X)\}$. 对任意 $h \in H$, 显然,$k^{-1}hk(X) = X, k^{-1}hk(k(X)) = k^{-1}(X) = k(X)$(因为 $k^2 = 1$),从而 $k^{-1}hk \in H$. 因此,$k \in N_G(H)$.

由引理 5 及 Ψ 的极大性可知,

$$S_3^* = G_\Phi \subseteq G_{\Psi \cup \{X\}} \subseteq G_{h^m}, \quad (S_3^*)_{k(X)} \subseteq G_{\Psi \cup \{X\}, k(X)} = H \subseteq G_{h^m}.$$

设 $k(X) = (\alpha_1, \alpha_2, \cdots, \alpha_m)$,$(S_3^*)_{k(X)} = S_3^*$. 当 $\alpha_1 \neq a, b, c$ 时,有

$$\tau \in (S_3^*)_{k(X)}, \quad \tau(x_1, \cdots, x_m) = (\tau_1(x_1), x_2, \cdots, x_m).$$

当 $\alpha_1 = a$ 时,$\tau_1 = (bc)$;当 $\alpha_1 = b$ 时,$\tau_1 = (ac)$;当 $\alpha_1 = c$ 时,$\tau_1 = (ab)$,从而由 $k \in N_G(H)$ 有 $k\tau k^{-1} = h \in H \subseteq G_{h^m}$. 根据引理 4 有 $g \in G_{h^m}$,使 $ghg^{-1} = \tau$,从而 $(gk)\tau(gk)^{-1} = \tau$. 依此,由命题 2 可知,$gk \in C_G(\tau) \subseteq G_{h^m}$,从而 $k \in G_{h^m}$,此为矛盾. 故

$$G = G_{h^m}.$$

由命题 1 和 3 可知,下列定理 4 成立.

定理 4　设 $h \geqslant 5, m \geqslant 3$,当 h 为奇数时,G_{h^m} 是 S_{h^m} 的极大子群;当 h 为偶数时,G_{h^m} 是 A_{h^m} 的极大子群,且 G_{h^m} 与 S_{h^m} 之间除 A_{h^m} 外无其他子群.

定理5 S_{h^m} 中与 G_{h^m} 共轭的子群(亦极大)之个数 $=\dfrac{h^m!}{(h!)^m m!}, m\geqslant 3, h\geqslant 5$.

证明 若 $N_{S_{h^m}}(G_{h^m})\supset G_{h^m}$，则由基本定理可知，$N_{S_{h^m}}(G_{h^m})=A_{h^m}$ 或 $N_{S_{h^m}}(G_{h^m})=S_{h^m}$. 但是，$A_{h^m}$ 是单群，S_{h^m} 仅有一个非平凡的正规子群 A_{h^m}. 因此，$N_{S_{h^m}}(G_{h^m})=G_{h^m}$，从而 S_{h^m} 中与 G_{h^m} 共轭的子群之个数 $=\dfrac{|S_{h^m}|}{|G_{h^m}|}=\dfrac{h^m!}{(h!)^m m!}$(由定理 2 可知，$|G_{h^m}|=(h!)^m m!$).

参考文献

[1] Baĭramov R A. On the completeness problem in the symmetric semigroup of finite degree (Russian)[J]. Diskret Analiz, 1966(8):3－26.

[2] O' Nan M E. Some open problems in primitive permutation groups[C]. Proceedings of Symposia in Pure Mathematics, American Mathematical Society, 1980(37).

[3] Blohina G N, Kudrjavcev V B. On basic groups in k-valued logics(Russian)[J]. Dokl Akad Nauk SSSR, 1971(201):9－11.

[4] Kaloujnine L A, Kline M N. On certain maximal subgroups of symmetric or altemating groups[J]. Math Sbornik, 1972(16):95－123.

[5] Погорелов В А. Омакнмальных подгруппах снмметрнческнхярупп, заданных на проектнвных над конечнымн полямн[J]. Матемаянческие еаметкн, 1974(1):91－100.

[6] 罗铸楷. 多值逻辑中所有极大封闭集之确定问题[J]. 数学学报, 1980(1):152－156.

[7] Jablonskiĭ S V. Functional constructions in a k-valued logic(Russian)[J]. Trudy Math Inst Steklov, 1958(51):5－142.

[8] Manning W A. The degree and class of multiple transitive groups[J]. Trans Amer Math Soc, 1917(18):463－479.

[9] Widlandt H. Finite permutation groups[M]. New York: Academic Press, 1964.

[10] Wielandt H. Permutation groups through invariant relations and invariant functions [M]. Athens: Ohio University, 1969.

[11] Gorenstein D. Finite groups[M]. New York: Chelsea Publishing Campany, 1980.

在对称群中一类正则图所确定的极大子群

对称群的极大子群之确定，在多值逻辑理论和有限自动机理论中都有着重要而广泛的应用，同时也是置换群理论中的一个基本问题. 从多值逻辑中基本群的研究[1] 和本文定理 1 可将集合 $\Omega=\{0,1,\cdots,k-1\}$ 上的置换群分为下列互不相同的 4 类：

1）非可迁群和非原群；

2）保正则二项关系的置换群，此时，$k=h^m,h\geqslant 5,m\geqslant 2$；

3）线性置换群，此时 $k=p^n$（p 是质数），Ω 是一个有限域；

4）基本置换群，即它与任何一个真多元取 k 个不同值的函数构成一个完备系.

这样，只要定出 1～4 类置换群在 k 次对称群 S_k 中的极大子群，便可得到 S_k 的所有极大子群. 文[2] 中已定出了第 1 类置换群的全部极大子群. 本文根据多值逻辑函数之特性完全确定了第 2 类置换群的具体表示，并定出了大量的极大子群. 对于第 3 和第 4 类置换群的极大子群，目前仅有一些零星结果.

以下总假设 Ω 之元数 $k=h^m,h\geqslant 5,m\geqslant 2$，且

$$\Omega=\{(\alpha_1,\cdots,\alpha_m)\mid \alpha_i\in\Omega_h=\{0,1,\cdots,h-1\},i=1,\cdots,m\}.$$

这样，定义在 Ω 上的一元函数 $f(x)$ 亦可看成是定义在 Ω_h 上的 m 元函数 $f(x_1,\cdots,x_m),x_i\in\Omega_h,i=1,\cdots,m$.

设 $\Gamma=(\Omega,E)$ 是一个无向图，Ω 是顶点集，边集 $E=\{\langle\alpha,\beta\rangle\mid\alpha=(\alpha_1,\cdots,\alpha_m),\beta=(\beta_1,\cdots,\beta_m)\in\Omega$ 且 $\alpha_i\neq\beta_i,i=1,\cdots,m\}$.

显然，Γ 是一个 $(h-1)^m$ 度正则图. 如果将 E 看成是一个二项关系，则 E 便是一个正则的二项关系.

设 G 是图 Γ 的全自同构群，为了方便，将 Ω 上的置换 σ 看成是定义在 Ω 上其函数值仍属于 Ω 的一元函数 $\sigma(X)$.

定理 1　G 是本原群，且

$$G=\{g \mid g\in S_k, g(x)=g(x_1,\cdots,x_m)=(g_1(x_{\sigma(1)}),\cdots,g_m(x_{\sigma(m)})),$$
$$\sigma\in S_m, g_i\in S_h, i=1,\cdots,m\}. \quad (1)$$

其中,$S_h(S_m)$ 是 $\Omega_h(\Omega_m=\{1,\cdots,m\})$ 上的 $h(m)$ 次对称群.

证明 显然,(1) 式右端的集合包含在 G 中. 设 $g\in G$,于是,

$$g(x)=g(x_1,\cdots,x_m)=(g_1(x_1,\cdots,x_m),\cdots,g_m(x_1,\cdots,x_m)).$$

其中,$\alpha_i(x_1,\cdots,x_m)$ 是定义在 Ω_k 上其函数值仍属于 Ω_k 的 m 元函数,且取 h 个不同的值,$i=1,\cdots,m$,同时,$g_1(x_1,\cdots,x_m),\cdots,g_m(x_1,\cdots,x_m)$ 两两互不相同.

定义 h 项关系:$R(x_1,\cdots,x_h)=\{\langle\alpha_1,\cdots,\alpha_h\rangle \mid \alpha_i\in\Omega$ 且有 $\alpha\in\Omega$ 使得 $\langle\alpha_i,\alpha\rangle\in E, i=1,\cdots,h\}$. 易证 $g(x)$ 保 $R(x_1,\cdots,x_h)$,即对任意 $\langle\alpha_1,\cdots,\alpha_h\rangle\in R(x_1,\cdots,x_h)$ 皆有 $\langle g(\alpha_1),\cdots,g(\alpha_h)\rangle\in R(x_1,\cdots,x_h)$,从而可推得 $g_i(x_1,\cdots,x_m)\in T_D$($T_{D^h}$ 是保 Ω_h 的分划 D^h 的函数集)[4,5]. 根据 Яблонский 基本引理[3],T_{D^h} 中无真多元取 h 个不同值的函数,因此,$g_i(x_1,\cdots,x_m)$ 必是一元函数,从而 $g_i(x_1,\cdots,x_m)=g_i(x_{\sigma(i)}), i=1,\cdots,m, \sigma\in S_m$. 故(1) 式成立.

由(1) 式可知,G 是可迁的且 G 的全部 2 维迹为 $R_i(x,y)$:$\langle\alpha,\beta\rangle\in R_i(x,y)\Leftrightarrow\alpha=(\alpha_1,\cdots,\alpha_m)$ 和 $\beta=(\beta_1,\cdots,\beta_m)$ 的对应分量恰有 i 个相同,$i=0,1,\cdots,m$.

用归纳法不难证明 $R_i(x,y)$(其中,$i=0,\cdots,m-1$) 是连通的,即对任意 $\alpha,\beta\in\Omega$ 有 $\alpha_i\in\Omega, i=1,\cdots,n$ 使 $\langle\alpha,\alpha_1\rangle,\langle\alpha_1,\alpha_2\rangle,\cdots,\langle\alpha_n,\beta\rangle\in R_i(x,y)$.

若 G 不是本原群,则 G 必有非平凡块 Δ,从而包含 $\langle\alpha,\beta\rangle$ 的 2 维迹是不连通的,$\alpha\neq\beta,\alpha,\beta\in\Delta$,此为矛盾. 因此,$G$ 是本原群.

证毕.

命题 设 $h\geqslant 7, m\geqslant 3$. 于是,当 h 为奇数时,除 S_k 外无 2 重可迁群包含 G;当 h 为偶数时,$G\subset A_k$(k 次交代群),且除 S_k 和 A_k 外无 2 重可迁群包含 G.

证明 在 G 中取置换 g:$g(x)=g(x_1,\cdots,x_m)=(\sigma(x_1),x_2,\cdots,x_m), \sigma=(0\ 1)$(对换),显然,$g$ 的度为 $2h^{m-1}$ 且 $2h^{m-1}$ 亦是 G 的极小度. 由 $h\geqslant 7, m\geqslant 3$ 不难看出

$$h^m-6h^{m-1}-2\sqrt{h^m}>0,$$

即 $2h^{m-1}<\dfrac{(h^m-2\sqrt{h^m})}{3}$,从而由 Manning 估计[6] 可知,$A_k,S_k$ 的 2 重可迁群包含 G. 此外,因为 g 可分为 h^{m-1} 个对换之乘积,所以当 h 为奇数时,$G\not\subset A_k$.

设 $\sigma_1,\cdots,\sigma_n$ 是 S_h 中的所有对换,在 G 中取置换如下:

$$f_{i,j}(x)=f_{i,j}(x_1,\cdots,x_i,\cdots,x_j,\cdots,x_m)=(x_1,\cdots,x_j,\cdots,x_i,\cdots,x_m),$$

$$i < j, \quad i,j = 1,\cdots,m;$$

$$g_{i,j}(x) = g_{i,j}(x_1,\cdots,x_m) = (x_1,\cdots,\sigma_i(x_j),\cdots,x_m),$$

$$i = 1,\cdots,n, \quad j = 1,\cdots,m.$$

易证，$g_{i,j}$ 可分为 h^{m-1} 个对换之乘积，$f_{i,j}$ 可分为$\dfrac{h^2-h}{2}h^{m-2}$ 个对换之乘积，且 $f_{i,j}$（其中，$i<j;i,j=1,\cdots,m$）和 $g_{i,j}$（其中，$i=1,\cdots,n;j=1,\cdots,m$）是 G 的生成系．因此，当 h 为偶数时，$G\subset A_k$．

证毕．

设 $\sigma=(0\ 1\ \cdots\ h-1)$（$h$ 元轮换），$\sigma\in S_h$，σ 所生成的循环群记为(σ)，令
$H=\{\tau\mid\tau(x)=\tau(x_1,\cdots,x_m)=(\tau_1(x_1),\cdots,\tau_m(x_m)),\tau_i\in(\sigma),i=1,\cdots,m\}$.

易证 H 是一个正则交换置换群，$H\subseteq G$．实际上，H 为循环群的直乘积

$$H=(h_1)\times(h_2)\times\cdots\times(h_m),$$

其中，$h_i=\sigma;i=1,\cdots,m$．其单位元素 $e=1,\cdots,1,1$ 是(σ) 的单位元素．

将 Ω 中的元素$(\tau_1(0),\tau_2(0),\cdots,\tau_m(0))$ 与 H 中的元素 $\tau_1\tau_2\cdots\tau_m$ 相对应，$\tau_i\in(h_i),i=1,\cdots,m$．显然，此对应是一对一的，且$(0,\cdots,0)$ 与 $1\cdots1(=e)$ 相对应．按此对应，根据 Schur 方法[6]，G 将成为 H 上的置换群，而且若 G_e 是 G 中所有使 e 不动的置换作成之子群，则 G_e 的可迁模 $R(H,G_e)$ 是一个 S 环．

由(1)式可推得 G_e 的全部1维迹为 $H^{(i)}=\{\tau\mid\tau=\tau_1\cdots\tau_m,\tau\in H$ 且 $\tau_1,\cdots,\tau_m$ 中恰有$(m-i)$个1$\}$，$i=0,\cdots,m$．将 $H^{(i)}$ 中所有元素相加之和记为 H_i，这样，$H_0,H_1,\cdots,H_m$ 便是 S 环 $R(H,G_e)$ 的基底．设$(\underline{h}_i)=h_i+h_i^2$ 十 $\cdots+h_i^{h-1}$，不难验证，

$$H_0=e,\quad H_1=\sum_{i=1}^{m}(\underline{h}_i),\quad H_2=\sum_{i,j=1,i<j}^{m}(\underline{h}_i)(\underline{h}_j),$$
$$H_3=\sum_{i,j,k=1,i<j<k}^{m}(\underline{h}_i)(\underline{h}_j)(\underline{h}_k),\cdots,H_m=(\underline{h}_1)\cdots(\underline{h}_m).\tag{2}$$

$$(\underline{h}_i)^2=(h-2)(\underline{h}_i)+(h-1),$$
$$(\underline{h}_i)^2\equiv(-1)(\underline{h}_i)(\mathrm{mod}\ (h-1),i=1,\cdots,m).\tag{3}$$

由 Schur 方法[6] 可知，当 $m=2$ 时，在 H 上无仅1重可迁的置换群真包含 G．

定理 2 设 $h\geqslant5,m\geqslant3$．当 h 为奇数 $h=2n+1$ 时，n 为偶数或$h-1>m$；当 h 为偶数时，$2(h-1)>m$，则在 H 上无仅1重可迁的置换群真包含 G．

证明 设 L 是 H 上仅1重可迁的置换群，$G\subset L$；L_e 是 L 中所有使 e 不动的置换作成之子群．由 Schur 方法可知，L_e 的可迁性模 $R(H,L_e)$ 亦是一个 S 环，

其每一个基底元素(除 H_0 外)必为 $H_1,H_2,\cdots,H_m$ 中某些项之和,且 $R(H,L_e)\subseteq R(H,G_e)$.

设 $R(H,L_e)=R(H,G_e)$. 于是,$R(H,L_e)$ 的基底亦为 H_i,从而 L_e 的1维迹亦为 $H^{(i)},i=0,\cdots,m$. 由[7]之定理12和13可得,L_e 的1维迹与 L 的2维迹之个数相等,因而由 $L\supset G$ 可得 $R_i(x,y)$ 亦为 L 之全部2维迹. 这样,L 中的元素皆保 $R_0(x,y)$,即若 $g\in L$,则对任意 $\langle\alpha,\beta\rangle\in R_0(x,y)$ 皆有 $\langle g(\alpha),g(\beta)\rangle\in R_0(x,y)$. 显然 $R_0(x,y)$ 与图 Γ 的边集 E 相同. 于是,L 中的元素皆是 Γ 的自同构,从而 $L\subseteq G$,此为矛盾. 故 $R(H,L_e)\subset R(H,G_e)$.

1) $R(H,L_e)$ 必有一个基底元素为

$$H_1+H_{i_0}+H_{i_1}+\cdots+H_{i_n},\quad 3\leqslant i_0<i_1<\cdots<i_n,\quad n\geqslant 0.$$

① H_1 不是 $R(H,L_e)$ 的基底元素.

由(2)式和(3)式可推得

$$H_1^i=\lambda_{0,i}+\lambda_{1,i}H_1+\cdots+\lambda_{i,i}H_i,\quad \lambda_{i,i}\neq 0,\quad i=2,\cdots,m.$$

若 H_1 是 $R(H,L_e)$ 的基底元素,则据此可依次推得 $H_2,\cdots,H_m$ 是 $R(H,L_e)$ 的基底元素,此为矛盾.

② $H_1+H_2+H_{i_1}+\cdots+H_{i_n}$ 不是 $R(H,L_e)$ 的基底元素,$2=i_0<i_1<\cdots<i_n,n\geqslant 0$.

设 $H_1+H_2+H_{i_1}+\cdots+H_{i_n}$ 是 $R(H,L_e)$ 的基底元素,有

$$(H_1+H_2+H_{i_1}+\cdots+H_{i_n})^2=\lambda_0H_0+\lambda_1H_1+\cdots+\lambda_mH_m.$$

于是,$\lambda_1=\lambda_2$. 另外,由(2)式和(3)式可推得

$$H_i^2=C_{m-1}^{i-1}(h-2)(h-1)^{i-1}H_1+(C_{m-2}^{i-1}(h-2)^2(h-1)^{i-2}+2C_{m-2}^{i-1}(h-1)^{i-1})H_2+\cdots,\quad i=2,\cdots,m;$$

$$H_1^2=(h-1)m+(h-2)H_1+2H_2;$$

$$2H_iH_{i+1}=2C_{m-1}^{i}(h-1)^iH_1+4C_{m-2}^{i-1}(h-2)(h-1)^{i-1}H_2+\cdots,\ i=1,\cdots,m-1;$$

$$2H_iH_{i+2}=OH_1+2C_{m-2}^{i}(h-1)^iH_2+\cdots,\quad i=1,\cdots,m-2;$$

$$2H_iH_j=OH_1+OH_2+\cdots,\quad \text{当 } j>i+2 \text{ 时},i=1,\cdots,m.$$

令

$$\mu_{i,i}=C_{m-1}^{i-1}(h-2)(h-1)^{i-1}-(C_{m-2}^{i-2}(h-2)^2(h-1)^{i-2}+2C_{m-2}^{i-1}(h-1)^{i-1});$$

$$\mu_{i,i+1}=2C_{m-1}^{i}(h-1)^i-4C_{m-2}^{i-1}(h-2)(h-1)^{i-2},\quad i=1,\cdots,m-1;$$

$$\mu_{i,i+2}=-2C_{m-2}^{i}(h-1)^i,\quad i=1,\cdots,m-2;$$

$$\mu_{i,j}=0,\quad j>i+2,i=1,\cdots,m.$$

通过计算可得：对任意 i,j，有 $1\leqslant i<j$. 当 $j\geqslant i+1$ 时，$\mu_{i,i}+\mu_{j,j}+\mu_{i,i}>0$. 据此，由归纳法可证 $\lambda_1-\lambda_2>0$，此为矛盾. 故结论 ② 成立.

2) 若 h 为奇数 $h=2n+1$ 且 n 为偶数，则 $H_1+H_{i_0}+\cdots+H_{i_n}$ 不是 $R(H,L_e)$ 的基底元素，$3\leqslant i_0<i_1<\cdots<i_n,n\geqslant 0$.

由(2)式和(3)式可推得

$$H_i^2=C_{m-1}^{i-1}(h-2)(h-1)^{i-1}H_i+\sum_{\substack{r=0\\2r\leqslant i}}C_{m-i}^{r}C_i^{2r}C_{2r}^{r}(h-2)^{i-2r}(h-1)^rH_i+\cdots,$$
$$i=2,\cdots r,m;$$

$H_1^2=(h-2)H_1+2H_2+m(h-1)$；

$2H_1H_i=OH_1+2C_i^1(h-2)H_i+\cdots,\quad i\geqslant 3$；

$$2H_iH_j\equiv OH_i+OH_1+\cdots(\mathrm{mod}\ h-1),\quad 1<i<j. \tag{4}$$

设 $H_1+H_{i_0}+\cdots+H_{i_n}$ 是 $R(H,L_e)$ 的基底元素，$3\leqslant i_0<i_1<\cdots<i_n$，有

$$(H_1+H_{i_0}+\cdots+H_{i_n})^2\equiv\lambda_1H_1+\lambda_{i_0}H_{i_0}+\cdots(\mathrm{mod}\ h-1).$$

由(4)式可知

$$\lambda_1\equiv(-1)(\mathrm{mod}\ h-1),\quad \lambda_{i_0}\equiv(-1)^{i_0}+2(-1)i_0(\mathrm{mod}\ h-1),$$

当 i_0 为奇数时，

$$\lambda_{i_0}-\lambda_1=-2i_0\equiv O(\mathrm{mod}\ h-1);$$

当 i_0 为偶数时，

$$\lambda_{i_0}-\lambda_1=-2(i_0-1)\equiv O(\mathrm{mod}\ h-1).$$

从而

$$\begin{cases}(h-1)\mid 2i_0, & \text{当 } i_0 \text{ 为奇数时；}\\ (h-1)\mid 2(i_0-1), & \text{当 } i_0 \text{ 为偶数时.}\end{cases} \tag{5}$$

若 $h=2n+1$ 且 n 为偶数，则由(5)式可推出矛盾.

3) 当 h 为奇数时，$h-1>m$；当 h 为偶数时，$2(h-1)>m$，则 $H_1+H_{i_0}+\cdots+H_{i_n}$ 不是 $R(H,L_e)$ 的基底元素，$3\leqslant i_0\leqslant\cdots<i_n$.

由(5)式有 $h-1\geqslant i_0-1,2i_0>m$ 或 $2(i_0-1)>m$.

① H_r 不是 $R(H,L_e)$ 的基底元素，$2\leqslant r\leqslant i_0-2$.

由(2)式和(3)式可推得

$H_r(H_1+H_{i_0}+\cdots)=OH_1+\lambda H_{i_0}+\cdots,\quad$ 当 $r\geqslant 3$ 时，$\lambda>0$；

$H_2^2=\lambda_0H_0+\cdots+\lambda_4H_4,\quad \lambda_1=(m-1)(h-1)(h-2),\lambda_3=6(h-2),\lambda_4=6.$

当 $h\geqslant 5,m\geqslant 3$ 时，$\lambda_1>\lambda_3,\lambda_4,0$. 因此，$H_r$ 不是基底元素.

② 若 $H_r+H_{r_1}+\cdots+H_{r_k}$ 是 $R(H,L_e)$ 的基底元素，$2\leqslant r<i_0,r<r_1<\cdots<r_k,k\geqslant 1$，则 $r_1>i_0$.

设 $r_1<i_0$，且 $(H_1+H_{i_0}+\cdots+H_{i_n})(H_r+H_{r_1}+\cdots+H_{r_k})\equiv\lambda_r H_r+\lambda_{r_1}H_{r_1}+\cdots+(\bmod h-1)$. 由(2)式和(3)式可推得

$$H_1H_r\equiv(-1)C_r^1H_r+\lambda H_{r_1}+\cdots+(\bmod h-1).$$

其中，$\lambda\equiv O(\bmod h-1)$.

当 $r_1\neq r+1$ 时，

$$\lambda\equiv C_{r_1}^1(\bmod h-1);$$

当 $r_1=r+1$ 时，

$H_1H_{r_1}\equiv OH_r+(-1)C_{r_1}^1H_{r_1}+\cdots+(\bmod h-1)$;

$H_1H_{r_1}\equiv OH_r+OH_{r_1}+\cdots+(\bmod h-1),\quad i=2,\cdots,k$;

$H_iH_j\equiv OH_r+OH_{r_1}+\cdots+(\bmod h-1),\quad i=i_0,\cdots,i_n,j=r,r_1,\cdots,r_k$.

因此，由 $h-1\geqslant i_0-1$，有

$$\begin{cases}\lambda_r-\lambda_{r_1}=r_1-r\not\equiv O(\bmod h-1), & \text{当 } r_1>r+1 \text{ 时};\\ \lambda_{r_1}-\lambda_r\equiv r\equiv O(\bmod h-1), & \text{当 } r_1=r+1 \text{ 时}.\end{cases}$$

此与 $H_r+H_{r_1}+\cdots+H_{r_h}$ 是基底元素相矛盾，从而 $r_1>i_0$.

③ 计算 H_m^2 可得 H_m 不是 $R(H,L_e)$ 的基底元素.

④ H_k+H_m 不是 $R(H,L_e)$ 的基底元素，$2k\leqslant m$. 由(2)式和(3)式可推得

$H_m^2=\lambda_kH_k+\lambda_mH_m+\cdots,\quad \lambda_k=(h-2)^k(h-1)^{m-k},\quad \lambda_m=(h-2)^m$;

$H_k^2=\mu_kH_k+\mu_mH_m+\cdots$,

$$\mu_k=\sum_{r=0,2r\leqslant k}C_{m-r}^rC_k^{2r}C_{2r}^r(h-2)^{k-2r}(h-1)^r$$
$$=(h-2)^k+(m-k)k(k-1)(h-1)(h-2)^{k-2}+\cdots,$$

$\mu_m=0$

当 $2k<m$ 时，$\mu_m=C_m^k$;

当 $2k=m$ 时，$2H_kH_m=\rho_kH_k+\rho_mH_m+\cdots,\rho_k=0$;

当 $2k<m$ 时，$\rho_k=2(h-1)^k$；当 $2k=m$ 时，$\rho_m=2C_m^k(h-2)^k$.

通过计算，当 $2k\leqslant m$ 时，$\lambda_k-\lambda_m+\mu_k-\mu_m+\rho_k-\rho_m>0$，因此，$H_k+H_m$ 不是基底元素.

⑤ 设 $2i_0=m+1$（由 $i_0\geqslant 3$ 有 $i_0\leqslant m-2$），H_{i_0-1}，$H_1+H_{i_0}+H_m$ 不是 $R(H,L_e)$ 的基底元素.

当 $2(i_0-1)=m-1$ 时，$H_{i_0-1}^2=\lambda_0 H_0+\cdots+\lambda_m H_m, \lambda_m=0, \lambda_i>0, i=1, \cdots, m-1$. 因此，由 ③ 可知，$H_{i_0-1}$ 不是基底元素.

显然，$(H_1+H_{i_0}+H_m)^2=H_1^2+H_{i_0}^2+H_m^2+2H_1H_m+2H_{i_0}H_m+2H_1H_{i_0}$. 由(2) 式和(3) 式不难推得

$H_m^2=\lambda_1 H_1+\lambda_m H_m+\cdots,\quad \lambda_1=(h-2)(h-1)^{m-1}, \lambda_m=(h-2)^m$；

$H_{i_0}^2=\mu_1 H_1+\mu_m H_m+\cdots,\quad \mu_1=C_{m-1}^{i_0-1}(h-2)(h-1)^{i_0-1}, \mu_m=C_{m-1}^{i_0-1}C_m^1(h-2)$；

$H_1^2=(h-2)H_1+OH_m+\cdots$；

$2H_1H_{i_0}=OH_1+OH_m+\cdots$；

$2H_1H_m=OH_1+\rho_m H_m+\cdots,\quad \rho_m=2C_m^1(h-2)$；

$2H_{i_0}H_m=OH_1+\nu_m H_m+\cdots,\quad \nu_m=2C_m^{i_0}(h-2)^{i_0}$.

易证，当 $i_0\geqslant 3$ 时，$\lambda_1-\lambda_m+\mu_1-\mu_m-\nu_m-\rho_m>0$，因此，$H_1+H_{i_0}+H_m$ 非基底元素.

⑥ 设 $H_m+H_{k_1}+\cdots+H_{k_n}$ 是 $R(H,L_e)$ 的基底元素，$k=k_1<k_2<\cdots<k_n, n\geqslant 1$. 当 $1<k\leqslant i_0-1$ 且 $2i_0=m+1$ 时，$H_1+H_{i_0}$ 不是基底元素；当 $1\leqslant k\leqslant i_0-2$ 且 $2i_0\leqslant m+2$ 时，H_{i_0-1} 非基底元素.

显然，$H_{i_0-1}^2=\lambda_k H_k+\lambda_m H_m+\cdots, \lambda_k\geqslant C_{m-k}^{i_0-1-k}(h-2)^k(h-1)^{i_0-1-k}, \lambda_m=0$，当 $2i_0<m+2$ 时，$\lambda_m=C_m^{i_0-1}$；当 $2i_0=m+2$ 时，$\lambda_k-\lambda_m>0$，从而 H_{i_0-1} 非基底元素.

显然，$(H_1+H_{i_0})^2=H_1^2+H_{i_0}^2+2H_1H_{i_0}$. 由(2) 式和(3) 式可推得

$H_{i_0}^2=\lambda_k H_k+\lambda_m H_m+\cdots,\quad \lambda_m=C_{m-1}^{i_0-1}C_m^1(h-2)$.

$\lambda_k\geqslant C_{m-k}^{i_0-1}(h-2)^k(h-1)^{i_0+k}+C_{m-k}^{i_0-2k}k(k-1)(h-2)^{k-2}(h-1)^{i_0-(k-1)}$.

$2H_1H_{i_0}=\mu_k H_k+OH_m+\cdots,\quad \mu_k=0$，

当 $k<i_0-1$ 时，

$$\mu_k=2C_{m-k}^1(h-1)；$$

当 $k=i_0-1$ 时，

$$H_1^2=(h-2)H_1+2H_2+m(h-1).$$

易证，当 $k=i_0-1$ 时，$\lambda_k-\lambda_m>0$. 令

$$\lambda'_k=(h-2)\left(C_{m-k}^{i_0-1}\left(m-\frac{1}{2}\right)^{i_0-1}+k(k-1)C_{m-k}^{i_0-1}\left(m-\frac{1}{2}\right)^{i_0-2}\right),$$

显然，$\lambda_k\geqslant\lambda'_k$；当 $k=i_0-1$ 时，$\lambda'_k-\lambda_m>0$，且对 $k\geqslant 3$，有

$$\lambda'_{k-1}-\lambda'_k\geqslant\lambda(k-2)((k-2)i_0-k)>0,$$

$$\lambda=C_{m-k}^{i_0-2}\frac{(h-2)}{(i_0-2)}(i_0-1)^{i_0-2}.$$

从而 $\lambda'_{k-1} \geqslant \lambda'_k, k = 3, \cdots, i_0 - 1$. 因此，$\lambda_k - \lambda_m > 0, 1 < k \leqslant i_0 - 1$. 故 $H_1 + H_{i_0}$ 不是基底元素.

由 ① 和 ② 可知，在 $H_2, \cdots, H_{i_0-2}$ 中无 2 项同属于某一基底元素，且含 $H_i(2 \leqslant i \leqslant i_0 - 2)$ 的基底元素必含 $H_{i_0+1}, \cdots, H_m$ 中至少少 1 项. 于是，$i_0 - 3 \leqslant m - i_0$，即 $2(i_0 - 2) \leqslant m - 1$，从而由 ④ 可知，含 $H_i(2 \leqslant i \leqslant i_0 - 2)$ 的基底元素，如果含 H_m，则必含另一项 $H_j, j > i_0$. 因此，$i_0 - 3 \leqslant m - i_0 - 1$，即 $2i_0 \leqslant m + 2$ 或 $2(i_0 - 1)m$.

另外，由 ③ 可知，含 H_m 的基底元素必为

$$H_m + H_{k_1} + \cdots + H_{k_n}, \quad k = k < k_2 < \cdots < k_n, \quad n \geqslant 1, n \neq i_0.$$

当 $k > i_0$ 时，$i_0 - 3 \leqslant m - i_0 - 2$，由 $2i_0 > m$ 可知 $2i_0 = m + 1$. 据此，由 ⑤ 可知，$H_{i_0} - 1$ 非基底元素；由 ② 可知，有 $i_0 - 3 \leqslant m - i_0 - 3$，即$2i_0 \leqslant m$.

当 $k = i_0 - 1$ 时，$2k = 2(i_0 - 1) \leqslant m$，由 ④ 可知，$i_0 - 3 \leqslant m - 2 - i_0$，从而 $2i_0 = m + 1$. 据此，由 ⑥ 可知，$H_1 + H_{i_0}$ 非基底元素，$i_0 - 3 \leqslant m - i_0 - 3$，即 $2i_0 \leqslant m$.

当 $k = 1$ 时，$k_2 = i_0$，由 ⑥ 可知，$H_{i_0} - 1$ 不是基底元素，$i_0 - 3 \leqslant m - i_0 - 2$，从而 $2i_0 = m + 1$. 据此，由 ⑤ 可知，$H_1 + H_{i_0} + H_m$ 非基底元素，因而 $i_0 - 3 \leqslant m - i_0 - 3$，即 $2i_0 \leqslant m$.

当 $1 < k \leqslant i_0 - 2$ 时，由 ⑥ 可知，$H_{i_0} - 1$ 非基底元素. 由 ② 和 ④ 可知，$i_0 - 3 \leqslant m - i_0 - 2$，从而 $2i_0 = m + 1$. 据此，由 ⑥ 可知，$H_1 + H_{i_0}$ 不是基底元素，因而 $i_0 - 3 \leqslant m - i_0 - 3$，即 $2i_0 \leqslant m$.

总之，有 $2i_0 \leqslant m$，此与 $2i_0 > m$，相矛盾. 故 3) 之结论成立.

由 1)，2)，3) 可得定理 2 之结论成立.

由命题及定理 2 可得下列定理成立.

定理 3 设 $k = h^m, h \geqslant 7, m \geqslant 3$. 于是

1) 若 h 为奇数 $h = 2n + 1$ 且 n 为偶数或 $h - 1 > m$，则 G 是 k 次对称群 S_k 中的极大子群；

2) 若 h 为偶数且 $2(h - 1) > m$，则 G 是 k 次交代群 A_k 中的极大子群.

参考文献

[1] Ьлохиа г н，кудрявцев в ъ. о базисннвых груииах в кзначвых логиах[J]. ДАН СССР Том201，1971(1)：9－11.

[2] Еайрамов Р А. Кроблеме полноты в симметрической полугруппеюсб[М]. Дискретный анализ，ЙМ Со АНСССР，8，Новосибирск，1966.

[3] Яблонский С В. функцнональные построения в К-значной логике[J]. Труды матемй ин-та АН СССР,1958(51):5－142

[4] 罗铸楷.多值逻辑中所有极大封闭集之确定问题[J].数学学报,1980(1):152－156.

[5] 罗铸楷.多值逻辑中函数的完备性问题[J].湘潭大学学报,1982(1):1－13.

[6] Widlandt H. Finite permutation groups[M]. New York:Academic Press,1964.

[7] Wielandt H. Permutation groups through invariant relations and invariant functions[M]. Athens:Ohio University,1969.

一元多值逻辑函数集中的一类极大封闭集

我们称定义在集合 E_k 上而其函数值仍属于 E_k 的一元函数为一元多值逻辑函数，E_k 上所有一元多值逻辑函数作成之集合记为 $P_k^{(I)}$.

定义 1 设 S 是 $P_k^{(I)}$ 的一个非空子集，函数 $F(t) \in S$；函数 $g(x)$ 或属于 S 或为自变数 x. 于是，函数 $f(g(x))$ 说是由 S 中函数复合出来的函数. 所有由 S 复合出来的函数作成之集合记为 S'.

定义 2 S 说是 $P_k^{(I)}$ 的一个封闭集，如果 $S' = S$.

定义 3 设 S 是 $P_k^{(I)}$ 的一个非空子函数集，若包含 S 的所有封闭集之交集为 $P_k^{(I)}$，则称 S 是 $P_k^{(I)}$ 的一个完备集.

定义 4 设 M 是 $P_k^{(I)}$ 的一个封闭集，$M \subset P_k^{(I)}$，M 说是 $P_k^{(I)}$ 的一个极大封闭集，如果没有封闭集 M_1 存在适合 $M \subset M_1 \subset P_k^{(I)}$.

不难看出，$S(\subset P_k^{(I)})$ 是 $P_k^{(I)}$ 的一个完备集必要而且只要 S 不包含在 $P_k^{(I)}$ 的任何极大封闭集内. 由此可见，为了刻画 $P_k^{(I)}$ 的完备集只需要找出 $P_k^{(I)}$ 的全部极大封闭集.

由文[1]之定理 1 可知，M 是 $P_k^{(I)}$ 的一个极大封闭集的必要充分条件，其为 $M = M_i + P_{k,k-1}^{(I)}$（或 $S_k + P_{k,k-2}^{(I)}$），这里 S_k 是 E_k 上的 k 次对称群，M_i 是 S_k 的极大子群，而 $P_{k,i}^{(I)} = \{g \mid g \in P_k^{(I)}, \mid \{g(0),\cdots,g(k-1)\} \mid \leqslant i\}$，$i = k-1, k-2$. 这样，只要定出了 S_k 中的全部极大子群，就彻底地解决了一元多值逻辑函数系完备性之判定问题.

定义 5 设 E_k 是一个 k 元加法群，$\sigma \in S_k$ 说是一个线性置换，如果对于任意 $x, y \in E_k$，皆有

$$\sigma(x+y) + \sigma(0) = \sigma(x) + \sigma(y).$$

S_k 中所有线性置换作成之群称为线性置换群，记为 $L(E_k)$.

命题 1 设 E_k 是一个 k 元加法群，E_k 的每个非零元素的周期均为同一质数 p，$k = p^n$. 于是：

1）若把 E_k 看作 p 元域 F_p 上的 n 维向量空间，则 $L(E_k) = AGL(n,p)$；

2）若 $p \neq 2$，则 $L(E_k)$ 包含奇置换．其中 $AGL(n,p)$ 是 E_k 上所有形如 $x \to Ax + b$ 的变换作成的群．这里 $x,b \in E_k$，A 是 E_k 上的可逆线性变换．

证明

1）不难验证，$AGL(n,p) \subseteq L(E_k)$．另外，用 $(AGL(n,p))_0$ 表示 $AGL(n,p)$ 中所有使 E_k 之零元固定不动的变换作成的群，显然，$(AGL(n,p))_0$ 是所有形如 $x \to Ax$ 的变换作成的群，$x \in E_k$，A 是 E_k 上的可逆线性变换，用 $AL(n,p)$ 表示 $AGL(n,p)$ 中所有形如 $x \to x+b$ 的变换作成的群，$x,b \in E_k$．因 $AL(n,p)$ 在 E_k 上可迁，所以 $AGL(n,p) = AL(n,p) \cdot (AGL(n,p))_0$．容易看出，$(AGL(n,p))_0 \cap AL(n,p) = 1$，从而 $|AGL(n,p)| = |AL(n,p)| \cdot |(AGL(n,p))_0| = p^n \cdot (p^n - p^0) \cdot \cdots \cdot (p^n - p^{n-1}) = |L(E_k)|$[4]．故 $L(E_k) = AGL(n,p)$．

2）把 E_k 看作域 F_p 上的 n 维向量空间，设 $e_1,\cdots,e_n$ 是 E_k 的一组基底，令 r 是 F_p 之乘法群的生成元．取 E_k 上的可逆线性变换 A 使 $Ae_1 = re_1$，$Ae_i = e_i$，$i = 2,\cdots,n$．由 1）可知，变换 $x \to Ax$ 属于 $L(E_k)$，其中 $x \in E_k$．不难看出，对于任意 $x = a_1e_1 + \cdots + a_ne_n \in E_k$，$a_j \in F_p$，$j = 1,\cdots,n$，$Ax = x$ 的充分必要条件是 $a_1 = 0$．因此，变换 $x \to Ax$ 使 E_k 的 p^{n-1} 个点固定不动．另外，若 $Ax \neq x$，则 $a_1 \neq 0$，$A^ix = a_1r^ie_1 + a_2e_2 + \cdots + a_ne_n \neq x$，$i = 1,\cdots,p-2$，$A^{p-1}x = a_1r^{p-1}e_1 + a_2e_2 + \cdots + a_ne_n = x$，由此可见，变换 $x \to Ax$ 可以分解为 p^{n-1} 个 $(p-1)$ 轮换之积．由 $p \neq 2$ 可知，该变换是 E_k 上的一个奇置换，命题获证．

由命题 1 可知，当 k 为质数时，$L(E_k)$ 是由所有形如 $x \to ax + b$ 的变换作成的群，其中 $a,b \in E_k$，$a \neq 0$．因而，当 $k = 2,3$ 时，$L(E_k) = S_k$．

下面，我们总是假定 $k \geqslant 4$．

引理　设 E_k 是一个 k 元加法群，E_k 的每个非零元素的周期均为同一质数 p，$k = p^n$，$n \geqslant 2$．那么，若 $L(E_k) \subset G \subseteq S_k$，则 $G \supseteq A_k$．

证明　由命题 1 知，$L(E_k) = AGL(n,p)$．因为域 F_p 的自同构为恒等同构，所以 $A\Gamma L(n,p) = AGL(n,p)$，这里 $A\Gamma L(n,p)$ 是所有形如 $x \to Ax^{\tau} + b$ 的变换作成的群，$x,b \in E_k$，A 是 E_k 的可逆线性变换，τ 是 F_p 的自同构．由文[8]之基本定理可知，$G \supseteq A_k$，引理获证．

定理 1　设 E_k 是一个 k 元加法群，于是：

1）当 $k > 4$ 时，$L(E_k)$ 是 A_k 的极大子群必要而且只要 E_k 的每个非零元素的周期均为 2．

2）当 $k=4$ 时，若 E_4 是循环群，则 $L(E_4)$ 是 S_4 的极大子群；否则，$L(E_4)=S_4$.

证明　先证 2).

当 $E_4=(a)$ 是一个四元循环群时，容易验证，所有形如 $x\to jx+b$ 的变换属于 $L(E_4)$，其中 $j=1,3$；$x,b\in E_4$，因此，$|L(E_4)|\geqslant 8$，另外，$\sigma=(0\ a)\notin L(E_4)$，这是因为 $\sigma(2a)+\sigma(0)\neq 2\sigma(a)$. 所以，$L(E_4)$ 是 S_4 的极大子群. 当 E_4 是一个初等阿贝尔群时，$|L(E_4)|=24$[4]，所以，$L(E_4)=S_4$.

再证 1).

① 若 E_k 的所有非零元素的周期不为同一质数 p，则 $L(E_k)$ 不是 A_k 的极大子群.

设 $k\geqslant 8$. 我们将 E_k 分为循环群的直接和

$$E_k=(a_1)\dot{+}\cdots\dot{+}(a_n).$$

a_i 的周期为 $p_i^{r_i}$，p_i 是质数，$r_i\geqslant 1$，$i=1,\cdots,n$. 于是，存在质数 p，使得 $H=(pa_1)\dot{+}\cdots\dot{+}(pa_n)$ 是 E_k 的一个真子群，且 $L(E_k)\subseteq\bigcup_{H,H_1,\cdots,H_h}$. 这里 $H,H_1,\cdots,H_h$ 是 H 在 E_k 中的全部陪集，$\bigcup_{H,H_1,\cdots H_h}=\{\sigma\mid\sigma\in S_k$ 且对于 E_k 中的任意两个元素 x,y，如果 $x-y\in H$，则 $\sigma(x)-\sigma(y)\in H\}$[4]. 容易证明：$\bigcup_{H,H_1,\cdots,H_h}\notin A_k$，$\bigcup_{H,H_1,\cdots,H_h}\subset S_k$. 由此可知，$\bigcup_{H,H_1,\cdots,H_h}\cap A_k\subset A_k$.

设 $k>8$. 不妨假定 $pa_1\neq 0$. 考虑下面三种情形：

ⅰ）$2pa_1\neq 0$. 取 $x,y\in H_1$，$x\neq y$. 不难看出，置换 $\sigma=(xy)(0\ pa_1)\in\bigcup_{H,H_1,\cdots,H_h}\cap A_k$. 此外，由 $k>8$ 可以选取 $z\in E_k-\{0,pa_1,x,y\}$，使得 $z+pa_1\in E_k-\{0,pa_1,x,y\}$，这样，有 $z+pa_1=\sigma(z+pa_1)\neq\sigma(z)+\sigma(pa_1)-\sigma(0)=z-pa_1$. 由此可见，$\sigma\notin L(E_k)$.

ⅱ）$2pa_1=0$，$p=2$. 取 $x,y\in H_1$，$x\neq y$. 由 $k>8$ 可以假定 $x,y\neq a_1$，显然，置换 $\sigma=(xy)(0\ pa_1)\in\bigcup_{H,H_1,\cdots,H_h}\cap A_k$. 另外，可以选取 $z\in E_k-\{0,pa_1,x,y\}$，使得 $z+a_1\in E_k-\{0,pa_1,x,y\}$，这样，有 $z+a_1=\sigma(z+a_1)\neq\sigma(z)+\sigma(a_1)-\sigma(0)=z-a_1$，从而 $\sigma\notin L(E_k)$.

ⅲ）$2pa_1=0$，$p\neq 2$. 不难看出，a_1 的周期为 2，$pa_1=a_1$. 据假设条件，$a_2,\cdots,a_n$ 的周期不同为 2，不妨假定 $2a_2\neq 0$. 令 $H'=(2a_1)\dot{+}(2a_2)\dot{+}\cdots\dot{+}(2a_n)$，显然 H' 是 E_k 的一个真子群. 以 2 代替 p，以 H' 代替 H，以 a_2 代替 a_1，用前面的方法，可将此情形转化为情形 ⅰ）或 ⅱ）.

设 $k=8$. 若 $E_8=(a)$，则 $H=\{0,2a,4a,6a\}$ 是 E_8 的真子群，$H,H_1(=\{a,3a,5a,7a\})$ 是 H 在 E_8 中的全部陪集. 令 $\sigma=(a\ 3a)(5a\ 7a)$，显然，$\sigma\in\bigcup_{H,H_1}\cap$

A_8. 但 $2a=\sigma(2\alpha)\neq 6a=2\sigma(a)-\sigma(0)$，故 $\sigma\notin L(E_8)$. 若 $E_8=(a_1)+(a_2)$，其中 a_1 的周期为 4，a_2 的周期为 2，则 $H=\{0,2a_1\}$ 是 E_8 的真子群，H 在 E_8 中的全部陪集是 $H, H_1(=\{a_1,3a_1\}), H_2(=\{a_1+a_2,3a_1+a_2\}), H_3(=\{2a_1+a_2,a_2\})$. 令 $\sigma=(a_2\ a_1+a_2)(2a_1+a_2\ 3a_1+a_2)$，显然，$\sigma\in\bigcup_{H,H_1,H_2,H_3}\cap A_8$，但 $2a_1=\sigma(2a_1)=\sigma(a_2+(a_2+2a_1))\neq\sigma(a_2)+\sigma(a_2+2a_1)-\sigma(0)=0$，所以 $\sigma\notin L(E_8)$.

设 $k=6$. 由 E_6 的交换性可知，E_6 是一个循环群，设 $E=(a)$，这时，由变换 $x\to x+3a$ 所确定的 E_6 上的置换 $\sigma=(0\ 3a)(a\ 4a)(2a\ 5a)\in L(E_6)$，但 $\sigma\notin A_6$，故 $L(E_6)\notin A_6$.

综上所述，当 E_k 的每个非零元素的周期不为同一质数 p 且 $k>4$ 时，或有 $L(E_k)\notin A_k$，或存在群 G，使得 $L(E_k)\subset G\subset A_k$.

② 由命题 1 之 2) 可知，若 E_k 的每个非零元素的周期为同一质数 p 且 $p\neq 2$，则 $L(E_k)\notin A_k$.

③ 若 E_k 的每个非零元素的周期均为 2，$k=2^n>4$，则 $L(E_k)$ 是 A_k 的极大子群.

由引理可知，我们只需要证明 $L(E_k)\subset A_k$.

由命题 1 可知，$L(E_k)=(ALG(n,2))_0\cdot AL(n,2)$. 因为 E_k 的每个非零元素的周期均为 2，容易证明 $AL(n,2)$ 的任意非单位元均可分解为 2^{n-1} 个对换之积，即 $AL(n,2)\subseteq A_k$.

设 $\sigma: x\to \mathbf{A}x$ 是 $(AGL(n,2))_0$ 中的任一元素，$x\in E_k$，$\mathbf{A}$ 是 E_k 上的可逆线性变换. 把 $\mathbf{A}$ 看作二元域 $F_2=\{0,1\}$ 上的可逆矩阵，根据线性代数知识，可以把 $\mathbf{A}$ 分解为 F_2 上的初等矩阵之积，即 $\mathbf{A}=\mathbf{A}_1\cdots\mathbf{A}_t$，其中 $\mathbf{A}_i=\boldsymbol{T}(u,v)$ 或 $\boldsymbol{T}(u,v(1))$. $i=1,\cdots,t$.

$$\boldsymbol{T}(u,v)=\begin{bmatrix}1&&&&&&&\\&\ddots&&&&&&\\&&1&&&&&\\&&&0&\cdots&1&&\\&&&\vdots&1\ \ddots&\vdots&&\\&&&1&\cdots&0&&\\&&&&&&1&\\&&&&&&&\ddots\\&&&&&&&&1\end{bmatrix}\begin{matrix}\\ \\ \\ u\text{ 行}\\ \\ v\text{ 行}\\ \\ \\ \\ \end{matrix},\quad \boldsymbol{T}(u,v(1))=\begin{bmatrix}1&&&&&&&\\&\ddots&&&&&&\\&&1&&&&&\\&&&0&\cdots&1&&\\&&&\vdots&1\ \ddots&\vdots&&\\&&&1&\cdots&0&&\\&&&&&&1&\\&&&&&&&\ddots\\&&&&&&&&1\end{bmatrix}\begin{matrix}\\ \\ \\ u\text{ 行}\\ \\ v\text{ 行}\\ \\ \\ \\ \end{matrix}$$

设 $\mathbf{A}_i$ 所对应的 $(AGL(n,2))_0$ 中元为 σ_i，$i=1,\cdots,t$，显然 $\sigma=\sigma_1\cdot\sigma_2\cdot\cdots\cdot\sigma_t$.

设 $e_1,\cdots,e_n$ 是 E_k 的一组基底，如果 $\mathbf{A}_i = \mathbf{T}(u,v)$，则 $\sigma_t(e_u) = e_v, \sigma_t(e_v) = e_u, \sigma_t(e_j) = e_j, j = 1,\cdots,n; j \neq u,v$. 直接计算可知，$\sigma_t$ 变动 E_k 的 2^{n-1} 个点，且 $\sigma_t^2 = 1$. 若 $\mathbf{A}_t = \mathbf{T}(u,v(1))$ 则 $\sigma_t(e_u) = e_u + e_v, \sigma_t(e_j) = e_j, j = 1,\cdots,n, j \neq u$，直接计算可知，$\sigma_t$ 变动 E_k 的 2^{n-1} 个点，且 $\sigma_t^2 = 1$. 由此可知，恒有 σ_t 变动 E_k 的 2^{n-1} 个点，$\sigma_t^2 = 1$，由 $n > 2$ 可以推知 $\sigma_t \in \mathbf{A}_k$. 仿此可以证明，$\sigma_i \in \mathbf{A}_k, i = 1,\cdots,t-1$. 所以 $\sigma \in A_k$. 这就证明了 $(AGL(n,))_0 \subseteq \mathbf{A}_k$，从而 $L(E_k) = AL(n,2) \cdot (AGL(n,2))_0 \subseteq A_k$. 因为 $|L(E_k)| < |\mathbf{A}_k|$，所以 $L(E_k) \subset \mathbf{A}_k$，至此，定理 1 获证.

对于定理 1，作者在文[10] 中给出了一个初等的证明.

命题 2　设 $k = p$ 是一个质数，E_p 是一个 p 元加法群，若 $L(E_p) \subset G \subseteq S_p$，则

1) G 是二重可迁的；

2) $AL(1,p)$ 在 G 中的正规化子 $N_G(AL(1,p)) = L(E_p)$；

3) G 是不可解的.

证明

1) 把 E_p 看成一个 p 元域，不难验证，$L(E_p)$ 在 E_p 上是二重可迁的，从而 G 是二重可迁的.

2) 由文[11] 之命题 4.4 可知，$AL(L,p)$ 在 S_p 内的中心化子为 $AL(1,p)$ 自身，从而 $AL(1,p)$ 在 G 内的中心化子亦为 $AL(1,p)$. 因为 $|AL(1,p)| = p$ 为质数，故 $AL(1,p)$ 的自同构群是 $p-1$ 元群，由文[16] 之定理 5 知，$|N_G(AL(1,p))/AL(1,p)| \leqslant p-1$，即 $|N_G(AL(1,p))| \leqslant p(p-1)$. 容易验证，$AL(1,p)$ 是 $L(E_p)$ 的正规子群，故有 $|N_G(AL(1,p))| \geqslant (L(E_p)| \geqslant p(p-1)$，由此可以看出，$N_G(AL(1,p)) = L(E_p)$.

3) 若 G 是可解的，由 1) 及文[11] 之定理 11.5 可知，G 的极小正规子群 N 是正则的，从而 $|N| = p$. 因为 $(|G|/p, p) = 1$，所以 N 是 G 的 p-sylow 子群，N 与 $AL(1,p)$ 在 G 中共轭，即 $N = AL(1,p)$. 由 2) 可推得 $G \subseteq L(E_p)$，这与假设相矛盾.

定理 2　设 E_k 是一个 k 元加法群，$k \geqslant 5$. 于是，$L(E_k)$ 是 S_k 的极大子群的充分必要条件为 E_k 的每个非零元素的周期为同一质数 $p, p \neq 2$.

证明　必要性.

由定理 1 知，当 E_k 的每个非零元素的周期均为 2 时，$L(E_k)$ 不是 S_k 的极大子群. 从定理 1 之 ① 的证明可以看出，若 E_k 的所有非零元素的周期不为同一质

数 p，$k>6$，则存在 E_k 的某个真子群 H，使得 $L(E_k)\subset\bigcup_{H,H_1,\cdots,H_h}\subset S_k$，这里 $H,H_1,\cdots,H_h$ 是 H 在 E_k 中的全部陪集. 这样，我们只需要证明 $L(E_6)$ 不是 S_6 的极大子群即可.

设 $E_6=(a)$ 是一个六元循环群. 显然，$H=(2a)$ 是 E_6 的真子群. 由文[4]有 $L(E_6)\subseteq\bigcup_{H,H_1}$，其中 $H_1=\{a,3a,5a\}$. 令 $\sigma=(0\ 2a)$. 据定义 5 可知，$\sigma\in\bigcup_{H,H_1}$. 但因 $\sigma(a+2a)=3a\neq 5a=\sigma(a)+\sigma(2a)-\sigma(0)$，故 $\sigma\notin L(E_6)$. 因此，$L(E_6)\subset\bigcup_{H,H_1}\subset S_6$. $L(E_6)$ 不是 S_6 的极大子群.

充分性.

设 $k=p^n$，$p\neq 2$，E_k 的每个非零元素的周期均为 p.

由引理及命题 1 之 2) 可知，当 $n\geqslant 2$ 时，$L(E_k)$ 是 S_k 的极大子群.

下面证明 $k=p$ 为质数的情形.

由 $L(E_p)\subset G\subset S_p$. 由命题 2 可知，$G$ 是二重可迁的，从而 G 包含一个 p- 轮换；此外，G 是不可解的. 由文[12] 之定理 1.49 可知，G 满足下列条件之一：

ⅰ) $G\supseteq A_p$；

ⅱ) $p=11$，$G\cong M_{11}$ 或 $PSL(2,11)$；

ⅲ) $p=23$，$G\cong M_{23}$；

ⅳ) $p=\dfrac{q^m-1}{q-1}$，$G\supseteq PSL(m,q)$，其中，q 是某个质数幂.

这里 M_{11}，M_{23} 分别是 11，23 个文字上的 Mathieu 群，$PSL(m,q)$ 是域 F_q 上的 m 级特殊射影群. 我们知道，$PSL(2,11)$，M_{11} 和 M_{23} 都是单群. 据命题 1 之 2) 可知，G 包含奇置换，从而不是单群. 因此，若 p 不能写成 $\dfrac{q^m-1}{q-1}$ 的形式，则 $G=S_p$，即 $L(E_p)$ 是 S_p 的极大子群. 如果 p 可以写成 $\dfrac{q^m-1}{q-1}$ 的形式，$m\geqslant 3$，由文[7] 之结论可知，$G\supseteq A_p$(或 $PSL(m,q)\subseteq G\subseteq P\Gamma L(m,q)$)，其中，$P\Gamma L(m,q)$ 是 $PSL(m,q)$ 的正规化子. 容易看出，$AL(1,p)$ 是 G 的 p-sylow 子群. 据命题 2 之 2) 知，$|N_G(AL(1,p))|=|L(E_p)|=p\cdot(p-1)$ 是一个偶数. 由文[13] 之定理可知，G 是三重可迁的. 如果 $PSL(m,q)\subseteq G\subseteq P\Gamma L(m,q)$，则 $PSL(m,q)$ 是 G 的正规子群，据文[14] 之定理，$PSL(m,q)$ 亦是三重可迁的，当 $m\geqslant 3$ 时，$PSL(m,q)$ 不是三重可迁的，故此，$PSL(m,q)\subseteq G\subseteq P\Gamma L(m,q)$ 是不可能的. 因此，$G\supseteq A_p$. 由 G 包含奇置换可得，$G=S_p$，即 $L(E_p)$ 是 S_p 的极大子群. 如果 $p=\dfrac{q^2-1}{q-1}=q+1$，q 为某个质数幂，由 p 是一个异于 2 的质数可以推知，q 必是

2 的幂,进而不难证明 p 是一个 Fermat 质数. 由文[15]之结论有 $G = S_p$,亦即 $L(E_p)$ 是 S_p 的极大子群.

综上所述,定理 2 获证.

下面将定出 S_p(p 是质数)的全部极大子群.

命题 3 设 $k = p$ 是一个质数,$p \geqslant 5$,G 是 E_p 上的可迁群且 G 不可解. 于是,G 是 S_p 的极大子群必要而且只要 $G = A_p$.

证明 充分性是显然的.

必要性.

设 G 是 S_p 的极大子群,$G \subset S_p$. 假若 $G \neq A_p$,则 G 必含一个奇置换. 由文[13]之推论 1 可知 G 是三重可迁的,仿照定理 2 充分性之证明,可以证得 $G = S_p$,这与 $G \subset S_p$ 相矛盾,从而说明 $G \neq A_p$ 的假设是错误的.

必要性获证.

设 P 是 S_p 的一个 p-sylow 子群,$N_{S_p}(P)$ 是 P 在 S_p 中的正规化子;设 H 是 S_p 的一个子群,可以证明,H 与 $N_{S_p}(P)$ 在 S_p 中共轭的充分必要条件是:存在 S_p 的 p-sylow 子群 N,使得 $N = N_{S_p}(N)$.

命题 4 设 $k = p$ 是一个质数,G 是 E_p 上的可迁群,且 G 可解;设 P 是 S_p 的 p-sylow 子群,$N_{S_p}(P)$ 是 P 在 S_p 中的正规化子. 于是,G 是 S_p 的极大子群必要而且只要 G 与 $N_{S_p}(P)$ 在 S_p 中共轭.

证明 充分性.

我们定义 E_p 上的加法,使其成为一个加法群. 由命题 2 之 2) 可知,$L(E_p)$ 是 $AL(1,p)$ 在 S_p 中的正规化子,从而 $L(E_p)$ 与 $N_{S_p}(P)$ 在 S_p 中共扼. 若 G 与 $N_{S_p}(P)$ 在 S_p 中共轭,则 G 与 $L(E_p)$ 亦在 S_p 中共轭. 由 $L(E_p)$ 在 S_p 中的极大性可知,G 是 S_p 的极大子群.

必要性.

由文[11]之定理 8.3 可知,G 是本原群,据此,由文[11]之定理 11.5 可以推得 G 的极小正规子群 N 是正则的,即 $|N| = p$. 因为 $(|S_p|/p, p) = 1$,所以 N 是 S_p 的 p-sylow 子群. 由于 $N_{S_p}(P)$ 与 $N_{S_p}(N)$ 在 S_p 中共轭,$G \subseteq N_{S_p}(N)$,可以推知 G 与 $N_{S_p}(P)$ 的某个子群共扼. 这样,G 是 S_p 的极大子群必有 G 与 $N_{S_p}(P)$ 共轭.

定理 3 设 p 是一个质数,$p \geqslant 5$,S_p 的全部极大子群是所有形如 $S(D_1) \cdot S(D_2)$ 的不可迁群(这里 $E_p = D_1 + D_2$ 且 $|D_1| \neq |D_2|$,$S(D_1)$,$S(D_2)$ 分别是

D_1, D_2 上的对称群)；每个 p-sylow 子群在 S_p 中的正规化子；交代群 A_p, S_p 的全部极大子群个数为 $2^{p-1}+(p-2)!$.

证明 由文[5]之定理1.18及命题3和命题4可知，定理的前半部分成立.

容易看出：S_p 中形如 $S(D_1)\cdot S(D_2)$ 的不可迁群共有 $\sum_{i=I}^{(p-1)/2} C_p^i = 2^{p-1}-1$ 个，其中 $E_p = D_1 \dotplus D_2$ 且 $|D_1| \neq |D_2|$.

设 P 是 S_p 的一个 p-sylow 子群，$N_{S_p}(P)$ 是 P 在 S_p 的正规化子. 显然，$N_{S_p}(P)$ 在 S_p 中的正规化子 $N_{S_p}(N_{S_p}P))$ 包含 $N_{S_p}(P)$，由命题4知，$N_{S_p}(P)$ 是 S_p 的极大子群，据此不难推得 $N_{S_p}(N_{S_p}(P)) = N_{S_p}(P)$，从而 S_p 中与 $N_{S_p}(P)$ 共轭的子群个数为 $\frac{|S_p|}{|N_{S_p(p)}|} = (p-2)!$，即 S_p 有 $(p-2)!$ 个可迁且可解的极大子群.

定理获证.

推论 设 k 是一个质数，$k \geqslant 5$，则 $P_k^{(I)}$ 的全部极大封闭集个数为 $2^{k-1}+(k-2)!+1$.

证明 由文[1]之定理1及定理3可知结论为真.

至此，我们就彻底地解决了 $P_k^{(I)}$(k 为质数) 中完备系之判定问题.

此文是在罗铸楷副教授的指导下完成的，在此表示衷心感谢.

参考文献

[1] Baĭramov R A. On the completeness problem in the symmetric semigroup of finite degree (Russian)[J]. Diskret Analiz, 1966(8): 3－26.

[2] O' Nan M E. Some open problems in primitive permutation groups[C]. Proceedings of Symposia in Pure Mathematics, American Mathematical Society, 1980(37).

[3] Blohina G N, Kudrjavcev V B. On basic groups in k-valued logics(Russian)[J]. Dokl Akad Nauk SSSR, 1971(201): 9－11.

[4] 罗铸楷. 线性函数集和环的极大封闭性[J]. 吉林大学自然科学学报, 1963(2): 1－14.

[5] Ball R W. Maximal subgroups of symmetric groups[J]. Trans Amer Math Soc, 1966 (121): 393－407.

[6] Skalba J. On the maximality of S_n in $S_{\binom{n}{k}}$[J]. J Algebra, 1982(75): 158－174.

[7] Kantor W M, McDonough T P. On the maximality of PSL$(d+1, q)$, $d \geqslant 2$[J]. J London Math Soc, 1974, 2(8): 426.

[8] Mortimer B. Permutation groups containing affine groups of the same degree[J]. J London math Soc,1977,2(15):445－455.

[9] 罗铸楷. 在对称群中正则 2 项关系所确定的全部极大子群[J]. 数学学报,1985,28(6):772－782.

[10] 罗承杰. 交代群中广义线性变换群的极大性.(已寄《科学探索》)

[11] Widlandt H. Finite permutation groups[M]. New York:Academic Press,1964.

[12] Gorestein D. Finite simple groups,an introduction to their classification[M]. New York:Plenum press,1982.

[13] Nernann P M. Transitive permutation groups of prime degree[J]. J London Math Soc,1972,2(5):202－208.

[14] Wagner A. Normal subgroups of triply-transitive permutation groups of odd degree[J]. Math Z,1966(94):219－222.

[15] Ito N. On transitive permutation groups of Fermat prime degree[C]. Proc Internat Conf Theory of groups,Austral Nat Univ Canberra,1965:191－202.

[16] 张远达. 有限群构造[M]. 北京:科学出版社,1982.

多值逻辑中的一类极大基本群

对称群和交代群的极大子群之确定，在多值逻辑理论和有限自动机理论中都有着重要而广泛的应用，同时也是置换群理论中需要解决的一个基本问题[1]. 在多值逻辑的基本群的研究中[2]，可将 k 元集合 E 上的置换群分为下列互不相同的 4 类：

1) 非可迁群和非本原群；

2) 保正则二项关系的置换群，此时 $k = h^m, m \geqslant 2$；

3) 线性置换群，此时 $k = p^m$，p 是质数；

4) 基本群，即它与任一个真多元取 k 个不同值的函数构成一个完备集[3].

这样，只要定出上述 4 类置换群在对称群 S^E（交代群 A^E）中的极大子群，便定出了 $S^E(A^E)$ 中的全部极大子群.

文[4]，文[5] 和文[6] 分别定出了 1,2,3 类置换群在 S^E 和 A^E 中的所有极大子群，对于第 4 类基本群的极大性问题目前还只有少量结果[7,8].

本文对 O'Nan 提出的问题 4[1]，定出了一类新的极大基本群.

1. 基本概念

设 Ω 是一个 mh 元集合，$P = \{\{\Omega_1, \cdots, \Omega_m\} \mid \Omega = \Omega_1 \cup \cdots \cup Q_m, \mid \Omega_i \mid = h, i = 1, \cdots, m\}$. 显然，$\Omega_i \cap \Omega_j = \varnothing, i \neq j; i, j = 1, \cdots, m$ 且 $\mid P \mid = \dfrac{(mh)!}{(h!)^m m!}$.

设 S^Ω，S^P 分别是 Ω，P 上的对称群，$\sigma \in S^\Omega$，由 σ 可诱导出置换 $\tilde{\sigma} \in S^P$ 如下：

$$\tilde{\sigma}(\{\Omega_1, \cdots, \Omega_m\}) = \{\sigma(\Omega_1), \cdots, \sigma(\Omega_m)\},$$

$$\sigma(\Omega_i) = \{\sigma(\alpha_1^i), \cdots, \sigma(\alpha_h^i)\},$$

$$\Omega_i = \{\alpha_1^i, \cdots, \alpha_h^i\}, \quad i = 1, \cdots, m.$$

实际上，$\tilde{\sigma}$ 是 σ 作用在 P 上所产生的置换，为了减少符号，可将 $\tilde{\sigma}$ 与 σ 不加区别地看作是一个置换，仅是作用域不同而不同. S^Ω 说是作用在 P 上，是指 S^Ω 中

的置换都作用在 P 上，显然，当 S^{Ω} 作用在 P 上时便产生了 S^{P} 的一个子群，本文证明了当 $m=2$ 时，此子群是 S^{P} 或 A^{P} 的极大子群.

命题 1 S^{Ω} 是 P 上的本原群.

证明 显然，S^{Ω} 是 P 上的可迁群.

设 $x=\{\Omega_1,\cdots,\Omega_m\}\in P$. 于是 $\Omega=\Omega_1\cup\cdots\cup\Omega_m$ 是一个直接分划，记为 D. $\sigma\in S^{\Omega}$ 说是保分划 D，如果 a,b 同属于某一个 Ω_i，则 $\sigma(a)$，$\sigma(b)$ 亦同属于某一个 Ω_j. 所有保 D 的置换之集合记为 U_D，由文[4]的定理 5 可知，U_D 是 S^{Ω} 的极大子群. 在 P 上 U_D 就是 $(S^{\Omega})_X=\{\sigma\mid\sigma(X)=X,\sigma\in S^{\Omega}\}$，从而在 P 上 $(S^{\Omega})_X$ 是 S^{Ω} 的极大子群. 因此，S^{Ω} 在 P 上是本原群.

命题 2 $S^{\Omega}\subseteq A^{P}$ 当且仅当 $N(m,h)$ 为偶数，其中 A^{P} 是 P 上的交代群，有

$$N(m,h)=\frac{h^2(mh-2)!}{2(h!)^m(m-2)!}.$$

证明 设对换 $\sigma=(ab)\in S^{\Omega}$，对任意 $X=\{\Omega_1,\cdots,\Omega_m\}\in P$. 易证：

1) $\sigma(X)=X$，当且仅当有 Ω_i 使得 $a,b\in\Omega_i$，$1\leqslant i\leqslant m$；

2) 若 $\sigma(X)=Y$，则 $\sigma(Y)=X$，即 σ 作用在 P 上时可表示为不相杂对换之乘积

$$\sigma=(X_1,Y_1)\cdots(X_n,Y_n),\quad X_i,Y_i\in P,\quad i=1,\cdots,n.$$

令 $P'=\{X\mid X\in P,\text{且}\ \sigma(X)=X\}$，试看 Ω 中全部元素的排列. 显然，P 中每一个元素恰具有 $(h!)^m m!$ 个不同的排列，P' 中所有元素的排列数为 $mh(h-1)(mh-2)!$. 因此，

$$|P'|=\frac{mh(h-1)(mh-2)!}{(h!)^m m!},$$

从而

$$n=\frac{1}{2}(|P|-|p'|)=\frac{mh(mh-2)!}{2(h!)^m m!}((mh-1)-(h-1))$$

$$=\frac{h^2(mh-2)!}{2(h!)^m(m-2)!}=N(m,h).$$

命题 3 设 $\sigma\in S^{\Omega}$ 是一个对换. 于是

1) σ 在 P 上的度 $\mu(\sigma)=|\{X\in P\mid\sigma(X)\neq X\}|=2N(m,h)$；

2) $\tau\in S^{\Omega}$，τ 是对换当且仅当 $\mu(\tau)=\mu(\sigma)$.

命题 4 若 S^{Ω} 是 A^{P} 的极大子群，$|\Omega|\neq 6$，则 S^{Ω} 与 S^{P} 之间除 A^{P} 外无其他子群.

证明 设 $X,Y\in P$，易证对任意 $\sigma\in S^{\Omega}$，$\sigma(X)=X$ 当且仅当 $\sigma(Y)=Y$，

则 $X=Y$.

设子群 H 满足 $S^{\Omega}\subset H\subset S^{P}$. 当 $A^{P}\subseteq H$ 时，由 A^{P} 的极大性有 $H=A^{P}$. 当 $H\subseteq A^{P}$ 时，由 S^{Ω} 的极大性有 $H=A^{P}$.

设 $A^{P}\not\subseteq H$ 且 $H\not\subseteq A^{P}$，有 $S^{\Omega}\subseteq N\subset A^{P}$，$N$ 是 H 中所有偶置换作成之子群. 由 S^{Ω} 的极大性有 $N=S^{\Omega}$，从而 S^{Ω} 是 H 的正规子群. 因此，对于任意 $k\in H$，$\tau^{k}\in k\tau k^{-1}(\tau\in S^{\Omega})$ 是 S^{Ω} 的一个自同构.

根据文[9]的推论 5.10，当 $|\Omega|\neq 6$ 时，S^{Ω} 是完全群从而在 P 上 S^{Ω} 的自同构都是内自同构. 因此，对任意 $k\in H$ 有 $\sigma\in S^{\Omega}$ 使 $k\tau k^{-1}\in\sigma\tau\sigma^{-1}$，$\tau$ 取遍 S^{Ω} 中的所有元素，即对任意 $\tau\in S^{\Omega}$，$\tau(k^{-1}\sigma)=(k^{-1}\sigma)\tau$.

任取 $X\in P$，若 $\tau(X)=X$，则 $\tau(k^{-1}\sigma(X))=k^{-1}\sigma\tau(X)=k^{-1}\sigma(X)$；反之，若 $\tau(k^{-1}\sigma(X))=k^{-1}\sigma(X)$，则 $k^{-1}\sigma(\tau(X))=k^{-1}\sigma(X)$，从而 $\tau(X)=X$. 据此，$X=k^{-1}\sigma(X)$，即 $k(X)=\sigma(X)$，从而 $k=\sigma\in S^{\Omega}$，此与假设相矛盾.

命题 5 若 $\upsilon^{-1}S^{\Delta}\upsilon\subset S^{\Omega}$，$\upsilon\in S^{P}$，$\Delta\subseteq\Omega$，则有 $\Delta'\subseteq\Omega$，$|\Delta'|=|\Delta|$ 使 $S^{\Delta'}=\upsilon^{-1}S^{\Delta}\upsilon$，从而有 $\sigma\in S^{\Omega}$ 使 $\sigma^{-1}S^{\Delta}\sigma=\upsilon^{-1}S^{\Delta}\upsilon$.

证明 设 $\Delta=\{a,a_1,\cdots,a_n\}$，$n\geqslant 1$. 下面用归纳法证明

$$\upsilon^{-1}(aa_j)\upsilon=(a'a'_j),\quad a',a'_j\in\Omega,\quad j=1,\cdots,n.$$

当 $n=1$ 时，由命题 3 之 2) 可知，$\upsilon^{-1}(aa_1)\upsilon=(a'a'_1)$.

当 $n=2$ 时，由命题 3 之 2) 可知，$\upsilon^{-1}(aa_1)\upsilon=(b_ic_i)$，$i=1,2$.

若 $b_1,c_1\neq b_2,c_2$，则

$$(b_1c_1)(b_2c_2)=(b_2c_2)(b_1c_1),$$

从而与 $(aa_1)(aa_2)=(aa_2)(aa_1)$ 矛盾. 因此，$(b_ic_i)=(a'a'_i)$，$i=1,2$.

设 $\upsilon^{-1}(aa_j)\upsilon=(a'a'_j)$，$\upsilon^{-1}(aa_k)\upsilon=(bc)$，$j=1,\cdots,k-1$. 若 $b,c\neq a',a'_1$，则

$$(bc)(a'a'_1)=(a'a'_1)(bc),$$

从而与 $(aa_k)(aa_1)=(aa_1)(aa_k)$ 矛盾. 若 $b=a'_1$ 或 $c=a'_1$，则 $b,c\neq a'$，取 $a'_s\neq b,c$，$2\leqslant s\leqslant k-1$，显然，$(a'a'_s)(bc)(a'a'_s)=(bc)$，从而与 $(aa_s)(aa_k)(aa_s)=(a_sa_k)=(aa_k)$ 矛盾. 因此，$\upsilon^{-1}(aa_k)\upsilon=(a'a'_k)$.

由 $\upsilon^{-1}(a_ia_j)\upsilon=\upsilon^{-1}(aa_i)(aa_j)(aa_i)\upsilon=(a'_ia'_j)$；$i\neq j$，$i,j=1,\cdots,n$ 可推得

$$S^{\Delta'}=\upsilon^{-1}S^{\Delta}\upsilon,\quad \Delta'=\{a',a'_1,\cdots,a'_n\}.$$

设 H 是 S^{P} 的一个子群，$\tau\in S^{P}$，为了方便起见，引入记号

$$C_H(\tau)=\{g\in H\mid \tau g\tau^{-1}=g\}.$$

命题6　设 H 是 S^P 的一个奇元交换子群，L 是 H 的子群. 若有 $\Delta\subseteq\Omega$，$|\Delta|>m^2$ 使得对任意对换 $\tau\in S^\Delta$ 皆有 $\tau H\tau=H$，$C_H(\tau)=L$，则 $L=H$.

证明

1）对任意 $g\in H$，任意对换 $\tau,t\in S^\Delta$ 皆有 $\tau g\tau=tgt$.

令 $g^\tau=\tau g\tau$，显然 τ 是 H 的一个自同构且 $\tau^2=1$. 由文[14]有

$$H=C_H(\tau)C_H^*(\tau),\quad C_H(\tau)\cap C_H^*(\tau)=\{1\},\quad C_H^*(\tau)=\{g\in H\mid \tau g\tau=g^{-1}\}.$$

同理对对换 $t\in S^\Delta$ 亦有

$$H=C_H(t)C_H^*(t),\quad C_H(t)\cap C_H^*(t)=\{1\},\quad C_H^*(t)=\{g\in H\mid g^{-1}=tgt^{-1}\}.$$

根据命题假设有

$$C_H(\tau)=C_H(t).$$

设 $g\in C_H^*(\tau)$，于是

$$g=g_1g_2,\quad g_1\in C_H(t)=C_H(\tau),\quad g_2\in C_H^*(t).$$

从而当对换 τ,t 无公共元素时（即可交换）有

$$tgt=g_1g_2^{-1},\quad g^{-1}=g_1\tau g_2\tau,\quad tg^{-1}t=g_1\tau g_2^{-1}\tau.$$

将以上4式两边分别相乘可得 $1=g_1^4$，从而由 H 为奇元群可推得 $g_1=1$，即 $g=g_2\in C_H^*(t)$. 因此，$C_H^*(\tau)\subseteq C_H^*(t)$.

同理可证 $C_H^*(t)\subseteq C_H^*(\tau)$，从而 $C_H^*(\tau)=C_H^*(t)$. 这样对任意 $g\in H$，有

$$\tau g\tau=tgt.$$

设 τ,t 有公共元素，$\tau=(a,b)$，$t=(a,c)$，取 $\sigma=(d,e)$，$d,e\neq a,b,c$，对于对任意 $g\in H$，有

$$\tau g\tau=\sigma g\sigma=tgt.$$

2）$H=L$.

设 $g\in H$，由1）可知，对任意对换 $\tau,t\in S^\Delta$ 皆有 $g\tau g\tau=gtgt$. 令 $g\tau g\tau=\upsilon$，显然 $\upsilon\in H$ 且 $\tau\upsilon=\upsilon\tau$，即 $\upsilon\in C_H(\tau)=L$.

任取 $X=\{X_1,\cdots,X_m\}\in P$，设 $g(X)=\{Y_1,\cdots,Y_m\}$，由 $|\Delta|>m^2$ 必有一个 $X_i\cap Y_j$ 使 $X_i\cap Y_i\cap\Delta=\{a_1,\cdots,a_n\}$，$n\geqslant 2$. 取 $\tau=(a_1a_2)$，显然

$$\tau(X)=X,\quad \tau(g(X))=g(X),$$

从而 $\upsilon(X)=g^2(X)$. 因此，$\upsilon=g^2$. 设 g 的周期为 $2n+1$，于是 $1=\upsilon^2g$，即 $g=\upsilon^{-n}\in L$，从而 $H\subseteq L$. 故 $H=L$.

引理1　设 G 是一个群，$S^\Omega\subseteq G\subset S^P$，$G\neq A^P$ 且有 $\Delta\subseteq\Omega$ 使

$$N_G(S^\Delta)\subseteq S^\Omega,\quad 2\leqslant|\Delta|\leqslant m,\quad |\Omega|=mh.$$

$N_G(S^\Delta)$ 是 S^Δ 在 G 中的正规化群. 若有 $\Gamma \subseteq Q, h \geqslant |\Gamma| > m(n-1)$ 存在, 使 $G_\Psi \subseteq S^\Omega, \Psi = \{\{A_1, \cdots, A_m\} \in P \mid 有 A_{i(1\leqslant i\leqslant m)} 使得 \Gamma \subset A_i\}$, 则 $G = S^\Omega$.

证明 若 $|\Delta'| = |\Delta|, \Delta' \subseteq \Omega$, 则 $N_G(S^{\Delta'}) \subseteq S^\Omega$. 事实上, 显然有 $\sigma \in S^\Omega$, 使

$$S^{\Delta'} = \sigma^{-1} S^\Delta \sigma.$$

设 $\upsilon \in N_G(S^{\Delta'})$, 于是

$$\upsilon^{-1} S^{\Delta'} \upsilon = S^{\Delta'}, \quad \upsilon^{-1} \sigma^{-1} S^\Delta \sigma \upsilon = \sigma^{-1} S^\Delta \sigma,$$

从而 $\sigma\upsilon\sigma^{-1} \in N_G(S^\Delta) \subseteq S^\Omega$, 即有 $\upsilon \in S^\Omega$. 因此, $N_G(S^{\Delta'}) \subset S^\Omega$.

设 $S^\Omega \subset G$, 取 Ψ 中满足条件 $G_\Phi \nsubseteq S^\Omega$ 的极大子集 Φ(Φ 可能是空集, 此时 $G_\Phi = G$). 令 $H = G_\Phi$, 显然, $S^\Gamma \subseteq G_\Phi \subseteq H$. 取 $\upsilon \in H, \upsilon \notin S^\Omega$, 对换 $(ab) \in S^\Gamma$. 显然, $g = \upsilon^{-1}(ab)\upsilon \in H$, 且 $g^2 = 1$. 取 $X \in \Psi - \Phi$, 设 $k \in K = H_{X, g(X)}$, 由 $g^2 = 1$, 有

$$g^{-1}kg(X) = X, \quad g^{-1}kg(g(X)) = g(X),$$

从而 $g^{-1}kg \in K$. 因此, $g \in N_G(K)$.

根据 Φ 的极大性有 $K = G_{\Phi\cup X, g(X)} \subseteq S^\Omega$. 由 $G_{\Phi\cup X} \supseteq G_\Psi \supseteq S^\Gamma$ 及 $|\Gamma| > m(n-1)$ 可推得, $\Delta \subseteq \Gamma$, $|\Delta| = n$ 存在使 $K \supseteq [S^\Gamma]_{g(X)} \supseteq S^\Delta$. 因此, $S^\Delta \subseteq K \subseteq S^\Omega$. 设 $k \in N_G(K)$, 有 $k^{-1} S^\Delta k \subseteq K \subseteq S^\Omega$. 依此, 由命题 5 有 $\sigma \in S^\Omega$, 使 $\sigma^{-1} S^\Delta \sigma = k^{-1} S^\Delta k$, 即

$$(k\sigma^{-1})^{-1} S^\Delta (k\sigma^{-1}) = S^\Delta,$$

从而

$$k\sigma^{-1} \in N_G(S^\Delta) \subseteq S^\Omega.$$

这样, $k \in S^\Omega$, 因而 $N_G(K) \subseteq S^\Omega$.

至此我们便证明了 $g \in S^\Omega$.

由 $g \in S^\Omega$ 可推得 $\upsilon^{-1} S^\Gamma \upsilon \subseteq S^\Omega$, 从而 $\upsilon^{-1} S^\Delta \upsilon \subseteq S^\Omega, \Delta \subseteq \Gamma, |\Delta| = n$. 依此, 由命题 5 有 $\sigma \in S^\Omega$, 使 $\sigma^{-1} S^\Delta \sigma = \upsilon^{-1} S^\Delta \upsilon$, 从而 $\upsilon\sigma^{-1} \in N_G(S^\Delta) \subseteq S^\Omega$, 即与 $\upsilon \in S^\Omega$ 矛盾, 故 $G = S^\Omega$.

引理 2 设群 G 包含 $S^\Omega, \Delta = \{a_1, \cdots, a_m\} \subseteq \Omega, P_1 = \{\{A_1, \cdots, A_m\} \in P \mid a_i \in A_i, i = 1, \cdots, m\}, m \geqslant 2$. 于是 $N_G(S^\Delta)$ 是 P_1 上的置换群且可迁.

证明 设 $\upsilon \in N_G(S^\Delta), A = \{A_1, \cdots, A_m\} \in P_1$, 若 $\upsilon(A)$ 中有一个集合含有 $a_i, a_j, i \neq j$, 则 $\sigma\upsilon(A) = \upsilon(A), \sigma = (a_i a_j) \in S^\Omega$. 此外, 由 $\upsilon S^\Delta = S^\Delta \upsilon$ 有 $\tau \in S^\Delta$ 使 $\sigma\upsilon = \upsilon\tau$, 这样, $\sigma\upsilon(A) = \upsilon(A) = \upsilon\tau(A)$, 从而 $\tau(A) = A$, 如此 τ 必为 1, 此为矛盾. 因此, $\upsilon(A) \in P_1$ 即 $N_G(S^\Delta)$ 是 P_1 上的置换群. 由 $S^\Delta \cdot S^{\Omega-\Delta} \subseteq N_G(S^\Delta)$ 不难

推得 $N_G(S^{\Delta})$ 在 P_1 上可迁.

设 $\Delta=\{a_1,\cdots,a_m\}\subseteq\Omega,\Omega'=\Omega-\Delta,P'=\{\{\Delta_1,\cdots,\Delta_m\}\mid\Omega'=\Delta_1\cup\cdots\cup\Delta_m,\mid\Delta_i\mid=h-1,i=1,\cdots,m\},\upsilon\in N_G(S^{\Delta})$. 对 $\{A_1,\cdots,A_m\}\in P'$,由引理 2 可知,$\upsilon(\{A_1\cup\{a_1\},\cdots,A_m\cup\{a_m\}\})=\{A'_1\cup\{a_1\},\cdots,A'_m\cup\{a_m\}\},\{A'_1,\cdots,A'_m\}\in P'$,依此定义 υ' 如下:

$$\upsilon'(\{A_1,\cdots,A_m\})=\{A'_1,\cdots,A'_m\}.$$

由 $\upsilon S^{\Delta}=S^{\Delta}\upsilon$ 可以证明:υ' 的定义与 $A_1,\cdots,A_m$ 的次序选择无关且 υ' 是 P' 上的一个置换.

据此,定义从 $N_G(S^{\Delta})$ 到对称群 $S^{P'}$ 中的映射入如下:

$$\lambda(\upsilon)=\upsilon',\quad \upsilon\in N_G(S^{\Delta}),\quad \upsilon'\in S^{P'}.$$

易证,λ 是一个同态映射,设其同态核为 $\ker(\lambda)$,$N_G(S^{\Delta})$ 在 $S^{P'}$ 中的同态像为 $\mathrm{Im}(\lambda)^*$. 当 $m=2$ 时,下面将证明此猜想成立,因而可推得 S^{Ω} 是 S^P 或 A^P 的极大子群.

用反证法.

设当 $m=2$ 时,有 $h\geqslant 3$ 使 S^{Ω} 既非 S^P 的极大子群,又非 A^P 的极大子群(当 $h=2$ 时,$S^{\Omega}=S^P$),取如此的最小 h. 下面总假定 $\mid\Omega\mid=2h,h\geqslant 3$. 可以猜想当 $l\geqslant 4,\ker(\lambda)=S^{\Delta},\mathrm{Im}(\lambda)=S^{\Omega-\Delta}$.

2. 正规化群

设 E 是一个 n 元集,$A=\{A_1,A_2\}$ 是一个直分集,如果 $E=A_1\cup A_2,A_1\cap A_2=\varnothing$. 令 $\mid A\mid=\{\mid A_1\mid,\mid A_2\mid\}$,$\boldsymbol{A}*\boldsymbol{B}=\begin{pmatrix}\mid A_1\cap B_1\mid & \mid A_1\cap B_2\mid\\ \mid A_2\cap B_1\mid & \mid A_2\cap B_2\mid\end{pmatrix}$ 和 $\boldsymbol{A}=\{A_1,A_2\},\boldsymbol{B}=\{B_1,B_2\}$ 是直分集. 显然,此矩阵与 A_1,A_2,B_1,B_2 的次序选择有关,不过仅是行(列)互换而已,而行(列)互换关系是等价关系. 在今后的讨论中将此等价的矩阵看成是一样的,不加区别.

引理 3 设 A,B,X,Y 是直分集,$A\neq B$,$\mid X\mid=\mid Y\mid=\mid A\mid$. 于是,有直分集 $X^{(0)},X^{(1)},\cdots,X^{(2s)}$ 使

$$\mid X^{(2i)}\mid=\mid A\mid,\quad i=0,1,\cdots,s;$$

$$\mid X^{(2i+1)}\mid=\mid B\mid,\quad i=0,1,\cdots,s-1;$$

$$X^{(0)}=X,\quad X^{(2s)}=Y,\quad X^{(i)}*X^{(i+1)}=A*B,\quad i=0,1,\cdots,2s-1.$$

证明 设 $A=\{A_1,A_2\}$，$B=\{B_1,B_2\}$，$X=\{X_1,X_2\}$，$Y=\{Y_1,Y_2\}$，由 $|X|=|Y|=|A|$，不妨假设 $|X_1|=|Y_1|=|A_1|$. 只要将 B_1,B_2 重新标号便可假设 $|A_1\cap B_1|=k>0$，由 $A\neq B$ 有 $0<k<n-1$. 对数 $|X_1\cap Y_1|$ 用归纳法.

设 $|X_1\cap Y_1|=n-1$，有 $X_1=Y_1=\{a_1,\cdots,a_{n-1}\}$. 由 $|A_1|=n-1$，有

$$k\leqslant|B_1|\leqslant k+1.$$

当 $|B_1|=k$ 时，取 $Z_1=\{a_1,\cdots,a_k\}$. 当 $|B_1|=k+1$ 时，取 $Z_1=\{a_1,\cdots,a_k,a\}$，$a\neq a_1,\cdots,a_{n-1}$. 显然，

$$|Z_1|=|B_1|,\quad |X_1\cap Z_1|=|Z_1\cap Y_1|=|A_1\cap B_1|,\qquad (*)$$

从而 $|Z|=|B|$，$X*Z=A*B$，$Z*Y=A*B$，$Z=\{Z_1,Z_2\}$.

引理成立.

设 $|X_1\cap Y_1|=i$，$|X_1|=|Y_1|>i+1$，有

$$X_1=\{a_1,\cdots,a_i,a_{i+1},\cdots,a_r\},\quad Y_1=\{a_1,\cdots,a_i,b_{i+1},\cdots,b_r\}.$$

取 $Z_1=\{a_1,\cdots,a_{r-1},b_r\}$，显然

$$|X_1\cap Z_1|=r-1>i,\quad |Z_1\cap Y_1|=i+1,\quad |Z_1|=|A_1|.$$

由归纳法假设对 X,Z 与 Z,Y 引理的结论成立，从而对 X,Y 引理的结论亦成立.

设 $|X_1\cap Y_1|=i$，$|X_1|=|Y_1|\leqslant i+1$. 若 $|X_1|=|Y_1|=i$，则 $X_1=Y_1=\{a_1,\cdots,a_i\}$，$|A_1|=i$，从而

$$i+r-k\leqslant n,\quad |B_1|=r.$$

这样，有$(r-k)$个元素：$b_{k+1},\cdots,b_r\neq a_1,\cdots,a_i$，取 $Z_1=\{a_1,\cdots,a_k,b_{k+1},\cdots,b_r\}$. 显然$(*)$式成立.

若 $|X_1|=|Y_1|=i+1$，则

$$X_1=\{a_1,\cdots,a_i,a\},\quad Y_1=\{a_1,\cdots,a_i,b\},\quad \alpha\neq b,\quad |A_1|=i+1.$$

从而

$$(i+1)+r-k\leqslant n,\quad |B_1|=r.$$

这样，当 $r>k$ 时，有 $r-(k+1)$ 个元素 $b_{k+2},\cdots,b_r\neq a_1,\cdots,a_i,a,b$. 取 $Z_1=\{a_1,\cdots,a_{k-1},a,b,b_{k+2},\cdots,b_r\}$. 显然$(*)$式成立.

当 $r=k$ 时，若 $k=i+1$，则 $|B_1|=|A_1|=|A_1\cap B_1|=i+1$，从而 $A_1=B_1$，此与 $A\neq B$ 相矛盾. 因此，当 $r=k$ 时，$k<i+1$，取 $Z_1=\{a_1,\cdots,a_k\}$，显然$(*)$式成立.

对于任意 $a_1,a_2\in\Omega$，令 $\Delta=\{a_1,a_2\}$，$P_1=\{\{A_1,A_2\}\in P\mid a_i\in A_i,i=1,2\}$，$P_2=\{\{A_1,A_2\}\in P\mid\Delta\subseteq$ 某一个 $A_i\}$；$\Omega'=\Omega-\Delta$，$P'=\{\{\Delta_1,\Delta_2\}\mid\Omega'=\Delta_1\cup\Delta_2,\mid\Delta_1\mid=\mid\Delta_2\mid=h-1\}$. 显然，$P=P_1\cup P_2$.

引理 4 设 H 是 S^P 的子群且在 P_2 上稳定(即对任意 $g\in H$，$g(P_2)=P_2$). 若 $S^{\Omega'}\subseteq N_{S^P}(H)$，则 H 在 P_2 上可迁或为$\{1\}$.

证明 设 H 在 P_2 上不为$\{1\}$，有 $f\in H$，$A\in P_2$ 使 $f(A)=B\neq A$. 设 X，$Y\in P_2$，在 A,B,X,Y 内的集合中删去 a_1,a_2 后便成为 Ω' 上的直分集 $\widetilde{A},\widetilde{B},\widetilde{X}$，$\widetilde{Y}$. 显然，$\mid\widetilde{A}\mid=\mid\widetilde{B}\mid=\mid\widetilde{X}\mid=\mid\widetilde{Y}\mid$. 由引理 3 可推得有直分集 $\widetilde{X^{(0)}},\widetilde{X^{(1)}},\cdots$，$\widetilde{X^{(2s)}}$ 使

$$\mid\widetilde{X^{(2i)}}\mid=\mid\widetilde{A}\mid,\quad i=0,1,\cdots,s;$$

$$\mid\widetilde{X^{(2i+1)}}\mid=\mid\widetilde{B}\mid,\quad i=0,1,\cdots,s-1;$$

$$\widetilde{X^{(0)}}=\widetilde{X},\quad\widetilde{X^{(2s)}}=\widetilde{Y},\quad\widetilde{X^{(i)}}*\widetilde{X^{(i+1)}}=\widetilde{A}*\widetilde{B},\quad i=0,1,\cdots,2s-1.$$

从而有 $\tau_i\in S^{\Omega'}$ 使 $\tau_i(\widetilde{A})=\widetilde{X^{(i)}}$，$\tau_i(\widetilde{B})=\widetilde{X^{(i+1)}}$，$i=0,1,\cdots,2s-1$. 在 $\widetilde{A},\widetilde{B}$，$\widetilde{X^{(0)}},\cdots,\widetilde{X^{(2s)}}$ 中，有 $X^{(0)}=X$，$X^{(2s)}=Y$. 显然，仍有 $\tau_i(A)=X^{(i)}$，$\tau_i(B)=X^{(i+1)}$，从而由 $f(A)=B$ 及 $S^{\Omega'}\subseteq N_{S^P}(H)$ 可得

$$\tau_i f\tau_i^{-1}(X^{(i)})=X^{(i+1)},\quad\tau_i f\tau_i^{-1}\in H.$$

因此，$g(X)=Y$，$g=\tau_{2s-1}f\tau_{2s-1}^{-1}\cdots\tau_1 f\tau_1^{-1}\tau_0 f\tau_0^{-1}\in H$.

故 H 在 P_2 上可迁.

设 $A,B,C,D\in P$. 于是，$A*B$ 与 $C*D$ 等价(经行(列) 互换后相等) 当且仅当 $\sigma\in S^\Omega$ 使 $A^\sigma=C$，$B^\sigma=D$. 因为矩阵 $A*B$ 中每行(列) 之和为 h，所以由矩阵中 1 个元素可推出其余的 3 个元素. 这样，S^Ω 在 P 上的全部 2 维迹是：

$$W(p)=\{(A,B)\mid A=\{A_1,A_2\},B=\{B_1,B_2\}\in P,\{A_1\cap B_1\}=p\},$$
$$p=0,1,\cdots,h.$$

显然，$A=B\Leftrightarrow p=0$ 或 h.

以下假设 G 是一个群，$S^\Omega\subseteq G\subset S^P$，$G\neq A^P$，$G$ 所包含 $W(p)$ 的 2 维迹记为 $W^*(p)$. 易证，若 $W^*(p)=W^*(p+1)$，$p=1,\cdots,h-2$，则 G 在 P 上 2 重可迁.

引理 5 当 $h\geqslant 4$ 时，$\ker(\lambda)=S^\Delta$；当 $h=3$ 时，$\ker(\lambda)=S^\Delta k_4$，$k_4$ 是 A^Ω 中的 Klein 四元群.

证明 显然，$\ker(\lambda)\supseteq S^\Delta$，设 $\ker(\lambda)\supset S^\Delta$.

1) $G_{p_1}=\{1\}$.

设 $g \in G_{P_1}, \tau \in S^{\Omega'}$，对任意 $X \in P_1, \tau^{-1}g\tau(X) = X$，有

$$\tau^{-1}g\tau \in G_{P_1},$$

即

$$\tau^{-1}G_{P_1}\tau \subseteq G_{P_1}.$$

因此，$S^{\Omega'} \subseteq N_{S^P}(G_{P_1})$. 若 $G_{P_1} \neq \{1\}$，则由引理 4 可知，G_{P_1} 在 P_2 上可迁. 通过直接计算有

$$2 \mid P_2 \mid = \frac{2h(h-1)}{(h!)^2}(2h-2)! < \mid P \mid = \frac{(2h)!}{2(h!)^2}.$$

据此，由文[10]之定理 13.5 可知，G 是 S^P 或 A^P，此为矛盾，故 $G_{P_1} = \{1\}$.

2) G 是 2 重可迁群

设 $\upsilon \in \ker(\lambda) - S^{\Delta}$，若 $\upsilon(A) = \rho A, A \in P_1, \rho = (a_1, a_2)$，则

$$\rho\upsilon(A) = A, \quad \rho\upsilon \in \ker(\lambda) - S^{\Delta}.$$

因此，可设 $\upsilon \in \ker(\lambda) - S^{\Delta}$ 使 $\upsilon(A) = A$. 令

$$M(\upsilon) = \{\{A_1, A_2\} \in P' \mid \upsilon(\{A_1 \cup \{a_1\}, A_2 \cup \{a_2\}\}) = A_1 \cup \{a_2\}, A_2 \cup \{a_1\}\}\}.$$

显然，$M(\upsilon) \subset P'$. 若 $M(\upsilon) = \varnothing$，则对任意 $X \in P_1, \upsilon(X) = X$，从而 $\upsilon \in G_{P_1} = \{1\}$，此为矛盾. 因此，$M(\upsilon) \neq \varnothing$. 取 $X \in M(\upsilon), Y \notin M(\upsilon), X, Y \in P'$.

对于整数 p，有 $A = \{A_1, A_2\}, B = \{B_1, B_2\} \in P', A \neq B$ 使 $\{A_1 \cap B_1 \mid = p, 1 \leqslant p \leqslant h-2$. 由 X, Y 的取法，根据引理 3，有 $U = \{U_1, U_2\}, V = \{V_1, V_2\} \in P', U \in M(\upsilon), V \notin M(\upsilon)$，且 $U * V = A * B$，即

$$\upsilon(U_1 \cup \{a_1\}, U_2 \cup \{a_2\}) = \{U_1 \cup \{a_2\}, U_2 \cup \{a_1\}\},$$
$$\upsilon(\{V_1 \cup \{a_1\}, V_2 \cup \{a_2\}\}) = \{V_1 \cup \{a_1\}, V_2 \cup \{a_2\}\},$$
$$\mid A_1 \cap B_1 \mid = \mid U_1 \cap V_1 \mid = p.$$

这样，$(\{U_1 \cup \{a_1\}, U_2 \cup \{a_2\}\}, \{V_1 \cup \{a_1\}, V_2 \cup \{a_2\}\})(\in W(p+1))$ 与 $(\{U_1 \cup \{a_2\}, U_2 \cup \{a_1\}\}, \{V_1 \cup \{a_1\}, V_2 \cup \{a_2\}\})(\in W(p))$ 同属于 G 的一个 2 维迹，从而可推得

$$W^*(p) = W^*(p+1).$$

因此，G 是 2 重可迁群.

3) $\ker(\lambda)$ 是交换群且除 1 外每一个元素的周期皆为 2.

设 Q 是 P' 中所有子集作成之集合，定义加法

$$S + T = (S \cup T) - (S \cap T), \quad S, T \in Q.$$

Q 是一个加法群，且除 0 外，每一个元素的周期皆为 2. 定义从 $\ker(\lambda)$ 到 Q 内的映射 $\varphi: \varphi(\upsilon) = M(\upsilon), \upsilon \in \ker(\lambda)$. 易证 $\varphi(\mu\upsilon) = \varphi(\mu) + \varphi(\upsilon), \mu, \upsilon \in \ker(\lambda)$，

即 φ 是一个同态映射. 设 $\varphi(\upsilon)=M(\upsilon)=\varnothing$, 于是 $\upsilon=1$, 从而 φ 是一个同构映射. 因此, $\ker(\lambda)$ 是交换群且除 1 外每一个元素的周期皆为 2.

4) 当 $h\geqslant 4$ 时, $\ker(\lambda)=S^{\Delta}$.

显然, $\ker(\lambda)$ 在 P_2 上稳定且对任意 $\tau\in S^{\Omega'}$ 皆有 $\tau^{-1}\ker(\lambda)\tau\subseteq\ker(\lambda)$, 即

$$S'^{\Omega}\subseteq N_{S^P}(\ker(\lambda)).$$

若 $\ker(\lambda)$ 在 P_2 上为 $\{1\}$, 则在 $\ker(\lambda)-S^{\Delta}$ 可取一个 υ 使 $\mu(\upsilon)\leqslant\frac{|P_1|}{2}$. 由 2 重可迁群的 Manning 估计[1], 有

$$\frac{|P_1|}{2}\geqslant\mu(\upsilon)\geqslant\frac{|P|-\sqrt{|P|}}{2}-1,\quad |P|=\frac{(2h)!}{2(h!)^2}.$$

将 $|P_1|=\frac{h}{2h-1}|P|$ 代入上式整理后便有

$$|P|^{\frac{1}{2}}\geqslant\frac{h-1}{2h-1}|P|-2.$$

但当 $h\geqslant 4$ 时, 此式不成立. 因此, $\ker(\lambda)$ 在 P_2 上不为 $\{1\}$. 根据引理 4, $\ker(\lambda)$ 在 P_2 上可迁. 设 $A\in P_2$, 于是

$$|P_2|=|A^{\ker(\lambda)}|=\frac{|\ker(\lambda)|}{|(\ker(\lambda))_{\Delta}|},$$

从而由 3) 有 $|P_2|=2^n$.

直接计算可得

$$|P_2|=|P_2(h)|=\frac{h(h-1)}{(h!)^2}(2h-2)!,$$

$$|P_2(h+1)|=\frac{2h(2h-1)}{(h-1)(h+1)}|P_2(h)|=\frac{h(2h-1)}{(h-1)(h+1)}2^{n+1}.$$

依此, 由 h 与 $h-1$, $h+1$ 互质可得 $h=2^t$; 再由 $h-1$ 与 h, $2h-1$ 互质可得 $(h-1)\mid 2^{n+1}$, 此为矛盾, 故 $\ker(\lambda)=S^{\Delta}$.

5) 当 $h=3$ 时, $\ker(\lambda)=S^{\Delta}k_4$, k_4 是 $A^{\Omega'}$ 中的 Klein 四元群.

设 $\Omega=\{a_1,\cdots,a_6\}$, P 中的全部元素为:

$1=\{\{a_1,a_3,a_4\},\{a_2,a_5,a_6\}\}$,

$2=\{\{a_1,a_3,a_5\},\{a_2,a_4,a_6\}\}$,

$3=\{\{a_1,a_3,a_6\},\{a_2,a_4,a_5\}\}$,

$4=\{\{a_2,a_3,a_4\},\{a_1,a_5,a_6\}\}$,

$5=\{\{a_2,a_3,a_5\},\{a_1,a_4,a_6\}\}$,

$6=\{\{a_2,a_3,a_6\},\{a_1,a_4,a_6\}\}$,

$7=\{\{a_1,a_2,a_3\},\{a_4,a_5,a_6\}\}$,

$8=\{\{a_1,a_2,a_4\},\{a_3,a_5,a_6\}\}$,

$9=\{\{a_1,a_2,a_5\},\{a_3,a_4,a_6\}\}$,

$10=\{\{a_1,a_2,a_6\},\{a_3,a_4,a_5\}\}$,

$P_1=\{1,\cdots,6\}$,

$P_2=\{7,\cdots,10\}$.

显然 S^{Ω} 中的元素:$(a_3a_4)(a_5a_6)$,$(a_3a_5)(a_4a_6)$,$(a_3a_6)(a_4a_5)$,(a_1a_2) 作用在 P 上分别为:(78)(910)(25)(36),(79)(810)(14)(36)(710)(89)(14)(25),(14)(25)(36) $\in \ker(\lambda)$,从而 $S^{\Delta}k_4\subseteq\ker(\lambda)$.

设 $\upsilon\in\ker(\lambda)$,$\upsilon\neq 1$,由 3) 可知,υ 必分解为不相杂对换之乘积. 若 S^{P_1} 中无对换出现在 υ 中,则由 1) 可知,$\upsilon=1$. 因此,S^{P_1} 中必有对换出现在 υ 中. 若 S^{P_2} 中无对换出现在 υ 中,则 $\upsilon=(14)(25)(36)$,否则由(14)(25)(36) $\in\ker(\lambda)$ 可推得有一对换属于 $\ker(\lambda)\subseteq G$,从而 $G=S^P$ 矛盾[10]. 若 S^{P_2} 中有对换出现在 υ 中,则由 $\ker(\lambda)$ 的可换性必有 2 个对换出现在 υ 中. 至此,若 $\upsilon\notin S^{\Delta}k_4$,则可推得有一对换属于 $\ker(\lambda)$,矛盾. 因此,$\upsilon\in S^{\Delta}k_4$,从而 $\ker(\lambda)\subseteq S^{\Delta}k_4$. 故 $\ker(\lambda)=S^{\Delta}k_4$.

引理 6 当 $h\geqslant 3$ 时,$\mathrm{Im}(\lambda)=S^{\Omega'}$.

证明 由 $S^{\Omega'}\subseteq N_G(S^{\Delta})$ 有 $S^{\Omega'}\subseteq\mathrm{Im}(\lambda)\subset S^{P'}$. 当 $h=3$ 时,$S^{\Omega'}=S^{P'}$ 从而 $\mathrm{Im}(\lambda)=S^{\Omega'}$. 当 $h\geqslant 4$ 时,设 $S^{\Omega'}\subset\mathrm{Im}(\lambda)$,下面将逐步推出矛盾.

1) $A^{P'}\subseteq\mathrm{Im}(\lambda)$.

当 $h=4$ 时,根据 h 的最小性和命题 $2S^{\Omega'}$ 是 $S^{P'}$ 的极大子群,有

$$A^{P'}\subseteq S^{P'}=\mathrm{Im}(\lambda).$$

当 $h>4$ 时,根据 h 的最小性 $S^{\Omega'}$ 是 $S^{P'}$ 或 $A^{P'}$ 的极大子群,由命题 4 可知

$$A^{P'}\subseteq\mathrm{Im}(\lambda).$$

设 $a^*\in\Omega'$,$P_1^*=\{\{A_1,A_2\}\in P_1\mid a^*\in A_1\}$,有 $H=\{g\in N_G(S^{\Delta})\mid g(P_1^*)\subseteq P_1^*\}$.

2) 设 P_1^* 上 $A^{P_1^*}\subseteq H$,$A^{P_1^*}$ 是 P_1^* 上的交代群.

设 $A=\{A_1\cup\{a_1\},A_2\cup\{a_2\}\}$,$B=\{B_1\cup\{a_1\},B_2\cup\{a_2\}\}$,$C=\{C_1\cup\{a_1\},C_2\cup\{a_2\}\}\in P_1^*$;其中,$A_1=\{d_1,\cdots,d_{h-2},a\}$,$B_1=\{d_1,\cdots,d_{h-2},b\}$,$C_1=\{d_1,\cdots,d_{h-2},C\}$,$d_1=a^*$,$A_2=\{e_1,\cdots,e_{h-3},b,c\}$,$B_2=\{e_1,\cdots,e_{h-3},a,c\}$,$C_2=\{e_1,\cdots,e_{h-3},a,b\}$;$A'=\{A_1,A_2\}$,$B'=\{B_1,B_2\}$,$C'=\{C_1,C_2\}$.

由 1) 可知,轮换$(A'B'C')\in A^{P'}\subseteq \mathrm{Im}(\lambda)$,从而有$g\in N_G(S^{\Delta})$使$\lambda(g)=(A'B'C')$. 显然,$g^3\in \ker(\lambda)=S^{\Delta}$,即$g^3=1$(或$\rho$),$\rho=(a_1a_2)$.

若$g^3=\rho$,则$(\rho g)^3=1$且$\lambda(\rho g)=(A'B'C')$,$\rho g\in N_G(S^{\Delta})$,当$g^3=\rho$时,便可由$\rho g$代替$g$,因此,不妨假设$g^3=1$.

设$X=\{X_1\cup\{a_1\},X_2\cup\{a_2\}\}\in P_1-\{A,B,C,\rho A,\rho B.\rho C\}$,$\lambda(g)\in(\{X_1,X_2\}=\{X_1,X_2\}$,从而$g(X)=X$(或$\rho X$). 若$g(X)=\rho X$,则由$\rho g=g\rho$,有

$$X=g^3(X)=g^2\rho(X)=g\rho g(X)=g(X)=\rho X,$$

矛盾. 因此,$g(X)=X$.

取轮换$\tau=(abc)\in S^{\Omega'}$,显然$\lambda(\tau)=(A'B'C')$,…,$\lambda(g\tau)=\lambda(\tau g)$,从而

$$(\tau g)(g\tau)^{-1}\in \ker(\lambda)=S^{\Delta}.$$

因此,$\tau g=g\tau$或$\rho g\tau$.

若$g=(AB\rho C)(\rho A\rho BC)$,则$\tau g(B)=\rho A$,$\rho g\tau(B)=A$;$g\tau(C)=B$,$\tau g(C)=\rho B$,从而$\tau g\neq\rho g\tau,g\tau$.

若$g=(A,\rho BC)(\rho AB\rho C)$,则

$$\tau g(A)=\rho C,\quad \rho g\tau(A)=C,\quad \tau g(C)=B,\quad g\tau(C)=\rho B,$$

从而$\tau g\neq\rho g\tau,g\tau$. 若$g=(A\rho B\rho C)(\rho ABC)$,则

$$\tau g(C)=\rho B,\quad \rho g\tau(C)=B;\quad \tau g(A)=\rho C,\quad g\tau(A)=C.$$

从而$\tau\rho\neq\rho g\tau,g\tau$. 因此,在$P_1$上,$g=(ABC)(\rho A\rho B\rho C)$;在$P_1^*$上,$g=(ABC)$且$g\in H$.

显然,$S^{\Omega^*}\subseteq H$,$\Omega^*=\Omega'-\{a^*\}$且S^{Ω^*}在P_1^*上的全部 2 维迹为:$V(p)=\{(X,Y)\mid X=\{X_1\cup\{a_1\},X_2\cup\{a_2\}\},Y=\{Y_1\cup\{a_1\},Y_2\cup\{a_2\}\}\in P_1^*,\mid X_1\cap Y_1\mid=p-1\}$,$p=2,\cdots,h$.

设H包含$V(p)$的 2 维迹为$V^*(p)$,若$V^*(p)=V^*(p+1)$,$p=2,\cdots,h-2$,则H在P_1^*上 2 重可迁.

对于整数p,$2\leqslant p\leqslant h-2$,作集合$D_1=\{d_1,\cdots,d_{p-1},b,c,e_1,\cdots,e_s\}$,$D_2=\Omega'-D_1$,$s+p+1=h-1$. 显然,$D=\{D_1\cup\{a_1\},D_2\cup\{a_2\}\}\in P_1-\{A,B,C,\rho A,\rho B,\rho C\}$,$g(D)=D$. 这样,$(A,D)(\in V(p))$与$(B,D)(\in V(p+1))$同属于$H$的一个 2 维迹,从而可推得$V^*(p)=V^*(p+1)$. 因此,$H$在$P_1^*$上 2 重可迁,由文[10]之定理 13.3 可知,$A^{P_1^*}\subseteq H$.

3) G是 2 重可迁群.

由$(A,D)(\in W(p))$与$(B,D)(\in W(p+1))$同属于G的一个 2 维迹,可推

得 $W^*(p)=W^*(p+1)$，$p=2,\cdots,h-2$；由 $(\rho A,D)(\in W(p-1))$ 与 $(\rho B,D)(\in W(p))$ 同属于 G 的一个 2 维迹，可推得 $W^*(p-1)=W^*(p)$，$p=2,\cdots,h-2$. 因此

$$W^*(1)=W^*(2)=\cdots=W^*(h-1),$$

从而 G 在 P 上是 2 重可迁群.

4) 若 G 是 k 重可迁，则 G 必是 $k+1$ 重可迁，其中，$2\leqslant k\leqslant 3$.

设 $P^{(k+1)}$ 是 P 中所有 $k+1$ 元子集之集合，有

$$X^{(i)}=\{X_1^{(i)},X_2^{(i)}\}\in P_1^*,$$

$$X_1^{(i)}=\{a_1,b_1,\cdots,b_{h-2},x_i\},$$

$$X_2^{(i)}=\{a_2,e_1,\cdots,e_{h-k},x_1,\cdots,x_{i-1},x_{i+1},\cdots,x_k\},\quad b_1=a^*,\quad i=1,\cdots,k;$$

$$L=\bigcap_{i=1}^{k}X_1^{(i)},\quad N=\bigcup_{i=1}^{k}X_1^{(i)}-\bigcap_{i=1}^{k}X_1^{(i)},\quad X=\{X_1,X_2\}(\in P).$$

当 $k=2,3$ 时，不难验证 S^Ω 在 $P^{(k+1)}$ 上的包含元素 $\{X,X^{(1)},\cdots,X^{(k)}\}$ 的迹完全由整数 $|X_1\cap L|=p$，$|X_1\cap N|=j$ 确定，将此迹记为 $W(p,j)$，容易看出，p,j 应满足

$$1\leqslant p\leqslant h-1,\quad 0\leqslant j\leqslant k,\quad k\leqslant j+p\leqslant h,\quad (p,j)\neq(h-1,1). \tag{$*$}$$

设 $W^*(p,j)$ 是 G 在 $P^{(k+1)}$ 上包含 $w(p,j)$ 的迹. 由 2) 可知，P_1^*-k 包含在 G_k（在 $P^{(k+1)}$ 上）的一个迹中，$k=\{X^{(1)},\cdots,X^{(k)}\}$，从而可推得当 $p\geqslant 2$ 时，p,j 满足（$*$）式的所有迹 $W^*(p,j)$ 都相等. 当 $p=1$ 时，由（$*$）式可知，$j=k$ 或 $k-1$. 由 2) 可知，$\rho(P_1^*-k)$ 亦包含在 G_k（在 $P^{(k+1)}$ 上）的一个迹中，依此，由 $\rho(P_1^*-k)$ 中的元素：

$$\{\{a_1,x_1,\cdots,x_k,e_1,\cdots,e_{h-k-1}\},\{a_2,b_1,\cdots,b_{h-2},e_{h-k}\}\}\in W^*(1,k),$$

和

$$\{\{a_1,b_{h-2},x_1,\cdots,x_{k-1},e_1,\cdots,e_{h-k-1}\},\{a_2,b_1,\cdots,b_{h-3},x_k,e_{h-k}\}\}\in W^*(2,k-1)$$

可推得 $W^*(1,k)=W^*(2,k-1)$. 此外，由元素 $\{\{a_1,a_2,x_1,\cdots,x_{k-1},e_1,\cdots,e_{h-k-1}\},\{b_1,\cdots,b_{h-2},x_k,e_{h-k}\}\}\in W^*(1,k-1)\cap W^*(h-2,1)$，有 $W^*(1,k-1)=W^*(h-2,1)$. 因此 p,j 满足（$*$）式的所有迹 $W^*(p,j)$ 都相等.

设 $A=\{A^{(1)},\cdots,A^{(k+1)}\}$，$B=\{B^{(1)},\cdots,B^{(k+1)}\}\in P^{(k+1)}$. 由 G_k 重可迁有 g，$h\in G$ 使 $g(A^{(i)})=X^{(i)}$，$h(B^{(i)})=X^{(i)}$，$i=1,\cdots,k$. 由满足（$*$）式的 $W^*(p,j)$ 都相等，有 $\upsilon\in G$，使 $\upsilon(\{X^{(1)},\cdots,X^{(k)},g(A^{(k+1)})\})=\{X^{(1)},\cdots,x^{(k)},h(B^{(k+1)})\}$. 这样，$h^{-1}\upsilon g(A)=B$，从而 G 在 $P^{(k+1)}$ 上可迁.

设 $A^{(1)},\cdots,A^{(k+1)},B^{(1)},\cdots,B^{(k+1)}\in P$，且当 $i\neq j$ 时，$A^{(i)}\neq A^{(j)},B^{(i)}\neq B^{(j)},i,j=1,\cdots,k+1$；$X^{(i)}=\{X_1^{(i)},X_2^{(i)}\},X_1^{(i)}=\{a_1,b_1,\cdots,b_{n-2},x_i\},X_2^{(i)}=\{a_2,e_1,\cdots,e_{h-(k+1)},x_1,\cdots,x_{i-1},x_{i+1},\cdots,x_{k+1}\},i=1,\cdots,k+1$. 由 G 在 $P^{(k+1)}$ 上可迁，有 $g,h\in G$ 使 $g(A^{(i)})=X^{(i)},h(B^{(i)})=X^{(s_i)},i=1,\cdots,k+1$. 由 $X^{(i)}$ 的取法显然有 $\sigma\in S^{\Omega}$ 使

$$\sigma(X^{(i)})=X^{(s_i)},\quad i=1,\cdots,k+1.$$

因此，$h^{-1}\sigma g(A^{(i)})=B^{(i)},i=1,\cdots,k+1$，从而 G 是 $k+1$ 重可迁的.

由 3) 和 4) 可知，G 是 4 重可迁群. 同时，由 2) 可知，$\upsilon\in G$ 使 $\mu(\upsilon)\leqslant|P_2|+6$. 根据 Manning 估计[11]，有 $2(|P_2|+6)\geqslant|P|-1$，即 $13(h!)\geqslant(2h-2)\cdots h$. 但当 $h\geqslant 5$ 时，此式不成立. 因此，$h=4$，此时 $|P|=35$，从而根据文[12]之定理 1.50 和文[13]之定理 7 可知，$G=S^P$ 或 A^P，此与假设矛盾. 故 $S^{\Omega'}=\mathrm{Im}(\lambda)$.

基本引理 设群 $G\supseteq S^{\Omega},A^P\neq G\subset S^P,h\geqslant 3$. 对任意 $\Delta\subseteq\Omega$，$|\Delta|=2$，皆有 $N_G(S^{\Delta})\subseteq S^{\Omega}$.

证明 由引理 6 可知，$S^{\Omega'}=\mathrm{Im}(\lambda)=\lambda(N_G(S^{\Delta}))\supseteq\lambda(N_{S^{\Omega}}(S^{\Delta}))\supseteq S^{\Omega'}$，因而

$$\lambda(N_G(S^{\Delta}))=\lambda(N_{S^{\Omega}}(S^{\Delta}))=\mathrm{Im}(\lambda).$$

由引理 5 可知，$\ker(\lambda)\subseteq N_{S^{\Omega}}(S^{\Delta})$，从而 $\dfrac{N_G(S^{\Delta})}{\ker(\lambda)}\cong\mathrm{Im}(\lambda)\ \dfrac{N_{S^{\Omega}}(S^{\Delta})}{\ker(\lambda)}$. 因此，

$$N_G(S^{\Delta})=N_S(S^{\Delta})\subseteq S^{\Omega}.$$

3. 定理

定理 设 $|\Omega|=2h,P=\{\{\Omega_1,\Omega_2\}\mid\Omega=\Omega_1\cup\Omega_2,|\Omega_1|=|\Omega_2|=h\}$，$h\geqslant 3,N(2,h)=((2h-3)\cdots h)/(h-2)!$，当 $N(2,h)$ 为奇（偶）数时，S^{Ω} 是 $S^P(A^P)$ 的极大子群.

证明 设群 $G\supseteq S^{\Omega},A^P\neq G\subset S^P$；$\Omega=\{a_1,\cdots,a_{2h}\},\Gamma=\{a_1,a_2,a_3\},\Delta=\{a_1,a_2\},\Phi=\{\{A_1,A_2\}\in P\mid\Gamma\subseteq A_1$ 或 $A_2\}$.

1) 当 $h\geqslant 4$ 时，$N_{G_{\Phi}}(S^{\Delta})=S^{\Delta}$ 且 S^{Δ} 是 G_{Φ} 的 2-sylom 子群.

当 $h\geqslant 4$ 时，$(S^{\Omega})_{\Phi}=S^{\Gamma}$，由基本引理 $N_{G_{\Phi}}(S^{\Delta})\subseteq S^{\Omega}$ 可推得 $N_{G_{\Phi}}(S^{\Delta})=S^{\Delta}$.

设 G_{Φ} 对 S^{Δ} 的双陪集分解式为 $G_{\Phi}=\bigcup\limits_{i=1}^{m}S^{\Delta}g_iS^{\Delta}$. 其中，$g_1$ 是单位元素，每一个 $S^{\Delta}g_iS^{\Delta}$ 中含 S^{Δ} 的右陪集之个数为 $\dfrac{|S^{\Delta}|}{|g_i^{-1}S^{\Delta}g_i\cap S^{\Delta}|}=1$（或 2）. 若 S^{Δ} 不是 G_{Φ}

的 2-sylow 子群，则 $2 \mid (G_\Phi : S^\Delta)$，从而由 $S^\Delta g_1 S^\Delta$ 仅含一个右陪集必有另一个 $g_i \notin S^\Delta$ 使 $S^\Delta g_i S^\Delta$ 也仅含一个右陪集，对此，g_i 便有 $| g_i^{-1} S^\Delta g_i \cap S^\Delta | = 2$，即

$$g^{-1} S^\Delta g_i = S^\Delta, \quad g_i \in NG_\Phi(S^\Delta) = S^\Delta,$$

此为矛盾，故 S^Δ 是 G_Φ 的 2-sylow 子群，

2）当 $h \geqslant 4$ 时，$G_\Phi = S^\Gamma$，由引理 1 可知，$G = S^\Omega$.

由 1）可知，根据 Burnside 定理[9]，G_Φ 恰有一个正规的 2- 补群 H. 于是，

$$G_\Phi = H \cup \rho H, \quad \rho = (a_1\ a_2), \quad \rho H \rho = H.$$

其中，H 是奇元群. 令 $g^\rho = \rho g \rho, g \in H$. 显然 ρ 是 H 的自同构，$\rho^2 = 1$. 若 $g^\rho = g$，则 $g \in N_{G_\Phi}(S^\Delta) = S^\Delta$，从而 $g = 1$.

若 $g^{-1} g^\rho = l^{-1} l^\rho, g, l \in H$，则 $(gl^{-1})^\rho = gl^{-1}$，从而 $gl^{-1} = 1$，即 $g = l$. 依此，$H = \{g^{-1} g^\rho \mid g \in H\}$. 任取 $f \in H$，有 $f = g^{-1} g^\rho, f^\rho = (g^{-1})^\rho g$，从而 $ff^\rho = 1$，即 $f^\rho = f^{-1}$. 任取 $g, l \in H$，有 $g^\rho = g^{-1}, l^\rho = l^{-1}$，从而 $(gl)^\rho = g^{-1} l^{-1} = (gl)^{-1}$，即 $gl = lg$. 因此，H 是交换的奇元群.

易证，$H \cap S^\Omega \subseteq S^\Gamma, (a_1 a_2 a_3) \in H, (a_1 a_2), (a_1 a_3), (a_2 a_3) \notin H$，从而 $H \cap S^\Omega = A^\Gamma$. 任取 $\tau = (ab) \in S^{\Omega-\Gamma}$，由基本引理可知，$C_H(\tau) \subseteq C_G(\tau) = N_G(S^{\tilde{\Delta}}) \subseteq S^\Omega, \tilde{\Delta} = \{a, b\}$，因而 $C_H(\tau) = A^\Gamma$. 显然，$\tau(\Phi) = \Phi, \tau G_\Phi \tau = G_\Phi$，因而 $\tau H \tau (\subseteq G_\Phi)$ 亦是 G_Φ 的正规 2- 补群，由唯一性得 $H = \tau H \tau$. 至此，由命题 6 便有 $H = A^\Gamma, G_\Phi = S^\Gamma$.

3）当 $h = 3$ 时，$G_\Phi = \langle k, H \rangle \subseteq S^\Omega$，由基本引理可知，$G = S^\Omega$，其中 $\langle k, H \rangle$ 表示由 k, H 所生成的群.

设质数 p 整除 G_Φ 的元数，由 $| p - \Phi | = 9 (\Phi = \{7\})$，$p$ 必为 2，3，5，7 之一. 若 $p = 5$ 或 7，则由 Sylow 定理可知，G_Φ 中必包含一个 p 元轮换，从而由文[10]之定理 13.8 可知，G 是 4 重可迁群. 此为矛盾[12,13]. 因此，$| G_\Phi | = 2^m 3^n$.

设 $k = \{1, (a_1 a_2), (a_4 a_5), (a_1 a_2)(a_4 a_5), (a_1 a_4)(a_2 a_5)(a_3 a_6), (a_1 a_5)(a_2 a_4)(a_3 a_6), (a_1 a_4 a_2 a_5)(a_3 a_6), (a_1 a_5 a_2 a_4)(a_3 a_6)\}$，可直接验证 k 是一个子群，$k \subseteq (S^\Omega)_\Phi \subseteq G_\Phi$. 设 $\upsilon \in N_{G_\Phi}(k)$，有 $\upsilon^{-1} \rho \upsilon \in k, \rho = (a_1 a_2)$. 由命题 3 可知，$\upsilon^{-1} \rho \upsilon$ 是一个对换，从而有 $\sigma \in S^\Omega$ 使 $\upsilon^{-1} \rho \upsilon = \sigma \rho \sigma^{-1}$. 由基本引理可知，$\upsilon \sigma \in N_{G_\Phi}(S^\Delta) \subseteq S^\Omega$，即 $\upsilon \in S^\Omega$. 同时，不难验证：若 $\upsilon \in (S^\Omega)_\Phi$ 且 $\upsilon^{-1}(a_1 a_2)\upsilon, \upsilon^{-1}(a_4 a_5)\upsilon = (a_1 a_2)$ 或 $(a_4 a_5)$，则 $\upsilon \in k$，于是 $N_{G_\Phi}(k) = k$. 依此，完全与 1）类似地可以证明 k 是 G_Φ 的一个 2-Sylow 子群.

设 $H = A^\Gamma A^{\Omega - \Gamma}$，于是 H 是一个交换群且 $| H | = 3^2$，可以验证 H 是 G_Φ 的一个 3-Sylow 子群.

至此,由 Sylow 定理可推得 $G_{\Phi} = \langle k, H > \subseteq S^{\Omega}$.

参考文献

[1] O' Nan M E. Some open problems in primitive permutation groups[C]. Proceedings of Symposia in Pure Mathematics, American Mathematical Society, 1980(37).

[2] Blohina G N, Kudrjavcev V B. On basic groups in k-valued logics(Russian)[J]. Dokl Akad Nauk SSSR, 1971(201):9－11.

[3] 罗铸楷. 多值逻辑中所有极大封闭集之确定问题[J]. 数学学报,1980(1):152－156.

[4] Baĭramov R A. On the completeness problem in the symmetric semigroup of finite degree (Russian)[J]. Diskret Analiz, 1966(8):3－26.

[5] 罗铸楷. 在对称群中正则 2 项关系所确定的全部极大子群[J]. 数学学报,1985,28(6):772－782.

[6] 罗承杰. 一元多值逻辑函数集中的一类极大封闭集——线性置换群在对称群中的极大性[J]. 湘潭大学学报,1985(1):42－50.

[7] Skalba J. On the maximality of S_n in $S_{\binom{n}{k}}$[J]. J Algebra, 1982(75):158－174

[8] Kantor W M, McDonough T P. On the maximality of PSL($d+1, q$), $d \geqslant 2$[J]. J London Math Soc, 1974, 2(8):426.

[9] Passman D S. Permutation groups[M]. New Haven: Yale University, 1968.

[10] Widlandt H. Finite permutation groups[M]. New York: Academic Press, 1964.

[11] Manning W A. The degree and class of multiple transitive groups[J]. Trans Amer Math Soc, 1917(18):463－479.

[12] Gorestein D. Finite simple groups, an introduction to their classification[M]. New York: Plenum press, 1982.

[13] Saxl J. Normal subgroups of 4-transitive groups[J]. Quart J Math, 1975, 26(3):237－242.

[14] Gorenstein D. Finite groups[M]. New York: Chelsea Publishing Campany, 1980.

The Maximal Closed Classed Unary Functions p-valued Logic

Let $\Omega_k = \{0, 1, \cdots, k-1\}, k \geqslant 2$. Let f be an unary function on Ω_k. We say that f is total if, for any $a \in \Omega_k$, $f(a)$ is defined, and that f is incomplete, for some $a \in \Omega_k$, $f(a)$ is not defined, denoted by $f(a) = *$. The total and in complete unary functions on Ω_k together are called partial unary k-valued logic functions. The set of all partial unary k-valued logic functions is denoted by H_k^*, and the set of all total unary k-valued logic functions is denoted by H_k.

If $A \subseteq H_k^*$, we denote by A' the set of all functions obtained from A by composition. A is said to be closed if $A = A'$. A closed set $A \subset H_k^*$;is said to be maximal if there exists no closed set B such that $A \subset B \subset H_k^*$. A is said to be complete if $GEN(A) = H_k^*$, where $GEN(A) = A \cup A' \cup (A')' \cup ((A')')' \cup \cdots$.

Similarly, one defines the closed sets, the maximal closed sets and the complete sets in H_k.

It is easy to prove that A is complete in H_k^* (H_k) if and only if there exists no maximal closed set $B \subset H_k^*$ ($B \subset H_k$) such that $A \subset B$. So, the decision of functional completeness comes down to determining all maximal closed sets.

Let $Q_n \subset H_k$ be the set consisting of all total functions taking at most n values, and let $Q_n^* \subset H_k^*$ be the set consisting of all incomplete functions taking at most n values, where $n \leqslant k-1$. Let S_k be the k-degree symmetric group on Ω_k. Obiviously we have

$$H_k^* = Q_{k-1}^* \cup Q_{k-1} \cup S_k.$$

It can be proved that $A \subset H_k^*$ is a maximal closed set if and only if

$$GEN(A \cup \{f\}) = H_k^*, \quad \text{for any } f \in H_k^* - A.$$

Theorem 1. The maximal closed sets in H_k^* are the following:

$$S_k \cup Q_{k-1} \cup Q^*_{k-2}, S_k \cup Q_{k-2} \cup Q^*_{k-1},$$

and

$$G \cup Q_{k-1} \cup Q^*_{k-1},$$

where G is a maximal subgroup of S_k.

Proof. Obviously, the $G \cup Q_{k-1} \cup Q^*_{k-1}$ are maximal closed sets.

For simplicity we shall write A and B for $S_k \cup Q_{k-1} \cup Q^*_{k-2}$ and $S_k \cup Q_{k-2} \cup Q^*_{k-1}$, respectively. We show that A and B are maximal closed sets in H^*_k by proving that

$$GEN(A \cup \{f\}) = H^*_k, \quad \text{for any } f \in H^*_k - A$$

and

$$GEN(B \cup \{f\}) = H^*_k, \quad \text{for any } f \in H^*_k - B.$$

Clearly, $GEN(A \cup \{f\}) \subseteq H^*_k$ and $GEN(B \cup \{f\}) \subseteq H^*_k$, therefore we only need to prove that $H^*_k \subseteq GEN(A \cup \{f\})$ and $H^*_k \subseteq GEN(B \cup \{f\})$, respectively.

1) For an arbitraiy $f \in H^*_k - A$, evidently $f \in Q^*_{k-1} - Q^*_{k-2}$. Then there exists $\sigma \in S_k$ such that

$$f\sigma(0) = *, \quad f\sigma(i) = a_i, \quad i = 1, \cdots, k-1,$$

where $a_i \neq a_j$ for $1 \leqslant i < j \leqslant k-1$. Suppose $g \in H^*_k$. If $g \in A$, then obviously $g \in GEN(A \cup \{f\})$. if $g \notin A$, then $g \in Q^*_{k-1} - Q^*_{k-2}$. Hence there exists $\tau \in S_k$ such that

$$g\gamma(0) = *, \text{and } g\tau(i) = b_i, \quad i = 1, \cdots, k-1,$$

where $b_i \neq b_j$ for $1 \leqslant i < j \leqslant k-1$. To show that g can be obtained from $A \cup \{f\}$ by composition, let ρ be the permutation in S_k such that

$$\rho(a_i) = b_i, \quad i = 0, 1, \cdots, k-1,$$

where $a_0 \neq a_i, b_0 \neq b_i$ for $i = 1, \cdots, k-1$. Then $g\tau = \rho f \sigma$, thus

$$g = \rho f \sigma \tau^{-1} \in GEN(S_k \cup \{f\}) \subseteq GEN(A \cup \{f\}).$$

Therefore $H^*_k \subseteq GEN(A \cup \{f\})$, and we have shown that $GEN(A \cup \{f\}) = H^*_k$.

2) For an arbitrary $f \in H^*_k - B$, we have $f \notin B$, so $f \in Q_{k-1} - Q_{k-2}$. Then there exists $\sigma \in S_k$ such that

$$f\sigma(i) = a_i, \quad i = 0, 1, \cdots, k-1,$$

where $a_0=a_1$ and $a_i\neq a_j$ for $1\leqslant i<j\leqslant k-1$.

Suppose $g\in H_k^*$. If $g\in B$, then obviously $g\in GEN(B\cup\{f\})$. If $g\notin B$, then $g\in Q_{k-1}-Q_{k-2}$. Then there exists $\tau\in S_k$ such that

$$g\tau(i)=b_i,\quad i=0,1,\cdots,k-1,$$

where $b_0=b_1, b_i\neq b_j$ for $1\leqslant i<j\leqslant k-1$. To illustrate that g can be obtained from $B\cup\{f\}$ by camposition, let ρ be the permutation in S_k such that

$$\rho(a_i)=b_i,\quad i=0,1,\cdots,k-1.$$

Then $g\tau=\rho f\sigma$ and thus $g=\rho f\sigma\tau^{-1}\in GEN(S_k\cup\{f\})\subseteq GEN(B\cup\{f\})$. Therefore $H_k^*\subseteq GEN(B\cup\{f\})$, and we have shown that $GEN(B\cup\{f\})=H_k^*$.

On the other hand, let M be a maximal closed set in H_k^*. We have either Case Ⅰ. $M\cap S_k$, i. e., $S_k\subset M$, or Case Ⅱ. $M\cap S_k\subset S_k$.

In Case Ⅰ, we shall show that $M=S_k\cup Q_{k-1}\cup Q_{k-2}^*$ or $M=S_k\cup Q_{k-2}\cup Q_{k-1}^*$.

① Suppose $(Q_{k-1}-Q_{k-2})\cap M\neq\emptyset$ and $(Q_{k-1}^*-Q_{k-2}^*)\cap M=\emptyset$. Take f in $(Q_{k-1}-Q_{k-2})$ such that $f\notin M$. Then we have

$$GEN(M\cup\{f\})\subseteq S_k\cup Q_{k-1}\cup Q_{k-2}^*\subset H_k^*.$$

This contradicts the property of M.

② Suppose $(Q_{k-1}-Q_{k-2})\cap M\neq\emptyset$ and $(Q_{k-1}^*-Q_{k-2}^*)\cap M=\emptyset$. Take f in $(Q_{k-1}-Q_{k-2})\cap M$. Then it follows from the proof of 2) that $(Q_{k-1}-Q_{k-2})\subseteq M$, so we have $g\in(Q_{k-2}-Q_{k-3})$ and $g\in M$. It follows from the proof of 2) again that $(Q_{k-2}-Q_{k-3})\subseteq M$. Repeating the above procedure, we obtain $Q_1\subseteq M$. Consequently, $Q_{k-1}\subseteq M$. If there exists a function h such that $h\in Q_{k-2}^*$ and $h\notin M$, then since $(Q_{k-1}^*-Q_{k-2}^*)\cap M=\emptyset$, we have

$$GEN(M\cup\{h\})\subseteq S_k\cup Q_{k-1}\cup Q_{k-2}^*\subset H_k^*.$$

This contradicts the property of M. Therefore $Q_{k-2}^*\subseteq M$ and $S_k\cup Q_{k-1}\cup Q_{k-2}^*\subseteq M$. As $S_k\cup Q_{k-1}\cup Q_{k-2}^*$ is a maximal closed set, we have

$$M=S_k\cup Q_{k-1}\cup Q_{k-2}^*.$$

③ Suppose $(Q_{k-1}-Q_{k-2})\cap M=\emptyset$ and $(Q_{k-1}^*-Q_{k-2}^*)\cap M\neq\emptyset$. In a manner analogous to ②, we can prove that

$$M=S_k\cup Q_{k-2}\cup Q_{k-1}^*.$$

④ Suppose $(Q_{k-1}-Q_{k-2})\cap M\neq\emptyset$ and $(Q_{k-1}^*-Q_{k-2}^*)\cap M\neq\emptyset$. It follows from the proof of 2) that $M=S_k\cup Q_{k-1}\cup Q^*_{k-1}=H^*_k$. This contradicts the property of M.

In Case Ⅱ, we shall show that $M=G\cup Q_{k-1}\cup Q^*_{k-1}$, where G is a maximal subgroup of S_k.

Given $M\cap S_k\subset S_k$. If $M\cap S_k$ is not a maximal subgroup of S_k, then there exists a maximal subgroup G' such that $M\cap S_k\subset G'\subset S_k$. Take $f\in G'$ and $f\notin M\cap S_k$. Since $f\in G'$ and $G'\subset S_k$, $f\notin M$. So we have

$$GEN(M\cup\{f\})\subseteq G'\cup Q_{k-1}\cup Q^*_{k-1}\subset H^*_k.$$

This contradicts the property of M. Thus $M\cap S_k$ is a maximal subgroup of S_k, namely, there exists a G such that $M\cap S_k=G$. So $G\subseteq M$. If there exists a function h such that $h\in(Q_{k-1}\cup Q^*_{k-1})$ and $h\notin M$, then

$$GEN(M\cup\{h\})\subseteq G\cup Q_{k-1}\cup Q^*_{k-1}\subset H^*k.$$

This contradicts the proerty of M. Thus $Q_{k-1}\cup Q^*_{k-1}\subset M$. Therefore we have $M=G\cup Q_{k-1}\cup Q^*_{k-1}$, where G is a maximal subgroup of S_k.

The proof is complete.

Corollary 1. The maximal closed sets in H_k are the following:

$$S_k\cup Q_{k-2}$$

and $G\cup Q_{k-1}$, where G is a maximal subgroup of S_k.

Let S_Δ and S_Γ are symmetric groups on Δ and Γ respectively, where $\Omega_p=\Delta\cup\Gamma$ and $\Delta\cap\Gamma=\varnothing$, and let

$$S_\Delta S_\Gamma=\{\sigma\tau:\sigma\in S_\Delta \text{ and } \tau\in S_\Gamma\}.$$

Let A_p be the alternating group of degree p on Ω_p. Finally, let $k_p=(\Omega_p,\oplus,\odot)$ be any field with domain Ω_p and $AGL(k_p,1,p)$ the linear group of the field k_p.

Theorem 2. Let p be *a* prime, $p\geqslant 5$. Then the maximal closed sets in H^*_p are the following:

$$S_p\cup Q_{p-1}\cup Q^*_{p-2},\quad S_p\cup Q_{p-2}\cup Q^*_{p-1},\quad S_\Delta S_\Gamma\cup Q_{p-1}\cup Q^*_{p-1},$$
$$A_p\cup Q_{p-1}\cup Q^*_{p-1},\quad AGL(k_p,1,p)\cup Q_{p-1}\cup Q^*_{p-1}.$$

Proof. By Theorem 1, we only need to determine all maximal subgroups of S_p.

1) Let G be an intransitive group on Ω_p. Then G is a maximal subgroup of S_p if and only if G has the form $S_\Delta S_\Gamma$.

In fact, let $a \in \Omega_p$, $\Delta = \{g(a): g \in G\}$, and $\Gamma = \Omega_p - \Delta$. Since G is intransitive, $\Delta \subset \Omega_p$. It is easy to prove that $G \subseteq S_\Delta S_\Gamma$. Hence, by maximality of G we have $G = S_\Delta S_\Gamma$.

On the other hand, let $G = S_\Delta S_\Gamma$. It is inferred from $|\Delta| \neq |\Gamma|$ that $\sigma \in G$ if and only if $a, b \in \Delta(\Gamma)$ implies $\sigma(a), \sigma(b) \in \Delta(\Gamma)$. Suppose $\sigma \in S_p - G$. Then there exists $a, b \in \Delta$ or Γ such that $\sigma(a) \in$ and $\sigma(b) \in \Gamma$. Let $\sigma(a) = x_1$, $\sigma(b) = y_1$. and $\tau = \sigma^{-1}$. Obviously, we have

$$\tau(x_1) = a, \quad \tau(y_1) = b, \quad (\tau(x_1)\tau(y_1)) \in G, \quad \tau \in \langle \sigma, G \rangle.$$

Thereby

$$(x_1 y_1) = \tau^{-1}(\tau(x_1)\tau(y_1))\tau \in \langle a, G \rangle.$$

Let $(x\ y)$ be an arbitrary transposition of S_p. If $x, y \in \Delta$ or $x, y \in \Gamma$, then it is clear that $(x\ y) \in G$. If $x \in \Delta$ and $y \in \Gamma$ or $x \in \Gamma$ and $y \in \Delta$, it would be just as well to assume that $x \in \Delta$ and $\Delta y \Delta \in \Gamma$, then

$$(xy) = (y\ y_1)(x\ x_1)(x_1\ y_1)(x\ x_1)(y\ y_1) \in \langle \sigma, G \rangle.$$

Thus $\langle \sigma, G \rangle = S_p$. Therefore G is a maximal subgroup of S_p.

2) Let G be a transitive and unsolvable group. Then G is a maximal subgroup of S_p if and only if $G = A_p$.

In actual fact, if there exists no odd permutation in G, then G is a maximal subgroup of S_p if and only if $G = A_p$. If there exists and odd permutation in G, then we show $G = S_p$ as follows:

By [6, Corollary 1], the group G is a threefold transitive group. As G is transitive, p divides $|G|$. Therefore it is inferred from $|G|$ divides $p!$ that there exists a p Sylow subgroup P in G, where $|P| = p$. It is obvious that the generator of the cyclic group P is a p-cycle, therefore G is a threefold transitive group with a p-cycle . By [3, Theorem 1. 49], G must satisfy one of the following conditions:

① $G \supseteq A_p$;

② $G \cong PSL(2,11)$, M_{11} or M_{23}, where M_{11} and M_{23} are Mathieu groups;

③ $p = (q^m - 1)/(q - 1)$ and $G \supseteq PSL(m, q)$, where q is a power of some prime.

If condition ① is true, i. e., $G \supseteq A_p$, then $G = S_p$ because G includes an odd permutation.

It is known that $PSL(2,11)$, M_{11} and M_{23} are simple groups. Since G includes an odd permutation, G is not a simple group. Hence condition ② is not satistactory.

Assume ③ is true. When $m\geqslant 3$, by the theorem of [5], if $PSL(m,q)\subseteq G \subseteq S_p$, where $p=(q^m-1)/(q-1)$, then $G\supseteq A_p$ or $G\subseteq P\Gamma L(m,q)$, where $P\Gamma L(m,q)$ is a normalizer of $PSL(m,q)$ in S_p. If $G\subseteq P\Gamma L(m,q)$, then $PSL(m,q)$ is a normal subgroup of G. By[9], $PSL(m,q)$ is also a threefold transitive group, which is a contradiction. Hence $A_p\subseteq G$, and thereby $G=S_p$, because G includes an odd permutation. When $m=2$, we have $p=q+1$, and so $q=2^n$. Therefore $p=2^h+1$ is a Fermat prime, and by the theorem of[4], $G=S_p$.

3) Let G be a transitive and solvable group . Then G is a maximal subgroup of S_p if and only if $G=AGL(k_p,1,p)$.

In fact, according to the Galois theorem quoted in Neumann [7], if a solvable permutation group G is transitive on Ω_p, then $G\subset AGL(k_p,1,p)$. Hence if G is a maximal subgroup of S_p, then $G=AGL(k_p,1,p)$.

On the other hand, assume $AGL(k_p,1,p)\subseteq H\subseteq S_p$. We take a permutation $\sigma\in AGL(k_p,1,p)$ such that $\sigma(x)=a\odot x$, where the period of element a is $(p-1)$. Clearly σ is a $(p-1)$-cycle, thus σ is an odd permutation. By the proof of(2), we have $H=S_p$. Therefore $AGL(k_p,1,p)$ is a maximal subgroup of S_p.

The proof is complete.

Corollary 2. Let p be a prime, $p\geqslant 5$. Then the maximal closed sets of H_p are the following:

$$S_p\cup Q_{p-2},\quad S_\Delta S_\Gamma\cup Q_{p-1},\quad A_p\cup Q_{p-1},\quad AGL(k_p,1,p)\cup Q_{p-1}.$$

Theorem 3. Let p be a prime, $p\geqslant 5$. Then the number of all maximal closed sets of H_p^* is $2^{p-1}+(p-2)!+2$.

Proof. By Theorem 2. we only need to calculate the number of maximal subgroups such as S_Δ, S_Γ and $AGL(k_p,1,p)$ on S_p, respectively.

It is easy to show that the number of maximal subgroups such as $S_\Delta S_\Gamma$ on S_p is

$$\sum_{i=1}^{(p-2)/2}\begin{pmatrix}p\\ i\end{pmatrix}=2^{p-1}-1.$$

Now we calculate the number of distinct $AGL(k_p, 1, p)$ as follows: from the definition of $AGL(k_p, 1, p)$, it follows that $AGL(k_p, 1, p)$ is closely related to the operations on the field $k_p = (\Omega_p, \oplus, \odot)$. So, we first discuss how many distinct fields can be defined on Ω_p.

Let $k = (\Omega_p +, .)$ be a field, e. g. the remainder field modulo p. For an arbitrary $\sigma \in S_p$, we define the addition $\oplus$ and the multiplication $\odot$ as follow:

$$a \oplus b = \sigma^{-1}(\sigma(a) + \sigma(b)), \quad a \odot b = \sigma^{-1}(\sigma(a) \cdot \sigma(b)),$$

where $a, b \in \Omega_p$. It is easy to prove that $k_p = (\Omega_p, \oplus, \odot)$ also forms a field. On the other hand, if $k = (\Omega_p, +, .)$ and $k_p = (\Omega_p, \oplus, \odot)$ are fields, then since finite fields with the same number of elements must be isomorphic, there exists an isomorphic mapping $\sigma \in S_p$ such that for $a, b \in \Omega_p$,

$$\sigma(a \oplus b) = \sigma(a) + \sigma(b), \quad \sigma(a \odot b) = \sigma(a) \cdot \sigma(b),$$

namely

$$a \oplus b = \sigma^{-1}(\sigma(a) + \sigma(b)), \quad a \odot b = \sigma^{-1}(\sigma(a) \cdot \sigma(b)).$$

It is obvious that for arbitrary $a, b \in \Omega_p$,

$$a + b = a \oplus b \text{ if and only if } \sigma(a + b) = \sigma(a) + \sigma(b)$$

and

$$a \cdot b = a \odot b \text{ if and only if } \sigma(a \cdot b) = \sigma(a) \cdot \sigma(b) \odot.$$

Therefore two fields are identical if and only if σ is an automorphism of the field k. Since the field k has only one automorphism, exactly $p!$ distinct fields can be defined on Ω_p.

For an arbitrary $\sigma \in S_p$, it is easy to show that

$$\sigma^{-1}(AGL(1, p))\sigma = \{a \odot x \oplus b : a \neq 0, a, b \in \Omega_p\},$$

where $AGL(1, p)$ is the linear group of the remainder field mod p. So, the number of different $AGL(k_p, 1, p)$ is equal to the number of conjugate subgroups of $AGL(1, p)$ in S_p. Obviously, $AGL(1, p) \subseteq N_{S_p}(AGL(1, p)) \subseteq S_p$, where $N_{S_p}(AGL(1, p))$ is a normalizer of $AGL(1, p)$ in S_p. Since $AGL(1, p)$ is a maximal subgroup of S_p and S_p has only one normal subgroup A_p, $AGL(1, p) = N_{S_p}(AGL(1, p))$. So. if $N_c(S_p)$ denotes the number of conjugate subgroups of $AGL(k_p, 1, p)$ in S_p, then we have

$$N_c(S_p) = \frac{|S_p|}{|N_{S_p}(AGL(1, p))|} = \frac{|S_p|}{|AGL(1, p)|} = \frac{p!}{p(p-1)} = (p-2)!.$$

Therefore the number of distinct $AGL(k_p, 1, p)$ is $(p-2)!$. This completes the proof of Theorem 3.

References

[1] Luo Z K. The problem of determination of all maximal closed sets in many-valued logics [J]. Acta mathematatica Sinica, 1980(23): 152—156.

[2] Luo Z K. The Completeness Theory of Partial Many-valued Logic Functions[J]. Acta Math Sinica, 1984, 27(5): 676—683.

[3] Gorestein D. Finite simple groups, an introduction to their classification[M]. New York: Plenum press, 1982.

[4] Ito N. On transitive permutation groups of Fermat prime degree[C]. Proc Internat Conf Theory of groups, Austral Nat Univ Canberra, 1965: 191—202.

[5] Kantor W M, McDonough T P. On the maximality of PSL($d+1, q$), $d \geqslant 2$[J]. J London Math Soc, 1974, 2(8): 426

[6] Neumann P M. Transitive permutation groups of prime degree[J]. J London Math Soc, 1972, 2(5): 202—208.

[7] Neumann P M, Saxl J. On triply transitive groups of odd degree[J]. J London Math Soc, 1974, 2(8): 156—167.

[8] Rosenberg I. Uber die functionale Vollstandigkeit in der mehrwertigen Logiken[J]. Rozpravy Ceskoslovenske Akaal Ved, 1970, 80(3): 3—93.

[9] Wagner A. Normal subgroups of triply-transitive permutation groups of odd degree[J]. Math Z, 1966(94): 219—222.

多值逻辑中一元函数的完备集

在多值逻辑理论中，一元多值逻辑函数完备性的判定问题是一个著名的困难问题，文[1]归结为定出 S_x 中的全部极大子群，但在有限群论中这是一个古老而未解决的难题. 之后文[2] 和文[3] 将此困难问题推进到定出多值逻辑中的全部极大基本群，并定出了一类重要的极大基本群. 至今这一问题尚未解决.

本文首次提出了广义线性置换，并定出其制定的充要条件，同时，依据线性置换之特性定出了各类新的一元多值逻辑函数的完备系.

设 F_q 是一个 q 元域，$q = p^n$，p 为质数，F_q 上的函数 $f(x)$ 说是线性的，如果对任意 $a,b \in F_q$ 有 $f(a) + f(b) = f(a+b) + f(0)$. 如果线性函数是 F_q 上的置换，则称为线性置换，令 L_{F_q} 是所有线性置换之集合，易证 L_{F_q} 是一个乘法群.

由文[4] 和文[5] 知 $f(x)$ 是线性函数当且仅当

$$f(x) = a_{n-1}x^{p^{n-1}} + a_{n-2}x^{p^{n-2}} + \cdots + a_0 x^{p^0} + a, \quad a, a_i \in F_q, i = 0, \cdots, n-1.$$

线性函数 $f(x)$ 是置换当且仅当 $|\mathbf{A}| \neq 0$，其中，

$$\mathbf{A} = \begin{bmatrix} a_0 & a_{n-1}^{p} & a_{n-2}^{p^2} & \cdots & a_1^{p^{n-1}} \\ a_1 & a_0^{p} & a_{n-1}^{p^2} & \cdots & a_2^{p^{n-1}} \\ \vdots & \vdots & \vdots & & \vdots \\ a_{n-1} & a_{n-2}^{p} & a_{n-3}^{p^2} & \cdots & a_0^{p^{n-1}} \end{bmatrix}.$$

线性置换有多项式，矩阵和图形(包括有向图和无向图) 等三种表示.

可以证明将 $F_q(q = p^n)$ 看成 R_p 上的 n 维向量空间(即 $F_q = \{(x_1, \cdots, x_n) \mid x_i \in R_p, i = 1, \cdots, n\}$) 时，有：

$$\sigma(x_1, \cdots, x_n) \text{ 是 } F_q \text{ 上的线性置换件} \Leftrightarrow \sigma(x_1, \cdots, x_n) = \mathbf{A}\begin{pmatrix} x_1 \\ \vdots \\ x_n \end{pmatrix} + \begin{pmatrix} b_1 \\ \vdots \\ b_n \end{pmatrix},$$

$$\mathbf{A} = (a_{ij}), \quad a_{ij}, b_j \in R_p, \quad i, j = 1, \cdots, n, \quad |\mathbf{A}| \neq 0.$$

定理 1

1) L_{F_p} 中有 $p-1$ 个 p 元有向圈；有 $p\varphi(k)$ 个 k 元有向圈，其中 $k\mid(p-1)$，$\varphi(k)$ 是 Eulel 函数；

2) S_p 中有 $(p-1)!$ 个 p 元有向圈.

证明

1) 显然 $x+b$ 的有向圈为 $0\to b\to 2b\cdots\to(p-1)b\to 0$，共有 $(p-1)$ 个 p 元有向圈，$b=1,\cdots,p-1$.

设 $a\in R_p, a\neq 0$，a 的周期为 k，于是 a 是 k 次本原单位根，$k\mid(p-1)$. 设 R_p 中共有 $\varphi(k)$ 个本反原 k 次单位根：$a_1,\cdots,a_{\varphi(k)}$，$a_ix+b$ 的有向圈为

$$\lambda\leftrightarrow\lambda, 1\to(a_i+b)\to(a_i^2+(a_i+1)b)\to a_i^{k-1}+(a_i^{k-2}+\cdots+a_i+1)b$$
$$\to a_i^k+(a_i^{k-1}+\cdots+a_i+1)b=1,$$

其中，$\lambda=\dfrac{-b}{a_i-1}$，有 $a_i^k-1=(a_i-1)(a_i^{k-1}+\cdots+a_i+1)=0$. 当 $a_i\neq 1$ 时，$a_i^{k-1}+\cdots+a_i+1=0$.

2) 令 $G=\{x+i\mid i\in R_p\}$，即 $G=\langle x+1\rangle$ 是 p 元循环群，设 $N_{S_p}(G)=\{\sigma\mid\sigma\in S_p,\sigma^{-1}G\sigma=G\}$. 于是，对任意 $\sigma\in L_{F_p}$，$f\in G$，有 $\sigma^{-1}f\sigma\in L_{F_p}$ 且 $\sigma^{-1}f\sigma$ 后是一个 p 元轮换，从而 $\sigma^{-1}f\sigma\in G$. 因此，$G\subseteq L_{F_p}\subseteq N_{S_p}(G)\subseteq S_p$.

由文[4] 可知，L_{F_p} 是 S_p 的极大子群，可推得

$$L_{F_p}=N_{S_p}\quad\text{或}\quad N_{S_p}(G)=S_p.$$

若 $N_{S_p}(G)=S_p$，则 G 是 S_p 的正规子群. 当 $P>4$ 时，$G=A_p$，A_p 是 p 次交代群，但是 $|G|=p$，$|A_p|=\dfrac{p!}{2}$，此为矛盾. 因此，$N_{S_p}(G)=L_{F_p}$，由此可推得 G 的不同共轭群之个数为 m，即

$$m=\frac{p!}{|L_{F_p}|}=\frac{p!}{p(p-1)}=(p-2)!.$$

设 $\sigma_i^{-1}G\sigma_i$ 是 G 的全部不同的共轭群，$i=1,\cdots,m$. 由 G 是 p 元循环群可得 $\sigma_i^{-1}G\sigma_i$ 亦是 p 元循环群，$\sigma_i^{-1}G\sigma_i$ 中除单位 e 外是 p 元有向圈，共 $p-1$ 个，故 S_p 中共有 $m(p-1)=(p-1)!$ 个 p 元有向圈.

由此定理可知，S_p 中有 $(p-1)((p-2)!-1)$ 个 p 元有向圈是非线性置换.

设 F 是一个 p^n 元集合，p 是质数，我们可以规定一个加法“+”和乘法“•”运算使之成为一个域，记为 F_{p^n}. 在域 F_{p^n} 上可定义线性置换，所有线性置换之集合记为 $L_{F_{p^n}}$. 在此需要指出的是，使 F 成为域的加法和乘法运算不止一种，有许多种.

设 F 在另一加法运算"$\oplus$"和乘法运算"$\times$"使之成为一个域，记为 F'_{p^n}. 同理，在域 F'_{p^n} 上可定义线性置换，所有线性置换之集合记为 $L_{F'_{p^n}}$. 在此特别指出，$L_{F_{p^n}}$ 与 $L_{F'_{p^n}}$ 中的线性置换未必相同，即一个置换在一种加法和乘法运算下是线性置换，在另一种加法和乘法运算下未必是线性置换.

定义 $F \in S_{p^n}$ 说是广义线性置换，如果有加法和乘法运算使 F 成为一个域，且 F 是该域上的线性置换.

定理 2 设 F_{p^n} 是一个域，$L_{F_{p^n}}$ 是所有线性置换之集合，$f \in S_{p^n}$ 是广义线性置换的充要条件为

$$f \in (\bigcup_{i=1}^{m} \sigma_i^{-1} L_{F_{p^n}} \sigma_i), \quad m = \frac{p^n!}{p^n(p^n - p^0)\cdots(p^n - p^{n-1})}.$$

其中，m 是 $L_{F_{p^n}}$ 的不同共轭群之个数.

证明 设 F_{p^n} 的加法运算为"$+$"，乘法运算为"$\cdot$"，$\forall a,b \in F_{p^n}$，在 S_{p^n} 中任取一个置换 σ，定义加法运算"$\oplus$"和乘法运算"$\times$"如下：

$$a \oplus b = \sigma^{-1}(\sigma(a) + \sigma(b)), \tag{1}$$

$$a \times b = \sigma^{-1}(\sigma(a) \cdot \sigma(b)). \tag{2}$$

可以证明，F_{p_n} 对加法运算"$\oplus$"和乘法运算"$\times$"亦是一个域，记为 $F^{\sigma}_{p^n}$. 反之，若 F'_{p_n} 对加法运算"$\oplus$"和乘法运算"$\times$"是一个域，则由元数相同的有限域必同构，从而有同构映射 $\sigma \in S_{p_n}$，使

$$\sigma(a \oplus b) = \sigma(a) + \sigma(b), \quad \sigma(a \times b) = \sigma(\alpha) \cdot \sigma(b).$$

即

$$a \oplus b = \sigma^{-1}(\sigma(a) + \sigma(b)), \quad a \times b = \sigma^{-1}(\sigma(a) \cdot \sigma(b)).$$

因此，$F'_{p_n} = p^{\sigma}_{p^n}$. 由广义线性置换之定义可知，$f$ 是广义线性置换必要而且只要 $f \in (\bigcup_{\sigma \in S_{p^n}} L_{F^{\sigma}_{(p^n)}})$，其中，$L_{F^{\sigma}_{p^n}}$ 是域 $F^{\sigma}_{p^n}$ 上的所有线性置换之集合.

为了简单起见，将 F_{p^n} 简记为 F，$F^{\sigma}_{p^n}$ 简记为 F^{σ}.

1) 对 $\forall \sigma \in S_{p^n}$，有 $L_{F^{\sigma}} = L^{\sigma}_{F} = \sigma^{-1} L_{F^{\sigma}}$，即 L_F 的共扼子群.

设 $f(x) \in L^{\sigma}_{F}$，有 $g(x) \in L_F$ 使 $f(x) = \sigma^{-1} g \sigma(x)$. $\forall a,b \in F$，显然，

$$g(\sigma(a) + \sigma(b)) + g(0) = g(\sigma(a)) + g(\sigma(b)),$$

由 $\sigma f(x) = g\sigma(x)$ 及 1)，有

$$\sigma f(a \oplus b) = g(\sigma(a \oplus b)) = g(\sigma(a) + \sigma(b)),$$

从而

$$\sigma f(a \oplus b) + \sigma f(\sigma^{-1}(0)) = \sigma f(a) + \sigma f(b).$$

再由(1) 式及 $\sigma^{-1}(0)=0'$ 是 F 对"$\oplus$"的零元素,有

$$\sigma(f(a\oplus b)\oplus f(0'))=\sigma(f(a)\oplus f(a)),$$

从而

$$f(a\oplus b)\oplus f(0')=f(a)\oplus f(a).$$

因此,$f(x)\in L_{F^{\sigma}}$,从而 $L_F^{\sigma}\subseteq L_{F^{\sigma}}$. 设 $f(x)\in L_{F^{\sigma}}$, $\forall\, a,b\in F$,有

$$f(a\oplus b)\oplus f(0')=f(a)\oplus f(b),$$

从而由(1) 式,有

$$\sigma(f(a\oplus b)+\sigma f(0'))=\sigma f(a)+\sigma f(b),$$

$$\sigma f\sigma^{-1}(\sigma(a)+\sigma(b))+\sigma f\sigma^{-1}(0)=\sigma f\sigma^{-1}\sigma(a)+\sigma f\sigma^{-1}\sigma(b).$$

因此,$\sigma f\sigma^{-1}(x)\in L_F$ 从而 $f\in\sigma_{\sigma}^{-1}L_{F^{\sigma}}=L_F^{\sigma}$,$L_{F^{\sigma}}\subseteq L_F^{\sigma}$. 故 $L_{F^{\sigma}}=L_F^{\sigma}$.

2) L_F 的不同共扼群之个数为 m,有

$$m=\frac{p^n\,!}{p^n(p^n-p^0)\cdots(p^n-p^{n-1})}.$$

设 L_F 在对称群 S_{p^n} 中的正规化群为 $N_{S_{p^n}}(L_F)$,即 $N_{S_{p^n}}(L_F)=\{\sigma\mid\sigma\in S_{p^n}$,且 $\sigma^{-1}L_{F^{\sigma}}=L_F\}$.

显然,$L_F\subseteq N_{S_{p^n}}(L_F)\subseteq S_{p^n}$,由文[4]可知,$L_F$ 是 S_{p^n} 的极大子群,可推得

$$L_F=N_{S_{p^n}}(L_F)\text{ 或 }N_{S_{p^n}}(L_F)=S_{p^n}.$$

若 $N_{S_{p^n}}(L_F)=S_{p^n}$,则 L_F 是 S_{p^n} 的正规子群,但当 $k\neq 4$ 时,S_k 只有 k 次交代群,A_k 是非平凡的正规子群,从而 $A_{p^n}=L_F$. 设 $F-\{0\}$ 的生成元 ξ,即 ξ 的周期为 p^n-1,有 ε_x 是奇置换,p^n-1 元轮换,$\varepsilon_x\in L_F$ 而 $\varepsilon_x\in A_{p^n}$. 此为矛盾,因此,

$$L_F=N_{S_{p^n}}(L_F),$$

从而

$$m=\frac{|S_{p^n}|}{|N_{S_{p^n}}(L_F)|}=\frac{|S_{p^n}|}{|L_F|}.$$

由文[4]可知,

$$m=\frac{p^n\,!}{p^n(p^n-p^0)\cdots(p^n-p^{n-1})}.$$

由 1),2) 可得定理之结论成立.

现在研究置换的无向图,每一个置换可唯一地分解为不相杂轮换之乘积,每一个轮换确定一个有向圈;反之,每一个有向圈便确定一个轮换. 因此,置换与不相杂的有向圈一一对应. 如果不考虑方向,每一个置换便确定一个仅含(不相杂)圈的无向图. 例如 $x+1$ 确定一个 p 元圈的无向图,由定理1可知,$x+b$ 的

无向图均相同且 S_p 中还有 $(p-1)((p-2)!-1)$ 个非线性置换是 p 元圈的无向图,其中,$b=1,\cdots,p-1$.

设 $\Gamma(L_{F_{p^n}})=\{f\text{ 的无向图}\mid f\in L_{F_{p^n}}\}$,即 $\Gamma(L_{F_{p^n}})$ 是 $L_{F_{p^n}}$ 中全部置换所确定的无向图之集合.

定理 3 $f\in S_{p^n}$ 是广义线性置换必要而且只要 f 的无向图属于 $\Gamma(L_{F_{p^n}})$.

证明 若 f 是广义线性置换,则由定理 2 可知,$f\in\sigma^{-1}L_{F_{p^n}}\sigma$. 显然,$\Gamma(\sigma^{-1}L_{F_{p^n}}\sigma)=\Gamma(L_{F_{p^n}})$,从而 f 的无向图包含在 $\Gamma(L_{F_{p^n}})$ 中.

设 f 的无向图包含在 $\Gamma(L_{F_{p^n}})$ 中,有 $g\in L_{F_{p^n}}$ 使 f 与 g 的无向图相同. 设 f,g 分别为下列不相杂轮换之乘积:

$$f=(a_1\cdots a_{m_1})(a_{m_1+1}\cdots a_{m_2})\cdots(a_{m_{k-1}+1}\cdots a_{m_k}),$$
$$g=(b_1\cdots b_{m_1})(b_{m_1+1}\cdots b_{m_2})\cdots(b_{m_{k-1}+1}\cdots b_{m_k}).$$

令 $\sigma(a_i)=b_i,i=1,\cdots,m_k$,于是置换 σ 将 f 的图形变为 g 的图形,且 $\sigma f\sigma^{-1}=g$,即 $f=\sigma^{-1}g\sigma\in\sigma^{-1}L_{F_{p^n}}\sigma$,由定理 1 可知,$f$ 是广义线性置换.

由此定理只要确定出线性置换之无向图便可制定非广义的线性置换.

定义 设 $A\subseteq S_{p^n}$,A 说是完备的,如果由 A 能迭合(即生成)S_{p^n},即 $\langle A\rangle=S_{p^n}$.

定理 4 设 $f\in S_p$.

1) 若 f 是非线性置换,则 $f,ax,x+1$ 是 S_p 中的完备系,其中,$a(\in R_p)$ 的周期为 $p-1$;

2) 若 f 是非广义的线性奇置换,则 $f,x+1$ 是 S_p 中的完备系.

证明

1) 易证 $\langle x+1\rangle=\{x+b\mid b\in R_p\}$,$\langle ax\rangle=\{cx\mid c\in R_p,c\neq 0\}$. 因此,$\langle x+1,ax\rangle=\{ax+b\mid a,b\in R_p\}=L_{F_p}$. 由文[4]可知,$L_{F_p}$ 是 S_p 的极大子群,从而 $\langle f,x+1,ax\rangle=S_p$.

2) 由 f 是奇置换,可推得 $f\notin A_p$,A_p 是 p 次交代群. 对于任意直接分划

$$F_p=A+B,\quad A\cap B=\varnothing,\quad |A|\neq|B|,$$

易证 $x+1\notin S_A\cdot S_B$;其中,S_A,S_B 分别是 A,B 上的对称群. 由 f 是非广义的线性置换及定理 2 可知,f 不包含在任意线性置换群中. 依据文[4]可知,$f,x+1$ 是 S_p 中的完备集. S_p 中的非线性置换 f 有下列三种判别方法:

① 有 $a,b\in R_p$ 使 $f(a+b)+f(0)\neq f(a)+f(b)$;

② $f(x)=a_mx^m+\cdots+a_1x+a_0$,有某一个 $a_j\neq 0,j\geqslant 2$;

③ f 的有向图不是定理 1 指出的有向图.

由定理 1 不难求得 $\Gamma(L_{F_p})$ 的无向图形为

$$Z_1+\frac{p-1}{k}Z_R,\quad k\mid \rho-1,k>1.$$

其中,Z_i 表示 i 元无向图.根据定理 3,S_p 中的 f 是非广义线性置换必要而且只要 f 的无向图不包含在 $\Gamma(L_{F_p})$ 中,如此,对 S_p 中的置换易于判定是否是非广义线性置换.对于一般的 $L_{F_{p^n}}$。可定出其无向图在非广义线性置换之判定,这些在自动控制化中均有重要的作用.

定理 5 设 $f\in S_{p^n},n\geqslant 2$.

1) 若 f 是非线性置换,则 $f,x+y,x^p,ax+1$ 或 $f,x+y,ax,x^p+1$ 是 S_{p^n} 的完备系,其中,a 的周期为 p^n-1;

2) 若 f 是非广义的线性奇置换,则 f,g,h 是 S_{p^n} 的完备系,其中,g 是一个 p^n 元轮换,h 是一个非基本置换.

证明

1) $f(x_1,\cdots,x_n)\in F_g(x_1,\cdots,x_n)$ 说是 n 元置换多项式,如果对 $\forall a\in F_q$,$f(x_1,\cdots,x_n)=a$ 在 F_q^n 中有 q^{n-1} 个解.显然 $x+y$ 是 2 元置换多项式.

令 $S(x,y)=x+y$.显然

$$S(x,x)=2x,S(x,2x)=3x,\cdots,S(x,(p-1)x)=0.$$

令 $r(x)=ax+1$,显然,$r(0)=1$.于是,$0,1\in\langle x+y,ax+1\rangle$.由 $S(1,1)=2,S(1,2)=3,\cdots,S(1,p-2)=p-1$,有

$$S(r(x),p-1)=ax\in\langle ax+1,x+y\rangle.$$

$\forall b\in F_{p^n},b\neq 0$,必有 m 使 $b=a^m$.令 $t(x)=ax$,显然,$t(t(x))=a^2x,\cdots$,$t\cdots(t(x))=a^mx=bx$,于是,

$$bx,b,bx^p\in\langle x+y,x^p,ax+1\rangle,$$

从而 $\forall\sigma\in L_{F_{p^n}}$,有 $\sigma\in\langle x+y,x^p,ax+1\rangle$,故 $L_{F_{p^n}}\subseteq\langle x+y,x^p,ax+1\rangle$.

由文[4]可知,$L_{f_{p^n}}$ 是 S_{p^n} 的极大子群,可推得

$$\langle x+y,x^p,ax+1,f\rangle\supseteq S_{p^n}.$$

即 $x+y,x^p,ax+1,f$ 是 S_{p^n} 的完备系.

由 $S(x,ix)=(i+1)x$ 可知,$S(x(p-1)x)=0$.令 $g(x)=x^p+1$,显然,$g(0)=1$.由 $S(1,i)=(i+1),i=1,\cdots,p-1$ 有

$$i\in\langle x+y,x^p+1\rangle,\quad i=0,1,\cdots,p-1.$$

由 $S(x^p+1,p-1)=x^p,S(ax,1)=ax+1$,有

$$x+y,x^p,ax+1\in\langle x+y,ax,x^p+1\rangle.$$

故 $x+y, ax, x^p+1, f$ 亦是 S_{p^n} 的完备系.

2) $h \in S_{p^n}$ 说是非基本置换. 如果 h 不包含在基本群中[6]. 由文[6]可将 S_{p^n} 中的置换群分为下列五类:

① 不可迁群;

② 非本原群;

③ 线性置换群:

④ 保正则二项关系的置换群;

⑤ 基本群和 p^n 次交代群 A_{p^n}.

若 g 包含在保正则二项关系的置换群 G 中,则由 G 是本原群可推得 G 是 2 重可迁群,由文[2]可知,此为矛盾,因此,g 不包含在保正则二项关系的置换群中.

若 g 包含在非可迁群中,则由文[4]有 A,B 使

$$F_{q^n} = A+B, \quad A \cap B = \varnothing, \quad |A| \neq |B|,$$

且 $g = S_A \cdot S_B$. 其中,S_A, S_B 分别是 A, B 上的对称群,此与 g 是 p^n 元轮换相矛盾,因此,g 不包含在非可迁群中.

若 g 包含在非本原群中,则由文[4]可知,g 必保下列直接分划:

$$F_{p^n} = A_1 + \cdots + A_m, \quad |A_1| = \cdots = |A_m|, \quad m \geqslant 2,$$

此与 g 是 p^n 元轮换相矛盾. 因此,g 不包含在非本原群中.

至此,由 h 不包含在基本群中,$f \notin A_{p^n}$,f 不包含在线性置换群中,可推得 f, g, h 是 S_{p^n} 中的完备系.

参考文献

[1] Rine D C. Computer science and multiple valued logic[M]. New York: North-Holland Publishing Company, 1977.

[2] 罗铸楷. 在对称群中正则 2 项关系所确定的全部极大子群[J]. 数学学报, 1985, 28(6): 772—782.

[3] 罗铸楷. 多值逻辑中的一类极大基本群——对称群和交代群的一类极大子群[J]. 数学年刊, 1988, 9(3): 245—256.

[4] 罗铸楷, 胡谋, 陈廷槐. 多值逻辑的理论及应用[M]. 北京: 科学出版社, 1992.

[5] Lidl R, Niederreiter H. Finite fields[M]. London: Addison-Wesley Publishing Company, 1983.

[6] Blohina G N, Kudrjavcev V B. On basic groups in *k*-valued logics (Russian)[J]. Dokl Akad Nauk SSSR, 1971(201): 9—11.

多值逻辑的应用

关于 q 值 Bent 函数

2 值 Bent 函数是由 Rothaus 于 1976 年提出的一类特殊的布尔函数，由于在编码与密码领域中有着重要的应用，受到人们的广泛重视，取得了较深入的成果. 广义的 Bent 函数是由 Kumar 等三人于 1985 年提出的，现已有一些基本和重要的成果[2~5]，但还有不少问题尚待解决. 本文对 q 值逻辑函数进行了研究，$q = p^m$，p 是质数.

设 Z_q 是一个 q 元集，$q = p^m$，p 是质数，从 Z_q^n 到 Z_q 的函数 $f(x)$，称为 n 元 q 值逻辑函数. 由文[6] 可定义一个加法运算和乘法运算，使 Z_q 成为一个域且任意一个 q 值逻辑函数能唯一地表示为域 Z_p 的多项式.

一元函数 $\mathrm{tr}(x) = x + x^p + \cdots + x^{p^{m-1}}$ 称为 Z_q 上的迹函数，$x \in Z_q$.

设 $f(x)$ 是 n 元 q 值逻辑函数，$W^{\mathrm{tr}(f(x))}$ 的 Chrestenson 变换为：

$$F(\lambda) = \frac{1}{q^{n/2}} \sum_{x \in Z_p^n} W^{\mathrm{tr}(f(x)) - \mathrm{tr}(\lambda(x))}, \quad \lambda \in Z_q^n.$$

其中，$W = \mathrm{e}^{2\pi\mathrm{i}/p}$，$\mathrm{i} = \sqrt{-1}$，$\lambda x = \lambda_1 x_1 + \cdots + \lambda_n x_n$.

定义 1 n 元 q 值逻辑函数 $f(x)$ 是广义 Bent 函数，如果对任意 $\lambda \in Z_q^n$，均有 $|F(\lambda)| = 1$.

定义 2 设 $\boldsymbol{H} = [\boldsymbol{H}(i,j)]$ 是 $n \times n$ 矩阵，$\boldsymbol{H}(i,j) = \xi^{h_{ij}}$，$\xi = \mathrm{e}^{2\pi\mathrm{i}/m}$，$h_{ij}$ 是整数；$\boldsymbol{H}^* = [\boldsymbol{H}^*(i,j)]$ 是 $\boldsymbol{H}$ 的转置共轭矩阵，即 $\boldsymbol{H}^*(i,j) = \xi^{-h_{ij}}$，如果 $\boldsymbol{HH}^* = nI$，则称 $\boldsymbol{H}$ 为广义 Hadamard 矩阵.

定义 3 设 $f(x)$ 是 n 元 q 值逻辑函数，如果对任意 $a \in Z_p$ 有 $\{x \mid x \in Z_p^n, \mathrm{tr}(f(x)) = a\}$ 之元数为 $q^{n-1}p^{m-1}$，则 $\mathrm{tr}(f(x))$ 是平衡的.

定理 1 设 $f(x)$ 是 n 元 q 值逻辑函数，n 是偶数，$q = p^m$，p 是质数，于是有下列 4 个条件等价：

1) $f(x)$ 是广义 Bent 函数；

2) $q^n \times q^n$ 矩阵 $\boldsymbol{H} = [F(i+j)]$ 是广义 Hadamard 矩阵；

3）$q^n \times q^n$ 矩阵 $\boldsymbol{H} = [W^{\mathrm{tr}(f(x+y))}]$ 是广义 Hadamard 矩阵；

4）对任意 $y \in Z_q^n, y \neq 0, \mathrm{tr}(f(x+r) - f(x))$ 是平衡的.

定理 2 设 q 值逻辑函数

$$f(x,y) = f_0(x) + f_1(x)y_1 + \cdots + f_k(x)y_k.$$

其中，$x = (x_1, \cdots, x_k)$，$y = (y_1, \cdots, y_k)$. $f(x,y)$ 是广义 Bent 函数必要而且只要 $(f_1(x), \cdots, f_k(x))$ 是 Z_q^k 上的一个置换.

定义 4 如果有可逆的仿射变换 σ 使 $f(\sigma(x)) = g(x)$，两个 n 元 q 值逻辑函数 $f(x)$ 和 $g(x)$ 是等价的. 易证，Bent 函数的等价函数仍是 Bent 函数

定理 3 设 q 是奇数，二次函数 $f(x) = \sum_{i,j=1}^{n} a_{ij}x_ix_j + L(x)$，$a_{ij} = a_{ji}$，$a_{ij} \in Z_q$. 其系数矩阵为 $\boldsymbol{A} = [a_{ij}]$，其中，$L(x)$ 是线性函数，n 是偶数，于是，

1）$f(x)$ 是个广义 Bent 函数必要而且只要 $\boldsymbol{A}$ 是非奇异矩阵.

2）若 $f(x)$ 是广义 Bent 函数，则 $f(x)$ 等价于下列 $2q$ 个互不等价的函数之一：

$$x_1x_2 + \cdots + x_{n-3}x_{n-2} + x_{n-1}^2 + cx_n^2 + a, \quad a = 0,1,\cdots,q-1.$$

其中，$c = 1$ 或某一个 $c \in Z_q$ 而$\sqrt{c} \notin Z_q$.

定理 4 设 q 是偶数，二次函数 $f(x) = \sum_{1 \leqslant i < j \leqslant n} a_{ij}x_ix_j + L(x)$，$a_{ij} \in Z_q$. 其系数矩阵为

$$\boldsymbol{A} = \begin{bmatrix} 0 & a_{12} & a_{13} & \cdots & a_{1n} \\ a_{12} & 0 & a_{23} & \cdots & a_{2n} \\ a_{13} & a_{23} & 0 & \cdots & a_{3n} \\ \vdots & \vdots & \vdots & \cdots & \vdots \\ a_{1n} & a_{2n} & a_{3n} & \cdots & 0 \end{bmatrix}.$$

其中，$L(x)$ 是线性函数，n 是偶数. 于是，

1）$f(x)$ 是广义 Bent 函数必要而且只要 $\boldsymbol{A}$ 是非奇异矩阵.

2）若 $f(x)$ 是广义 Bent 萨数，则 $f(x)$ 等价于下列 q 个互不等价的函数之一：

$$x_1x_2 + \cdots + x_{n-1}x_n + a, \quad a = 0,1,\cdots,q-1;$$

或

$$x_1x_2 + \cdots + x_{n-1}x_n + x_{n-1}^2 + cx_n^2 + a, \quad a = 0,1,\cdots,q-1.$$

其中，$\mathrm{tr}(c) = 1$.

参考文献

[1] Rothaus O S. On Bent functions[J]. J Combin Theory,1976,20(A):300－305.

[2] Kumar P V,Scholtz R A,Welch L R. Generalized Bent functions and their properties[J]. J Combin Theory,1985,40(A):90－107.

[3] Chung H,Kumar P V. A new general construction for generalized Bent functions[J]. IEEE Trans IT,1989,35(1):206－209.

[4] Matsufuji S,Imamura K. Balanced quadriphase sequences with optimal periodic correlation properties constructed by real-valued Bent functions[J]. IEEE Trans IT,1993,39(1):305－309.

[5] Akyidiz E,Güloglu I S,Ikeda M. A note of generalized Bent functions[J]. J Pure and App Alg,1996(106):1－9.

[6] 罗铸楷,胡谋,陈廷槐. 多值逻辑的理论及应用[M]. 北京:科学出版社,1992.

[7] Lidl R,Niederreiter H. Finite fields[M]. London:Addison-Wesley Publishing Company,1983.

关于 p 值 Bent 函数

2 值 Bent 函数是由 Rothaus 于 1976 年提出的一类特殊布尔函数[1]，由于在编码和密码领域中有着重要的应用，因此受到人们的重视，已取得了成果. 利用 Bent 函数可构造出循环相关和伪随机特性都很好的最佳离散信号（Bent 序列）. 在序列密码中，由 Bent 函数作为组合函数的前馈网络密钥生成器是抗击 QBR 攻击能力最好的网络函数. 广义的 Bent 函数是由 Kumar 等三人于 1985 年提出的，现已有一些基本和重要的成果[2~5]，但还有许多问题尚待解决.

本文对 p 值逻辑函数进行了研究. 首先定出了 p 值逻辑函数是广义 Bent 函数的几个充要条件，并给出了一个由 $n-2$ 元广义 Bent 函数构造 n 元广义 Bent 函数的方法；其次证明了当 n 为偶数时，n 元二次 p 值逻辑函数是广义 Bent 函数必要而且只要其系数矩阵是非奇异的，并给出其全部不同的仿射等价类.

设 Z_p 是一个 p 元集，p 是质数，从 Z_p^n 到 Z_p 的函数 $f(x)$ 称为 n 元 p 值逻辑函数. 显然，可定义一个加法运算和乘法运算使 Z_p 成为一个域，由文献[6]可看出：任意一个 p 值逻辑函数能唯一地表示为域 Z_p 上的多项式.

设 $f(x)$ 是 n 元 p 值逻辑函数，$w^{f(x)}$ 的 Chrestenson 变换为

$$F(\lambda) = \frac{1}{p^{n/2}} \sum_{x \in Z_p^n} W^{f(x)-\lambda x}, \quad \lambda \in Z_p^n. \tag{1}$$

其中，$W = e^{2\pi i/p}$，$i = \sqrt{-1}$，$\lambda x = \lambda_1 x_1 + \cdots + \lambda_n x_n \pmod p$.

定义 1 n 元 p 值逻辑函数 $f(x)$ 说是广义 Bent 函数，如果对任意 $\lambda \in Z_p^n$，有 $|F(\lambda)| = 1$.

定义 2 设 $\boldsymbol{H} = [H(i,j)]$ 是 $n \times n$ 矩阵，$\boldsymbol{H}(i,j) = \xi^{h_{ij}}$，$\xi = e^{2\pi i/m}$，$h_{ij}$ 是整数；$\boldsymbol{H}^* = [H^*(i,j)]$ 是 $\boldsymbol{H}$ 的转置共轭矩阵，即 $H^*(i,j) = \xi^{h_{ij}}$. 如果 $\boldsymbol{H}\boldsymbol{H}^* = n\boldsymbol{I}$，则称 $\boldsymbol{H}$ 为广义 Hadamard 矩阵.

定义 3 n 元 p 值逻辑函数 $f(x)$ 说是平衡的，如果对任意 $a \in Z_p$，有 $|\{x \mid x \in Z_p^n, f(x) = 1\}| = p^{n-1}$.

定理1 设 $f(x)$ 是 n 元 p 值逻辑函数，n 是偶数，p 是质数. 于是有下列 4 个条件等价：

1) $f(x)$ 是广义 Bent 函数；

2) $p^n \times p^n$ 矩阵 $\boldsymbol{H} = [F(i+j)]$ 是广义 Hadamard 矩阵，其中，$i+j = (i_1 + j_1, \cdots, i_n + j_n)$；

3) $p^n \times p^n$ 矩阵 $\boldsymbol{H} = [W^{f(x+y)}]$ 是广义 Hadamard 矩阵，其中，$x+y = (x_1 + y_1, \cdots, x_n + y_n)$；

4) 对任意 $y \in Z_p^n, y \neq 0, f(x+y) - f(x)$ 是平衡的.

证明 1)⇒2).

设 $f(x)$ 是广义 Bent 函数，当 $p=2$ 时，显然有 $F(\lambda) = W^{h(\lambda)}$；当 $p \neq 2$ 时，由文献[2]有 $F(\lambda) = W^{h(\lambda)}$，其中，$h(\lambda) = \dfrac{1}{2} g(\lambda)$，$g(\lambda)$ 是 n 元 p 值逻辑函数，因此，$F(\lambda) = W^{h(\lambda)}$，从而 $F(i+j) = W^{h(i+j)}$.

设 $\boldsymbol{HH}^* = [\mu_{ij}]$，于是

$$\mu_{ij} = \sum_{k \in Z_p^n} F(i+k)\,\overline{F(j+k)} = \sum_{k \in Z_p^n}\left(\frac{1}{p^{\frac{n}{2}}}\sum_{x \in Z_p^n} W^{f(x)-(i+k)x}\right)\cdot\left(\frac{1}{p^{\frac{n}{2}}}\sum_{y \in Z_p^n} W^{-(f(y)-(j+k)y)}\right)$$

$$= \frac{1}{p^n}\sum_{x, y \in Z_p^n} W^{f(x)-f(y)-(ix-jy)} \cdot \left(\sum_{k \in Z_p^n} W^{k(y-x)}\right).$$

由

$$\sum_{k \in Z_p^n} W^{k(y-x)} = \begin{cases} p^n, & x = y, \\ 0, & x \neq y \end{cases}$$

有

$$\mu_{ij} = \sum_{x \in Z_p^n} W^{(j-i)x} = \begin{cases} p^n, & i = j, \\ 0, & i \neq j. \end{cases}$$

故 $\boldsymbol{H}$ 是广义 Hadamard 矩阵.

2)⇒3).

设 $p^n \times p^n$ 矩阵 $\boldsymbol{H} = [F(i+j)]$ 是广义 Hadamard 矩阵. 于是 $F(i) = W^{h_i}$，h_i 是整数. 显然，$|F(i)| = 1$. 因此，$f(x)$ 是广义 Bent 函数. 由上面的讨论可知，有 n 元 p 值逻辑函数 $h(\lambda)$ 使 $F(\lambda) = W^{h(\lambda)}$.

设 $G(x)$ 是 $W^{h(\lambda)}$ 的 Chrestenson 变换，由(1) 式对应的 Chrestenson 反变换，有

$$G(x) = \frac{1}{p^{\frac{n}{2}}}\sum_{\lambda \in Z_p^n} W^{h(\lambda)-x\lambda} = \frac{1}{p^{\frac{n}{2}}}\sum_{\lambda \in Z_p^n} F(\lambda) W^{-x\lambda} = W^{f(-x)}.$$

然而，$|G(x)|=1$. 因此，$h(\lambda)$ 是广义 Bent 函数. 由 1)⇒2) 有

$$\boldsymbol{H}=[G(-(x+y))]=[W^{f(x+y)}]$$

是广义 Hadamard 矩阵.

3)⇒4).

设 $p^n\times p^n$ 矩阵 $\boldsymbol{H}=[W^{f(x+y)}]$ 是广义 Hadamard 矩阵. 于是，

$$\sum_{x\in Z_p^n}W^{f(x+y)-f(x)}=\begin{cases}p^n, & y=0,\\ 0, & y\neq 0.\end{cases} \tag{2}$$

由文献[7]知 W 在有理数域 R 上的既约多项式是分圆多项式，从而 W^0，$W^1,\cdots,W^{p-2}$ 在 R 上线性无关. 这样，由 $W^0+W^1+\cdots+W^{p-1}=0$ 可推得，若 $a_0W^0+a_1W^1+\cdots+a_{p-1}W^{p-1}=0,a_0,\cdots,a_{p-1}\in R$，则 $a_0=\cdots=a_{p-1}$. 由(2)式对任意 $y\in Z_p^n,y\neq 0,f(x+y)-f(x)$ 是平衡的.

4)⇒1).

设对任意 $y\in Z_p^n,y\neq 0,f(x+y)-f(x)$ 是平衡的. 于是，由 $W_0+W^1+\cdots+W^{p-1}=0$，有

$$\sum_{x\in Z_p^n}W^{f(x+y)-f(x)}=\begin{cases}p^n, & y=0,\\ 0, & y\neq 0.\end{cases}$$

从而

$$\begin{aligned}p^n&=\sum_{y\in Z_p^n}W^{-\lambda y}\Big(\sum_{x\in Z_p^n}W^{f(x+y)-f(x)}\Big)=\sum_{x\in Z_p^n}W^{-f(x)}\Big(\sum_{y\in Z_p^n}W^{f(x+y)-\lambda y}\Big)\\&=\Big(\sum_{x\in Z_p^n}W^{-(f(x)-\lambda x)}\Big)\Big(\sum_{z\in Z_p^n}W^{f(z)-\lambda z}\Big)=p^n\,\overline{F(\lambda)}F(\lambda),\quad z=x+y\end{aligned}$$

因此，$F(\lambda)\overline{F(\lambda)}=1$，从而 $|F(\lambda)|=1$，即 $f(x)$ 是广义 Bent 函数.

定理 2 设 $f_i(x)$ 是 $n-2$ 元 p 值逻辑函数，$i=0,1,\cdots,p-1$. 有

$$f(x,x_{n-1},x_n)=\sum_{i=0}^{p-1}\mu_i(x_{n-1})f_i(x)+\mu(x_{n-1})x_n.$$

其中，$\mu(x_{n-1})$ 是 Z_p 上取 p 个值的函数.

$$\mu_i(x_{n-1})=\begin{cases}a_i, & x_{n-1}=i,\\ 0, & x_{n-1}\neq i.\end{cases},\quad a_i\in Z_p,\quad a_i\neq 0,\quad i=0,1,\cdots,p-1.$$

于是，$f(x,x_{n-1},x_n)$ 是广义 Bent 函数必要而且只要 $f_0(x),\cdots,f_{p-1}(x)$ 是广义 Bent 函数.

证明 $W^{f(x,x_{n-1},x_n)}$ 的 Chrestenson 变换为

$$F(\lambda,\lambda_{n-1},\lambda_n)=\frac{1}{p^{\frac{n}{2}}}\sum_{x\in Z_p^{n-2};x_{n-1},x_n\in Z_p}W^{f(x,x_{n-1},x_n)-\lambda x-\lambda_{n-1}x_{n-1}-\lambda_nx_n}$$

$$= \frac{1}{p} \sum_{x_{n-1}, x_n \in Z_p} W^{\mu x_{n-1} x_n - \lambda_{n-1} x_{n-1} - \lambda_n x_n} \left(\frac{1}{p^{\frac{n-2}{2}}} \sum_{x \in Z_p^{n-2}} W^{\sum_{i=0}^{p-1} \mu_i x_{n-1} f_i(x) - \lambda x} \right)$$

$$= \frac{1}{p} \sum_{k=0}^{p-1} \sum_{x_n \in Z_p} W^{\mu(k) x_n - \lambda_{n-1} k - \lambda_n x_n} \left(\frac{1}{p^{\frac{n-2}{2}}} \sum_{x \in Z_p^{n-2}} W^{a_i f_i(x) - \lambda x} \right)$$

$$= \frac{1}{p} \sum_{k=0}^{p-1} \sum_{x_n \in Z_p} W^{(\mu(k) - \lambda_n) x_n - \lambda_{n-1} k} F_k(\lambda).$$

其中，$F_k(\lambda)$ 是 $W^{a_i f_i(x)}$ 的 Chrestenson 变换，$k = 0, \cdots, p-1$. 令 $\lambda_n = \mu(i)$，代入上式便有

$$F(\lambda, \lambda_{n-1}, \mu(i)) = \frac{1}{p} \sum_{x_n \in Z_p} W^{-\lambda_{n-1} i} F_i(\lambda) + \frac{1}{p} \sum_{k=0, k \neq i}^{p-1} \sum_{x_n \in Z_p} W^{\mu(k) - \mu(i) x_n - \lambda_{n-1} k} F_k(\lambda)$$

$$= W^{-\lambda_{n-1} i} F_i(\lambda) + \frac{1}{p} \sum_{k=0, k \neq 1}^{p-1} (W^0 + W^1 + \cdots + W^{p-1}) F_k(\lambda)$$

$$= W^{-\lambda_{n-1} i} F_i(\lambda).$$

其中，$i = 0, 1, \cdots, p-1$. 因此，$| F(\lambda, \lambda_{n-1} \mu(i)) | = | F_i(\lambda) |$，这样，由 $f_i(x)$ 是广义 Bent 函数必要而且只要 $a_i f_i(x)$ 是广义 Bent 函数，可推得 $f(x, x_{n-1}, x_n)$ 是广义 Bent 函数必要而且只要 $f_i(x)$ 是广义 Bent 函数.

定义 4 n 元 p 值逻辑函数 $f(x)$，$g(x)$ 说是等价的，如果有可逆仿射变换 σ 使 $f(\sigma(x)) = g(x)$.

由文献[2] 可知，广义 Bent 函数的等价函数仍是广义 Bent 函数.

定理 3 设 $f(x)$ 是 n 元二次 p 值逻辑函数，n 是偶数. 于是，

1) $f(x)$ 是广义 Bent 函数必要而且只要 $f(x)$ 的系数矩阵是非奇异的；

2) 若 $f(x)$ 是广义 Bent 函数，当 $p = 2$ 时，$f(x)$ 等价于下列 2 个互不等价的函数之一：

$$x_1 x_2 + \cdots + x_{n-1} x_n + a, \quad a = 0, 1.$$

当 $p \neq 2$ 时，$f(x)$ 等价于下列 $2p$ 个互不等价的函数之一：

$$x_1 x_2 + \cdots + x_{n-3} x_{n-2} + x_{n-1}^2 + c x_n^2 + a, \quad a = 0, \cdots, p^{-1}. \tag{3}$$

其中，$c = 1$ 或任意一个 $c \in Z_p$ 而 $\sqrt{c} \notin Z_p$.

证明 当 $p = 2$ 时，由文献[7] 易证定理之结论成立.

当 $p \neq 2$ 时，n 元二次 p 值逻辑函数为

$$f(x) = \sum_{i,j=1}^{n} a_{ij} x_i x_j + \sum_{i=1}^{n} a_i x_i + a_0, \quad a_{ij} = a_{ji}, \quad a_{ij}, a_i \in Z_p.$$

其系数矩阵为

$$\boldsymbol{A}=\begin{bmatrix} a_{11} & a_{12} & \cdots & a_{1n} \\ a_{21} & a_{22} & \cdots & a_{2n} \\ \vdots & \vdots & & \vdots \\ a_{n1} & a_{n2} & \cdots & a_{nn} \end{bmatrix}.$$

由文献[7]有可逆线性变换 σ 使

$$f(\sigma(x))=\sum_{i=1}^{k} b_i x_i^2+\sum_{i=1}^{n} c_i x_i+c_0.$$

其中,k 是 $\boldsymbol{A}$ 的秩数.

如果 $k<n$,则 $f(\sigma(x_1,\cdots,x_{n-1},x_{n+1}))-f(\sigma(x))=c_n$,由定理1之4)可知,$f(\sigma(x))$ 不是广义 Bent 函数,从而 $f(x)$ 亦不是广义 Bent 函数.

如果 $k=n$,则对任意 $d=(d_1,\cdots,d_n)\in Z_p^n$,有

$$f(\sigma(x+d))-f(\sigma(x))=\sum_{i=1}^{n} 2b_i d_i x_i+d_0.$$

由定理 1 可知,$f(\sigma(x))$ 是广义 Bent 的数,从而 $f(x)$ 亦是广义 Bent 函数.因此,$f(x)$ 是广义 Bent 函数必要而且只要 $\boldsymbol{A}$ 是非奇异的.

设 $\boldsymbol{A}$ 是非奇异的,由文献[7]有可逆线性变换 σ 使

$$f(\sigma(x))=x_1x_2+\cdots+x_{n-3}x_{n-2}+x_{n-1}^2+cx_n^2+\sum_{i=1}^{n} c_i x_i+c_0,$$
$$c\neq 0,\quad c,c_i\in Z_p,\quad i=0,1,\cdots,n.$$

令 $\rho(x)=\rho(x_1,\cdots,x_n)=(x_1-c_2,x_2-c_1,\cdots,x_{n-3}-c_{n-2},x_{n-2}-c_{n-3},x_{n-1}-2^{-1}c_{n-1},x_n-2^{-1}c_{n-1},x_n-2^{-1}c^{-1}c_n)$,于是,

$$f(\sigma\rho(x))=x_1x_2+\cdots+x_{n-3}x_{n-2}+x_{n-1}^2+cx_n^2+a,\quad a\in Z_p.$$

若$\sqrt{c}\in Z_p$,则有 $b\in Z_p$ 使 $b^2=c$.显然,

$$f(\sigma\rho(x_1,\cdots,x_{n-1},b^{-1}x_n))=x_1x_2+\cdots+x_{n-3}x_{n-2}+x_{n-1}^2+x_n^2+a.$$

因此,若 $f(x)$ 是广义 Bent 函数,则 $f(x)$ 等价于下列函数之一:

$$f_{c,a}(x)=x_1x_2+\cdots+x_{n-3}x_{n-2}+x_{n-1}^2+cx_n^2+a.$$

其中,$a=0,1,\cdots p-1;c=1;c_1,\cdots,c_m\in Z_p$,而$\sqrt{c_1},\cdots,\sqrt{c_m}\notin Z_p,m=\dfrac{p-1}{2}$.

设 $h(x),k(x)$ 是域 Z_p 上非奇异的 n 元二次型,其系数矩阵分别为 $\boldsymbol{H},\boldsymbol{K}$.若有可逆线性变恢 σ 使 $h(\sigma(x))=k(x)$,则必要而且只有 $\lambda(|H|)=\lambda(|k|)$[7],其 $|H|$,$|K|$ 分别是 $\boldsymbol{H},\boldsymbol{K}$ 的行列式.

$$\lambda(x)=\begin{cases}1, & \sqrt{x}\in Z_p,\\ -1, & \sqrt{x}\notin Z_p.\end{cases}$$

依此，根据 Z_p 的平方特性：当$\sqrt{a}$,$\sqrt{b} \in Z_p$ 时，$\sqrt{ab} \in Z_p$；当$\sqrt{a}$,$\sqrt{b} \notin Z_p$ 时，$\sqrt{ab} \in Z_p$；当$\sqrt{a} \notin Z_p$,$\sqrt{b} \in Z_p$ 时，$\sqrt{ab} \notin Z_p$.

可推得：

1) 对任意 c,$\sqrt{c} \notin Z_p$，$f_{ci,a}(x)$ 与 $f_{c,a}(x)$ 等价，$i = 1,\cdots,m$.

2) $f_{1,b}(x)$ 与 $f_{c,a}(x)$ 不等价，$a,b \in Z_p$,$\sqrt{c} \notin Z_p$.

如果 n 元二次 p 值逻辑函数 $g(x)$ 与 $g(x)+a$ 等价，$a \neq 0$，即有可逆仿射变换 σ 使 $g(\sigma(x)) = g(x)+a$，则 $|\{x \in Z_p^n g(x) = 0\}| = |\{x \in Z_p^n \mid g(x) = a\}| = \cdots = |\{x \in Z_P^n \mid g(x) = (p-1)a\}|$，即 $g(x)$ 是平衡的. 由文献[7]有可逆仿射变换 τ 使 $g(\tau(x)) = h(x_1,\cdots,x_{n-1}) + x_n$，根据定理 1 之 4)，$g(\tau(x))$ 不是 Bent 函数从而 $g(x)$ 亦不是 Bent 函数. 依此可推得，$f_{1,0}(x),\cdots,f_{1,p-1}(x)$ 两两互不等价；$f_{c,0}(x),\cdots,f_{c,p-1}(x)$ 两两互不等价,$\sqrt{c} \notin Z_p$.

至此，便证明了(3)式中的函数两两互不等价.

参考文献

[1] Rothaus O S. On Bent functions[J]. J Combin Theory, 1976, 20(A): 300－305.

[2] Kumar P V, Scholtz R A, Welch L R. Generalized Bent functions and their properties[J]. J Combin Theory, 1985, 40(A): 90－107.

[3] Chung H, Kumar P V. A new general construction for generalized Bent functions[J]. IEEE Trans IT, 1989, 35(1): 206－209.

[4] Matsufuji S, Imamura K. Balanced quadriphase sequences with optimal periodic correlation properties constructed by real-valued Bent functions[J]. IEEE Trans IT, 1993, 39(1): 305－309.

[5] Akyidiz E, Güloglu I S, Ikeda M. A note of generalized Bent functions[J]. J Pure and App Alg, 1996(106): 1－9.

[6] 罗铸楷，胡谋，陈廷槐. 多值逻辑的理论及应用[M]. 北京：科学出版社，1992.

[7] Lidl R, Niederreiter H. Finite fields[M]. London: Addison-Wesley Publishing Company, 1983.

对一种基于多值逻辑阵列变换的加解密系统的破解

多值逻辑(包含所有非传统的二值逻辑)是一个很宽的研究领域,虽然目前计算机科学主要使用的是二值逻辑,但多值逻辑在计算机科学中已经得到了应用,并将进一步扩大范围.

文献[1]中提出的基于多值逻辑阵列变换的数据加密与解密系统,就是利用多值逻辑器件携带信息能力强,逻辑取值空间大,逻辑表达式复杂等特点,来构造一个密钥空间很大的加密系统.文献[1]中证明,对于一个 k 级的规模为 $m\times n$ 的 $M(\geqslant 2)$ 值加密阵列,其密钥空间为 $M^{k\times m\times n}$,因此,可得出这种加密系统具有较高安全性的结论.但是,经过笔者的分析,发现该系统存在疏漏,现在提出一种对其进行"已知明文攻击"(即根据一些明文 - 密文对来进行攻击)的算法[2,3].

1. 加密系统的构造

设 M 为多值逻辑的基值,$M\geqslant 2$,变量的取值集合为 $L=\{0,1,\cdots,M-1\}$,$a,b,x\in L$.

定义 1 变量之间的基本逻辑运算为

与:$ab=\min(a,b)$;

或:$a+b=\max(a,b)$;

非:$\bar{x}=M-1-x$;

阈:$x^a=\begin{cases}0, & x\neq a,\\ M-1, & x=a.\end{cases}$

上述运算具有如下性质:

性质 1 $\sum_{i=0}^{M-1}x^i=M-1.$

性质 2 $(\widetilde{x})^{a} = x^{\bar{a}}$.

该系统基本加密单元输出函数的一般表达式为

$$f_i = \sum_{j=0}^{M-1} a_{\hat{j}} x^{j}, \quad i = 0,1,\cdots,M-1. \tag{1}$$

其中,$\hat{j} = (i+j) \bmod M$.

基本加密单元通过规则连接形成阵列结构.

性质 3 对应基本加密单元投制变量 x 的任意给定取值,各输出变量互不相同且唯一地等于一个边沿输入变量.

该系统数据加密的过程为:给定一个阵列,边沿输入向量 $\boldsymbol{A}$ 在控制向量 $\boldsymbol{X}$ 的作用下变换成输出向量 $\boldsymbol{F}$,由性质 3 可推得:$\boldsymbol{F}$ 的各分量都是由 $\boldsymbol{A}$ 中各分量沿着阵列中各基本单元所确定的不同路径传输到输出端所形成的,但其排列顺序已和 $\boldsymbol{A}$ 中各分量的顺序不完全相同,从数据加密的观点分析,这种变换是一种对明文 $\boldsymbol{A}$ 进行加密的变换,密文 $\boldsymbol{F}$ 属于置换加密,它与明文的关系是通过密钥 $\boldsymbol{X}$ 确立的,记作

$$\boldsymbol{F} = E(\boldsymbol{A},\boldsymbol{X}).$$

2. 加密过程的分析

首先,式(1) 可以简化为

$$f_i = \sum_{j=0}^{M-1} a_{\hat{j}} x^{j} = \sum_{j=0}^{M-1} a_{(i+j) \bmod M} x^{j} = (M-1) a_{(i+x) \bmod M} = a_{(i+x) \bmod M}.$$

因此,一个基本加密单元,只是把输入变量到输出变量作了简单的位移而已,且由性质 3 可知,这种变换是一对一的,因此,可以引入置换的概念来表示[4].

以下,如不作特殊申明,都有 $a,b \in L, a_i \in L, b_i \in L, i = 0,1,\cdots,n$.

定义 2 设 $\langle a_1,a_2,\cdots,a_n\rangle$ 为 n 维向量,$\tau \in S_n$. S_n 为 n 次对称群,定义 $\langle a_1, a_2,\cdots,a_n\rangle^{\tau} = \langle a_{\tau(1)},a_{\tau(2)},\cdots,a_{\tau(n)}\rangle$,实际上,$\langle a_1,a_2,\cdots,a_n\rangle$ 按 τ 指定的项交换之后便是 $\langle a_1,a_2,\cdots,a_n\rangle^{\tau}$.

根据上面所述的加密过程,设输入向量 $\boldsymbol{A} = \langle a_1,a_2,\cdots,a_n\rangle$,则一定存在 $\tau \in S_n$,使 $E(\boldsymbol{A},\boldsymbol{X}) = \boldsymbol{A}^{\tau}$,$\tau$ 是一个由 $\boldsymbol{X}$ 确定的置换.

设 $I_i = \langle 0,0,\cdots,M-1,\cdots,0\rangle$,仅在第 i 位为 $M-1$,其余位为 $0, i = 1,\cdots,n$.

性质 4 $E(a\boldsymbol{A},\boldsymbol{X}) = aE(\boldsymbol{A},\boldsymbol{X})$.

证明 设 $\boldsymbol{A} = \langle a_1,a_2,\cdots,a_n\rangle$,则 $a\boldsymbol{A} = \langle aa_1,aa_2,\cdots,aa_n\rangle$,则 $\exists\, \tau \in S_n$,使

$$E(a\boldsymbol{A},\boldsymbol{X}) = \langle aa_1, aa_2, \cdots, aa_n\rangle^{\tau} = \langle aa_{\tau(1)}, aa_{\tau(2)}, \cdots, aa_{\tau(n)}\rangle$$
$$= a\langle a_{\tau(1)}, a_{\tau(2)}, \cdots, a_{\tau(n)}\rangle = a\langle a_1, a_2, \cdots, a_n\rangle^{\tau}$$
$$= a\boldsymbol{A}^{\tau} = aE(\boldsymbol{A},\boldsymbol{X}).$$

性质 5 $E(a\boldsymbol{A}+b\boldsymbol{B},\boldsymbol{X}) = aE(\boldsymbol{A},\boldsymbol{X}) + bE(\boldsymbol{B},\boldsymbol{X})$.

证明 设 $\boldsymbol{A} = \langle a_1, a_2, \cdots, a_n\rangle$，$\boldsymbol{B} = \langle b_1, b_2, \cdots, b_n\rangle$，则 $\exists \tau \in S_n$，使

$$E(a\boldsymbol{A}+b\boldsymbol{B},\boldsymbol{X}) = (a\boldsymbol{A}+b\boldsymbol{B})^{\tau}$$
$$= \langle aa_1+bb_1, aa_2+bb_2, \cdots, aa_n+bb_n\rangle^{\tau}$$
$$= a\langle a_{\tau(1)}, a_{\tau(2)}, \cdots, a_{\tau(n)}\rangle + b\langle b_{\tau(1)}, b_{\tau(2)}, \cdots, b_{\tau(n)}\rangle$$
$$= a\langle a_1, a_2, \cdots, a_n\rangle^{\tau} + b\langle b_1, b_2, \cdots, a_n\rangle^{\tau}$$
$$= a\boldsymbol{A}^{\tau} + b\boldsymbol{B}^{\tau}$$
$$= aE(\boldsymbol{A},\boldsymbol{X}) + bE(\boldsymbol{B},\boldsymbol{X}).$$

由性质 5，用数学归纳法不难推得以下性质.

性质 6 $E(a_1\boldsymbol{I}_1 + a_2\boldsymbol{I}_2 + \cdots + a_n\boldsymbol{I}_n,\boldsymbol{X}) = a_1E(\boldsymbol{I}_1,\boldsymbol{X}) + a_2E(\boldsymbol{I}_2,\boldsymbol{X}) + \cdots + a_nE(\boldsymbol{I}_n,\boldsymbol{X})$.

3. 破译算法及正确性分析

设有 n 个输入向量：

$$\boldsymbol{A}_1 = \langle a_{11}, a_{12}, \cdots, a_{1n}\rangle$$
$$\boldsymbol{A}_2 = \langle a_{21}, a_{22}, \cdots, a_{2n}\rangle$$
$$\vdots$$
$$\boldsymbol{A}_n = \langle a_{n1}, a_{n2}, \cdots, a_{nn}\rangle$$

其中，$a_{ij} \in L, i = 1, \cdots, n; j = 1, \cdots, n$.

设 $[\boldsymbol{A}] = \begin{bmatrix} \boldsymbol{A}_1 \\ \boldsymbol{A}_2 \\ \vdots \\ \boldsymbol{A}_n \end{bmatrix}$，定义 $E([\boldsymbol{A}],\boldsymbol{X}) = \begin{bmatrix} E(\boldsymbol{A}_1,\boldsymbol{X}) \\ E(\boldsymbol{A}_2,\boldsymbol{X}) \\ \vdots \\ E(\boldsymbol{A}_n,\boldsymbol{X}) \end{bmatrix}$，单位矩阵 $[\boldsymbol{I}] = \begin{bmatrix} \boldsymbol{I}_1 \\ \boldsymbol{I}_2 \\ \vdots \\ \boldsymbol{I}_n \end{bmatrix}$，显然

$$E([\boldsymbol{I}],\boldsymbol{X}) = \begin{bmatrix} E(\boldsymbol{I}_1,\boldsymbol{X}) \\ E(\boldsymbol{I}_2,\boldsymbol{X}) \\ \vdots \\ E(\boldsymbol{I}_n,\boldsymbol{X}) \end{bmatrix}.$$

设有一输入向量 $\boldsymbol{A}=\langle a_1,a_2,\cdots,a_n\rangle$，由性质 6 易得

$$E(\boldsymbol{A},\boldsymbol{X})=\boldsymbol{A}E([\boldsymbol{I}],\boldsymbol{X}). \tag{2}$$

因为 $\boldsymbol{I}_1,\boldsymbol{I}_2,\cdots,\boldsymbol{I}_n$ 两两互异且线性无关，易知 $E(\boldsymbol{I}_1,\boldsymbol{X}),E(\boldsymbol{I}_2,\boldsymbol{X}),\cdots,E(\boldsymbol{I}_n,\boldsymbol{X})$ 亦两两互异且线性无关，从而 $E([\boldsymbol{I}],\boldsymbol{X})$ 为可逆的. 由式(2) 可知

$$\boldsymbol{A}=E(\boldsymbol{A},\boldsymbol{X})E([\boldsymbol{I}],\boldsymbol{X})^{-1}. \tag{3}$$

这就是说，如果我们截获了 $\boldsymbol{I}_1,\boldsymbol{I}_2,\cdots,\boldsymbol{I}_n$ 所对应的密文，即根据$(\boldsymbol{I}_1,E(\boldsymbol{I}_1,\boldsymbol{X})),(\boldsymbol{I}_2,E(\boldsymbol{I}_2,\boldsymbol{X})),\cdots,(\boldsymbol{I}_n,E(\boldsymbol{I}_n,\boldsymbol{X}))$ 明文-密文对，就可以对任何密文进行破译了.

下面作进一步的讨论，假设明文为 $\boldsymbol{B}_1,\boldsymbol{B}_2,\cdots,\boldsymbol{B}_n$，设$[\boldsymbol{B}]=\begin{bmatrix}\boldsymbol{B}_1\\ \boldsymbol{B}_2\\ \vdots\\ \boldsymbol{B}_n\end{bmatrix}$可逆，且截获了它所对应的密文 $E(\boldsymbol{B}_1,\boldsymbol{X}),E(\boldsymbol{B}_2,\boldsymbol{X}),\cdots,E(\boldsymbol{B}_n,\boldsymbol{X})$.

由性质 6 和式(2) 易得

$$E([\boldsymbol{B}],\boldsymbol{X})=[\boldsymbol{B}]E([\boldsymbol{I}],\boldsymbol{X}), \tag{4}$$

且已经证明 $E([\boldsymbol{I}],\boldsymbol{X})$ 可逆，又$[\boldsymbol{B}]$ 可逆，所以 $E([\boldsymbol{B}],\boldsymbol{X})$ 可逆，则

$$E([\boldsymbol{I}],\boldsymbol{X})=[\boldsymbol{B}]^{-1}E([\boldsymbol{B}],\boldsymbol{X}).$$

由式(2) 和式(4) 得

$$E(\boldsymbol{A},\boldsymbol{X})=\boldsymbol{A}E([\boldsymbol{I}],\boldsymbol{X})=\boldsymbol{A}[\boldsymbol{B}]^{-1}E([\boldsymbol{B}],\boldsymbol{X}),$$

从而

$$\boldsymbol{A}=E(\boldsymbol{A},\boldsymbol{X})E([\boldsymbol{B}],\boldsymbol{X})^{-1}[\boldsymbol{B}].$$

因此，只要知道 n 组线性无关的明文及其对应的密文，就可对任何密文进行破译了，这是一种“已知明文攻击法”.

文中还提出，为了提高系统的安全性，可以利用多级加密的方法，即

加密：$F=E_k(E_{k-1}(\cdots(E_1(\boldsymbol{A},\boldsymbol{X}_1)\cdots),\boldsymbol{X}_{k-1}),\boldsymbol{X}_k)$.

解密：$A=D_k(D_{k-1}(\cdots(D_1(\boldsymbol{F},\boldsymbol{Y}_1)\cdots),\boldsymbol{y}_{k-1}),\boldsymbol{y}_k)$.

但是，利用多级加密，并没有从根本上改变加密过程的性质，即设输入向量 $\boldsymbol{A}=\langle a_1,a_2,\cdots,a_n\rangle$，则一定存在 $\tau\in S_n$，使 $\boldsymbol{F}(\boldsymbol{A},\boldsymbol{X}_1,\boldsymbol{X}_2,\cdots,\boldsymbol{X}_k)=\boldsymbol{A}^{\tau}$，$\tau$ 是一个由 $\boldsymbol{X}_1,\boldsymbol{X}_2,\cdots,\boldsymbol{X}_k$ 确定的置换. 从而完全类似于上面的讨论，可以破解加密过程.

4. 结论

虽然基于多值逻辑阵列变换的数据加密与解密系统具有密钥空间大的优点,但本文所提出的方法只需根据一定的明文-密文对便可对任何密文进行破译,从密文得到明文,因此,不是可靠的加密算法.如何利用多值逻辑信息密度大的特点来构造出安全可靠的加密系统,有待于进一步的研究与讨论.

参考文献

[1] 韩曙.基于多值逻辑阵列变换的数据加密与解密系统研究[J].计算机学报,1993,15(6):459－463.

[2] 冯登国,裴定一.密码学导引[M].北京:科学出版社,1999.

[3] 杨先义,林须端.编码密码学[M].北京:人民邮电出版社,1992.

[4] 罗铸楷,胡谋,陈廷槐.多值逻辑的理论及应用[M].北京:科学出版社,1992.

关于满足 k 次扩散准则的 p 值逻辑函数

在多值逻辑函数结构理论中有下列四类重要的函数：

1）完备性理论中的 Sheffer 函数，一个 Sheffe 函数是一个完备系，确定一个泛代数系统[1].

2）公开钥密码系统中的单向陷门函数，一个单向陷门函数确定一个公开钥.

3）编码系统中的处处非线性函数，它与 Costas 阵列完全等价[2].

4）密码学中的相关免疫函数[3]和满足 k 次扩散准则函数，当 $k=1$ 时，是满足严格雪崩准则函数；当 $k=n$，n 为偶数时，是 Bent 函数[4~6].

满足 k 次扩散准则的多值逻辑函数在密码学中有着重要的应用. 目前已有一些基本和重要的结果，但离问题的根本解决还有较大的距离，还有许多问题尚待研究. 本文对 p 值逻辑函数进行了研究，首先，定出了 p 值逻辑函数满足 k 次扩散准则的充要条件，并依此得到一些新的满足 k 次扩散准则的 p 值逻辑函数. 其次，证明了 n 元二次 p 值逻辑函数满足 k 次扩散准则的充要条件为其系数矩阵 $\boldsymbol{A}$ 中列向量线性相关的最少数 $C_{\min}(A)>k$.

设 Z_p 是一个 p 元集，p 是质数，从 Z_p^n 到 Z_p 的函数 $f(x)$，称为 n 元 p 值逻辑函数. 显然，可定义一个加法运算和乘法运算使 Z_p 成为一个域，由文[1]可知，任意一个 p 值逻辑函数能唯一地表示为域 Z_p 上的多项式.

n 元 p 值逻辑函数 $f(x)$ 说是平衡的，如果对任意 $\alpha\in Z_p$ 有

$$|\{X\mid X\in Z_p^n, f(x)=\alpha\}|=p^{n-1}.$$

定义 n 元 p 值逻辑函数 $f(x)$ 说是满足 k 次扩散准则，如果对任意非零向量 $\alpha\in Z_p^n$，$0<W(\alpha)\leqslant k$，$f(x+\alpha)-f(x)$ 是平衡的，其中 $W(\alpha)$ 是 α 的 Hamming 重点.

显然，$k=1$ 时，便是 SAC 函数（即满足严格雪崩准则函数），$k=n$ 且 n 为偶数时便是 p 值 Bent 函数.

易证，若 $f(x)$ 满足 k 次扩散准则，则 $f(x)+l(x)$ 亦满足 k 次扩散准则，其中 $l(x)$ 是仿射函数.

设 $f(x)$ 是 n 元 p 值逻辑函数，$f(x)$ 的 Chrestenson 循环谱为

$$F(\lambda)=\frac{1}{p^n}\sum_{x\in Z_p^n}\omega^{f(x)-\lambda x},\quad \lambda\in Z_p^n.$$

其中，$\omega=\mathrm{e}^{2\pi\mathrm{i}/p}$，$\mathrm{i}=\sqrt{-1}$，$\lambda x=\lambda_1x_1+\cdots+\lambda_nx_n \pmod p$.

定理 1 n 元 p 值逻辑函数 $f(x)$ 满足 k 次扩散准则的充要条件为：对任意 $\alpha\in Z_p^n$，$1\leqslant\omega(\alpha)\leqslant k$，有

$$\sum_{\lambda\in Z_p^n}F(\lambda)\bar{F}(\lambda)W^{\lambda\alpha}=0.$$

其中，$\overline{F(\lambda)}=\frac{1}{p^n}\sum_{x\in Z_p^n}\bar{\omega}^{f(x)-\lambda x}$，$\bar{\omega}=\omega^{-1}$，$\lambda\in Z_p^n$.

证明 由正交性知：

$$\omega^{f(x+\alpha)}=\sum_{\lambda\in Z_p^n}F(\lambda)W^{\lambda(x+\alpha)}.\tag{1}$$

显然，

$$\begin{aligned}\sum_{\lambda\in Z_p^n}\overline{F(\lambda)}\,\overline{W^{\lambda x}}&=\sum_{\lambda\in Z_p^n}\overline{W^{\lambda x}}\frac{1}{p^n}\sum_{y\in Z_p^n}\overline{W^{f(y)-\lambda y}}=\sum_{y\in Z_p^n}\frac{1}{p^n}\sum_{\lambda\in Z_p^n}\bar{\omega}^{f(y)+\lambda(x-y)}\\&=\sum_{y\in Z_p^n}\frac{1}{p^n}\bar{\omega}^{f(y)}\sum_{\lambda\in Z_p^n}\bar{\omega}^{\lambda(x-y)}=\bar{\omega}^{f(x)}.\end{aligned}\tag{2}$$

这是因为

$$\sum_{\lambda\in Z_p^n}\bar{\omega}^{\lambda(x-y)}=\begin{cases}0, & x\neq y\text{ 时},\\ p^n, & x=y\text{ 时}.\end{cases}$$

由(1)式和(2)式有

$$\begin{aligned}\sum_{x\in Z_p^n}\omega^{f(x+\alpha)-f(x)}&=\sum_{x\in Z_p^n}\Big(\sum_{\lambda\in Z_p^n}F(\lambda)W^{\lambda(x+\alpha)}\Big)\Big(\sum_{\lambda'\in Z_p^n}\overline{F(\lambda')}\,\overline{W^{\lambda' x}}\Big)\\&=\sum_{x\in Z_p^n}\sum_{\lambda\in Z_p^n}\sum_{\lambda'\in Z_p^n}\big(F(\lambda)\bar{F}(\lambda')W^{\lambda(x+\alpha)}W^{\lambda' x}\big)\\&=\sum_{\lambda\in Z_p^n}\sum_{\lambda'\in Z_p^n}\sum_{x\in Z_p^n}F(\lambda)\bar{F}(\lambda')\omega^{(\lambda-\lambda')x}\cdot\omega^{\lambda\alpha}=p^n\sum_{\lambda\in Z_p^n}F(\lambda)\bar{F}(\lambda)\omega^{\lambda\alpha}.\end{aligned}\tag{3}$$

这是因为

$$\sum_{x\in Z_p^n}\overline{W^{(\lambda-\lambda')x}}=\begin{cases}0, & \lambda\neq\lambda'\text{ 时},\\ p^n, & \lambda=\lambda'\text{ 时}.\end{cases}$$

由(3)式有

$$f(x+\alpha)-f(x)\text{ 是平衡的}\Leftrightarrow\sum_{x\in Z_p^n}\omega^{f(x+\alpha)-f(x)}=0\Leftrightarrow\sum_{\lambda\in Z_p^n}F(\lambda)\bar{F}(\lambda)\omega^{\lambda\alpha}=0.$$

设 $GL(n,p)$ 是 p 元域 Z_p 上的 n 级线性群，$\alpha\in Z_p^n$，$0<\omega(\alpha)\leqslant k$. 令

$$G_\alpha=\{A\mid A\in GL(n,p)\text{ 且 }0<\omega(\alpha A)\leqslant k\}.$$

易证，G_α 是 $GL(n,p)$ 的子群.

定理 2　若 $f(x)$ 满足 k 次扩散准则，则 $f(xA+B)$ 也满足 k 次扩散准则，其中，$A\in G_\alpha$，$B\in Z_p^n$.

证明　设 $g(x)=f(xA+B)$，$g(x)$ 的循环谱为

$$G(\lambda)=\frac{1}{p^n}\sum_{x\in Z_p^n}\omega^{g(x)-\lambda x}=\frac{1}{p^n}\sum_{x\in Z_p^n}\omega^{f(xA+B)-\lambda x},$$

$$\bar{G}(\lambda)=\frac{1}{p^n}\sum_{x\in Z_p^n}\bar{\omega}^{g(x)-\lambda x}=\frac{1}{p^n}\sum_{x\in Z_p^n}\bar{\omega}^{f(xA+B)-\lambda x}.$$

显然，

$$\sum_{\lambda\in Z_p^n}G(\lambda)\bar{G}(\lambda)\omega^{\lambda\alpha}=\sum_{\lambda\in Z_p^n}\left(\frac{1}{p^n}\sum_{x\in Z_p^n}\omega^{f(xA+B)-\lambda x}\right)\cdot\left(\frac{1}{p^n}\sum_{x\in Z_p^n}\bar{\omega}^{f(xA+B)-\lambda x}\right)\omega^{\lambda\alpha}.$$

令 $y=xA+B$，有 $x=yA^{-1}-BA^{-1}$，代入上式，得

$$\begin{aligned}\sum_{\lambda\in Z_p^n}G(\lambda)\bar{G}(\lambda)\omega^{\lambda\alpha}&=\sum_{x\in Z_p^n}\left(\frac{1}{p^n}\sum_{y\in Z_p^n}\omega^{f(y)-\lambda yA^{-1}+\lambda BA^{-1}}\right)\cdot\left(\frac{1}{p^n}\sum_{y\in Z_p^n}\bar{\omega}^{f(x)-\lambda yA^{-1}+\lambda BA^{-1}}\right)\omega^{\lambda\alpha}\\&=\sum_{\lambda\in Z_p^n}F(\lambda A^{-1})\bar{F}(\lambda A^{-1})\omega^{\alpha\lambda}=\sum_{\mu\in Z_p^n}F(\mu)\bar{F}(\mu)\omega^{\alpha\mu A}\\&=\sum_{\mu\in Z_p^n}F(\mu)\bar{F}(\mu)\omega^{\mu(\alpha A)}.\end{aligned}$$

其中，$\mu=\lambda A^{-1}$. 根据定理 1 及 $0<\omega(\alpha A)\leqslant k$，有

$$\sum_{\lambda\in Z_p^n}G(\lambda)\bar{G}(\lambda)\omega^{\lambda\alpha}=\sum_{\mu\in Z_p^n}F(\mu)\bar{F}(\mu)\omega^{\mu(\alpha A)}=0,$$

从而 $g(x)=f(xA+B)$ 满足 k 次扩散准则.

定理 3　n 元二次 p 值逻辑函数满足 k 次扩散准则的充要条件为其系数矩阵 $\mathbf{A}$ 中列向量线性相关的最少数 $C_{\min}(A)>k$，其中 $p>2$.

证明　设 $f(x_1,\cdots,x_n)$ 是 n 元二次 p 值逻辑函数，即

$$f(x_1,\cdots,x_n)=\sum_{i,j=1}^{n}a_{ij}x_ix_j+L(x_1,\cdots,x_n),\quad a_{ij}=a_{ji},\quad i,j=1,\cdots,n.$$

$$L(x_1,\cdots,x_n)=a_0+a_1x_1+\cdots+a_nx_n.$$

显然，只需讨论二次部分$\sum\limits_{i,j=1} a_{ij}x_ix_j$满足$k$次扩散准则问题，其系数矩阵为

$$\boldsymbol{A} = \begin{bmatrix} a_{11} & a_{12} & \cdots & a_{1n} \\ a_{21} & a_{22} & \cdots & a_{2n} \\ \vdots & \vdots & & \vdots \\ a_{n1} & a_{n2} & \cdots & a_{nn} \end{bmatrix}.$$

$\boldsymbol{A}$是对称矩阵.显然，

$$\begin{aligned}\sum_{i,j=1} a_{ij}x_ix_j &= a_{11}x_1^2 + \cdots + a_{nn}x_n^2 + 2\sum_{1\leqslant i<j\leqslant n} a_{ij}x_ix_j \\ &= 2\left(\frac{1}{2}a_{11}x_1^2 + \cdots + \frac{1}{2}a_{nn}x_n^2 + \sum_{1\leqslant i<j\leqslant n} a_{ij}x_ix_j\right).\end{aligned}$$

因此，只需讨论$f^*(x_1,\cdots,x_n) = \frac{1}{2}a_{11}x_1^2 + \cdots + \frac{1}{2}a_{nn}x_n^2 + \sum\limits_{1\leqslant i<j\leqslant n} a_{ij}x_ix_j$满足$k$次扩散问题.

通过计算，$f^*(x_1,\cdots,x_n)$满足k次扩散准则的充要条件为$C_{\min}(A) \geqslant k+1$，从而$f(x_1,\cdots,x_n)$满足$k$次扩散准则的充要条件为$C_{\min}(A) \geqslant k+1$.

定理 4 设$f_i(x)$是$n-2$元p值逻辑函数，$i=0,1,\cdots,p-1$.

$$f(x,x_{n-1},x_n) = \sum_{i=0}^{p-1} \mu_i(x_n - 1)f_i(x) + \mu(x_{n-1})x_n.$$

其中，$\mu(x_{n-1})$是Z_p上取p个值的函数，有

$$\mu_i(x_{n-1}) = \begin{cases} a_i, & x_{n-1} = i, \\ 0, & x_{n-1} \neq i. \end{cases}$$

其中，$a_i \in Z_p, a_i \neq 0, i = 0,\cdots,p-1$.有

1) $f_i(x)$若满足k次扩散准则，$i=0,\cdots,p-1$，则$f(x,x_{n-1},x_n)$满足k次扩散准则，$1 \leqslant k \leqslant n-2$.

2) 若$f(x,x_{n-1},x_n)$满足$(k+1)$次扩散准则，则$f_i(x)$满足k次扩散准则，$i=0,\cdots,p-1, k+1 \leqslant n$.

3) $f(x,x_{n-1},x_n)$满足n次扩散准则必要而且只要$f_i(x)$满足$n-2$次扩散准则，$i=0,\cdots,p-1$.

定理4中，$\mu(x_{n-1})$是Z_p上的一个置换，由文[7]可知，x^n是置换多项式必要而且只要n与$p-1$互质，这样可取$\mu(x_{n-1}) = x_{n-1}^{p-2}$使$f(x,x_{n-1},x_n)$成为高阶的$k$次扩散函数.

定理 5 设$f(x)$，$g(x)$是n元p值逻辑函数，有

1) $f(x)+g(x)$ 是平衡函数的充要条件为 $\sum_{\lambda\in Z_p^n}F(\lambda)G(-\lambda)=0$.

2) $f(x)-g(x)$ 是平衡函数的充要条件为 $\sum_{\lambda\in Z_p^n}F(\lambda)\overline{G}(\lambda)=0$.

证明 由 $G(-\lambda)=\frac{1}{p^n}\sum_{x\in Z_p^n}\omega^{g(x)+\lambda x}$,有

$$\sum_{\lambda\in Z_p^n}F(\lambda)G(-\lambda)=\sum_{\lambda\in Z_p^n}\left(\frac{1}{p^n}\sum_{x\in Z_p^n}\omega^{f(x)-\lambda x}\right)\left(\frac{1}{p^n}\sum_{y\in Z_p^n}\omega^{g(y)+\lambda y}\right)$$
$$=\frac{1}{p^{2n}}\sum_{x\in Z_p^n}\omega^{f(x)}\sum_{y\in Z_p^n}\omega^{g(x)}\sum_{\lambda\in Z_p^n}\omega^{\lambda(y-x)}=\frac{1}{p^n}\sum_{x\in Z_p^n}\omega^{f(x)+g(x)}.$$

这是因为

$$\sum_{\lambda\in Z_p^n}\omega^{\lambda(y-x)}=\begin{cases}p^n, & x=y,\\ 0, & x\neq y.\end{cases}$$

如此便有

$$f(x)+g(x)\text{ 是平衡的}\Leftrightarrow\sum_{x\in Z_p^n}\omega^{f(x)+g(x)}=0\Leftrightarrow F(\lambda)G(-\lambda)=0.$$

同理,由 $\overline{G}(\lambda)=\frac{1}{p^n}\sum_{x\in Z_p^n}\overline{\omega}^{g(x)-\lambda x}$,$\overline{\omega}=\omega^{-1}$ 可证 2)成立.

参考文献

[1] 罗铸楷,胡谋,陈廷槐.多值逻辑的理论及应用[M].北京:科学出版社,1992.

[2] Golamb S W, Taylor H. Constructions and properties of Costas arrays[C]. Proc of IEEE, 1984,72(9):1143-1163.

[3] 冯登国,肖国镇.有限域上的函数的相关免疫性和线性结构的谱特征[J].通信学报,1997,18(1):40-45.

[4] Kumar P V, Scholtz R A, Welch L R. Generalized Bent functions and their properties[J]. J Combin Theory, 1985,40(A):90-107.

[5] Webster A F, Tavares S E. On the design of S-boxes[C]. Advances in Cryptology-CRYPTO'85. Spring Verlag, 1986:523-534.

[6] 冯登国,肖国镇.满足 k 次扩散准则的布尔函数的谱特征[J].电子科学学刊,1996,18(4):385-390.

[7] Lidl R, Niederreiter H. Finite fields[M]. London: Addison-Wesley Publishing Company, 1983.

多值逻辑函数的分类

多值逻辑函数是计算机科学技术中一个新兴的学科分支，多值逻辑函数的分类是其中一个重要研究课题，除计算机科学外，它还在很多领域中有着广泛的应用.

1. 多值逻辑函数的分类定理

设 E_k 是一个 k 元集合，$k \leqslant 2$，函数 $f(x_1, \cdots, x_n)$ 是定义在 E_k 上而其值仍属于 E_k 的 n 元 k 值逻辑函数，所有 n 元 k 值逻辑函数作成之集合记为 P_k^n.

设 $E_k^n = \{(x_1, \cdots, x_n) \mid x_i \in E_k, i = 1, \cdots, n\}$，$G$ 是 E_{nk} 上的置换群，H 是 P_k^n 上的置换群，$f(x_1, \cdots, x_n)$，$g(x_1, \cdots, x_n) \in P_k^n$ 说是对 H 和 G 等价，记为 $f \sim g$，如果有 $\tau \in H$，$\sigma \in G$，使

$$g(x_1, \cdots, x_n) = \tau(f(\sigma(x_1, \cdots, x_n))).$$

由 H 和 G 所确定的函数是等价关系. 按此等价关系可将 P_k^n 分成一些等价类之直接和.

当 H 是单位群时，按 H 和 G 进行分类实际上就只是按 G 进行分类，即 Polya 分类，本文对 Polya 定理给出一个较简捷的证明.

设 E_k 是一个域，$AGL(n,k) = \{A(x_1, \cdots, x_n)' + (b_1, \cdots, b_n)' \mid \mathbf{A}$ 是 E_k 上的 $n \times n$ 可逆矩阵，$b_i \in E_k, i = 1, \cdots, n\}$. H 是 P_k^n 上的所有形如置换：$f(x_1, \cdots, x_n) \to \lambda f(x_1, \cdots, x_n) + l(x_1, \cdots, x_n)$ 作成之群，其中，$\lambda \in E_k$，$\lambda \neq 0$，$l(x_1, \cdots, x_n) = a_1 x_1 + \cdots + a_n x_n + a_0$，$a_i \in E_k$，$i = 0, 1, \cdots, n$. 易证，按 H 和 $AGL(n,k)$ 进行分类，就是按 7 种基本运算[2] 进行分类. 定理 2 给出了其分类定理.

下面的定理 1 就是 Polya 定理，这里给出一种比较容易理解且直观的证明. 为了看起来方便，我们先给出一些基本命题.

1) 设 U, V 是有限集合，S 是 $U \times V$ 的子集，规定 $S_{a,R} = \{v \mid v \in V, (a, v) \in$

$S|$, $S_{L,b}=\{u \mid u\in U,(u,b)\in S\}$,于是 $|S|=\sum_{a\in V}|S_{a,R}|=\sum_{b\in U}|S_{L,b}|$.

设 Ω 是一个有限集合,G 是 Ω 上的置换群.设 $a\in G$,$a^G=\{a^g \mid g\in G|\}$ 称为 G 的一个迹.

2) $\Omega=G$ 是一些迹的直接和,则 $\Omega=a_1^G\cup a_2^G\cup\cdots\cup_h^G$,$a_i^G\cap a_j^G=\varnothing$,$i\neq j$ 时,$i,j=1,2,\cdots,h$.令 $\overline{a_i}=a_i^G$,于是 $\Omega=\overline{a_1}\cup\overline{a_2}\cup\cdots\cup\overline{a_h}$.

3) 设 $a\in\Omega$,令 $G_a=\{g \mid g\in G,a^g=a$,即 $g(a)=a\}$,对 $\forall a\in\Omega$,有 $|G|=|a^G|\cdot|G_a|$.设 $g\in G$,令 $\Omega_g=\{a \mid a^g=a$,即 $g(a)=a\}$.设 G 是 Ω 上的置换群,h 为 G 的迹数(即不同迹的个数),有 $h|G|=\sum_{g\in G}|\Omega_g|$.

证明 令 $S=\{(g,a)\in G\times\Omega \mid a^g=a$,即 $g(a)=a\}$,有

$$S_g,R=\Omega_g,\quad S_{L,a}=G_a,$$

$$|S|=\sum_{g\in G}|\Omega_g|=\sum_{a\in\Omega}|G_a|=\sum_{i=1}^{h}\sum_{a\in\overline{a_i}}|G_a|,\quad a\in\overline{a_i}.$$

有 $g\in G$ 使 $a_i^g=a$,即 $g(a_i)=a$.由 $gG_{a_i}g^{-1}(a)=a$ 推出 $gG_{a_i}g^{-1}\subseteq G_a$,又由 $g^{-1}G_ag(a_i)=a_i$ 推出 $g^{-1}G_ag^{-1}G_ag\subseteq G_{a_i}$,即 $G_a\subseteq gG_{a_i}g^{-1}$,则由 $G_a=gG_{a_i}g^{-1}$ 推出 $|G_a|=|G_{a_i}|$.于是,

$$\sum_{a\in\overline{a_i}}|G_{a_i}|=|\overline{a_i}|\cdot|G_{a_i}|=|G|,$$

$$\sum_{g\in G}|\Omega_g|=\sum_{a\in\Omega}|G_a|=\sum_{i=1}^{h}\sum_{a\in\overline{a_i}}|G_a|=\sum_{i=1}^{h}|G|.$$

故 $h=\frac{1}{|G|}\sum_{g\in G}|\Omega_g|$.

设 G 是有限集合 Ω 上的置换群,$|\Omega|=m(j_1,j_2,\cdots,j_m)$ 为具有 j_i 个长度为 i 的轮换之置换,$i=1,\cdots,m$.$\sum_{i=1}^{m}j_i\times i=m$,即 $(j_1,\cdots,j_m)$ 是 Ω 的分割,$g(j_1,\cdots,j_m)$ 为 G 具有置换 $(j_1,\cdots,j_m)$ 之个数,多项式 $Z_g(y_1,\cdots,y_m)=\frac{1}{|G|}\sum_{(j_1,\cdots,j_m)}g(j_1,\cdots,j_m)$,其中,$y_1^{j_1},\cdots,y_m^{j_m}$ 称为 G 的循环指标多项式.

定理 1 P_k^n 按 G(H 是单位群)分等价类之总数为 $Z_G(k,\cdots,k)$.

证明

1) 设 $\sigma\in G$,规定变换 σ^* 如下:

$$f(x_1,\cdots,x_n)\in P_k^{(n)}\xrightarrow{\sigma^*}f(\sigma(x_1,\cdots,x_n)),$$

即 $\sigma^*(f(x_1,\cdots,x_n))=f(\sigma(x_1,\cdots,x_n))$.易证,$\sigma^*$ 是 $P_k^{(n)}$ 上的一个置换,如此所

有的 σ^* 集合记为 G^*，易证 G^* 是 $P_k^{(n)}$ 上的一个置换群.

2) $f(x_1,\cdots,x_n) \sim h(x_1,\cdots,x_n)$ 必要而且只要有 $\sigma \in G$，使 $f(\sigma(x_1,\cdots,x_n)) = h(x_1,\cdots,x_n)$ 必要而且只要有 $\sigma^* \in G^*$，使 $\sigma^*(f(x_1,\cdots,x_n)) = h(x_1,\cdots,x_n)$，即 $f^{\sigma^*} = h$. 因此，可证按 G 分的一个等价类便是 G^* 的一个迹，即含 $f(x_1,\cdots,x_n)$ 的等价类 $=$ 迹 $f(x_1,\cdots,x_n)^{G^*}$.

3) 设 $P_k^{(n)}$ 等价类之总数为 h（按 G），于是 $h|G^*| = \sum\limits_{g^*\in G^*} |\Omega_{g^*}|$，其中 $\Omega = P_k^{(n)}$. 若 $|G| = |G^*|$，有

$$h|G| = \sum_{g^*\in G^*} |\Omega_{g^*}|,$$

其中，$\Omega_{g^*} = \{f(x_1,\cdots,x_n) \mid f \in \Omega, f^{g^*} = f$，即 $g^* f = f\}$.

显然，$g^*(f(x_1,\cdots,x_n)) = f(x_1,\cdots,x_n)$ 必要而且只要 $f(g(x_1,\cdots,x_n)) = f(x_1,\cdots,x_n)$，$g \in G$，因此，

$$\Omega_{g^*} = \{f(x_1,\cdots,x_n) \mid f(g(x_1,\cdots,x_n)) = f(x_1,\cdots,x_n)\}.$$

其中，$g^*(f(x_1,\cdots,x_n)) = f(g(x_1,\cdots,x_n))$.

4) 设置换 $g \in G$ 表示为 $(j_1,\cdots,j_m)$，则 $\Omega_{g^*} = \{f(x_1,\cdots,x_n) \mid f(g(x_1,\cdots,x_n)) = f(x_1,\cdots,x_n)\}$ 之元数为 $k^{j_1}\cdots k^{j_m}$. 设 g 分不相杂轮换之乘积为：$(s_1,\cdots,s_r)\cdots(T_1,\cdots,T_t)$. 若 $f(x_1,\cdots,x_2) \in \Omega_{g^*}$，则 $f(s_1) = f(g(s_1)) = f(s_2)$，$f(s_2) = f(g(s_2)) = f(s_3)$，$\cdots$，$f(s_r) = f(g(s_r)) = f(s_1)$. 于是，$f(s_1) = f(g(s_2)) = \cdots = f(s_r)$. 同样地，有 $f(T_1) = f(T_2) = \cdots = f(T_t)$.

反之，若 $f(s_1) = \cdots = f(s_r)$，$\cdots$，$f(T_1) = \cdots = f(T_t)$，则 $f(x_1,\cdots x_n) \in \Omega_{g^*}$. $f(x_1,\cdots,x_n) \in \Omega_{g^*}$ 必要而且只要 $f(x_1\cdots x_n)$ 在 g 的同一轮换上取值相同. 在同一轮换上 $f(x_1\cdots x_n)$ 可取 k 个不同的值，如同一轮换的个数为 j，则 $f(x_1\cdots x_n)$ 可取 k^j 个不同的值. 因此，当 g 的表示为 $(j_1\cdots j_m)$ 时，Ω_{g^*} 中共有 $k^{j_1}\cdots k^{j_m}$ 个函数.

5) $P_k^{(n)}$ 按 G 分等价类之总数 h 为 $Z_G(k,\cdots,k)$. 由 $h|G| = \sum\limits_{g^*\in G^*} |\Omega_{g^*}|$ 及 $|\Omega_{g^*}| = k^{j_1}\cdots k^{j_m}$ 可得

$$h = \frac{1}{|G|}\sum_{(j_1\cdots j_m)} g(j_1\cdots j_m)k^{j_1}\cdots k^{j_m} = Z_G(k\cdots k).$$

为了便于叙述定理 2，先给出如下事实，具体细节请参看定理 2 之证明.

设 $\Omega = P_k^{(n)}$，$\Omega_{g^*} = \{f \in \Omega \mid g^* f = f$，即 $f(x_1\cdots x_n) = af(\sigma(x_1\cdots x_n)) +$

$l(x_1\cdots x_n)$. 其中,$\sigma\in AGL(n,k)$,$a\in R_h\}$. 由 $f(x_1\cdots x_n)=af(\sigma(x_1\cdots x_n))+l(x_1\cdots x_n)$ 可得

$$f(\sigma(x_1\cdots x_n))=a^{-1}f(x_1\cdots x_n)-a^{-1}l(x_1\cdots x_n),$$

即

$$\begin{aligned}f(\sigma(x_1\cdots x_n))&=\lambda f(x_1\cdots x_n)+\lambda_1x_1+\cdots+\lambda_nx_n+\lambda_0\\&=\lambda f(x_1\cdots x_n)+(\lambda_1\cdots\lambda_n)(x_1\cdots x_n)'+\lambda_0.\end{aligned}$$

其中,$\lambda\neq 0$;$\lambda,\lambda_1,\lambda_2,\cdots,\lambda_n,\lambda_0\in E_k$.

$$\begin{aligned}f(\sigma^m(x_1\cdots x_n))=&\lambda^m f(x_1\cdots x_n)+(\lambda_1\cdots\lambda_n)(\sigma^{m-1}(x_1,\cdots,x_n)'+\\&\lambda\sigma^{m-2}(x_1,\cdots,x_n)'+\cdots+\lambda^i\sigma^{m-1-i}(x_1,\cdots,x_n)'+\cdots+\\&\lambda^{m-2}\sigma(x_1,\cdots,x_n)'+\lambda^{m-1}(x_1,\cdots,x_n)')+\lambda_0(\lambda^{m-1}+\cdots+\lambda+1).\end{aligned}\tag{1}$$

设 $\sigma\in AGL(n,k)$,分为不相杂轮换之乘积为:$(s_1\cdots s_r)\cdots(T_1\cdots T_t)$,于是,$\sigma^r(s_1)=s_1,\cdots,\sigma^t(T_1)=T_1$,由(1)式可得

$$\begin{aligned}f(s_1)=f(\sigma^r(s_1))=&\lambda^r f(s_1)+(\lambda_1\cdots\lambda_n)(\sigma^{r-1}(s_1)+\cdots+\lambda^{r-2}\sigma(s_1)+\lambda^{r-1}s_1)+\\&\lambda_0(\lambda^{r-1}+\cdots+\lambda+1).\end{aligned}$$

所以,

$$\begin{aligned}(1-\lambda^r)f(s_1)=&(\lambda_1\cdots\lambda_n)(s_r+\lambda s_{r-1}+\cdots+\lambda^{r-2}s_2+\lambda^{r-1}s_1)+\\&\lambda_0(\lambda^{r-1}+\cdots+\lambda+1).\end{aligned}$$

同理可得,

$$\begin{aligned}(1-\lambda^t)f(T_1)=&(\lambda_1\cdots\lambda_n)(T_t+\lambda T_{t-1}+\cdots+\lambda^{r-2}T_2+\lambda^{r-1}T_1)+\\&\lambda_0(\lambda^{r-1}+\cdots+\lambda+1).\end{aligned}$$

由上可知:

① 由(1)式,在同一轮换上,若 $f(s_1)$ 确定,则 $f(s_i)$ 亦确定,其中,$i=2,\cdots,r$;

② $f(x_1\cdots x_n)\in\Omega_{g^*}$ 必要而且只要在每一轮换上满足(1)式.

对 $\sigma\in AGL(n,k)$ 之一轮换 $(s_1s_2\cdots s_r)$ 而言,有下列结论:

① $(1\cdots\lambda^r)\neq 0$,在轮换 $(s_1s_2\cdots s_r)$ 上只有一个函数满足(1)式.

② $(1-\lambda^r)=0$,而 $(\lambda_1\cdots\lambda_n)(s_r+\lambda s_{r-1}+\cdots+\lambda^{r-2}s_2+\lambda^{r-1}s_1)+\lambda_0(\lambda^{r-1}+\cdots+\lambda+1)=0$,在轮换 $(s_1s_2\cdots s_r)$ 上有函数满足(1)式.

③ $(1-\lambda^r)=0$,且 $(\lambda_1\cdots\lambda_n)(s_r+\lambda s_{r-1}+\cdots+\lambda^{r-2}s_2+\lambda^{r-1}s_1)+\lambda_0(\lambda^{r-1}+\cdots+\lambda+1)=0$,在轮换 $(s_1\cdots s_r)$ 上有 k 个函数满足(1)式.

设 σ 分为 m 个不相杂的轮换之乘积 $\sigma=\sigma'_1\cdots\sigma'_m$,有 $|\Omega_{g^*}|=Z_1\cdots Z_m$,$Z_i=$

0,1 或 k,$i=1,\cdots,m$. 当为情形 ① 时,$Z_i=1$;当为情形 ② 时,$Z_i=0$;当为情形 ③ 时,$Z_i=k$.

定理 2 将 $P_k^{(n)}$ 按保绝对矢量谱的 7 种基本运算进行分类,即按 $H,G=AGL(n,k)$ 进行分类,设 $\sigma\in AGL(m,k)$ 分为 m 个不相杂的轮换之乘积 $\sigma=\sigma'_1\cdots\sigma'_m$,等价类的个数为 q,于是

$$q=\frac{1}{d}\sum_{i=1}^{h}\mid G_i\mid\sum_{g^*\in H\sigma_i^*}\mid\Omega_{g^*}\mid.$$

其中,$d=\mid H\mid\cdot\mid G\mid=(k-1)\cdot k^{n+1}k^n(k^n-k^{n-1})\cdots(k^n-1)$. $G_1,\cdots,G_h$ 为 G 的所有共轭类,$\sigma_i^*\in G_i^*$,$i=1,\cdots$,即由 $\sigma_i\in G_i$ 产生的 $\sigma_i^*\in G_i^*$. $\mid\Omega_{g^*}\mid=Z_1\cdots Z_m$,$Z_i$ 为轮换 σ'_i 上可取 k 值逻辑函数的个数,$i=1,\cdots,m$.

当为上述情形 ① 时,$Z_i=1$;当为上述情形 ② 时,$Z_i=0$;当为上述情形 ③ 时,$Z_i=k$.

证明 记 $G=AGL(n,k)$. 设 $\sigma\in G$,规定变换 $\sigma^*:f(x_1\cdots x_n)(\in P_k^{(n)})\xrightarrow{\sigma^*}(f\sigma(x_1\cdots x_n))$,即 $\sigma^*f(x_1\cdots x_n)=f(\sigma(x_1\cdots x_n))$. 易证,$\sigma^*$ 是 $P_k^{(n)}$ 上的一个置换,所有 σ^* 作成之集合记为 G^*,G^* 是 $P_k^{(n)}$ 上的一个置换群. 设 $l^*\in H$,即有

$$f(x_1\cdots x_n)\xrightarrow{l^*}af(x_1\cdots x_n)+l(x_1\cdots x_n).$$

其中,$a\in E_k$,$a\neq 0$,$l(x_1\cdots x_n)=a_1x_1+\cdots+a_nx_n+a_0$,$a_i\in E_k$,$i=0,i,\cdots,n$.

设 $f(x_1\cdots x_n)$,$h(x_1\cdots x_n)\in P_k^{(n)}$ 说是等价的,如果有 $a\in G$,$l^*\in H$,使 $f(x_1\cdots x_n)=l^*(h(\sigma(x_1\cdots x_n)))=ah(\sigma(x_1\cdots x_n))+l(x_1\cdots x_n)$,记为 $f\sim h$.

易证"$\sim$"是等价关系.

1) HG^* 是一个群,只要证明 $HG^*=G^*H$[5].

$\forall\, l^*\sigma^*\in GH^*$,$\forall\, f(x_1\cdots x_n)\in P_k^{(n)}$,有

$$l^*\sigma^*f(x_1\cdots x_n)=l^*(f(\sigma(x_1,\cdots,x_n)))=af(\sigma(x_1,\cdots,x_n))+l(x_1\cdots x_n).$$

取 $l'\in H$,有

$$l'f(x_1\cdots x_n)=af(x_1\cdots x_n)+l(\sigma^{-1}(x_1\cdots x_n),$$

$$\sigma^*l'f(x_1\cdots x_n))=af(\sigma(x_1\cdots x_n))+l(x_1\cdots x_n),$$

则 $\sigma^*l^*=\sigma^*l'$,得 $HG^*=G^*H$. 同理,$HG^*=\dfrac{G^*}{H}$,则 $HG^*=G^*H$.

2) 令 $G_w^*=HG^*$,$\Omega=P_k^{(n)}$,则 G_w^* 是 Ω 上的置换群.

求证 $\mid G_w^*\mid=\mid H\mid\cdot\mid G^*\mid$,其中 $\mid H\mid=(k-1)k^{n+1}$,$\mid G^*\mid=k^n(k^n-k^{n-1})\cdots(k^n-k)(k^n-1)$,只要证明 $H\cap G^*=\{e^*\}$,e^* 是单位元.

设 $\rho^* \in H \cap G^*$，于是

$$\rho^* = l^* \in H, \quad \rho^* = \sigma^* \in G^*.$$

取

$$f_1(x_1 \cdots x_n) = x^2,$$
$$\sigma^*{}_1 f_1(x_1 \cdots x_n) = (\sigma_1(x_1))^2 = (a_{11}x_1 + \cdots + a_{1n}x_n + b_1)^2$$
$$= a_{11}^2 x_1^2 + \cdots a_{1n}^2 x_1^2 + \cdots + a_{1n}^2 x_n^2 + \cdots$$

其中，$\sigma = \begin{bmatrix} a_{11} & \cdots & a_{1n} \\ \vdots & & \vdots \\ a_{n1} & \cdots & a_{nn} \end{bmatrix} \begin{bmatrix} x_1 \\ \vdots \\ x_n \end{bmatrix} + \begin{bmatrix} b_1 \\ \vdots \\ b_n \end{bmatrix} = l^* f_1 = af_1 + l(x_1 \cdots x_n) = ax_1^2 + l(x_1 \cdots x_n)$.

由 $\sigma^* f_1 = l^* f_1$ 推出 $a_{11}^2 = a, a_{12} = \cdots = a_{1n} = 0$. 由 $f_2(x_1 \cdots x_n) = x_2^2$ 推出 $a_{22}^2 = a, a_{21} = a_{22} = \cdots = a_{2n} = 0$. $\sigma(x) = a_1 x_1 + b_1, \sigma(x_2) = a_{22}x_2 + b_2$. 由 $h_1(x_1 \cdots x_n) = x_1^2 x_2$ 推出 $\sigma^* h(x_1 \cdots x_n) = h_1(\sigma(x_1 \cdots x_n)) = (a_{11}x_1 + b_1)^2(a_{22}x_2 + b_2) = a_{11}^2 a_{22} x_1^2 x_2 + 2a_{11}b_1 a_{22} x_1 x_2 + b_1^2 a_{22} x_2 + \cdots = l^* h_1(x_1 \cdots x_n)$，所以，由 $a_{11}^2 a_{22} = a, 2a_{11}a_{22} = a, 2a_{11}b_1 a_{22} = 0$ 推出 $b_1 = 0$. 取 $h_2(x_1 \cdots x_n) = x_1 x_1^2$ 推出 $a_{11}a_{22}^2 = a, 2a_{11}a_{22}b_2 = 0$，所以 $b_2 = 0$. 由 $a_{11}^2 = a$ 推出 $a_{22} = 1$，由 $a_{22}^2 = a$ 推出 $a_{11} = 1$，如此下去就有 $\sigma^* = l^*$.

3) 由等价的定义，$h(x_1 \cdots x_n) \sim f(x_1 \cdots x_n)$ 必要且只要有 $\sigma \in G, a \in E_k, \alpha \neq 0, l(x_1 \cdots x_n)$ 使 $h(x_1 \cdots x_n) = af(\sigma(x_1 \cdots x_n)) + (x_1 \cdots x_n) + l(x_1 \cdots x_n)$ 必要且只要有 $\sigma^* \in G^*, l^* \in H$，使

$$l^* \sigma^*(f) = f\sigma^{l^* \sigma^*} = f^{g^*} = h.$$

其中，$g^* = l^* \sigma^* \in G_w^* = H \cdot G^*$. 因此，$P_k^{(n)}$ 的一个等价类必要且只要是 G_w^* 的一个迹，即含 $f(x_1 \cdots x_n)$ 的等价类 = 迹 $f^{G_w^*}$. 所以 P_k^n 等价类的个数 = G_w^* 的迹的个数.

令 $\Omega = P_k^{(n)}$，设 Ω 中等价类个数为 q，于是 $q|G_w^*| = \sum\limits_{g^* \in G_w^*} |\Omega_{g^*}|$，其中 $|G_w^*|$ 已知，只需求 $|\Omega_{g^*}|$.

设 $g^* \in G_w^*, g^* = \sigma^* l^*$，有

$$\Omega_{g^*} = \{f(x_1 \cdots x_n) \mid f \in \Omega, f^{g^*} = f, \text{即 } g^* f = f\}$$
$$= \{f \in \Omega, \text{且 } f(x_1 \cdots x_n) + l(x_1 \cdots x_n)\}.$$

由 $f(x_1 \cdots x_n) = af(\sigma(x_1 \cdots x_n)) + l(x_1 \cdots x_n)$ 可得

$$f(\sigma(x_1\cdots x_n)) = a^{-1}f(x_1\cdots x_n) - a^{-1}l(x_1\cdots x_n),$$

即

$$\begin{aligned} f(\sigma(x_1\cdots x_n)) &= \lambda f(x_1\cdots x_n) + \lambda_1 x_1 + \lambda_2 x_2 + \cdots + \lambda_n x_n + \lambda_0 \\ &= \lambda f(x_1\cdots x_n) + (\lambda_1\cdots\lambda_n)(x_1\cdots x_n)' + \lambda_0. \end{aligned}$$

其中，$\lambda \neq 0$；$\lambda,\lambda_0,\lambda_1,\cdots,\lambda_n \in E_k$，因此，$\Omega_{g^*} = \{f(x_1\cdots x_n) \mid f(x_1\cdots x_n) \in \Omega$ 且 $f(\sigma(x_1\cdots x_n)) = \lambda f(x_1\cdots x_n) + (\lambda_1\cdots\lambda_n)(x_1\cdots x_n)' + \lambda_0\}, g^* \in G_w^*$.

4) 设 $f(\sigma(x_1\cdots x_n)) = \lambda f(x_1\cdots x_n) + (\lambda_1\cdots\lambda_n)(x_1\cdots x_n)' + \lambda_0$，其中，$(\lambda_1\cdots\lambda_n)(x_1\cdots x_n)' = \lambda_1 x_1 + \cdots + \lambda_n x_n$. 于是，

$$\begin{aligned} f(\sigma^2(x_1\cdots x_n)) &= \lambda^2 f(x_1\cdots x_n) + (\lambda_1\cdots\lambda_n)(\sigma(x_1\cdots x_n)' + \lambda(x_1\cdots x_n)') + \\ &\quad \lambda_0(\lambda+1), \\ f(\sigma^3(x_1\cdots x_n)) &= \lambda^3 f(x_1\cdots x_n) + (\lambda_1\cdots\lambda_n)(\sigma^2(x_1\cdots x_n)' + \lambda\sigma(x_1\cdots x_n)' + \\ &\quad \lambda^2(x_1\cdots x_n)') + \lambda_0(\lambda^2+\lambda+1), \\ &\vdots \end{aligned}$$

一般地有：

$$\begin{aligned} f(\sigma^m(x_1\cdots x_n)) &= \lambda^m f(x_1\cdots x_n) + (\lambda_1\cdots\lambda_n)(\sigma^{m-1}(x_1\cdots x_n)' + \\ &\quad \lambda\sigma^{m-2}(x_1\cdots x_n)' + \cdots + \lambda^i\sigma^{m-1-i}(x_1\cdots x_n)' + \cdots + \\ &\quad \lambda^{m-2}\sigma(x_1\cdots x_n)' + \lambda^{m-1}(x_1\cdots x_n)') + \lambda_0(\lambda^{m-1} + \cdots + \lambda + 1). \end{aligned}$$

5) 设 $\sigma \in G = AGL(n,k)$ 分为不相杂轮换之乘积为：$(s_1\cdots s_r)\cdots(T_1\cdots T_t)$，则 $\sigma^r(s_1) = s_1,\cdots,\sigma^t(T_1) = T_1$. 由 4) 可知，

$$\begin{aligned} f(s_1) &= f(\sigma^r(s_1)) \\ &= \lambda^r f(s_1) + (\lambda_1\cdots\lambda_n)(s_r + \lambda s_{r-1} + \cdots + \lambda^{r-1}s_1) + \lambda_0(\lambda_{r-1} + \cdots + \lambda + 1), \end{aligned}$$

所以，

$$\begin{aligned} (1-\lambda^r)f(s_1) &= (\lambda_1\cdots\lambda_n)(s_r + \lambda s_{r-1} + \cdots + \lambda^{r-1}s_2 + \lambda^{r-1}s_1) + \\ &\quad \lambda_0(\lambda^{r-1}s + \cdots + \lambda + 1). \end{aligned}$$

同理，有

$$\begin{aligned} (1-\lambda^*)f(T_1) &= (\lambda_1\cdots\lambda_n)(T_t + \lambda T_{t-1} + \cdots + \lambda^{r-2}T_2 + \lambda^{r-1}T_1) + \\ &\quad \lambda_0(\lambda^{r-1} + \cdots + \lambda + 1). \end{aligned}$$

至此，我们知道，在同一轮换上，若 $f(s_1)$ 确定，则 $f(s_i) = (2,\cdots,r)$ 亦确定. $f(x_1\cdots x_n) \in \Omega_{g^*}$ 必要而且只要在每一个轮换上满足 5) 之等式.

6) 对 5) 之等式进行讨论. 先对 $\sigma \in G = AGL(n,k)$ 之一轮换 $(s_1 s_2\cdots s_r)$ 上进行讨论.

① $(1-\lambda^r)\neq 0$.

$f(s_1)=(1-\lambda^r)^{-1}(\lambda_1\cdots\lambda_n)(s_r+\lambda s_{r-1}+\cdots+\lambda^{r-1}s_1)+\lambda_0(\lambda^{r-1}+\cdots+\lambda+1)$，即 $f(s_1)$ 由 $\lambda,\lambda_0,\lambda_1,\cdots,\lambda_n$ 及 σ 唯一确定，有 $\sigma(s_{i-1})=s_i$，所以 $f(s_i)$ 亦唯一确定，$i=2,\cdots,r$. 因此，在轮换 $(s_1\cdots s_r)$ 上只有一个函数满足 5) 之等式.

② $(1-\lambda')=0$，而 $(\lambda_1\cdots\lambda_n)(s_r+\lambda s_{r-1}+\cdots+\lambda^{r-2}s_2+\lambda^{r-1}s_1)+\lambda_0(\lambda^{r-1}+\cdots+\lambda+1)\neq 0$.

显然在轮换 $(s_1\cdots s_r)$ 上没有函数满足 5) 之等式，所以 $\Omega_k^*=\varnothing$.

③ $(1-\lambda^r)=0$，且 $(\lambda_1\cdots\lambda_n)(s_r+\lambda s_{r-1}+\cdots+\lambda^{r-2}s_2+\lambda^{r-1}s_1)+\lambda_0(\lambda^{r-1}+\cdots+\lambda+1)=0$.

此时 $f(s_1)$ 取 E_k 中任意值均满足 5) 之等式，由 4) 可知，$f(s_2)$ 由 $f(s_1)$ 及 $\lambda,\lambda_0,\lambda_1,\cdots,\lambda_n$ 唯一确定，$f(s_1)$ 由 $f(s_{i-1})$ 及 $\lambda,\lambda_0,\lambda_1,\cdots,\lambda_n$ 唯一确定，$i=3,\cdots,r$. 因此，在轮换 $(s_1\cdots s_r)$ 上满足 5) 之等式的函数共有 k 个.

总之，有下列结论：

计算出 $|\Omega_{g^*}|$，设 $g^*=l^*\sigma^*$，$l^*\in H$，$\sigma^*\in G^*$，相应有 $\sigma\in G$，设 σ 为 m 个不相杂轮换之乘积 $\sigma=\sigma'_1\cdots\sigma'_m$，于是 $|\Omega_{g^*}|=z_1\cdots z_m$，$z_i=0,1$ 或 k，$i=1,\cdots,m$.

当为情形 ① 时，$z_i=1$；当为情形 ② 时，$z_i=0$；当为情形 ③ 时，$z_i=k$.

7) $\sigma,\rho\in G$ 说是共扼的，如果有 $\tau\in G$ 使 $\rho=\tau\sigma\tau^{-1}$，可将 G 分为共轭类的直接和，$G=G_1\cup\cdots\cup G_h$，$G_i\cap G_j=\varnothing$，$i\neq j$，$i,j=1,\cdots,h$. 设 σ,ρ 共轭，即 $\rho=\tau\sigma\tau^{-1}$，若 σ 分为不相杂的轭换之乘积 $\sigma=(s_1\cdots s_r)\cdots(T_1\cdots T_i)$，则 $\rho=(\tau(s_1)\cdots\tau(s_r))\cdots(\tau(T_1)\cdots\tau(T_i))$，说明同一共轭类 G_i 中的置换图形完全相同.

若 $\sigma,\rho\in G$ 且共轭，则 $\sum\limits_{g^*\in H\sigma^*}|\Omega_{g^*}|=\sum\limits_{g^*\in H\rho^*}|\Omega_{g^*}|$，其中，$\sigma^*,\rho^*$ 是 σ,ρ 对应的置换.

设 $f(x_1\cdots x_n)\in\Omega_{g^*}$. $g^*=l^*\sigma^*$，$l^*f=\lambda f+\lambda_1x_1+\cdots+\lambda_nx_n+\lambda_0$，$\lambda\neq 0$. 有

$$
\begin{aligned}
&(1-\lambda^r)f(s_1)\\
&=(\lambda_1\cdots\lambda_n)(s_r+\lambda s_{r-1}+\cdots+\lambda^{r-2}s_2+\lambda^{r-1}s_1)+\lambda_0(r^{r-1}+\cdots\lambda+1)\\
&=(\lambda_1\cdots\lambda_n)\tau^{-1}\tau(s_r+\lambda s_{r-1}+\cdots+\lambda^{r-2}s_2+\lambda^{r-1}s_1)+\lambda_0(r^{r-1}+\cdots+\lambda+1)\\
&=(\lambda'_1\cdots\lambda'_n)(\tau(s_r)+\lambda(s_{r-1})+\cdots+\lambda^{r-2}\tau(s_2)+\lambda^{r-1}\tau(s_1))+\lambda_0(r^{r+1}+\cdots+\lambda+1)\\
&=(1-\lambda^r)f(\tau(s_1)).
\end{aligned}
$$

对 $l'p^*$，$l'\in H$，有

$$l'f=\lambda f+\lambda'x_1+\cdots+\lambda'_nx_n+\lambda_0.$$

其中，$(\lambda_1\cdots\lambda_n)\tau^{-1}=(\lambda'_1\cdots\lambda'_n)$. 同理有

$$(1-\lambda^t)f(T_1)=(1-\lambda^t)f(\tau(T_1)).$$

因此，$f(x_1\cdots x_n)\in\Omega_{g'}$，$g'=l'\rho^*$，$l'f=\lambda f+\lambda'_1x_1+\cdots+\lambda'_nx_n+\lambda_0$，$\lambda\neq 0$，所以，$\Omega_{g^*}(g^*=l^*\sigma^*)\subseteq\Omega_{g'}(g'=l'\rho^*)$.

反之，设 $f(x_1\cdots x_n)\in\Omega_{g'}$. $g'=l^*\rho^*$，$l'f=\lambda f+\lambda'_1x_1+\cdots+\lambda'_nx_n+\lambda_0$，$\lambda\neq 0$. 由上所知，

$$\begin{aligned}
&(1-\lambda^r)f(\tau(s_1))\\
&=(\lambda'_1\cdots\lambda_n)(\tau(s_r)+\lambda\tau(s_{r-1})+\cdots+\lambda^{r-1}\tau(s_1))+\lambda_0(\lambda^{r-1}+\cdots+\lambda+1)\\
&=(\lambda'_1\cdots\lambda'_n)\tau\tau^{-1}(\tau(s_r)+\lambda\tau(s_{r-1})+\cdots+\lambda^{r-1}\tau s_1)+\lambda_0(\lambda^{r-1}+\cdots+\lambda+1)\\
&=(\lambda_1-\lambda_n)(s_r+\lambda s_{r-1}+\cdots+\lambda^{r-1}s_1)+\lambda_0(r^{r-1}+\cdots+\lambda+1)\\
&=(1-r^r)f(s_1).
\end{aligned}$$

其中，$(\lambda_1\cdots\lambda_n)=(\lambda'_1,\cdots,\lambda'_n)\tau$.

对 $l^*\sigma^*$ 而言，$l^*f=\lambda f+\lambda_1x_1+\cdots+\lambda_nx_n+\lambda_0$，$\lambda\neq 0$. 同理，有 $(1-\lambda^t)f(\tau(T_1))=(1-\lambda^t)f(T_1)$. 所以，$Q_{g'}\subseteq Q_{g^*}$，因此，$Q_{g'}=\Omega_{g^*}$，故

$$\sum_{g^*\in H\sigma^*}|\Omega_{g^*}|=\sum_{g^*\in H\rho^*}|\Omega_{g'}|.$$

现在我们可以得到定理之结论：因为 $G=G_1\cup\cdots\cup G_h$，所以 $G^*=G_1^*\cup\cdots\cup G_h^*$，于是 $G_w^*=HG^*=HG_1^*\cup\cdots\cup HG_g^*$. 取 $\sigma_i\in G_i$，有

$$\sigma_i^*\in G_i^*,\quad\sum_{g^*\in HG_i^*}|\Omega_{g^*}|=|G_i|\sum_{g^*\in H\sigma_i^*}|\Omega_{g^*}|.$$

因此，

$$q=\frac{1}{|G_w^*|}\sum_{g^*\in G_w^*}|\Omega_{g^*}|=\frac{1}{|G_w^*|}\sum_{i=1}^{h}\sum_{g^*\in HG_i^*}|\Omega_{g^*}|=\frac{1}{|G_w^*|}\sum_{i=1}^{h}|G_i|\sum_{g^*\in H\sigma_i^*}|\Omega_{g^*}|,$$

即

$$q=\frac{1}{d}\sum_{i=1}^{h}|G_i|\sum_{g^*\in H\sigma_i^*}|\Omega_{g^*}|.$$

其中，$|\Omega_{g^*}|$ 由 6) 给出.

2. 具体计算分类数

定理 2 是我们对多值逻辑函数进行分类的依据，可以按下列步骤对多值逻辑函数进行分类：

第一步，求出 $|G_i|, i=1,\cdots,h$；

第二步，在每个共轭类中取一个 σ_i，计算 $\sum_{g^*\in H\sigma_i^*}|\Omega_{g^*}|$，其中，$H=\{l^*\mid f\xrightarrow{l^*}\lambda f+\lambda_1x_1+\cdots+\lambda_nx_n+\lambda_0, \lambda\neq 0; \lambda_0,\lambda_1,\cdots,\lambda_n,\lambda\in E_k\}$.

利用定理 2 我们具体计算出了 2 值 $n(\leqslant 4)$ 变量以及 3 值 3 变量等逻辑函数的分类数，如表 1 所示：

表 1　2 值和 3 值逻辑函数分类数

k	r	$AGL(n,k)$ 的共轭类数	$\lvert G_w^*\rvert$	q
$k=2$	2	5	192	2
	3	11	21 504	3
	4	25	10 321 920	9
$k=3$	2	11	23 328	11
	3	35	49 128 768	167 266

对于 2 值 2 变量逻辑函数具体的情况为：

第一类：　[0000][0011][0101][0110]

[1111][1100][1010][1001]

第二类：　[0001][0010][0100][0111]

[1110][1101][1011][1000]

参考文献

[1] 罗铸楷，胡谋，陈廷槐. 多值逻辑的理论及应用[M]. 北京：科学出版社，1992：310－327.

[2] 张公礼，潘爱玲. 数学谱方法的理论与应用[M]. 北京：国防工业出版社，1992：217－291.

[3] 管纪文. 线性自动机[M]. 北京：科学出版社，1984：157－175.

[4] 谢邦杰. 线性代数[M]. 北京：人民教育出版社，1978：171－197.

[5] 熊全淹. 近世代数[M]. 上海：上海科学技术出版社，1978.

[6] Widlandt H. Finite permutation groups[M]. New York：Academic Press，1964.

[7] Karpovsky M G. Finite orthogonal series in the design of digital device. Analysis，synthesis and optimization[M]. New York：John Wiley，1976.

多值逻辑函数的分类与谱分析

多值逻辑函数的分类问题，主要包括两方面的内容：一是求出等价类之个数；二是任意给定一个函数，判别其属于哪一个等价类. 谱分析提供了解决后一个问题的有力途径和方法.

长期以来，布尔代数或多值逻辑代数是逻辑电路分析设计和综合的主要工具，但代数优化方法的工作量通常以指数形式随变量的个数增加而增加，因而许多问题的解决变得非常困难. 20 世纪 70 年代初，人们注意到谱方法是解决这类问题的另外一种途径. 事实证明，许多问题在原来的逻辑域直接解决很困难，但在谱域解决却非常容易，因此，对数字逻辑谱方法的研究有着重要的实际意义.

1. 多值逻辑函数分类

设 E_k 是一个 k 元集合，$k \geqslant 2$，函数 $f(x_1, \cdots, x_n)$ 是定义在 E_k 上而其值仍属于 E_k 的 n 元 k 值逻辑函数. 所有 n 元 k 值逻辑函数作成之集合记为 $p_k^{(n)}$.

设 $E_k^{(n)} = \{(x_1, \cdots, x_n) \mid x_i \in E_k, i = 1, \cdots, n\}$，$G$ 是 $E_k^{(n)}$ 上的置换群，H 是 $p_k^{(n)}$ 上的置换群，$f(x_1, \cdots, x_n), g(x_1, \cdots, x_n) \in P_k^{(n)}$ 说是对 H 和 G 等价，记为 $f \sim g$，如果有 $\tau \in H, \sigma \in G$ 使

$$g(x_1, \cdots, x_n) = \tau(f(\sigma(x_1, \cdots, x_n))),$$

易证由 H 和 G 所确定的函数等价是等价关系. 于是，按此等价关系，可将 $P_k^{(n)}$ 分成一些等价类之直接和.

当 H 是单位群时，H 和 G 进行分类，实际上就只按 G 进行分析，即 Polya 分类.

设 E_k 是一个域，$AGL(n,k) = \{\boldsymbol{A}\begin{bmatrix} x_1 \\ \vdots \\ x_n \end{bmatrix} + \begin{bmatrix} b_1 \\ \vdots \\ b_n \end{bmatrix} \mid \boldsymbol{A}$ 是 E_k 上的 $n \times n$ 的可逆矩

阵，$b_i \in E_k, i = 1,\cdots,n\}$.

$\forall f(x_1,\cdots,x_n) \in P_k^{(n)}$，其函数值共有 k^n 个，即有 $f(0,\cdots,0), f(0,\cdots,0,1),\cdots,f(k-1,\cdots,k-1)$，设其中含 i 的个数为 $h_i, i = 0,1,\cdots,k-1$. 称 $(h_0,h_1,\cdots,h_{k-1})$ 为 $f(x_1,\cdots,x_n)$ 的权，显然 $h_0 + h_1 + \cdots + h_{k-1} = k^n$.

易证，f 与 g 权相同必要而且只要有 $\sigma \in S_{k^n}$，使

$$g(x_1,\cdots,x_n) = f(\sigma(x_1,\cdots,x_n)).$$

n 级线性群 $GL(n,k) = \{\boldsymbol{A}\begin{bmatrix}x_1\\ \vdots \\ x_n\end{bmatrix} \mid \boldsymbol{A}$ 是 E_k 上的 $n \times n$ 非奇异矩阵$\}$.

定理

1) $P_k^{(n)}$ 对 $GL(n,k)$ 的分类数 $>$ $P_k^{(n)}$ 对 $AGL(n,k)$ 的分类数 $>$ $P_k^{(n)}$ 对 S_{k^n} 的分类数，且它们之间不能再插入其他的数.

2) $P_k^{(n)}$ 对 S_{k^n} 的等价类个数 $= C_{k^n+k-1}^{k-1}$，且 $C_{k^n+k-1}^{k-1}$ 是 $P_k^{(n)}$ 中所有权相同的函数类个数之下界.

证明

1) 由 $GL(n,k)$ 是 $AGL(n,k)$ 的子群，$AGL(n,k)$ 是 S_{k^n} 的子群有：$P_k^{(n)}$ 对 $GL(n,k)$ 的分类数 $\geqslant P_k^{(n)}$ 对 $AGL(n,k)$ 的分类数 $\geqslant P_k^{(n)}$ 对 S_{k^n} 分类数.

如果 $P_k^{(n)}$ 对 $GL(n,k)$ 的等价类数 $= P_k^{(n)}$ 对 $AGL(n,k)$ 的等价类数，则必要而且只要对 $\forall f(x_1\cdots x_n), g(x_1\cdots x_n) \in P_k^{(n)}$，有 $\tau \in AGL(n,k)$ 使 $g(x_1\cdots x_n) = f(\tau(x_1\cdots x_n))$ 必要而且只要有 $\sigma \in GL(n,k)$ 使 $g(x_1\cdots x_n) = f(\sigma(x_1\cdots x_n))$，从而对 $\forall f(x_1\cdots x_k) \in P_k^{(n)}, \forall \tau \in AGL(n,k)$，有 $\sigma \in GL(n,k)$ 使 $f(\tau(x_1\cdots x_n)) = f(\sigma(x_1\cdots x_n))$.

取 $f(x_1\cdots x_n)$ 使 $f(0\cdots 0) = 0, f(0\cdots 0,1) = 1$，取 $\tau(0\cdots 0) = (0\cdots 0,1)$，由 $\sigma(0\cdots 0) = (0\cdots 0)$，有 $1 = f(0\cdots 0,1) = f(\tau(0\cdots 0)) = f(\sigma(0\cdots 0)) = f(0\cdots 0) = 0$. 此为矛盾，故 $P_k^{(n)}$ 对 $GL(n,k)$ 的等价类数 $>$ $P_k^{(n)}$ 对 $AGL(n,k)$ 的等价类数.

如果 $P_k^{(n)}$ 对 $AGL(n,k)$ 的等价类数 $= P_k^{(n)}$ 对 S_{k^n} 的等价类数，则对 $\forall f(x_1\cdots x_n) \in P_k^{(n)}, \forall \tau \in S_{k^n}$ 有 $\sigma \in AGL(n,k)$ 使 $f(\tau(x_1\cdots x_n)) = f(\sigma(x_1\cdots x_n))$.

取函数 $f(x_1\cdots x_n)$ 如下：

$$f(x_1\cdots x_n) = \begin{cases} i, & \text{当}(x_1\cdots x_n) = (0\cdots 0,i)\text{时}, i = 0,1,2; \\ 3, & \text{其余情形}. \end{cases}$$

取 τ 如下：

$$(0,\cdots,0) \xrightarrow{\tau} (0,\cdots,0),$$

$$(0,\cdots,0,1) \xrightarrow{\tau} (0,\cdots,0,1),$$

$$(0,\cdots,0,2) \xrightarrow{\tau} (1,\cdots,0,0).$$

于是，

$$f(\tau(0\cdots0)) = f(0\cdots0) = 0,$$
$$f(\tau(0\cdots0,1)) = f(0\cdots0,1) = 1,$$
$$f(\tau(0,0\cdots,2)) = f(1,0,\cdots,0) = 3.$$

设 $\sigma = \boldsymbol{A}x + \boldsymbol{b}$，使 $f(\sigma(x_1\cdots x_n)) = f(\tau(x_1\cdots x_n))$，由 $f(\sigma(0\cdots0)) = 0$ 推出 $\sigma(0\cdots0) = (0\cdots0)$，由 $f(\sigma(0\cdots0,1)) = 1$ 推出 $\sigma(0\cdots0,1) = (0\cdots,0,1)$，从而有

$$\boldsymbol{A} = \begin{bmatrix} a_{11} & \cdots & a_{1,n-1} & 0 \\ \vdots & & \vdots & \\ a_{n-1,1} & \cdots & a_{n-1,n-1} & 0 \\ a_{n,1} & \cdots & a_{n,n-1} & 1 \end{bmatrix}, \quad \boldsymbol{b} = \begin{bmatrix} 0 \\ \vdots \\ 0 \end{bmatrix}.$$

故依此有 $\sigma(0\cdots0,2) = (0,\cdots,0,2)$，于是，$3 = f(\tau(0,\cdots,0,2)) = f(\sigma(0\cdots0,2)) = f(0,\cdots,0,2) = 2$. 此为矛盾，故 $P_k^{(n)}$ 对 $AGL(n,k)$ 的等价类数 $> P_k^{(n)}$ 对 S_{k^n} 的等价类数.

$AGL(n,k)$ 是 2 重可迁群，且 $AGL(n,k)$ 中使元素 $(0,\cdots,0)$ 不动的子群恰是 $GL(n,k)$，根据文[5]可知，$GL(n,k)$ 是 $AGL(n,k)$ 的极大子群. 由文[1]可知，$AGL(n,k)$ 是 S_{k^n} 的极大子群，故 1) 之式子中不能再插入其他的数.

2) 由文[3]可知，对任何正整数 r，不定方程 $x_1 + x_2 + \cdots + x_n = r$ 的非负整数的个数为 C_{n+r-1}^r.

我们要求的等价类个数，其实就是求 $h_0 + h_1 + \cdots + h_{k-1} = k^n$ 的非负整数解. 取 $r = K^n, n = k$ 即可得其结果为$\overline{C_{k^n+k-1}^{k^n}}$，因此，$P_k^{(n)}$ 对 S_{k^n} 的等价类个数为 $C_{k^n+k-1}^{k^n} = C_{k^n+k-1}^{k-1}$.

易证，$C_{k^n+k-1}^{k-1}$ 是 $P_k^{(n)}$ 中保权等价类数之下界.

推论 $$\frac{1}{m!}\sum_{(j)}\left(\frac{m!}{\prod_{i=1}^{m} j_i!\ i^{j_i}}\right)K^{j_1}\cdots K^{j_m} = C_{k^n+k-1}^{k-1}，其中\ m = k^n.$$

证明 我们已经有 $P_k^{(n)}$ 对于 S_{k^n} 的等价类数为$\frac{1}{m!}\sum_{(j)}\left(\frac{m!}{\prod_{i=1}^{m} j_i!\ i^{j_i}}\right)K^{j_1}\cdots K^{j_m}$，

$m = k^n$，由定理可知，

$$\frac{1}{m!}\sum_{(j)}\left(\frac{m!}{\prod_{i=1}^{m} j_i!\ i^{j_i}}\right)K^{j_1}\cdots K^{j_m} = C_{k^n+k-1}^{k-1}.$$

2. 多值逻辑函数的谱分析

根据矢量谱的计算规则和特性，矢量谱 $R(m) = [a_m(0), a_m(1), \cdots, a_m(k-1)]$ 是多值逻辑函数 $f(x)$ 向各线性函数 $LH_m(x)$ 相比较的结果[2]. $a_m(l)$ 分量反映了 $f(x)$ 同 $LH_m(x)+l$ 的符合程度. 如果一个矢量谱的各个分量相等，说明该多值逻辑函数与对应的线性逻辑函数的相关性最小. 因此，一个多值逻辑函数的矢量谱全面反映了多值逻辑函数同各线性函数的相关程度，每一个矢量谱的各个分量和恒为 k^n，值 k^n 在各分量上的分布差别越大，则相关性越大.

前面提到的七种运算是保绝对矢量谱的，而且对二变量三逻辑函数来说，保谱等价类与保七种运算的等价类是一致的. 但情况并非总是如此，下面将举出例题予以说明.

例 1　$f_1(x_1x_2x_3) = x_1x_2x_3 = [000\ 000\ 000\ 000\ 012\ 021\ 000\ 021\ 012]$ 的矢量谱为：

19.4.4	13.7.7	13.7.7	13.7.7	7.10.10	7.10.10	13.7.7	7.10.10	7.10.10
13.7.7	7.10.10	7.10.10	7.10.10	7.10.10	13.7.7	7.10.10	13.7.7	7.10.10
13.7.7	7.10.10	7.10.10	7.10.10	13.7.7	7.10.10	7.10.10	7.10.10	13.7.7

绝对矢量谱为(式中乘号表示个数)：19.4.4×1+13.7.7×10+10.10.7×16.

例 2　$f_2(x_1x_2x_3) = x_1^2x_2x_3 = [000\ 000\ 000\ 000\ 012\ 021\ 000\ 012\ 021]$ 的矢量谱为：

19.4.4	13.7.7	13.7.7	13.7.7	7.7.13	7.13.7	13.7.7	7.13.7	7.7.13
13.7.7	7.10.10	7.10.10	7.10.10	10.10.7	10.7.10	7.10.10	10.7.10	10.10.7
13.7.7	7.10.10	7.10.10	7.10.10	10.10.7	10.7.10	7.10.10	10.7.10	10.10.7

绝对矢量谱为：19.4.4 × 1 + 13.7.7 × 10 + 10.10.7 × 16

从上面可以看出，$f_1(x_1x_2x_3)$ 与 $f_2(x_1x_2x_3)$ 七种运算不属于同一等价类，但它们有相同的绝对矢量谱，可以断定：保谱等价类 > 保七种运算等价类.

我们可以把所有具有相同绝对矢量谱的 k 值逻辑函数划分为一个等价类，但同一等价类的各函数不一定经过七种运算可以相互转化. 因此，在文[1] 的

324 页之结论是错误的.

对 S_{k^n} 等价类(即保权之最大等价类)未必是保谱等价类.

例如 $f_1(x_1x_2)=[000\ 000\ 112]$ 与 $f_2(x_1x_2)=[000\ 001\ 012]$ 两个函数的权是相同的,但它们的绝对矢量谱却是不同的,分别为:[621 540 540 432 432 432 432 432 432]和[621 621 531 531 432 432 432 432 432].

最后特别指出:多值逻辑函数的保谱变换除七种运算外,还应有其他新运算至今尚未找到,这是一个困难的问题. 这里我们提出一个找到新运算应满足的重要的必要条件,就是新的运算不应在向量空间 $E_k^{(n)}$ 上产生出非仿射变换. 这是因为 $AGL(n,k)$ 是 S_{k^n} 的极大子群,任意非仿射变换与 $AGL(n,k)$ 都将生成 S_{k^n},而对 S_{k^n} 的变换不是保谱变换.

易证 $P_k^{(n)}$ 中函数的保谱等价也是对群 G 和 H 等价,其中,$G=AGL(n,k)$ 且不能再扩大,H 应包含所有形如置换:

$$f(x_1\cdots x_n)\longrightarrow \lambda f(x_1\cdots x_n)+l(x_1\cdots x_n).$$

其中,$\lambda\in E_k$,$l(x_1\cdots x_n)=a_1x_1+\cdots+a_nx_n$,$a_i\in E_k$,$i=0,1,\cdots,n$,所作之置换群,同时还应满足上述的必要条件.

参考文献

[1] 罗铸楷,胡谋,陈廷槐. 多值逻辑的理论及应用[M]. 北京:科学出版社,1992.

[2] 张公礼,潘爱玲. 数字谱方法的理论与应用[M]. 北京:国防工业出版社,1992.

[3] 王天民. 组合数学教程[M]. 北京:机械工业出版社,1993.

[4] 熊全淹. 近世代数[M]. 上海:上海科学技术出版社,1978.

[5] Widlandt H. Finite permutation groups[M]. New York:Academic Press,1964.

[6] Hurst S L,Miller D M,Muzio I C. Spectral techniques in digital logic[M]. New York:Academic Press,1985.

[7] Karporsky M G. Spectral techniques and fault detection[M]. New York:Academic Press,1985.